西北旱区生态水利学术著作丛书

小流域淤地坝坝系防洪风险评价技术

李占斌 等 著

科学出版社
北京

内 容 简 介

本书以黄土高原淤地坝坝系为研究对象，通过实地勘察、资料收集和实验测试分析，运用多学科理论及“3S”技术和数值模拟技术，以小流域淤地坝坝系防洪风险评价为研究核心，系统分析不同坝级、不同级联方式(串联、并联和混联)淤地坝蓄水拦沙作用与淤地减蚀机制，辨析小流域坝系与沟道单元坝系分片、分层对洪水泥沙的控制关系，阐明小流域淤地坝坝系防洪拦沙能力的级联效应，研究提高小流域淤地坝坝系防洪能力的坝系布局与坝级配置方法，建立小流域淤地坝坝系防洪风险评价指标体系，并以典型小流域为例，进行坝系防洪风险评价，提出在变化形势下考虑流域坝系防洪安全的适宜建设规模。

本书可供水土保持、雨洪侵蚀、水资源系统工程、生态水文与环境经济、水资源保护与利用等领域的科研工作者和高校师生参考使用。

图书在版编目（CIP）数据

小流域淤地坝坝系防洪风险评价技术/李占斌等著. —北京：科学出版社，2018.8

（西北旱区生态水利学术著作丛书）

ISBN 978-7-03-055315-7

Ⅰ. ①小… Ⅱ. ①李… Ⅲ. ①小流域-坝地-防洪-风险评价 Ⅳ. ①TV871.3

中国版本图书馆 CIP 数据核字 (2017) 第 280338 号

责任编辑：祝 洁 杨 丹 白 丹／责任校对：郭瑞芝

责任印制：张 伟／封面设计：迷底书装

科学出版社 出版

北京东黄城根北街 16 号

邮政编码：100717

http://www.sciencep.com

北京建宏印刷有限公司印刷

科学出版社发行 各地新华书店经销

*

2018 年 8 月第 一 版 开本：720×1000 B5

2018 年 8 月第一次印刷 印张：27 1/4

字数：540 000

定价：188.00 元

(如有印装质量问题，我社负责调换)

总　序　一

水资源作为人类社会赖以延续发展的重要要素之一，主要来源于以河流、湖库为主的淡水生态系统。这个占据着少于 1%地球表面的重要系统虽仅容纳了地球上全部水量的 0.01%，但却给全球社会经济发展提供了十分重要的生态服务，尤其是在全球气候变化的背景下，健康的河湖及其完善的生态系统过程是适应气候变化的重要基础，也是人类赖以生存和发展的必要条件。人类在开发利用水资源的同时，对河流上下游的物理性质和生态环境特征均会产生较大影响，从而打乱了维持生态循环的水流过程，改变了河湖及其周边区域的生态环境。如何维持水利工程开发建设与生态环境保护之间的友好互动，构建生态友好的水利工程技术体系，成为传统水利工程发展与突破的关键。

构建生态友好的水利工程技术体系，强调的是水利工程与生态工程之间的交叉融合，由此生态水利工程的概念应运而生，这一概念的提出是新时期社会经济可持续发展对传统水利工程的必然要求，是水利工程发展史上的一次飞跃。作为我国水利科学的国家级科研平台，西北旱区生态水利工程省部共建国家重点实验室培育基地（西安理工大学）是以生态水利为研究主旨的科研平台。该平台立足我国西北旱区，开展旱区生态水利工程领域内基础问题与应用基础研究，解决若干旱区生态水利领域内的关键科学技术问题，已成为我国西北地区生态水利工程领域高水平研究人才聚集和高层次人才培养的重要基地。

《西北旱区生态水利学术著作丛书》作为重点实验室相关研究人员近年来在生态水利研究领域内代表性成果的凝炼集成，广泛深入地探讨了西北旱区水利工程建设与生态环境保护之间的关系与作用机理，丰富了生态水利工程学科理论体系，具有较强的学术性和实用性，是生态水利工程领域内重要的学术文献。丛书的编纂出版，既是对重点实验室研究成果的总结，又对今后西北旱区生态水利工程的建设、科学管理和高效利用具有重要的指导意义，为西北旱区生态环境保护、水资源开发利用及社会经济可持续发展中亟待解决的技术及政策制定提供了重要的科技支撑。

中国科学院院士　王光谦

2016 年 9 月

总 序 二

近 50 年来全球气候变化及人类活动的加剧，影响了水循环诸要素的时空分布特征，增加了极端水文事件发生的概率，引发了一系列社会-环境-生态问题，如洪涝、干旱灾害频繁，水土流失加剧，生态环境恶化等。这些问题对于我国生态本底本就脆弱的西北地区而言更为严重，干旱缺水（水少）、洪涝灾害（水多）、水环境恶化（水脏）等严重影响着西部地区的区域发展，制约着西部地区作为“一带一路”桥头堡作用的发挥。

西部大开发水利要先行，开展以水为核心的水资源-水环境-水生态演变的多过程研究，揭示水利工程开发对区域生态环境影响的作用机理，提出水利工程开发的生态约束阈值及减缓措施，发展适用于我国西北旱区河流、湖库生态环境保护的理论与技术体系，确保区域生态系统健康及生态安全，既是水资源开发利用与环境规划管理范畴内的核心问题，又是实现我国西部地区社会经济、资源与环境协调发展的现实需求，同时也是对“把生态文明建设放在突出地位”重要指导思路的响应。

在此背景下，作为我国西部地区水利学科的重要科研基地，西北旱区生态水利工程省部共建国家重点实验室培育基地（西安理工大学）依托其在水利及生态环境保护方面的学科优势，汇集近年来主要研究成果，组织编纂了《西北旱区生态水利学术著作丛书》。该丛书兼顾理论基础研究与工程实际应用，对相关领域专业技术人员的工作起到了启发和引领作用，对丰富生态水利工程学科内涵、推动生态水利工程领域的科技创新具有重要指导意义。

在发展水利事业的同时，保护好生态环境，是历史赋予我们的重任。生态水利工程作为一个新的交叉学科，相关研究尚处于起步阶段，期望以此丛书的出版为契机，促使更多的年轻学者发挥其聪明才智，为生态水利工程学科的完善、提升做出自己应有的贡献。

中国工程院院士

2016 年 9 月

总 序 三

我国西北干旱地区地域辽阔、自然条件复杂、气候条件差异显著、地貌类型多样，是生态环境最为脆弱的区域。20 世纪 80 年代以来，随着经济的快速发展，生态环境承载负荷加大，遭受的破坏亦日趋严重，由此导致各类自然灾害呈现分布渐广、频次显增、危害趋重的发展态势。生态环境问题已成为制约西北旱区社会经济可持续发展的主要因素之一。

水是生态环境存在与发展的基础，以水为核心的生态问题是环境变化的主要原因。西北干旱生态脆弱区由于地理条件特殊，资源性缺水及其时空分布不均的问题同时存在，加之水土流失严重导致水体含沙量高，对种类繁多的污染物具有显著的吸附作用。多重矛盾的叠加，使得西北旱区面临的水问题更为突出，急需在相关理论、方法及技术上有所突破。

长期以来，在解决如上述水问题方面，通常是从传统水利工程的逻辑出发，以人类自身的需求为中心，忽略甚至破坏了原有生态系统的固有服务功能，对环境造成了不可逆的损伤。老子曰“人法地，地法天，天法道，道法自然”，水利工程的发展绝不应仅是工程理论及技术的突破与创新，而应调整以人为中心的思维与态度，遵循顺其自然而成其所以然之规律，实现由传统水利向以生态水利为代表的现代水利、可持续发展水利的转变。

西北旱区生态水利工程省部共建国家重点实验室培育基地（西安理工大学）从其自身建设实践出发，立足于西北旱区，围绕旱区生态水文、旱区水土资源利用、旱区环境水利及旱区生态水工程四个主旨研究方向，历时两年筹备，组织编纂了《西北旱区生态水利学术著作丛书》。

该丛书面向推进生态文明建设和构筑生态安全屏障、保障生态安全的国家需求，瞄准生态水利工程学科前沿，集成了重点实验室相关研究人员近年来在生态水利研究领域内取得的主要成果。这些成果既关注科学问题的辨识、机理的阐述，又不失在工程实践应用中的推广，对推动我国生态水利工程领域的科技创新，服务区域社会经济与生态环境保护协调发展具有重要的意义。

中国工程院院士 [signature]

2016 年 9 月

序

黄土高原是我国水土保持与生态建设的重点区域。针对水土流失与干旱缺水两大主要生态问题，我国先后在黄土高原实施了水土保持生态工程、淤地坝工程、黄土高原水土保持世行贷款项目等一批重点工程建设，同时加大了封育的力度，依靠生态自我修复能力恢复植被、改善生态，取得了巨大的成效。

淤地坝有效地解决了黄土高原水土流失严重和干旱缺水两大问题，有机地统一了生态环境建设与当地群众致富的关系，具有显著的生态效益、经济效益和社会效益，同时在治理水土流失、减少入黄泥沙、发展区域经济和改善生态环境等方面具有不可替代的作用。

20 世纪 50 年代以来，众多水土保持科技工作者在淤地坝优化布局、坝系相对稳定、淤地坝减水减沙效益等方面开展了大量的研究工作，但是在淤地坝坝系运行安全和防洪风险评价等方面仍有不少理论问题亟待解决，特别是在淤地坝坝系蓄洪拦沙的级联调控作用机理、坝系安全稳定布局与坝级配置及坝系防洪风险评价等方面研究的不足制约了淤地坝工程建设的发展。

该书以黄土高原水土保持生态建设工程中的重点内容——淤地坝坝系为研究对象，通过实地勘察、资料收集和实验测试分析，运用多学科理论及“3S”技术和数值模拟技术，以小流域淤地坝坝系防洪风险评价为研究核心，在系统分析了不同坝级、不同级联方式(串联、并联)淤地坝蓄水拦沙作用与滞洪、减蚀机制的基础上，辨析了小流域坝系与沟道单元坝系分片、分层对洪水泥沙的控制关系，阐明了小流域淤地坝坝系防洪拦沙能力的级联效应，建立了小流域淤地坝坝系防洪风险分析与评价方法，提出了保障小流域淤地坝坝系防洪安全的淤地坝坝系适宜发展规模，研发了提高小流域淤地坝坝系防洪能力的坝系布局与坝级配置方法，为黄土高原地区的淤地坝规划建设、安全运行和水土资源的高效利用提供了科学依据。

与以往的研究相比，该书在以下 4 个方面取得了明显的创新进展：①通过辨析小流域坝系与沟道单元坝系分片、分层对洪水泥沙的控制关系，阐明了小流域淤地坝坝系防洪拦沙能力级联效应；②系统揭示了淤地坝坝系的减蚀机理；③提出了基于防洪安全与高效可持续拦沙的小流域坝系总体结构和沟道单元坝系结构的配置，以及淤地坝坝系的坝级配置比例；④建立了淤地坝坝系防洪安全风险评价指标方法，提出了保障不同尺度小流域坝系的防洪能力与防洪安全的淤地坝适宜发展规模。

该书涉及土壤侵蚀与水土保持、流域泥沙、水利工程和生态学等诸多领域，是近年来关于淤地坝研究少见的力作，在理论上有创新、实践上有发展。该书的出版将对黄土高原地区土壤侵蚀与水土保持、流域泥沙、旱区水土资源开发利用、区域生态安全保障和生态文明建设产生积极作用。

该书内容翔实、数据准确、图文并茂，可供地学、农学、土壤学、水土保持与荒漠化防治、流域泥沙动力学、水利工程等专业的科技人员及高校师生参考。我相信，该书的出版将有力推动黄土高原淤地坝规划、设计、建设和运行管理的发展，并进一步提高黄土高原水土保持生态环境建设水平。

2018 年 6 月

前 言

淤地坝是以拦沙淤泥为目的而修建的水土保持坝工建筑物。因用于淤地生产，淤地坝往往也叫生产坝，其拦截泥沙淤地而成的平地叫坝地。淤地坝作为黄土高原地区主要水土保持沟道工程措施，利用水土流失的自然过程，集大面积的水、沙、肥在小块坝地使用，从而获得高产稳产的农业，深受黄土高原地区群众的喜爱。同时淤地坝可以迅速地拦截入黄泥沙，减少河道淤积，有机地统一了当地致富和治河的关系，受到了各方面的高度重视。

淤地坝是流域综合治理体系中的一道防线，通过“拦、蓄、淤”，既能将洪水、泥沙就地拦蓄，有效防止水土流失，又能形成坝地，使水土资源得到充分利用。淤地坝拦淤泥沙后，抬高了侵蚀基准点，阻止了沟底下切，使沟道比降变缓，延缓了沟道溯源侵蚀和沟岸扩张，对减轻滑坡、崩塌、泻溜等重力侵蚀和稳固沟床具有重要意义。淤地坝有效地解决了黄土高原水土流失严重和干旱缺水两大问题，使生态环境建设与当地群众致富的关系得到了有机统一，具有显著的生态效益、经济效益和社会效益，在治理水土流失、减少入黄泥沙、发展区域经济、提高群众生活水平和改善生态环境等方面具有不可替代的作用。

20 世纪 50 年代以来，淤地坝建设几经大起大落的根本原因在于淤地坝频繁水毁事件的发生。经过 60 多年的实践，淤地坝建设经历了由分散、没有规模到以小流域为单元的坝系建设，由缺乏规划、设计到不断完善前期工作的规范化建设。随着淤地坝建设的发展，广大科技工作者在淤地坝优化布局、坝系相对稳定、淤地坝减水减沙效益等方面做了大量研究，但是在淤地坝坝系运行安全及防洪风险评价等方面仍有许多理论问题亟待解决，尚未形成完整的理论体系，特别是在淤地坝坝系蓄洪拦沙的级联调控作用、坝系安全稳定布局与坝级配置及坝系防洪风险评价等方面远不能满足区域生态工程建设和社会经济发展的需求。在实践中，由于淤地坝自身特性、管理不当及超标准暴雨发生等，淤地坝水损事件经常发生。1994 年 7～8 月陕北地区 7347 座淤地坝遭到不同程度的水毁和破坏，成为 1949 年以来受害面积最大、数量最多、损坏最严重的一次溃坝事件；2012 年和 2013 年陕北地区连续强降雨产生的超标准洪水对当地淤地坝的安全运行造成了极大威胁。

2010 年 12 月 30 日，国家发展和改革委员会、水利部、农业部、国家林业局等单位联合发布了《关于印发〈黄土高原地区综合治理规划大纲(2010—2030 年)〉的通知》，提出坚持以小流域为单元进行坝系建设，未来 20 年黄土高原规划建设淤地坝 56 161 座，其中，骨干坝 10 223 座、中小型坝 45 938 座。2011 年 3 月 1 日修订的《中华人民共和国水土保持法》中明确规定，“国家加强水土流失重点预防区和重点治理区的坡耕地改梯田、淤地坝等水土保持重点工程建设”，将淤地坝作为水土流失治理的主要措施之一。

随着黄土高原淤地坝坝系建设步伐的不断加快，解决淤地坝坝系防洪安全问题成为黄土高原地区坝系建设成败的关键。本书针对黄土高原淤地坝工程建设中亟待解决的防洪安全与风险评价等关键问题，系统、深入研究了淤地坝减蚀机理、坝系蓄洪拦沙作用及其级联调控效应，提出了淤地坝坝系安全稳定的合理布局与坝级配置方案，构建了坝系防洪风险评价方法，对维系黄土高原地区生态安全与资源安全，以及实现区域水土流失综合治理与社会经济协调发展具有重要意义。

本书是在水利部公益性行业科研专项“小流域淤地坝坝系防洪风险评价技术”(201201084)支持下完成的。中国科学院水利部水土保持研究所、黄河水利科学研究院、黄河上中游管理局和西安理工大学等单位的研究人员参与了相关的研究工作。中国科学院水利部水土保持研究所的杨明义研究员和张风宝副研究员，黄河水利科学研究院的史学建教高、耿晓东副教授、孙维营高工、李莉高工，黄河上中游管理局的喻权刚教高、马安利高工、王答相教高主持并完成了相关课题的研究与报告总结工作。作者所在研究团队老师李鹏、鲁克新、朱冰冰、于坤霞、高海东、任宗萍及其指导的博士和硕士研究生赵宾华、惠波、王丹、袁水龙、汤珊珊、刘晓君、张泽宇、靳宇蓉等参与了全书的撰写、资料收集、文稿整理和校对等工作，借此机会向为本书作出贡献和付出辛勤劳动的撰写组成员表示衷心的感谢。

由于作者水平有限，书中疏漏之处在所难免，敬请同行专家与广大读者批评指正，以利于今后进一步完善。

作　者

2017 年 3 月

目　　录

总序一
总序二
总序三
序
前言
第 1 章　绪论 …… 1
1.1　研究目的和意义 …… 1
1.2　国内外研究进展 …… 2
1.2.1　小流域坝系研究进展 …… 2
1.2.2　淤地坝溃坝与风险评价研究进展 …… 12
1.2.3　存在的问题与研究展望 …… 13
第 2 章　研究区概况及基本资料 …… 15
2.1　黄土高原监测坝系概况 …… 15
2.1.1　小流域自然地理、社会经济概况 …… 15
2.1.2　小流域水土流失及其综合治理现状 …… 17
2.2　重点研究小流域 …… 19
2.3　重点典型研究小流域——王茂沟小流域 …… 21
2.3.1　自然地理概况 …… 21
2.3.2　社会经济概况 …… 23
2.4　数据来源 …… 24
第 3 章　黄土高原小流域坝系形成与发展演变 …… 25
3.1　黄土高原坝系建设历史沿革 …… 25
3.2　1949 年后淤地坝的建设与发展 …… 28
3.3　新时期淤地坝建设特点 …… 32
3.4　黄土高原地区淤地坝建设成就 …… 36
3.4.1　黄土高原地区淤地坝建设现状 …… 36
3.4.2　黄土高原地区坝系建设现状 …… 37
3.5　典型小流域坝系演变及历程 …… 38
3.5.1　韭园沟小流域 …… 38
3.5.2　王茂沟小流域 …… 40
3.5.3　西黑岱小流域 …… 42

3.6 黄土高原地区小流域坝系安全稳定的制约因素…………42
第4章 淤地坝淤积信息提取与减蚀作用机理研究…………47
4.1 淤地坝剖面泥沙沉积旋回的划分及土样采集…………47
4.1.1 典型淤地坝的选取…………47
4.1.2 泥沙沉积旋回层划分及土样采集…………48
4.2 典型淤地坝坝地泥沙淤积信息的动态变化…………50
4.2.1 淤积泥沙干容重变化特征…………50
4.2.2 关地沟4#淤地坝坝地次降雨沉积旋回淤积量计算…………51
4.2.3 坝地剖面泥沙沉积旋回层 ^{137}Cs 含量分布特征…………51
4.2.4 坝地剖面泥沙沉积旋回层的 ^{210}Pb 含量分布特征…………52
4.2.5 坝地剖面泥沙沉积旋回层的 $^{210}Pb_{ex}$ 含量分布特征…………53
4.3 淤地坝泥沙沉积旋回与侵蚀性降雨的响应关系…………54
4.3.1 侵蚀性降雨特性与降雨资料的分析…………54
4.3.2 淤地坝泥沙沉积旋回与侵蚀性降雨的对应原则…………56
4.3.3 淤地坝垂直剖面中 ^{137}Cs 含量与沉积计年的关系…………57
4.3.4 淤地坝坝地泥沙沉积旋回与次降雨事件的对应…………57
4.4 淤地坝对沟道侵蚀的减蚀作用分析…………59
4.4.1 流域不同土地利用类型坡面侵蚀产沙规律分析…………59
4.4.2 流域土地利用变化分析…………62
4.4.3 典型降雨事件下流域主要泥沙来源地的产沙变化…………63
4.4.4 降雨侵蚀产沙与坝地淤积泥沙对比分析…………64
4.5 淤地坝淤积过程对沟坡稳定性影响的研究…………66
4.5.1 数字高程模型与滑坡、崩塌调查…………66
4.5.2 SINMAP模型原理…………67
4.5.3 模型的集成方法…………69
4.5.4 模型参数化及参数测定…………69
4.5.5 坝地淤积高度对斜坡稳定性指数的影响分析…………70
4.5.6 坡度对斜坡稳定性的影响…………71
4.6 淤地坝对流域径流过程的影响研究…………71
4.6.1 淤地坝对径流系数和输沙模数的影响…………71
4.6.2 淤地坝建设对流域洪水滞时的影响…………72
4.6.3 淤地坝对流域径流过程的影响机理分析…………73
第5章 基于 ^{137}Cs 和 $^{210}Pb_{ex}$ 示踪的流域侵蚀产沙演变…………76
5.1 野外调查取样及土样测试与分析…………76
5.1.1 不同土地利用方式土壤核素含量的分异特征…………76
5.1.2 不同地貌部位土壤核素含量的分异特征…………77
5.2 关地沟4#淤地坝坝控流域土壤侵蚀产沙分布特征…………78
5.2.1 研究区背景值的确定…………78

5.2.2 不同土地利用方式土壤侵蚀特征 …… 78
5.2.3 小流域不同地貌部位土壤侵蚀特征 …… 79
5.3 小流域侵蚀产沙来源示踪 …… 80
5.3.1 小流域泥沙来源研究方法 …… 81
5.3.2 小流域泥沙来源分析 …… 82
5.4 基于复合指纹识别法的流域泥沙来源反演 …… 84
5.4.1 沉积旋回时间序列建立 …… 84
5.4.2 流域侵蚀历史演变过程 …… 85
5.4.3 淤地坝坝控流域泥沙来源反演结果 …… 86
5.5 不同淤积阶段坝控流域侵蚀产沙强度变化 …… 87
5.5.1 关地沟小流域侵蚀沉积速率变化趋势 …… 87
5.5.2 关地沟 4#淤地坝坝控流域侵蚀产沙变化趋势 …… 88

第 6 章 典型小流域坝系级联物理模式解析 …… 90
6.1 典型小流域坝系对比的可行性分析 …… 90
6.1.1 典型小流域气候水文条件对比 …… 90
6.1.2 典型小流域坝系沟道地貌特征对比 …… 90
6.2 小流域坝系级联物理模式类型 …… 93
6.3 榆林沟小流域坝系级联物理模式解析 …… 95
6.3.1 榆林沟小流域坝系单元总体结构 …… 96
6.3.2 榆林沟小流域坝系单元级联控制关系解析 …… 101
6.4 小河沟小流域坝系级联物理模式解析 …… 103
6.4.1 小河沟小流域坝系单元总体结构 …… 104
6.4.2 小河沟小流域坝系单元蓄洪拦沙级联控制关系解析 …… 106
6.5 韭园沟小流域坝系级联物理模式解析 …… 109
6.5.1 韭园沟小流域坝系单元总体结构 …… 109
6.5.2 韭园沟小流域坝系单元蓄洪拦沙级联控制关系解析 …… 115

第 7 章 典型小流域坝系级联配置模式与级联调控作用评价 …… 120
7.1 典型小流域坝系不同级别沟道分布情况 …… 120
7.1.1 榆林沟小流域 …… 120
7.1.2 小河沟小流域 …… 121
7.1.3 韭园沟小流域 …… 122
7.2 典型小流域沟道工程空间分布特征与拦沙关系 …… 123
7.2.1 典型小流域不同级别沟道淤地坝库容分布 …… 123
7.2.2 典型小流域坝系工程特征分布情况分析 …… 125
7.2.3 典型小流域坝系单元拦沙关系分析 …… 127
7.3 榆林沟小流域坝系空间布局与蓄洪拦沙的级联调控关系 …… 129
7.3.1 小流域坝系沟道分布的级联调控作用评价 …… 129
7.3.2 榆林沟小流域不同级别沟道坝地淤积及利用情况 …… 130
7.3.3 榆林沟小流域坝系框架布局的级联调控作用 …… 131

7.3.4 榆林沟小流域坝系现状防洪能力分析 ……133
7.3.5 榆林沟小流域坝系对洪水的级联拦蓄作用评价 ……135
7.3.6 小流域坝系运行中存在的问题分析 ……138
7.4 韭园沟小流域次暴雨坝系级联作用分析 ……139
7.4.1 韭园沟小流域坝系现状防洪能力分析 ……139
7.4.2 韭园沟小流域"7 · 15"暴雨淤地坝水毁和泥沙拦蓄调查 ……141
第8章 淤地坝对流域泥沙输移-沉积特征的影响 ……145
8.1 材料和方法 ……145
8.1.1 土壤样品的采集 ……145
8.1.2 土壤分形理论 ……145
8.2 坝地泥沙淤积对沟道地形的影响 ……146
8.3 坝地淤积泥沙的粒径分析 ……147
8.3.1 坝地土壤粒径的统计特征 ……147
8.3.2 坝地淤积泥沙质地分类 ……148
8.3.3 坝地土壤颗粒的粗化度 ……148
8.4 坝地土壤颗粒分形特征 ……151
8.4.1 坝地土壤颗粒体积分形维数的分布特征 ……151
8.4.2 坝地土壤颗粒分形维数与土壤颗粒组成的关系 ……152
8.5 典型暴雨下淤地坝淤积泥沙特征 ……153
8.5.1 绥德"7 · 15"暴雨洪水调查 ……153
8.5.2 次暴雨洪水坝地淤积特征 ……153
8.6 土壤颗粒体积分形维数与土壤性质的关系 ……155
8.7 不同类型单座淤地坝坝地泥沙淤积特征 ……156
8.7.1 有放水建筑物的淤地坝坝地泥沙淤积特征 ……156
8.7.2 有溢洪道的淤地坝坝地泥沙淤积特征 ……157
8.7.3 "闷葫芦"坝坝地泥沙淤积特征 ……157
8.8 坝系单元坝地泥沙淤积特征 ……158
8.8.1 不同坝系单元级联模式下的坝地泥沙淤积特征 ……158
8.8.2 不同沟道级别下的坝地泥沙淤积特征 ……158
8.8.3 不同坝系单元下的坝地泥沙淤积特征 ……159
8.9 王茂沟坝系坝地泥沙淤积特征 ……161
第9章 小流域淤地坝系级联效应模拟与分析 ……162
9.1 坝系运算关系解析 ……162
9.2 坝系防洪标准研究 ……163
9.2.1 子坝系和单元坝系的概念 ……163
9.2.2 单元控制论的应用 ……165
9.3 坝系拦蓄洪水的级联作用 ……167
9.3.1 小流域坝系防洪体系 ……168
9.3.2 淤地坝防洪标准 ……168

9.3.3　单坝防洪标准与坝系防洪标准的关系……169
9.3.4　王茂沟小流域不同坝系结构配置的蓄洪效应……169
9.4　坝系防洪安全控制方法……177
9.5　王茂沟小流域不同坝系结构组合拦沙级联效应……179
9.6　小流域坝系不同结构配置的相对稳定分析……184
9.6.1　单坝相对稳定与坝系稳定的关系……184
9.6.2　坝系相对稳定与骨干坝的关系……185
第10章　淤地坝(系)安全稳定影响因素分析……191
10.1　淤地坝安全影响因素分析……191
10.1.1　淤地坝排水排沙能力分析……191
10.1.2　淤地坝拦水拦沙能力分析……192
10.1.3　坝控流域的来水来沙状况分析……192
10.2　淤地坝及坝系相对稳定系数……196
10.2.1　坝系相对稳定的内涵……196
10.2.2　流域淤地坝与坝系相对稳定系数的空间变化特征……197
10.3　小流域坝系不同地貌单元的水动力结构功能变化……201
10.3.1　暴雨洪水集中是侵蚀产沙的主要动力……202
10.3.2　高强度暴雨下的超渗产流对大洪峰形成具有重要影响……203
10.3.3　产沙强烈、粗泥沙集中是暴雨洪水产沙的显著特点……205
10.4　不同地貌单元淤地坝建设耦合性分析……206
10.4.1　黄土区……206
10.4.2　砒砂岩区……214
10.4.3　盖沙区……220
10.5　不同地貌单元水土资源优化调控模式探讨……221
10.5.1　黄土区……221
10.5.2　砒砂岩区……222
10.5.3　盖沙区……223
第11章　坝系安全稳定布局与坝级配置及其综合效益研究……225
11.1　小流域坝系布坝密度研究……225
11.1.1　布坝密度影响因素分析……225
11.1.2　黄土高原不同分区小流域坝系布坝密度……226
11.2　坝系空间布局的配置比例分析……230
11.3　骨干坝最优控制面积分析……231
11.4　淤地坝相对稳定系数分析……232
11.5　淤地坝系建坝时序研究……233
11.5.1　流域坝系的建坝顺序……233
11.5.2　小流域坝系的建坝时序分析……237
11.6　小流域坝系综合效益的研究……239
11.6.1　坝系拦沙蓄水效益分析……240

11.6.2 坝地利用及增产效益分析 ……243
11.6.3 生态效益 ……247
11.6.4 社会效益 ……247
第 12 章 黄土高原淤地坝水损特征及原因分析 ……249
12.1 黄土高原小流域坝系示范工程安全运行监测 ……249
12.2 典型小流域淤地坝受损调查 ……253
12.3 区域淤地坝安全现状 ……257
12.4 淤地坝溃坝形式及原因分析 ……259
12.4.1 典型坝系溃坝历史事件 ……259
12.4.2 典型坝系垮坝形式 ……263
12.4.3 典型坝系溃坝原因解析 ……264
第 13 章 淤地坝溃坝机理模拟与分析 ……272
13.1 竖井式泄水建筑物空蚀空化引起坝体受损机理实验研究 ……272
13.1.1 实验概述 ……272
13.1.2 水流流态 ……273
13.1.3 泄水建筑物放水塔壁面压强分布规律 ……277
13.1.4 泄水建筑物放水洞沿程水深和流速分布规律 ……281
13.1.5 放水隧洞沿程水流空化数分析 ……284
13.2 不同土地利用方式下土壤入渗率实验研究 ……285
13.2.1 实验设计 ……285
13.2.2 实验结果与分析 ……286
13.3 淤地坝坝系暴雨洪水计算 ……288
13.3.1 暴雨洪水计算方法 ……288
13.3.2 王茂沟小流域“7 · 15”特大暴雨洪水验证分析 ……289
13.3.3 变化条件下流域设计暴雨洪水与侵蚀产沙分析 ……311
13.3.4 变化条件下王茂沟小流域淤地坝溃坝模拟研究 ……319
13.4 淤地坝坝体渗流与安全稳定性分析 ……334
13.4.1 淤地坝坝体特征描述 ……334
13.4.2 计算原理与方法 ……334
13.4.3 参数选取及测定 ……335
13.4.4 边坡稳定性计算模型的建立 ……335
13.4.5 数值模拟计算 ……336
13.5 淤地坝溃坝模拟 ……341
13.6 淤地坝溃决计算 ……345
第 14 章 淤地坝防洪风险评价指标体系与评价 ……347
14.1 淤地坝防洪风险评价指标体系构成及确定 ……347
14.1.1 评价指标体系的确定 ……347
14.1.2 评价指标计算及标准化 ……347
14.1.3 淤地坝防洪风险评价指标权重 ……350

14.2　王茂沟小流域淤地坝坝系防洪风险评价 ······351
14.2.1　风险分值计算和风险等级标准划分 ······351
14.2.2　淤地坝防洪风险评价指标确定 ······352
14.2.3　坝系布局合理性评价与坝系防洪风险评价结果 ······355
第 15 章　变化情势下流域水沙变化与建坝适宜规模 ······360
15.1　典型流域土地利用变化分析 ······360
15.1.1　大理河流域 ······360
15.1.2　秃尾河流域 ······363
15.1.3　孤山川流域 ······368
15.2　典型流域土地利用景观格局与分形维数变化分析 ······371
15.2.1　大理河流域 ······371
15.2.2　秃尾河流域 ······377
15.2.3　孤山川流域 ······381
15.3　流域水沙变化趋势分析 ······383
15.3.1　大理河流域 ······383
15.3.2　秃尾河流域和孤山川流域 ······385
15.4　淤地坝建设对流域水沙变化的调控作用 ······387
15.4.1　岔巴沟流域淤地坝对流域水沙调控作用分析 ······387
15.4.2　淤地坝对流域水沙调控作用对比分析 ······388
15.4.3　不同水土保持治理阶段王茂沟小流域淤地坝水沙调控作用分析 ······389
15.5　变化情势下黄土高原淤地坝坝系适宜建设规模分析 ······390
15.5.1　新时期淤地坝建设指导思想 ······390
15.5.2　黄土高原淤地坝建设规模 ······391
15.5.3　典型区域淤地坝建设规模——以延安市为例 ······395
第 16 章　结论 ······402
参考文献 ······406

第1章 绪　　论

1.1 研究目的和意义

20世纪80年代中期以来，受气候变化和人类活动的影响，黄河水沙发生了显著变化，入黄水沙量锐减。如何客观地认识水土保持生态建设措施减水减沙作用及近年来黄河水沙锐减的原因成为国内外专家和有关方面关注的热点和焦点。沟道是流域水土流失的汇集地，对沟道进行有效的治理、开发与利用，具有巨大的社会、经济、生态效益。长期的水土保持实践经验证明，淤地坝是黄土高原水土流失防治的重要水土保持工程措施，也是快速减少入黄泥沙、减轻黄河下游河道泥沙淤积、实现河床不抬高最有效的工程措施。淤地坝有效地解决了黄土高原水土流失严重和干旱缺水两大问题，使生态环境建设与当地群众致富的关系得到了有机的统一，具有显著的生态效益、经济效益和社会效益，在治理水土流失、减少入黄泥沙、发展区域经济、提高群众生活水平和改善生态环境等方面具有不可替代的作用。然而，20世纪50年代以来，淤地坝建设几经大起大落的最根本原因在于淤地坝频繁水毁事件的发生。由于淤地坝自身特性、管理不当及超标准暴雨发生等原因，陕北地区1994年7～8月7347座淤地坝遭到不同程度的冲垮和冲坏，成为1949年以来受害面积最大、数量最多、损坏最严重的一次溃坝事件；2012年、2013年陕北地区的连续强降雨产生的超标准洪水对当地淤地坝的安全运行造成极大威胁。

针对这些问题，我国广大科技工作者在淤地坝优化布局、坝系相对稳定、淤地坝减水减沙效益等方面做了大量研究工作。经过60多年的实践，淤地坝建设经过了由分散、没有规模到以小流域为单元的坝系建设，由缺乏规划、设计到不断完善前期工作的规范化建设。同时，广大科技工作者不但在科学规划与防洪保收、单坝施工筑坝技术及管理等方面取得了一些成功经验，并且已经充分认识到科学规划是坝系建设的基础，工程质量是坝系建设的关键，改善和完善现有管理体制是坝系良性运转的保障。

但是，目前在坝系安全及评价等方面仍有许多理论问题亟待解决，尚未形成完整的理论体系，特别是在淤地坝淤地坝系蓄洪拦沙的级联调控作用、坝系安全稳定布局与坝级配置以及坝系防洪风险评价等方面远不能满足对区域生态建设工程与经济发展的科技支撑。最新研究证实，淤地坝结构和坝系布局方式不同，其拦减水沙的效益也不同，如何优化坝系布局，达到最佳的水沙调控效果还少有研究；在拦减泥沙的过程中，淤地坝具有明显的“淤粗排细”功能，以往研究侧重于对淤地坝拦减泥沙总量的研究，而对淤地坝系如何有效发挥拦减粗泥沙（粒径 $d \geqslant 0.05$mm）的作用机制研究尚刚刚起步；近年来在全球气候变化的背景下，黄土高原局地特大暴雨频发，淤满淤地坝水损事件的频繁发生、新建淤地坝空库运行等情况，使得淤地坝蓄水拦沙作用的发挥受到了质疑，客观评价淤地坝在黄土高原水土流失治理中的作用亟须在理论与方法上进行深入探讨。

综上所述，随着黄土高原淤地坝坝系建设步伐的不断加快，解决淤地坝坝系防洪安全问题成为黄土高原地区坝系建设成败的关键。开展黄土高原小流域淤地坝坝系防洪风险评价技术研究，将有利于：①解决沟道生态环境建设过程中存在的沟道工程规划、设计、施工、管理等问题；②使淤地坝等生态建设工程更有效地遏制生态退化、减少入黄泥沙，为区域社会经济提供生态保障；③完善与提升淤地坝建设的科学性，提高淤地坝坝系抵御洪水灾害风险的能力，有助于巩固黄土高原退耕还林还草工程成果，加速农民脱贫致富与经济发展，推进新农村建设；④有效发挥水土流失综合治理工程作用，建立完善淤地坝风险辨识与评价技术，以确保区域生态安全的重大需求；⑤有助于明晰黄土高原水土流失综合治理策略，以满足确定生态治理工程目标与生态经济和谐发展的需求。

1.2 国内外研究进展

1.2.1 小流域坝系研究进展

1. 小流域坝系概念

“坝系”概念是黄河水利委员会绥德水土保持科学试验站于 1959 年在总结埝堰沟淤地坝建设经验后提出来的，其后又在全面总结坝系防洪保收试验和黄土天然聚湫调查研究成果的基础上，进一步提出了“相对平衡”和“相对稳定”的概念。如何发挥一个坝系中各大、中、小型淤地坝的作用，才能使坝系形成具有防洪、拦泥、生产、水资源调控利用等综合功能的沟道工程体系，是淤地坝建设中首先遇到并且必须解决的重要问题(蔺明华等，2003)。20 世纪 80 年代中期以前，黄河水利委员会绥德水土保持科学试验站在这个领域的试验研究中占有主导地位。黄河水利委员会绥德水土保持科学试验站提出的坝系相对稳定概念为以后骨干坝的建设奠定了基础。

在坝系相对稳定概念提出后，相对稳定坝系成为淤地坝建设与发展的最终目标(蔺明华等，2003)。为达到此目标，黄河水利委员会绥德水土保持科学试验站通过对韭园沟、王茂沟、鸭赤沟、埝堰沟等坝系建设经验的总结，提出了坝系规划布设与防洪保收的原则。1961 年黄河水利委员会绥德水土保持科学试验站在坝地较多的王茂沟小流域进行坝地防洪保收试验研究时，把防洪、拦泥、生产三者统一起来，收到了较好的效果。

2. 小流域坝系规划研究

淤地坝规划是指淤地坝坝系建设规划，目的是通过坝系建设规划，使淤地坝建设逐步迈入规范化、科学化和区域化的轨道。围绕淤地坝坝系建设，各地科研单位在淤地坝坝系的规划原则、工程结构、合理布局、建坝密度、洪水调节等方面开展了大量的研究工作。

1961年黄河水利委员会绥德水土保持科学试验站在坝地较多的王茂沟小流域进行坝地防洪保收试验研究时，有意识地进行了坝系规划，并提出了坝系规划的原则是“因地制宜，全面规划，大小结合，蓄种相间，轮蓄轮种，计划淤排”；在坝系布局上提出了“全面利用，以排为主”和“蓄种相间，蓄排结合”两种形式；在建坝顺序上提出了“支毛沟由下到上、干沟由上到下或上下结合”的办法。其后淤地坝坝系布设在王茂沟坝系布设的基础上，各地结合实际又开展了多种形式的坝系规划研究工作。

20世纪70年代中后期，黄河中游地区连续发生暴雨洪水毁坝事件。科研工作者在总结淤地坝建设经验和洪水毁坝教训的基础上，提出在坝系建设中应增加控制性骨干淤地坝(即后来所说的骨干坝)(蔺明华等，2003)。1979年王茂沟坝系的规划原则变更为“因地制宜、全面规划、骨干控制、滞洪排清、全面利用，一次设计、分期加高，防洪与拦泥生产相结合”。上述坝系规划布设与防洪保收原则，首先反映出坝系中应增设骨干坝以提高其防洪能力；其次反映出淤地坝的结构以“两大件”为主，以便于滞洪排清；最后反映出坝系建设的目标是长期发挥防洪、拦泥和生产效益，以便坝系相对稳定的实现。1979～1985年黄河水利委员会绥德水土保持科学试验站在王茂沟和黄土坬等5个坝系进行了坝系防洪保收观测试验，通过分析总结后得出，在侵蚀模数为1.8万～2.0万t/km^2的地区，坝地面积相对稳定指标为流域面积的1/20，坝地高秆农作物的耐淹水深不超过0.8m，耐淹时间为5～7d，耐淤厚度不超过0.3米/次。山西省水土保持研究所在20世纪90年代初期曾进行过防洪保收人工模拟试验，其研究结果与前述指标基本接近。

20世纪80年代以后的淤地坝坝系研究由以建设实体模型、总结经验为主转入以理论研究为主的阶段。1983年，黄河水利委员会绥德水土保持科学试验站应用正交试验分析法对小流域坝系的布坝密度、骨干坝位置、泄水建筑物形式(结构组成)、建坝顺序和建坝时间间隔等进行优化研究；1987年黄河水利委员会第一期水土保持科研基金资助课题在提出了晋西、内蒙古、陇东、海东等不同类型区小流域坝系规划方法的基础上，全面总结了无定河流域40多年来大型淤地坝的建设经验，并首次开发了集数据库、模型库、图形库和专家系统为一体的无定河治沟骨干工程决策系统。20世纪90年代，由于计算机的普及和应用，利用计算机技术对坝系进行非线性规划开展得较多。武永昌等(1992)利用非线性规划技术，以建坝高度和建坝时间为决策变量进行了淤地坝坝系优化规划研究；西北农林科技大学以淤地坝的拦泥坝高、滞洪坝高为决策变量对淤地坝坝系进行过优化研究。坝系优化规划涉及的主要内容包括坝系优化布设、建坝时序优化、坝系优化运行与管理等。坝系空间布局属于坝系规划的一部分，空间布局的研究主要集中在坝址选取原则、单坝控制面积、数量配置比例和坝高的优化等方面，其中，有关坝址选取原则、单坝控制面积、数量配置比例的研究多集中在定性研究上，而坝高的优化研究多集中在定量研究上。

段喜明等(1998)指出，淤地坝坝址选取原则包括：口小肚大，沟道纵坡缓，工程量小，淤地多；坝址应在沟道的弯道、岔口的下方或跌水的上方，且坝址两端坡面不能有较大的沟道集流槽，以免洪水冲击坝身；应有足够的良好土料；坝址沟岸两坡要有加高的条件；距村庄近，交通方便，以利于耕作和管理；在多个待选的坝址中，应优选效益现值大的坝址。

刘保红等(2003)通过分析窟野河流域的地质、地貌及水土流失特点，分别得出黄土丘陵区、砂质丘陵区、砾质丘陵区不同地貌类型区的淤地坝系空间布局情况，即按照控制面积来布置骨干坝、中小型淤地坝。黄自强(2003)提出，在确定了坝系建设规模和空间布局之后，应通过效益分析对坝系布局目标进行反证，达到要求的才是可行的。郑新民(1988)指出，小流域坝系空间布局应以水沙淤积相对平衡为目标，具有整体性、层次性和关联性，故骨干坝在流域内应按分单元切块布局，中小型淤地坝应按沟道级别分层布局。薛顺康等(2004)指出，小流域坝系的研究重在坝系的合理布局，骨干坝在流域内分单元切块布局且应遵循单坝区间控制面积基本均衡、对干支沟的沟道控制基本均衡、单坝淤地面积与区间控制面积的比值基本均衡三个原则；中小型淤地坝按沟道级别分层布局，布置坝系的同时需考虑小流域坡面治理和位于沟岸的村镇厂矿等防洪安全。

秦鸿儒等(2004)在总结已建的典型小流域坝系经验的基础上，对近300条小流域坝系的布坝密度、骨干坝及中小型淤地坝的配置比例、治沟骨干工程平均控制面积等进行了统计分析，得到小流域淤地坝坝系中的不同规模淤地坝的建坝条件，即只有50%～60%的Ⅰ级沟道(毛沟)可以修建小型坝；Ⅱ级沟道(小支沟)的下游修建中型坝，个别面积较大的可建在上游两个Ⅰ级沟道的交汇处，其下游布设小型坝；Ⅲ级沟道(大支沟，沟长3～5km)一般建2～3座骨干坝，中间布设中、小型淤地坝；Ⅳ级沟道多为小流域干沟(沟长6～10km)，可建3～5座骨干坝，中间布设中型坝；Ⅴ级沟道多为小流域的主沟(沟长10～15km)，需建5～8座骨干坝；Ⅵ级沟道超出了小流域坝系布局的范围，可对其包括的Ⅳ、Ⅴ级沟道分别进行单独的坝系布局。

田永宏(2005)在调查韭园沟流域各级沟道淤地坝分布和配置比例的基础上，得出结论：小型坝主要分布在Ⅰ、Ⅱ级沟道，作用为拦泥淤地，洪水防御标准为20

年一遇；中型坝主要分布在Ⅱ、Ⅲ级沟道，作用为拦截较大的洪水和较多的泥沙以及保护控制小型坝，控制流域面积一般小于 2km^2；骨干坝多分布于干沟的沟道和主沟的沟口，作用是拦泥拦洪。蒋耿民等(2010)探讨了坝系规划和建设中的小流域面积选择、坝系布设重点、工程设计标准、治沟骨干工程数量等问题。常文哲等(2006)通过对城西川流域社会自然条件、水土流失治理现状、坝系建设潜力、减沙目标、淤地目标的分析，确定了该流域的坝系建设规模，并探讨了流域工程布局的原则、思路与方案。

宛士春等(1995)应用系统分析技术建立了以坝系工程量之和为目标函数、以总坝高为决策变量的淤地坝坝系非线性优化模型，但并未讨论坝址选取是否合适，也没有对滞洪坝高进行优化。武永昌(1994)研究认为，淤地坝的最优拦泥坝高与最优滞洪坝高之间存在着密切关系；提出了拦泥坝高和滞洪坝高双优化的思路；以最小坝系工程费为目标函数、以拦泥坝高和滞洪坝高为决策变量，建立了淤地坝坝系非线性优化数学模型，该模型避免了经济、社会和生态效益的计算，采用能间接反映三种效益且运算简单的目标函数和约束条件来优化坝高。

3. 淤地坝坝系相对稳定理论研究

坝系相对稳定的提法始于 20 世纪 60 年代，当时称为“淤地坝的相对平衡”。人们从天然聚湫对洪水、泥沙的全拦全蓄、不满不溢现象得到启发后认为，当淤地坝达到一定的高度、坝地面积与坝控流域面积的比例达到一定的数值之后，淤地坝将实现对洪水、泥沙长期控制而不至于影响坝地作物生长，即来自坝址上游的洪水、泥沙全部被淤地坝消化利用，达到产水产沙与用水用沙的相对平衡。根据极限含沙量的概念，在小流域内减少汛期径流就能有效地控制水土流失。目前的普遍提法是“坝系相对稳定”，主要是为了加强与坝系工程的防洪安全的联系。

史学建等(2006)、方学敏(1995)等认为，坝系相对稳定的含义包括以下几个方面：①坝体的防洪安全，即在某一特定暴雨洪水频率下，能保证坝体及附属工程的安全；②坝地作物的保收，即在另一特定暴雨洪水频率下，能保证坝地作物不受损失或少受损失；③控制洪水泥沙，即来自坝址上游的绝大部分洪水、泥沙被淤地坝拦截，沟道流域的水沙资源得到充分利用；④后期坝体的加高维修工程量小，群众可以负担。要达到坝系的相对稳定，设计淤地坝时必须考虑当地的水文条件(如设计洪量及历时、设计暴雨量及历时等)，以及所控制的小流域的地理条件、地质条件、坝地面积、农作物种类等。曾茂林等(1997)认为，在 100 年一遇的暴雨情况下，当坝内水深小于 0.8m、积水时间小于 3～7 个昼夜，或坝地与流域面积之比为 1/25～1/15 时，随着坝地的淤积，定期加高坝体是可以达到坝系基本相对稳定状态的。

在坝系相对稳定研究中，一般将小流域坝系中的淤地面积与坝系控制流域面积的比值称为坝系相对稳定系数。王英顺等(2003)认为，坝系相对稳定系数是衡量坝系相对稳定程度的指标，其大小取决于沟道坝系所在小流域的 10 年一遇洪水的洪量模数与土壤侵蚀模数的大小。坝系相对稳定系数有两个计算公式，分别以淤积厚度和防洪标准计算：

$$I_1 = \frac{S_1}{F} = \frac{M_s}{\delta_1 \gamma} \tag{1.1}$$

式中，I_1 为以淤积厚度计算的坝系相对稳定系数； S_1 为满足最小淤地要求所需的坝地面积(km^2)；F 为坝控流域面积(km^2)；M_s 为土壤侵蚀模数[t/(km^2·a)]；δ_1 为坝地允许淤积厚度(m)；γ 为土壤干容重(g/cm^3)。

$$I_2 = \frac{S_2}{F} = \frac{W_P}{\delta_2} \tag{1.2}$$

式中，I_2 为以防洪标准计算的坝系相对稳定系数；S_2 为满足防洪标准所需要的坝地面积(km^2)；F 为坝控流域面积(km^2)；W_P 为设计频率为 P 的洪量模数(m^3/km^2)；δ_2 为坝地允许淹水深度(m)。

式(1.1)和式(1.2)计算结果中数值较大者即为坝系相对稳定系数。当流域中已有坝地面积与坝控流域面积的比值大于坝系相对稳定系数时，坝系达到相对稳定状态；反之，坝系没有达到相对稳定状态。坝系相对稳定系数反映了流域坡面产流产沙与坝系滞洪拦沙之间的平衡关系。对于黄土高原不同的地貌类型区而言，坝系相对稳定系数的取值范围有所差异。同样的防洪标准和同样的作物耐淹深度，由于不同地貌类型区的洪量模数不同，其要求的坝系相对稳定系数差别也不同；不同地貌类型区的侵蚀模数不同，导致坝地年平均淤积厚度差别也较大，即侵蚀模数大的地区要求的坝系相对稳定系数要大一些。

从形式上看，坝系相对稳定系数用面积关系表示二维平面指标，但就其内涵来讲，实际上已远远超出了平面指标的范围，体现出了多维性和综合性。更为重要的是，坝系相对稳定系数是人们在长期的淤地坝建设实践中总结出来的，具有较强的说服力和一定的可靠性；同时，具有简单明了的特点，易于理解和掌握，有利于在实践中推广运用。虽然李敏(2005)对淤地坝的相对稳定原理提出了质疑，但沟道坝系的相对稳定现象是客观存在的。黄土高原已有多条基本相对稳定的坝系达到多年洪水不出沟，被就地就近拦蓄或利用。陕西省的八里河坝系、黄土洼坝系以及甘肃省的老坝头坝系、千湫子坝系等都是天然的、已达到相对稳定的坝系；山西省汾西县康和沟小流域坝系、陕西省绥德县王茂沟小流域坝系等也都是实现了相对稳定并取得了显著拦泥增产效益的工程范例。曾茂林等(1995)提出，坝系相对稳定是沟道发展淤地坝的最终目标，是淤地坝发展的必然结果。在国外，Lenzi 等(2002)研究了坝地对稳定河道方面的贡献；Boix-Fayos 等(2007)有关淤地坝对沟道形态的影响的研究结果表明，由于放牧面积和旱作农业面积减少，泥沙也随之减少，但淤地坝下游的水流挟沙能力增大会造成下游的侵蚀量增大。

沟道淤地坝坝系能够实现相对稳定的主要原因是淤地坝的拦沙减蚀作用和坝地面积的增长。由于坝地面积的增长，即使上游来水来沙量不变，每次洪水发生后的坝地增高幅度也将减小。方学敏等(1998)认为，淤地坝的建成使得来自坡沟的泥沙在坝地上淤积，覆盖了原侵蚀沟面，从而有效地控制了沟道侵蚀，其减蚀机理主要表现在：①局部抬高侵蚀基准面，减弱了沟道重力侵蚀并控制了沟蚀发展；②拦蓄洪水泥沙，减轻沟道冲刷；③减缓地表径流，增加地表落淤；④增加坝地，提高农业单产，促进陡坡退耕还林还牧，减少了坡面侵蚀。

国家“八五”攻关项目和黄河流域水土保持科研基金项目也曾设专题进行坝系相对稳定试验研究，并由黄河水利委员会黄河上中游管理局和绥德水土保持科学试验站分别在榆林沟流域和韭园沟流域结合课题研究建立了实体模型。淤地坝防洪保收一直是坝系规划与布设的主要目的之一。开展淤地坝防洪保收研究贯穿于坝系规划研究的全过程，要解决的问题是在充分发挥坝系防洪、拦泥作用的同时，实现坝系的生产效益最大化。

“九五”期间，“黄土丘陵沟壑区小流域坝系相对稳定及水土资源开发利用研究”课题对淤地坝的概念进行了新的阐述，在定义坝系相对稳定时更加强调坝系作为一个有机结合的整体所发挥的对洪水、泥沙的调控作用和效能。黄河上中游管理局在《淤地坝规划》一书中指出，当小流域坝系工程总体上达到一定规模和合理配置后，通过骨干坝、中小型坝、小塘坝群的联合调洪、拦泥和蓄水，洪水泥沙将得到合理利用；在较大暴雨洪水(100～200 年一遇)条件下，坝系中的骨干坝的安全可以得到保证，而在较小暴雨洪水(10～20 年一遇)条件下，坝地农作物可以实现保收；在一般情况下，坝地平均年淤积厚度小于 30cm，需要加高的坝体工程量将相当于基本农田的岁修工程量，坝系调洪蓄沙与坝体加高达到一种相对稳定状态；另外，一个淤地坝坝系达到相对稳定通常必须满足防洪安全条件、淤地面积条件、坝系结构条件和单坝条件4个条件，而淤地面积条件是坝系相对稳定所需要的最基本条件。

然而截至目前，相关的坝系相对稳定研究成果并没有严格区分“单坝”和“坝系”而论“相对稳定”。另外，如何具体实现坝系相对稳定、坝系相对稳定究竟需要多长时间才能实现，以及如何能使其在建设投资、坝地可持续利用、效益分析和运行管理等方面都尚未较好地解决，其技术手段、实施方法需要开展更加深入的研究。

4. 小流域坝系蓄洪拦沙的级联调控研究

小流域坝系的功能和目的均是拦蓄沟道洪水和泥沙，改善小流域生态经济环境，提高水土资源开发利用效果。根据小流域地貌特征、水土流失形式、土地利用情况，在小流域各级沟道科学合理布设大、中、小型淤地坝，通过相互连接，形成有机结合、功能协调、具有树形结构的小流域沟道工程体系。

小流域坝系，如同一个需要各部门相互协作、彼此配合从而实现一个共同目标运行的企业一样，也有一个整体效益问题。在一定的暴雨洪水条件下，坝系中的某几座单坝(库)可能拦蓄洪水泥沙较多，而另一些坝库可能很少，甚至由于垮坝而出现水土流失的“零存整取”现象。如果不采取措施提高那些拦蓄泥沙较少或者出现“二次水土流失”的坝库的效益，流域内的坝库群整体效益将无法实现最大化，不仅浪费财力、物力，还可能出现防洪安全问题。这种现象说明，对于整个坝系而言，内部各单坝、坝系单元的相互协作、联合调控是极其重要的。

1) 小流域坝系级联物理模式研究

小流域坝系结构是指小流域坝系中大、中、小型淤地坝的分层组合关系、数量配置比例和平面形状。根据沟道分级原理，对坝系组成结构进行剖析可以发现，小流域坝系是由主沟坝系、干沟坝系和支沟坝系单元构成的，最终形成一个巨大的叶脉状的坝系结构。对各坝系单元之间的相互连接方式进行概化，将得到不同坝系单元之间的级联物理模式，即串联、并联、混联三种模式。不同坝系单元间的级联模式主要取决于以下几个因素：

(1) 小流域各沟道的疏密程度。当各级沟道均稀少时，坝系结构相对简单，大、中型淤地坝配置比例相对较高；当各级沟道均稠密时，坝系结构较复杂，中、小型淤地坝配置比例相对较高。在各级沟道组成中，当Ⅰ级沟道(毛沟)较多时，小型坝配置比例较高，淤地坝的串联模式比例最高，各相邻单坝之间存在水沙传递关系；当Ⅱ级沟道(小支沟)较多时，中型坝配置比例较大，控制不同支沟的坝系单元以并联为主；当Ⅲ级沟道(大支沟)较多时，由骨干坝控制的坝系单元相对较多，坝系单元之间基本属于并联关系，相互之间很少存在水沙传递关系；Ⅳ、Ⅴ级沟道(主沟道)分段控制的骨干坝较少，但各坝控单元处在同一沟道上，属于典型的串联关系，存在从上游到下游的水沙传递关系。在确定各骨干坝的设计防洪标准时，必须考虑上游淤地坝的滞洪作用，以免在极端暴雨情况下造成连锁垮坝。

(2) 各级沟道的面积。由于侵蚀地貌的差别，各级沟道的面积和沟道组成差别较大。Ⅰ级沟道的控制面积一般为 $0.15\sim0.30km^2$，只适宜修建小型淤地坝；Ⅱ级沟道的控制面积一般为 $0.6\sim2.0km^2$，一般沟道可修建 1 座中型坝，个别沟道可修建 2 座中型坝或中、小型坝各 1 座；Ⅲ级沟道的控制面积一般为 $3.0\sim10.0km^2$，适宜修建淤地坝骨干工程，在个别集水面积较大、沟长较长的沟段内可修建 2 座或者更多座骨干工程，形成相对独立的坝系单元；Ⅳ级沟道的控制面积一般为 $30\sim50km^2$，应在适当位置配置骨干工程、生产坝和蓄水塘坝。随着沟道级别的上升，小流域的水沙传递关系更加复杂，坝系组合配置变化也更大。

(3) 沟道特征。沟道形状影响着坝系工程的数量配置比例。“V”形沟道狭窄，则中小型淤地坝配置比例相对较高；“U”形沟道宽阔，则大中型淤地坝配置比例相对较高。在平均纵比降较大的沟道内的中小型淤地坝配置比例相对较高，而在平均纵比降较小的沟道内的大中型淤地坝配置比例相对较高。

(4) 功能目标。不同的淤地坝坝系在功能设置上有不同的要求，防洪要求高的坝系一般骨干工程防洪标准较高，中小型坝的比例较小；要求快速淤地、及早生产的坝系一般工程数量较多，中小型淤地坝比例较大，即“小多成群”。坝系结构要充分考虑防洪、拦泥、生产和蓄水功能等多重效益。

坝系结构往往随坝系的发展而有所变化，初建阶段坝系按设计完成布局，在形成的坝系结构中的工程数量较多，中小型淤地坝比例较大；在坝系发育阶段，通过适应性调整，坝系中的淤地坝总数量有所减少，但大中型淤地坝配置比例增大；在坝系成熟阶段，坝系结构基本趋于稳定。

2) 淤地坝坝系级联防洪能力研究

根据坝系单元控制理论，一条坝系由若干条子坝系组成，而每条子坝系都修建于相对独立的支沟内；除坝系下游出口处的子坝系外，各子坝系之间一般不存在水沙传递关系。对小流域内Ⅲ级以上的较大支沟进行逐条分析，按照洪水、泥沙条件和建坝条件对没有淤地坝布设的空白沟道采用分片划分坝系单元，在坝系单元划分的基础上合理布设骨干坝；结合骨干坝的建坝条件、防洪风险和坝地淹没损失情况，采用分段拦截的方式合理划分Ⅳ级和Ⅴ级沟道的坝系单元并布设骨干坝，做到“分段、分片控制，节节拦蓄”的目的。

段菊卿等(2003)的研究表明，黄土高原现存淤地坝的防洪能力严重不足，亟须通过淤地坝坝系建设，提高防洪标准，确保现有淤地坝的防洪和生产安全。温建伟等(1996)探讨了防洪保收条件下骨干坝的设计标准和方法。胡建军等(2002)通过建立坝系防洪标准数学模型，对韭园沟小流域不同洪水频率下的坝系投资与垮坝损失进行计算分析，研究表明，韭园沟小流域坝系中的骨干坝按 100～200 年一遇防洪标准进行设计是经济、合理的。张效武(1999)则研究了特小流域暴雨洪水计算方法。李靖等(2003)在对黄河中游黄土高原自大规模建设淤地坝以来的几次大暴雨的典型性水毁情况进行归纳总结后认为，淤地坝水毁的主要原因除了前期建设淤地坝普遍存在设计标准偏低和工程质量较差之外，还在于坝系配套不够完善，尤其是坝系布局不合理。有些小流域沟道内只有 1 座淤地坝，而有些沟道内建成了一串串的“小群坝”，缺乏控制性的骨干工程，一旦发生超标准暴雨洪水，上游某座淤地坝发生溃坝后将导致下游的淤地坝发生连锁溃坝。为此，李靖等(2003)认为，要有计划、有步骤地进行坝系建设，逐步做到合理配置，联合调控洪水和泥沙，配置一些上拦、下保的控制性骨干工程，使流域内形成一个结构合理、调控得当、安全稳产的坝系。

从坝系单元的角度分析，采用单元控制，不同等级、不同规模的各项工程之间相互依存、相互补充，各自发挥自身优势，将洪水和泥沙分解、拦蓄，确保坝系单元自身的稳定和安全。即使在发生超过中、小型淤地坝设计防洪标准的暴雨洪水情况下，允许坝系单元内的中、小型淤地坝和坝地生产受到一定影响，但因为有骨干坝这道“最后防线”的存在，仍然可以保证坝系单元的整体防洪安全，有效防止“二次水土流失”的发生，从而保证了整个坝系的稳定和安全。

从流域水沙控制的角度来看，每个坝系单元之间是相对独立的。之所以说相对独立，是因为虽然各个坝系单元自成体系实施水沙控制，但是有些坝系单元位于同一条子坝系内，存在着上、下游关系，上游坝系单元的洪水经过调蓄处理后将进入其下游的坝系单元，这样的坝系单元之间存在着水沙传递关系。

通过子坝系和坝系单元的划分，可以更加清晰地反映出坝系工程体系的空间位置关系和它们之间的相互作用，有助于坝系的规划设计和建设实施。

从坝系角度分析来看，采用单元控制可以实现分段控制洪水、泥沙，削弱导致水土流失的原动力，在不同的降水条件下有序地分散拦蓄洪水、泥沙的动能。在坝系工程设计频率条件下，不同地段的洪水、泥沙各有归宿，得到科学合理分配，防止形成具有破坏力的动能，这样可以减轻或避免灾害的出现，既保证了坝系的稳定安全，又达到了科学控制和合理利用水沙的目的，使坝系处于整体稳定状态。

3) 小流域坝系级联拦沙能力研究

淤地坝能够拦蓄其坝控流域的径流泥沙，实现径流、泥沙不出沟，不但通过抬高沟道侵蚀基准面稳定了沟坡，而且改善了当地的水土资源的利用条件。因此，在黄土高原地区尤其是在黄土丘陵沟壑区，建议通过修建沟道淤地坝工程来调控沟坡侵蚀，进而调控整个坡沟系统的侵蚀过程。

根据黄土丘陵沟壑区典型小流域的观测资料，沟谷地面积平均占小流域总面积的 44%，但它的产水量和产沙量分别占流域产水、产沙总量的 73%和 80%，因此，小流域径流泥沙主要来源于沟谷地。根据调查资料，经初步治理的小流域的坡面水土保持措施一般仅能控制来沙量的 20%～40%，最多不超过 50%，剩余的坡面来沙将由坡面进入沟谷，被沟道内的淤地坝拦截。也就是说，淤地坝不仅拦蓄了沟谷地的产沙量，还拦蓄了 50%以上的坡面产沙量。因此，淤地坝在黄土丘陵沟壑区水土保持中起着非常重要的作用。

关于淤地坝的蓄水拦沙效益，各地进行了大量的调查、观测与分析工作，特别是近年来姚文艺等(2012)在分析黄河水沙变化时对各流域淤地坝的拦泥减沙和蓄水效益进行了大量的研究，主要表现在各地淤地坝的平均拦沙指标或不同坝高淤地坝的平均拦沙指标；整个流域中淤地坝的总蓄水减沙量和淤地坝蓄水减沙效益计算方法，但未对单坝的淤地拦沙效益及与其影响因素之间的关系未做深入研究。淤地坝的规格大小和控制面积是淤地坝建设规划中的两个重要因素，原因在于这两个因素影响着淤地坝的淤地快慢和拦沙效益大小。

随着拦沙量的增加和淤地范围的扩大，修建在侵蚀发育强烈地区的淤地坝抬高了局部侵蚀基准面，缩短了坡长，减缓了沟道纵比降，减小了水流行进速度，提高了沟坡稳定性，从而有效地减轻了沟道重力侵蚀，起到一定的减蚀作用。然而，沟蚀的发生具有很大的随机性，很难用定量化的指标进行描述。魏霞等(2007)提出沟道侵蚀发生的风险评价指标和评价方法，分析了在淤地坝不同淤积阶段沟蚀发生概率。马宁(2011)在对陕北大、中型淤地坝的建坝密度、实测拦泥库容、单坝控制面积等指标进行实地调查和数据整理的基础上研究发现，淤地坝具有显著的拦泥淤地作用，淤地坝的建坝密度、实测拦泥库容、单坝控制面积之间彼此呈正相关关系。冉大川等(2010)提出了不同年代淤地坝拦沙量与降水因子的响应关系式及其阈值，从实用角度给出了淤地坝年拦沙量的预估公式，认为淤地坝减蚀量占拦沙量的比重随着流域空间尺度(面积)的减小呈增大趋势。

根据方学敏等(1993)对坝系完整的王茂沟小流域的侵蚀产沙变化的分析结果，1953～1986 年王茂沟小流域淤地坝拦沙总量为 166.5 万 t，年均拦沙量为 5.05 万 t，流域输沙模数由水土流失治理前的 18 000t/km^2 降低到水土流失治理后期的 504t/km^2，减少了 97%，基本实现了对流域泥沙的完全控制，因此，合理配置的坝系的蓄洪拦沙级联效应明显，具有较强的调控洪水和泥沙的能力和持续拦沙作用。

4) 小流域坝系对水土流失过程的调控作用研究

淤地坝研究主要集中在淤地坝建设和管理两个方面。淤地坝建设研究主要包括坝系规划研究、单坝工程建设研究、淤地坝效益研究等；淤地坝管理研究主要包括淤地坝建设期管理研究和运行期管理研究。

坝系规划的目的是在防治全流域水土流失的前提下，使坝系工程总投资最小。与其他的水土保持沟道工程不同，淤地坝不但有拦泥防洪的作用，而且有生产及水资源调控和利用的功能。因此，如何有效发挥淤地坝单坝的作用以使整个坝系形成具有防洪、拦泥、生产、水资源调控利用等综合功能的沟道工程体系，既是坝系规划的主要内容，也是淤地坝建设中首要解决的问题。

淤地坝效益预测是淤地坝规划设计的一项重要内容，预测结果的可靠性对流域坝系规划和单项工程效果评估都有重要意义，特别是对淤地坝的优化设计尤其重要。辛全才等(1995)通过分析不同工程组成淤地坝的坝地面积与保收率随年份的变化规律，提出了坝地初始利用年份的确定方法，进而根据动态经济分析方法推导出了在经济计算期内淤地坝坝地经济效益的预测公式。刘利年等(2002)探讨了淤地坝规划效益评价的内容和计算方法，即效益评价主要包括效益计算所采用的基本参数、项目费用分析计算、项目效益分析计算、项目的主要经济指标和经济合理性分析。焦菊英等(2001)根据皇甫川、窟野河、佳芦河、秃尾河、大理河五条河流共 4877 座淤地坝的调查资料，分析了淤地坝单坝、坝系减水减沙效益和暴雨毁坝增沙情况及其与影响因素之间的关系，为黄土高原的淤地坝设计、坝系建设等提供了依据。

1.2.2 淤地坝溃坝与风险评价研究进展

1. 淤地坝溃坝研究进展

土石坝溃坝一般是由于洪水溢出坝顶和坝体存在质量问题造成管涌、结构破坏或滑坡引起，也可能由管理人员管理不当引起。超标准暴雨洪水是引发土石坝漫顶溃坝的主要因素，而设计洪水的计算是最重要的内容之一。在一些规范中包含了设计洪水计算的方法，国内的专家和学者也进行了大量的研究。谢银昌(2012)应用Excel 函数计算功能提出了小流域洪峰流量计算和洪水过程线绘制的简便方法。戴荣等(2012)通过运用数字高程模型(DEM)、地理信息系统(GIS)和径流曲线数法(SCS)模型计算得到实测径流资料匮乏地区的中小型流域设计洪水。陈建军(2010)通过暴雨资料推求实测径流资料不足地区的设计洪水。然而，针对典型小流域淤地坝坝系的洪水计算方法却很少见。

国内外溃坝洪水流量研究主要有两类，一类是通过大量试验总结出溃坝洪水流量的经验公式，Schoklitch(1949)根据试验成果提出了瞬间部分溃坝的坝址洪峰流量经验公式。中国铁道科学研究院在进行溃坝模型试验时总结出了可用于任何溃决情况的溃坝最大流量计算公式。另一类则是对数学模型计算成果进行验证。各国学者进行了相关的模型试验，并采用了国际水力学研究协会(IAHR)的前期研究成果和相关的溃坝实测资料，结果显示，建议采用敏感性分析方法进行典型区域的溃坝流量预测。20 世纪 50 年代奥地利学者对堆石坝溃决问题进行了大量室内试验，试验成果表明，上述试验的溃决时间比尺基本一致，而对于相同的护坡，坡度减缓时，冲开坝坡的临界水头将显著增加。南斯拉夫学者卢地·雷塔曾根据模型试验提出了一套概化过程线以求洪水演进，中国学者谢任之(1982)在此基础上进行了扩展。20 世纪 90 年代开始，欧美国家将溃坝研究重点逐渐转移到溃坝机理上。

2. 淤地坝系风险评价研究进展

关于坝系空间布局研究，秦向阳等(1994)建立了骨干坝优化模型并进行了坝址和坝高的优化；秦鸿儒等(2004)通过统计总结出小流域中不同规模坝的数量配置比例；温建伟等(1996)从防洪保收角度确定了淤地坝的坝高、溢洪道的设计和校核流量；高季章等(2003)分析了淤地坝洪水设计标准和不达标准淤地坝的处理标准等问题，并提出了相应的应对措施；蔺明华等(1995)以拦泥、养殖、生产等多个效益之和为目标函数，以建坝时间和拦泥坝高为决策变量，建立了淤地坝坝系非线性优化规划模型；武永昌等(1992)分析了骨干坝系最佳建筑时间的存在条件，并确定了实际淤积期的计算方法；姜彪(2010)利用建立的漫堤失事模糊风险率评价模型对河段堤防断面进行了安全评价；王宏伟等(2009)对桥梁防洪风险中的模糊随机性风险因素发生的概率进行了理论计算；刘冀等(2009)建立了基于主客观组合权重的模糊可变模式识别模型，并将其用于淤地坝坝系的防洪风险评价。

我国在淤地坝建设方面投入的资金不断增加，形成的淤地坝坝系也越来越多。然而，关于坝系溃坝机理和安全的空间布局之间的关系及流域淤地坝坝系防洪安全评价等方面的研究却很少。因此，加强淤地坝坝系溃坝机理和防洪安全研究已成为新时期黄土高原的淤地坝建设和水土保持生态环境建设的迫切需求。虽然已经有不少学者对土石坝等溃坝和安全风险评价进行了研究，但是有关淤地坝坝系优化布局和防洪安全评价等方面的研究还不多见。

1.2.3　存在的问题与研究展望

在淤地坝坝系防洪安全评价等方面仍有不少理论问题亟待解决，尚未形成完整的理论体系，特别是在淤地坝坝系蓄洪拦沙的级联调控作用、坝系安全稳定布局与坝级配置及坝系防洪风险评价等方面远不能满足对区域生态建设工程与经济发展的科技支撑。

淤地坝水毁过程机理研究目前几乎还是一个空白领域。造成这一局面的最大现实因素在于黄土高原的淤地坝水毁现象虽然较为常见，几乎每年都有发生，但有关的实时实地观测并不多见，以至于淤地坝水毁后的调查工作最多是根据库坝的破坏痕迹去推测可能的水毁过程。

要弄清淤地坝水毁的过程机理，有关部门必须从黄土高原地区的病险淤地坝中选择一些有代表性的淤地坝，有针对性地开展暴雨洪水冲击下坝体形变与溃决过程的连续观测工作，以收集比较系统的基础资料。同时，开展室内模拟试验，为科学认识各种条件下的淤地坝水毁机理提供资料。对于目前经验性或半经验性认识仍占主导地位的淤地坝水毁机理研究工作来说，着重明确以下几方面的内容是至关重要的。

1. 坝系流域突发性洪水的形成及其演进规律

黄土高原地区的绝大多数淤地坝水毁与突发性的暴雨洪水有关，因此，从坝系流域的自然结构出发，给出相关的各种洪水形成与演进曲线是认识淤地坝水毁机理最为关键的工作之一。然而，黄土高原地区现有的概念性水文模型尚不足以揭示淤地坝水毁的过程机理。

2. 坝库系统的受力状态及其形变规律

淤地坝的脱水固结机理曾是水利工程人员研究较多的一个问题，特别是始于 20 世纪 70 年代初期的、历时长达 10 年之久的黄土高原水坠坝试验研究在这方面取得了较好的科学成果。然而，如何把已有成果与动水状态下淤地坝的受力分析相衔接，揭示极端洪水冲击下水力冲填库坝的形变规律则是一个有待于进一步研究的课题。

3. 连锁溃坝情况下的坝系水毁机理

黄土高原大部分流域的沟道内一般建有由一系列的功能各异、防洪标准不一的单坝所组成的坝系，在暴雨洪水的作用下有时会出现个别库坝首先溃决进而导致整个坝系水毁的现象。连锁溃坝情况下的坝系水毁机理是另一个亟待研究的课题。

综上所述，以往的诸多研究成果对于淤地坝的修筑技术和小流域坝系的规划、布局和管理等已有比较深入的分析，这些成果也为科学规划设计、合理配置布局小流域坝系奠定了基础。但是，目前所取得的研究成果大多是以单坝的设计、施工技术、拦沙减蚀机理为主，而针对小流域淤地坝坝系的研究也大多集中在坝系的整体蓄洪拦沙效益方面，而对各坝系内单坝-坝系单元-支沟坝系-小流域坝系各层次之间的关系，以及不同层次之间联结机制、结构模式、相互协作机理的系统研究还很少；尤其是随着黄土高原地区气候环境的演变和土地利用结构调整，小流域坝系的蓄洪拦沙淤地的目的和过程也需要进行新的认识，并做出相应的调整。因此，需要进一步开展小流域淤地坝坝系不同层次和单元之间的水沙传递过程定量表达及其机理分析等方面的研究工作。

本书以黄土高原水土保持生态建设工程中的重点内容即淤地坝坝系为研究对象，通过实地勘察、资料收集和实验测试分析，运用多学科理论及“3S”技术和数值模拟技术，以小流域淤地坝坝系防洪风险评价为研究核心，在系统分析不同坝级、不同级联方式(串联、并联和混联)淤地坝蓄水拦沙作用与滞洪、减蚀机制的基础上，辨析小流域坝系与沟道单元坝系分片、分层对洪水泥沙的控制关系，阐明小流域淤地坝坝系防洪拦沙能力的级联效应；研发提高小流域淤地坝坝系防洪能力的坝系布局与坝级配置方法，建立小流域淤地坝坝系防洪风险分析与评价方法，提出保障小流域坝系防洪安全的适宜规模，为黄土高原地区的淤地坝规划建设、安全运行和水土资源高效利用提供科学依据。

第 2 章　研究区概况及基本资料

2.1　黄土高原监测坝系概况

为了全面总结黄土高原淤地坝建设的经验，扩大影响和以点带面，水利部黄河水利委员会、黄河上中游管理局开展了小流域坝系示范工程建设动态、拦沙蓄水、坝地利用及增产效益、坝系工程安全等方面的监测，总结小流域坝系布局、工程建设管理、技术应用、运行机制等方面的成功经验，为黄土高原淤地坝坝系建设树立示范样板，确定青海省大通县景阳沟，甘肃省定西市安定区称钩河、环县城西川，宁夏回族自治区西吉县聂家河，内蒙古自治区准格尔旗西黑岱、清水河县范四窑，陕西省横山县元坪、延安市宝塔区麻庄、米脂县榆林沟，山西省河曲县树儿梁、永和县岔口，河南省济源市砚瓦河 12 条沟道治理条件比较好的小流域作为黄土高原第一批坝系示范工程小流域。

2.1.1　小流域自然地理、社会经济概况

黄土高原 12 条坝系示范工程小流域主要分布在黄河中游多沙粗沙区，行政区划涉及黄土高原 7 个省(自治区)的 12 个县(旗、市)。按地貌类型区划分，陕西省米脂县榆林沟小流域、横山县元坪小流域和山西省河曲县树儿梁小流域，以及内蒙古自治区清水河县范四窑小流域、准格尔旗西黑岱小流域属于黄土丘陵沟壑区第一副区；陕西省延安市宝塔区麻庄小流域、山西省永和县岔口小流域属于黄土丘陵沟壑区第二副区；宁夏回族自治区西吉县聂家河小流域属于黄土丘陵沟壑区第三副区；青海省大通县景阳沟小流域属于黄土丘陵沟壑区第四副区；甘肃省定西市安定区称钩河小流域、环县城西川小流域属于黄土丘陵沟壑区第五副区；河南省济源市砚瓦河小流域属于土石山区。从小流域所属黄土高原重点支流情况看，涉及湟水河、渭河、皇甫川、无定河、延河、三川河及部分直接入黄支流。

黄土高原 12 条坝系示范工程小流域总面积为 970.31km^2，水土流失面积为 914.25km^2。

1. 地形地貌

黄土丘陵沟壑区地形破碎，梁峁起伏，沟壑纵横，沟壑密度一般为 3～6km/km^2，沟壑面积占总面积的 40%～60%。黄土高原土石山区岗峦起伏，沟壑纵横，沟壑密

度一般为 2～4km/km^2，地貌由梁、坡、沟组成。黄土高原不同地貌类型区的地形地貌主要特点见表 2.1。

表 2.1　黄土高原不同地貌类型区的地形地貌特征统计表

地貌类型区	小流域名称	主要地形地貌特征	水土流失特点
黄土丘陵沟壑区第一、二副区	榆林沟、元坪、麻庄、岔口、范四窑、西黑岱、树儿梁	地形以峁状丘陵为主，沟壑纵横，二副区间有残塬，沟壑密度为 3～6km/km^2	沟蚀、面蚀为主
黄土丘陵沟壑区第三、四、五副区	聂家河、景阳沟、称钩河、城西川	地形以梁状丘陵为主，沟壑密度为 2～4km/km^2	面蚀为主，沟蚀次之
土石山区	砚瓦河	山高坡陡、沟道比降大，多呈“V”形，沟壑密度为 2～4km/km^2	面蚀为主，沟蚀次之

2. 土壤与植被

黄土丘陵沟壑区的土壤类型主要为黄土。黄土结构疏松，富含碳酸盐，孔隙度大，透水性强，遇水易崩解，极易被径流冲刷流失。土石山区的成土母质为泥页岩和砂岩，其上覆盖黄土、红黏土和沙壤土等，主要分布于峁、坡。

黄土高原植被稀疏，植被类型主要包括针茅、沙蓬、沙棘、沙枣、沙蒿、狗尾草等低矮稀疏的旱生群落，用材林主要有刺槐、杨树、榆树、楸树等。人工经济林主要有杏、苹果、梨、枣、桃等树种，人工草地以紫花苜蓿为主。自 20 世纪 80 年代以来，随着坡面治理和退耕还林(草)项目的大规模实施，人工植被有较大发展。截至 2002 年底，黄土高原 12 条坝系示范工程小流域林草总面积达到 1325hm^2，林草覆盖度为 22.9%。

3. 气象水文

黄土高原 12 条坝系示范工程小流域大部分属干旱、半干旱大陆性季风气候，冬春季寒冷、干燥、多风沙，夏秋季炎热暴雨。年降水量少而集中，年际变化大，年内分配不均，多年平均降水量 380～567mm，汛期(6～9 月)降水量占全年降水量的 60%～70%，且多以历时短、强度大的暴雨形式出现。

黄土高原 12 条坝系示范工程小流域自然情况统计表详见表 2.2。

表 2.2　黄土高原 12 条坝系示范工程小流域自然情况表

县(旗、市)	小流域名称	流域面积/km^2	水土流失面积/km^2	侵蚀模数/[t/(km^2·a)]	年均降水量/mm	沟壑密度/(km/km^2)	年侵蚀量/万 t	年径流量/万 m^3
大通	景阳沟	60.37	51.30	6 500	508	3.30	39.24	313.9
定西	称钩河	118.00	118.00	5 600	380	2.72	66.08	295.0
环县	城西川	79.60	79.60	8 500	426	2.90	67.66	260.3
西吉	聂家河	46.57	44.90	6 880	420	0.88	32.04	107.1

续表

县(旗、市)	小流域名称	流域面积/km²	水土流失面积/km²	侵蚀模数/[t/(km²·a)]	年均降水量/mm	沟壑密度/(km/km²)	年侵蚀量/万 t	年径流量/万 m³
准格尔	西黑岱	32.00	32.00	14 200	400	3.70	45.44	120.5
清水河	范四窑	42.50	41.10	8 800	400	1.90	37.40	204.0
横山	元坪	131.40	131.40	13 000	398	2.16	170.80	303.4
延安	麻庄	58.63	53.00	6 500	567	3.04	34.45	155.0
米脂	榆林沟	65.59	65.59	18 000	452	4.38	118.10	352.8
河曲	树儿梁	113.75	101.24	9 800	462	2.83	99.22	569.2
永和	岔口	132.00	118.00	10 419	511	4.36	122.94	528.0
济源	砚瓦河	89.90	78.12	4 550	696	3.10	35.54	1 400.0
合计	—	970.31	914.25	—	—	—	868.91	4 609.2

4. 社会经济情况

黄土高原 12 条坝系示范工程小流域涉及黄土高原 7 个省(自治区)的 12 个县(旗、市)，总人口 7.95 万人，其中农村人口约 7.50 万人，平均人口密度 83.95 人/km²，人均土地 1.22 hm²，人均耕地 0.38 hm²，人均基本农田 0.15 hm²，详见表 2.3。

表 2.3　黄土高原 12 条坝系示范工程小流域社会经济现状表

小流域名称	农村人口/人	耕地面积/hm²	人均面积			人口密度/(人/km²)
			土地/hm²	耕地/hm²	基本农田/hm²	
景阳沟	12 260	3 796.2	0.43	0.27	0.16	224
称钩河	11 325	7 181.0	1.10	0.63	0.47	96
城西川	3 836	2 160.2	0.80	0.56	0.24	48
聂家河	6 615	3 344.1	0.42	0.32	0.10	142
西黑岱	886	60.0	0.08	0.07	0.01	28
范四窑	1 738	536.7	0.52	0.31	0.21	41
元坪	9 816	3 898.5	0.50	0.40	0.10	75
麻庄	2 712	1 057.7	2.16	0.39	0.09	46
榆林沟	9 248	2 410.5	0.08	0.26	0.08	141
树儿梁	5 572	4 011.8	1.97	0.72	0.15	51
岔口	2 543	3 090.0	5.59	0.53	0.08	20
砚瓦河	8 504	784.9	1.05	0.09	0.07	95
合计	75 055	32 331.6	—	—	—	—

2.1.2　小流域水土流失及其综合治理现状

1. 水土流失现状

黄土高原 12 条坝系示范工程小流域总土地面积为 970.3km²，其中水土流失面积为 914.3km²，占总土地面积的 94.2%。由于地形破碎、植被稀少、暴雨集中，水土流失极其严重；土壤侵蚀以水力侵蚀为主，水力侵蚀与风力侵蚀交替发生，水土流失面积大，侵蚀模数大于 5000t/(km²·a)的水土流失面积占总土地面积的 90%左右；水土流失类型复杂、多样，侵蚀类型主要有水蚀、风蚀和重力侵蚀，侵蚀形式主要包括面蚀、沟蚀、溅蚀、扬沙、崩塌、滑塌等。严重的水土流失导致流域内土壤肥力降低，土地生产力下降，严重影响了当地的农业生产，人民生活贫困，生态环境恶化。随着人口的不断增加，人类不合理地开发利用水土资源的活动日益增多，水土流失状况进一步加剧。另外，严重的水土流失使得耕地质量下降，土地生产率逐年降低，水资源贫乏，生态环境不断恶化，制约了农、林、牧各业生产的正常发展，群众的生产生活水平仍停留在较低的水平。

2. 综合治理现状

项目实施前，黄土高原 12 条坝系示范工程小流域完成水土保持治理面积 38 496.1hm²，其中基本农田 10 013.2hm²、乔木林 8 804.4hm²、灌木林 11 913.0hm²、经济林 1 725.3hm²、人工草地 6 040.2hm²。项目实施前，黄土高原 12 条坝系示范工程小流域坡面治理状况详见表 2.4。

表 2.4 黄土高原坝系示范工程小流域坡面治理状况统计表(项目实施前)

小流域名称	流域面积/km²	流失面积/km²	治理程度/%	治理面积/hm²	基本农田面积/hm²	乔木林面积/hm²	灌木林面积/hm²	经济林面积/hm²	人工草地面积/hm²
景阳沟	60.37	51.30	61.1	3 136.7	2 136.8	243.9	390.0	26.0	340.0
称钩河	118.00	118.00	45.5	5 366.0	2 303.0	565.0	315.0	89.0	2 094.0
城西川	79.60	79.60	29.1	2 314.4	935.8	531.8	354.5	0.0	492.3
聂家河	46.57	44.90	51.6	2 315.7	1 215.0	220.0	513.3	50.7	316.7
西黑岱	32.00	32.00	61.0	1 951.6	91.0	666.7	1 087.3	33.3	73.3
范四窑	42.50	41.10	43.4	1 782.3	341.3	250.8	679.3	235.8	275.1
元坪	131.40	131.40	33.2	4 356.6	923.3	543.6	1 536.7	121.0	1 232.0
麻庄	58.63	53.00	68.8	3 647.4	177.0	180.6	2 989.0	270.0	30.8
榆林沟	65.59	65.59	55.9	3 663.5	783.5	244.6	1 495.5	395.9	744.0
树儿梁	113.75	101.24	17.1	1 726.4	306.4	366.0	642.0	206.0	206.0
岔口	132.00	118.00	27.1	3 192.0	198.0	2 600.0	0.0	158.0	236.0
砚瓦河	89.90	78.12	64.6	5 043.5	602.1	2 391.4	1 910.4	139.6	0.0
合计	970.31	914.25	—	38 496.1	10 013.2	8 804.4	11 913.0	1 725.3	6 040.2

项目实施后，黄土高原 12 条坝系示范工程小流域累计完成治理面积 53 601.55hm²，其中梯田 13 492.9hm²、造林 27 734.9hm²、种草 5 464.5hm²、封禁 13 203.0hm²。项

目实施后，黄土高原 12 条坝系示范工程小流域坡面治理状况详见表 2.5。项目实施后，黄土高原 12 条坝系示范工程小流域新增加治理面积 4 635.84hm^2，其中新增梯田 1 461.05hm^2，造林 2 433.18hm^2，种草 741.61hm^2，封禁 2 275.60hm^2。

经过多年的综合治理，黄土高原 12 条坝系示范工程小流域坡面治理度平均由原来的 39.6%提高到现在的 54.63%，部分水土流失严重的坡耕地得到退耕还林(草)，流域内水土流失危害有所减轻，平均植被覆盖率达到 41.9%左右，生态环境有了一定的改善。

表 2.5　黄土高原坝系示范工程小流域坡面治理状况统计表（项目实施后）

小流域名称	流域面积/km^2	水土流失面积/km^2	治理程度/%	治理面积/hm^2	梯田面积/hm^2	造林面积/hm^2	种草面积/hm^2	封禁面积/hm^2
景阳沟	60.37	51.30	78.24	4 013.71	2 271.50	1 432.21	310.00	0.00
称钩河	118.00	118.00	61.06	7 205.03	5 424.38	1 416.40	364.25	4 214.78
城西川	79.60	79.60	51.54	4 102.35	1 633.33	1 554.71	914.31	0.00
聂家河	46.57	44.10	38.25	1 717.50	661.96	455.91	599.63	0.00
西黑岱	32.00	32.00	56.93	1 821.63	6.00	1 756.33	59.30	0.00
范四窑	42.50	41.10	41.27	1 696.33	255.33	1 165.90	275.10	0.00
元坪	131.40	131.40	37.66	4 949.10	725.60	2 693.50	1 530.00	0.00
麻庄	58.63	53.00	76.18	4 037.78	253.12	3 672.50	30.80	81.36
榆林沟	65.59	65.59	41.49	2 721.63	752.70	945.82	1 023.11	0.00
树儿梁	113.75	101.24	36.58	3 702.40	274.60	3 069.80	358.00	0.00
岔口	132.00	118.00	52.27	6 168.00	568.00	5 600.00	0.00	0.00
砚瓦河	89.90	78.12	100.00	7 812.00	666.40	4 002.00	0.00	3 143.60
合计(平均)	970.31	914.25	(54.63)	49 947.46	13 492.92	27 765.08	5 464.50	7 439.74

2.2　重点研究小流域

本节所涉及的三条重点研究小流域对象即榆林沟小流域、小河沟小流域和韭园沟小流域，均位于黄土丘陵沟壑区第一副区。该区地貌以梁峁状丘陵为主，地形破碎，沟壑纵横密布，沟壑密度达 3～7km/km^2，沟道深度为 100～300m，沟道多呈“U”形或“V”形。沟壑面积所占比例很大，沟间地与沟谷地的面积比为 4:6，沟间地耕垦指数高，水力侵蚀异常强烈，大部分地区风蚀也很强烈。沟谷地产沙量较沟间地大，并以沟坡为主。侵蚀类型以浅沟、切沟等沟状侵蚀为主，崩塌、泻溜等重力侵蚀次之，再次为沟床下切侵蚀。该区千沟万壑的沟道特征为坝系建设提供了适宜的建坝条件，巨量的土壤侵蚀也为坝地泥沙淤积提供了充足的泥沙来源。

1. 榆林沟小流域

榆林沟小流域位于陕西省米脂县境内，是无定河中游左岸的一级支沟。流域面积为 65.6km^2，海拔 868.4～1 198.2m，相对高差 329.8m。沟谷地面积占流域面积的 51.13%，沟间地占 48.87%，主沟道长 16.07km，沟道平均纵比降为 1.44%。流域内沟长大于 300m 的沟道有 212 条，沟壑密度为 4.3km/km^2，沟道比降在 1.44%～15%，地面坡度大部分在 16°～35°。由于水土流失严重，榆林沟小流域地貌发育活跃，具有地形破碎、梁峁起伏、沟壑纵横、坡陡沟深等复杂地貌特点，水土保持治理前多年平均年侵蚀模数为 18 000t/km^2。

该流域地处温带半干旱大陆季风气候区，多年平均年降水量为 450mm，降水量多集中在 7～9 月，且多以暴雨形式出现；多年平均年蒸发量为 1 200～1 800mm；多年平均年径流深为 39.8mm；多年平均年径流量为 261.9 万 m^3；沟道内的常流水流量一般为 0.027～0.046m^3/s。

2. 小河沟小流域

小河沟小流域位于陕西省子洲县境内，是大理河左岸的一级支流和无定河二级支流。流域面积为 63.3km^2，主沟道长 16.47km，沟道平均纵比降为 1.42%；海拔 921～1 249m，相对高差 328m。流域内沟长大于 300m 的沟道有 259 条，沟道平均纵比降为 1.3%～15%，沟壑密度为 3.6 km/km^2。流域内地形破碎，梁峁起伏，沟壑纵横，土层深厚，极易受水力、风力等外营力的侵蚀，水土流失严重，水土保持治理前多年平均年侵蚀模数为 15 000 t/km^2，属无定河中下游黄土丘陵沟壑区强度流失区。

该流域地处温带半干旱大陆季风气候区，多年平均年降水量为 443mm，降水多集中在 7～9 月，且多以暴雨形式出现；多年平均年蒸发量为 1 225～1 831mm；多年平均年径流深为 45.1mm；多年平均年径流量为 285.7 万 m^3；沟道内的常流水流量一般为 0.022～0.039m^3/s。

3. 韭园沟小流域

韭园沟小流域位于陕西省绥德县境内，是无定河左岸的一级支沟。流域面积为 70.7km^2，主沟道长 18.0km，沟道平均纵比降为 1.2%；海拔 820～1180m，相对高差 360m。流域内沟长大于 300m 的沟道有 430 条，沟道平均纵比降为 1.2%～14%，沟壑密度为 5.34km/km^2。流域内地形破碎，梁峁起伏，沟壑纵横，土层深厚，土地贫瘠，植被稀少，垦殖指数高，水土流失严重，水土保持治理前多年平均年侵蚀模数为 14 000t/km^2，属无定河中下游黄土丘陵沟壑区强度流失区。

该流域地处温带半干旱大陆季风气候区，多年平均年降水量为 468.6mm，降水多集中在 7～9 月，且多以暴雨形式出现；多年平均年蒸发量为 1 519～1 600mm；

多年平均年径流深为 39.0mm；多年平均年径流量为 275.7 万 m^3；沟道内的常流水流量一般为 0.029～0.041m^3/s。

2.3　重点典型研究小流域——王茂沟小流域

2.3.1　自然地理概况

1. 地理位置

王茂沟小流域是黄河水利委员会绥德水土保持科学试验站试验性治理小流域之一，也是我国最早的治理试验小流域之一。

王茂沟小流域位于陕西省绥德县境内，是韭园沟中游左岸的一级支沟，也是无定河中游左岸的二级支沟，海拔 940～1188m，地理位置为东经 110°20′26″～110°22′46″、北纬 37°34′13″～37°36′03″，详见图 2.1；流域面积为 5.97km^2，主沟长度为 3.75km，流域平均宽度为 1.46km，沟道平均纵比降为 2.7%。

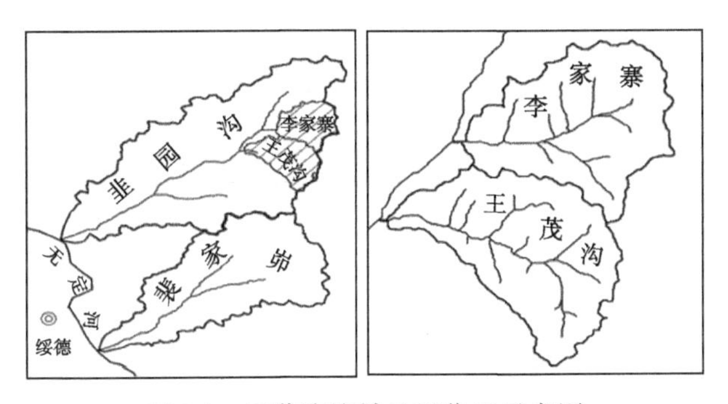

图 2.1　王茂沟流域地理位置示意图

2. 地形地貌

王茂沟小流域地处黄土丘陵沟壑区第一副区，地面主要由基岩和土状堆积物两部分构成。基岩主要是三叠纪砂页岩，干沟和较大支沟都切入岩层，部分沟道两侧可以看见高几米到几十米不等的岩壁出露。岩层以上土状堆积物是第四纪紫红色黏土，在少数沟坡下零星分布。黄土分布最为广泛，是本地区农业生产的主要土类，也是被侵蚀的主体，垂直节理发育，颗粒均匀，土粒间胶结力很弱，黏粒含量低，有机质含量一般为 0.21%～0.30%。土质疏松，抗蚀能力弱。黄土直接堆积于基岩或者红色黏土之上，厚度为 20～150m，构成了本流域的基本地貌骨架。

流域内地貌复杂，以梁峁为主，沟壑纵横，属于典型的黄土丘陵沟壑地貌。

图 2.2 为王茂沟小流域数字高程模型图。王茂沟小流域坡度组成见表 2.6，坡度分级图见图 2.3。

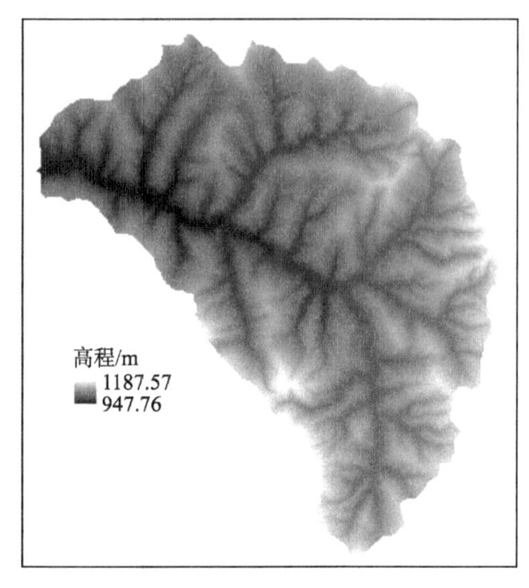

图 2.2　王茂沟小流域数字高程模型图

表 2.6　王茂沟流域地面坡度组成

坡度范围/(°)	<5	5～8	8～15	15～25	25～35	>35
所占比例/%	1.5	1.7	6.3	24.0	32.1	34.4

3. 气象水文

王茂沟小流域属于温带半干旱大陆季风气候，四季分明，温差较大，日照充足。春季干燥多风，夏季炎热，秋季凉爽，冬季严寒。根据多年的观测资料统计，王茂沟小流域多年平均气温为 8℃，最高气温为 39℃，最低气温为–27℃；多年平均无霜期为 150～190d；多年平均年水面蒸发量为 1519mm，最大年水面蒸发量为 1600mm；风向除了汛期多为东南风外，其余月份以西北风为主，风速最大为 40m/s；干旱、冰雹等自然灾害频频发生。

1) 降水

根据黄河水利委员会绥德水土保持科学试验站多年实测资料统计，王茂沟小流域多年平均年降水量为 475.1mm，年际变化比较大，最大年降水量为 735.3mm(1964 年)，最小年降水量为 232mm(1956 年)，年降水量极值比为 3.17。降水量年内分配极不平衡，7～9 月的降水量占全年降水总量的 64%以上，且多为短历时高强度暴雨，易造成洪水灾害。

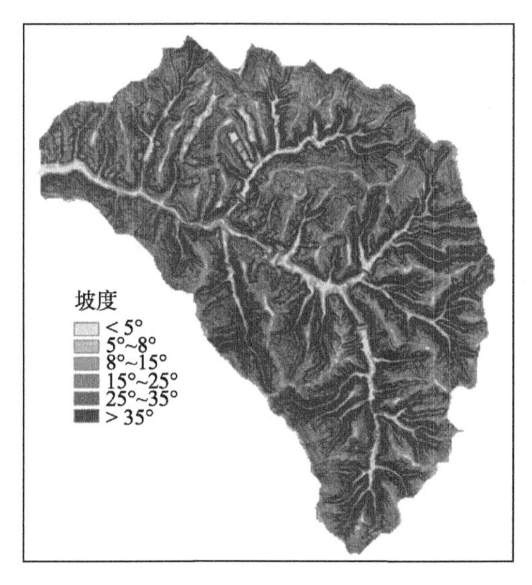

图 2.3　王茂沟小流域地面坡度分级图

2) 径流

根据王茂沟小流域沟口把口站 1954～2000 年的实测径流资料统计分析结果，王茂沟小流域多年平均年径流量为 275 万 m^3，平均径流深为 39.0mm，多年平均流量为 $0.09m^3/s$，年径流量年际变化较大。例如，丰水年 1977 年年径流量为 1476 万 m^3，而枯水年 1955 年年径流量仅为 108 万 m^3。径流主要来源于降雨所产生的洪水，7～9 月径流量占全年径流总量的 60%以上。

3) 泥沙

王茂沟小流域的泥沙主要来源于沟道和滑坡崩塌带来的松散堆积物，以及风力侵蚀产生的大量的松散物质。在重力侵蚀的作用下，坡面剥蚀不断加剧，沟道和坡面松散堆积物不断积累。流域内一旦发生暴雨，暴雨产生的洪水将挟带流域内的大量泥沙倾泻而下。

根据黄河水利委员会绥德水土保持科学试验站统计资料，王茂沟小流域多年平均年输沙量为 59.1 万 t，最大年输沙量为 959 万 t(1977 年)。

2.3.2　社会经济概况

根据调查资料，截至 2009 年底，王茂沟小流域共有户数 210 户，人口 852 人，人口密度为 143 人/km^2。流域总土地面积为 809 hm^2，其中耕地面积为 248.1 hm^2，人均耕地面积为 0.29 hm^2。

流域经济水平较低下，经济收入以农业生产为主。据统计，2009 年流域农业生产值为 31.6 万元，人均收入为 830 元。

2.4 数据来源

30m 空间分辨率的数字高程模型来源于中国科学院计算机网络信息中心地理空间数据云(http://www.gscloud.cn)，该数据集由 ASTER GDEM 第一版本(V1)的数据加工得来，投影类型为 UTM/WGS84，空间分辨率为 30m。其他空间分辨率的数字高程模型主要通过对从陕西省测绘地理信息局购置的 1:1万地形图矢量化后得到。

土壤类型图来源于寒区旱区科学数据中心(http://westdc.westgis.ac.cn)，是世界土壤数据库(Harmonized World Soil Database，HWSD)的中国地区子集。数据格式为 grid 栅格格式，空间分辨率为 1km，地理坐标为 WGS84，采用的土壤分类系统为 FAO-90。

大尺度流域的土地利用数据来源于 1985 年、1996 年、2000 年和 2010 年中国 1:10 万土地利用数据库。该数据库是在 Landsat TM 和中国环境 1 号卫星(HJ-1)影像的基础上，采用人机交互快速提取方法获得的。韭园沟、裴家峁等小流域土地利用类型图由购置的 QuickBird、SPOT 等高分辨率卫星影像解译而来。

日降雨数据来自于中国气象科学数据共享服务网(http://cdc.cma.gov.cn)；流域水沙资料分别摘录自历年的《黄河流域水文年鉴》，以及收集到的黄河上中游管理局下属的绥德、天水、西峰 3 个水土保持试验站的实测资料。

在研究过程中也采集了大量的水样和土样，并对典型流域淤地坝坝系进行了详细监测，具体见以下各章节。

第3章 黄土高原小流域坝系形成与发展演变

3.1 黄土高原坝系建设历史沿革

1. 西周时期

我国利用泥沙淤地改土最早的文字记载始于西周时期。据《周礼·考工·匠人》记载："凡沟，必因水势，防必因地势。善沟者，水漱之。善防者，水淫之。"郑玄注释：淫"谓水淤泥土留著助之为厚"。

2. 明清时期

黄土高原最早出现的淤地坝是天然形成的聚湫，距今已有400多年的历史。明代隆庆三年(1569年)，陕西省子洲县裴家湾乡王家圪沟的沟壑两岸山体滑动，堵塞沟道，聚水拦泥形成天然聚湫，也即淤地坝。其坝高62m，集水面积为2.72km^2。淤成坝地53hm^2，土质肥沃，年年丰收，粮食单产一般约3750kg/hm^2。清代道光三年(1823年)，陕西省靖边县石窑沟乡泥家沟天然聚湫形成淤地坝，坝高60m，淤成坝地26.7hm^2。清代咸丰年间(1851～1861年)，靖边县新城乡花豹湾天然聚湫形成的淤地坝坝高65m，淤成坝地15.3hm^2。

有文字记载的最早人工修筑的淤地坝始于明代万历年间(1573～1619年)的山西省汾西县。当时知县毛炯曾布告鼓励农民打坝淤地，提出"以能相度砌棱成地者为良民，不入升合租粮，给以印帖为永业"，"三载间给过各里砌修成地者孟复全三百余家"。从此，筑坝淤地在汾西县得到了迅速发展。

清代乾隆八年(1743年)，陕西道监察御史朗定在总结黄土高原地区人民防治水土流失经验的基础上，提出"在黄土丘陵沟壑区的涧沟筑坝，拦住涧沟中的泥沙，只让清水流入河道"的建议。他在上奏乾隆皇帝的《河防事宜条奏》中称："黄河之沙多出自三门峡以上及山西中条山一带的坡涧中，请令地方官于涧口筑坝堰，水发，沙滞涧中，渐为平壤，可种秋麦。"朗定提出的"沟涧筑坝，汰沙澄源"的建议已认识到黄河泥沙是由黄河上中游地区的水土流失造成的。他的建议与目前在黄土高原打坝淤地、拦泥增产的水土保持措施相同，很有创见。然而，受当时条件的限制，他的建议未能引起重视。清代中叶，筑坝淤地在山西省西部和陕西省北部发展较快。山西省洪洞县娄村一带在清代光绪以前就已沟沟有坝、坝坝成地；山西省离石县佐主村回千沟的四级淤地坝和骆驼嘴华家沟的五级淤地坝都筑于清代嘉庆年间以前。清代光绪年间，山西省离石县郝家山村的农民在娘娘庙沟筑坝 13 座，淤地 5.4hm^2。

清代咸丰三年(1853 年)，山西省柳林县贾家塬村贾本淳的祖父在该村的盐土沟修建了 4 座淤地坝，仅 3～4 年时间就淤成了超过 1hm^2 的坝地，以后逐年扩大，达到 5hm^2，并在坝地种小麦，单产达 2850kg/hm^2，坝地谷子单产为 3000kg/hm^2。清代光绪三年(1877 年)大旱，附近坡地颗粒未收，而贾家的坝地小麦仍单产 2100kg/hm^2。坝地丰产的事实轰动了当地，于是周围一些乡村的有钱人家雇人修大坝，没钱人家采取以工换工修小坝。从此，淤地坝的建设在这一带逐渐发展起来。陕西省清涧县高杰村乡辛关村在清代嘉庆年间以前就有筑坝淤地的习惯。陕西省佳县仁家村保存有清代道光年间修筑的淤地坝。陕西省子长、子洲、清涧各县至今还保留着一二百年前的淤地坝，子洲县岔巴沟、米脂县马家铺现在尚有 80 年前的坝地。

3. 民国时期

民国时期，对黄土高原地区的淤地坝建设开展过初步调查，提出了一些沟壑治理的具体措施，并在西安荆峪沟修筑留淤土坝，开展试验示范，在陕北、陇东、宁南等一些局部地区开展了筑坝淤地工作。

1925 年，我国近代著名水利学家李仪祉先生在其著作《沟洫》中论及：“山西农民辛苦，遇见这种溪壑，便用石砌横堰，将整壑底做成阶段式，这种法子最好”。“从壑口向上节节筑堰”“起首不必过高”“但须宽厚，要用打堤埝法，层土层硪筑成，里外也成坦坡，水不能翻过，所带之泥土，停留堰后，久而自平，等到淤平之后，可以堰上加堰，则壑可以逐渐淤高淤平，交通也便利了。淤平之地也可以耕种了，泥土也不至于被流水带到河里去了。水不流出地，土也润泽了，其益甚多”。李仪祉在“请恢复郑白渠，设立水力纺织厂、渭北水泥厂，恢复沟洫与防止沟壑扩展及渭河通航事宜”一文中关于制止沟壑之扩提出：“查陕西黄土山岭，大多冲成沟壑。平时并无流水，其初不过降雨时冲成深沟一道，逐渐扩大，愈扩愈深。废有用之地，阻交通之路，危害殊多。欲制止之，当于沟壑之口，无论其为支为干，皆须督令人民择适当地点，以土修筑横堰，则降雨时水势平坦，泥沙即填其后。及填平一段，则复于其上退后若干步，继筑横堰。如此继续为之，堰址日高，壑底日平。其益有四：①可耕种之地因以增多；②横堰可当做桥梁横跨，沟壑交通困难可除；③水及泥沙既有节制，河患可减；④雨水得积蓄，燥地即可资润泽以便造林。”1936 年李仪祉在《陕西之灌溉事业》中提出：“陕北大半为山岭地，不利耕种……农耕地面又多为坡地，劳多获少……陕北各山溪之水亦町利用。又若能将渭河及黄河施以治导，各荒溪加以制驭，则由河滩及沟壑可以收回之良田当在五百万亩。此等良田大半可施以灌溉。”李仪祉指出，打坝可以起到增加良田、集蓄雨水的作用。

水利部黄河水利委员会(以下简称“黄委会”)在召开的第二次委员会的决议中

就已将淤地坝作为治理黄河的治本措施之一。决议中写到“黄河上游各山溪含沙量多，殊有采用拦沙坝之必要，应由工务处参照实地情形并归治本计划”。1935年4月《黄河水利月刊》第二卷第四期专门列有“防止冲刷计划”的内容：“防止冲刷之方法不一，深沟大壑，则用谷坊、拦墙、柳淤等方法……”。1936年黄委会在河南省灵宝市建立了防止土壤冲刷试验区，开展拦沙、拦水坝堰等各种工程的预备试验，后又在平遥、萨拉齐、合阳、绥德、天水、平凉等地设立防止土壤冲刷示范区。

1940年，陕甘宁边区政府建设厅在延安杜甫川成立了光华试验农场，将打坝堰作为重点推广技术措施之一。民国政府在《农林部三年施政计划纲领草案》(1942～1944年)中把“在荒远山谷间建筑梯间(指谷坊、土坝)以保蓄天然水源及减少土壤侵蚀”作为对不能利用江湖灌溉的土地推行蓄水方法以防灾害而增加生产的主要方法之一写进草案中。1945年民国政府行政院颁发的《黄河流域水土保持实施办法》中明确提出：先对泾、渭、洛泥沙来源进行调查，然后推及西北其他各地，依查勘结果进行测量，依据测量结果拟定筑坝留淤计划；“黄河水利委员会拟于泾、渭、洛三河流择冲刷最剧之处，建造留淤土坝，以节蓄洪流，减低冲刷”。

民国时期第一座由政府修建的淤地坝是1945年关中水土保持试验区在西安市郊区荆峪沟流域修建的。这座小型留淤土坝历时两个月建成，控制流域面积2.6km^2。次年关中水土保持试验区利用美国援华水土保持专款500万元在荆峪沟又修建了第二座留淤土坝，控制流域面积6.17km^2，坝高16.2m。

1946年，在水利部黄河水利委员会编制的《黄河治本问题之研讨》一书中专门列有“沟壑治理工程计划”方面的内容，提出的“查黄土之冲刷，可概分为二型，日坡冲与沟冲……沟冲系雨水流入沟壑，来势凶猛，冲刷沟岸沟底，挟泥土以俱去……近而阻碍交通，摧毁农田，远则危害黄河，造成溃决之患。防止之法，当以治理沟壑收效最速……唯此项工程非大规模兴办，不足以彻底清除泥沙”，不但对泥沙来源、沟道侵蚀的危害性做了较深刻的阐述，而且指出了建设沟道坝系工程和大型拦沙坝对于黄河治理的重要性和艰巨性。

1947年，山西临县成甫隆在其编著的《黄河治本论》中强调“山沟筑坝淤田”是黄河治理的唯一良策。他认为，在下游修筑堤防和疏浚海口等，都是“防范自然，抗御自然之事也”“工程繁而收效微”。在“上游山沟筑坝淤田”，则是“控制自然，利用自然之事也”“工程易而获利巨”。爱国将领冯玉祥1947年在美考察期间致函黄委会委员长赵守珏指出：“黄河防灾根本大计，是要从青海、甘肃、宁夏、绥远、山西、陕西、豫西，每个山谷、每道小河的起头，多多地筑起二尺高、三尺高、一丈高、两丈高本地石灰和本地石头的大坝、小坝。每省多的筑他一万个，少的也筑八千个。”并强调：“要紧的是坚固不漏水。那样不但坝拦住了水，山上栽树也好办”。

同时，他还提出“非得各省每县里，都有三五十位人才……不但懂得打坝的重要，并可以替水利事业去宣传”。这些说明冯玉祥那时就已认识到淤地坝建设对黄河减灾的重要性，并认为建设淤地坝不能仅靠农民，要重视可以指导淤地坝建设的专业人才的培养。

3.2 1949年后淤地坝的建设与发展

1949年后，党中央、国务院把黄土高原地区水土保持作为全国的重点，黄土高原地区各省(自治区)党委、政府把水土保持工作作为改变农业生产条件、提高农村生活水平、治理黄河和改善当地生态环境的根本措施加以重视和支持。淤地坝作为水土保持的一项重要沟道工程措施也得到了很大发展。回顾60多年来淤地坝建设的历程，黄土高原地区的坝系工程建设大致经历了以下5个发展阶段：

1. 筑坝淤地重点试办和示范阶段(1949～1957年)

1949～1957年主要进行筑坝淤地的重点试办和示范，在取得经验的基础上也进行了小规模的推广。

1949年秋冬，陕北行署农业处干部陶克和米脂农场水土保持组人员在米脂农场孙家山和水花园子试修了3座淤地坝。1950年又修了11座淤地坝。1951年，西北黄河工程局组织由80多人组成的查勘队重点查勘了沟壑治理的坝库工程，共查勘坝库址26处，为以后的坝库建设积累了资料。同年9月，甘肃省西峰镇西沟修建蓄洪留淤土坝1座，坝高11m。20世纪50年代初，黄土高原最早建立的绥德、延安、西峰、平凉、天水、离石等水土保持试验站(以下简称水保站)在所属的试验小流域内，一开始就把治沟打坝列为重要内容进行了试验研究，起到了一定的示范作用。1952年，西峰水保站在南小河沟建成了陇东第一坝。1953～1954年，绥德水保站相继在韭园沟小流域建成5座库容在100万m^3以上、单坝控制面积为10km^2左右的淤地坝。以后又在较大支沟里分别建坝，使70.7km^2的流域面积得到了有效控制。由于是试验示范性质，因此在淤地坝构造上采用了以下3种形式：一是干沟里各坝都由土坝、溢洪道和泄水洞三大件构成，做到能蓄能排；二是支沟坝由土坝、泄水洞两大件组成，全拦上游水沙；三是小支沟坝只有土坝一大件，主要靠大库容全拦全蓄，计划通过坡面治理和旧坝加高，最后实现相对稳定。在绥德水保站的示范带动和宣传下，以绥德、米脂、佳县、吴堡4县为重点试办区，两年内修筑214座大多为坝高在10m以下、控制面积在0.8km^2以内的小型坝，这些淤地坝都取得了显著的淤地增产效益，深受当地群众欢迎。

在各水保站试办沟壑筑坝的同时，从1953年起，西北黄河工程局在各省(自治区)的大力配合下相继在陕北、晋西、陇东和呼和浩特等地通过水保站积极示范推广淤地坝建设，所建的淤地坝主要布设在小流域的干沟中下游，并按照小型水库的技术规程进行设计，土坝、溢洪道、泄水洞三大件齐全，施工质量较好，推动了黄土高原淤地坝建设的发展。随着农业合作社和人民公社的建立，群众建坝的积极性空前高涨，截至 1954 年底，陕西省淤地坝已发展到 3000 多座，可淤地超过 2300hm^2。截至 1956 年 4 月，山西省中阳县就建坝 1700 多座，石楼县仅 1958 年就建坝 4200 多座。到 1957 年，陕北榆林地区共建淤地坝 9200 多座，其中有 29 座淤地坝的库容超过了 100 万 m^3。筑坝技术开始在各地的干部群众中得到普及。

2. “坝系”概念形成阶段(1958～1970 年)

1958～1970 年是“坝系”概念的形成阶段。由于前一阶段的试办成功，群众尝到了甜头、看到了希望，对建坝淤地增强了信心，于是筑坝淤地技术在黄河中游地区全面推广。山西省石楼县建立了以沟坝地为中心的农田基本建设领导机构，筑坝 4216 座，《人民日报》对此做了专题报道。在大型淤地坝施工中，各地大搞技术革新与工具改革，较多地采用了爆破松土、架子车运土，加快了施工进度。各地筑坝把剩余劳动力组成农田基本建设队，常年进行建坝施工和养护维修坝地工程；农闲时组织大部分劳力开展突击月、突击旬，重点修筑中型坝库工程。特别是在 1958 年，山西省农业建设厅先后在中阳等县爆破筑坝试验成功，推进了建坝淤地的速度。这项措施在黄土高原得到了普遍推广。

1962 年，国务院下达的《关于奖励人民公社兴修水土保持工程的规定》指出：在荒沟修淤地坝、谷坊等新淤出的耕地，其全部产量归参加兴修的生产队所有，从受益年算起，3～5 年不计征购。淤地坝的成功试验和国务院的政策进一步激发了群众建坝的热情，仅 1960 年上半年，黄委会西峰、绥德、天水、会宁 4 个水保站采用定向爆破修筑土坝 33 座，提高工效 40～50 倍。1958～1970 年，黄土高原地区共建设淤地坝 2.76 万座，可淤地 3.3 万多公顷。在晋西、陕北等淤地坝建设开展较好的典型小流域内，在坝地上游的适当位置加修一座或几座“腰坝”，拦截上游洪水，组成一个简单的坝系。这是“坝系”概念的开始。

此后，随着淤地坝的增多，坝地的防洪保收问题越来越突出。从 1961 年起，绥德水保站在坝地较多的王茂沟小流域进行了坝地防洪保收试验研究，即把其中淤地较多的淤地坝作为生产保收坝，排出洪水种地；把淤地较少的淤地坝作为抢收坝，把生产坝排出的洪水引入存蓄，形成“蓄种相间，计划淤排”；从原来的生产坝中选一座加高后作为拦洪抢收坝，形成“轮蓄轮种”，把防洪、拦泥、生产三者统一起来，建成坝系，收到较好效果。

3. 坝系工程大规模建设阶段(1971～1985 年)

1971～1985 年是坝系工程大规模建设阶段。1971 年水利部黄河水利委员会、陕西省水电局和山西省水利局共同主持召开协作会议，成立了陕晋水坠坝试验研究工作组，专门进行水坠坝试验研究，取得了丰硕成果，该项成果荣获 1978 年全国科学大会奖。1973 年在延安召开的水土保持会议要求总结推广水坠坝经验；1977 年黄委会、陕晋水坠坝试验组在山西临汾县主持召开了科研总结会；1979 年原水电部在山西省太原市召开了全国水坠法筑坝技术经验交流现场会，参观了吕梁地区 5 个县的水坠坝施工现场。这些会议的召开进一步促进和推动了水坠法筑坝在黄土高原地区的推广应用。

由于水坠法筑坝具有工效高、成本低、质量好、施工简便、群众易掌握等优点，比人工夯筑、碾压坝一般提高几倍甚至几十倍工效，因此，20 世纪 50 年代需要调动外地劳力支援的淤地坝采用水坠法筑坝仅需一个生产大队就能完成，原来不能打大坝的生产队也能修筑大型淤地坝了。从此，水坠坝在黄土高原地区几个省(自治区)普遍兴起，出现了“小队打大坝，队队都打坝，越干劲越大”的打坝高潮。据 1976 年山西西部 28 个县统计，有近千个生产大队采用水力冲填筑坝技术造地，共有水力冲填专用设备 420 套、兼用设备 600 套。兴县生产的冲土水枪推广到全省各地，深受群众欢迎。1972 年前后，陕北、晋西、陇东、内蒙古等地几乎沟沟都在打坝。据 1977 年不完全统计，山西、陕西两省建成的水坠坝已达 8000 多座。短短几年，仅榆林地区就建坝 1.5 万座。延安、榆林地区仅 1973～1975 年就新增坝地 1.17 万 hm^2。山西省有近一半的坝地是在这一时期建设的。内蒙古皇甫川流域这一时期建设的淤地坝占目前淤地坝总座数的 60%以上。

然而，这段时期有些地方出现了不重视科学、不按自然规律办事的倾向，有些地方坝系规划与工程设计不合理，施工质量差。另外，有些流域坝系多成群无骨干，并存在水毁隐患，因此，在 1973～1978 年特大暴雨中遭到不同程度的水毁。1973 年 8 月 25 日陕西省延川县降雨 112.5mm，在 7570 座淤地坝中遭受不同程度水毁的淤地坝就有 3300 座；1975 年、1977 年、1987 年大暴雨使甘肃省庆阳、陕西省榆林、延安及山西省西部 28 个县的 3 万余座淤地坝遭到不同程度的损毁。淤地坝的严重水毁使社会公众对淤地坝的作用产生了怀疑。通过不断总结经验教训，这段时期不但淤地坝的发展数量、坝系布设和施工技术与过去相比有了较大的突破，而且这些淤地坝在拦泥淤地、增产增收等方面卓有成效。

4. 坝系工程的完善阶段(1986～1995 年)

1986～1995 年进入了积极兴建治沟骨干工程的新阶段，也是坝系工程的完善阶段。各地在认真总结以往筑坝淤地经验教训的基础上，对淤地坝的坝系规划、工程结构、设计标准、建坝顺序等开展了大量研究工作，其中“以坝保库，以库保坝”“小多成群有骨干”的经验广为群众共识。1984 年春天，根据国家计划委员会和水电部的要求，黄委会拟定的《黄河中游水土保持治沟骨干工程参考素材》就建设治沟骨干工程的必要性和可行性及实施方案进行了论证。同年，黄委会根据黄河中游治理局提出的治沟骨干工程酌初步方案向水电部请求增加黄河中游多沙粗沙区治沟骨干工程建设投资，列入基本建设计划。1985 年国家计划委员会批复同意将治沟骨干工程列入基本建设计划，从“七五”计划第一年开始实施，主要内容是在黄土高原水土流失最严重地区(年侵蚀模数在 5000t/km^2 以上)，配合坡面上的梯田、林草与小沟小坝，在集水面积为 3～5km^2 的支沟内兴修治沟骨干坝，库容大多为 50 万～100 万 m^3，少数为 100 万～200 万 m^3，个别可达 500 万 m^3，作为控制性骨干工程。

1985 年底，黄河中游治理局提出了治沟骨干工程规划初稿，作为《黄河流域黄土高原地区水土保持专项治理规划》的一个组成部分，经上报原则同意后，于 1986 年开始进行试点。这种坝系布设的特点是，在沟道已建成若干座淤地坝的基础上，根据沟道情况，在适当位置选择坝址条件较好的地方修建骨干坝，控制全流域洪水，保证坝系工程安全生产，发挥蓄、滞、渗、排的综合作用。1984 年、1986 年水电部先后制定和颁发了《水坠坝设计及施工暂行规定》(SD122—84)，《水土保持治沟骨干工程技术规范》(SD175—86)，使坝系建设步入科学化、规范化轨道。1994 年山西省汾西县的康和沟、永和县的赵家沟等地开始了坝系生态工程建设的试点工作。

5. 坝系生态农业建设阶段(1995 年以后)

20 世纪 90 年代中后期是黄土高原开始推进坝系生态农业建设的新阶段。

1997 年 8 月 28 日～9 月 1 日，国务院在陕北召开了“全国治理水土流失建设生态农业”现场经验交流会，对全国治理生态环境、建设生态农业进行了部署，这是我国在西北地区召开的生态农业工程的最高层次会议。

2000 年 10 月 5 日，黄委会副主任黄自强在《中国水土保持》期刊第 10 期上发表了题目为“关于黄土高原地区沟道坝系生态工程建设的实践与构想”的学术论文，加快了黄土高原坝系生态工程建设的步伐。

2001 年 8 月 9 日，水利部部长汪恕诚在纪念“水土保持法颁布实施十周年”大会上强调指出：“在黄河中游地区，要把淤地坝作为水土流失治理的主要措施来抓，加强以治沟骨干工程为重点的坝系建设。”

2002 年 9 月，黄委会在甘肃省天水市召开的“黄河水土保持生态工程建设现场经验交流暨表彰会”上要求：必须把沟道坝系工程建设摆在突出位置。

2011 年修订后的《中华人民共和国水土保持法》明确将淤地坝列为水土流失治理的主要工程措施。

3.3 新时期淤地坝建设特点

2002年7月14日国务院批复的《黄河近期重点治理开发规划》中明确指出："在治理措施上以沟道坝系、治沟骨干工程建设为重点。"目前，黄土高原的坝系生态工程建设是近几年来开展最好、速度最快、规模较大、质量较高的时期，各地都呈现出一派建设坝系农业、改善生态环境的大好形势。新时期淤地坝建设呈现出以下几个特点。

1. 坝系建设与流域综合治理同步进行

在黄土高原地区，随着水土保持综合治理工作的大力开展，不断涌现出很多的流域综合治理典型。

1) 陕西省绥德县王茂沟小流域

经过40多年的流域综合治理和总结，黄河水利委员会绥德水土保持科学试验站在王茂沟小流域建立了独特的"全面规划、综合治理、坡沟兼治、治沟领先、加强管护、动态调控"的治理模式。

王茂沟小流域的水土流失曾经非常严重，但经过40多年的连续流域综合治理后，现在流域的综合治理程度已超过65%；大量沟壑基本得到控制，输沙模数与治理前相比减小了95.8%；耕地面积由治理前的340hm^{2}减少到187hm^2，人均耕地减少了40%，而人均产粮增加了3倍左右。王茂沟小流域现状条件下的人均基本农田面积已达到0.18hm^2，其中坝地0.04hm^2，仅坝地一项就可使每年人均产粮达到150kg以上，为有效控制流域水土流失及实现当地群众脱贫致富打下了坚实的基础。

从流域坝系淤地情况看，王茂沟小流域平均每平方千米流域面积已淤成坝地5.57hm^2，坝地面积已达到总流域面积的1/18，基本上已能满足滞洪保收的要求。在王茂沟小流域淤地坝坝系中，有8座骨干坝具有防御300～500年一遇洪水的能力，且有持续淤地9.1hm^{2}的潜力；全流域共可淤地142.4hm^2，折合每平方千米可淤坝地7.1hm^2。在继续加高坝体的情况下，即使不考虑坡面治理措施的减沙效果，王茂沟小流域坝系也已完全具备达到坝系相对稳定的条件。因此，从总体上看，王茂沟小流域坝系采用"库容制胜"的运用方式是非常成功的，从而确保了流域内泥不出沟、坝地面积不断增长的良好形势，从而取得了很好的水土保持综合效益。

2) 山西省五寨县洪河沟小流域

山西省五寨县洪河沟小流域主沟长7.7km，流域面积为25.43km^2，共有大小支毛沟87条，其中，大于3km^{2}的支沟有4条，于1997年进行坝系生态农业规划。其基本做法：一是在沟岸陡坡全部造林种草，恢复生态植被；二是在主沟上游和流域出口及三条较大的支沟沟口规划兴建控制性工程治沟骨干坝5座；三是围绕坝地开发利用，建设生产坝地区域内的径流聚散工程，起到淤地、排洪、安全生产的作用。首先，在控制面积为 1～2km^2 的支沟沟口修建 4 座淤地坝，并在毛沟内修建谷坊 200 座，设计防洪标准为 10 年一遇，以聚散支、毛沟内洪水泥沙，保护坝地生产，又可淤地 8hm^2。其次，沿主沟左岸开挖全长 5200m 的排洪渠 1 条，设计防洪标准为 20 年一遇，并配套支沟排洪渠 4 条，用以排泄骨干坝、淤地坝下泄洪水及区间洪水。在生产坝地内每隔 100m 筑小堤 1 道、每隔 500m 筑大堤 1 道，共筑大堤 11 道、小堤 40 道，将坝地分割为 50 个方格，每个方格既是一个小生产单元，又是一个拦截坡面径流的聚散工程。四是充分利用雨洪资源，蓄水 16.3 万 m^3，形成了较大的养殖水面，年产成鱼 13t。

由于采取了“淤、排、蓄、控”的坝系生态规划布局，洪河沟小流域坝系在 2002 年 8 月发生的日降雨量超过 100mm 的大暴雨中安然无恙。

3) 内蒙古准格尔旗西黑岱小流域

1981 年以来，内蒙古准格尔旗西黑岱小流域通过 30 多年的水土保持生态工程建设，已取得了显著的治理成效和明显的生态效益、经济效益、社会效益。作为黄土丘陵沟壑区水土保持综合治理的典型流域，截至 2011 年底，西黑岱小流域坡面治理措施面积为 2241.63hm^2，坡面治理度达到 70.05%；坡面措施作为小流域治理的第一道防线，减少了坡面径流和泥沙，对缓减泥沙入库起到了重要作用，减轻了坝系的防洪压力，减少了库容淤积，延长了坝(坝系)的使用期限，提高了坝系的相对稳定性。

沟道工程除了直接拦沙蓄水之外，还减轻了沟道水力侵蚀和重力侵蚀，有效地改善了地表径流状况，增加了土壤含水量，提高了雨洪资源利用率。淤地坝的建设或坝系逐步完善减少了入黄泥沙量，控制了流域水土流失，提高了流域综合防洪能力，延长了现状骨干坝的使用寿命，增加了坝地面积。

截至 2011 年底，西黑岱小流域累计淤地面积为 119.811m^2，坝地利用面积为 74.19hm^2，坝地利用率为 61.92%；坝地种植面积为 51.37hm^2，大旱之年坝地粮食单产仍达到 2940kg/hm^2；与梯田、坡耕地相比，坝地的增产效益分别为 117.78%和 226.67%。淤地坝建设发挥了良好的水土保持效益与社会经济效益。

2. 建立典型示范坝系，以点带面

陕西省绥德县韭园沟流域，地处黄土丘陵沟壑区第一副区，流域面积为 70.7km^2，沟壑密度为 5.34km/km^2，多年平均年土壤侵蚀模数为 18 120t/km^2。韭园沟流域虽然从 20 世纪 50 年代就开始修建沟道工程，但是由于坝系不够完善，遭受的多次洪水袭击对沟道工程造成了不同程度的水毁。通过进一步完善坝系建设和科学合理布设坝系，截至 2000 年 6 月，在韭园沟流域各级沟道内已建成大、小坝库 203 座(其中治沟骨干工程 7 座)，总库容达 2 732 万 m^3，可淤地面积为 315hm^2，已拦泥 1 800 万 m^3，已淤坝地面积为 260hm²。近年来，韭园沟流域坝系虽然遭受了多次暴雨袭击，但由于小流域坝系建设促进了退耕还林还草，沟坡植被增加，沟内坝系配套，上、中、下游统一规划治理，工程与生物措施结合，淤、挖、排、蓄结合，坝地农作物却年年喜获丰收。韭园沟小流域已成为黄河中游坝系建设的典型示范流域。经分析，韭园沟小流域坝系的拦泥、蓄水效益分别占流域水土保持措施总拦蓄效益的 66.7%、70.8%，实现流域泥沙基本不出沟；坝地单位面积粮食产量是坡耕地的 9 倍以上。

甘肃省定西市花岔流域地处黄土丘陵沟壑区第五副区，是祖厉河水系的二级支流。花岔流域自 20 世纪 80 年代被列为综合治理重点流域以来，坝系建设就与梯田建设、退耕还林还草建设同步进行。自 20 世纪 90 年代起，花岔流域开始开展大规模坝系农业建设，完善渠系配套工程，充分利用沟道工程蓄水，先后建成以种植、养殖为主的日光温室 1 310 座、塑料大棚 380 座，发展沟道两岸川台水浇地超过 $50hm^2$、坝地近 $10hm^2$。旱涝保收的坝地面积不断增加，促使当地农民逐步改变广种薄收的传统耕作方式，自觉实施陡坡地退耕还林还草，发展多种经营。花岔流域已完成荒山造林面积超过 $1970hm^2$、退耕还林(草)面积超过 $132hm^2$。

山西省石楼县东石羊小流域面积为 $103km^2$，水土流失面积为 $94km^2$。长期以来，在进行综合治理的基础上，东石羊小流域加大了沟道坝系建设力度，已建成大、小坝库 130 余座，对流域内的许多支沟洪水泥沙实现了全拦全蓄。东石羊小流域已由过去的“山上光秃秃，沟道乱石头，年年遭灾害，十年九不收”变成了如今“河道靠南山，堤路一条线，坝地平展展，绿树绕山间”的坝系生态工程示范流域。全流域已淤成坝地面积超过 $16hm^2$，退耕还林(草)面积超过 $600hm^2$，栽植经济林 $470hm^2$、水保林 $530hm^2$。与综合治理前相比，东石羊小流域的粮食产量增加了 1 倍，人均收入超过 1 000 元，生活质量显著提高。

3. 丰富和发展淤地坝理论，规范坝系建设行为

近几年来，黄土高原坝系生态工程建设普遍试行了项目法人责任制、招标投标制、建设监理制三项制度。黄土高原坝系生态工程的建设单位是由项目法人组建或委托的从事项目建设组织与管理的单位。在治沟骨干工程招投标过程、施工过程及项目检查验收过程中，均建立了许多新的制度和机制进行监督管理。

在建设监理制方面，在 2001 年和 2002 年的黄河水土保持生态项目中的坝系生态工程实施过程中，黄河流域各省(自治区)委托西安黄河工程监理有限责任公司承担建设监理任务，充分发挥监理在项目建设中的作用，控制好工程进度、工程投资、工程质量，对工程的合同、信息进行管理，并协调好建设单位和施工单位的关系。内蒙古自治区还成立了黄河水土保持生态工程项目监理部，而山西省在 11 个地(市)成立了水土保持监理机构。青海、陕西、山西、河南等省进行了治沟骨干工程招投

标试点工作。监理工程师主要依据有关项目的批复文件、设计报告、技术规范、行业标准以及《水土保持生态建设工程监理管理暂行办法》和《水土保持监理实施细则》，并结合工程建设的具体情况，公开、公平、公正、实事求是地进行监理，及时提出监理报告和现场监理指示，确保工程建设顺利进行。

为了不断推进坝系生态工程向标准化、规范化、科学化、系统化方向迈进，水利部、黄河水利委员会、黄河上中游管理局组织编制并颁布了《水土保持治沟骨干工程技术规范》《黄河流域水土保持治沟骨干工程建设和管理规定》《水土保持治沟骨干工程有偿投资方法》《治沟骨干工程财务管理办法》及《水土保持治沟骨干工程防汛工作条例》等一系列规章制度。陕西省颁布了《陕西省淤地坝建设管理办法》，山西省颁布了《淤地坝工程技术规范》。另外，许多地(市)也结合本地实际制定了有关规定、办法和实施细则。上述规章、规范和管理办法等的制定和实施有力地促进了黄土高原坝系生态工程的规范化建设，奠定了科学管理体系的基础。

根据黄土高原洪水所具有的洪峰高、洪量小、历时短的特点，通过总结淤地坝建设的成功经验，黄河上中游管理局经研讨后提出坝系骨干工程枢纽组成应采用大坝、放水工程两大件结构形式的设计方法。根据多年实践经验，许多学者和技术人员经多年研究提出了坝系相对平衡理论，并逐步将其应用于坝系规划和建设。针对黄土高原黏粒含量较多的重粉质壤土水坠筑坝脱水固结慢的问题，一些专家和学者又探索出了微孔波纹管坝体排水技术，使得在土壤高黏粒含量的黄土地区也能进行水坠筑坝，并较大幅度地降低了工程造价。定向爆破与水力冲填结合筑坝、砒砂岩爆破松动筑坝、放水建筑物优化模拟、治沟骨干工程坝系优化规划及坝坡快速绿化等试验研究解决了坝系工程规划、设计中的技术难题，丰富和发展了淤地坝设计施工理论，对当前大规模的坝系生态工程建设起到了极大的促进作用。

4. 明确产权归属关系，实行责、权、利统一

在黄土高原淤地坝建设管理过程中，普遍存在的“建、管、用”脱节和“责、权、利”分离等突出问题导致大量工程老化失修、效益衰减、病险坝库日益增多，严重制约了淤地坝的安全运行和效益的充分发挥，影响了淤地坝的健康发展。针对上述问题，黄土高原各省(自治区)确定了以实现淤地坝工程所有制形式多样化、经营方式多样化、投资多元化为目标的淤地坝产权制度改革，采取承包租赁、股份合作、拍卖、个体户联户新建、赎买、综合开发等多种改制形式，取得了明显的成效。上述措施的实施真正实现了淤地坝“建、管、用相结合”“责、权、利相统一”，调动了广大群众投入的自觉性、建设的积极性和管护经营的责任感，充分发挥了淤地坝的综合效益，使大批老化失修的淤地坝工程再度焕发青春。

自从 1999 年黄河水利委员会在延安召开淤地坝产权制度改革经验现场会以来，淤地坝产权制度改革经验很快在黄土高原地区得到了大范围推广。截至 2000

年底，陕北地区共对 1.4 万座中、小型淤地坝的产权进行了改制，其中，股份合作制 5300 座、租赁承包 8500 座、拍卖使用权 300 座，使 70%的淤地坝已得到恢复、改造和开发利用。延川县按照“建一座坝、治一条沟、控制一方水土”的思路，加快淤地坝建设步伐。近几年来，延川县累计吸收资金 760 万元，修建淤地坝 33 座，加高加固淤地坝 937 座，并对 2497 座淤地坝明晰了产权，落实了管护责任，走出了一条通过改革加快发展的新路子。

3.4　黄土高原地区淤地坝建设成就

3.4.1　黄土高原地区淤地坝建设现状

淤地坝是黄土高原地区广大群众在长期实践中创造出来的一种行之有效的水土保持工程措施，以其拦泥、淤地、蓄水、灌溉等一系列功能为当地社会经济发展做出了重大的贡献。2003 年水利部将淤地坝建设作为亮点工程，加大了淤地坝建设力度。根据《黄土高原地区水土保持淤地坝规划》统计数据(表 3.1)，截至 2003 年底，黄土高原地区已建成淤地坝 11.35 万座(其中骨干坝 1356 座、中小型坝 11.2 万座)，淤成坝地近 7488hm^2。

表 3.1　黄土高原地区淤地坝工程状况统计表(截至 2003 年底)

省(自治区)	骨干坝					中小型坝		
	数量/座	控制面积/km^2	总库容/万 m^3	已淤库容/万 m^3	已淤面积/hm^2	数量/座	已淤面积/hm^2	已淤库容/万 m^3
青海	46	149	986	295	1 110	3 831	0.17	7 089
甘肃	190	488	14 370	4 845	18 435	6 437	0.97	93 615
宁夏	63	921	5 143	691	2 190	4 873	0.60	18 995
内蒙古	297	1 093	24 715	2 357	13 095	17 522	5.62	261 510
陕西	376	4 903	33 532	14 408	30 510	37 910	12.11	1 193 951
山西	350	2 319	41 730	13 914	43 485	37 370	11.22	439 139
河南	34	240	2 197	597	3 030	4 102	0.67	51 810
合计	1 356	10 113	122 673	37 107	111 855	112 045	31.36	2 066 109

受当时客观技术条件限制和时代背景的影响，淤地坝统计口径不一，工作深度不够。经过一段时间后，业内人士察觉并认为上述黄土高原地区淤地坝建设现状数据难成决策参考。根据全国第一次水利普查结果，截至 2012 年底，黄土高原地区现存各类淤地坝 58 099 座，已淤地 9.2 万 hm^2。截至 2012 年底，黄土高原各省(自

治区)骨干坝现状详见表 3.2。

表 3.2　黄土高原地区骨干坝现状分布表(截至 2012 年底)

省(自治区)	骨干坝总数/座	控制面积/km^2	总库容/万 m^3	已淤库容/万 m^3
山西	1 116	5 874.3	92 418.0	23 213.2
内蒙古	820	3 839.6	89 810.4	14 867.7
河南	135	946.3	12 470.3	2 358.5
陕西	2 538	13 063.2	293 051.6	177 770.8
甘肃	551	2 528.3	38 066.4	10 094.3
宁夏	325	2 958.1	34 630.6	4 205.5
青海	170	693.1	9 622.1	2 214.3
合计	5 655	29 902.9	570 069.4	234 724.3

3.4.2　黄土高原地区坝系建设现状

总结黄土高原地区淤地坝建设的成功经验，在工程规划布局上，改变了过去工程布局分散、规模效益低的状况，坚持以多沙粗沙区为重点，以小流域为单元，以骨干坝为支撑，以原有沟道工程为基础，完善了小流域淤地坝工程建设，使之形成布局合理的坝系，充分发挥了坝系工程整体防护的综合效益。同时，初步实现了对流域内洪水泥沙的长期有效控制，并为充分利用水沙资源和系统分担缓洪滞洪、淤地、灌溉、人畜饮水、养殖等不同任务创造了有利条件，为坝系的相对稳定提供了重要支撑。完善的沟道坝系工程还为防洪、拦泥、生产相结合，干支沟、上下游相互协调，密切配合，联合运作，促使地表侵蚀、水土流失趋于良性循环，沟道生态环境和人与自然的和谐相处提供了重要保障。

“十五”以来，黄土高原各省(自治区)先后完成了 253 条小流域坝系可行性研究报告的编制工作，为黄土高原地区淤地坝建设做好了项目前期储备。根据黄河水利委员会统一部署，初步完成了黄土高原 7 省(自治区)48 条小流域坝系科研报告的技术审查，其中青海 4 条、甘肃 5 条、宁夏 3 条、内蒙古 9 条、陕西 13 条、山西 9 条、河南 5 条。在此基础上，根据黄河水利委员会审查批复的 83 条小流域坝系可行性研究报告，黄河上中游管理局及黄土高原 7 省(自治区)水利厅、发展和改革委员会及有关地(市)水行政主管部门分别按照各自的职责权限，审查批复了 2099 座淤地坝的初步设计报告，其中骨干坝 408 座、中型坝 710 座、小型坝 981 座，审批投资总额为 6.5 亿元。

黄土高原地区的沟道坝系建设历史悠久。1949 年以来，由重点试办到全面发展，由农民群众为主建坝到政府组织和出资建设，由分散治理到以小流域为单元的大规模坝系建设，由缺乏规划、设计到不断完善前期工作的规范化建设，由重建设轻管护到建设与管护并重，虽然在 60 多年的淤地坝建设和管理中，经历了许多曲折，甚至饱受争议，但黄土高原地区的淤地坝建设和管理工作仍然取得了举世瞩目的伟大成就，产生了显著的生态效益、经济效益和社会效益。

据统计资料，截至 2013 年底，黄土高原地区共建设治沟骨干工程 5655 座，控制面积近 3.0 万 km^2，总库容达 57.0 亿 m^3，已淤库容近 23.5 万 m^3，详见表 3.3。

表 3.3　黄土高原 7 省(自治区)治沟骨干工程普查数据汇总表

省(自治区)	数量/座	控制面积/km^2	总库容/万 m^3	已淤库容/万 m^3
山西	1116	5 874.3	92 418.0	23 213.2
内蒙古	820	3 839.6	89 810.4	14 867.7
河南	135	946.3	12 470.3	2 358.5
陕西	2 538	13 063.2	29 3 051.6	177 770.8
甘肃	551	2 528.3	38 066.4	10 094.3
宁夏	325	2 958.1	34 630.6	4 205.5
青海	170	693.1	9 622.1	2 214.3
合计	5 655	29 902.9	570 069.4	234 724.3

3.5　典型小流域坝系演变及历程

3.5.1　韭园沟小流域

1) 试验示范阶段(1953～1963 年)

1953 年，首先在韭园沟小流域主沟道及较大支沟内修建淤地坝 5 座，随后逐步向支沟道发展。该阶段韭园沟小流域坝系建设的特点：先在主沟或较大支沟的沟口修建第 1 座淤地坝，淤成后在其上游修建第 2 座淤地坝，再接着修建第 3 座淤地坝，以此类推，由下而上、上蓄下种，逐步在沟道内建成较为完整的淤地坝系，用于拦蓄上游来的洪水，确保下游坝体和坝地的安全运行。这种坝系布局的优点是淤地快及受益早，坝系的形成速度也快。此阶段的淤地坝施工方法以人工夯实为主，建坝速度较慢。

该阶段韭园沟小流域共建成淤地坝 148 座，布坝密度为 2.1 座/km^2，总库容为 1465.75 万 m^3，可拦泥 1094.3 万 m^3，可淤地面积为 153.61hm^2，已淤地面积为 54.0hm^2，年均淤地面积为 5.4hm^2。1961 年 8 月 1 日，韭园沟小流域发生了一次面平均降雨量为 57.5mm 的大暴雨，暴雨频率局部为 86 年一遇，平均为 20 年一遇。据调查资料，在该场大暴雨中，韭园沟小流域内的水毁淤地坝共 68 座，占总坝数的 45.9%，其中，全部破坏 30 座，占水毁坝数的 44.1%；大部分破坏 23 座，占水毁坝数的 33.8%；

仅溢洪道破坏 15 座，占水毁坝数的 22.1%。

2) 坝系发展阶段(1964～1977 年)

在此阶段，水坠筑坝技术试验成功大大加快了淤地坝的建设速度，韭园沟小流域的坝系建设全面展开。期间共修建淤地坝 237 座，布坝密度 4.7 座/km^2，总库容为 1238.86 万 m^3，可拦泥 924.8 万 m^3，可淤地面积为 123.43hm^2。

该阶段韭园沟小流域坝系建设的特点是“小多成群，以小型为主”，坝系运用方式是“蓄种并行；在支毛沟多修建仅有坝体而没有放水建筑物或溢洪道的“闷葫芦”坝，用以全拦全蓄沟道上游来水来沙。该阶段坝系建设和运用的优点是投资少、坝系形成速度快、坝地利用率高，而缺点是在坝系中没有布设控制性的骨干工程，坝系防洪设计标准偏低，防洪能力差，工程安全性差，坝地生产无保证，水毁严重。

3) 坝系骨干控制阶段(1978～1983 年)

在总结前一阶段经验教训的基础上，1978 年后对韭园沟小流域坝系进行了改(扩)建，遵循小坝并大坝、大小结合、骨干控制的原则，将流域内淤地坝由 333 座调整合并为 253 座，布坝密度为 3.6 座/km^2，同时在 12 条较大支沟中增设了骨干工程，并提高了设计防洪标准。生产坝按 20 年一遇洪水加上 3 年淤积进行加高，设计坝地作物最大淹没水深为 1.0m，一次洪水最大淤积厚度为 0.3m，坝地淹水要求 3d 全部泄完；骨干工程采用 50 年一遇设计防洪标准，以设计洪水总量加上 5 年坝地泥沙淤积量之和作为防洪库容，并配备泄水建筑物。

该阶段韭园沟小流域共新建淤地坝 6 座，总库容为 42.71 万 m^3，可拦泥 32.2 万 m^3，可淤地面积为 4.6hm^2，改建坝 23 座，加高加固淤地坝 21 座。经过改建后，韭园沟小流域坝系有效地拦蓄了洪水，扩大了淤地面积，提高了坝地的生产效益。

4) 坝系相对稳定阶段(1984 年至今)

该阶段韭园沟小流域坝系建设采取以蓄种相间、分期加高配套及提高坝地利用率和保收率为主。以坝地面积与坝控流域面积之比为 1:20 为判别标准，若某座淤地坝达到上述标准，则对该淤地坝进行适当加高以便增加淤地坝面积、防洪库容和提高坝系的防洪保收能力；若某座淤地坝达不到上述标准，则在沟道内增加淤地坝座数或加高旧坝，扩大淤地面积，必要时修建排洪设施，确保坝系防洪安全和坝地生产。

该阶段韭园沟小流域共新建淤地坝 20 座，总库容为 200.19 万 m^3，可拦泥 149.4 万 m^3，可淤地面积为 21.39hm^2。截至 1998 年，流域内淤地坝总数累计达到 202 座，布坝密度为 2.9 座/km^2，坝地利用率提高到 81.0%，保收率达到 78.7%。1994 年 8 月 4 日、5 日，该流域发生降雨量为 124mm 的 80 年一遇的暴雨，而该流域内的淤地坝坝系安然无恙，坝地种植的作物喜获丰收。

3.5.2　王茂沟小流域

王茂沟小流域作为水土保持试验示范流域，又作为国家重点流域中的一条小流域，从 1953 年就开始了淤地坝建设与研究工作。该流域从 1953 年在流域沟口修建第 1 座淤地坝开始到目前为止，通过 60 多年的建设，经历了坝系初建阶段、坝系改(扩)建阶段、坝系调整阶段和坝系相对稳定阶段。

1) 坝系初建阶段(1953～1963 年)

这一阶段属于探索阶段，遵循“全面规划，因地制宜，小型为主，小多成群，上蓄下种”的原则进行淤地坝布设和建设。淤地坝采用 5 年一遇防洪标准进行设计，初步建成了以防洪、拦泥、淤地为主要目的的淤地坝坝系。

1953 年，在王茂沟小流域主沟沟口修建了第 1 座中型坝，即王茂沟 1#坝，开始了以治沟修坝为主的小流域综合治理。王茂沟 1#坝建成后，在当年汛期就已淤满，计划于 1954 年进行扩建，但是受地形条件的限制，坝体不能进一步加高，于是在王茂沟中游修建了王茂沟 2#坝，用来替代王茂沟 1#坝的拦蓄作用，实行上坝滞洪拦泥、下坝种植的“上蓄下种”模式。与此同时，在王茂沟小流域各支沟内也相继节节修坝，干支沟的建坝顺序均为首先在沟口修建 1 座淤地坝，待淤满后，紧靠其上游修建第 2 座淤地坝，再接着修建第 3 座淤地坝，以此类推，逐步在沟道内建成较为完整的淤地坝坝系。这种淤地坝建设和运行方式具有淤地快、受益早、生产安全等优点。为了加快淤地坝修建速度，部分支沟采取了分段同时建坝的做法，但总体上还是按照先下游后上游的顺序。按照这种建坝方式，1955～1956 年在王茂沟流域主沟和支沟累计修建了 9 座淤地坝；1959～1960 年相继建成了 32 座淤地坝。据统计，在王茂沟小流域坝系初建阶段，共建成淤地坝 42 座，其中，18 座已淤满，已淤地 10.5hm^2，利用淤地 7.0hm^2。

2) 坝系改(扩)建阶段(1964～1978 年)

王茂沟小流域坝系初步形成后，经过多次暴雨洪水的考验后发现，按照 5 年一遇设计防洪标准进行淤地坝设计，一旦遇到较大暴雨，部分淤地坝便会发生水毁现象，说明确定的淤地坝防洪设计标准过低。为了改变这种不利状况，1964～1978 年在王茂沟小流域开展了第二阶段的坝系改建、扩建工作。依据韭园沟小流域 1954～1961 年的暴雨资料，提高了淤地坝防洪设计标准，即生产坝和拦泥分别按 10 年一遇和 20 年一遇防洪标准进行设计。为了尽快地淤出更多的坝地，部分支沟内的淤地坝采用了天然拦蓄与人工劈山相结合的建造方法，并且在主沟 2#坝下游地段修建了 1 座“永久水库”用以解决部分农田和群众的生活用水问题。到坝系改(扩)建阶段末，王茂沟小流域淤地坝总数已调整为 35 座。

改建后的淤地坝系采用“轮蓄轮种”的运行方式。大部分已淤满的淤地坝作为生产坝进行农作物种植，而剩余滞洪库容较大、控制性强的淤地坝或坝体加高条件较好的淤地坝作为拦洪坝，以确保下游淤地坝的安全运行。在坝系改(扩)建阶段，王茂沟小流域内的支沟和主沟的拦洪坝都不设置溢洪道，支沟淤地坝采用较大库容全拦全蓄，主沟淤地坝布设泄水建筑物按照滞洪排清方式运行，用以解决永久水库的清水水源问题和流域内泥沙不出沟的问题。

通过王茂沟小流域坝系改(扩)建，淤地坝建设的生产效益不断显现，群众建坝的信心进一步增强，使得这一时期成为王茂沟小流域淤地坝建设的高峰期。

3) 坝系调整阶段(1979～2002 年)

1977 年王茂沟小流域遭受了特大暴雨，坝系虽然经受住了考验，未出现特别大的水毁事故，但也有 9 座淤地坝被冲毁，另有 20 座淤地坝遭到不同程度受损，主沟的“永久水库”也因淤满而失去了作用。这些现象表明，淤地坝坝系防洪标准，尤其是以滞洪、保护下游坝为主要目的的骨干工程的防洪设计标准还需进一步提高。同时，大部分淤地坝在本次暴雨洪水过后也已经淤满，多数淤地坝的淤泥顶面与坝顶之间的距离不足 1m，对洪水泥沙的拦蓄与淤积作用明显减弱。针对这种情况，除了对已损毁的淤地坝进行修复以外，对整个王茂沟小流域坝系也采取了一系列的调整措施，如对一些淤地坝进行适当的合并，进一步提高坝系防洪标准，生产坝按照 20 年一遇洪水外加 3 年淤积库容进行设计，并修建泄水建筑物；骨干坝按 50 年一遇洪水外加 5 年淤积库容进行设计，并修建输水洞。

截至 1999 年底，王茂沟小流域共有淤地坝 45 座，其中，骨干坝 5 座、中小型淤地坝 40 座。其中，坝高大于 20m 的有 5 座，坝高 15～20m 的有 6 座，坝高 10～15m 的有 17 座，坝高 5～12m 的有 12 座，坝高小于 5m 的有 5 座。坝系总库容为 320.82 万 m^3，已淤库容为 176.18 万 m^3，剩余库容为 144.64 万 m^3。坝系结构布局调整的主要依据是“骨干控制、小坝合并、大坝结合”，对小支沟不再加固加高，而是将其与下游淤地坝合并；主沟上游和较大的支沟沟口建设骨干坝。经过坝系结构布局调整后，截至 2002 年底王茂沟小流域的淤地坝总数调整为 23 座，布坝密度为 3.85 座/km^2，总库容为 278.57 万 m^3，拦泥库容为 274.95 万 m^3，已拦泥 150.45 万 m^3。

4) 坝系相对稳定阶段(2002 年至今)

目前，“坝系相对稳定”还没有一个明确的概念，本书引用曹文洪等(2007)提出的坝系相对稳定的含义，即在小流域坝系工程建设总体达到一定的规模后，通过大、中、小型坝群的联合调控、拦泥和蓄水，使流域内的洪水、泥沙得到合理利用，在较大暴雨洪水(一般为 200～300 年一遇)条件下，坝系中的骨干坝可以实现安全运行；在较小暴雨洪水(一般为 10～20 年一遇)条件下，坝地农作物可以实现保收。

在经过坝系结构合并调整以后，王茂沟小流域坝系经过了十多年的运行，小流域内的淤地坝座数依然是 23 座，没有发生淤地坝水毁现象。在 2012 年 7 月 15 日发生的大暴雨过程中，王茂沟小流域主沟道上的骨干坝均安然无恙。通过调查走访当地老人，近十年的作物种植基本上都能够丰收。由此可见，王茂沟流域坝系基本达到了相对稳定阶段。

纵观王茂沟小流域坝系的演变历史，无论是初建阶段、改(扩)建阶段，还是调整阶段，引起淤地坝水毁的最主要原因是暴雨洪水，不同的是在遇到相等大小的暴雨条件下，淤地坝水毁损失情况大不相同。在坝系初建阶段，由于防洪设计标准比较低和建坝位置不合理等原因，较小的暴雨会导致大量淤地坝发生水毁；随着坝系结构的调整和防洪设计标准的提高，只有当遇到较大暴雨时，部分淤地坝才会发生水毁；到了坝系相对稳定阶段，当遇到较大暴雨洪水时，坝系中的骨干坝仍然可以运行，而当遇到较小暴雨洪水时，坝系中的各淤地坝不但可以正常运行，而且坝地作物可以实现保收。

截至 2012 年 9 月，王茂沟小流域现存淤地坝 23 座，其中，骨干坝 2 座、中型坝 7 座、小型坝 14 座。坝高大于 20m 的淤地坝有 2 座，坝高为 15～20m 的有 4 座，坝高为 10～15m 的有 10 座，坝高小于 10m 的有 7 座。

3.5.3 西黑岱小流域

西黑岱小流域坝系工程建设始于 20 世纪 70 年代，大致经历了典型试验示范阶段、发展提高阶段和巩固完善阶段。

1) 典型试验示范阶段(1975～1982 年)

该阶段西黑岱小流域共试验修建了十多座小型淤地坝。然而，由于工程设计标准低、工程不配套等原因，淤地坝水毁严重，到 1983 年仅保存下 1 座淤地坝。

2) 发展提高阶段(1983～1993 年)

该阶段西黑岱小流域被列为重点治理小流域，经过淤地坝合理规划、高标准设计，先后在支沟建设了 5 座骨干坝和 11 座中小型淤地坝，使流域沟道坝系逐步形成，坝系结构趋于合理。

3) 巩固完善阶段(1994 年至今)

该阶段西黑岱小流域以坝系建设巩固完善为主。根据坝系建设发展的需要，共兴建了 1 座骨干坝和 1 座治沟造地工程。坝系防洪能力得到加强，坝系结构更趋合理，同时探索淤地坝管理维护方式。

截至 2011 年底，西黑岱小流域共建成大、中、小型淤地坝 29 座，其中骨干坝 9 座、中型坝 12 座、小型坝 8 座；已有 9 座淤成利用，具有拦沙蓄水作用的骨干坝 4 座、中型坝 8 座、小型坝 8 座，坝系建设形成规模。

3.6 黄土高原地区小流域坝系安全稳定的制约因素

1949 年以来，黄土高原地区的淤地坝建设虽然取得了很大的成就，但是这些淤地坝多数是 20 世纪 60～70 年代兴建的。一方面，当时由于各种条件的限制，淤地坝多数没有进行工程设计或设计标准偏低，也没有进行过坝系整体布局规划，加之工程已经运用了五六十年，后期管护、配套措施跟不上，目前多数淤地坝已经淤满且设施老化失修，滞洪拦沙能力大幅度降低，病险情况日趋严重，极大地制约了淤地坝总体效益的发挥。另一方面，长期以来，由于受资金、投入等条件的限制，淤地坝建设规模、速度和工程质量也受到了严重影响，淤地坝科研相对滞后，与黄土高原生态建设和区域经济社会发展的需要不相适应。

1. 现有淤地坝老化严重，防洪拦沙能力低

现有淤地坝多数是在过去群众运动中修建的，因资金和技术力量不足，多数无防洪排洪设施，给安全生产带来了许多问题。据陕西省有关部门调查，截至 1989 年底，陕北地区 25 个县 3 万余座淤地坝中的 95%左右是在 20 世纪 70 年代以前修建的，经过几十年的运行，这些工程在拦泥淤地、发展生产和减少入黄泥沙等方面做出了巨大的贡献。然而，由于这些淤地坝大都淤满，老化失修，所以相继失去了滞洪拦泥的作用。据调查，陕北地区达不到省颁标准的大型淤地坝有 536 座、中型淤地坝有 4135 座，分别占其总数的 64%和 73.8%；在子洲县和米脂县三条小流域中的 185 座淤地坝中，淤泥面距离坝顶不足 2m 的就有 129 座，占总数的 69.7%。所有这些已淤满或即将淤满的淤地坝都需要在小流域坝系规划的基础上进行配套加固，任务十分繁重。

2. 坝系布局不合理，设施不配套，设计标准低

由于过去修建的淤地坝多数为群众自发盲目兴建的，缺少统一规划，更无勘测设计，使一些沟道中的淤地坝布局极不合理，出现了很多诸如“坝中坝”“坝套坝”“下坝淹上坝”“下坝淤不满”等情况。同时，由于工程配置不合理，缺少控制性的骨干坝，当遇到较大的暴雨洪水时，一旦某一个大型淤地坝失事，随即就会造成连锁溃坝。例如，1977 年、1978 年陕北地区突降了几场暴雨，70%的小型淤地坝遭到了不同程度的毁坏。在黄土高原地区现有的 11 多万座淤地坝中，仅有骨干坝 1356 座。据陕西省调查资料，自 1986 年以来，全省建成 400 多座骨干坝，平均 200km^2 才有 1 座骨干坝，加之配置不合理，真正形成坝系的不多，特别是许多小流域缺少控制性骨干坝，整体防洪能力较差。另外，工程配套设施不完善，缺少泄洪、排水建筑物。在陕西省现有淤地坝中，小型淤地坝所占比例很大且多为群众自发修建，设计标准低、施工质量差，60%的淤地坝只有坝体而没有泄洪建筑物或排水设施。

在淤地坝工程设计方面，存在着防洪设计标准和校核标准低、设计淤积年限短、泄洪设施规模小等问题。

3. 坝地盐碱化严重，坝地利用率低

坝地盐碱化发生的原因很多，概括起来主要有以下几个方面。

1) 坝地淤积的泥沙含有可溶性盐碱类物质

坝地土壤主要是由黄土高原坡面侵蚀物淤积而成的。黄土本身属于碱性土壤，因此坝地的淤泥中含有可溶性盐碱物质。一般坝地上部排水不良，地下水位高，由于地面蒸发，淤泥中可溶性盐碱物质随水分经毛细管上升，积累到坝地表层，造成坝地盐碱化。

2) 坝地末端或上游修的蓄水工程渗漏

黄土丘陵沟壑区十年九旱。为了解决灌溉用水或生活用水问题，当地群众在坝地的上游末端或上游修建了一些小型蓄水塘坝。这些工程的坝体、坝基渗漏增加了下游坝地的地下水补给量，抬高了坝地的地下水位，使坝地盐碱化问题趋于加重，坝地的利用率大幅度降低。例如，绥德县马连沟小流域下游共有 4.67hm^2 坝地，因末端积水造成坝地盐碱化面积达 2.33hm^2，占到坝地总面积的 50%。

3) 坝地长流水漫溢，积水增多

坝地形成后，沟道纵比降从 1%～2%减小为 0.07%～0.15%，甚至有的坝地前部还有高仰现象，导致地表径流排泄条件发生改变，在坝地上形成宽浅的流水槽，延长了水流在坝地上的入渗时间，增加了坝地地下水的补给，使地下水位抬高，加重了坝地盐碱化或扩大了沼泽化面积。陕西省横山县赵石畔驼巷坝地尾部积水，沼泽化面积达 5.87hm^2，造成水流漫溢、杂草丛生、土地荒芜。

4) 坝址地下泉水不断渗出

陕北较大的沟道均为地下水排泄区，两岸基岩裂隙水以下降泉形式出现于中生代的砂岩中，第四系孔隙水在基岩顶面或红土层顶面也以泉水形式向沟内排泄，泉水流量一般小于 1.0L/s，多在 0.1～0.5L/s。有的地方在建坝时不注意泉水的保护和利用，甚至把泉眼压在坝地下面，这是坝地积水沼泽化的成因之一，也是坝地盐碱化发展的一个原因。

5) 坝地排水系统不畅

很多淤地坝坝地没有布设排水、排洪系统，沟道来水没有出路，水越积越多，水位越来越高。有的即使在坝地布设了排水排洪系统，但是往往渠底高程与坝地地面基本相平，甚至高出坝地地面。这种办法仅能排除洪水，不能降低地下水位，导致坝地盐分聚集或沼泽化。例如，陕北绥德县三角坪坝坝地排洪渠被淤后，由地下渠变成了地上渠，引起了坝地末端盐碱化发展，在一年的时间里坝地盐碱化面积由 0.80hm^2 增加到 2.13hm^2。

6) 灌溉用水不合理

目前，对于坝地灌溉渠系的布设、坝地墒情的掌握、排灌关系、灌水制度、农业技术措施的结合等问题还在摸索，尚无成熟的经验。现有可灌坝地有时灌水过多，抬高了地下水位，加重了盐碱化程度，扩大了沼泽化面积。

坝地盐碱化严重影响了坝地生产利用率，造成坝地资源浪费。例如，陕北、晋西有些地方坝地中有 1/3～1/2 的面积因盐碱化不能耕种。据黄河水利委员会绥德水土保持科学试验站调查结果，截至 1975 年底，延安、榆林两地区有坝地 3.53 万 hm^2，可利用的仅 2.33 万 hm^2，因盐碱化和沼泽化，每年少收粮食约 5000 万 kg。

4. 淤地坝的管护、维修滞后

1) 淤地坝管理责任主体不明

多年来，淤地坝工程建设基本上是由国家投资、农村集体经济组织调动群众出工完成。工程的产权不明晰、与群众个人利益联系不密切，使工程管理责任主体不明确，管护工作薄弱，甚至得不到落实。特别是农村实行家庭联产承包责任制坝地划分到农户以后，淤地坝工程有人用、无人管的问题更为突出，造成工程建设越多而国家管护、防汛的“包袱”更重的现状。

2) 缺乏完善的淤地坝运行管理机制

淤地坝建设初期忽视了建立良性的运行管理机制，致使建、管、用脱节，责、权、利分离，工程建成后，在管理上责、权、利不清，管护责任制流于形式；淤地坝的加高及排水、泄洪等配套设施的维修资金难以解决，导致大量工程老化失修、效益衰减，病险坝越来越多，不但制约了淤地坝建设的发展和效益的充分发挥，而且对下游安全构成了极大威胁。据陕西省水土保持局对陕北淤地坝的普查结果，陕北地区有淤地坝 3.5 万多座，其中，病险坝 2.4 万座，占淤地坝总数的 75%以上。

3) 运行管理技术落后

在黄土高原淤地坝建设中，长期存在着“重建设，轻管理”的思想，注重工程建设上技术难题的解决，而忽视了管理技术的研究。淤地坝运行管理技术落后已严重影响到淤地坝的安全运行和效益的正常发挥。

5. 前期工作滞后，影响工期和建设质量

淤地坝前期工作分为规划、项目建议书、可行性研究、初步设计 4 个阶段。第一阶段是编制淤地坝规划，按照《中华人民共和国水土保持法》的规定，淤地坝规划须经县级以上人民政府批准后，指导今后一段时期内的淤地坝建设工作。规划中确定的重点地区和重点建设项目应成为下阶段工程立项的依据。第二阶段是在规划指导下，根据项目的轻重缓急提出建议立项的工程项目，编制项目建议书。第三阶段是开展项目的可行性研究工作，编制可行性研究报告，该报告一经批准，则工程项目正式立项。第四阶段是完成淤地坝初步设计，该设计经有关部门审批后，列入年度计划拨款兴建。

过去，往往是国家已确定了建设项目才开始前期工作，有时甚至国家已下达了投资计划而设计文件还未出台。由于工作时间紧张，所完成的规划设计难以保证质量。同时，由于长期缺乏前期工作经费，各地的储备项目很少，影响各省向国家申请项目，造成建设工期拖延，直接影响工程效益的发挥。

6. 坝系建设理论不完善，一些关键技术问题尚未解决

淤地坝作为黄土高原地区主要的沟道治理措施，截至目前，尚未形成完善的理论体系，一些诸如沟道重力侵蚀的定量研究、布坝密度、坝系规模、建坝时序、坝系配置、设计、施工等方面的关键技术问题尚未解决，已影响淤地坝建设的科学、高效、快速发展。

1) 规划方面

虽然 60 多年来有关单位先后采用经验规划法、线性规划法、多目标规划法和非线性规划法对淤地坝坝系进行优化研究，并且国家“八五”攻关项目和黄河流域水土保持科研基金项目也都设专题进行坝系相对稳定试验研究，并结合课题研究建立了实体模型，但是，截至目前尚未形成一整套成熟、完善的坝系建设理论体系。同时，坝系规划方法也一直沿用传统的经验规划法，缺乏科学的方案比选论证，加之规划力量相对薄弱，致使规划成果科技含量不高，与实际有一定差距。

2) 设计方面

由于缺乏实测水文资料，目前淤地坝的设计大都采用传统的经验方法设计，工程的结构计算和水力计算方法较粗。例如，工程设计中的关键环节，如坝高确定、调洪演算等一般采用经验公式法计算，或用相似流域的实测资料或小区资料推算，方法尚需改进。近年来，虽然有关单位开发了可用于淤地坝定型设计的计算机辅助设计系统(CAD)，但目前尚在研制阶段，需要通过模型试验和实际验证进行完善，尚不能全面推广。另外，各地业务部门的设计力量和水平参差不齐，目前设计工作效率和质量远不能满足大规模淤地坝建设的需要。

3) 施工方面

长期以来，淤地坝工程施工缺乏整套规范的施工技术规程，许多地方沿用传统的施工方法，严重影响了施工质量。专业施工技术力量薄弱，尤其缺乏施工专业人员，造成施工质量难以保证、工程施工变更频繁。另外，在淤地坝施工过程中，有效的质量监测监督体系尚未建立起来，各地及行业的质量监督站目前也不够健全，在施工管理和工程质量控制上存在许多不规范的地方，缺乏必要的质量监测设备和监控手段。虽然近年来实行了淤地坝建设工程监理制度，但由于淤地坝工程不同于其他建设项目，要完全实行工程建设“三项制度”还存在一定难度，且目前“三项制度”还未真正全面推开。淤地坝工程监理也只是对治沟骨干工程实施监理，监理方式也以巡回监理为主，对工程质量缺乏全过程控制。另外，由于缺乏必要的投入，新的施工科研成果的推广和转化缓慢。

第 4 章　淤地坝淤积信息提取与减蚀作用机理研究

4.1　淤地坝剖面泥沙沉积旋回的划分及土样采集

4.1.1　典型淤地坝的选取

1. 选取原则

在对黄土丘陵沟壑区淤地坝调查的基础上，根据淤地坝淤积的一般过程，为满足研究的目的及消除由于来水来沙条件的不一致导致的泥沙淤积信息资料复杂化，同时为了使问题简化，在王茂沟小流域内进行典型坝选取的过程中遵循以下几个原则。

(1) 选择的典型淤地坝应位于支沟的沟头，没有区间入流，也没有任何泄洪措施。在这种情况下，淤地坝坝地内的泥沙仅来源于降雨径流冲刷该坝控流域上的坡耕地、荒坡及沟谷陡崖等不同土地利用类型的土壤，便于在分析侵蚀性降雨和淤积量时更好地一一对应。

(2) 选取有一定淤积年限的淤地坝，以免由于淤积年限太短，淤积层少，在统计分析时样本容量太少，而影响其代表性、典型性。

(3) 选取已经水毁的淤地坝(部分拉裂或者全部垮掉)。黄土高原地区的淤地坝大都经过长时间的淤积，其淤积厚度较厚(最厚可达数十米)，剖面开挖、土样采集的工作量相当大，为此选取满足前两个条件且已经水毁的淤地坝，在其垮掉或者拉裂的坝地断面上进行剖面分析和调查取样工作。

2. 选取结果

本章选取位于王茂沟小流域上游的关地沟 4#淤地坝(1959 年建成，1987 年冲毁，2005 年修复加高)作为典型淤地坝研究对象。

韭园沟流域位于陕西省绥德县，是无定河中游左岸的一条支沟，流域面积为 70.7km^2，韭园沟测站以上控制流域面积为 70.1km^2，属于黄土丘陵沟壑区第一副区，海拔在 810.0～1189.0m，平均坡度为 25.5°，主沟长 18.0km，平均宽 3.9km，沟道平均纵比降为 1.15%，沟壑密度为 5.34km/km^2。流域内丘陵起伏、沟壑纵横，沟间地面积为 39.6km^2，沟谷地面积为 30.41km^2。

王茂沟是韭园沟流域中游左岸的一条支沟，地理位置为东经 110°20′26″～110°22′46″、北纬 37°34′13″～37°36′03″，海拔 940～1188m，流域面积为 5.97km²，主沟长 3.75km，沟道平均纵比降为 2.7%，沟谷地面积为 2.97km²，地面坡度一般在 20°以上。流域地表组成物质主要为组织疏松的黄绵土，厚度为 20～150m，抗蚀能力差。在长期水土流失影响下，王茂沟小流域地面切割严重，支离破碎、梁峁起伏、沟壑纵横，沟壑密度为 4.3km/km²。该流域属于半干旱地区，雨量少而分布不均，多年平均年降水量为 513mm，汛期降雨一般占年降水总量的 70%以上，水土流失严重。流域内面积小于 0.1km² 的沟道有 24 条，0.1～0.5km² 的沟道有 18 条，0.5～1.0km² 的沟道有两条，大于 1.0km² 的沟道有两条。自王茂沟小流域从 1952 年开展水土保持工作以来，截至 1999 年底共兴修水平梯田 112.47hm²、造林 199.96hm²、种草 27.25hm²、坝地 28.13hm²，总治理面积为 367.81hm²，水土保持治理程度为 61.61%。

王茂沟小流域主要支沟的基本情况详见表 4.1。

表4.1　王茂沟小流域主要支沟情况统计表

支沟名称	流域面积/km²	沟道长度/km	高差/m	沟道平均纵比降/%	沟谷地面积/km²
关地沟	1.117	1.550	77	5	0.750
死地嘴	1.198	0.510	17	3	0.672
埝堰沟	0.981	1.235	35.8	2.9	0.474
王塔沟	0.528	0.710	28	4	0.315
康和沟	0.387	0.165	15	9	0.275
黄柏沟	0.381	1.085	55	5	0.154

4.1.2　泥沙沉积旋回层划分及土样采集

在现场工作时，为了确保人身安全，以及淤积层的测量、土样的采取方便，剖面的开挖自上而下进行，挖深 1.5m 左右便用刮刀对剖面进行适当的修整(以便更加清楚地分清层和层之间的界线)，然后开始每一泥沙沉积旋回层厚度的量测、土样的采集，而后依次循环进行。

1. 泥沙沉积旋回划分

坝地土壤来自坝控流域内坡耕地、荒坡和沟谷陡崖等地的表层土壤，因受暴雨冲刷，地表径流挟带大量泥沙顺坡流下，被拦蓄汇聚在坝地内，经过土粒沉降落淤而成坝地。根据剖面分析结果，每一次洪水泥沙沉积旋回都是土粒由粗至细逐级沉降落淤形成坝地土壤的过程，一般第一层为沙层(多见于坝地两侧或上游)，第二层为黄土层，第三层为灰棕色的胶泥层(由含有机物的黄土和胶土混合而成)，第四层为红胶土层，最后一层为有机质特别丰富的淤积物薄层。然而，每次洪水不一定能规律地形成上述完整的五层，因为每次洪水形成的泥沙沉积旋回的质地和层次多少及土层厚薄等主要受暴雨强度、降水量、流域地貌、坡面覆盖物、土壤质地、水土保持治理程度等因素的影响。

根据泥沙运动的一般规律可知，泥沙是借助于径流由上至下搬运的，因此，径流量和径流强度直接影响着泥沙颗粒的运行落淤和土壤层次的分布。当径流量小且径流强度较小时，泥沙多逐级落淤在坝地上游，或有少部分胶土落淤在坝地上游；当径流量小而径流强度大时，大部分黄土或少部分胶土落淤在坝地上游，大部分胶土和部分黄土落淤在坝地中游；当径流量和径流强度均较大时，部分黄土或沙土落淤在坝地上游，部分黄土和少部分胶土落淤在坝地中游，大部分胶土和部分黄土落淤在坝地下游；当径流量大而径流强度小时，部分胶土和少部分黄土落淤在坝地下游，大部分黄土和少部分胶土落淤在坝地中游，部分黄土或沙土落淤在坝地上游。由于每年每次洪水的径流量和径流强度有不同变化，形成了坝地土壤质地与不同质地层次分布不一致，一般下游土壤是胶土多于上中游，黄土小于上中游；中游土壤是胶土多于上游，黄土少于上游。而坝地两侧的土壤是胶土少于中部，黄土、沙土多于中部。

在关地沟 4#淤地坝选取的剖面在坝地的下游、距坝址 53m，同时在坝地的中、上游各挖取了土壤剖面以作对比。在一场暴雨洪水中，淤积物中有胶土、黄土和砂土，在挖取剖面分层量取淤积厚度及提取土样时应该把相邻的泥和沙划分为一层，而且每一层应该遵循淤泥在上、沙在下的原则。当只有一层淤泥而沙层有好几层(这时沙和沙之间的区别不明显)时，可以通过淤积泥沙的颜色和纹理来区分。

2. 泥沙沉积旋回层土样的采集

当各泥沙沉积旋回层区分开后，先将每一旋回层修平，用直尺垂直由上到下按一定宽度划两条取样边界线，再用灰刀在两条边线之间按一定的厚度取 1000g 左右的土，装入塑料袋中封口，贴上标签，写上坝号、旋回层号，后装入准备好的布袋中，以防塑料袋破裂和土样丢失、混杂，再封口贴上标签，写上坝号、旋回层号，放进预备的纸箱中待运。根据统计结果，关地沟 4#淤地坝坝地泥沙淤积剖面共划分为 22 个泥沙沉积旋回层。

3. 土样测试分析

现场取得的泥沙沉积旋回层土样(质量为 99～138g)分别装入 75mm×25mm 的塑料盒中，用胶带密封。样本在密封 20d 以后再进行测量，以保证氡及子体核素与 ^{226}Ra 的活度平衡。

低本底测量采用反康普顿 HPGe γ 能谱仪系统，探测器为法国 EurisysMesures 公司生产的 EGC50-200-R，相对探测效率为 50.7%，能量分辨率为 1.95keV(FWHM，对 1332keV 的 γ 射线)，反康系统峰康比大于 1000(^{137}Cs)，积分本底实测值为 0.34cps (50keV～2MeV)。测量刻度源 ^{137}Cs 能量为 661.66keV 的射线全能峰计数率，用于

标定 ^{137}Cs 活度；在保证母、子体的活度平衡的条件下，测量 ^{226}Ra 的子体 ^{214}Pb 能量为 352keV 的射线全能峰计数率，用于标定 ^{226}Ra 活度；测量 ^{210}Pb 能量为 46.5keV 的射线全能峰计数率，用于标定 ^{210}Pb 活度。

测量系统虽然没有 ^{137}Cs 和 ^{210}Pb 本底，但是有 ^{214}Pb 能量为 352keV 的射线本底(来自探测系统周围的氡气子体)，因此需要扣除。强度随环境条件变化(0.002～0.02cps，而样品中为 0.06～0.08cps)，一般间隔半个月至 1 个月测量一次射线本底，做相应扣除；系统有极微量的 ^{228}Ac 能量为 911keV 的射线本底，不随环境改变(约 0.0003cps，而样品中约 0.02cps)。

4.2 典型淤地坝坝地泥沙淤积信息的动态变化

4.2.1 淤积泥沙干容重变化特征

泥沙容重是反映坝地泥沙淤积信息的重要参数，也是坝地淤积物的重要物理特性指标，同时各种与泥沙冲淤有关的分析计算都需要以容重为基础进行重量与体积的转换。关地沟 4#淤地坝属于中型坝，坝高 16.6m，1959 年建成，1987 年在一场大暴雨中坝体部分被冲垮，2005 年修复加高。关地沟 4#淤地坝坝地累计挖深 4.60m，总挖淤积层共 22 层，测得总厚度的平均泥沙干容重为 1.37g/cm^3，各淤积层的泥沙干容重为 1.16～1.52g/cm^3。

图 4.1 为关地沟 4#淤地坝坝地泥沙淤积层厚度和泥沙干容重关系散点图；图 4.2 为关地沟 4#淤地坝累计淤积层厚度(从最底层向上)和加权泥沙干容重关系散点图。由图 4.1 和图 4.2 可以看出，关地沟 4#淤地坝坝地淤积泥沙的干容重随淤积层厚度的变化而变化，但数值波动幅度不大，基本在平均值 1.37g/cm^3 上、下小范围波动，说明坝地淤积物的干容重沿深度方向比较均一，在定量计算淤地坝的拦泥量时淤积泥沙的干容重可以采用定值计算。

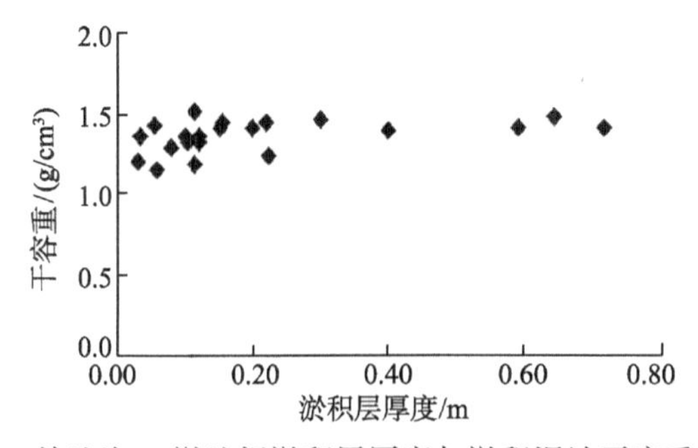

图 4.1 关地沟 4#淤地坝淤积层厚度与淤积泥沙干容重关系图

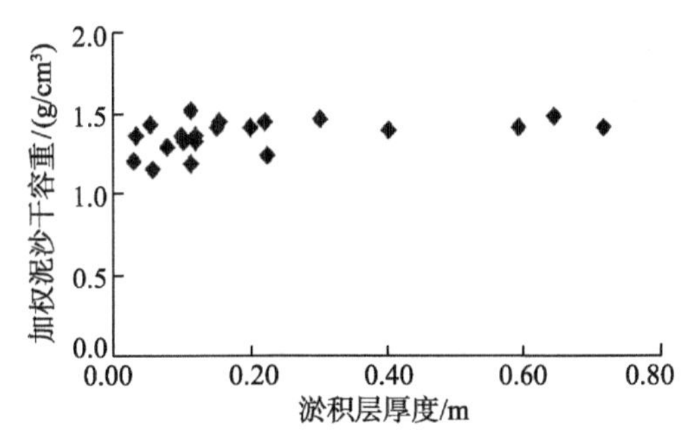

图 4.2　关地沟 4#淤地坝累计淤积层厚度与加权泥沙干容重关系图

4.2.2　关地沟 4#淤地坝坝地次降雨沉积旋回淤积量计算

本书采取断面测量法实地测量了关地沟 4#淤地坝的坝地面积，并根据 1987 年该淤地坝水毁后出露断面和两侧沟谷的坡度对淤地坝下部掩埋层的坝地面积进行了修正，结合各个淤积层淤积泥沙干容重分析，计算得出的关地沟 4#淤地坝坝地淤积泥沙总量为 58 961t，详见表 4.2。

表 4.2　关地沟 4#淤地坝坝地次降雨沉积旋回层泥沙淤积量计算结果

层号	淤积层厚度/m	次降雨泥沙淤积量/t	层号	淤积层厚度/m	次降雨泥沙淤积量/t
1	0.200	3 048	12	0.335	4 206
2	0.120	1 702	13	0.865	11 791
3	0.010	148	14	0.180	2 152
4	0.155	2 367	15	0.023	276
5	0.040	543	16	0.007	84
6	0.020	271	17	0.375	4 789
7	0.020	270	18	0.690	8 178
8	0.030	373	19	0.030	334
9	0.005	62	20	0.120	1 462
10	0.110	1 349	21	0.695	7 931
11	0.225	2 857	22	0.464	4 768

4.2.3　坝地剖面泥沙沉积旋回层 ^{137}Cs 含量分布特征

根据关地沟 4#淤地坝坝地不同泥沙沉积旋回层中的 ^{137}Cs 含量测试分析结果，不同泥沙沉积旋回层中的淤积物 ^{137}Cs 含量分布如图 4.3 所示。

从图 4.3 中可以看出，关地沟 4#淤地坝坝地剖面泥沙旋回层中的 ^{137}Cs 含量变化很大，剖面下部第 21 个泥沙沉积旋回层的 ^{137}Cs 含量最高，为 17.4Bq/kg；从此泥沙沉积旋回层向上、向下，各泥沙沉积旋回层的 ^{137}Cs 含量逐渐降低；到第 17 个泥沙沉积旋回层的 ^{137}Cs 含量又出现一个高含量值，此淤积泥沙层向上 ^{137}Cs 含量升降交替，出现第 14 个泥沙沉积旋回层、第 11 个泥沙沉积旋回层两个高含量值；顶部各泥沙沉积旋回层的 ^{137}Cs 含量为 0.82Bq/kg，底部各泥沙沉积旋回层的 ^{137}Cs 含量为 4.8Bq/kg。经计算，关地沟 4#坝坝地剖面中所有泥沙沉积旋回层的 ^{137}Cs 平均含量为 3.86Bq/kg。

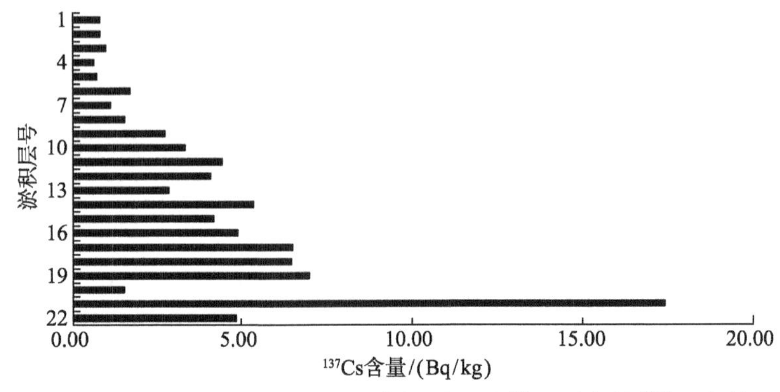

图 4.3　关地沟 4#淤地坝坝地不同泥沙沉积旋回层中的 ^{137}Cs 含量

4.2.4　坝地剖面泥沙沉积旋回层的 ^{210}Pb 含量分布特征

与 ^{137}Cs 不同，^{210}Pb(半衰期为 22.3 年)是天然放射性核素，为 ^{238}U 的系列衰变产物，产生于 ^{226}Ra(半衰期为 1622 年)的衰变产物即气态的 ^{222}Rn(半衰期为 3.8d)衰变。^{226}Ra 自然存在于土壤和岩石中。土壤和岩石中 ^{226}Ra 产生的 ^{222}Rn 少部分进入大气，在大气中衰变为 ^{210}Pb，又沉降到地表。经过对关地沟 4#淤地坝坝地泥沙沉积旋回层淤积物的 ^{210}Pb 含量测试分析结果，不同泥沙沉积旋回层中的 ^{210}Pb 含量分布如图 4.4 所示。

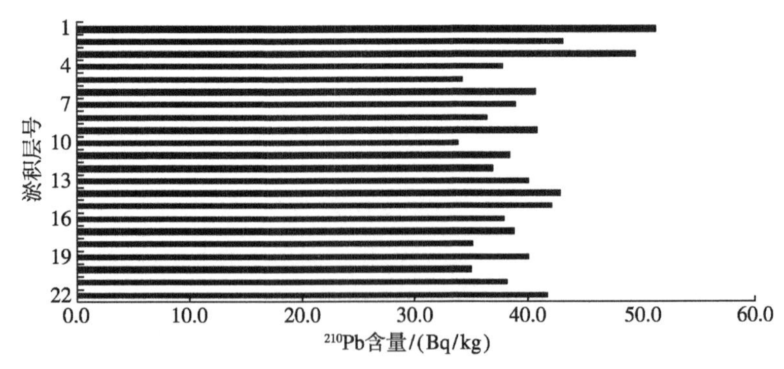

图 4.4　关地沟 4#淤地坝坝地不同泥沙沉积旋回层 ^{210}Pb 含量分布

从图 4.4 中可以看出，关地沟 4#淤地坝坝地不同泥沙沉积旋回层中的 ^{210}Pb 含

量变化与 ^{137}Cs 相比较小，表层各泥沙沉积旋回层的 ^{210}Pb 含量最高，为 51.2Bq/kg；自表层各泥沙沉积旋回层向下，^{210}Pb 含量呈波动式减小趋势。经计算，关地沟 4# 淤地坝坝地剖面中所有泥沙沉积旋回层中的 ^{210}Pb 平均含量为 41.7Bq/kg。

4.2.5　坝地剖面泥沙沉积旋回层的 $^{210}Pb_{ex}$ 含量分布特征

由 ^{226}Ra 衰变而来的 ^{222}Rn 不断由地表逸散到大气层中，再经由一系列短寿命子体衰变形成 ^{210}Pb，它将在大气中滞留 5～10d，然后随降雨或尘埃到达地面，成为土壤中 ^{210}Pb 的大气来源，这部分来源称为外源性或过量 ^{210}Pb(Unsupported ^{210}Pb or excess ^{210}Pb)，标为 $^{210}Pb_{ex}$，以区别于土壤中原有的 ^{210}Pb。同时，土壤中的 ^{226}Ra 还会不断产生 ^{222}Rn，并衰变出 ^{210}Pb。样品中所含 ^{226}Ra 处于放射性平衡状态的 ^{210}Pb 称为补偿性 ^{210}Pb(Supported ^{210}Pb)，其比活度大小与样品中 ^{226}Ra 的含量有关。只有由大气沉降的 $^{210}Pb_{ex}$ 才有示踪意义，因此，准确测定过量 ^{210}Pb 的比活度是流域土壤侵蚀及沉积 $^{210}Pb_{ex}$ 核素示踪研究的基础。

$^{210}Pb_{ex}$ 的计算有直接法和间接法两种，前者是测定不同土壤剖面深度的 $^{210}Pb_{总}$ 的含量，直至 $^{210}Pb_{总}$ 的含量不再随土壤剖面深度变化为止，此时 $^{210}Pb_{ex}$ 已达到在土壤中的最大分布深度，即 $^{210}Pb_{ex}=0$，$^{210}Pb_{总}={}^{210}Pb_{附}$，剖面中 $^{210}Pb_{ex}={}^{210}Pb_{总}-{}^{210}Pb_{附}$；间接法是测定土样中的 ^{226}Ra 含量(^{214}Pb)，因为土样中的 ^{226}Ra 与 $^{210}Pb_{附}$ 处于放射性平衡状态，所以 ^{226}Ra 的含量等于 $^{210}Pb_{附}$ 的含量。鉴于 ^{226}Ra 的半衰期长达 1600 年，故在近百年时间内可以认为其含量不受土样深度的影响。

采用间接法计算坝地剖面不同泥沙沉积旋回层中的 $^{210}Pb_{ex}$ 含量；同时，采用直接法推求部分样品中的 $^{210}Pb_{ex}$ 含量，并将两种方法的测定结果进行对比和验证。对比验证结果表明，分别采用直接法和间接法求出的 $^{210}Pb_{ex}$ 含量基本一致，如图 4.5 所示。

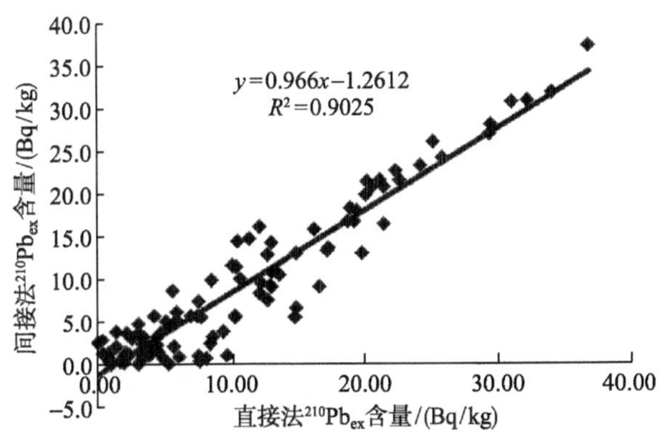

图 4.5　$^{210}Pb_{ex}$ 含量直接法与间接法计算结果比较图

基于直接法的关地沟 4#淤地坝坝地不同泥沙沉积旋回层中淤积物的 $^{210}Pb_{ex}$ 含量分析结果如图 4.6 所示。从图 4.6 中可以看出，关地沟 4#淤地坝坝地不同泥沙沉积旋回层中的 $^{210}Pb_{ex}$ 含量变化很大，表层泥沙沉积旋回层中的 $^{210}Pb_{ex}$ 含量最高，为 19.39Bq/kg，自此泥沙沉积旋回层向下，$^{210}Pb_{ex}$ 含量呈波动式变化趋势，到第 9 个、第 14 个和第 17 个泥沙沉积旋回层出现 3 个含量次高值；底部泥沙沉积旋回层的 $^{210}Pb_{ex}$ 含量为 12.2Bq/kg。经计算，关地沟 4#淤地坝坝地剖面中所有泥沙沉积旋回层中的 $^{210}Pb_{ex}$ 平均含量为 8.30Bq/kg。

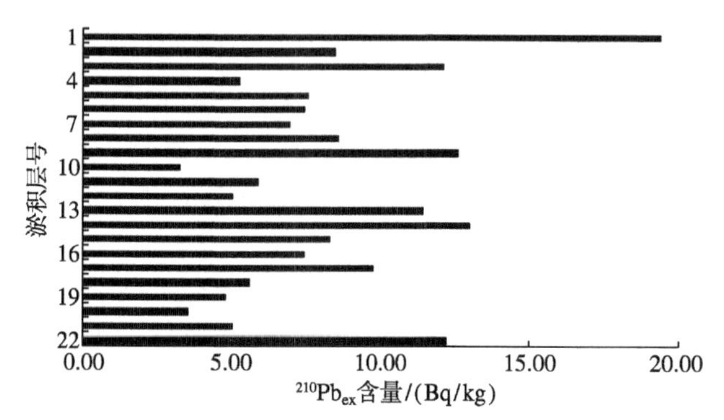

图 4.6　关地沟 4#淤地坝坝地不同泥沙沉积旋回层中的 $^{210}Pb_{ex}$ 含量

4.3　淤地坝泥沙沉积旋回与侵蚀性降雨的响应关系

4.3.1　侵蚀性降雨特性与降雨资料的分析

1. 侵蚀性降雨特性分析

众所周知，由于流域下垫面、气候状况、人类活动等因素不同，不同地区的小流域产沙特性和产沙机理有很大差异。本书所选取的典型小流域为位于黄土丘陵沟壑区第一副区韭园沟流域的支沟王茂沟小流域，流域面积仅 5.97km^2，与大中流域相比，该流域的下垫面因子和流域侵蚀产沙过程相对均一和稳定。

流域次降雨侵蚀产沙是降雨与流域下垫面相互作用的结果，降雨特征及其分布和流域下垫面特征是造成不同流域侵蚀产沙千差万别的主要因素。在较短的时间尺度内，如果没有大规模的人为活动，流域的下垫面一般不会发生较大的变化，而应保持相对稳定，因此降雨特征就成为流域产沙的主要影响因子。降雨因素主要包括前期影响雨量、降雨强度、降雨量、降雨历时等。一般将影响流域产沙的降雨因子分为前期降雨影响和次降雨特征(降雨强度、降雨量、降雨历时)两大方面。

李昌志等(2001)运用主成分分析法对前期降雨、次降雨量、降雨历时和降雨强度对小流域侵蚀产沙的影响进行了研究，结果表明，在小流域渐变型产沙模型中，降雨特征(包括降雨强度、降雨量、降雨过程)是流域侵蚀产沙的第一主成分，而前期降雨是流域侵蚀产沙的第二、第三主成分，故在降雨处理过程中对前期降雨不予考虑。

降雨是引起土壤侵蚀的主要动力因子，但并不是所有降雨都能产生土壤侵蚀。大量的研究结果表明，黄土高原地区的流域产沙量绝大多数是由每年内一场或多场大暴雨造成的，在所有降雨中只有部分降雨发生地表径流，进而引起土壤侵蚀，发生真正意义上的土壤流失。一般将能够引起土壤侵蚀的降雨称为侵蚀性降雨，而将发生侵蚀和不发生侵蚀的降雨区分开来的某种降雨参数的临界值称为侵蚀性降雨标准。侵蚀性降雨标准一般包括降雨量和降雨强度两个参数。侵蚀性降雨标准的确定可以大大减少降雨侵蚀力计算的工作量，提高计算精度。

国内外有关侵蚀性降雨标准的研究较多，不同的学者确定的侵蚀性降雨标准差异较大。Wischmeier等(1965)在计算降雨侵蚀性标准时排除了次降雨量小于12.7mm的降雨，而对15min内降雨量达到6.4mm的次降雨应予以保留，该标准已被应用于通用土壤流失方程(USLE)和修正通用土壤流失方程(RUSLE)中。然而，Wischmeier等(1965)并没有交代确定该标准的方法，也没有具体说明该标准对降雨侵蚀力计算的影响，只是指出小于该标准的降雨引起的土壤流失量很小；Renard等(1994)对美国Reynolds Creek流域降雨侵蚀力的计算结果表明，用全部降雨计算得到的降雨侵蚀力比剔除小于12.7mm的次降雨以后计算得到的降雨侵蚀力增加了28%～59%，但径流和侵蚀量是否增加尚无观测资料加以证明。Elwell等(1975)采用日降雨量25mm和最大雨强25mm/h同时作为侵蚀性降雨标准来估算Rhodesia流域的年土壤侵蚀量和年径流量。

中国的气象部门一般将日降雨量≥50mm的降雨称为暴雨。有关侵蚀性降雨标准的研究主要针对降雨特性或土壤侵蚀和降雨之间的关系等。方正山(1957)、刘尔铭(1982)分别拟定了暴雨标准，但没有与土壤侵蚀相联系，是单纯的降雨特征参数。张汉雄等(1982)在确定黄土高原暴雨标准时，将5min的平均降雨强度为0.78mm/min、1440min的降雨量大于等于55mm作为甘肃省西峰坡度为10°无覆盖农地产生径流并引起土壤侵蚀的侵蚀性降雨标准。王万忠(1984)在考虑了土壤流失和降雨特性之间关系的基础上，提出分别以降雨量、平均雨强和降雨瞬时雨率作为指标的侵蚀性降雨标准；谢云等(2000)用土壤侵蚀损失率提出了动态雨量标准和时段雨强标准；Xie等(2002)利用黄河流域子洲径流实验站的资料分析得出：以最大30min降雨强度作为侵蚀性降雨标准要优于降雨量和平均降雨强度；周佩华等(1987)通过人工模拟降雨试验利用建立的不同雨强降雨事件的起流历时和相应的模拟降雨强度之间的幂函数回归方程，求得土壤侵蚀暴雨标准；江忠善等(1988)根据黄土地区降雨径流资料，拟定了该地区侵蚀性降雨标准为次降雨量大于10mm，相当于8.9%的土壤侵蚀量被损失掉，但没有指出多选的降雨事件。

综上所述，我国学者在拟定侵蚀性降雨标准时，是以发生侵蚀的降雨事件为基础，利用降雨与径流之间的关系来确定雨量或雨强标准。这些标准指出了少选降雨事件造成的土壤侵蚀量占总侵蚀量的比例，没有指出多选的降雨事件夸大了多少降雨侵蚀力，剔除的降雨事件又减少了多少工作量。

2. 降雨资料的处理与分析

黄河水利委员会绥德水土保持科学试验站从 1954 年开始在韭园沟流域内布设了径流场和雨量站，对流域内的天然降雨和产流产沙过程进行观测。本书收集了王茂沟小流域 1959～1987 年的天然降雨和产流产沙资料。为了进一步揭示淤地坝坝控流域的降雨特征与坝地泥沙淤积过程的对应关系，本书依据黄土高原的侵蚀性降雨标准(次降雨量≥12mm，平均雨强≥2.4mm/h，最大30min平均雨强≥0.25mm/min)对降雨资料进行了整理和分析。

将收集到的王茂沟小流域 1959～1987 年历年的所有次降雨资料按照每场次降雨的时间顺序排序，并计算每场次降雨的主要特征(次降雨的降雨量、次降雨的平均降雨强度、次降雨最大 30min 降雨强度、次降雨侵蚀力等指标)，以便进行后续的次降雨和淤地坝泥沙沉积旋回对应关系分析。

4.3.2 淤地坝泥沙沉积旋回与侵蚀性降雨的对应原则

淤地坝坝地每一个泥沙沉积旋回层的淤积物都是在一定的降雨条件下，由降雨径流冲刷该坝控流域的坡耕地、牧荒坡及沟谷陡崖等不同土地利用类型表层土壤及其更深层的土壤而形成的，所以每一个泥沙沉积旋回层的淤积量是与产生该次流域侵蚀产沙的次降雨过程相对应的。

对于黄土高原地区而言，流域的产沙量绝大多数是由一场或数场大暴雨侵蚀产生的，而且一般是洪峰和沙峰同步，较大的流量对应较大的沙量，因此，在淤地坝坝地中淤积泥沙量大的沉积旋回层应与降雨特征较大的降雨场次相对应，而淤积泥沙量小的沉积旋回层应与降雨特征较小的降雨场次相对应。

关地沟 4#淤地坝于 1987 年冲毁前未设溢洪道，把淤地坝坝地的沉积泥沙量近似作为坝控流域的侵蚀产沙量，并假定坝地每一个泥沙沉积旋回层的淤积泥沙量近似等于与之相对应的次降雨在坝控流域的侵蚀产沙量。基于此，本书对王茂沟小流域关地沟 4#淤地坝坝地不同的泥沙沉积旋回层与相对应的次降雨事件分别进行一一对应。

在黄土高原地区，历史上发生的特大暴雨留下的特征非常明显(如沉积量和沉积厚度很大，发生时间等记录详细)，因此特大暴雨产生的坝地沉积旋回层发生时间的确定较容易。为此，首先将淤积泥沙量较大的沉积旋回层和降雨指标(包括次降雨量、最大 30min 降雨强度、降雨侵蚀力等指标)均较大的次降雨场次相对应，作为沉积旋回层与次降雨相对应的控制性降雨场次和控制性沉积旋回层。如果上、下两个控制性沉积旋回层之间的沉积旋回层个数较少，先将上述控制性降雨场次发生时间间隔内的所有场次的降雨按所选定的 4 个降雨指标按照大小进行筛选，筛选出和这两个控制性沉积旋回层之间所夹的沉积旋回层个数相等的降雨场数。然后，根据上述两个控制性沉积旋回层之间的沉积旋回层的厚度大小，按降雨时间先后顺序将筛选出的降雨场次和沉积旋回层一一对应。如果上述控制性沉积旋回层之间的沉积旋回层个数较多，则在这两个控制泥沙旋回层之间寻找厚度较大的沉积旋回层，再找出与该沉积旋回层所对应的次降雨场次，并将找出的这场较大次降雨场次作为控制性降雨场次。

按照上述“大水对大沙”的对应原则，采用上述方法将坝地每个沉积旋回层与相应的次降雨场次对应起来。由于有些年份虽有次降雨发生，但由于侵蚀产沙量较小，在坝地产生的沉积物虽有沉积但没有形成完整的淤积层或淤积层太薄而无法区分，因此，受沉积旋回层数的限制(降雨场次多于沉积旋回层数)，并不是所有历史降雨事件都能够找出与其相对应的沉积旋回层。

4.3.3　淤地坝垂直剖面中 ^{137}Cs 含量与沉积计年的关系

在黄土丘陵沟壑区，由洪水挟带进入淤地坝内的侵蚀泥沙往往是粗颗粒泥沙首先沉积，其次为粉砂，最后为黏粒，由此在淤地坝内形成一个沉积旋回层，其厚度和分布与降雨特性、侵蚀泥沙特性密切相关。每个沉积旋回层的泥沙由下到上逐渐变细，下部为粗沙颗粒，上部为含水量高的黏土、淤泥层，层与层之间界限明显，容易辨别。

由于洪水泥沙主要来源于小流域的表层土壤，其中必然含有一定浓度的放射性核素 ^{137}Cs。而全球 ^{137}Cs 的沉降具有明显的时间变化特征，1963 年是全球沉降高峰期，1970 年后呈明显下降趋势。因此，1963 年或 1964 年的坝地沉积旋回层中 ^{137}Cs 含量最大，具有实际时标意义，并被广泛用来作为沉积物计年的一个重要时标。1986 年由于苏联切尔诺贝利核电站的核泄漏导致全球，尤其是北半球的 ^{137}Cs 沉降又出现一个高峰，则 1986～1987 年的坝地沉积旋回层中 ^{137}Cs 含量也具备辅助计年的价值。

4.3.4　淤地坝坝地泥沙沉积旋回与次降雨事件的对应

研究结果表明，关地沟 4#淤地坝坝地不同沉积旋回层中的 ^{137}Cs 含量差异非常明显，第 21 个沉积旋回层中的 ^{137}Cs 含量最高，为 17.4Bq/kg，从此沉积旋回层向上、向下，不同沉积旋回层中的 ^{137}Cs 含量逐渐降低，到第 6 个沉积旋回层 ^{137}Cs 含量又出现小峰值，从此沉积旋回层向上，不同沉积旋回层中的 ^{137}Cs 含量又逐渐降低。根据关地沟 4#淤地坝坝地不同沉积旋回层中的 ^{137}Cs 含量的变化，以及关地沟 4#淤地坝修建、运行历史，结合该流域历史次降雨观测资料分析，可以确定关地沟 4#淤地坝坝地第 21 个沉积旋回层的发生时间为 1964 年，而第 6 个沉积旋回层的发生时间为 1987 年。据此，首先根据 1964 年和 1987 年的次降雨资料，按照选定的 4 个降雨指标分别确定出这两年中发生的最大的一场次降雨的发生时间，并分别与关地沟 4#淤地坝坝地第 21、第 6 个沉积旋回层对应起来。然后，根据确定出来的 1963 年、1987 年控制性降雨事件发生时间间隔内的次降雨资料，以及关地沟 4#淤地坝坝地第 21、第 6 个沉积旋回层之间的其他沉积旋回层厚度大小，按照 "大水对大沙" 的对应原则，将发生在 1964～1987 年历年的侵蚀性降雨时间与关地沟 4#淤地坝坝地第 21、第 6 个沉积旋回层之间的其他沉积旋回层一一对应起来。

关地沟 4#淤地坝坝地不同沉积旋回层中的 ^{137}Cs 含量及沉积旋回层的具体沉积发生时间见图 4.7。

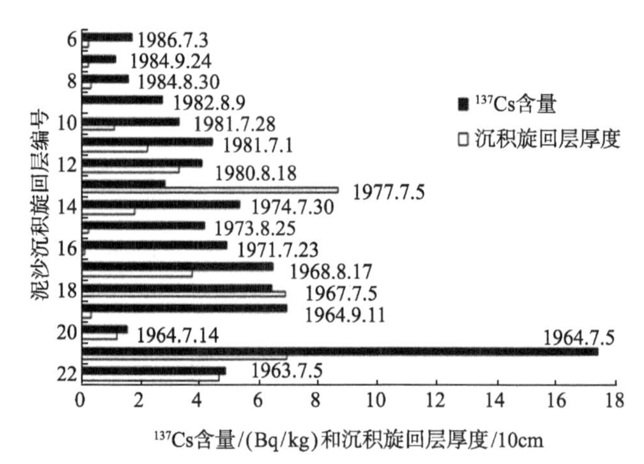

图 4.7　关地沟 4#淤地坝坝地不同泥沙沉积旋回层中的 ^{137}Cs 含量、沉积旋回层厚度和沉积发生日期对照结果图

另外，相关研究表明，在影响流域侵蚀产沙结果的次降雨特性(次降雨最大 30min 降雨强度、次降雨量、次降雨侵蚀力)中，次降雨侵蚀力与流域侵蚀产沙量之间的相关性最为明显。为此，本书利用 1964～1987 年历年的侵蚀性降雨资料及采用"大水对大沙"的方法推求出的关地沟 4#淤地坝坝地相应沉积旋回层的沉积泥沙量结果，分析了关地沟 4#淤地坝坝控流域的次降雨沉积泥沙量与相应的次降雨侵蚀力的相关关系(图 4.8)，并建立了次降雨沉积泥沙量与相应的次降雨侵蚀力之间的相关方程为

$$y = 208.54\mathrm{e}^{0.2771x} \quad R^2 = 0.6659 \tag{4.1}$$

式中，y 为次降雨沉积泥沙量(t)；x 为次降雨侵蚀力(mm^2/min)。

经过 F 检验和 T 检验，次降雨沉积泥沙量与相应的次降雨侵蚀力之间存在显著相关关系，置信度为 95%。

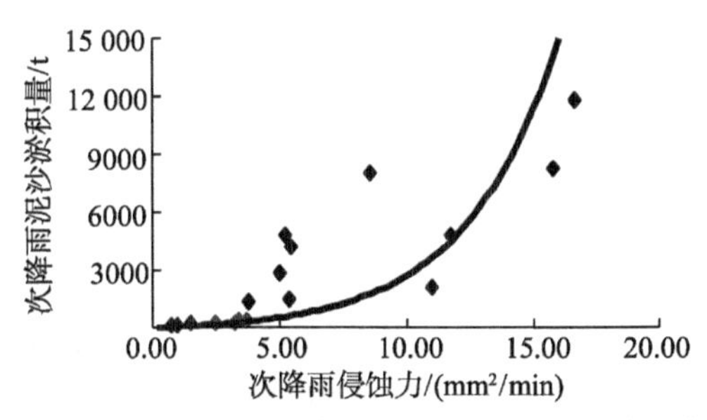

图 4.8　关地沟 4#淤地坝坝地次降雨泥沙淤积量与次降雨侵蚀力关系图

4.4　淤地坝对沟道侵蚀的减蚀作用分析

淤地坝不仅有直接的拦沙作用，还有较明显的固岸、减蚀作用。较早的研究认为，淤地坝减蚀量为淤地坝拦沙量的 1%～3%，计算时常取 2%。最近的研究结果则认为，淤地坝间接减蚀量占流域天然产沙量的 20%左右。熊贵枢等(1993)根据支流把口站的径流泥沙资料分析得出，无定河赵石窑以上坝库年均减少沟壑侵蚀量(减蚀量)为 2080 万 t，总减蚀量约为无定河多年平均输沙量的 20.8%。经过系统调查和资料分析，淤地坝一般有两种减蚀作用：一种是直接减蚀作用，另一种是间接减蚀作用。直接减蚀作用是指坝地形成后所覆盖的沟谷地将不再产沙，其所形成的坝地面积也就是淤地坝直接减蚀的范围。间接减蚀作用是指坝地抬高沟道侵蚀基准面，稳定和巩固岸坡，同时缩短坝址上游的沟道长度，减缓沟道纵比降，通过淤地坝拦蓄上游洪水，减少下游沟道来洪量，减轻洪水对下游沟道的冲刷作用(包括制止沟道下切、沟岸扩张和沟道前进等侵蚀)。淤地坝的减蚀量一般与沟壑密度、沟道比降和沟谷侵蚀模数等因素有关，由于缺乏严密的观测资料，目前淤地坝的减蚀范围和减蚀量尚无可靠的计算方法。

本节将从淤地坝坝地淤积泥沙入手，根据沉积泥沙量与侵蚀性次降雨事件的对应关系，进行典型暴雨事件下的不同土地利用类型坡面土壤侵蚀量计算，利用沙量平衡原理，对淤地坝的间接减蚀作用进行定量分析。

4.4.1　流域不同土地利用类型坡面侵蚀产沙规律分析

降雨与下垫面条件是影响水土流失的两个主要因素。降雨量和降雨强度是影响流域侵蚀产沙的两个主要降雨特征参数；下垫面条件则涉及较多因素，主要与流域地形的几何特征、地表岩性和物质、植被及其覆盖度等有关。降雨是引起土壤水土流失的最重要因子之一，降雨特性与土壤流失的程度、分布规律、发生频率等特征都存在着极为密切的关系。以往的研究结果表明，与土壤流失关系比较密切的降雨特征参数包括降雨量、降雨强度、雨滴大小和雨滴终速、降雨历时、瞬时雨率、降雨雨型、降雨动能、降雨动量和降雨侵蚀力等。许多研究结果表明，土壤流失量随着降雨侵蚀力的增大而增大。杨玉盛(1998)对杉木幼林地水土流失进行的定位研究结果表明，降雨侵蚀力对杉木幼林地水土流失的影响较大，林地水土流失量随着降雨侵蚀力的增大呈增加趋势。人类活动通过对不同方式的土地利用在一定程度上影响该地区的水土流失进程。李健等(1996)对黄土丘陵沟壑区不同土地利用方式坡地的径流量和泥沙量的研究结果表明，不同土地利用方式土地的水土流失量有很大差别，水土流失量大小依次为裸地>顺垄耕作地>横垄耕作地>自然荒坡地>人工油松林地>梯田；王万忠(1984)按农地、林地、草地 3 种土地利用类型研究了黄土地区降雨特性与土壤流失的关系。

1. 坡耕地

降雨是水土流失发生发展的重要外部动力条件，而暴雨径流是坡耕地产生土壤侵蚀的主要动力。当土壤水分饱和后，降雨形成的地表径流在沿坡面流动时会剥离、挟带和输运土壤表层的颗粒，留下明显的细沟侵蚀痕迹。王茂沟径流小区 1960～1964 年 45 场降雨径流资料的统计分析结果表明，坡耕地土壤侵蚀模数与降雨侵蚀力之间呈极显著的相关关系(图 4.9)，即土壤侵蚀模数随着降雨侵蚀力的增大呈指数增大趋势：

$$y=1052.9e^{0.177x} \qquad R^2=0.392 \tag{4.2}$$

式中，y 为坡耕地土壤侵蚀模数(t/km^2)；x 为降雨侵蚀力(mm^2/min)。

经 F 检验，F=27.743，通过 P<0.01 的检验，具有统计分析意义。

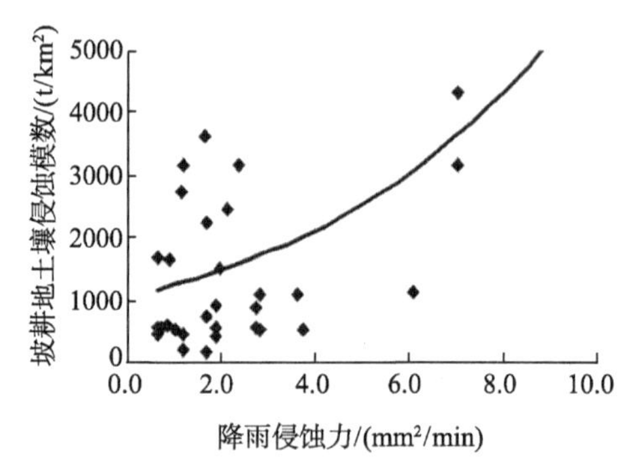

图 4.9　坡耕地土壤侵蚀模数与降雨侵蚀力关系

2. 陡崖

王茂沟小流域地形破碎，峁边线以下为沟谷坡，坡度在 25°以上的陡崖是冲沟和各种重力侵蚀发生最为活跃的地方。由于黄土质地匀细，组织疏松，垂直节理发育，湿陷性和渗透性大，遇水快速饱和，造成塌陷或形成泥流等，陡崖是流域水土流失的重点防治区。通过对王茂沟小流域 15 个陡崖径流小区共 17 场次降雨事件的降雨特征与流域侵蚀产沙量进行统计分析，结果表明，陡崖土壤侵蚀模数与降雨侵蚀力呈显著相关关系(图 4.10)，即陡崖土壤侵蚀模数随着降雨侵蚀力的增大呈指数增大：

$$y=1015.2e^{0.1655x} \qquad R^2=0.452 \tag{4.3}$$

式中，y 为陡崖土壤侵蚀模数(t/km^2)；x 为降雨侵蚀力(mm^2/min)。

经 F 检验，F=12.355，通过 P<0.01 的检验，具有统计分析意义。

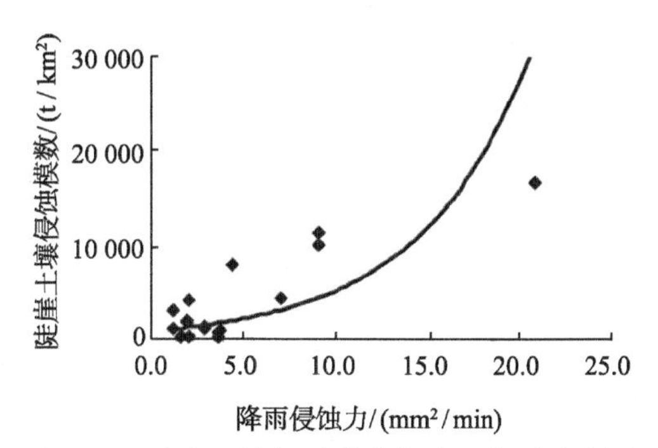

图 4.10　陡崖土壤侵蚀模数与降雨侵蚀力关系

3. 荒坡

荒坡是王茂沟小流域的主要土地利用类型之一。对王茂沟小流域 8 个荒坡径流小区共 23 场次降雨事件中的降雨特征与产沙量进行统计分析，结果表明，荒坡土壤侵蚀模数与降雨侵蚀力之间存在相关关系(图 4.11)，即荒坡土壤侵蚀模数随着降雨侵蚀力的增大呈指数增大趋势：

$$y=1052.4e^{0.1514x} \qquad R^2=0.251 \tag{4.4}$$

式中，y 为荒坡土壤侵蚀模数(t/km^2)；x 为降雨侵蚀力(mm^2/min)。

经 F 检验，F=7.13，通过 P<0.05 的检验，具有统计分析意义。

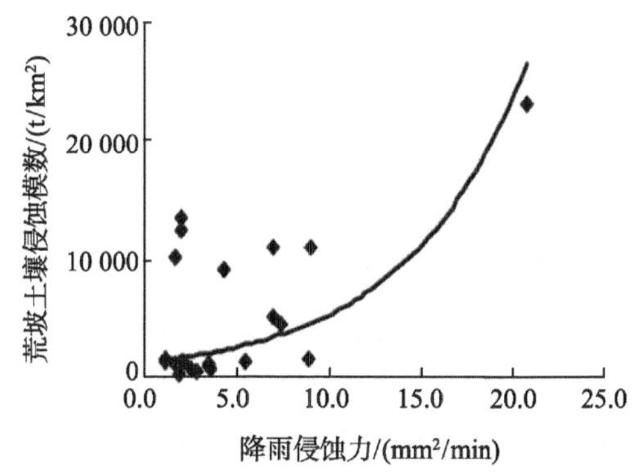

图 4.11　荒坡土壤侵蚀模数与降雨侵蚀力关系

4.4.2 流域土地利用变化分析

王茂沟小流域为韭园沟流域的重点治理支沟流域之一，其土地利用状况自开始治理就经历了显著的变化，而流域土地利用的变化无疑会对流域土壤、水文和侵蚀特征产生重大影响。1953～1983 年王茂沟小流域的土地利用结构发生了很大变化，耕地面积由占总土地面积的 56.9%下降到 31.7%，坝地面积由占总土地面积的 0.0%上升到 5.2%，林地面积由占总土地面积的 1.0%上升到 45.0%，草地面积由占总土地面积的 3.1%上升到 6.7%(表 4.3)。

表 4.3 王茂沟小流域 1953～1983 年土地利用结构变化(郑宝明等，2003)

年份	耕地		坝地		林地		草地	
	面积/hm^2	比例/%	面积/hm^2	比例/%	面积/hm^2	比例/%	面积/hm^2	比例/%
1953	340.0	56.9	0.0	0.0	5.3	1.0	18.7	3.1
1964	263.2	44.1	4.7	0.9	18.9	3.2	31.1	5.2
1970	244.0	40.9	11.5	1.9	169.7	28.4	37.5	6.3
1978	215.2	36.1	20.2	3.4	183.9	30.8	39.9	6.7
1983	189.1	31.7	30.8	5.2	268.5	45.0	39.9	6.7

由于土地利用结构改变，林草植被面积增加改变了地表状况，增加了地表植被覆盖度，增加了降水过程中的植物截留量，降低了雨滴动能和雨滴对地表的打击作用，同时改善了土壤结构，增加了土壤入渗率，减少了降雨侵蚀产沙量。随着土地利用结构改变，王茂沟小流域侵蚀环境演变到越来越有利于水土资源保持的方向上来。截至 2004 年底，王茂沟小流域有淤地坝 23 座，其中骨干坝 2 座、大中型坝 6 座、小型坝 15 座，总库容为 273.2 万 m^3，拦泥库容为 243.59 万 m^3，已淤库容为 177.5 万 m^3，剩余库容为 95.7 万 m^3，可淤坝地面积为 34.64hm^2，已淤坝地面积为 26.84hm^2，坝地利用面积为 24.2hm^2；水土流失综合治理面积为 393.06hm^2，基本农田面积为 164.2hm^2，经济林面积为 72.83hm^2，乔木林面积为 6.76hm^2，灌木林面积为 134.07hm^2，人工种草面积为 15.18hm^2，封禁治理面积为 18.13hm^2，水土保持治理程度为 65.84%。

由于关地沟 4#淤地坝坝控流域面积较小，为王茂沟小流域的一个小支沟，无具体的土地利用资料记载，因此以王茂沟小流域 1964～1983 年土地利用变化为基础，根据关地沟 4#淤地坝坝控流域的面积与王茂沟小流域面积的比值，按面积等比原则确定关地沟 4#淤地坝坝控小流域 1964～1983 年的土地利用变化，见表 4.4。由表 4.4 可以看出，关地沟 4#淤地坝坝控流域土地利用变化向着有利于流域水土保持的方向发展。坡耕地面积逐渐减小，而梯田、林地、草地面积逐渐增加，荒坡陡崖面积也有所降低。

表 4.4　关地沟 4#淤地坝坝控流域 1964～1983 年土地利用结构变化

年份	坡耕地/hm²	陡崖/hm²	梯田/hm²	草地/hm²	林地/hm²	荒坡/hm²	坝地/hm²	其他/hm²	水土流失治理度/%
1964	10.53	3.78	0.58	1.31	0.81	7.56	0.23	0.40	11.6
1970	7.79	3.17	2.52	1.59	6.52	2.54	0.48	0.59	44.1
1978	4.92	2.86	3.94	1.69	7.76	1.90	0.86	1.28	56.5
1983	3.81	2.03	4.18	1.69	9.52	1.27	1.61	1.09	67.5

4.4.3　典型降雨事件下流域主要泥沙来源地的产沙变化

根据关地沟 4#淤地坝坝地不同泥沙沉积旋回层的发生日期和流域历年的次降雨实测资料，分别选取相同次降雨侵蚀力大小的典型次降雨过程分析流域侵蚀产沙状况。

表 4.5 为关地沟 4#淤地坝坝控流域典型次降雨事件的降雨侵蚀力结果统计表。

表 4.5　关地沟 4#淤地坝坝控流域典型次降雨事件降雨侵蚀力统计表

降雨时间(年.月.日)	雨量/mm	历时	降雨侵蚀力/(mm²/min)
1963.07.05	64.8	11h 41min	5.99
1980.08.18	34.1	3h 30min	5.51
1967.07.05	19.9	25min	15.84
1977.07.05	81.6	6h 40min	16.65

将表 4.5 中的关地沟 4#淤地坝坝控流域 4 场典型次降雨事件的降雨侵蚀力结果分别代入式(4.2)～式(4.4)，求得的不同土地利用方式土地侵蚀模数见表4.6。从表 4.6 中可以看出，在不同降雨事件条件下，坡耕地的侵蚀模数均大于其他土地利用方式；降雨侵蚀力从 5.51mm²/min 增加到 16.65mm²/min 时，坡耕地、陡崖、荒坡的土壤侵蚀模数分别增加约 6.2 倍、5.3 倍和 4.4 倍。

表 4.6　关地沟 4#淤地坝坝控不同土地利用下典型降雨的平均侵蚀强度

土地利用方式	降雨时间(年.月.日)	降雨侵蚀力/(mm²/min)	侵蚀模数/(t/km²)
坡耕地	1963.07.05	5.99	3 040
	1980.08.18	5.51	2 792
	1967.07.05	15.84	17 378
	1977.07.05	16.65	20 057
陡崖	1963.07.05	5.99	2 736
	1980.08.18	5.51	2 527
	1967.07.05	15.84	13 966
	1977.07.05	16.65	15 969
荒坡	1963.07.05	5.99	2 856
	1980.08.18	5.51	2 655
	1967.07.05	15.84	12 700
	1977.07.05	16.65	14 358

根据不同降雨事件下不同土地利用方式的土壤侵蚀模数结果(表 4.6)，结合流域土地利用状况，计算得到关地沟 4#淤地坝坝控流域坡耕地、荒坡、陡崖的侵蚀产沙总量见表 4.7。由表 4.7 可以看出，在降雨侵蚀力相同的条件下，坡耕地的侵蚀产沙量最大(这与坡耕地面积较大有很大关系)，同时 1963 年和 1967 年的坡耕地侵蚀产沙量分别为 1980 年和 1977 年侵蚀产沙量的 3.8 倍和 1.3 倍。相对于坡耕地面积，关地沟 4#淤地坝坝控流域内的陡崖和荒坡面积较小。从表 4.7 可以看出，与坡耕地相比，陡崖和荒坡的侵蚀产沙量较小；在降雨侵蚀力相同的条件下，陡崖 1963 年的侵蚀产沙量约为 1980 年侵蚀产沙量的 2 倍，而陡崖 1967 年和 1977 年的侵蚀产沙量则相差无几，这主要是因为 1963 年的陡崖面积是 1980 年陡崖面积的 2 倍，而 1967 年的陡崖面积和 1977 年的陡崖面积相差不多。由表 4.7 可以看出，1963 年坡耕地的侵蚀产沙总量为 1980 年的 3 倍多；在大暴雨情况下，1977 年的侵蚀产沙总量比 1967 年减少 416t。

表 4.7 典型次降雨事件条件下关地沟 4#坝坝控流域不同土地利用方式的侵蚀产沙量

降雨时间(年.月.日)	降雨侵蚀力/(mm^2/min)	不同土地利用方式侵蚀产沙量/t			侵蚀产沙总量/t
		坡耕地	陡崖	荒坡	
1963.07.05	5.99	320	103	216	536
1980.08.18	5.51	106	51	34	140
1967.07.05	15.84	1353	443	322	1676
1977.07.05	16.65	987	456	273	1260

4.4.4 降雨侵蚀产沙与坝地淤积泥沙对比分析

表 4.7 中的不同典型次降雨事件的侵蚀产沙总量计算结果与相应次降雨事件下的流域侵蚀产沙总量实测值有很大差别。分析其原因在于，一方面涉及从坡面到沟道再到流域出口的泥沙输移和沉积问题；另一方面，流域的其他土地利用方式也有可能产生较大的侵蚀量，调查发现，道路侵蚀产沙也是关地沟 4#淤地坝坝控流域的一个主要侵蚀产沙源。

本书首先将表 4.7 中的每场次降雨事件坡耕地与荒坡的侵蚀产沙量作为该场次降雨事件中的关地沟 4#淤地坝坝控流域的坡面侵蚀产沙量；其次，根据关地沟 4#淤地坝坝地沉积旋回层泥沙厚度反演得到上述 4 场次降雨事件中的关地沟 4#淤地坝坝地淤积泥沙总量；再次，计算 4 场次降雨事件中的关地沟 4#淤地坝坝地淤积泥沙总量与坡面侵蚀产沙量的差值；最后，将计算得到的侵蚀产沙量差值与表 4.7 中的陡崖侵蚀产沙量相加，得到 4 场次降雨事件中的关地沟 4#淤地坝坝控流域的沟道侵蚀产沙量，详见表 4.8。

表 4.8　典型降雨下流域沟道侵蚀产沙量

项目	降雨时间(年.月.日)			
	1963.07.05	1980.08.18	1967.07.05	1977.07.05
降雨侵蚀力/(mm^2/min)	5.99	5.51	15.84	16.65
流域水土流失治理度/%	12	57	44	68
沟道侵蚀产沙量/t	2940	2404	6201	4097
沟道侵蚀减少量/t		536		2104

由表 4.8 可以看出，在不同降雨侵蚀力的情况下，关地沟 4#淤地坝坝控流域沟道侵蚀产沙量也有所不同；在次降雨侵蚀力相同的情况下，沟道侵蚀产沙量与流域的水土流失治理程度相关，即在相同的降雨条件下，水土流失治理程度越高，沟道侵蚀产沙量越小；在降雨侵蚀力较小的情况下，1980 年关地沟 4#淤地坝坝控流域的沟道侵蚀产沙量比 1963 年减少了 536t，而这 536t 的侵蚀产沙量也包括由于陡崖治理面积变化而带来的侵蚀产沙量变化；另外，在降雨侵蚀力较大的情况下，1977 年关地沟 4#淤地坝坝控流域的沟道侵蚀产沙量比 1967 年减少了 2104t。

以不同年份发生的相同次暴雨情况下的两个淤地坝淤积泥沙量的平均值作为淤地坝拦沙总量，进而计算淤地坝减蚀量占淤地坝拦沙总量的比例，结果表明，在降雨侵蚀力较小的情况下，流域沟道减蚀量占淤地坝拦沙总量的比例为 18%，而在较大降雨侵蚀力情况下为 21%。因此，淤地坝减轻流域沟道侵蚀的作用不容忽视。黄河水利委员会绥德水土保持科学试验站采用坝地面积乘以沟谷地产沙模数的办法得到榆林沟小流域、韭园沟小流域的淤地坝减蚀量占淤地坝拦沙总量的比例为 3.1%～6.4%。刘勇等(1992)采用坝库修建前该部位侵蚀量的多少来计算南小河沟流域的坝库减蚀量为 80.02 万 t，减蚀效益达 16.2%。

淤地坝建成以后，坝地泥沙淤积抬高了侵蚀基准面，在一定范围内可以防止沟道下切和沟岸崩塌、扩张。根据水利部黄河水利委员会西峰水土保持试验站在南小河沟小流域的观测结果，南小河沟小流域的侵蚀产沙主要来自于沟床下切，红土泻溜和崩塌、滑塌，其侵蚀产沙量占全流域侵蚀产沙总量的 25.5%～60%。南小河沟流域在治理前沟谷侵蚀剧烈，从沟底纵剖面来看，下游 2km 处的沟底已下切 20m 以上并抵达基岩，而中、上游沟谷的沟道纵比降在 10‰以上，沟谷侵蚀十分活跃；在特大暴雨期间，沟谷下切可达数米，下切侵蚀产沙量占沟谷侵蚀产沙总量的比例约为 66.5%。自 20 世纪 50 年代开始，在南小河沟小流域支毛沟内修筑谷坊和小型淤地坝，在干沟内修建水库和淤地坝，在塬面、坡面上修筑梯田和进行造林种草。经过淤地坝坝地泥沙淤积，沟道侵蚀基准面得以抬高，沟道纵比降从 1.13%～1.50%减缓到 0.05%～0.10%，从而制止了沟底下切，稳定了两岸沟坡，减轻了沟道侵蚀。

4.5　淤地坝淤积过程对沟坡稳定性影响的研究

滑坡与崩塌是重力侵蚀的两种主要表现形式，也是水力侵蚀的主要物质来源。滑坡与崩塌是由斜坡失稳所致，属于斜坡变形灾害。进行斜坡稳定性评价有助于准确地预测、有效地防治滑坡和崩塌灾害，并为水土流失预测和区域水土保持研究等提供参考。斜坡稳定性受众多因素影响，其中，淤地坝坝地淤积过程中地形的抬升对流域的斜坡稳定性将产生一定影响。因此，有必要对淤地坝淤积过程对斜坡稳定性的影响进行研究。目前，广泛使用的斜坡稳定性评估和滑坡及崩塌灾害调查方法包括野外调查法、定性分析法、多元分析法；基于坡度、岩性、地质结构的稳定性分级法；将斜坡稳定性模型和随机水文模型相结合的失效概率分析法。

数字高程模型的广泛使用推动了地理信息系统(GIS)技术和斜坡稳定性分析模型的有效集成。Montgonmery 等(1994)结合基于等高线的稳定状态水文模型与大范围斜坡稳定性模型，根据坡度和单位汇水面积对斜坡稳定性进行了分级；Wu 等(1995)建立了考虑了土壤内聚力和植物根系对斜坡稳定性影响的分布式斜坡稳定性模型；Pack 等(1995)在 Montgomery 等(1994)的研究基础上开发了基于栅格 DEM 的 SINMAP(stability index mapping)模型，该模型将稳定状态水文模型和无限斜坡稳定性模型结合起来，并在斜坡稳定性模型中保留了内聚力，以便表征土壤内聚力或由于植物根系而产生的抗剪强度。SINMAP 模型的参数具有可变性，即输入参数是一个范围而不是一个固定数值，可以通过采用均匀概率分布或对不确定参数确定上、下限的方法来体现。

本节以坝系完善的王茂沟小流域为研究对象，利用 SINMAP 模型评估了不同坝地淤积高度下的斜坡稳定性空间分布特征，并进一步揭示了淤地坝对沟道重力侵蚀的减蚀效应。

4.5.1　数字高程模型与滑坡、崩塌调查

大量研究表明，流域地形特征，如坡度、单位汇水面积、地表糙率等，对滑坡和崩塌发生的位置及频率具有明显的控制作用。另外，上述地形特征还决定着降雨发生时的地下水径流模式。为了有效地将地表地形特征与斜坡的地下水运动特征结合起来，进而与斜坡的稳定性联系起来，需要采用一定的模型量化地形特征参数对斜坡的稳定性影响及其对空隙水压力作用的影响。在 GIS 中，可以采用 DEM 建模对地形特征参数进行快速提取。研究区 DEM 数据采用等高距为 5m 的 1∶1 万地形矢量数据，通过 Hutchinson 插值方法获得。

滑坡和崩塌点调查是基于 GIS 进行斜坡稳定性分析的基础工作，用于校正模型的参数和检验模型的计算精度。滑坡和崩塌调查采用野外 GPS 调查和 QuickBird 影像相结合的方法获得。野外调查时间为 2010 年 8 月，共调查王茂沟小流域及其周围地区滑坡和崩塌 41 处。野外调查发现滑坡和崩塌多分布在沟道两侧较陡地带，如图 4.12 所示。

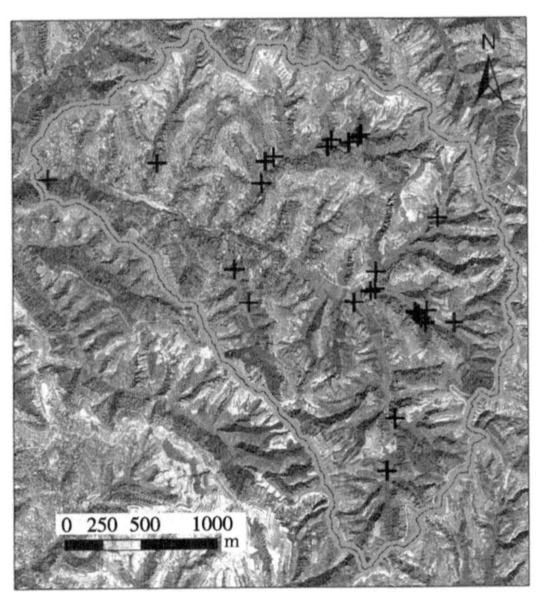

图 4.12　王茂沟小流域及其周边地区滑坡与崩塌分布示意图

4.5.2　SINMAP 模型原理

SINMAP 模型以大范围斜坡稳定性模型为基础，用软弱结构面上使地表土层稳定的抗滑力与不稳定的滑动力之比表示安全系数 FS，具体公式为

$$\mathrm{FS}=\frac{C_{\mathrm{r}}+C_{\mathrm{s}}+\cos^2\theta[\rho_{\mathrm{s}}g(D-D_{\mathrm{w}})+(\rho_{\mathrm{s}}g-\rho_{\mathrm{w}}g)D_{\mathrm{w}}]\tan\phi}{D\rho_{\mathrm{s}}\sin\theta\cos\theta} \tag{4.5}$$

式中，C_{r} 为植物根系产生的内聚力(N/m^2)；C_{s} 为土壤内聚力(N/m^2)；θ 为地面坡度(°)；ρ_{s} 为湿土密度(kg/m^3)；ρ_{w} 为水的密度(kg/m^3)；g 为重力加速度(9.81m/s^2)；D 为土层垂直深度(m)；D_{w} 为距土层等压面的垂直深度(m)；ϕ 为土壤内摩擦角(°)。

大范围斜坡稳定性模型的安全系数计算公式的无量纲形式为

$$\mathrm{FS}=\frac{C+\cos\theta[1-wr]\tan\phi}{\sin\theta} \tag{4.6}$$

式中，w 为地形湿度指数，$w=D_{\mathrm{w}}/D=h_{\mathrm{w}}/h$，$h_{\mathrm{w}}$ 为水面高度(m)，土层厚度 $h=D\cdot\cos\theta$；r 为水土密度比，$r=\rho_{\mathrm{w}}/\rho_{\mathrm{s}}$；$C$ 为无量纲的内聚力因子，$C=(C_{\mathrm{r}}+C_{\mathrm{s}})/(h\rho_{\mathrm{s}}g)$。

SINMAP 模型中的地形湿度指数是根据稳定状态水文模型获取的，其以 TOPMODEL 为基础，根据适当的假设，地形湿度指数定义为

$$w = \mathrm{Min}\left(\frac{Ra}{T\sin\theta},1\right) \tag{4.7}$$

式中，R 为有效降雨量(mm)；T 为导水系数(m^2/d)；a 为单位汇水面积(m^2)。

将式(4.7)代入式(4.6)可得

$$\mathrm{FS} = \frac{C+\cos\theta\left[1-\mathrm{Min}\left(\frac{R}{T}\frac{a}{\sin\theta},1\right)r\right]\tan\phi}{\sin\theta} \tag{4.8}$$

稳定性指数(stability index，SI)的定义来自安全系数(FS)。当 C、$\tan\phi$ 取最小值且 R/T 取最大值时，安全系数 FS 值最小，斜坡稳定性处于最差状态。当 C、$\tan\phi$ 取最大值且 R/T 取最小值时，安全系数 FS 值最大，斜坡稳定性处于最佳状态。当 $FS_{min}>1$ 时，斜坡处于无条件稳定，相应的稳定性指数 $SI=FS_{min}$；当 $FS_{min}<1$ 且 $FS_{max}>1$ 时，斜坡存在发生不稳定的可能，这种情况下的稳定性指数 SI 定义为该地面点处于稳定状态的概率，即 SI=Prob(FS>1)；当 $FS_{max}<1$ 时，斜坡处于不稳定状态，此时的稳定性指数 SI=Prob(FS>1)=0。图 4.13 为稳定性指数的概化示意图。同时，根据稳定性指数的计算结果划分斜坡稳定性级别，划分标准见表 4.9。

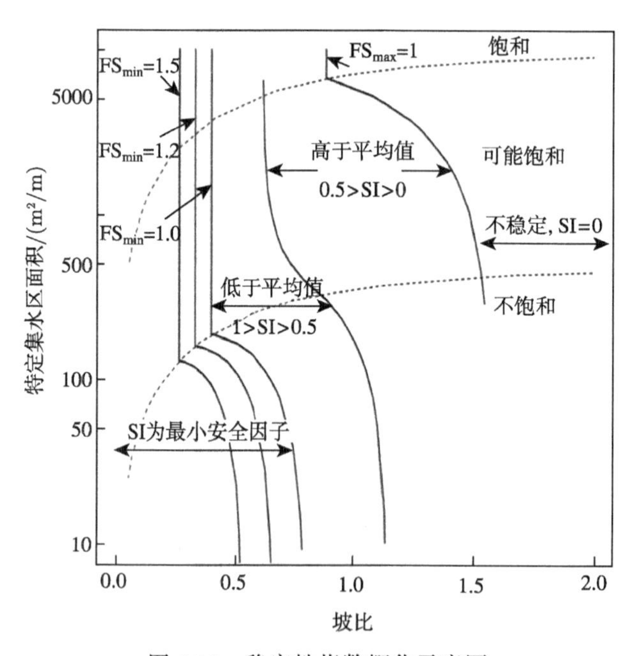

图 4.13　稳定性指数概化示意图

表 4.9　基于稳定性指数的斜坡稳定性级别划分标准

稳定性指数 SI	级别代码	稳定性级别
SI≥1.5	1	极稳定
1.25≤SI<1.5	2	稳定
1.0≤SI<1.25	3	基本稳定
0.5≤SI<1.0	4	潜在不稳定
0≤SI<0.5	5	不稳定
SI <0	6	极不稳定

4.5.3　模型的集成方法

SINMAP 模型以栅格 DEM 数据为基础，在 ArcGIS 平台下首先进行凹地填洼处理，使用 D8 算法计算坡度、流向以及计算汇水面积，然后耦合 TOPMODEL 模型算法计算地形湿度指数，最后结合野外实际滑坡和崩塌调查数据与模型参数，使用 SINMAP 模型评估斜坡稳定性，并最终获得研究区斜坡稳定性指数专题图。

4.5.4　模型参数化及参数测定

根据 SINMAP 模型的基本原理，需要确定的模型参数包括土体体积质量 ρ、土壤内摩擦角 ϕ、无量纲内聚力因子 C、导水系数 T、坡度 θ、单位汇水面积 a 及有效降水量 R，其中，土体体积质量 ρ、内摩擦角 ϕ、无量纲内聚力因子 C 为实测数据，而坡度 θ、单位汇水面积 a 由 DEM 计算得到。

本节实测的黄绵土体积质量平均值为 1.35g/cm^3，土壤含水率为 8.5%，计算得到的土壤湿密度为 1465kg/m^3。采用固结快剪法测定的土样黏聚力为 50kPa，内摩擦角为 25°～30°，因此，无量纲内聚力因子 C 为 0～0.18。

土壤有机质测定采用高温催化氧化进行消解，使用 NDIR 法测定总碳，最后换算为有机质质量分数，分析仪器为 Multi N/C 3100 TOC/TC Analyzer (Analytik Jena AG 公司)。经测定，流域黄棉土的有机质平均质量分数为 2.5%。采用激光粒度仪测定土壤颗粒组成，仪器为 Malvern 公司生产的 Mastersizer 2000。经测定，流域土壤颗粒组成平均为：沙粒质量分数为 78%，粉粒质量分数为 16%，黏粒质量分数为 6%。土壤导水率则采用 Pack 公式并使用 Saxton K. E.开发的 SPAW 软件计算得到。该软件根据土壤质地、有机质含量、砂砾含量、土壤盐度和土壤压缩状态来评估土壤水张力、导水率和土壤持水性能。经计算，土壤导水率为 2.07m/d。

根据地质勘查资料，王茂沟小流域地层构造主要是马兰黄土，梁、峁顶、峁坡均有分布，厚度为 20～30m，其下为离石黄土，厚度为 50～100m，多出露于沟坡上，再往下主要是三叠纪砂页岩层，基本接近水平，多出露于干沟、支沟的下游及其两侧，其下为不透水岩层。因此，取流域土层厚度为 75～125m。根据土壤导水率计算公式和研究区土层厚度资料，确定该区域导水系数 T 为 155～258m^2/d。由于滑坡的发生大多是由高强度暴雨造成的，以王茂沟小流域多年平均最大日降水量 66.6mm 作为有效降水量，可以确定本区域的 T/R 值为 2327～3874。

4.5.5 坝地淤积高度对斜坡稳定性指数的影响分析

本节对王茂沟小流域 23 座淤地坝不同坝地淤积高度下的斜坡滑坡变形失稳危险性进行了分析预测。淤地坝坝地淤积高度共设定 7 种情形，包括维持现状以及在现状条件下分别增加淤积高度 5m、10m、15m、20m、25m 和 30m。

使用 SINMAP 模型计算得到的斜坡稳定性指数结果见图 4.14。利用现状条件下的计算结果以及野外调查得到的滑坡与崩塌点数据对模型模拟精度进行检验，结果表明，在 41 个滑坡调查点中，有 34 个滑坡调查点落入极不稳定区域，比例为 82.9%；有 6 个滑坡调查点落入不稳定区域；有 1 个滑坡调查点落入潜在不稳定区域。上述对比分析结果表明，SINMAP 模型的预测结果是可信的。

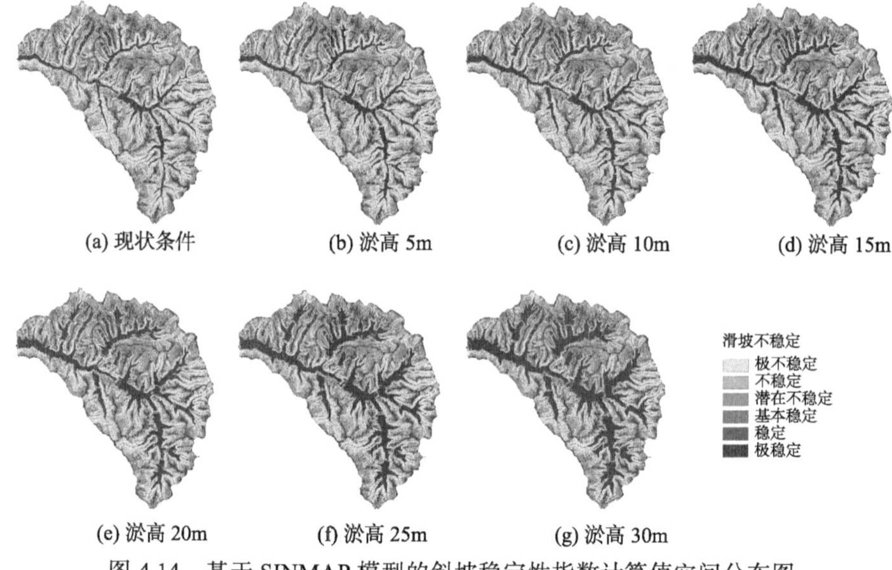

图 4.14 基于 SINMAP 模型的斜坡稳定性指数计算值空间分布图

表 4.10 为王茂沟小流域不同坝地淤积高度下的斜坡稳定性分区面积百分比统计结果。从表 4.10 中可以看出，随着坝地淤积高度的增加，流域内斜坡极稳定区域的面积比例明显增加，由现状条件下的 15.86%增加到淤积高度增加 30m 后的 29.88%。与此相反，随着淤积高度的增加，流域内斜坡不稳定区域的面积逐渐减少，斜坡极不稳定分区的面积由现状条件下的 31.54%减少至淤积高度增加 30m 后的 21.09%。从表 4.10 中还可以看出，随着坝地淤积高度的增加，流域内斜坡稳定分区、基本稳定分区、潜在不稳定分区和不稳定分区的面积变化幅度较小。

表 4.10　王茂沟小流域不同坝地淤积高度下的斜坡稳定性分区面积百分比统计结果

斜坡稳定性类别	分区面积百分比/%						
	现状条件	淤高增加 5m	淤高增加 10m	淤高增加 15m	淤高增加 20m	淤高增加 25m	淤高增加 30m
极稳定	15.86	16.97	18.77	21.08	23.79	26.70	29.88
稳定	5.49	5.50	5.60	5.66	5.67	5.70	5.83
基本稳定	10.30	10.29	10.35	10.36	10.35	10.29	10.27
潜在不稳定	19.55	19.43	19.33	19.16	18.96	18.72	18.35
不稳定	17.26	17.05	16.68	16.28	15.82	15.29	14.57
极不稳定	31.54	30.75	29.26	27.45	25.41	23.31	21.09

4.5.6　坡度对斜坡稳定性的影响

随着淤地坝坝地淤积面的抬升，地表坡度不断发生改变。根据王茂沟小流域23个淤地坝坝地不同淤积高度后的流域坡度组成统计结果(表 4.11)，随着坝地淤积高度的增加，陡坡(≥45°)面积所占比例逐步减小，而缓坡(＜15°)面积所占比例逐渐增加。

表 4.11　不同坝地淤积高度下王茂沟小流域坡度分区面积百分比

坡度/(°)	分区面积百分比/%						
	现状条件	淤高增加 5m	淤高增加 10m	淤高增加 15m	淤高增加 20m	淤高增加 25m	淤高增加 30m
<5	2.80	3.51	4.67	5.81	7.67	9.60	11.53
[5～15)	10.32	11.12	11.97	13.15	13.92	14.93	16.23
[15～25)	21.06	21.01	21.08	21.15	21.21	21.14	21.10
[25～35)	26.97	26.66	26.34	25.99	25.58	25.14	24.48
[35～45)	24.44	23.85	22.99	22.04	20.95	19.72	18.37
≥45	14.41	13.84	12.95	11.86	10.67	9.46	8.30

4.6　淤地坝对流域径流过程的影响研究

4.6.1　淤地坝对径流系数和输沙模数的影响

径流系数是指某一研究时段的径流深 R 与相应时段的降水量 P 之间的比值。径流系数综合反映了气候因素和流域下垫面条件对流域产汇流过程的影响。输沙模数是指某一研究时段内通过河流某一个横断断面的泥沙总量与流域面积的比值。

韭园沟小流域与裴家峁小流域、王茂沟小流域与李家寨小流域，以及想她沟小流域与团园沟小流域三组对比流域的实测资料统计分析结果表明，相比于裴家峁小流域，韭园沟小流域的多年平均径流系数减少了 29.43%，而输沙模数减少了

28.09%；相比于李家寨小流域，王茂沟小流域的多年平均径流系数减少了 34.63%，而输沙模数减少了 67.75%；相比于团园沟小流域，想她沟小流域的多年平均径流系数减少了 16.78%，输沙模数减少了 27.75%，详见表 4.12。

表 4.12　对比流域多年平均径流系数与多年平均输沙模数计算结果

小流域名称	流域面积/km²	治理状况	资料时间	多年平均径流系数/%	多年平均输沙模数/(t/km²)	多年平均径流系数减少比例/%	多年平均输沙模数减少比例/%
韭园沟	70.50	治理	1959～1969 年	8.80	1220.00	29.43	28.09
裴家峁	41.50	对比	1959～1969 年	12.47	1696.49		
王茂沟	5.97	治理	1962～1963 年	2.68	232.60	34.63	67.75
李家寨	4.92	对比	1962～1963 年	4.10	721.19		
想她沟	0.45	治理	1958～1961 年	18.60	3314.77	16.78	27.75
团园沟	0.49	对比	1958～1961 年	22.35	4587.78		

4.6.2　淤地坝建设对流域洪水滞时的影响

流域洪水滞时是指流域出口断面洪水过程线的形心对应时间与净雨过程的形心对应时间之间的时间间隔。流域洪水滞时是确定流域单位线和洪峰流量的一个重要因素。对于未治理流域而言，流域面积和流域坡度是影响流域洪水滞时大小的两个重要因素。水土保持措施的实施，特别是坝库工程的建设将对流域洪水滞时产生深刻的影响。王茂沟小流域和李家寨小流域在流域面积大小和坡度上较为一致，因此，可以通过对比分析两者的流域洪水滞时差别来研究淤地坝建设对流域汇流过程的影响。

表 4.13 为相同降雨条件下王茂沟小流域和李家寨小流域的流域洪水滞时统计结果。从表 4.13 中可以得出，王茂沟小流域、李家寨小流域的平均流域洪水滞时分别为 117min 和 38min。因此，淤地坝建设可以显著地增大流域洪水滞时，导致洪峰流量出现时间推迟。

表 4.13　相同降雨条件下流域洪水滞时对比分析统计结果

小流域名称	洪水编号	降雨量/mm	降雨历时/min	雨强/(mm/h)	洪水历时/min	洪峰流量/(m³/s)	流域洪水滞时/min
王茂沟	19610801	70.4	231	18.3	3560	21.00	105
	19610813	47.7	930	3.1	930	0.38	300
	19620715	30.5	533	3.4	1200	1.90	90
	19630706	60.7	701	5.2	1230	0.58	104
	19640712	24.3	751	1.9	477	1.63	60
	19640714	13.1	32	24.6	440	7.04	40
	19640721	32.8	854	2.3	710	0.75	120
	19640907	25.1	900	1.7	475	1.60	148
	19640917	14.1	320	2.6	270	0.95	90

续表

小流域名称	洪水编号	降雨量/mm	降雨历时/min	雨强/(mm/h)	洪水历时/min	洪峰流量/(m^3/s)	流域洪水滞时/min
李家寨	19620715	29.6	444	4.0	1025	3.41	30
	19620723	16.0	1030	0.9	615	0.038	25
	19620825	32.8	1120	1.8	1120	0.04	40
	19630615	24.5	994	1.5	1100	3.85	40
	19630706	65.4	692	5.7	830	4.35	26
	19630807	9.2	12	45.8	650	8.19	74
	19630829	9.6	568	1.3	529	1.35	32

4.6.3　淤地坝对流域径流过程的影响机理分析

淤地坝对流域径流过程的影响主要体现在如下两个方面：①随着坝地的淤积，沟道形状由原来的“V”形逐渐演变为“U”形，沟道平均纵比降降低，相同横断面处的过流断面面积增大；同时，天然沟道被泥沙淤积后，土地利用类型由稀疏草地变为农地(主要作物为玉米)，水流通道的下垫面条件发生了显著变化；②作为天然河道的“障碍点”，淤地坝对流域径流过程具有蓄水削峰和降低径流侵蚀能量的作用。

为了分析淤地坝对流域径流过程影响的第 1 种作用，本书引入单位过流量来量化淤地坝对流域径流过程的影响。定义 1m 水深下某河道断面流量为该河道断面的单位过流量。在 ArcGIS 的支持下，使用王茂沟小流域和李家寨小流域的数字高程模型提取出王茂沟小流域的 27 条天然沟道、34 条淤积沟道(坝地)和李家寨小流域 25 条沟道的沟道纵比降，以及每个沟道的上、中、下 3 个横断面。根据提取的每个沟道的上、中、下 3 个横断面，计算单位水深时的过水断面面积与湿周，进而求出水力半径。同时，根据相关文献，确定天然沟道、淤积沟道的糙率分别为 0.04 和 0.10。在此基础上，使用曼宁公式计算沟道的单位过流量，计算结果见表 4.14。

表 4.14　不同沟道单位过流量计算结果

沟道类别	平均比降/%	过水断面积/m^2	湿周/m	平均水力半径/m	河道糙率	单位过流量/(m^3/s)
王茂沟自然沟道	12.38	6.58	10.25	0.64	0.04	43.07
王茂沟淤积沟道	0.29	33.14	34.97	0.95	0.10	17.22
李家寨自然沟道	10.22	5.37	8.93	0.59	0.04	30.58

从表 4.14 中可以看出，王茂沟小流域的沟道纵比降由自然沟道的 12.38%降低至淤地坝坝地淤积后的淤积沟道的 0.29%；自然沟道、淤积沟道的单位水深过水断

面面积分别为 6.58m^2 和 33.14m^2；相比于自然沟道，淤积沟道湿周从 10.25m 增加到 34.97m，平均水力半径从 0.64m 增加到 0.95m；自然沟道、淤积沟道的单位过流量分别为 43.07m^3/s 和 17.22m^3/s，也就是说，修建淤地坝后的淤积沟道的单位过流量减小为自然沟道的 41%。

为了分析淤地坝对流域径流过程影响的第 2 种作用，本书将河网节点分为 3 个类别：①河流的汇合处称为河道汇聚节点；②淤地坝称为河道的障碍性节点；③河道淤积后由天然河道向淤积河道的过渡点即坝地的坝尾，称为河道特征变换点。对于河道的障碍性节点(淤地坝)，根据其放水建筑物类型，可进一步分为 3 个子类：①将有溢洪道的淤地坝划分为强连通性结点；②将有竖井和卧管的淤地坝划分为弱连通性结点；③将无放水建筑物的淤地坝(闷葫芦坝)划分为无连通性结点。

在单位水深(1m)下，使用曼宁公式计算出溢洪道的单位过流量，使用孔口出流公式计算出竖井和卧管的单位过流量。根据计算结果可知，关地沟 2#淤地坝溢洪道和王茂沟 1#淤地坝溢洪道的单位过流量分别为 5.33m^3/s 和 5.47m^3/s；竖井、卧管的单位过流量分别为 1.65m^3/s 和 0.55m^3/s。

对于河道汇聚节点，赋予权重值为 1。河道障碍性节点的权重可由放水建筑物单位过流量与上游河道单位过流量的比值计算得到。对于“一大件”的淤地坝(闷葫芦坝)来说，单位过流量为 0，因此赋予权重值为 0。对于河道特征变换点，赋予的权重可由节点下游淤积河道单位过流量与上游天然河道的单位过流量的比值确定。借助图论理论，构建如图 4.15 所示的王茂沟小流域河网树图，该河网树共 11 层，并将前述节点权重赋予河网树的每条边。

由于各节点距离流域把口站越远，对流域径流过程的“干扰”作用就越小，因此，对于图 4.15 所示的树图，使用式(4.9)计算整个河网树的权重：

$$q=\frac{\sum_{i=1}^{n}k_i\frac{1}{u_i}}{\sum_{i=1}^{n}\frac{1}{u_i}} \tag{4.9}$$

式中，k_i 为某层的权重；u_i 为该层的层数。

经计算，王茂沟小流域河网树的权重为 0.21。对于未修建淤地坝的李家寨流域来说，河网树的权重为 1.0。将相似降雨条件下(降雨总量相近、雨强相近)的王茂沟小流域与李家寨小流域同一场次降雨的洪峰流量点绘散点图，见图 4.16。从图 4.16 中可以看出，王茂沟小流域和李家寨小流域的洪峰流量能较好地分布在斜率为 0.21 的直线两侧，决定系数 R^2 为 0.51。因此，淤地坝作为障碍性节点，显著地削弱了流域的洪峰流量。

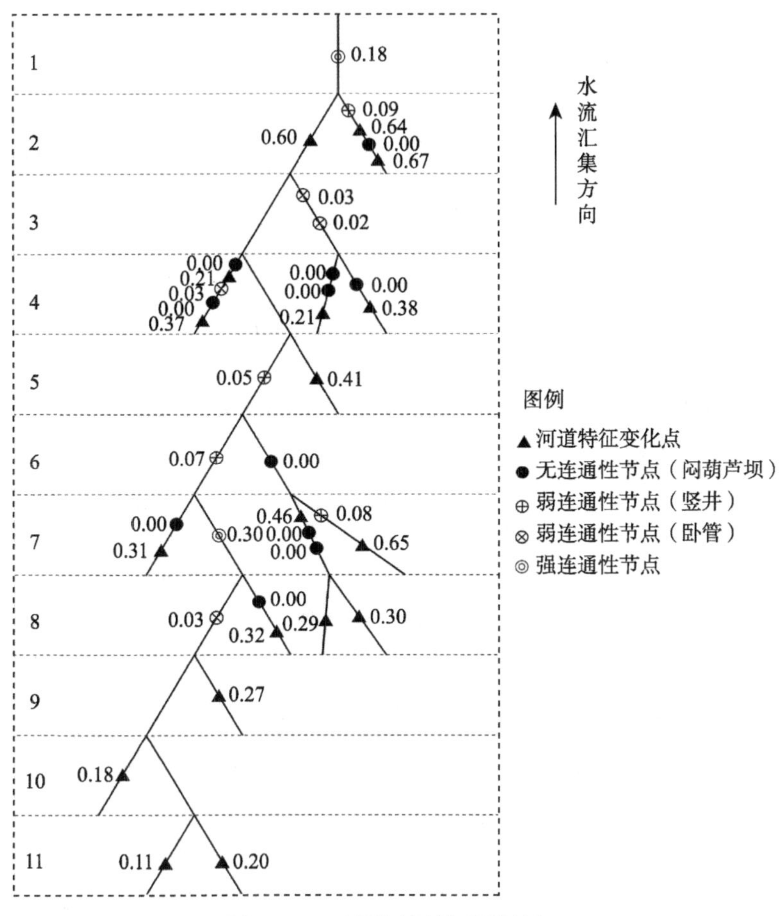

图 4.15　王茂沟流域河网树图

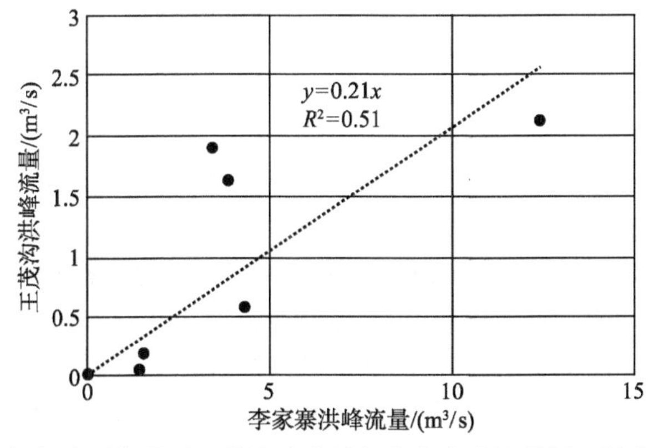

图 4.16　相似降雨条件下王茂沟小流域与李家寨小流域同一场次降雨洪峰流量对比关系图

第5章 基于 ^{137}Cs 和 $^{210}Pb_{ex}$ 示踪的流域侵蚀产沙演变

5.1 野外调查取样及土样测试与分析

已有研究表明，^{137}Cs、$^{210}Pb_{ex}$ 主要被土壤中的黏粒所吸附，且 ^{137}Cs、$^{210}Pb_{ex}$ 含量随着土壤颗粒粒径变细而显著增加；草地、梯田、坡耕地土壤及淤地坝沉积泥沙样品的颗粒组成无明显差异，土壤侵蚀输移过程无分选性，适宜采用 ^{137}Cs、$^{210}Pb_{ex}$ 示踪法研究流域侵蚀产沙演变过程。因此，本书在关地沟小流域地势平坦的梁顶草地采集 0～10cm 的 5 个原状土样，同时在关地沟小流域坡面的不同部位、梯田、草地采集土样。将野外采集的土样带回实验室后进行磨细处理，加入石蜡制成待测样品，放置一个月后用 γ 射线能谱仪测定核素的含量。

5.1.1 不同土地利用方式土壤核素含量的分异特征

土地利用方式与土壤核素含量密切相关。研究关地沟小流域不同土地利用方式与核素含量的关系对进一步了解区域土壤侵蚀状况、研究水土流失规律、制定水土保持规划有重要意义。张信宝等(1988)在利用 ^{137}Cs 方法研究蒋家沟小流域泥沙来源时发现，不同土地利用方式土壤中的 ^{137}Cs 含量大小依次为林地>荒草地>农耕地>裸坡地；Ritchie 等(1978)在研究 Mississippi 北部流域土壤中的 ^{137}Cs 分布特征时发现，不同土地利用方式土壤中的 ^{137}Cs 含量大小依次为沟谷地<耕地<荒地<牧草地<林地；Ritchie 等(1974a, 1974b)在研究同地区三种不同植被覆盖类型的小流域土壤侵蚀时发现，^{137}Cs 的含量大小依次为林地>草地>农耕地>裸地。

为研究不同土地利用方式与土壤中的 ^{137}Cs、$^{210}Pb_{ex}$ 含量的关系，本书在关地沟小流域各不同土地类型样地采集了土样，土样分析结果见表 5.1。由表 5.1 中可以看出，关地沟小流域不同土地利用方式与土壤中的核素含量密切相关。关地沟小流域内坡耕地中的 ^{137}Cs 平均含量为 53.45Bq/m^2、^{210}Pb 平均含量为 4780Bq/m^2、$^{210}Pb_{ex}$ 平均含量为 624Bq/m^2；草地中的 ^{137}Cs 平均含量为 209.92Bq/m^2、^{210}Pb 平均含量为 4816Bq/m^2，$^{210}Pb_{ex}$ 平均含量为 1489Bq/m^2；林地中的 ^{137}Cs 平均含量为 213.90Bq/m^2、^{210}Pb 平均含量为 7308Bq/m^2、$^{210}Pb_{ex}$ 平均含量为 1696Bq/m^2；梯田中的 ^{137}Cs 平均含量为 271.1Bq/m^2、^{210}Pb 平均含量为 7807Bq/m^2、$^{210}Pb_{ex}$ 平均含量为 3222Bq/m^2。不同土地利用方式土壤中的 ^{137}Cs 含量的大小依次是梯田>林地>草地>坡耕地，不同土地利用方式土壤中的 $^{210}Pb_{ex}$ 含量也呈现出与 ^{137}Cs 相同的规律；^{210}Pb 含量则有所不同，梯田土壤中 ^{210}Pb 含量最大，其次是林地和草地，坡耕地中 ^{210}Pb 含量最低。通过以上分析可以认为，在黄土高原丘陵沟壑区，坡耕地是流域的主要侵蚀产沙地。

表 5.1　关地沟小流域不同土地利用类型核素含量

项目	坡耕地	草地	林地	梯田
样点个数	6	11	6	26
^{137}Cs 平均含量/(Bq/m^2)	53.45	209.92	213.90	271.10
^{210}Pb 平均含量/(Bq/m^2)	4780	4816	7308	7807
$^{210}Pb_{ex}$ 平均含量/(Bq/m^2)	624	1489	1696	3222

5.1.2　不同地貌部位土壤核素含量的分异特征

黄土丘陵沟壑区地形支离破碎，通常根据黄土侵蚀地貌的类型分为坡面、沟坡和沟道，进而以沟缘线为界分为沟间地和沟谷地两大地貌单元。坡面的上端为地势平缓的峁顶或塬，峁顶部分为荒草覆盖，部分被开垦为农地，部分为农地退耕。峁坡与沟道之间为沟坡区，坡面破碎，坡度极陡。沟道位于坡沟的下部，是水流和泥沙的输运通道。沟坡土地利用类型主要为灌木林地和荒草地。

通过对关地沟小流域不同地貌部位土壤剖面中的核素含量分析(图 5.1)发现，沟

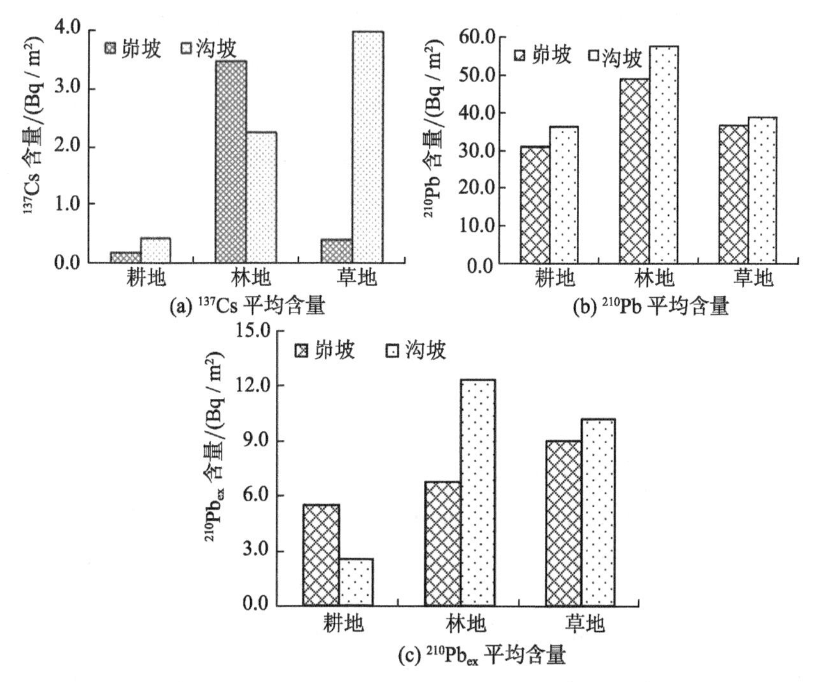

图 5.1　关地沟小流域不同地貌部位土地利用方式土壤中的核素平均含量对比

坡耕地和草地土壤的 ^{137}Cs 含量远远大于峁坡相同土地利用类型的 ^{137}Cs 含量。另外，对沟谷地侵蚀裸坡和滑坡体堆积物取样进行 ^{137}Cs 测试，发现其基本不含 ^{137}Cs，含量低于仪器检测下限。

5.2　关地沟 4#淤地坝坝控流域土壤侵蚀产沙分布特征

在研究小流域不同地貌部位、不同土地利用方式的土壤侵蚀和泥沙沉积空间分布特征时，传统研究方法难以提供较为全面、准确和完善的信息。例如，径流小区法虽被广泛应用，但其研究结果难以推广到更大的流域空间尺度；水文法虽可准确测定流域产沙量，但难以确定流域内各地貌单元对流域产沙量的贡献率。

由于 ^{137}Cs 示踪法可以通过测定流域内不同地貌部位、不同土地利用方式下 ^{137}Cs 的含量，进而推算出其相应的土壤侵蚀和泥沙沉积速率，从而解决传统方法所无法解决的问题，因此，多年来 ^{137}Cs 示踪技术在土壤侵蚀研究方面发挥了重要作用，也是目前应用最广泛的技术。然而，以往的研究多将 ^{137}Cs 示踪技术应用于坡面的侵蚀速率和侵蚀空间分布特征研究等方面，而使用 ^{137}Cs 示踪技术研究较大面积的流域内不同地貌部位与流域侵蚀产沙关系的报道较少。

5.2.1　研究区背景值的确定

根据野外土样测试分析结果，王茂沟小流域背景值样点的 ^{137}Cs 面积浓度为 1050Bq/m^2。汪阳春和张信宝(1989)在陕西省绥德采样时得出该地区的 ^{137}Cs 背景值为 1739Bq/m^2，若以此为依据，经过 19 年的衰变，应为 1124Bq/m^2，与目前的实际背景值是非常接近的，可以作为研究区的 ^{137}Cs 背景值。

5.2.2　不同土地利用方式土壤侵蚀特征

土壤侵蚀是土地利用/土地覆盖变化引起的主要环境效应之一，是自然因素和人为因素叠加的结果，不合理的土地利用方式对流域土壤侵蚀具有放大效应。在相同类型的土地上，土地利用方式不同，土壤侵蚀形式、强度也相应不同，有的差异还很大。

许多研究结果表明，土地利用方式与土壤侵蚀强度之间具有密切关系。庄作权(1995)在用 ^{137}Cs 方法研究台湾德基水库流域土壤侵蚀时发现，不同土地利用方式土地的侵蚀强度大小依次是崩塌地>林地>果园；张信宝等(1988)用 ^{137}Cs 方法在研究蒋家沟小流域泥沙来源时发现，不同土地利用方式土地的侵蚀强度大小依次为裸坡地>农耕地>荒草地>林地；Ritchie 等(1978)在研究密西西比河北部流域中的 ^{137}Cs 分布特征时发现，不同土地利用方式土地的 ^{137}Cs 流失量大小依次为林地<荒地<牧草地<耕地<沟谷地；在研究同一地区三种不同覆盖类型的小流域土壤侵蚀时，得出

^{137}Cs 的流失量大小依次为裸地>农耕地>草地>林地。

为研究不同土地利用方式与土壤侵蚀的关系，本书在王茂沟小流域内的不同土地利用方式样地上采集了土样，土样分析结果见表 5.2。由表 5.2 可以看出，王茂沟小流域的土地利用方式与土壤中 ^{137}Cs 流失量密切相关，对土壤侵蚀影响巨大。王茂沟小流域水土流失比较严重，坡耕地的 ^{137}Cs 流失率很高，平均达 94.91%，平均侵蚀模数达到 13 992t/(km^2·a)，侵蚀等级达到极强度侵蚀；梯田 ^{137}Cs 平均流失率达 74.18%，侵蚀等级达到强度侵蚀；草地和林地 ^{137}Cs 平均流失率相介于坡耕地和梯田之间，平均侵蚀模数在 2 500t/(km^2·a)以上，侵蚀等级均为中度侵蚀。

表 5.2　王茂沟小流域不同土地利用类型土样分析结果

项目	坡耕地	草地	林地	梯田
样点个数	6	11	6	26
^{137}Cs 平均含量/(Bq/m^2)	53.45	209.92	213.9	271.1
^{137}Cs 平均流失量/(Bq/m^2)	996.55	840.08	836.1	778.9
^{137}Cs 平均流失率/%	94.91	80.01	79.63	74.18
平均侵蚀模数/[t/(km^2·a)]	13 992	3065	2781	6646
侵蚀等级	极强度侵蚀	中度侵蚀	中度侵蚀	强度侵蚀

5.2.3　小流域不同地貌部位土壤侵蚀特征

黄土丘陵沟壑区的坡沟系统由坡面和沟道两大单元组成，坡面又可分为沟间地和沟谷地两个单元，从坡顶到坡脚坡度逐渐变陡。沟间地则可分为梁峁顶(坡度 0°～5°)、梁峁坡上部(坡度 5°～20°)、梁峁坡下部(坡度 20°～30°)等部分。梁峁坡与沟坡之间存在着一个明显的坡度转折，通常称为峁边线。峁边线以下的坡度增大为 35°～45°。陈永宗(1984)的研究表明，在上述各个地貌单元中，梁峁顶以溅蚀、片蚀为主；梁峁坡上部以细沟侵蚀为主，梁峁坡下部则出现浅沟侵蚀，并可发育切沟；沟谷地带除强烈的水力侵蚀外，还发生强烈的重力侵蚀。

由于不同的坡面单元占主导地位的侵蚀作用不同，因而侵蚀强度也有很大的差异。根据山西离石县羊道沟试验流域 1963～1970 年历次降雨中不同地貌单元侵蚀量的观测资料，梁峁顶、梁峁坡上部、梁峁坡下部和沟坡的次降雨平均径流深相差不大，分别为 4.59mm、3.94mm、4.87mm 和 4.77mm，但次降雨侵蚀强度却相差很大，分别为 109.15t/km^2、605.71t/km^2、2748.71t/km^2 和 4130.38t/km^2。侵蚀方式沿梁端顶到沟坡、从以溅蚀、片蚀为主向以细沟、浅沟、切沟侵蚀为主过渡，侵蚀强度急剧增大。进入沟坡以后，由于活跃的重力侵蚀加入，侵蚀强度更是大大增强了。

自古以来，关地沟小流域沟坡土地就有耕种的历史，广种薄收，时而耕垦，时而荒芜。同梁峁顶一样，沟坡大部分为荒草地，坡度较缓的部分被开垦为农地，还有部分为退耕农地。通过对多处沟坡土壤剖面中的 ^{137}Cs 含量(图 5.2)进行分析发现，梁峁坡由于耕地历史较长，其 ^{137}Cs 的流失量明显高于沟坡土地，而且耕地的 ^{137}Cs 流失量最大，其次为草地和林地，已被开垦为农地且还在耕种的梁峁坡土地的土壤侵蚀强度为已退耕土地的近 5 倍。

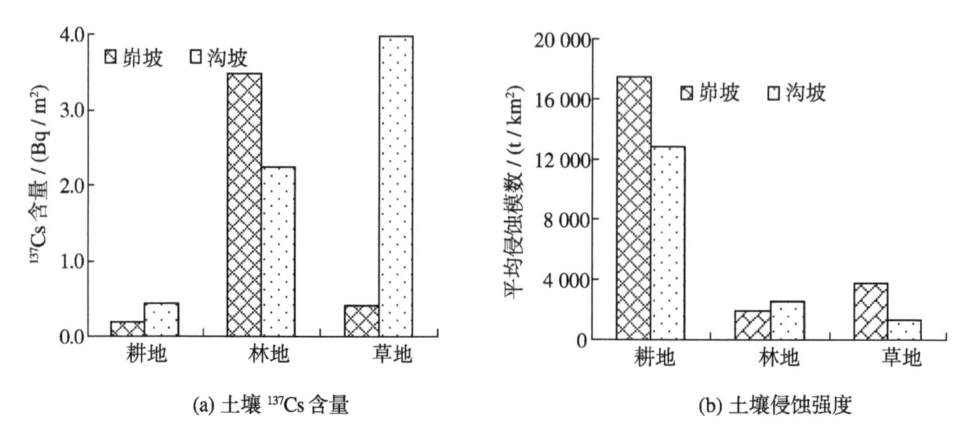

图 5.2　关地沟小流域沟坡和梁峁坡部位不同土地利用方式土壤 ^{137}Cs 含量和土壤侵蚀强度对比

此外，由于开垦耕作时间短、受人为影响较小，沟坡地平均土壤侵蚀强度小于梁峁坡。但是与梁峁坡地有所不同的是，沟坡林地的土壤侵蚀强度大于梁峁坡林地，这主要是由沟坡坡度较陡造成的。从流域综合治理的角度出发，必须将现有的沟坡地全部退耕还林还草。

5.3　小流域侵蚀产沙来源示踪

近几十年来，随着以小流域为单元的黄土高原水土流失治理工作的大规模开展以及现代科技和管理的不断进步，水土保持决策、规划和治理要求对小流域土壤侵蚀的成因、过程、分布规律以及现状和发展趋势有一个比较全面的了解和认识，但理论方面的欠缺还不能满足实际工作的需要，尤其在小流域土壤侵蚀分布规律及其定量化途径方面开展的相关研究工作较少。研究小流域侵蚀产沙来源并查明各不同部位的相对产沙量，对流域水土保持规划制订、措施实施及治理后减沙效益评估具有重要意义。

5.3.1 小流域泥沙来源研究方法

小流域径流泥沙来源的研究方法主要有传统的水文站径流泥沙测定法、遥感普查法和现代的示踪法。水文站径流泥沙测定法要根据大量水文站资料进行分析，采用大面积调查资料、径流场和典型小流域观测资料分析相结合的方法求得不同地貌类型及部位、不同土地利用类型产生的径流泥沙数量。该方法最早始于 20 世纪 60 年代，蒋德麒等(1966)根据南小河沟、吕二沟等 4 个小流域坡面径流场和小流域观测资料，结合调查资料，得出各小流域不同地貌部位、不同土地利用类型在不同雨强条件下的产沙量，为定量研究小流域侵蚀与产沙提供了思路。此外，席承藩等(1953)通过测量古墓基距地面的高差、树根暴露情况和新近下切黄土沟的体积来求得韭园沟小流域的土壤侵蚀量；罗来兴等(1955)根据“聚湫”淤积量推算出无定河和清涧河流域的侵蚀量；加生荣(1992)根据黄土丘陵沟壑区第一副区的径流小区观测资料，分析了不同地貌类型、土地利用类型和侵蚀形态的泥沙来量；张平仓等(1990)研究指出，基岩产沙为皇甫川流域泥沙的主要来源；江忠善等(1996)以安塞纸坊沟流域内的两个小流域为例，开展了小流域次降雨土壤侵蚀空间变化的定量计算，进而研究了流域内侵蚀强度的空间变化规律及其与地貌和土地利用的关系。

20 世纪 60 年代，Frere 等(1963)通过对 Coshocton 小流域土壤中 ^{90}Sr 流失量的测量估算了小流域泥沙量。20 世纪 70 年代，Ritchie 等(1974a, 1974b)用 ^{137}Cs 法研究了密西西比河北部 3 个小流域泥沙来源，得出不同土地利用类型所占比例。20 世纪 80 年代，Walling 等(1990，1999)、Loughran 等(1987)用 ^{137}Cs 法研究了小流域泥沙来源，并与用 USLE 及 RUSLE 估算的侵蚀量进行了比较。20 世纪 90 年代，Wallbrink 等(1998)在 Canberra 流域采用 ^{7}Be、$^{210}Pb_{ex}$ 和 ^{137}Cs 复合示踪法研究了小流域泥沙来源；Murray 等(1993)根据 ^{226}Ra 和 ^{232}Th 比例分配的方法测算了不同源区迁移到沉积区的泥沙百分含量，为小流域泥沙来源的研究提供了新思路。

20 世纪 80 年代，张信宝等(1988)用 ^{137}Cs 法对黄土高原小流域泥沙来源进行了研究，并根据坝库淤积泥沙和梁峁坡产出的泥沙的 ^{137}Cs 含量，利用配比公式求得了梁峁坡和沟壑区的相对来沙量，结果与实测值基本一致。此后，杨明义等(1999)也应用 ^{137}Cs 法研究了黄土高原小流域的泥沙来源。石辉等(1997)用 REE 示踪法研究了模拟降雨条件下小流域模型不同部位的泥沙来源。李少龙(1995)用自然界泥沙中比较稳定的 ^{226}Ra 作为标志物解决了黄土高原易侵蚀基岩地区的泥沙来源问题。

此外，也有部分学者按照小流域不同土地利用类型进行泥沙来源地划分，这主要应用于无梁峁坡分界的川中丘陵区。张信宝等(2004)运用 ^{137}Cs 和 ^{210}Pb 双同位素测定了川中丘陵区盐亭县武家沟小流域农地、林草地和裸坡地的相对产沙量，结果表明，农台地和裸坡地(含沟岸)是流域内最重要和次重要的泥沙来源。文安邦等(2000)通过对云贵高原龙川江流域不同源地表层土壤和坝库淤积泥沙 ^{137}Cs 含量的对比，结合流域土地利用现状，分析了 4 种不同土地利用类型小流域的相对来沙量，结果表明，侵蚀裸坡和沟道重力侵蚀是坝库淤积泥沙的主要来源，而且随着流域面积增大，相对产沙量达到 54%～85%。此种泥沙来源分析与将流域划分成沟谷地和沟间地相比，能够更加直观地明确流域侵蚀的主要原因，进而有针对性地确定水土保持治理措施。

5.3.2 小流域泥沙来源分析

1. 按土地利用类型划分

参照 Murray 等(1993)、张信宝等(1988)的研究方法，当流域内不同源地产出的泥沙的核素含量存在差异时，在不考虑颗粒分选作用的情况下，根据流域沉积泥沙的两种核素含量和不同源地来沙的核素含量的对比，可以计算出 3 种不同源地的相对来沙量，一般采用以下配比公式计算：

$$f_1 \cdot C_1 + f_2 \cdot C_2 + f_3 \cdot C_3 = C_{\mathrm{d}} \tag{5.1}$$

$$f_1 \cdot P_1 + f_2 \cdot P_2 + f_3 \cdot P_3 = P_{\mathrm{d}} \tag{5.2}$$

$$f_1 + f_2 + f_3 = 1 \tag{5.3}$$

式中，C_{d}是流域输出泥沙的 C 元素含量(Bq/kg)；C_1、C_2、C_3分别为第 1、2、3 类源地土壤中 C 元素的含量(Bq/kg)；P_{d}是流域输出泥沙的 P 元素的含量(Bq/kg)；P_1、P_2、P_3分别为第 1、2、3 类源地土壤中 P 元素的含量(Bq/kg)；f_1、f_2、f_3分别为第 1、2、3 类源地的相对产沙量(%)。

根据王茂沟小流域 1953～2005 年的土地利用调查资料，结合流域不同土地利用类型土壤核素平均含量，以及由其得到的土壤侵蚀强度分析结果，将流域泥沙源地分为坡耕地、梯田和裸坡。采用 ^{137}Cs、^{210}Pb$_{\mathrm{ex}}$复合示踪法求出的坡耕地、梯田和裸坡相对产沙量分别为 50%、43%和 7%。根据黄河水利委员会绥德水土保持科学试验站《水土保持试验研究成果汇编(第一集)》，根据韭园沟小流域 4 次典型暴雨及历年水土保持治理前(1954～1964 年)的流域土壤流失量，应用已经建立的相关关系推算出来了韭园沟小流域各类土地利用类型的径流泥沙来源：流域内径流泥沙的 60%以上来自农坡地，25%来自荒坡，8%左右来自陡崖。因此，经过几十年的治理，王茂沟小流域的泥沙源地已经发生了相当大的变化。

梯田成为近年来坝库淤积泥沙的主要来源之一，这主要是近年来流域内水土保持措施的实施导致坡耕地面积逐渐减小，生长条件较好的坡耕地被改造成经济林、果园等，整地方式为水平沟、鱼鳞坑，立地条件较差的坡耕地被退耕还林还草，主要整地方式为水平沟和鱼鳞坑，在地块较为完整、土质良好、土层深厚的坡耕地修建水平梯田。然而，在实践中，由于田面的平整程度、田坎的高低和牢固性等因素的影响，再加上土壤不断风化、崩裂及管理养护不善等，梯田边埂很容易遭到破坏，同时梯田边埂在遭到破坏后一旦遇到暴雨，疏松的土壤常常被坡面径流挟带进入沟道，进而产生严重的水土流失。

裸坡位于流域的沟谷地，裸坡侵蚀在流域侵蚀产沙中一直占有很大的比重。除了裸坡立地条件差、坡度陡、无植被覆盖等易造成重力侵蚀以外，在坡耕地退耕后，耕作土逐渐密实，抗蚀性增强，侵蚀减弱，但土壤密实后入渗率降低，梁峁坡地产流量增加，梁峁坡地流入沟谷的径流量加大，加剧了沟谷地的冲沟侵蚀和重力侵蚀，沟谷地的侵蚀量和相对产沙量增大。这说明，流域水土流失治理既不能忽视对荒坡、陡崖的改造，也要注重坡面水土保持工程的质量。

2. 按地貌类型

关地沟 4#淤地坝坝控流域以沟缘线为界可分为沟谷地和沟间地两大地貌单元，沟谷地和沟间地的面积分别占流域面积的 43.92%和 56.08%。关地沟 4#淤地坝坝控流域的沟间地已全部被开垦成农地，主要种植豆类、谷子等农作物。沟谷地因土壤侵蚀造成黄土裸露，沟缘线以下长有刺槐林，有零星柠条等生长。根据关地沟 4#淤地坝坝控流域内的梁峁顶农地、梁峁坡农地的面积乘以土壤流失速率和耕作土 ^{137}Cs 平均含量，求得沟间地流失泥沙的加权 ^{137}Cs 平均含量为 6.3Bq/kg。根据土样分析，谷坡裸坡表层土壤和重力侵蚀堆积物中的 ^{137}Cs 含量均低于检测下限。谷坡裸坡表层土壤和重力侵蚀堆积物的 ^{137}Cs 平均含量为 0.02Bq/kg，沉积泥沙的 ^{137}Cs 平均含量为 3.82Bq/kg，依据式(5.1)～式(5.3)计算得到关地沟 4#淤地坝坝控流域沟间地和沟谷地的相对产沙量分别为 61%和 39%，见表 5.3。

表 5.3　黄土高原典型流域沟间地和沟谷地相对产沙量研究结果比较

项目	陕西子长赵家沟流域	陕西榆林马家沟流域	陕西安塞麦地沟流域	陕西绥德韭园沟流域	陕西绥德关地沟 4#淤地坝坝控流域
流域面积/km²	2.03	0.84	0.17	70.70	0.25
时间	1973～1978 年	1993 年	1963～1999 年	1954～1964 年	1963～1987 年
沟间地相对产沙量/%	24	33	27	50.1	61
沟谷地相对产沙量/%	76	67	73	49.9	39

关地沟 4#淤地坝坝控小流域泥沙来源的上述研究结果与侯建才(2007)的研究结果基本一致，但与其他学者的研究结论相差较大。魏天兴(2002)有关山西西南部黄土区小流域的泥沙来源的研究结果表明，沟谷地的产沙量占流域总产沙量的 60%以上；杨明义等(1999)有关安塞麦地沟小流域泥沙来源的研究结果表明，麦地沟沟谷地的产沙量占小流域产沙总量的 72.6%，而沟间地仅占 27.4%；文安邦等(1998)对黄土丘陵区赵家沟流域泥沙来源的 ^{137}Cs 法研究结果表明，赵家沟流域沟谷地和

沟间地相对产沙比例分别为 76%和 24%，见表 5.3。造成上述研究结果差异的主要原因可能是，关地沟 4#淤地坝坝控流域的治理历史较为悠久，关地沟 4#淤地坝修建于 1959 年，此时的坡面措施较为薄弱；随着淤地坝的淤积，侵蚀基准面不断抬高，沟坡坡长缩短，重力侵蚀发育减弱，沟蚀发展得到了控制，流域沟谷地下部趋于稳定，沟谷地产沙量大大降低，坡面侵蚀量所占比例较大。

根据黄河水利委员会绥德水土保持科学试验站《水土保持试验研究成果汇编(第一集)》，韭园沟小流域 1954～1964 年径流泥沙来源：流域内径流的 52.9%来源于沟间地，47.1%来源于沟谷地；泥沙的 50.1%来源于沟间地，49.9%来源于沟谷地，见表 5.3。因此，经过几十年的治理，小流域的泥沙来源比例发生了相当大的变化，沟谷地侵蚀产沙比例逐渐减小，这也凸显了淤地坝的巨大减蚀作用。关地沟 4#淤地坝坝控小流域泥沙来源的研究表明，黄土丘陵沟壑区的坡沟侵蚀产沙比是一个比较复杂的问题，虽然许多研究表明沟谷地是泥沙的主要来源区，但是对于微小流域而言，情况可能不尽如此，这说明流域面积大小、流域沟道发育状况、沟道治理情况等对流域侵蚀泥沙来源有重要影响。

5.4 基于复合指纹识别法的流域泥沙来源反演

淤地坝作为黄土高原丘陵沟壑区小流域水土流失治理的重要工程措施之一，在拦蓄泥沙的同时，也记载了小流域侵蚀产沙的历史变化过程。本书以陕西省绥德县王茂沟小流域的一个淤积年限为 34 年(1957～1990 年)、淤积深度为 11.325m 的“闷葫芦”坝(仅有坝体而无放水建筑物和泄水建筑物的淤地坝)为研究对象，开展了基于复合指纹识别法的流域泥沙来源反演规律研究。

5.4.1 沉积旋回时间序列建立

根据泥沙沉积旋回层中的土壤颜色差异，将坝地泥沙沉积剖面区分为 75 次泥沙沉积旋回。根据测试分析结果，“闷葫芦”坝坝地各泥沙沉积旋回 ^{137}Cs 含量如图 5.3 所示。

从图 5.3 中可以看出，各泥沙沉积旋回层中的 ^{137}Cs 含量差异非常明显。第 67 个泥沙沉积旋回层的 ^{137}Cs 含量最高，为 4.90Bq/kg。分析其原因主要为，20 世纪 50～70 年代的大气核爆炸产生大量的放射性核尘埃在 1963 年达到全球沉降高峰期。因此，确定第 67 个泥沙沉积旋回层的泥沙发生在 1963 年。在此基础上，根据 1958～1990 年日降雨资料，结合大雨对大沙的原则，确定了各泥沙沉积旋回层出现的时间序列。

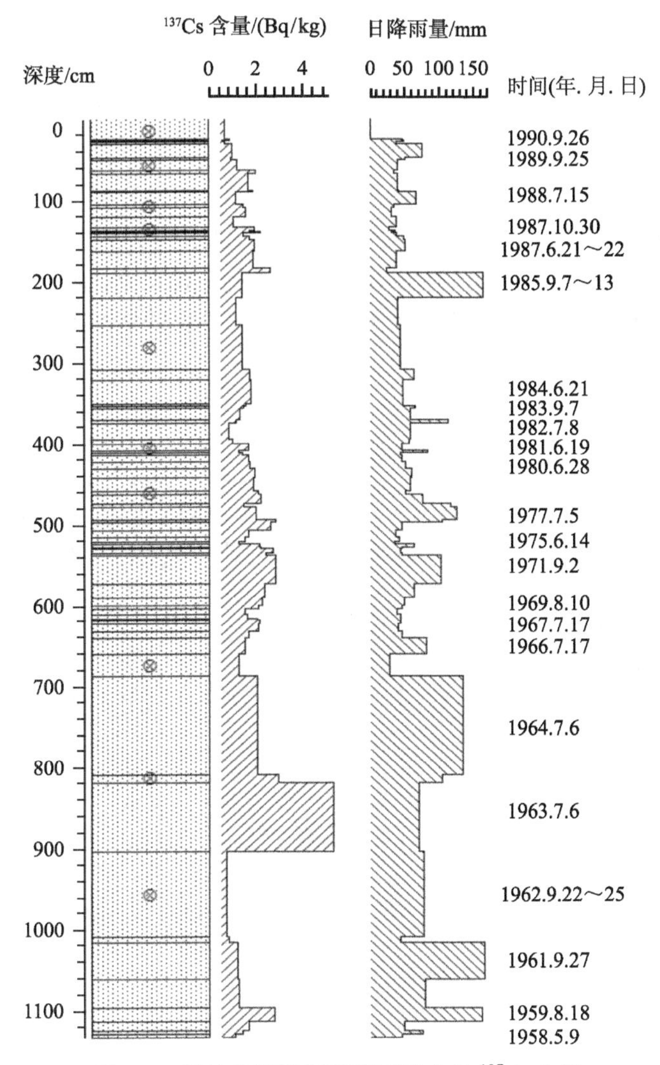

图 5.3　坝地各泥沙沉积旋回层中的 ^{137}Cs 含量

5.4.2　流域侵蚀历史演变过程

图 5.4 为分析得到的坝地累积泥沙沉积量和累积降雨侵蚀力关系曲线。从图 5.4 中可以明显看出，累积泥沙沉积量曲线呈阶段性变化，而累积降雨侵蚀力曲线几乎没有变化，说明降雨不是影响该流域土壤侵蚀的主要因素。

根据累积泥沙沉积量，可以将研究淤地坝 1957～1990 年的运行史大体划分为 3 个阶段：1958～1963 年为侵蚀强度剧烈阶段；1964～1983 年为侵蚀强度平缓阶段；1984～1990 年为侵蚀强度增大阶段。

通过分析认为，第一阶段土壤侵蚀剧烈的原因主要是当时的水土流失治理面积较少，且降水量相对集中。第二阶段土壤侵蚀趋于缓和的主要原因是 20 世纪 60 年代后期，该流域开始了较大规模的坡面治理，林草地和水平梯田的面积显著增加，坡耕地面积逐渐下降，加上沟谷坡下部被淤地坝沉积泥沙覆盖，对沟谷坡的稳定起到了一定的加强和巩固作用，在一定程度上减轻甚至遏制了沟谷坡下部侵蚀的发生。第三阶段土壤侵蚀又呈增大趋势的原因是 1983 年国家实行农村承包责任制带动了农村劳动人民特别是陕北劳动人民的积极性，结果导致大量荒草地等被开荒成农田，加重了水土流失。1958～1990 年年均降水量变化很小，而土壤侵蚀却呈现明显的阶段性变化过程，说明在年均降水量没有明显变化的情况下，人类活动是该时期小流域侵蚀产沙的主要影响因素。

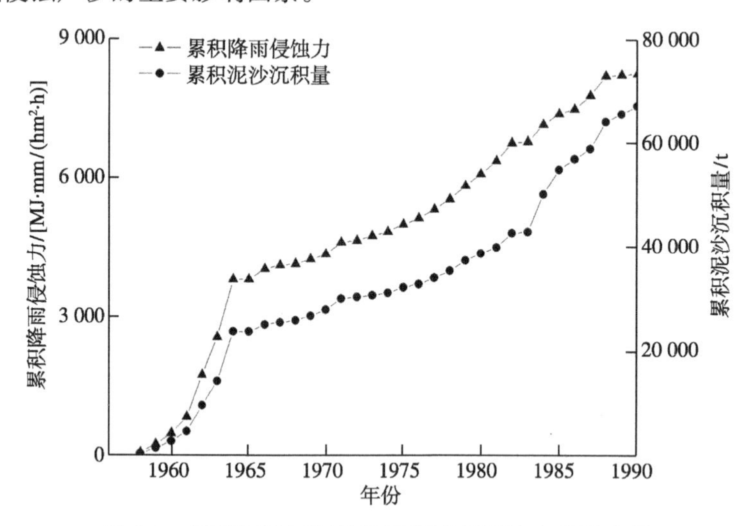

图 5.4　累积泥沙沉积量和累积降雨侵蚀力关系曲线

5.4.3　瘀地坝坝控流域泥沙来源反演结果

根据流域内的实际情况，本节将流域泥沙来源潜在源地划分为沟壁、沟坡和坡耕地三种。通过对不同源地土壤样品所有指标包括 TN、TP、TK、SOM、^{137}Cs、χ_{Lf}、χ_{Hf}、χ_{fd}、金属元素(Fe、Mn、Cu、Ca、Na、Mg、Zn)的判别分析，得到最佳指纹因子组合，利用多元混合模型分析了各泥沙沉积旋回层中的泥沙的三种泥沙来源地贡献率，在此基础上分析了坝控流域沟谷、沟坡两种泥沙来源地侵蚀量的年际变化规律。

根据基于复合指纹识别法的流域泥沙来源反演结果，在建坝初期的 1957～1961 年，研究淤地坝坝控流域内的次降雨沟谷平均侵蚀量为 1097t；在 1964～1983 年，随着坝地的淤高，次降雨沟谷平均侵蚀量降低到 602t；在 1984～1990 年，次降雨沟谷平均侵蚀量进一步减少到 456t。因此，淤地坝建设可以明显减少坝控流域内的沟谷侵蚀。

图 5.5 是采用复合指纹识别法分析得到的研究淤地坝坝控流域内的沟坡表层产沙量的年际变化图。从图 5.5 可以看出，淤地坝坝控流域内的沟坡侵蚀量从 1984

年开始明显增加，分析其原因可能是由农村土地联产承包责任制后，农民的生产积极性提高，导致陡坡开垦，进而导致沟坡表层产沙量增大。

综上所述，随着侵蚀基准面的升高，淤地坝能明显降低小流域沟谷侵蚀量。

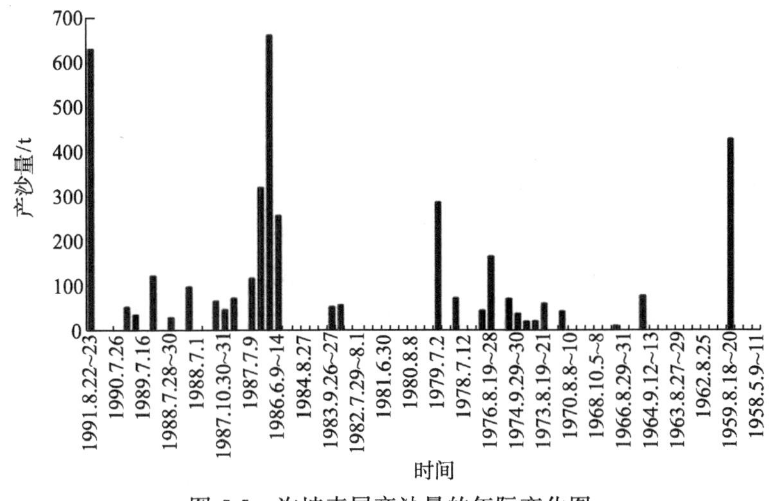

图 5.5　沟坡表层产沙量的年际变化图

5.5　不同淤积阶段坝控流域侵蚀产沙强度变化

5.5.1　关地沟小流域侵蚀沉积速率变化趋势

在淤地坝建成后，小流域的侵蚀泥沙将全部被径流挟带至淤地坝坝地内，进而被淤地坝拦蓄，因此，小流域流失的泥沙量很少，因而可以把淤地坝的沉积泥沙量近似地作为坝控流域产沙量，并根据淤地坝拦蓄泥沙的时间可以大致推算出该流域的多年平均泥沙沉积速率。

在关地沟 4#淤地坝建坝历史调查研究的基础上，利用某些年代散落蓄积在土壤沉积物中 ^{137}Cs 含量的异常值作为时间标志，借助于 ^{137}Cs 计年技术，便可以更为准确地估算出小流域在不同时间段的沉积速率(表 5.4)。由表 5.4 可以看出，关地沟小流域在淤地坝建成后开始拦蓄泥沙的最初 5 年(1963～1977 年)，坝地泥沙沉积速率很大，为流域 29 年(1963～2007 年)平均值的 2.24 倍，其后呈逐渐减少趋势。

表 5.4　关地沟不同时期沉积速率的比较

时期	沉积厚度/cm	坝地泥沙沉积速率/(cm/a)
1963～2007 年	472	1
1963～1977 年	345	23
1978～1983 年	17	3
1984～2007 年	60	2

5.5.2 关地沟 4#淤地坝坝控流域侵蚀产沙变化趋势

由于关地沟 4#淤地坝建成后未设溢洪道，流失的泥沙量很少，因此，可把淤地坝的沉积泥沙量近似作为流域侵蚀产沙量。根据淤地坝内各泥沙沉积旋回层的面积、厚度推算出各次洪水过程的侵蚀产沙量。

关地沟 4#淤地坝坝控流域次洪水侵蚀产沙模数变化见图 5.6。由图 5.6 可以看出，1963～1977 年，坝控流域次降雨侵蚀产沙模数呈现波动性变化，1977 年侵蚀产沙模数最大。据资料记载，1977 年 7 月 5～6 日，韭园沟流域经历了一次大暴雨的袭击，流域平均降雨量为 109.9mm，其中，60%以上的雨量集中在 3h 左右降落，韭园沟沟口测站实测最大洪峰流量达到 15.7m^3/s，输沙率达到 6 770kg/s。关地沟 4#淤地坝泥沙沉积 86.5cm，产沙模数达到 50 000t/km^2。1977 年以后，流域侵蚀产沙模数逐渐减小；1987 年关地沟 4#淤地坝被冲毁，流域侵蚀模数稍有增加。

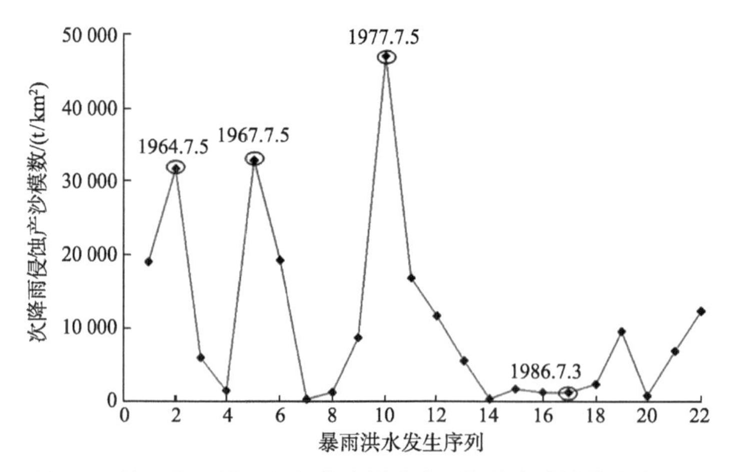

图 5.6 关地沟 4#淤地坝坝控流域次降雨侵蚀产沙模数变化过程
(图中标记年份为次洪发生特征年)

根据上文各沉积层的沉积发生日期和次洪水侵蚀产沙量，可以更为准确地估算出该流域不同运行阶段的年均侵蚀模数，见表 5.5。

表 5.5 关地沟 4#淤地坝坝控流域不同时期年均侵蚀模数比较

淤地坝运行期	时期	沉积厚度/cm	多年平均侵蚀模数/[t/(km^2·a)]
全期	1963～2007 年	472	5 127
初建期	1963～1977 年	345	11 137
发展期	1978～1983 年	17	1 412
稳定期	1984～2007 年	60	1 395

由表 5.5 可知，关地沟 4#淤地坝坝控流域自 1959 年开始拦蓄泥沙至今，年均

侵蚀模数为 5 127t/km^2；关地沟 4#淤地坝控制流域在初建期(1963～1977 年)、发展期(1978～1983 年)和稳定期(1984～2007 年)的年均侵蚀模数分别为 11 137t/km^2、1 412t/km^2 和 1 395t/km^2。

关地沟4#淤地坝初期阶段的沉积层普遍较厚，表明流域侵蚀强烈，泥沙沉积量很大，其后呈明显下降趋势。分析认为，此变化趋势一方面与 20 世纪 60 年代是历史上的丰水年有关(1961 年、1963 年、1964 年、1969 年都有大暴雨或特大暴雨发生)，另一方面也与当时的水土流失治理面积较少有关。20 世纪 70 年代，该流域开始了较大规模的坡面治理，林草地和水平梯田的面积显著增加，坡耕地面积逐渐下降，加上沟谷坡下部被淤地坝沉积泥沙覆盖，对沟谷坡的稳定起到了一定的加强和巩固作用，在一定程度上减轻甚至遏制了沟谷坡下部侵蚀的发生。

第 6 章　典型小流域坝系级联物理模式解析

6.1　典型小流域坝系对比的可行性分析

6.1.1　典型小流域气候水文条件对比

表 6.1 为典型小流域气候水文条件对比统计表。由表 6.1 可以看出，由于本书所选的 3 个典型小流域均处于黄土丘陵沟壑区第一副区，气候条件非常接近，尤其是作为水力侵蚀源动力的降雨、径流因素更为相似。用于表征 3 个典型小流域与土壤侵蚀关系最密切的因素——年均降水量、最大年降水量、最大雨强和最大日降水量的离散程度的极差系数分别为 5.6%、4.2%、21.2%和 13.2%，而汛期降水量占全年降水量的比例为 61.1%～70.0%，平均侵蚀模数均在 15 000t/(km^2·a)以上，均属于剧烈侵蚀区。因此，本书所选的 3 个典型小流域具有相似的气候水文条件，且小流域洪水的产生条件和小流域坝系的防洪要求也非常接近。

表 6.1　典型小流域气候水文条件对比统计表

气象参数	榆林沟	小河沟	韭园沟	平均值	极差	极差系数/%
年均降水量/mm	450.0	443.0	468.6	453.9	25.6	5.6
年均蒸发量/mm	1 557.0	1 586.5	1 522.0	1 555.2	64.5	4.1
最大年降水量/mm	704.8	721.3	735.3	720.5	30.5	4.2
最小年降水量/mm	186.1	193.5	232.0	203.9	45.9	22.5
汛期降水量占比/%	64.2	70.0	61.1	65.1	8.9	13.7
最大雨强/(mm/h)	45.0	42.5	52.4	46.6	9.9	21.2
最大日降水量/mm	131.2	150.0	146.6	142.6	18.8	13.2
年均径流量/万 m^3	261.9	285.8	275.0	274.2	23.9	8.7
年均径流深/mm	39.8	45.0	39.5	41.4	5.5	13.3
平均侵蚀模数/[t/(km^2·a)]	18 000	15 000	18 000	17 000	3 000	17.6

6.1.2　典型小流域坝系沟道地貌特征对比

根据美国地貌学家 Strahler 提出的地貌几何定量数学模型的沟道分级原理和方法，首先将一个流域内最小的不可分支的支沟作为Ⅰ级沟道，两个Ⅰ级沟道汇合后形成的沟道作为Ⅱ级沟道，两个Ⅱ级沟道汇合后形成的沟道作为Ⅲ级沟道，依次类推，直至全流域沟道划分完毕。

基于以上沟道分级原则，在对小流域坝系结构进行分析时，将不可分支的毛沟定为Ⅰ级沟道。以往的调查结果表明，在黄土丘陵沟壑区，由于长度不足300m 的沟道基本上不具备建坝潜力，一般不考虑在此类沟道修筑淤地坝。因此，本书以沟道长度 300m 作为Ⅰ级沟道的起点长度，长度不足 300m 的沟道忽略不计，仅对长度在 300m 以上的沟道进行分级，进而完成小流域沟道特征分布和坝系结构分析。

榆林沟、小河沟和韭园沟 3 个典型小流域的沟道特征和坝系结构分布图如图 6.1～图 6.3 所示。

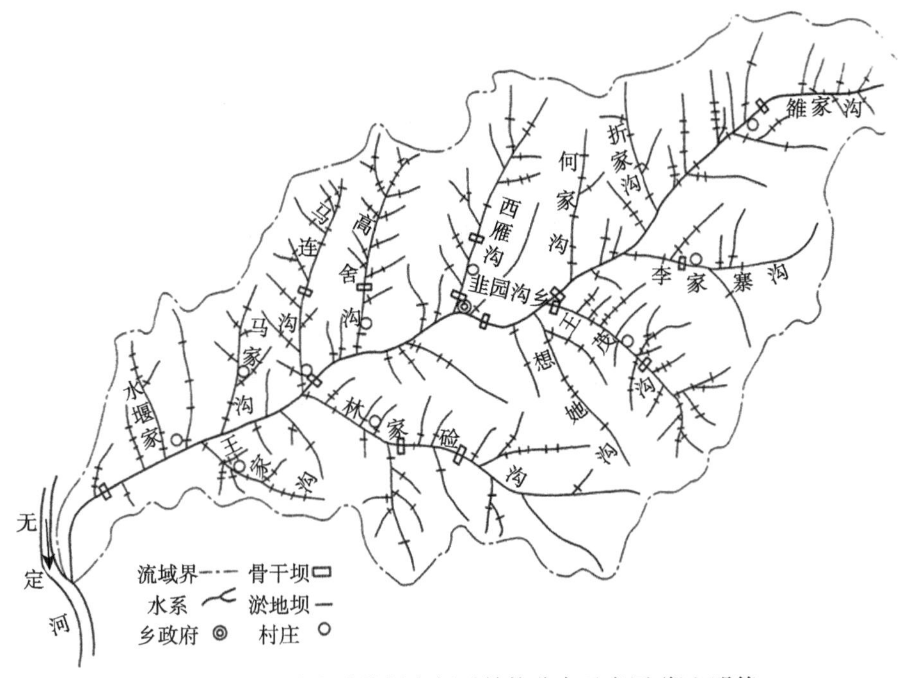

图 6.1　韭园沟小流域沟道特征和坝系结构分布示意图(郑宝明等，2004)

在小流域沟道水系图上，将沟长在 300m 以上的沟道等级划分为Ⅰ级、Ⅱ级、Ⅲ级、Ⅳ级、Ⅴ级 5 个等级，进而分析得到不同级别沟道特征，见表 6.2。

由表 6.2 可以看出，3 个典型小流域不同级别沟道的数量分布和地貌特征非常相似，除了榆林沟小流域可以划分为 5 级沟道，且Ⅴ级沟道为流域主沟道外，小河沟和韭园沟均为 4 级沟道小流域，且其Ⅳ级沟道为流域主沟道。3 个典型小流域内的不同级别沟道的分布情况比较接近，Ⅰ级沟道数量最多，占总沟道数量的 80.6%～84.7%；随着沟道级别增大，沟道数量锐减，Ⅱ级沟道数量占总沟道数量的 13.3%～14.7%；随着汇水面积增加，Ⅲ级沟道仅有 6～11 条，占沟道总数量的 1.8%～4.3%；

除了榆林沟有两条Ⅳ级沟道以外，韭园沟小流域和小河沟小流域都以Ⅳ级沟道为主沟道；仅榆林沟小流域主沟道为Ⅴ级沟道。

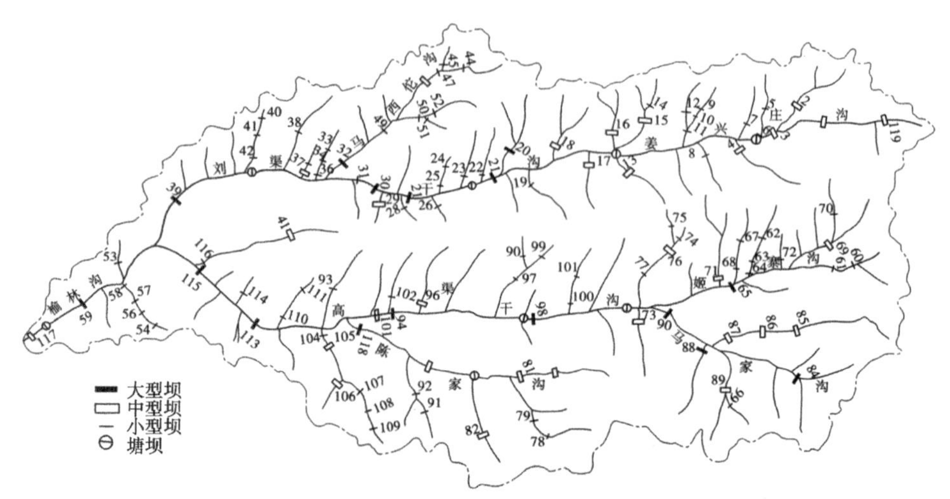

图 6.2　榆林沟小流域沟道特征和坝系结构分布示意图(黄河水利委员会水土保持局，2003)

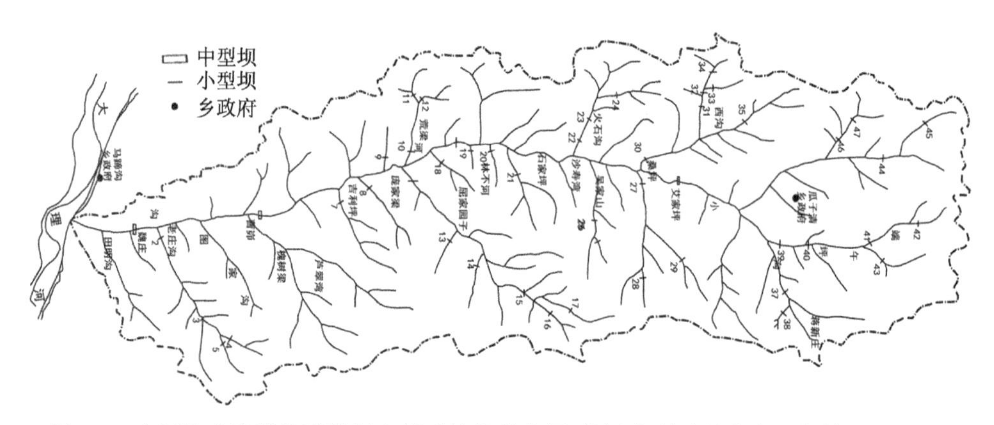

图 6.3　小河沟小流域沟道特征和坝系结构分布图(黄河水利委员会水土保持局，2003)

表 6.2　典型小流域沟道地貌特征对比

小流域名称	沟道级别	沟道数量/条	沟道数所占比例/%	沟道平均集水面积/km²	平均沟段长度/m	沟道平均纵比降/%
榆林沟	Ⅰ	278	83.7	0.16	508	10.8
	Ⅱ	45	13.6	0.82	808	4.8
	Ⅲ	6	1.8	7.72	3828	1.7
	Ⅳ	2	0.6	31.13	5865	1.3
	Ⅴ	1	0.3	65.60	2700	0.6

续表

小流域名称	沟道级别	沟道数量/条	沟道数所占比例/%	沟道平均集水面积/km^2	平均沟段长度/m	沟道平均纵比降/%
小河沟	Ⅰ	208	80.6	0.22	572	9.9
	Ⅱ	38	14.7	0.92	747	4.6
	Ⅲ	11	4.3	3.68	3 186	3.0
	Ⅳ	1	0.4	63.30	13 300	1.3
韭园沟	Ⅰ	364	84.7	0.13	472	9.5
	Ⅱ	57	13.3	0.76	909	3.5
	Ⅲ	8	1.9	8.73	4 953	2.4
	Ⅳ	1	0.2	70.70	15 600	1.2

由表 6.2 可以看出，韭园沟小流域的Ⅰ级沟道数量最多，平均集水面积最小($0.13km^2$)；小河沟小流域Ⅰ级沟道数量最少，平均集水面积最大($0.22km^2$)，约为韭园沟小流域的 1.7 倍；榆林沟小流域Ⅰ级沟道数量和平均集水面积均居中，分别为 278 条和 $0.16km^2$。小流域内的沟道数量和平均集水面积不同，则在修建淤地坝时需配置的坝型和坝数也不同，从而使得小流域坝系的内部结构和功能也存在一定的差异。

由表 6.2 可以看出，3 个小流域的沟道平均纵比降与沟道所属级别之间关系密切，基本规律是：沟道的平均集水面积越大，则沟道平均纵比降越小；沟道的平均集水面积越小，则沟道平均纵比降越大。沟道平均纵比降通过对淤地坝建坝坝址的影响来间接影响淤地坝的坝型、库容、淤地面积、运行周期和投资效益等各项指标。一般来说，在其他建坝条件一致的情况下，淤地坝的库容和可淤地面积与沟道平均纵比降成反比关系，即沟道平均纵比降越大，淤地坝库容和淤地面积越小，拦泥、拦洪和淤地效益越差。具体来看，Ⅰ级沟道的沟道平均纵比降在 9.5%～10.8%，根据沟道平均纵比降对建坝的影响来看，Ⅰ级沟道适宜修建小型坝。Ⅱ级沟道平均纵比降在 3.5%～4.8%，相对于Ⅰ级沟道平缓许多，一般适宜修建中型坝，个别沟道可以修建小型坝。Ⅲ、Ⅳ级沟道的沟道平均纵比降基本在3.0%以下，且集水面积较大，适宜修建大型坝和骨干工程。

根据以上分析，3 个典型小流域的沟道平均集水面积、平均沟段长度、沟道平均纵比降均比较接近，完全可以在沟道分级基础上进行坝系格局和配置模式的对比分析。在分别对坝系中的单坝与单坝之间以及坝系单元与坝系单元之间的串联、并联和混联关系进行结构分析的基础上，进一步阐明小流域坝系与沟道坝系单元分片、分层级联对流域洪水泥沙的调控作用，揭示小流域坝系蓄洪拦沙能力的级联效应。

6.2　小流域坝系级联物理模式类型

小流域坝系内的不同淤地坝之间不但存在着相互的位置关系，而且存在某些功能与作用上的联系。本书将淤地坝与淤地坝之间的布局关系称为坝系结构，则单坝与单坝之间或坝系单元之间的关系又存在着串联、并联和混联 3 种基本模式关系。下面分别对小流域坝系的串联、并联和混联模式关系加以介绍。

1. 串联模式

串联模式指在一条沟道内从上游至下游依次布置若干座淤地坝，呈梯级状分布，如图 6.4 所示。图 6.4 中的 1#淤地坝、2#淤地坝和 3#淤地坝之间的关系即属于串联模式关系。

淤地坝单坝之间采用串联模式布设的优势在于各个单坝沿程对从上游向沟道下游传递的洪水泥沙实施分层、分段就地拦蓄，对洪水泥沙的控制能力强，相互之间关联密切，并能够起到相互调节、协作保护等作用。然而，淤地坝单坝之间采用串联方式布设又存在明显的缺点，即一旦发生垮坝等安全事故，其影响和危害更大，特别是当上游坝发生垮坝时，大量洪水和泥沙瞬时下泄会给下游相邻坝的蓄洪拦泥带来压力，甚至出现连锁溃坝现象。

2. 并联模式

并联模式是指流域内若干座淤地坝之间的位置相对独立，且淤地坝位于不同沟道中，相互之间不存在洪水、泥沙的输移传递关系，彼此之间没有直接影响关系。图 6.4 中由 1#淤地坝、2#淤地坝、3#淤地坝构成的坝系单元与 4#淤地坝之间的关系就属于并联模式关系。

并联模式与串联模式的最大区别在于，坝与坝之间没有互为调节、保护的关系，关联性不强。因此，一旦某座淤地坝发生溃坝，与之并联的其他淤地坝不会受到影响。

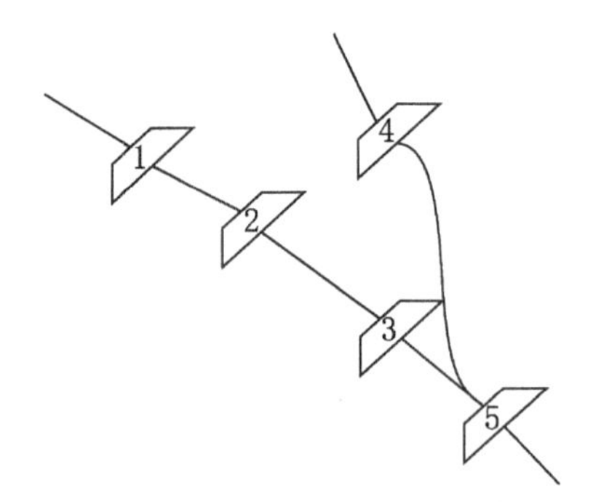

图 6.4　小流域沟道坝系级联物理模式概图

3. 混联模式

混联模式也即串联模式与并联模式共存的模式，是指一个子坝系内的坝与坝之间既存在串联模式，又存在并联模式的联结方式。图 6.4 为小流域沟道坝系级联物理模式概图。图 6.4 中的 5 座淤地坝作为一个系统整体来分析就属于串联、并联模式共存的混联模式。例如，图 6.4 中的 1#淤地坝、2#淤地坝、3#淤地坝与 4#淤地坝之间的关系为并联模式，而由 1#淤地坝、2#淤地坝、3#淤地坝、4#淤地坝构成的坝系单元与下游的 5#淤地坝之间的关系属于串联模式。黄土丘陵沟壑区小流域沟壑纵横、沟道分布错综复杂，坝系布局基本上都属于混联模式。

淤地坝坝系的总体布局是流域内坝系级联物理模式的整体反映，需要以统筹兼顾坝系的防洪、拦沙、生产为手段，通过现状坝系的结构分析，结合流域沟道地貌，从坝系总体结构、控制关系、防洪结构、拦沙结构和水沙调控关系等方面分析坝系的长期发展策略，构造坝系内单坝、沟道坝系和坝系单元间的级联结构。这种结构模式不仅能有效调控沟道洪水，还能通过不断的拦沙淤积，以最优化运用、最简捷有效的结构实现坝系的相对稳定。

6.3　榆林沟小流域坝系级联物理模式解析

集水面积为 30～200km^2 的小流域内的淤地坝系总是包含若干个相对独立的子坝系，而这些子坝系属于总坝系的一个部件或控制单元，在坝系的群体联防中独当一面、镇守一方，控制着上游或支沟的一个部分。本书将这种相对独立的子坝系称为坝系单元。与小流域沟道分级作比较，坝系单元的控制范围恰好符合Ⅲ级沟道的面积特征，也就是说，Ⅲ级沟道的坝系结构就是一个坝系单元。

由于控制的集水面积比较大，一个坝系单元控制的区域内一般有不同级别的沟道，且淤地坝数量众多，大、中、小型淤地坝皆有。因为沟道特征的复杂性，坝系单元内的淤地坝分布亦相对分散且结构复杂，同时其内部控制和从属关系也较为复杂，很难用一个统一的坝系结构概括所有的小流域坝系，也很难通过对每个坝系单元进行详细的分解和概化来抽象其具体结构和分布规律。坝系单元概念的提出就是采取从整体到局部再到个体来寻求不同淤地坝相互之间的级联关系和联合作用效果，用以对整个坝系进行分解，以便于分层、分片、分项说明，同时也便于类比分析，寻求一般性规律，为坝系的规划、布局、选址提供参考。另外，在坝系发展过程中，对坝系结构做出及时调整，避免运行中出现威胁坝系安全的问题，并进一步促使坝系向相对稳定的状态发展，以最大限度地发挥小流域坝系的生态效益、经济效益和社会效益。

根据黄河水利委员会绥德水土保持科学试验站 1999 年的坝系调查资料，结合榆林沟小流域水系图和坝系配置图集，以及小流域水系结构、沟道特征和淤地坝分布情况，本节采用图解方式分别对榆林沟小流域主沟坝系、干沟坝系及各坝系单元内部结构和控制关系进行分级、分段、分层、分片解析。

6.3.1 榆林沟小流域坝系单元总体结构

图 6.5 为榆林沟小流域坝系单元控制关系框架图。从图 6.5 中可以看出，榆林沟小流域坝系在总体上可划分为 1 个主沟坝系(榆林沟主沟坝系)、两个干沟坝系(冯渠干沟坝系、刘渠干沟坝系)和 5 个坝系单元(马家沟、姬家寨、陈家沟、姜兴庄和马蹄洼坝系单元)。从图 6.5 中还可以看出，榆林沟小流域坝系框架布局中各个单坝与坝系单元之间存在确定的控制或从属关系。在两条Ⅳ级沟道中分别形成了刘渠干沟坝系和冯渠干沟坝系，均由主沟坝系所控制。刘渠干沟坝系控制面积为 13.73km^2，其中，两条Ⅲ级沟道中又分别形成姜兴庄和马蹄洼两个坝系单元；冯渠干沟坝系控制面积为 14.38km^2，其中，3 条Ⅲ级沟道分别形成姬家寨、马家沟和陈家沟 3 个坝系单元。

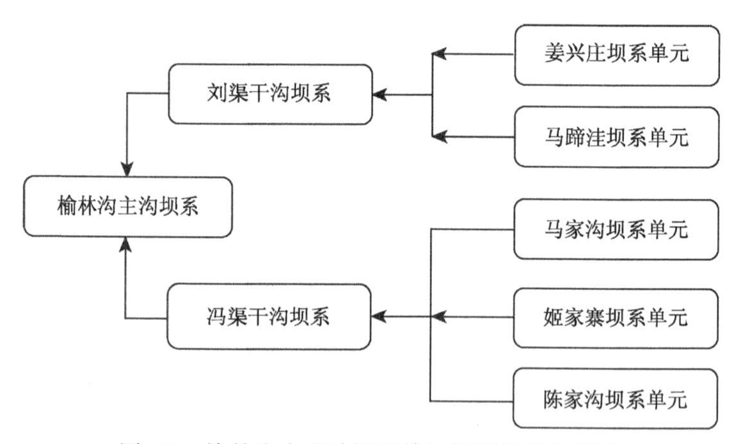

图 6.5 榆林沟小流域坝系单元控制关系框架图

1. 榆林沟主沟坝系

榆林沟小流域主沟坝系区间控制面积为 8.0km^2。图 6.6 为榆林沟小流域主沟坝系控制关系结构图。从图 6.6 中可以看出，榆林沟小流域主沟坝系主要由 1 座骨干坝、2 个干沟坝系单元和 5 座小型坝构成。现状库容统计分析结果表明，主沟坝系总库容为 1142.6 万 m^3，拦泥库容为 886.6 万 m^3，已拦泥 711.05 万 m^3，剩余总库容为 431.55 万 m^3。坝系中的骨干坝防洪标准为 500 年一遇，拦泥库容占整个小流域坝系总拦泥库容的 77.6%，对全流域的洪水、泥沙起着关键性的控制作用。截至调查年份为止，已 40 余年未出现洪水和泥沙出沟现象。

2. 冯渠干沟坝系

图 6.7 为冯渠干沟坝系单元控制关系结构图。冯渠干沟坝系控制面积为 14.37km^2，主要控制上游 3 个坝系单元，下泄的洪水和泥沙则直接汇入主沟坝系。

冯渠干沟坝系作为位于榆林沟小流域中游的干沟坝系，在上下游洪水、泥沙传递过程中起着承上启下的作用。冯渠干沟坝系由 4 座骨干坝、7 座中型坝和 3 个坝系单元组成。坝系总库容为 520.19 万 m^3，已淤库容为 450.49 万 m^3，淤积率为 97.2%，剩余总库容仅为 69.7 万 m^3。

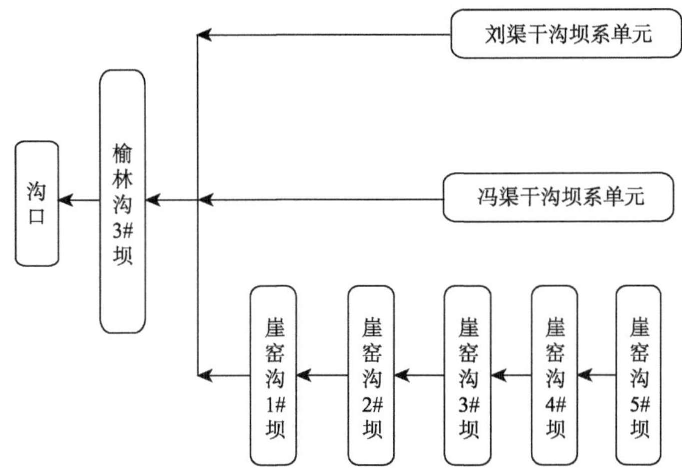

图 6.6　榆林沟小流域主沟坝系控制关系结构图

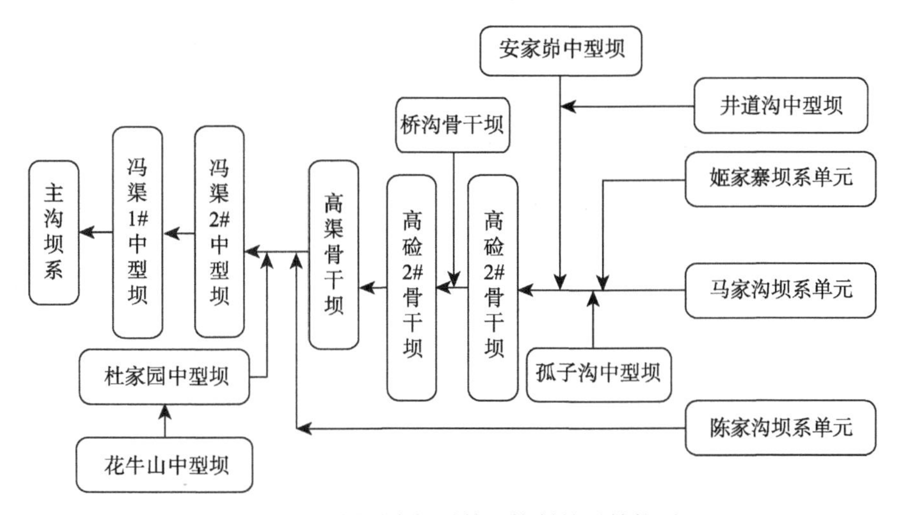

图 6.7　冯渠干沟坝系单元控制关系结构图

3. 刘渠干沟坝系

刘渠干沟坝系控制面积为 13.73km^2，控制上游姜兴庄和马蹄洼两个坝系单元，处于整个榆林沟小流域坝系中游位置，下游受主沟坝系控制。干沟主要沟段由 4 座骨干坝控制，总库容为 613.2 万 m^3，已淤库容为 380.6 万 m^3，剩余总库容为 232.4 万 m^3。目前，除李谢硷骨干坝和刘渠骨干坝尚有部分拦泥库容以外，其余两座大坝均已淤满。图 6.8 为刘渠干沟坝系控制关系结构图。

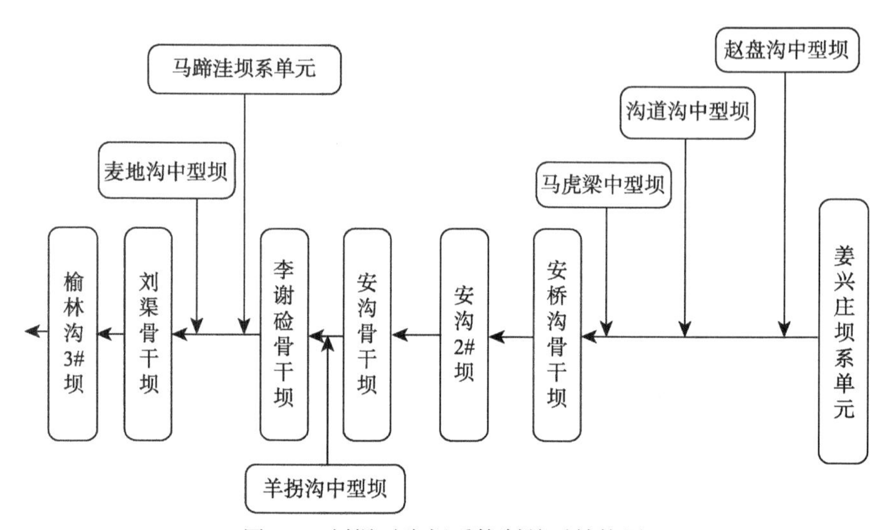

图 6.8　刘渠干沟坝系控制关系结构图

4. 马家沟坝系单元

马家沟坝系单元控制面积为 6.80km²，从属于冯渠干沟坝系，除了对上游沟道坝系进行控制之外，也对下游干沟坝系起着防洪保护作用，减轻下游干沟坝系的防洪压力，是一个“区间控制”坝系。马家沟坝系单元由 3 座骨干坝、4 座中型坝组成。3 座骨干坝分别位于Ⅲ级沟道出口和两条Ⅱ级沟道上，与所控制的 4 座中型坝组成坝系单元的控制结构。仅从马家沟坝系布局结构看，大、中型坝配置较为合理，目前淤积情况良好，生产利用也比较高效。从淤积情况来看，总库容为 298.25 万 m^3，已淤库容为 174.37 万 m^3，剩余总库容为 123.88 万 m^3，尚有一定的防洪拦沙能力。图 6.9 为马家沟坝系单元控制关系结构图。

5. 姬家寨坝系单元

姬家寨坝系单元位于冯渠干沟上游右侧Ⅲ级沟道上，与马家沟坝系单元呈并联关系，控制面积为 4.47km²。坝系单元结构包括 1 座骨干坝、1 座中型坝和 9 座小型坝。坝系总库容为 125.3 万 m^3，已淤库容为 120 万 m^3，剩余总库容为 5.3 万 m^3。目前，在沟道中段起上拦下保作用的姬家寨骨干型坝已经淤满，完全失去了防洪拦沙能力；同时，除了姬家寨坝系单元中的 1 座中型坝和 2 座小型坝尚有剩余库容以外，其余各坝均已全部淤满。图 6.10 为姬家寨坝系单元控制关系结构图。

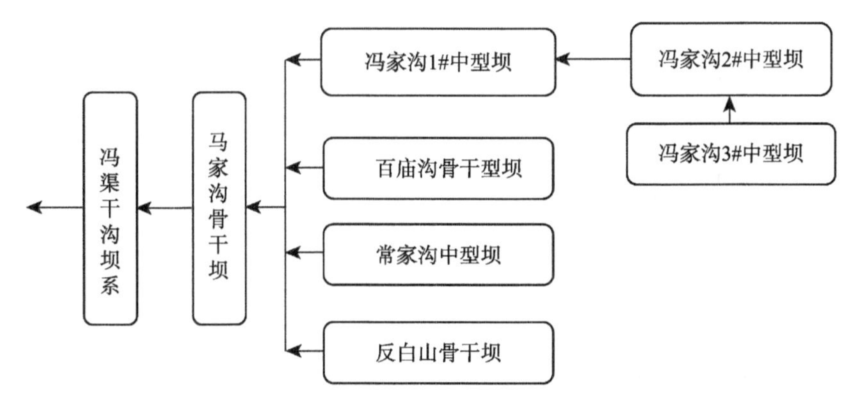

图 6.9　马家沟坝系单元控制关系结构图

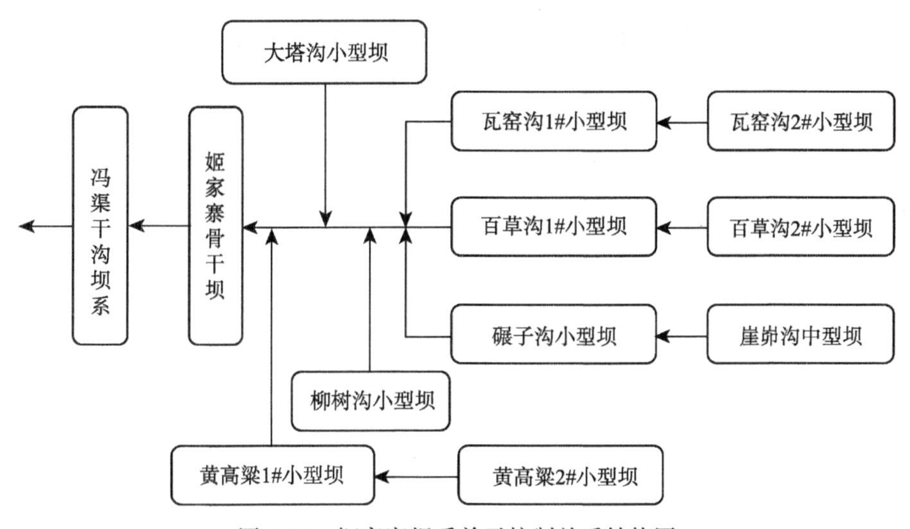

图 6.10　姬家寨坝系单元控制关系结构图

6. 姜兴庄坝系单元

姜兴庄坝系单元位于刘渠干沟坝系上游，控制面积为 7.44km^2，由两座骨干坝、4 座中型坝等组成。总库容为 168.94 万 m^3，已淤库容为 124.7 万 m^3，剩余总库容为 44.24 万 m^3，剩余防洪拦沙能力已较低。沟口姜兴庄大坝已发生了水毁，不再具备控制作用，且对下游坝系防洪失去了保护作用。图 6.11 为姜兴庄坝系单元控制关系结构图。

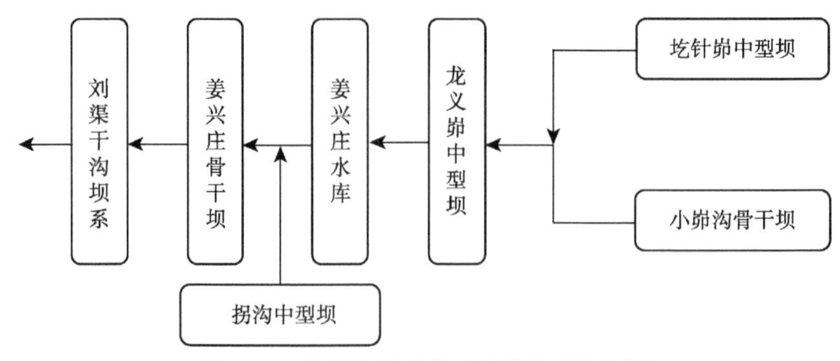

图 6.11　姜兴庄坝系单元控制关系结构图

7. 马蹄洼坝系单元

马蹄洼坝系单元位于刘渠骨干坝下游左侧的Ⅲ级支沟，控制面积为 3.36km^2，由 1 座骨干坝、1 座中型坝和 2 座小型坝组成。总库容为 200.1 万 m^3，已淤库容为 161.5 万 m^3，剩余总库容为 38.6 万 m^3。该坝系单元中的骨干坝防洪拦沙能力较大，具有关键控制作用；中小型坝淤地面积大，结构合理，运行状况良好。目前，马蹄洼坝系单元相对稳定系数为 1/16，达到相对稳定阶段，而且对减轻下游刘渠干沟坝系的洪水泥沙拦蓄压力具有明显的保护作用。图 6.12 为马蹄洼坝系单元控制关系结构图。

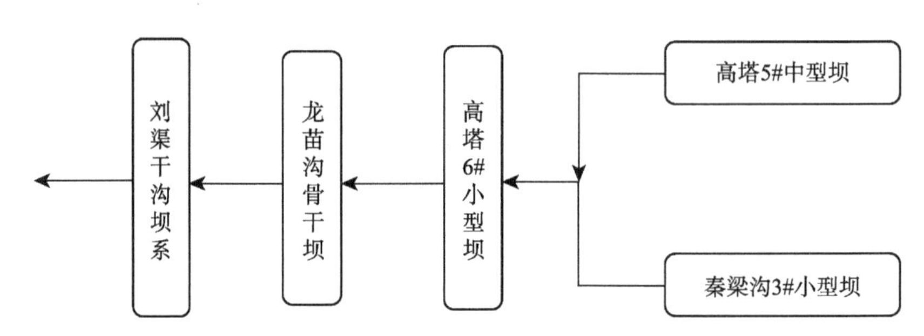

图 6.12　马蹄洼坝系单元控制关系结构图

8. 陈家沟坝系单元

陈家沟坝系单元位于冯渠干沟右侧，控制面积为 6.16km^2，由 1 座水库、1 座骨干坝、4 座中型坝和 1 座小型坝组成；总库容 203.7 万 m^3，已淤库容 174.1 万 m^3，剩余总库容 29.6 万 m^3。据实地调查，陈家沟坝系运行状况堪忧，唯一的骨干坝即陈家沟坝和 4 座中型坝均已淤满，除了坝系单元本身失去了对洪水泥沙的拦蓄功能并存在安全隐患外，如果陈家沟坝系单元遇到超标准洪水并发生溃坝时，也将对下游冯渠干沟坝系产生安全威胁。图 6.13 为陈家沟坝系单元控制关系结构图。

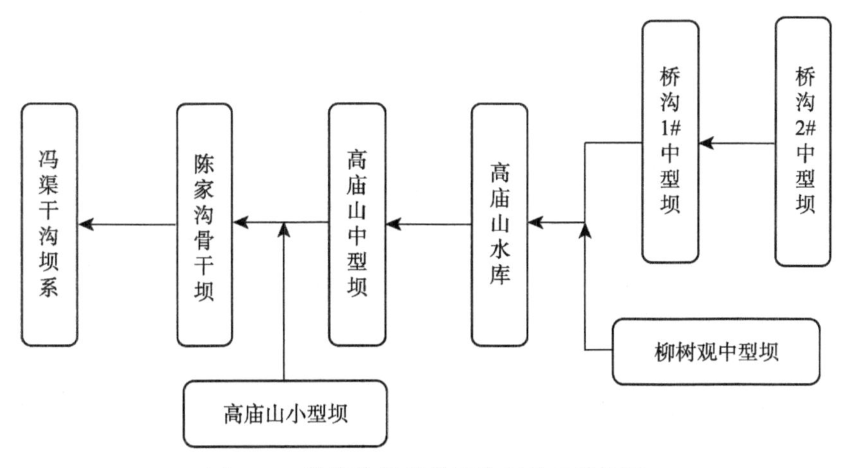

图 6.13　陈家沟坝系单元控制关系结构图

6.3.2　榆林沟小流域坝系单元级联控制关系解析

按坝系单元的定义和划分原则，榆林沟小流域坝系共包涵 5 个坝系单元，其坝系单元的分布和特征见表 6.3。

表 6.3　榆林沟小流域坝系单元内级联控制关系特征表

项目	单位	马家沟	姬家寨	陈家沟	姜兴庄	马蹄洼	平均
Ⅲ级沟道平均控制面积	km^2	6.87	6.05	6.65	8.16	3.46	6.24
单元面积	km^2	6.8	4.47	6.61	7.44	3.36	5.74
沟段长度	km	2.45	2.80	2.80	2.10	1.50	2.33
平均沟道纵比降	%	1.63	2.25	1.51	1.7	2	1.82
坝库数量	座	9	11	11	14	10	11
骨干坝	座	3	1	1	2	1	1.6
中型坝	座	4	1	4	4	1	2.8
小型坝	座	1	9	5	7	8	6
外控关系	—	上控冯渠	上控冯渠	左控冯渠	上控刘渠	右控刘渠	—
内控关系	大	3	1	1		1	1.5
	中	4	2	5	4	1	3.2
	小	1	9	4	8	8	6

由表 6.3 可以看出，榆林沟小流域Ⅲ级沟道平均控制面积为 6.24km^2，平均沟段长度为 2.33km，平均沟道纵比降为 1.82%，适宜建设大型淤地坝，是流域内蓄洪拦沙的主要场所。坝系单元平均控制面积为 5.74km^2；各坝系单元建坝数量为 9～

14 座；每个坝系单元平均布坝 11 座；大、中、小型淤地坝配置比例为 1.5∶3.2∶6；1 座骨干坝平均控制 2.7 座中型坝和 5 座小型坝。各坝系单元内部控制大、中、小型坝的数量分别为 1.5 座、3.2 座和 6 座。各坝系单元之间对洪水泥沙的控制关系表现为联合拦蓄、互为补充、彼此协调运用。其中，在冯渠干沟坝系中，姬家寨、马家沟坝系单元均处于上游，相互之间为并联关系，通过拦蓄洪水泥沙为下游干沟骨干坝减轻防洪压力；内部各中小型坝较快淤积成地，进行农业生产。陈家沟坝系单元位于干沟坝系中游位置，其对沟道洪水泥沙的拦蓄起着承上启下的作用，通过拦截上游下泄的洪水来缓解干沟骨干坝的防洪压力。

表 6.4 为榆林沟小流域坝系单元运行特征统计表。由表 6.4 可以看出，榆林沟小流域 5 个坝系单元对流域面积的平均控制率为 90.8%，其中，中型坝面积控制率为 41.8%，小型坝面积控制率为 28.9%。由此可见，大型骨干坝在小流域坝系中处于较高能级，对流域内的洪水和泥沙起着决定性控制作用；榆林沟小流域当前库容平均淤积率已达 80.0%，平均控制面积淤积率已达 83.9%。在 5 个坝系单元中，除了马蹄洼坝系单元通过实施加高加固配套工程后尚能抵御 200 年一遇洪水以外，其余坝系仅能抵御 20 年一遇洪水，防洪压力较大，亟须进行坝系结构调整和加高增容，以确保坝系整体安全。

表 6.4　榆林沟小流域坝系单元运行特征统计表

项目	单位	马家沟	姬家寨	陈家沟	姜兴庄	马蹄洼	平均
单元面积控制率	%	99.0	78.9	99.4	78.6	98.1	90.8
中型坝面积控制率	%	38.5	19.8	73.6	49.3	27.6	41.8
小型坝面积控制率	%	3.8	40.6	19.8	33.6	46.9	28.9
单元总库容	万 m^3	298.2	125.3	203.7	168.9	200.1	199.2
已淤库容	万 m^3	174.4	120.0	174.1	124.7	161.5	150.9
剩余库容	万 m^3	123.8	5.3	29.6	44.2	38.6	48.3
大型坝占总比	%	61.4	40.4	35.1	0	64.0	40.2
小型坝锁沟比	%	62.5	71.4	63.2	74.1	54.5	65.1
库容淤积率	%	58.5	89.2	95.5	76.7	80.1	80.0
剩余防洪能力	年	20	20	50	20	200	62
洪水处理类型	—	溢洪道	溢洪道	溢洪道	控制坝垮	溢排涵泄	—
单元已淤面积	km^2	21.0	18.8	26.6	17.7	21.2	21.1
面积淤积率	%	67.1	89.8	89.8	78.1	94.6	83.9
利用率	%	81.4	57.5	93.2	74.3	95.6	80.4
相对平衡系数	—	1/32.7	1/32.2	1/25.0	1/47.7	1/16.3	1/30.8

冯渠干沟坝系总库容为 627.2 万 m^3。由表 6.4 可以看出，马家沟和姬家寨两个坝系单元库容总量为 423.5 万 m^3，占总库容的 67.5%。在冯渠干沟坝系总拦泥

727.5 万 m^3 中，马家沟坝系单元和姬家寨坝系单元共拦泥 294.4 万 m^3，占冯渠干沟坝系总拦泥量的 40.5%，对下游坝系起到了很好的减压作用；位于中游位置的陈家沟坝系单元已拦泥量为 174.1 万 m^3，占总拦泥量的 23.9%，承上启下作用明显，且有较大剩余库容，可以在较长时期内继续起着保护下游干沟大坝的作用。刘渠干沟坝系已拦泥 368.6 万 m^3，位于上游的姜兴庄和马蹄洼两个坝系单元分别拦泥 124.7 万 m^3 和 161.5 万 m^3，合计占刘渠干沟坝系总拦泥量的 77.6%，对下游坝系的保护作用也非常明显。

综合上述分析结果可知，榆林沟小流域坝系单元分布比较对称，结构配置合理。然而，根据实地调查结果可知，榆林沟小流域坝系单元在运行中存在的主要问题包括：坝系运行情况老化严重，剩余库容不足，拦沙淤积能力变差，也是坝系长期运行后存在的普遍问题；坝地面积利用率达 80.4%，同时又忽略补充建设和维护管理，长期以来“重生产、轻管护”现象严重，导致整个榆林沟小流域坝系已经逐渐失去“上拦下保、独当一面”的作用，上游洪水泥沙大部分下泄，给干沟坝系造成严重防洪压力，尚需进一步对个别剩余库容有限的骨干坝实施加高加固配套工程或者建设新的控制性坝库工程。

6.4　小河沟小流域坝系级联物理模式解析

小河沟小流域总面积为 63.3km²，流域长度为 18.03km，平均宽度为 4.4km，形状呈长条形柳叶状，主道沟长度为 16.47km。根据流域沟道水系图，可将小河沟流域内的沟道分为Ⅰ级、Ⅱ级、Ⅲ级和Ⅳ级沟道，其中第Ⅰ级沟道 208 条、第Ⅱ级沟道 39 条、第Ⅲ级沟道 11 条、第Ⅳ级沟道(即主沟)仅 1 条。根据 2002 年小河沟小流域坝系调查资料，结合小流域坝系配置图，可将每条建有淤地坝的Ⅲ级沟道看作一个独立的坝系单元，则小河沟小流域共有 8 个坝系单元。图 6.14 为小河沟小流域坝系单元控制关系结构图。

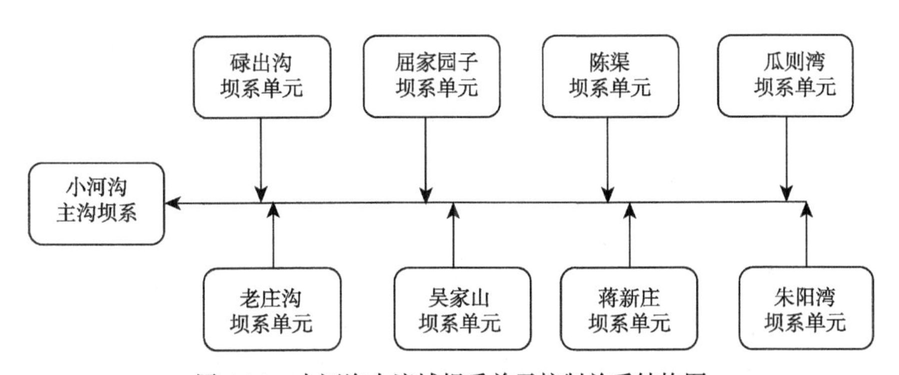

图 6.14　小河沟小流域坝系单元控制关系结构图

6.4.1 小河沟小流域坝系单元总体结构

1. 朱阳湾坝系单元

朱阳湾坝系单元总面积为 4.75km，由 1 座骨干坝、2 座中型坝和 2 座小型坝组成，总库容为 112.3 万 m^3，已淤库容为 67.4 万 m^3，剩余库容为 43.8 万 m^3。朱阳湾坝系单元中的 5 座淤地坝均无排洪设施。图 6.15 为小河沟小流域朱阳湾坝系单元控制关系结构图。

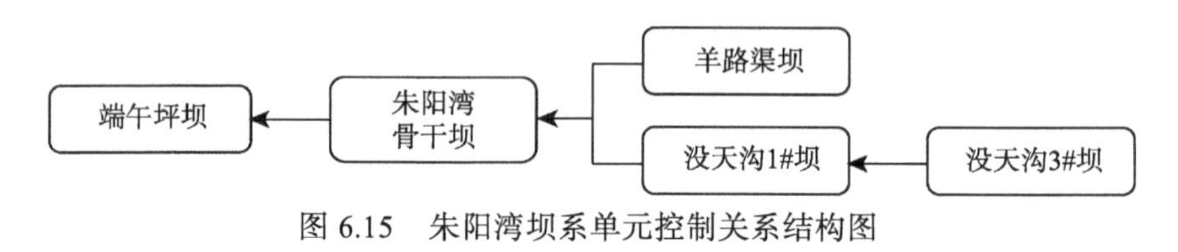

图 6.15 朱阳湾坝系单元控制关系结构图

2. 蒋新庄坝系单元

蒋新庄坝系单元控制面积为 2.41km^2，仅有骨干坝和中型坝各 1 座，总库容为 145.6 万 m^3，剩余库容为 42.2 万 m^3。图 6.16 为小河沟小流域蒋新庄坝系单元控制关系结构图。

图 6.16 蒋新庄坝系单元控制关系结构图

3. 瓜则湾坝系单元

瓜则湾坝系单元控制面积为 6.33km^2，仅有 4 座小型坝，且已淤满 3 座，总库容为 23.4 万 m^3，剩余库容为 4.88 万 m^3。图 6.17 为小河沟小流域瓜则湾坝系单元控制关系结构图。

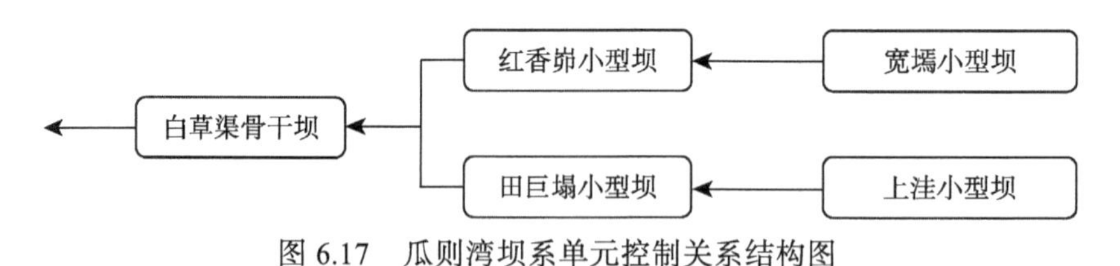

图 6.17 瓜则湾坝系单元控制关系结构图

4. 碌出沟坝系单元

碌出沟坝系单元控制面积为 4.21km^2，由 1 座骨干坝、5 座中型坝和 1 座小型坝组成，总库容为 244.5 万 m^3，剩余库容为 163.5 万 m^3。图 6.18 为小河沟小流域碌出沟坝系单元控制关系结构图。

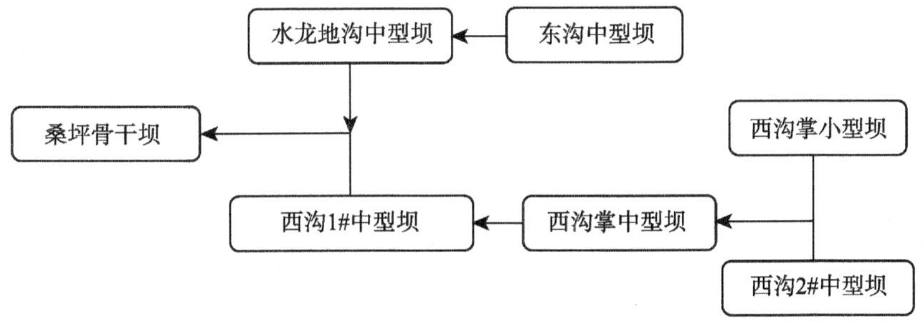

图 6.18　碌出沟坝系单元控制关系结构图

5. 吴家山坝系单元

吴家山坝系单元控制面积为 2.46km^2，现有骨干坝、中型坝、小型坝各 1 座，其中，对吴家山单元坝系控制区域的洪水和泥沙具有控制作用的吴家山骨干坝已淤满。图 6.19 为小河沟小流域吴家山坝系单元控制关系结构图。

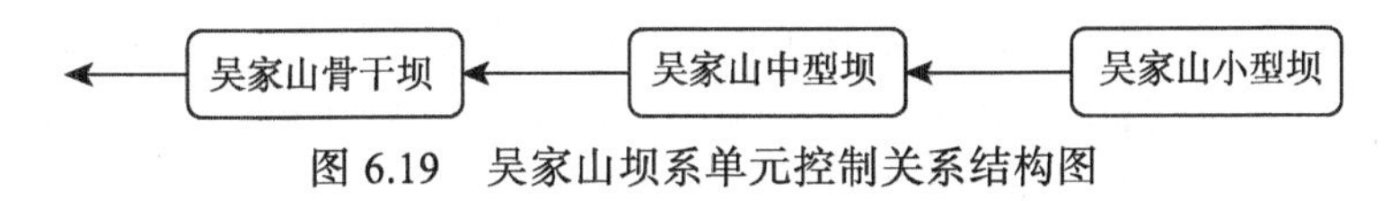

图 6.19　吴家山坝系单元控制关系结构图

6. 陈渠坝系单元

陈渠坝系单元控制面积为 2.15km^2，原有 2 座中型坝和 1 座小型坝，且已全部淤满，完全失去拦泥防洪能力。调整后新建 1 座中型坝，加固 2 座中型坝，坝系单元总库容从 68.7 万 m^3 增加到 175 万 m^3，控制面积达到 2.08km^2，控制率为 97%。图 6.20 为小河沟小流域陈渠坝系单元控制关系结构图。

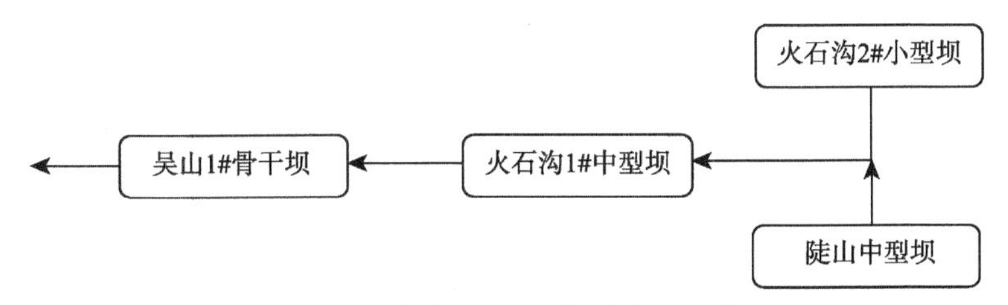

图 6.20　陈渠坝系单元控制关系结构图

7. 屈家园子坝系单元

屈家园子坝系单元控制面积为 6.54km^2，现有 2 座小型坝、3 座中型坝，主要布设在单元上游支沟；Ⅲ级沟道仅 1 座中型坝，库容为 30 万 m^3。屈家园子坝系单元内的各淤地坝现已全部淤满，且主沟内无控制性坝控工程，尚未形成相对独立的坝系单元结构。图 6.21 为小河沟屈家园子坝系单元控制关系结构图。

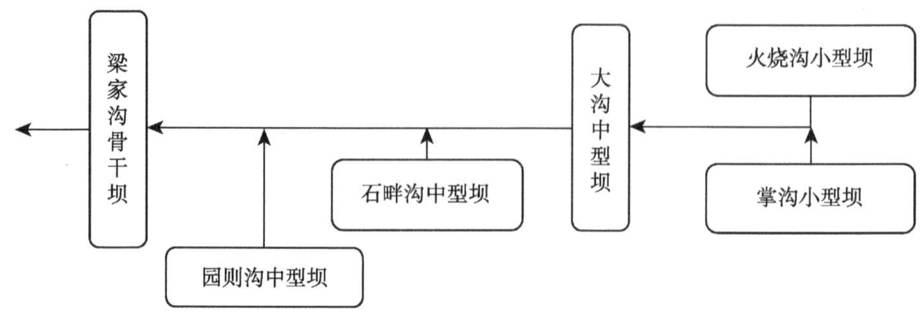

图 6.21　屈家园子坝系单元控制关系结构图

6.4.2　小河沟小流域坝系单元蓄洪拦沙级联控制关系解析

根据坝系单元的定义和划分原则，小河沟小流域坝系共可划分为 10 个坝系单元，其坝系单元的分布特征和运行现状特征统计表分别见表 6.5 和表 6.6。

由于沟道位置和地貌特征差异等原因，小河沟小流域各坝系单元的控制面积差别较大，其中蒋新庄坝系单元的控制面积最小，仅为 1.98km^2，而主沟道坝系单元的控制面积最大，为 16.70km^2。由于小河沟小流域的流域形状呈长条形柳叶状，除主沟道坝系单元之外，分布于主沟道两侧的坝系单元沟段长度均不大，且平均沟道纵比降较小，适宜在沟口处建设大型淤地坝或控制性拦洪坝。小河沟小流域各坝系单元平均可建淤地坝数量为 5.2 座左右，相当于榆林沟小流域和韭园沟小流域各坝系单元可建淤地坝数量的 1/2 和 1/4。由于小河沟小流域的主沟为Ⅳ级沟道，各坝系单元均匀分布于主沟道两侧，因此各坝系单元之间不存在控制和从属关系。

小河沟小流域各坝系单元的面积控制率平均达到 92.3%，其中，中小型坝控制率为 54.1%，其余均由大型骨干坝所控制，凸显出该流域以大型坝为主的建坝思路。大型坝数量占建坝总数的比例仅为 30.1%，但库容却占坝系总库容的 76.5%。目前小河沟小流域各坝系单元平均库容淤积率为 68.4%左右，因此现状防洪能力还较大。

除了朱阳湾、蒋新庄和瓜则湾坝系单元的剩余防洪能力为 50 年一遇之外，其余坝系单元的剩余防洪能力均在 100 年一遇以上，在一定时期内小河沟小流域坝系单元的防洪安全是可以得到保证的。如果及时进行布局调整和加高扩容，小河沟小流域坝系的蓄洪拦沙能力将会得到较大程度的提高。小河沟小流域坝系中的小型坝锁沟比平均值为 63.5%，说明小河沟小流域建坝模式不同于韭园沟小流域“小多成群”的坝系布局特点，而是以骨干坝等控制性坝库工程为主。

表 6.5　小河沟小流域坝系单元级联控制关系特征统计表

项目	单位	朱阳湾	蒋新庄	瓜则湾	碌出沟	吴家山	陈渠	屈家园子	老庄沟	芦草沟	主沟道	平均
Ⅲ级沟道面积	km^2	4.75	2.41	6.33	4.21	2.46	2.85	7.02	4.05	6.01	18.09	5.82
单元控制面积	km^2	4.50	1.98	5.48	3.97	2.02	2.15	6.54	3.95	5.18	16.70	5.25
沟段长度	km	1.68	1.44	1.65	2.01	1.02	2.01	3.55	3.02	3.55	8.20	2.81
平均沟道纵比降	%	1.35	2.02	1.68	1.54	1.88	1.85	1.90	2.12	2.01	1.32	1.77
可建坝库数量	座	5	2	5	6	3	4	5	4	3	15	5.2
外控关系	—	无	无	无	无	无	1	2	1	0	5	—
内控关系	大	1	1	1	1	1	0	0	0	1	4	1.00
	中	2	1	1	4	1	3	3	3	2	6	2.60
	小	2	0	3	1	1	1	2	1	0	5	1.60

表 6.6　小河沟小流域坝系单元运行特征表

项目	单位	朱阳湾	蒋新庄	瓜则湾	碌出沟	吴家山	陈渠	屈家园子	老庄沟	芦草沟	主沟道	平均
单元面积控制率	%	94.8	82.1	92.2	90	98.1	97	99.2	87.2	87.3	95.3	92.3
中型坝面积控制率	%	32.6	36.6	20.7	48.3	22.9	88.6	80.9	90.1	49.3	28.9	49.9
小型坝面积控制率	%	15.6	0	17.7	12.4	16.2	15.3	32.3	14.5	0	21.1	14.5
单元总库容	万 m^3	156.2	178.2	200.1	306.2	142.3	175.3	322.2	126.3	224.1	3061	489.2
已淤库容	万 m^3	86.4	111.5	125.3	136.5	83.5	129.5	245.5	60.2	124.7	161.5	126.5
剩余库容	万 m^3	69.8	66.7	74.8	169.7	58.8	45.8	76.7	66.1	99.4	2899.5	362.7
大型坝占总比	%	20.0	50.0	20.0	17.7	33.3	0	0	0	80.5	79.9	30.1
小型坝锁沟比	%	71.4	78.2	55.6	51.3	60.4	55.3	60.9	48.3	78.3	75.2	63.5
库容淤积率	%	55.3	62.5	62.61	44.5	58.6	58.5	89.2	95.5	76.7	80.1	68.4
剩余防洪能力	年	50	50	50	200	100	100	100	300	200	500	—
洪水处理类型	—	溢洪道	溢洪道	溢洪道	溢排涵泄	溢排涵泄	溢洪道	溢洪道	溢洪道	溢洪道	溢排涵泄	—
单元已淤面积	km^2	7.1	6.3	9.2	6.5	7.2	6.2	6.0	7.8	6.2	10.2	7.3
面积淤积率	%	58.3	72.1	66.4	59.8	82.2	55.2	70.4	73.9	70.0	65.6	67.4
利用率	%	79.3	65.2	88.2	70.1	89.3	82.5	76.6	88.1	73.2	69.8	78.2
相对平衡系数	—	1/28.1	1/26.6	1/24.5	1/37.2	1/18.6	1/26.3	1/28.8	1/30.1	1/35.2	1/21.6	1/27.7

6.5 韭园沟小流域坝系级联物理模式解析

韭园沟小流域总面积为 70.7km^2，流域长度为 19.3km，平均宽度为 5.4km，形状呈现两端狭窄、中部较宽的阔叶状。根据韭园沟小流域沟道水系图，可将全流域沟道分为Ⅰ、Ⅱ、Ⅲ和Ⅳ级沟道，其中第Ⅰ级沟道数量为 364 条、第Ⅱ级沟道数量为 57 条、第Ⅲ级沟道数量为 8 条、第Ⅳ级沟道(即主沟)仅 1 条。由于韭园沟小流域第Ⅲ级沟道的沟道结构具备较好的建设淤地坝的地貌条件，因此坝系基本单元均在Ⅲ级沟道内形成。根据 2002 年韭园沟小流域坝系调查资料，结合小流域坝系配置图，按照坝系单元的划分原则，可将韭园沟小流域坝系分为 1 个主沟坝系单元和 14 个子坝系单元。图 6.22 为韭园沟小流域坝系框架控制关系结构图。

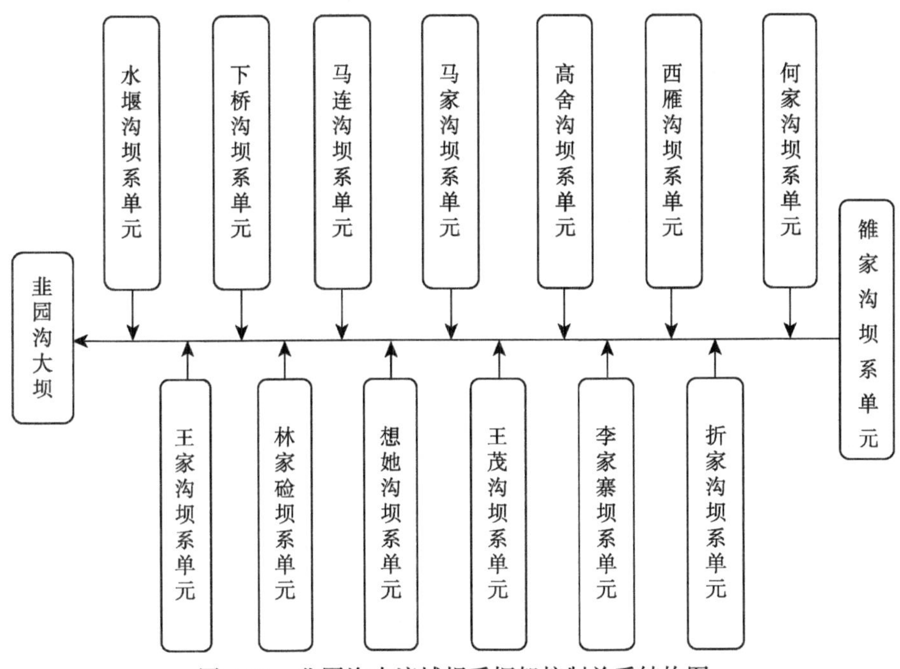

图 6.22 韭园沟小流域坝系框架控制关系结构图

6.5.1 韭园沟小流域坝系单元总体结构

1. 主沟坝系单元

韭园沟小流域主沟坝系单元控制面积为 31.47km^2，有骨干坝 9 座、中型坝 7 座、小型坝 30 座，大、中、小型坝的配置比例为 1∶0.78∶3.3。

2. 王家沟坝系单元

王家沟坝系单元控制面积为 4.27km^2，共 12 座淤地坝，其中中型坝 2 座、小型坝 10 座。由于控制面积较小，王家沟坝系单元蓄洪拦泥作用主要由中型坝负担。图 6.23 为王家沟坝系单元控制关系结构图。

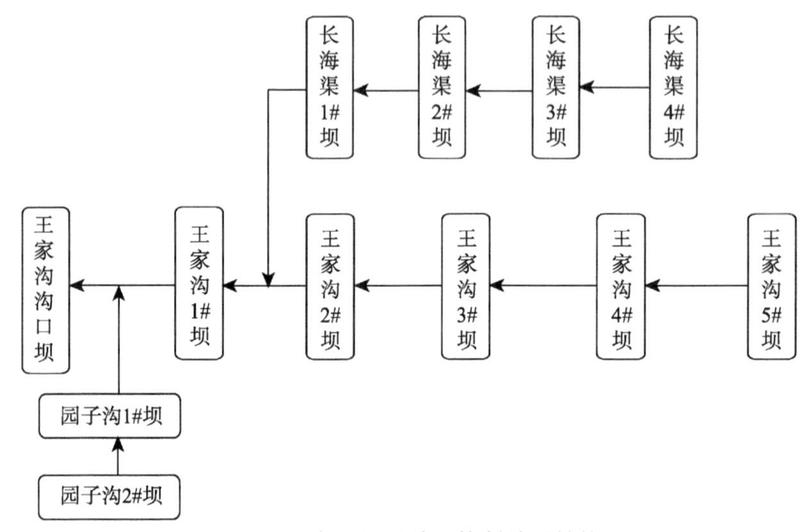

图 6.23　王家沟坝系单元控制关系结构图

3. 马家沟坝系单元

马家沟坝系单元控制面积为 4.37km^2，有中型坝 2 座、小型坝 5 座。图 6.24 为马家沟坝系单元控制关系结构图。

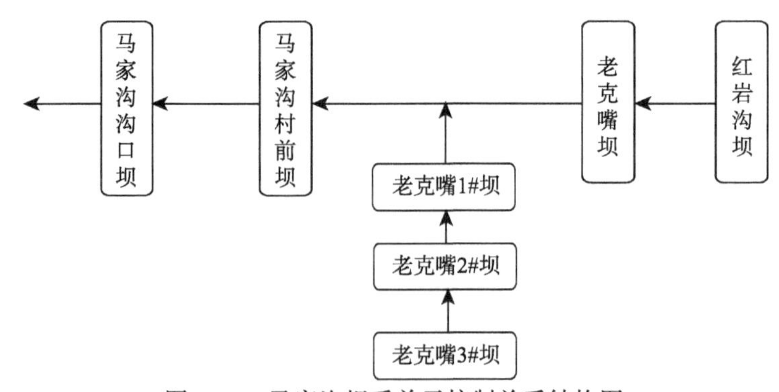

图 6.24　马家沟坝系单元控制关系结构图

4. 水堰沟坝系单元

水堰沟坝系单元控制面积为 2.17km^2，有中型坝 2 座、小型坝 2 座。图 6.25 为水堰沟坝系单元控制关系结构图。

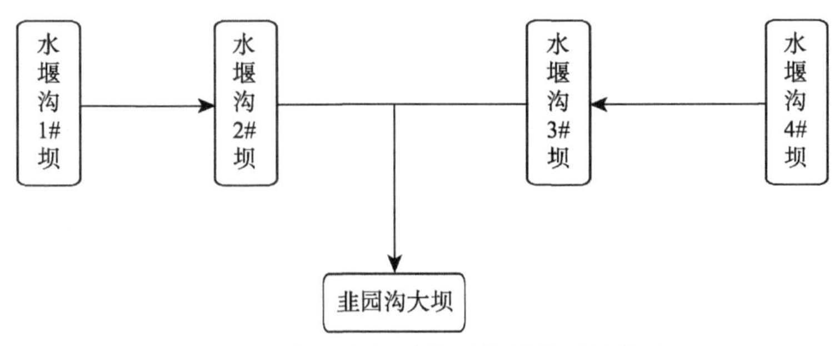

图 6.25　水堰沟坝系单元控制关系结构图

5. 下桥沟坝系单元

下桥沟坝系单元控制面积为 2.6km^2，有中型坝 1 座、小型坝 2 座。图 6.26 为下桥沟坝系单元控制关系结构图。

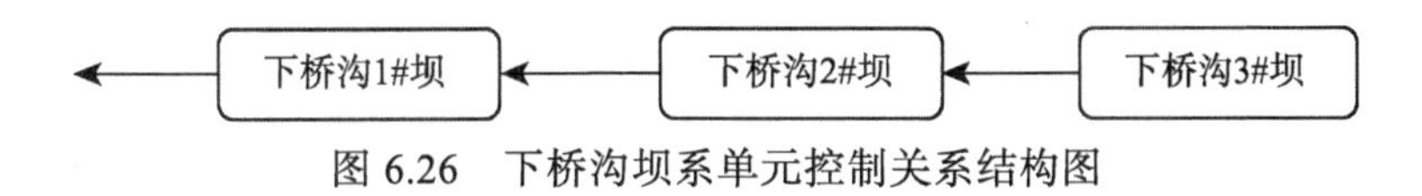

图 6.26　下桥沟坝系单元控制关系结构图

6. 马连沟坝系单元

马连沟坝系单元控制面积为 3.58km^2，有中型坝 3 座、小型坝 6 座。图 6.27 为马连沟坝系单元控制关系结构图。

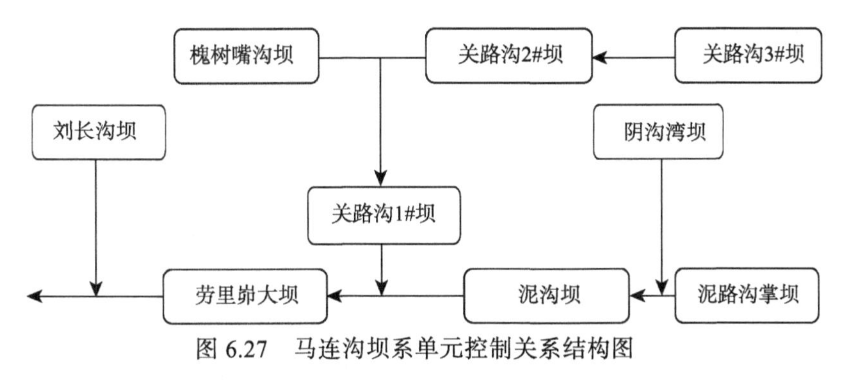

图 6.27　马连沟坝系单元控制关系结构图

7. 何家沟坝系单元

何家沟坝系单元控制面积为 2.97km^2，共有 5 座淤地坝。何家沟坝系单元中的何家沟 1#坝是位于沟道出口处的骨干坝，可以对何家沟1#坝坝址断面以上控制区域内的洪水和泥沙全拦全蓄。在何家沟 1#坝坝址上游另有中型坝 1 座、小型坝 3 座。

4 座淤地坝从上游沟掌开始，自上而下位于同一条沟道，相互之间属于典型的串联关系。图 6.28 为何家沟坝系单元控制关系结构图。

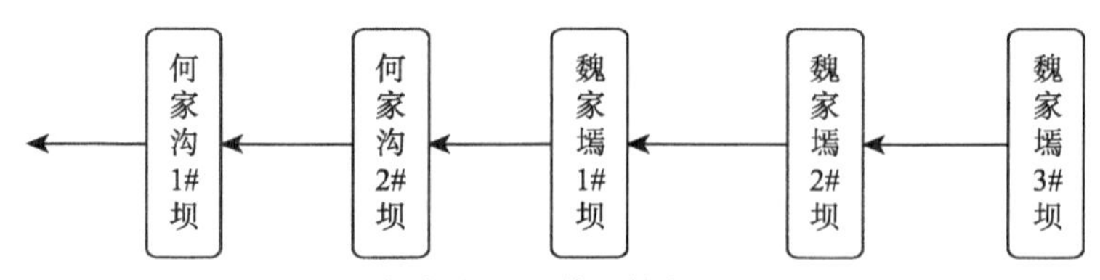

图 6.28　何家沟坝系单元控制关系结构图

8. 想她沟坝系单元

想她沟坝系单元控制面积为 3.23km^2，有骨干坝 1 座、中型坝 1 座、小型坝 8 座；有深堰沟和想她沟两条相互并联的Ⅰ级支沟串联坝系单元。在深堰沟坝系单元，沿沟道自上而下的 4 座串联的淤地坝的库容逐渐增大，其中，深堰沟 1#坝为中型坝，可以控制上游的全部来水来沙；想她沟子坝系单元共有 5 座呈串联关系的小型坝。图 6.29 为想她沟坝系单元控制关系结构图。

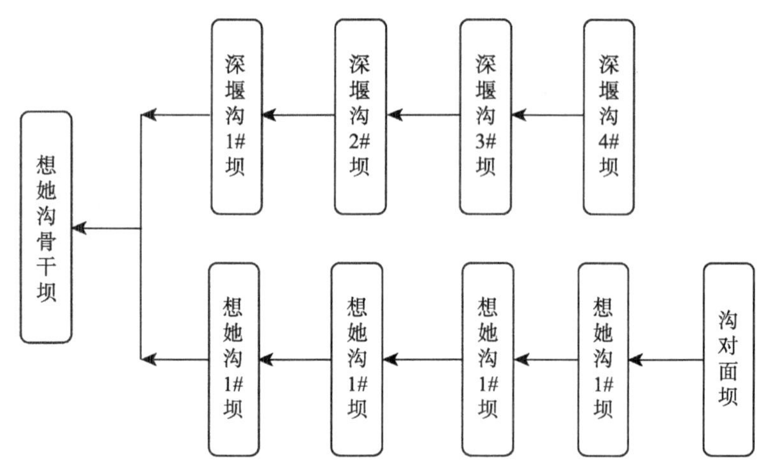

图 6.29　想她沟坝系单元控制关系结构图

9. 高舍沟坝系单元

高舍沟坝系单元控制面积为 7.01km^2，有 11 条Ⅰ级沟道，因此坝系数量较多，结构也较为复杂，串、并联均有。高舍沟坝系单元共 23 座淤地坝，其中，骨干坝 3 座、中型坝 2 座、小型坝 18 座。小型坝主要分布在Ⅰ级沟道，较短的沟道上只要有 1 座小型坝即可实现坝控区间水沙的全拦全蓄，而较长的沟道则采用串联模式由上至下修建 1～2 个小型坝。图 6.30 为高舍沟坝系单元控制关系结构图。

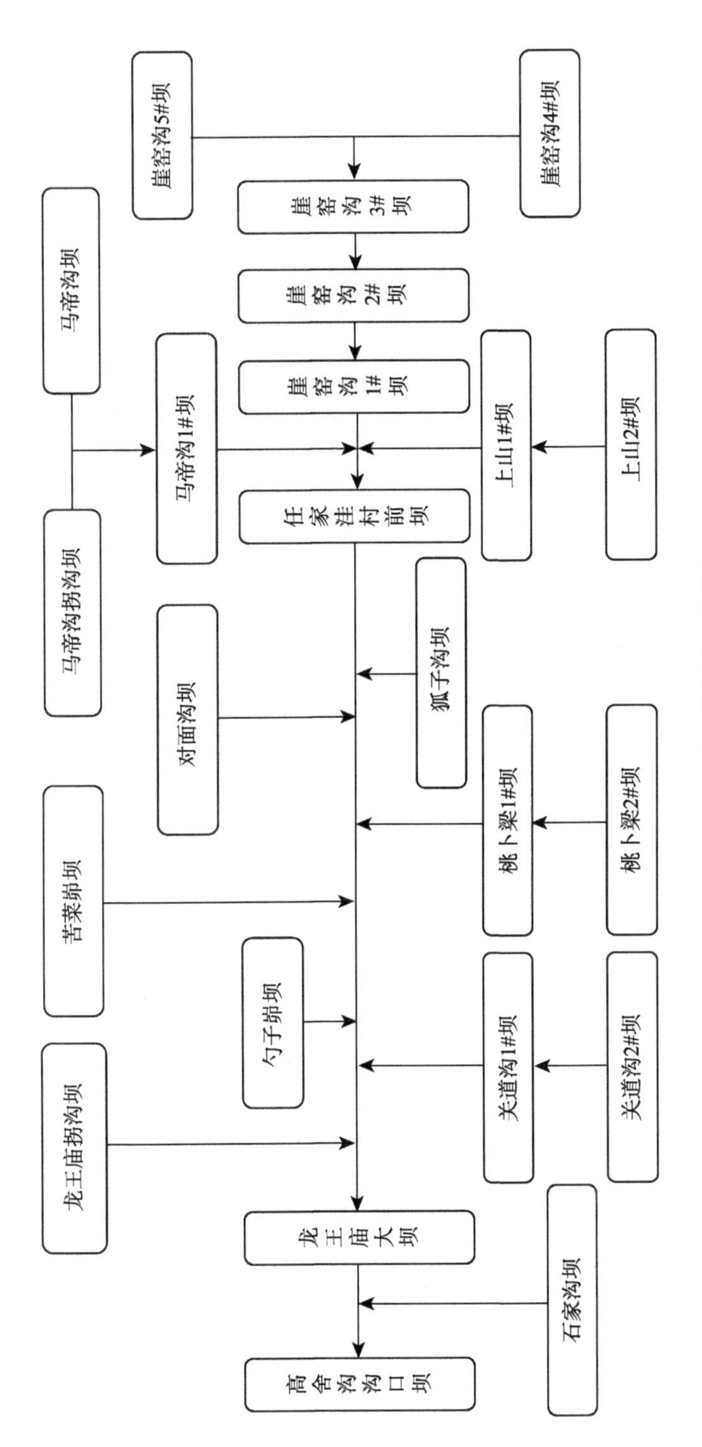

图 6.30　高舍沟坝系单元控制关系结构图

10. 西雁沟坝系单元

西雁沟坝系单元控制面积为 3.10km²，有 2 条Ⅱ级支沟、5 条Ⅰ级支沟，Ⅱ级支沟均以串联模式建 1～3 座小型坝，中型坝建在Ⅱ级支沟沟口处，对坝址上游区间的洪水和泥沙具有控制作用。骨干坝则建在Ⅱ级支沟中下游和Ⅲ级支沟上游处，分段、分片拦蓄洪水泥沙。西雁沟坝系单元共有 14 座淤地坝，其中，骨干坝 2 座、中型坝 1 座、小型坝 11 座。图 6.31 为西雁沟坝系单元控制关系结构图。

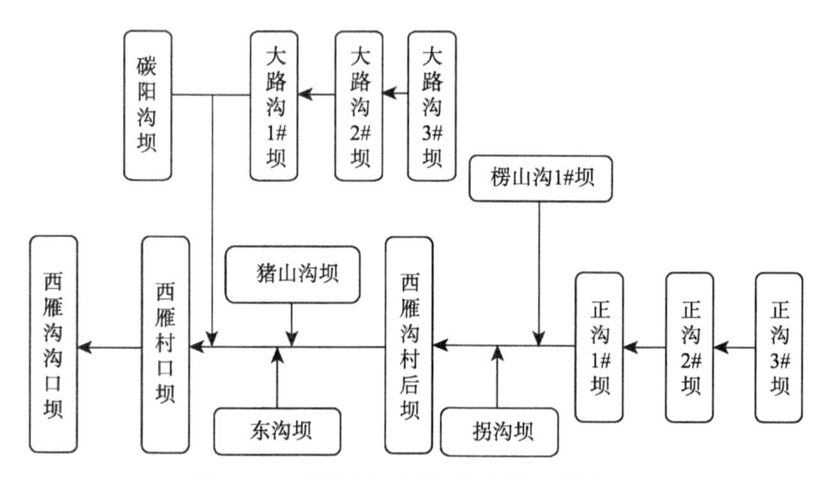

图 6.31　西雁沟坝系单元控制关系结构图

11. 折家沟坝系单元

折家沟坝系单元控制面积为 2.12km²，共有 7 座淤地坝，其中，骨干坝和中型坝各 1 座，小型坝 5 座。图 6.32 为折家沟坝系单元控制关系结构图。

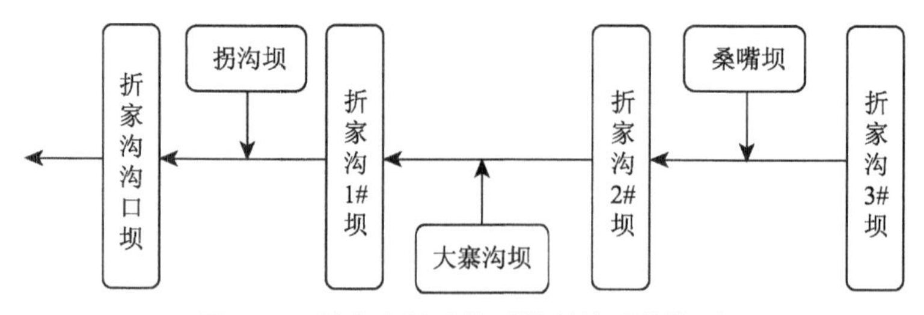

图 6.32　折家沟坝系单元控制关系结构图

12. 李家寨坝系单元

李家寨坝系单元控制面积为 10.45km²，布坝密度较小，有 2 座骨干坝、7 座中型坝和 14 座小型坝。图 6.33 为李家寨坝系单元控制关系结构图。

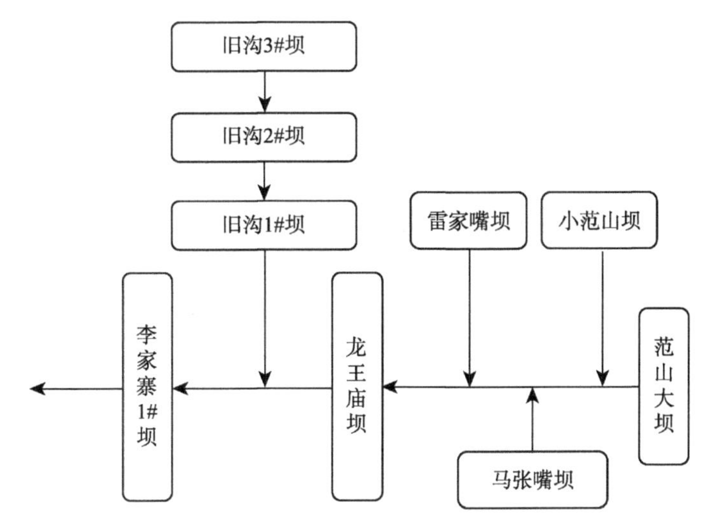

图 6.33　李家寨坝系单元控制关系结构图

13. 王茂沟坝系单元

王茂沟坝系单元控制面积为 5.79km^2，共 23 座淤地坝，其中骨干坝 2 座、中型坝 7 座、小型坝 14 座，Ⅲ级沟道中建坝密度达 4.72 座/km^2。图 6.34 为王茂沟坝系单元控制关系结构图。

6.5.2　韭园沟小流域坝系单元蓄洪拦沙级联控制关系解析

按坝系单元的定义和划分原则，韭园沟小流域共包含 14 个坝系单元，其坝系单元的结构特征统计表见表 6.7，运行特征统计表见表 6.8。

除了雒家沟坝系单元之外，韭园沟小流域各坝系单元均修建在分布于主沟道两侧的第Ⅲ级沟道内。除了李家寨坝系单元和林家硷坝系单元的控制面积较大以外，韭园沟小流域其他各坝系单元的控制面积均为2.17～7.00km^2；林家硷坝系单元控制面积最大，为 21.64km^2。由于韭园沟小流域呈宽圆的阔叶状，除了主沟道坝系单元之外，分布于主沟道两侧的坝系单元沟段长度均不大，主要为 1.24～3.01km，平均沟道纵比降约为 1.84%；第Ⅲ级沟道平均沟道纵比降较小，适宜在沟口处建设大型淤地坝和控制性拦洪坝。韭园沟小流域各坝系单元平均建坝数量为 12.08 座。由于韭园沟小流域的Ⅳ级沟道为主沟，各坝系单元均匀分布于主沟道两侧，因此各坝系单元不存在直接控制和从属关系。

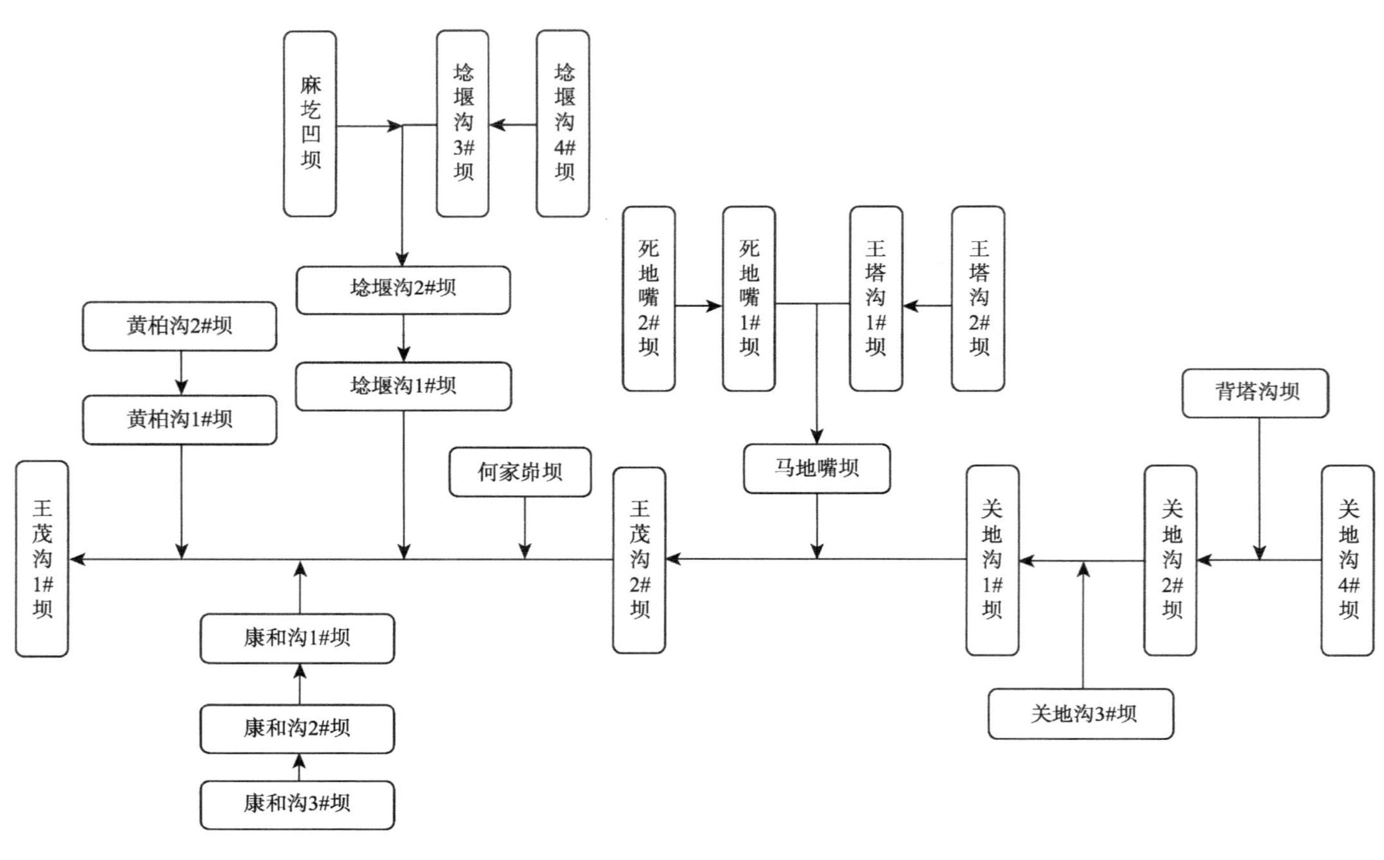

图 6.34　王茂沟坝系单元控制关系结构图

表 6.7　韭园沟小流域坝系单元内级联控制关系特征表

项目	单位	王家沟	马家沟	水堰沟	下桥沟	马连沟	何家沟	想她沟	高舍沟	西雁沟	折家沟	李家寨	王茂沟	林家硷	柳树沟	平均
Ⅲ级沟道面积	km^2	4.54	4.51	3.02	2.88	4.01	3.06	3.55	7.08	3.51	2.38	12.01	6.09	23.12	6.01	6.13
单元控制面积	km^2	4.27	4.37	2.17	2.6	3.58	2.97	3.23	7.00	3.10	2.12	10.45	5.80	21.64	5.72	5.64
沟段长	km	1.24	1.02	1.38	2.6	2.58	2.3	3.01	2.60	1.50	1.28	3.10	2.01	5.20	2.45	2.31
沟道平均纵比降	%	1.58	2.03	1.75	1.66	1.36	2.57	2.22	1.25	1.85	2.01	1.56	1.28	2.64	2.01	1.84
坝库数量	座	12	7	5	9	5	5	—	23	14	7	9	23	32	6	12.08
外控关系	—	无	无	无	无	无	无	无	无	无	无	无	无	无	无	—
	—	0	0	0	0	0	1	1	3	2	1	2	2	4	2	1.29
内控关系	—	2	2	2	1	6	1	1	2	1	1	2	7	3	1	2.29
	—	10	5	3	2	1	3	8	18	11	5	5	14	25	3	8.07

表 6.8　韭园沟小流域坝系单元运行特征表

项目	单位	王家沟	马家沟	水堰沟	下桥沟	马连沟	何家沟	想她沟	高舍沟	西雁沟	折家沟	李家寨	王茂沟	林家硷	柳树沟	平均
单元面积控制率	%	94.1	96.9	71.9	90.3	89.3	97.1	91.0	98.9	88.3	89.1	87.0	95.2	93.6	95.2	91.3
中型坝面积控制率	%	40.8	56.3	78.2	59.4	94.1	18.3	12.4	12.5	10.8	21.0	18.6	9.8	7.6	8.1	32.0
小型坝面积控制率	%	50.2	38.4	22.0	31.4	5.8	10.2	22.4	25.6	33.5	19.8	21.2	16.1	12.5	10.1	22.80
单元总库容	万 m^3	83.8	58.99	35.38	38.00	194.80	67.90	89.83	324.56	147.58	93.60	285.40	328.60	631.66	301.70	191.56
已淤库容	万 m^3	23.02	24.5.0	16.90	31.20	120.40	26.20	69.80	209.20	125.90	63.80	165.70	197.40	413.60	139.30	116.21
剩余库容	万 m^3	60.78	34.49	18.48	6.80	74.40	41.70	20.03	115.36	21.68	29.80	119.70	131.20	218.06	162.40	75.35
大型坝占总比	%	0	0	0	0	0	67.2	50.2	63.5	70.8	50.6	80.1	70.2	68.8	89.3	43.62
小型坝锁沟比	%	88.5	79.2	78.6	88.2	81.3	77.5	73.6	88.5	79.2	78.6	88.2	81.3	77.5	73.6	81.00
库容淤积率	%	27.5	41.5	47.8	82.1	61.8	—	—	64.5	85.3	68.2	58.1	60.1	—	—	42.64
单元防洪能力	年	100	100	200	200	100	200	100	200	100	200	200	300	200	300	178.57
洪水处理类型	—	涵泄	涵泄	涵泄	涵泄	溢排涵泄	溢排涵泄	溢排涵泄	溢排涵泄	溢排涵泄	溢排涵泄	溢排涵泄	溢排涵泄	溢排涵泄	溢排涵泄	—
单元已淤面积	km^2	6.93	5.86	3.64	4.81	15.23	6.16	6.25	22.30	16.41	9.06	23.62	29.28	44.36	11.40	14.67
面积淤积率	%	52.3	80.2	76.2	59.8	72.3	68.2	52.1	58.6	77.3	80.1	82.3	60.4	69.8	70.5	68.58
利用率	%	83.2	86.1	90.1	76.3	82.1	71.2	80.1	83.2	86.1	90.1	76.3	82.1	71.2	80.1	81.30
相对平衡系数	—	1/32.4	1/29.8	1/40.2	1/35.1	1/24.6	1/26.5	1/35.7	1/33.8	1/35.4	1/29.8	1/41.5	1/36.6	1/28.9	1/41.2	1/33.7

韭园沟小流域各坝系单元对所在流域的面积控制率平均达到 91.3%，其中中小型坝控制率为 54.8%，其余 36.5%的流域面积由大型骨干坝控制，中小型坝总的控制率高于骨干坝的控制率，反映了韭园沟小流域坝系“小多成群有骨干”的坝系布局特征。骨干坝数量虽然仅占淤地坝总数的 8.52%，但骨干坝库容却占坝系总库容的 43.6%。韭园沟小流域坝系平均库容淤积率约 42.64%，因此剩余防洪能力较大。韭园沟小流域各坝系单元的剩余防洪能力均在 100 年一遇以上，在一定时期内可以保证坝系防洪安全。由于韭园沟小流域坝系布坝密度较大，Ⅱ级以上沟道基本没有建坝资源，故短期内尚不需要建设新坝，只需对个别即将淤满的中型坝和骨干坝进行加高扩容，提高其坝系蓄洪拦沙能力。

第7章　典型小流域坝系级联配置模式与级联调控作用评价

7.1　典型小流域坝系不同级别沟道分布情况

根据调查资料统计，黄土高原地区流域坝系工程的分布规律一般为：小型坝主要分布于Ⅰ级、Ⅱ级沟道，中型坝主要分布于Ⅱ级、Ⅲ级沟道，骨干坝主要分布于Ⅲ级以上沟道，大型拦洪坝或者水库主要分布于流域主沟和干沟中下游的控制部位。小流域坝系单元的内部结构基本按照沟道级别的高低确定，并实行对上游洪水泥沙的分级、分规模控制。

本节根据榆林沟、小河沟和韭园沟3个典型小流域坝系的现状资料，分析了淤地坝在流域不同级别沟道内的分布情况。

7.1.1　榆林沟小流域

榆林沟小流域坝系在不同级别沟道的分布情况见表7.1。

表7.1　榆林沟小流域坝系在不同级别沟道分布统计表

沟道级别	T/座	L_d/座	M_d/座	S_d/座	L_d/T_r/%	M_d/T_r/%	S_d/T_r/%	L_d/T_{Ld}/%	M_d/T_{Md}/%	S_d/T_{Sd}/%
Ⅰ	53	1	6	46	1.9	11.3	86.8	4.8	19.4	66.7
Ⅱ	44	2	20	22	4.5	45.5	50.0	9.5	64.5	31.9
Ⅲ	12	8	3	1	66.7	25.0	8.3	38.1	9.7	1.4
Ⅳ	11	10	1	0	72.7	9.1	—	38.1	3.2	—
Ⅴ	3	2	1	0	66.7	33.3	—	—	—	—
合计	123	21	31	69	—	—	—	—	—	—

注：T为总坝数；L_d为骨干坝；M_d为中型坝；S_d为小型坝；T_r为同级别沟道总坝数；T_{Ld}为骨干坝总数；T_{Md}为中型坝总数；T_{Sd}为小型坝总数，下同。

由表7.1可以看出，在榆林沟小流域Ⅰ级沟道内，有小型坝46座，占小流域小型坝总数的66.7%，占修建在Ⅰ级沟道内的淤地坝总数的86.8%；有中型坝6座，占小流域中型坝总数的19.4%，占修建在Ⅰ级沟道内的淤地坝总数的11.3%；有骨干坝 1 座，占小流域骨干坝总数的 4.8%，占修建在Ⅰ级沟道内的淤地坝总数的 1.9%。

在榆林沟小流域Ⅱ级沟道内，有小型坝 22 座，占小流域小型坝总数的 31.9%，占修建在Ⅱ级沟道内的淤地坝总数的50.0%；有中型坝 20 座，占小流域中型坝总数的 64.5%，占修建在Ⅱ级沟道内的淤地坝总数的 45.5%；有骨干坝 2 座，占小流域骨干坝总数的 9.5%，占修建在Ⅱ级沟道内的淤地坝总数的 4.5%。

在榆林沟小流域Ⅲ级沟道内，有小型坝 1 座，占小流域小型坝总数的 1.4%，占修建在Ⅲ级沟道内的淤地坝总数的 8.3%；有中型坝 3 座，占小流域中型坝总数的 9.7%，占修建在Ⅲ级沟道内的淤地坝总数的 25.0%；有骨干坝 8 座，占小流域骨干坝总数的 38.1%，占修建在Ⅲ级沟道内的淤地坝总数的 66.7%。

在榆林沟小流域Ⅳ级沟道内，有中型坝 1 座，占修建在Ⅳ级沟道内的淤地坝总数的 9.1%；有骨干坝 8 座，占修建在Ⅳ级沟道内的淤地坝总数的 72.7%；水库 2 座，占同级沟道坝库总数的 18.2%。

在榆林沟小流域Ⅴ级沟道内的 3 座坝库中，有拦洪坝 1 座、水库 1 座、中型坝 1 座。

7.1.2　小河沟小流域

小河沟小流域坝系在不同级别沟道分布情况见表 7.2。

表 7.2　小河沟小流域坝系在不同级别沟道分布统计表

沟道级别	T/座	L_d/座	M_d/座	S_d/座	L_d/T_r /%	M_d/T_r /%	S_d/T_r /%	L_d/T_{Ld} /%	M_d/T_{Md} /%	S_d/T_{Sd} /%
Ⅰ	10	0	6	4	0.0	60.0	40.0	0.0	26.1	23.5
Ⅱ	23	1	12	10	4.3	52.2	43.5	11.1	52.2	58.8
Ⅲ	11	4	4	3	36.4	36.4	27.3	44.4	17.4	17.6
Ⅳ	5	4	1	0	80.0	20.0	—	44.4	4.3	—
合计	49	9	23	17	—	—	—	—	—	—

由表 7.2 可以看出，在小河沟小流域Ⅰ级沟道内，有小型坝 4 座，占小流域小型坝总数的 23.5%，占修建在Ⅰ级沟道内的淤地坝总数的 40.0%；有中型坝 6 座，占小流域中型坝总数的 26.1%，占修建在Ⅰ级沟道内的淤地坝总数的 60.0%；无骨干坝。

在小河沟小流域Ⅱ级沟道内，有小型坝 10 座，占小流域小型坝总数的 58.8%，占修建在Ⅱ级沟道内的淤地坝总数的 43.5%；有中型坝 12 座，占小流域中型坝总数的 52.2%，占修建在Ⅱ级沟道内的淤地坝总数的 52.2%；有骨干坝 1 座，占小流域骨干坝总数的 11.1%，占修建在Ⅱ级沟道内的淤地坝总数的 4.3%。

在小河沟小流域Ⅲ级沟道内，有小型坝 3 座，占小流域小型坝总数的 17.6%，占修建在Ⅲ级沟道内的淤地坝总数的 27.3%；有中型坝 4 座，占小流域中型坝总数的 17.4%，占修建在Ⅲ级沟道内的淤地坝总数的 36.4%；有骨干坝 4 座，占小流域骨干坝总数的 44.4%，占修建在Ⅲ级沟道内的淤地坝总数的 36.4%。

在小河沟小流域Ⅳ级沟道内，有拦洪坝 1 座；有骨干坝 3 座，占小流域骨干坝总数的 33.3%，占修建在Ⅳ级沟道内的淤地坝总数的 60.0%；有中型坝 1 座，占小流域中型坝总数的 4.3%，占修建在Ⅳ级沟道内的淤地坝总数的 20.0%。

7.1.3　韭园沟小流域

韭园沟小流域坝系在不同级别沟道分布情况见表 7.3。

表 7.3　韭园沟小流域坝系在不同级别沟道分布统计表

沟道级别	T/座	L_d/座	M_d/座	S_d/座	L_d/T_r /%	M_d/T_r /%	S_d/T_r /%	L_d/T_{Ld} /%	M_d/T_{Md} /%	S_d/T_{Sd} /%
Ⅰ	116	0	5	111	0.0	4.3	95.7	0.0	12.5	77.1
Ⅱ	69	13	25	31	18.8	36.2	44.9	48.1	62.5	21.5
Ⅲ	21	9	10	2	42.9	47.6	9.5	33.3	25.0	1.4
Ⅳ	5	5	0	0	100.0	0.0	—	18.5	0.0	—
合计	211	27	40	144	—	—	—	—	—	—

由表 7.3 可以看出，在韭园沟小流域Ⅰ级沟道内，有小型坝 111 座，占小流域小型坝总数的 77.1%，占修建在Ⅰ级沟道内的淤地坝总数的 95.7%；有中型坝 5 座，占小流域中型坝总数的 12.5%，占修建在Ⅰ级沟道内的淤地坝总数的 4.3%；无大型坝。

在韭园沟小流域Ⅱ级沟道内，有小型坝 31 座，占小流域小型坝总数的 21.5%，占修建在Ⅱ级沟道内的淤地坝总数的 44.9%；有中型坝 25 座，占小流域中型坝总数的 62.5%，占修建在Ⅱ级沟道内的淤地坝总数的 36.2%；有骨干坝 13 座，占小流域骨干坝总数的 48.1%，占修建在Ⅱ级沟道内的淤地坝总数的 18.8%。

在韭园沟小流域Ⅲ级沟道内，有小型坝 2 座，占小流域小型坝总数的 1.4%，占修建在Ⅲ级沟道内的淤地坝总数的 9.5%；有中型坝 10 座，占小流域中型坝总数的 25.0%，占修建在Ⅲ级沟道内的淤地坝总数的 47.6%；有骨干坝 9 座，占小流域骨干坝总数的 33.3%，占修建在Ⅲ级沟道内的淤地坝总数的 42.9%；无骨干坝。

在韭园沟小流域Ⅳ级沟道内的坝库工程均为骨干坝，共 5 座。

从表 7.1～表 7.3 中的 3 个典型小流域坝系在不同级别沟道的分布情况来看，榆林沟小流域坝系布坝密度为 1.9 座/km^2，密度较大，中、小型坝数量较多，低级沟道控制很好，大量Ⅰ级沟道已实现川台化，大坝分布适中，坝系较为完善，属于典型的以淤地坝为主的分层分级拦蓄坝系结构；小河沟小流域坝系布坝密度为

0.7 座/km^2，密度较小，但中型坝所占比例较高，小型坝所占比例很小，属于规格较高的以主沟拦蓄为主的坝系结构；韭园沟布坝密度为 3.6 座/km^2，密度最大。但坝系结构中的小型坝太多，低级沟道具备建坝条件的地方基本都建设小型坝或者谷坊，个别沟道实现川台化，骨干坝控制很好，大、中、小比例适中，属于典型的以淤地坝为主的“小多成群有骨干”的坝系结构。

由上述对小流域坝系在不同级别沟道的分布来看，小流域坝系在不同级别沟道的分布遵循以下主要原则：

(1) 修建在 I 级沟道内的淤地坝主要是小型坝和中型坝，尤其是以小型坝为主，且数量最大。在个别 I 级沟道中，由于沟道较长而修建的中型坝建坝时间较早，淤积时间较长，经坝体加高后形成现状的骨干坝。

(2) 修建在Ⅱ级沟道内的淤地坝主要是小型坝和中型坝，尤其是以中型坝为主，占本级别沟道建坝数量的比例较大，骨干坝很少，且均作为生产坝利用。

(3) 修建在Ⅲ级沟道内的淤地坝一般形成独立的单元坝系，主要是中型坝和骨干坝，除个别骨干坝起防洪控制作用外，骨干坝基本都作为生产坝加以利用。

(4) 修建在Ⅳ级沟道内的坝库工程主要是支流拦洪坝、骨干坝，是小流域内的主要骨干坝系，也是整个小流域坝系发展相对稳定的关键控制因素。

7.2　典型小流域沟道工程空间分布特征与拦沙关系

7.2.1　典型小流域不同级别沟道淤地坝库容分布

不同级别沟道淤地坝的坝型和数量决定着坝系的库容分布，也决定着各级沟道蓄洪拦沙能力。由于各级沟道数量、沟道比降、土壤侵蚀形式有所差异，暴雨条件下汇集洪水和泥沙的数量有很大差异。因此，需要根据整个坝系安全和淤地生产需要对泥沙在各级沟道的拦蓄和分配进行合理调控。合理的坝型和数量配置不但能保障小流域坝系的安全，而且可以为流域内生产效益的提高和环境改善起决定性作用。

榆林沟小流域不同级别沟道内的淤地坝库容分布情况见表 7.4。由表 7.4 可知，榆林沟小流域坝系中的Ⅴ级沟道坝系，即主沟坝系库容最大，2 座骨干坝的总库容为 1091.0 万 m^3，占坝系总库容的 33.3%，承担着整个淤地坝坝系主要的防洪拦沙的控制性作用；I 级沟道内修建有 53 座中小型坝但以小型坝为主，总库容为 308.1 万 m^3，仅占坝系总库容的 9.4%；Ⅱ级沟道淤地坝和Ⅳ级沟道淤地坝的总库容接近，均占坝系总库容的 21.8%左右，此两级沟道坝系配置较为合理，尤其是在Ⅲ级沟道内均已形成完整的坝系单元，在整个小流域坝系中对洪水和泥沙起着承上启下、上拦下保的作用。在榆林沟小流域坝系发展过程中，I 级沟道内的小型坝自建成开始即以拦沙淤地为主，目前绝大部分成为生产坝，基本已不具备防御洪水的能力。Ⅲ级沟道内的坝地虽然建成时间较短，但坝地形成伊始就开始进行生产，加之个别坝系单元布局不合理，剩余总库容仅占坝系总库容的 6.8%，目前已存在淤地坝水毁风险。

表 7.4 榆林沟小流域不同级别沟道库容分布

项目	全流域	Ⅰ级	Ⅱ级	Ⅲ级	Ⅳ级	Ⅴ级
总库容/万 m^3	3272.1	308.1	712.3	445.3	715.4	1091.0
拦泥库容/万 m^3	2737.3	289.1	610.4	405.7	592.4	839.7
已淤库容/万 m^3	2296.8	246.8	489.9	379.4	516.5	664.2
总库容分布比例/%	100.0	9.4	21.8	13.6	21.9	33.3
剩余防洪库容/万 m^3	975.3	61.3	222.4	65.9	198.9	426.8
剩余淤积库容/万 m^3	440.5	24.3	120.5	26.3	75.9	175.5
剩余防洪库容分布比例/%	100.0	6.3	22.8	6.8	20.4	43.8
剩余拦泥库容分布比例/%	100.0	9.6	27.4	6.0	17.2	39.8

小河沟小流域不同级别沟道内的淤地坝库容分布情况见表 7.5。由表 7.5 可知，小河沟小流域Ⅰ级沟道内的坝系库容为 174.1 万 m^3，仅占全流域总库容的 5.3%，已经全部淤满，失去防护能力。Ⅱ级和Ⅲ级沟道总库容分别为 390.5 万 m^3 和 624.4 万 m^3，也只占全流域总库容的 11.9%和 19.0%，也已经大部分淤满，即将失去防洪能力。小河沟小流域Ⅳ级沟道内虽然只有 3 座大型骨干坝，但总库容达 2096 万 m^3，为全流域总库容的 63.8%，对整个流域洪水泥沙起着总体控制作用。由于Ⅲ级和Ⅳ级沟道淤地坝的拦泥负担过重，防洪库容减小，已经对主沟道 3 个骨干坝造成较大的防洪压力。

表 7.5 小河沟小流域不同级别沟道库容分布

项目	全流域	Ⅰ级	Ⅱ级	Ⅲ级	Ⅳ级
总库容/万 m^3	3285.5	174.1	390.5	624.4	2096.6
拦泥库容/万 m^3	2841.2	164.7	357.1	544.0	1776.0
已淤库容/万 m^3	2622.7	163.7	340.2	477.8	1641.0
总库容分布比例/%	100.0	5.3	11.9	19.0	63.8
剩余防洪库容/万 m^3	662.8	10.4	50.3	146.6	455.6
剩余淤积库容/万 m^3	218.5	1.0	16.9	66.2	135.0
剩余防洪库容分布比例/%	100.0	1.3	7.6	22.1	68.7
剩余拦泥库容分布比例/%	100.0	0.5	7.7	30.3	61.8

韭园沟小流域不同级别沟道内的淤地坝库容分布情况见表 7.6。由表 7.6 可知，

韭园沟小流域坝系总库容为 2808.9 万 m^3，拦泥库容为 2200.7 万 m^3，已淤库容为 1791.6 万 m^3，库容淤积率为 81.4%；单位坝库面积总库容为 $40.3m^3/km^2$，单位坝库面积拦泥库容为 $31.6m^3/km^2$，单位坝库面积已淤库容为 $25.7m^3/km^2$。从结构上来看，韭园沟小流域坝系库容主要集中在Ⅱ级和Ⅲ级沟道上，两者总库容占全流域总库容的 72.6%，剩余防洪库容也较大，在很大程度上缓解了下游骨干坝的防洪压力。

表 7.6 韭园沟小流域不同级别沟道库容分布

项目	全流域	Ⅰ级	Ⅱ级	Ⅲ级	Ⅳ级
总库容/万 m^3	2808.9	289.5	1014.4	1020	484.9
拦泥库容/万 m^3	2200.7	276.2	685.9	848.7	389.9
已淤库容/万 m^3	1791.6	237.1	608.7	6.9	305.9
总库容分布比例/%	100.0	10.3	36.1	36.3	17.3
剩余防洪库容/万 m^3	1017.3	52.4	405.7	381	179
剩余淤积库容/万 m^3	409.1	39.1	77.2	209.7	84
剩余防洪库容分布比例/%	100.0	5.2	39.9	37.5	17.6
剩余拦泥库容分布比例/%	100.0	9.6	18.9	51.3	20.5

根据上述 3 个典型小流域坝系库容在不同级别沟道的分布情况来看，榆林沟小流域和小河沟小流域的坝系库容主要集中在干沟和主沟道上为数不多的大型骨干坝中；Ⅰ级和Ⅱ级沟道总体库容占总坝系库容的比重过小，其上分布的中小型淤地坝很容易淤满而失去防洪拦泥能力，从而对下游骨干坝造成较大压力。例如，小河沟小流域总库容的 63.3%集中在主沟道内的 3 个大型骨干坝上，这种布局方式的后果是主沟道集拦泥、防洪于一身，虽然有利于加速改变主沟道地形地貌，减小主沟道侵蚀产沙，但同时也会加速降低防洪能力，缩短其运行寿命。

相对于榆林沟小流域和小河沟小流域来说，韭园沟小流域坝系库容在不同级别沟道的分布就相对比较合理，Ⅱ级和Ⅲ级沟道库容占流域总库容的 73.1%；中小型淤地坝布坝密度较大，除了Ⅰ级沟道上能够很快淤成坝地并投入生产之外，Ⅱ、Ⅲ级沟道上的众多淤地坝可以拦蓄上游多余的洪水泥沙，在加速淤成坝地的同时也保护下游大型骨干坝避免出现安全问题。

7.2.2 典型小流域坝系工程特征分布情况分析

榆林沟、小河沟、韭园沟 3 个典型小流域不同坝系控制面积、不同沟道分级控制面积和不同坝型平均坝高的统计结果分别见表 7.7～表 7.9。

表 7.7　典型小流域坝系不同坝型控制面积对比　　(单位：km^2)

流域名称	平均单坝控制面积	拦洪坝控制面积	骨干坝控制面积	大型坝控制面积	中型坝控制面积	小型坝控制面积
榆林沟	1.45	64.80	4.86	3.40	0.75	0.25
小河沟	1.27	22.68	3.79	2.66	0.75	0.65
韭园沟	0.72	0.00	4.71	1.00	0.92	0.25

表 7.8　典型小流域坝系沟道分级控制特征对比　　(单位：km^2)

流域名称	流域集水面积	坝系总控面积	Ⅰ级坝控面积	Ⅱ级坝控面积	Ⅲ级坝控面积	Ⅳ级坝控面积	Ⅴ级坝控面积
榆林沟	65.6	65.0	13.5	24.2	28.68	56.8	65
小河沟	63.3	59.9	4.4	16.5	27.3	59.9	0
韭园沟	70.7	69.7	23.9	29	50.8	69.7	0

表 7.9　典型小流域坝系坝高特征对比　　(单位：m)

流域名称	平均坝高	拦洪坝平均高	骨干坝平均高	大型坝平均高	中型坝平均高	小型坝平均高
榆林沟	13.5	37.0	29.0	22.0	18.6	9.3
小河沟	16.3	41.3	35.0	29.6	18.0	8.6
韭园沟	11.2	0.0	25.5	24.8	15.1	8.5

从表 7.7 和表 7.8 可以看出，榆林沟、小河沟、韭园沟 3 个典型小流域的集水面积分别为 65.6km^2、63.3km^2 和 70.7km^2，坝系控制面积分别为 65.0km^2、59.9km^2 和 69.7km^2，面积控制率分别为 99.1%、94.6%和 98.6%。其中，Ⅰ级沟道的面积控制率为 29.4%、9.0%和 49%；Ⅱ级沟道的面积控制率为 66%、47.2%和 66.7%；Ⅲ级沟道的面积控制率为 57.5%、50%和 97.4%；Ⅳ级沟道的面积控制率为 90.7%、96.1%和 98.6%，从面积控制率可以看出坝系对各级沟道的控制情况，Ⅳ、Ⅳ级沟道主要由骨干坝和大型坝控制沟道下游，使绝大部分沟道得以控制；Ⅰ、Ⅱ级沟道由于沟道数量多，坝库分布相对少，故而控制率低，级别越高，面积控制率越高。从坝系沟道控制来看，高级沟道全部控制，低级沟道随沟道级别降低而控制率减小，Ⅰ级沟道控制率最小。

由表 7.9 可以看出，榆林沟、小河沟和韭园沟 3 个典型小流域坝系的平均坝高分别为 13.5m、16.3m 和 11.2m。其中，榆林沟小流域和小河沟小流域拦洪坝坝高分别为 37m、41.3m，韭园沟小流域未建拦洪坝，但骨干坝坝高分别为 29m、35m 和 25.5m；大型坝坝高分别为 22m、29.6m 和 24.8m；中型坝坝高分别为 18.6m、18m 和 15.1m；小型坝坝高分别为 9.3m、8.6m 和 8.5m。

根据表 7.9 可知，从典型小流域坝系分级坝高分布看，小河沟小流域坝系平均坝高和大型坝库的平均坝高均为最高，是一个高规格坝系，布坝密度虽然小，但是结构紧凑、布局合理，用少数几座关键性高坝解决了问题；相对而言，榆林沟小流域和韭园沟小流域则存在坝高不够、工程规模偏小等问题，需要建造更多数量的淤地坝才能彻底控制流域泥沙和洪水。

上述分析表明，通过单坝之间、坝系单元之间的不同级联方式，不同的坝系布局模式可以起到不同的洪水和泥沙调控效果，同时也反映了不同的坝系建设的理念和方向。

7.2.3　典型小流域坝系单元拦沙关系分析

在小流域坝系的初建阶段，根据沟道级别和地貌地形特征，因地制宜地确定淤地坝坝型和布坝密度。在坝系的发育过程中，通过不断地调整和完善，在小流域坝系中形成不同的坝系单元。各坝系单元主要分布在处于流域沟道水系的中间级别沟道上，因此，其位置也一般处于洪水泥沙产生、输移的中间通道上，起着对流域洪水泥沙上拦下控、承上启下的作用。同时，不同坝系单元相互之间的关系也表现出不同级别之间的联合互补、协调运行，共同对流域洪水泥沙起到合理拦蓄和调控的作用。

表 7.10～表 7.12 分别列出了榆林沟小流域、小河沟小流域和韭园沟小流域坝系中各坝系单元运行多年后拦蓄泥沙量的现状。

由表 7.10 可以看出，榆林沟小流域各坝系单元中，刘渠干沟、冯渠干沟和主沟 3 个坝系单元的坝间控制面积较大，拦蓄泥沙量也较大；在计算的单位面积拦沙量中，主沟坝系最大，达 87.8m^3/km^2，这是由于主沟坝系以大型骨干坝为主，总库容最大，同时上游坝系单元拦蓄能力之外的下泄泥沙均沉积在主沟坝系内。因此，主沟坝系作为整个小流域坝系的控制性单元，起到了很好的安全保障作用。在处于

表 7.10　榆林沟小流域各坝系单元拦沙现状

坝系单元名称	坝间面积/km^2	总库容/万 m^3	已拦泥库容/万 m^3	剩余库容/万 m^3	已淤面积/hm^2	单位面积拦泥量/(m^3/km^2)
刘渠	13.73	613.5	380.6	232.9	60.5	27.7
姜兴庄	11.20	168.9	125.7	43.2	19.7	11.2
马蹄洼	3.36	199.1	161.5	37.6	20.1	48.1
冯渠	14.38	520.1	450.5	69.6	54.2	31.3
姬家寨	4.47	123.7	120.0	3.7	12.5	26.8
马家沟	6.80	298.2	174.3	123.9	21.0	25.6
陈家沟	6.61	203.7	174.1	29.6	24.0	26.3
主沟	8.10	1142.6	711.5	431.1	43.9	87.8

表 7.11　小河沟小流域各坝系单元拦沙现状

坝系单元名称	坝间面积/km²	总库容/万 m³	已拦泥库容/万 m³	剩余库容/万 m³	已淤面积/hm²	单位面积拦泥量/(m³/km²)
朱阳湾	4.50	112.3	97.2	15.1	3.20	21.6
蒋新庄	1.98	178.5	108.2	70.3	1.02	54.6
瓜则湾	5.28	23.5	16.1	7.4	4.56	3.0
碌出沟	3.97	246.2	211.6	34.6	3.80	53.3
吴家山	2.46	127.0	105.6	21.4	1.10	42.9
陈渠	2.08	68.7	57.1	11.6	1.40	27.5
屈家园子	6.40	99.0	91.8	7.2	4.60	14.3
老庄沟	3.95	115.7	105.1	10.6	2.20	26.6
主沟	21.30	2315.2	1830.2	485.0	38.60	85.9

表 7.12　韭园沟小流域各坝系单元拦沙现状

坝系单元名称	坝间面积/km²	总库容/万 m³	已拦泥库容/万 m³	剩余库容/万 m³	已淤面积/hm²	单位面积拦泥量/(m³/km²)
主沟	18.60	1093.9	519.4	469.0	88.54	27.9
王家沟	3.49	83.8	23.0	50.8	6.93	6.6
马家沟	3.05	59.0	24.5	4.5	5.86	8.0
水堰沟	1.12	35.4	16.9	18.5	3.64	15.1
下桥沟	1.62	38.0	31.2	6.8	4.81	19.3
马连沟	2.71	194.8	120.4	74.4	15.23	44.4
何家沟	1.83	67.9	26.2	41.7	6.16	14.3
想她沟	1.92	89.8	69.8	20.0	6.25	36.4
高舍沟	4.39	324.6	209.2	115.4	22.30	47.7
西雁沟	6.40	147.6	125.9	121.7	16.41	19.7
折家沟	1.63	93.6	63.8	29.8	9.06	39.1
李家寨	6.42	285.4	165.7	119.7	23.62	25.8
王茂沟	5.80	328.6	197.4	131.2	29.29	34.0
林家硷	12.91	631.7	413.6	218.1	44.36	32.0
柳树沟	3.08	301.7	139.3	162.0	11.40	45.2

流域上、中游的坝系单元中，以刘渠干沟坝系中的马蹄洼坝系单元的单位面积拦沙量最大，远大于坝系上游的姜兴庄坝系单元，这是由于马蹄洼坝系单元位于刘渠干沟坝系单元的中部，对上游下泄洪水泥沙进行了补充拦蓄，从而使得单元内的拦沙量大于单元内部的侵蚀产沙量；相反，冯渠干沟坝系单元中的姬家寨、马家沟和陈家沟均位于冯渠干沟的两侧，相互之间属于并联关系，不存在上、下游间的泥沙传

递关系，因此，单位面积拦沙量比较接近，即均约为 26.0m^3/km^2。

由表 7.11 和表 7.12 可以看出，小河沟小流域坝系和韭园沟小流域坝系内的各坝系单元均位于流域的Ⅲ级沟道内，相邻坝系单元之间均属并联关系，相互之间没有水沙传递关系。各坝系单元的单位面积拦沙量主要与各坝系单元的坝控面积大小和坝型配置差异有关。

7.3　榆林沟小流域坝系空间布局与蓄洪拦沙的级联调控关系

一个小流域坝系包含的若干个坝系单元在总坝系的群体联防中独当一面、镇守一方；同时，子坝系内的防洪、生产、淤地功能分工负责、有机结合，对下游坝系有控制性的下泄(泄水洞下泄清水或含细沙的洪水)或下排(溢洪道排洪)，保证了流域主沟道内的坝系生产安全。

7.3.1　小流域坝系沟道分布的级联调控作用评价

根据前面的统计分析结果，榆林沟小流域坝系中的小型坝主要分布在Ⅰ、Ⅱ级沟道，其中，Ⅰ级沟道布设 46 座小型坝，占小型坝总数的 66.7%；Ⅱ级沟道布设 22 座小型坝，占总数的 31.8%。榆林沟小流域Ⅰ、Ⅱ级沟道上布设的小型坝主要功能是拦泥淤地，一般属于无泄水设施的“闷葫芦”坝，防洪标准为 20 年一遇，对坝控区域内的洪水和泥沙全拦全蓄，因此，淤积成地速度很快，并与沟道内的谷坊、燕窝配合，很快形成沟道川台地，用于发展生产。从坝系空间分布现状来看，榆林沟小流域Ⅰ级沟道只有 38 条沟道布坝，布坝率为 13.7%，今后新建小型坝的潜力还很大。然而，由于目前小型坝只作为坝系建设的补充，设计标准偏低，水毁现象比较严重。据资料显示，榆林沟小流域小型坝先后垮坝 14 座，占垮坝总数的 48.3%，保存率为 51.7%。

中型坝主要布设在榆林沟小流域Ⅱ、Ⅲ级沟道上，占该小流域中型坝总数的 74.2%，其中，Ⅱ、Ⅲ级沟道上分别修建有中型坝 20 座和 3 座。中型坝的功能主要是拦截较大的洪水和泥沙，一般设计防洪标准为 50 年一遇，控制面积一般小于 2km^2，64.5%的工程结构缺乏配套工程，所以淤积成地速度较快，是生产坝的主要组成部分。从空间分布来看，中型坝在Ⅱ级沟道的建坝率较高，占中型坝总数的 64.5%，说明中型坝对Ⅱ级沟道的洪水泥沙控制很好；在Ⅲ级以上沟道内建设中型坝的主要目的是为了增加生产用地，对沟道上游来水来沙基本没有控制作用。由于中型坝工程结构不配套和设计标准过低，因此，水毁现象最为严重。自榆林沟小流域坝系建设以来，先后有 15 座中型坝发生水毁垮坝，水毁率高于骨干坝和小型坝。

骨干坝主要分布在榆林沟小流域坝系单元的沟口和干沟沟段与主沟沟口，以拦洪拦沙为主要目的，在坝系中起到上拦下保的作用，同时也是流域坝系结构框架的核心。榆林沟小流域骨干坝的库容约占流域坝系总库容的80%，对洪水、泥沙起到调蓄和合理分配作用。由于骨干坝淤地面积大，水资源条件好，已成为高产、高效、优质的农业生产基地。骨干坝工程结构配套完善，设计标准高，在长期的运行期内没有出现水毁垮坝现象。

榆林沟小流域坝系单元都在Ⅲ级沟道内形成，也就是说Ⅲ级沟道具备比较合理的布坝结构，自然形成一个坝系单元。根据榆林沟小流域坝系现状分析，坝系由 1 个主沟坝系、两个干沟坝系单元(冯渠干沟坝系单元和刘渠干沟坝系单元)、5 个子坝系(陈家沟坝系单元、马家沟坝系单元、姬家寨坝系单元、马蹄洼坝系单元、姜兴庄坝系单元)组成，坝系单元的控制范围也恰好符合Ⅲ级沟道特征；同时，坝系控制面积为 3～10km^2，正好符合建设骨干工程的条件。由于坝系单元控制范围内的支毛沟面积小、沟道平均比降大，因此，只适用于建设中、小型坝。在已经淤满的小型坝的上游宜修建谷坊、燕窝等使沟道川台化；在沟道较长的支毛沟内，可分级建设中、小型坝，使沟道川台化，如姬家寨坝系单元、马家沟坝系单元就属于此类典型建设模式。

7.3.2　榆林沟小流域不同级别沟道坝地淤积及利用情况

表 7.13 为榆林沟小流域不同级别沟道坝地淤积及利用分布统计表。由表 7.13 可知，榆林沟小流域可淤地面积为 313.5hm^2，目前已淤面积为 267.7hm^2，利用面积为 180.6hm^2。各级沟道淤积率分别为Ⅰ级沟道 83.6%、Ⅱ级沟道 81.7%、Ⅲ级沟道 92.4%、Ⅳ级沟道 84.3%、Ⅴ级沟道 89.7%。

表 7.13　榆林沟小流域不同级别沟道坝地淤积及利用分布

沟道级别	可淤面积/hm^2	已淤面积/hm^2	利用面积/hm^2	淤积率/%	利用率/%
Ⅰ	51.7	43.2	42.8	83.6	99.1
Ⅱ	101.1	82.6	47.7	81.7	57.7
Ⅲ	51.2	47.3	41.5	92.4	87.7
Ⅳ	66.8	56.3	33.7	84.3	59.9
Ⅴ	42.7	38.3	14.9	89.7	38.9
合计	313.5	267.7	180.6	—	—

从统计分析结果来看，榆林沟小流域坝系淤地面积主要分布于Ⅱ级和Ⅳ级沟道上，说明这两级沟道的坝库淤积泥沙较快，淤地发展利用也较快。Ⅰ级、Ⅲ级沟道淤积坝地面积虽然相对较小，但坝地利用率很高。位于榆林沟小流域Ⅰ级沟道的坝地全部用于生产，已不具备蓄洪拦沙能力；虽然Ⅲ级沟道坝系单元承担着拦截上游来水来沙和减轻下游坝系滞洪拦沙压力的任务，但是由于坝地过早地被用于生产，

利用率高达 87.7%，因此，Ⅲ级沟道坝系单元所具有的“独当一面、镇守一方”的作用被严重削弱，亟须调整坝系单元的结构和利用方向。

7.3.3　榆林沟小流域坝系框架布局的级联调控作用

榆林沟小流域坝系可以划分为 12 个分段控制的单元结构，即 12 个坝系单元，而控制性工程则由 12 个大型骨干坝承担。表 7.14 为榆林沟小流域坝系框架布局特征统计表。

表 7.14　榆林沟小流域坝系框架布局特征

淤地坝名称	控制面积/km^2	坝高/m	总库容/万 m^3	剩余防洪库容/万 m^3	可淤面积/hm^2	已淤面积/hm^2
马家沟	6.80	25.4	73.6	7.6	66.7	65.0
姬家寨	4.47	16.1	51.2	0.0	121.0	121.0
陈家沟	6.61	22.5	8.3	13.0	137.0	137.0
姜兴庄	7.44	26.5	150.9	0.0	150.0	150.0
龙苗沟	3.36	27.9	128.0	28.0	174.0	156.0
高硷 1#坝	4.97	26.0	95.0	13.0	1230.0	123.0
高硷 2#坝	5.15	21.8	60.0	14.0	900.0	90.0
冯渠	4.26	24.5	131.6	10.0	1500.0	150.0
安沟	5.86	14.0	65.0	40.0	670.0	53.0
李谢硷	3.05	20.8	57.0	22.5	820.0	15.0
刘渠	4.82	29.0	168.0	93.1	275.5	150.0
榆林沟 3#坝	8.00	37.0	1071.0	250.0	595.0	529.0
合计	64.79	—	2059.6	491.2	6639.2	1739.0
平均	5.40	24.3	171.6	40.9	553.3	144.9

从表 7.14 中可以看出，单元控制结构评价区间控制面积为 5.4km^2，最大 8.0km^2，最小 3.05km^2，总体分布均衡。其中，坝系单元完全可以采用治沟骨干工程标准进行布局，干沟和主沟可以采用两种模式：一种模式为完全按照骨干工程的布局思想，用统一的防洪标准，采用区间控制的方法实现区间控制，洪水和泥沙采用统一调度，分别拦蓄。另一种模式为采用拦洪坝的方式进行轮流拦沙、蓄洪和种植。以榆林沟3#坝的运行方式为例，当拦泥淤地达到一定面积后开始种植生产，再将上游坝逐级加高加固成具有一定防洪标准的拦洪坝，利用水沙资源达到快速实现相对稳定的目的。

上述两种模式对水沙资源的利用方式不同，前一种模式利用分散，但利于尽早投入生产，安全性更高，但实现相对平衡比较慢。后一种模式对洪水和泥沙的拦截率都高，但淹没损失较大，生产利用率偏低，且安全性较差。结合当地人口、经济和政策条件来看，前一种方式更符合现实，而后一种方式在坝系管理和运行上存在很大的难度，实现的可操作性也比较差。

1. 榆林沟小流域坝系骨干框架布局的级联作用评价

榆林沟小流域坝系建设具有速度快、受益早、效益高等特点，在坝系空间布局上大、中、小型淤地坝相互结合，体现了不同坝型互为补充、联防联治的作用，做到了分工负责、有机配合，坝系整体防洪安全、有效拦泥淤地，保障了稳产高产，充分发挥了坝系的总体功能。

一个坝系从初建到发育成熟，关键是要建设一个坝系的骨干框架。在若干个大、中、小型坝库组合而成的坝系中，起骨干控制作用的通常是大型淤地坝等骨干工程。为发挥小流域坝系骨干坝及坝系单元的级联调控作用，在进行小流域坝系骨干框架布局时，应遵循以下几个原则：

1)面积均衡性原则

即单坝区间控制面积是基本均衡的。骨干坝控制面积一般为 3～7km^2，中型坝控制面积一般为 1～3km^2，小型坝控制面积一般为 0.5～1.0km^2。

2)单元控制原则

在对小流域坝系布局进行分析时，可以将坝系划分成若干个彼此独立但又相互联系的控制单元，即坝系单元，通过洪水和泥沙的协调控制，起到群防群治的作用。

3)节节控制原则

从流域最低一级沟道开始，按洪水标准逐级分段进行控制。

4)中小型坝生产，大型坝控制拦泥原则

根据以上原则，在现状坝系结构的基础上，可以确定坝系到达成熟期的骨干控制框架，对现状不合理的坝系结构进行调整和补充，在此基础上合理安排中小型坝，坝系中形成由各个骨干工程分段控制的既相互联系又相对独立的单元结构，把流域内的全部洪水和泥沙有计划且均衡地拦蓄在若干个控制单元结构内，达到分洪分拦的目的。同时，在各个坝系发展的阶段中，要采取因时制宜、因地制宜的坝系结构调整措施，从而在坝系内不同单元、不同沟道、不同位置对洪水泥沙进行有计划、有目的的调控。

2. 榆林沟小流域主沟、干沟及坝系单元间的水沙调控关系评价

榆林沟小流域干沟平均沟道纵比降为 1.3%，属于Ⅳ级沟道，干沟长 8.03km，故在干沟上修建大型骨干坝的条件比较适宜。从拦蓄水沙角度看，干沟坝系单元主要拦蓄 200 年一遇的暴雨洪水产生的流域水沙。当干沟坝系单元坝体加高后，拦蓄泥沙和生产种植潜力都很大，因此，干沟坝系单元是实现小流域坝系相对平衡的关键部位。

根据以上分析，可以解析坝系单元之间的关系：主沟控制干沟，干沟控制坝系单元，100 年一遇洪水坝系单元拦蓄粗泥沙，细沙由泄水设施排到干沟。对于大于

100 年一遇的洪水，坝系单元将超标洪水通过溢洪道排到下游，由干沟坝系单元控制；200 年一遇洪水由干沟坝系拦蓄，干沟内部实行轮蓄轮种，淤地和生产相结合，发展和提高相结合，使单坝的防洪和生产交替进行、协同发展。对于大于 200 年一遇的洪水，干沟可以通过溢洪道将洪水排到主沟，因此，要求主沟的大型坝防洪标准要高、库容要大，才可以将上游不能拦蓄的洪水全部拦蓄；同时，主沟坝库工程的库容大，拦蓄的洪水量较大，沟内长年流水，是发展灌溉的主要位置。因此，主沟坝系单元是小流域实现相对稳定的关键所在。小流域坝系能否实现相对稳定主要取决于主沟、灌溉和坝系单元沟口的大型控制性大坝的发育和成熟度。因此，一个小流域坝系建设的成败与否主要看主沟、干沟坝系骨架的搭配是否合理。

榆林沟小流域各坝系单元间的关系可以简化为：干沟和支沟协同共济，蓄水灌溉结合；干沟一般有较大长流水，可修建水库、塘坝蓄水，灌溉支沟坝地；支沟有泉水或拦蓄的洪水，泥沙沉积后，清水灌溉下游坝地。

7.3.4　榆林沟小流域坝系现状防洪能力分析

根据水文计算公式求出设计暴雨和设计洪水总量后，以各坝控制集水区不同频率下的洪水总量与现有实际剩余库容对比，取接近且小于库容值的洪水总量值，该值相应的发生频率即为该坝可抵御洪水的最大频率。

1. 设计洪水总量计算

不同重现期的设计洪水总量计算采用《水土保持治沟骨干工程技术规范》(SL 289—2003)中推荐的公式

$$W_p = 0.1\alpha \cdot H_{24} \cdot F \tag{7.1}$$

式中，W_p 为设计洪水总量(万 m^3)；α 为洪量径流系数；H_{24} 为设计频率为 p 时流域形心点的 24h 暴雨量(mm)；F 为流域面积(km^2)。

根据式(7.1)，利用相关资料计算得出的不同重现期设计洪量模数结果见表 7.15。

表 7.15　不同重现期洪量模数

重现期/年	10	20	30	50	100	200	300	500
洪量模数/(万 m^3/km^2)	2.21	3.31	3.39	4.77	5.81	6.87	7.65	8.85

2. 设计洪峰流量计算

不同重现期设计洪峰流量计算采用《水土保持治沟骨干工程技术规范》(SL 289—2003)中推荐的小汇水面积相关法计算

$$Q_{\mathrm{w}} = C_p \cdot F^n \tag{7.2}$$

式中，Q_w 为重现期为 n 年的设计洪峰流量(m^3/s)；C_p 为重现期为 n 年的地理参数，取值见表 7.16；F 为流域面积(km^2)。

表 7.16　不同设计频率下地理参数查算表

设计频率/%	10	5	2	1	0.5
地理参数 C_p	23.9	32.5	51.5	61.8	75.1

3. 榆林沟小流域坝系整体防洪能力计算

榆林沟小流域坝系剩余库容为 975.28 万 m^3，防洪能力还比较大，可保证洪水、泥沙不出沟。榆林沟 3#坝能够在 500 年一遇暴雨情况下保证坝体安全。然而，各坝系单元或各类单坝的防洪能力差异较大，详见表 7.17。例如，能抵御 200 年一遇洪水的骨干坝有 6 座，占骨干坝总数的 37.5%；能抵御 100～200 年一遇洪水的骨干坝有两座，占骨干坝总数的 12.5%；能满足 50 年一遇洪水的骨干坝有 4 座，占骨干坝总数的 25%；另外，在遭遇不足 50 年一遇洪水的情况下就有可能水毁甚至垮坝的骨干坝有 4 座。在中型坝中，有 13 座能抵御 100 年一遇以上的洪水，占中型坝总坝数的 41.9%；由于丧失防洪拦泥能力或者已淤满，已不具备拦泥淤地功能，尚有 18 座中型坝还有部分防洪能力；小型坝仅有 6 座具备抵御 50 年一遇防洪的能力，剩余小型坝均已淤满，完全丧失拦蓄功能，部分淤地坝坝体局部被冲毁，成为病险坝。

表 7.17　榆林沟小流域坝系满足不同重现期防洪能力的淤地坝数量统计表 (单位：座)

坝型与单元	项目	200 年一遇	100 年一遇	50 年一遇	<50 年一遇	合计
坝型	骨干坝	6	2	4	4	16
	中型坝	10	3	4	14	31
	小型坝	6			63	69
	合计	22	5	8	81	116
坝系单元	主沟坝系	1	2		6	9
	冯渠干沟	2		1	24	27
	刘渠干沟	3			6	9
	陈家沟	1			9	10
	马家沟	4	1	1	2	8
	姬家寨	3		2	7	12
	李谢硷	7	1	3	20	31
	马蹄洼	1	1	1	7	10
	合计	22	5	8	81	116

总体来看，榆林沟小流域坝系整体防洪能力较差，随着坝地生产利用的进行，防洪结构越来越不合理，整体防洪能力不足 50 年一遇，同时坝系布局结构较混乱。为此，需要对榆林沟小流域坝系结构进行防洪调整，分期加高库容丧失严重的大型骨干坝，加固病险坝，并修建、完善配套卧管、溢洪道等泄排洪水设施。

7.3.5　榆林沟小流域坝系对洪水的级联拦蓄作用评价

1. 坝系框架布局调整的级联调控作用分析

榆林沟小流域坝系采用节节拦蓄、协调排洪的原则，对坝系内的洪水进行统一调度、计划拦排，进而减轻拦蓄洪水的负担。首先，低标准洪水主要通过众多小型坝拦蓄，对整个坝系生产影响不大。当发生 50 年一遇以上的洪水时，要求坝系单元截留拦蓄大部分沟道上方来洪，多余洪水由溢洪道排入榆林沟 3#坝坝地，也就是说干沟坝系只需计划排洪。然而，就目前实际运行情况来看，榆林沟 3#坝还需要拦蓄水沙进行灌溉和淤积成地，尚有一定的蓄滞洪水的能力。榆林沟 3#坝的剩余防洪库容为 250 万 m^3，仅占原有设计库容的 24.2%，占坝系骨干坝总剩余防洪库容的 49.6%，对整个坝系来说，剩余蓄滞洪水的潜力已很小，几次大的洪水就有可能将榆林沟 3#坝完全淤满，防洪只能依靠上游坝系完成。在刘渠干沟坝系内，由于有骨干坝支撑，防洪可以维持一段时期，上、中游 3 座大坝经适当加高增容后仍能维持正常生产运行。据实地调查，冯渠干沟坝系内的骨干坝的淤满率很高，剩余防洪库容不足导致拦蓄洪水能力很差；同时，冯渠干沟坝系的坝地基本全部处于生产利用阶段，垦殖率很高，洪水泥沙已从资源利用转变为安全威胁。因此，需对冯渠各支沟坝系单元的控制性大坝进行加固配套，提升其拦蓄洪水和淤积泥沙的能力，以确保下游大坝的安全。

在小流域淤地坝系框架结构建成后，框架内中、小型坝库的合理配置也是坝系布局是否合理的重要判断指标。针对中、小型淤地坝拦蓄洪水、泥沙的特点，本书主要分析了小流域淤地坝系对大概率低标准洪水泥沙的拦蓄机理及其结构配置。

榆林沟小流域内 Ⅰ～Ⅴ级沟道的数量比例构成为 278∶45∶6∶2∶1，而流域内大、中、小型坝的数量比例构成为 1∶2∶4.3，面积控制比构成为 2.5∶1.6∶1。研究结果表明，只需对榆林沟小流域现有坝系进行适当加固配套即可实现洪水、泥沙的内部消化，无须新建坝库；在个别Ⅰ级沟道内，可以考虑新建小型淤地坝，快速淤积成地，新增坝地，以实现农业增收，且不会对坝系结构的发展造成较大的影响。

对于榆林沟小流域坝系中的中型坝，只需通过加固配套将防洪标准提高到 100 年一遇或将中型坝加固成骨干坝即可。榆林沟小流域坝系内的个别小型坝也可以加固配套成中型坝，协调低标准洪水和泥沙的就地拦蓄和消化，统筹防洪和生产，使榆林沟小流域坝系单元的结构配置更加合理。

2. 基于级联调控作用的坝系框架布局调整

根据对榆林沟小流域坝系防洪能力的分析结果，结合坝系利用情况，可通过调整坝系骨干框架中的 12 座骨干坝的洪水排泄方式及分期加高各坝来提高坝系的蓄洪拦沙级联调控作用，具体时序安排如下：

(1) 第 1 期淤地坝加高加固配套工程安排。对于冯渠干沟坝系来说，由于干沟内的 4 座骨干坝均已淤满，淤地面积较大且生产利用多年，且 4 座骨干坝不能继续拦蓄来自沟道上方的洪水和泥沙以确保生产安全，因此，需要马家沟坝、姬家寨坝和陈家沟坝拦蓄来自沟道上游的洪水和泥沙。根据实地调查结果，马家沟坝暂时可以满足要求，而姬家寨坝和陈家沟坝均已淤满。因此，首先要加高姬家寨坝和陈家沟坝两座大坝，而且以大库容换溢洪道，即通过滞洪将洪水中的泥沙全部拦截，只允许清水通过泄水洞方式下泄。从坝系结构和发展需要分析，姜兴庄大坝需尽快补修，恢复拦泥、防洪能力，减轻洪水对下游坝系的压力，起到分段控制的目的。除此之外，还应完成榆林沟主沟坝系和刘渠干沟坝系内的中、小型坝的加高加固配套工程的建设。通过实施本期中、小型坝的加高加固配套工程的建设，确保支沟坝系能够拦蓄沟道上方的洪水和泥沙，保证主、干沟坝系单元的防洪、生产的安全运行。本期淤地坝加高加固配套工程实施后，榆林沟小流域坝系的洪水泥沙控制面积可增加 18.52km^2，可满足 200～300 年一遇的防洪需求。

(2) 第 2 期淤地坝加高加固配套工程安排。高硷 1#坝目前剩余防洪能力很小，采用逐年在溢洪道上建围堰、先淤后围的办法可以满足控制区间的洪水控制要求。由于上游有姜兴庄坝的保护，且下游刘渠坝的库容较大，目前李谢硷坝可发展生产，洪水泥沙以溢洪道排泄为主，等下游坝淤满后再进行加高。通过多年的泥沙淤积，马家沟坝也需要加高加固。另外，还需要对主沟坝系及刘渠坝系和高硷 2#坝系控制面积内的中、小型坝进行加高加固。本期淤地坝加高加固配套工程实施后，榆林沟小流域坝系的洪水泥沙控制面积可增加 14.87km^2，保障干沟坝系坝地实现轮蓄轮种的能力。

(3) 第 3 期淤地坝加高加固配套工程安排。截至目前，冯渠 1#坝下游的榆林沟 3#坝已基本淤满。当榆林沟 3#坝淤满后，根据轮蓄轮种原则，安排对冯渠 1#坝实施加高加固配套工程，要求将沟道上方来沙全部拦蓄，并将清水从泄水洞排泄，以确保榆林沟 3#坝安全生产 20～30 年。由于坝址上游有姜兴庄坝的保护，安沟 3#坝目前的主要任务是发展生产，来自沟道上方的洪水和泥沙以溢洪道排泄为主。当安沟 3#坝坝址下游的淤地坝被泥沙淤满后，再对安沟 3#坝实施加高加固配套工程。龙庙沟坝目前仍有一定的防洪能力，洪水泥沙暂时全拦，龙庙沟坝被泥沙淤满后可生产一段时间。另外，还需要对姬家寨、陈家沟、姜兴庄坝系内的中、小型坝进行加高加固。本期淤地坝加高加固配套工程实施后，榆林沟小流域坝系的洪水泥沙控制面积可增加 13.22km^2，提高坝系坝地轮蓄轮种的能力。

(4) 第 4 期淤地坝加高加固配套工程安排。截至目前，榆林沟 3#坝已接近淤满，但仍有一定的防洪能力。当榆林沟 3#坝淤满后，在溢洪道上修建围堰使淤泥面高出溢洪道，将上方洪水从排洪渠下泄，在确保榆林沟 3#坝发展生产 30～50 年后再考虑实施坝体加高加固配套工程。截至目前，刘渠坝仍有一定的防洪能力，洪水泥沙可以全拦全蓄，淤满后可发展生产 20～30 年。高硷 2#坝由于高硷 2#坝坝址上游的坝系在第 1 期淤地坝加高加固配套工程实施期间得到了加高加固，因此，高硷 2#坝可以在不进行加高加固的情况下继续生产。同时，还需要对马家沟坝系内的中小型坝和高硷 1#坝、李谢硷坝控制面积内的中小型坝进行加高加固。本期淤地坝加高加固配套工程实施后，榆林沟小流域坝系的洪水泥沙控制面积可增加 18.92km^2，基本实现坝系整体的水沙调运，集中拦泥快速淤积成地，及早投入生产。

榆林沟小流域坝系加高加固配套工程实施计划安排见表 7.18。

表 7.18　榆林沟小流域坝系加高加固配套工程实施计划安排

时序安排	淤地坝名称	区间面积/km^2	坝高/m		总库容/万 m^3	新增库容/万 m^3			新增淤地面积/hm^2
			总坝高	新增坝高		总库容	拦泥库容	防洪库容	
第 1 期	姬家寨坝	4.5	27.4	11.3	152.9	101.7	79.5	22.2	10.0
	陈家沟坝	6.6	37.2	14.7	233.5	150.3	117.5	32.8	11.3
	姜兴庄坝	7.4	32.4	16.4	320.1	169.2	132.3	36.9	11.0
	小计	18.5			706.5	421.2	329.3	91.9	32.3
第 2 期	马家沟坝	6.8	49.4	24.0	228.2	154.6	120.9	33.7	8.7
	高硷 1#坝	5.0	18.8	12.0	208.4	113.4	88.4	24.7	10.0
	李谢硷坝	3.1	27.0	6.2	126.3	69.3	54.2	15.1	7.6
	小计	14.9			562.9	337.3	263.5	73.5	26.3
第 3 期	冯渠 1#坝	4.3	25.5	9.5	228.4	96.8	75.7	21.1	11.7
	安沟 3#坝	5.6	35.1	21.1	198.3	133.3	104.2	29.1	8.0
	龙庙沟坝	3.4	34.0	6.1	204.4	76.4	59.7	16.7	13.3
	小计	13.3			631.1	306.5	239.6	66.9	33.0
第 4 期	高硷 2#坝	5.2	36.3	16.7	177.2	117.2	91.6	25.6	8.0
	刘渠坝	5.8	35.8	6.8	299.2	131.2	102.6	28.0	20.0
	榆林沟 3#坝	8.0	41.5	4.5	1252.9	181.9	142.2	39.7	43.4
	小计	19.0			1729.3	430.3	336.4	93.3	71.4

综上所述，在小流域坝系建设发育期，坝系加高加固配套安排顺序是：首先，加高加固Ⅱ级沟道沟口的淤地坝，以支沟保护干沟，达到上游拦泥下游生产和上游蓄水下游灌溉的目的。在此基础上，大支沟坝系拦蓄支沟上方来水来沙保证了主沟、干沟坝系坝地的安全生产；同时，大支沟坝系拦蓄支沟上方来水来沙不仅减轻了主沟、干沟坝系的洪水泥沙拦蓄负担，还提高了沟道雨洪水资源的综合利用，提高了主沟、干沟坝系坝地的生产效益。

当小流域坝系建设从发育期发展到成熟期后，干沟坝系的结构和控制关系将由轮换交替过程转变为固定和成熟的发展过程，因此，榆林沟小流域坝系从发育期到成熟期的规划任务主要是实施干沟分级分层、坝系的再加高加固配套工程和解决成熟期坝系结构问题。

根据沟道地形和坝系形成的格局，为最好地发挥坝系对洪水泥沙的级联调控作用，在分析流域水沙汇聚关系的基础上，可以确定如下坝系布局结构：

(1) 主沟由榆林沟 3#坝直接控制；

(2) 冯渠干沟坝系主要由冯渠 1#坝、高硷 1#坝、高硷 2#坝三座骨干坝分别区间控制，构成今后的干沟坝系阶梯；

(3) 刘渠干沟坝系由刘渠坝、李谢硷坝和安沟 1#坝区间控制，形成沟道坝系阶梯；

(4) 马家沟坝系单元由马家沟 1#坝控制，而百庙沟坝形成阶梯坝；

(5) 姬家寨坝系单元由姬家寨大坝直接控制；

(6) 陈家沟坝系单元由姜兴庄坝和小峁沟坝梯级控制；

(7) 姜兴庄坝系由姜兴庄坝和小峁沟坝梯级控制；

(8) 马蹄洼坝系单元由庙沟坝和高塔沟 5#坝梯级控制。

7.3.6 小流域坝系运行中存在的问题分析

1. 榆林沟小流域坝系

榆林沟小流域坝系已运行 60 多年，产生了明显的经济效益、生态效益和社会效益。然而，由于缺乏严格的坝系工程管理运行机制，加上长期盲目的坝系运行，尤其是近期坝系工程的严重泥沙淤积，没有及时做出相应调整，造成榆林沟小流域坝系在运行中存在安全隐患。通过分析现状调查资料，发现目前榆林沟小流域坝系运行中主要存在的问题包括：①现有的大中型淤地坝多数接近淤满，导致剩余库容满足不了滞洪要求，更失去了持续拦泥淤地的能力，使小流域坝系在总体上起不到安全防洪作用；②多数小型淤地坝已经淤满或者局部水毁成为病险坝，造成坝系不能构成一个合理的防洪、淤地、生产的体系。

榆林沟小流域坝系上述问题的出现主要与榆林沟小流域坝系建设初期强调快速成地的建坝和运行管理思路有关。虽然榆林沟小流域坝系建坝数量多，但单坝淤地面积小，水沙分散利用，坝地淤积形成就开始利用，一旦利用就无法继续拦洪拦沙，只能通过开挖的排洪渠排洪来提高生产效益。例如，冯渠 2#坝目前采用的“童工”式生产运行方式造成坝系建设的严重滞后，导致本来处于发育初期的坝系得不到正常良好发展，严重影响坝系建设的长远发展。

由此可见，坝系运行方式的改变是小流域坝系建设发展的重点，必须通过坝系结构调整来改变运行方式，以牺牲局部短期生产效益来换取长远和永久的全局巨大效益。正确处理拦泥、防洪、生产之间的矛盾是今后小流域坝系建设发展的重点，也是坝系结构布局亟须解决的重大问题。

2. 小河沟小流域坝系

根据前述分析，小河沟小流域坝系的蓄洪拦沙功能主要依赖主沟道的三座大型骨干工程实现。坝系的整体功能应该相互协调、彼此补充、联动配合，共同实现对洪水泥沙的拦蓄和利用。然而，小河沟小流域坝系中的各单坝分布比较分散，加之运行时间较长，大多已经或接近淤满，尤其是上游Ⅰ、Ⅱ级沟道布设的中小型坝已经失去蓄洪拦泥能力，导致主沟道大型坝的防洪压力较大。通过分析现状调查资料，目前小河沟小流域坝系整体运行稳定，而且主沟道中侵蚀基准面抬高明显，大部分谷坡被淤埋，侵蚀形态发生了很大变化，沟坡来水量减少，淤积速度减缓，控制性坝库工程仍处于安全运行阶段。由于各大型骨干坝控制面积不均匀，各坝承担的防洪和拦泥压力不一，在发生超标准暴雨洪水情况下，小河沟小流域坝系仍存在较大的安全运行隐患。

小河沟小流域坝系运行中主要存在的问题如下：①Ⅰ、Ⅱ级沟道的中小型坝布设密度偏小，Ⅲ级沟道控制性骨干工程数量不足，主沟道中游缺少控制性骨干工程，导致主沟道中游的径流泥沙没有得到有效控制，加大了Ⅳ级主沟道坝库工程的防洪拦泥负荷，不利于流域防洪安全；②坝系结构还很不完善，配置不尽合理，没有形成相对稳定的坝系单元结构，洪水泥沙得不到节节控制、分段拦蓄，不利于坝系相对稳定的演进和形成。

从流域拦泥能力看，小河沟小流域Ⅳ级沟道坝系的剩余库容占整个坝系剩余库容的 68.7%，其中拦泥库容占全流域现有拦泥库容的 72.4%。由此可见，流域内径流泥沙的拦蓄绝大部分依赖于主沟道的几座大坝，其控制范围占流域总面积的 80%以上。这种坝系控制面积的不均匀性将最终导致主沟道骨干坝的防洪拦沙能力很快削减，进而流域整体防洪拦沙能力迅速降低。小河沟小流域坝系运行模式在初建阶段是符合流域实际的，配置合理、功能较强、安全可靠。然而，在小河沟小流域坝系发育阶段，随着坝系发展，安全隐患问题逐渐显露和日渐突出。目前小河沟小流域坝系运行中存在的问题的主要解决办法：一是及时进行坝系结构的调整，在合适沟段和位置补充修建新的控制性工程，以提高坝系的防洪能力；二是优化坝系结构，加速坝系向相对稳定方向发展。

7.4　韭园沟小流域次暴雨坝系级联作用分析

7.4.1　韭园沟小流域坝系现状防洪能力分析

按淤地坝设计防洪标准和校核防洪标准要求，小型坝的防洪标准为 10～20 年一遇，中型坝的防洪标准为 20～50 年一遇，大型及骨干坝的防洪标准为 100～500 年一遇。因此，在坝系防洪演算时采用的洪水重现期分别为 10 年、20 年、50 年、100 年、300 年、500 年。按照韭园沟小流域单元坝系分级联合调控特征，分别对全流域 15 个单元坝系进行防洪演算，结果见表 7.19。

表 7.19　韭园沟小流域各坝系单元不同重现期设计洪水演算结果　(单位：万 m^3)

坝系单元名称	洪水量					
	10 年	20 年	50 年	100 年	300 年	500 年
主沟坝系	48.00	69.88	96.99	119.38	153.83	176.77
王家沟	9.00	12.25	15.38	18.47	23.24	26.51
马家沟	9.27	12.63	15.90	19.10	24.06	27.45
水堰沟	3.61	5.03	6.54	7.86	10.01	11.45
下桥沟	6.87	9.19	11.20	13.43	16.72	19.02
马连沟	6.55	9.73	13.88	16.80	21.98	25.34
何家沟	4.20	6.24	8.90	10.78	14.10	16.26
想她沟	4.42	6.56	9.35	11.32	14.81	17.08
高舍沟	10.03	14.58	20.17	14.38	31.63	36.39
西雁沟	18.10	25.02	32.24	41.35	51.14	58.21
折家沟	3.74	5.56	7.93	9.60	12.56	14.48
李家寨	16.66	23.32	30.60	38.68	48.42	55.25
王茂沟	13.30	19.75	28.16	34.09	44.60	51.43
林家硷	30.61	45.10	63.64	76.99	100.40	115.70
柳树沟	7.07	10.50	15.00	18.12	23.71	27.30
合计	191.43	275.34	375.88	450.35	591.21	678.64

根据韭园沟小流域各坝系单元不同重现期设计洪水演算结果(表 7.19)，韭园沟小流域目前淤地坝剩余库容约 1847.54 万 m^3，防洪能力还较大，基本可以做到泥沙、洪水不出沟。由于多次加高、加固，大部分骨干坝溢洪道设施标准高，维护情况较好，能够抵御 300 年一遇洪水。然而，不同坝级和坝型的防洪能力差异较大。根据单坝防洪演算的结果来看，有 25 座骨干坝可以抵御 300 年一遇洪水，占骨干坝总数的 92.6%；有 2 座骨干坝仅能抵御 20～50 年一遇洪水，需要进一步加高增容；有 25 座中型坝可以抵御 100 年一遇洪水，占中型坝总数的 62.5%；有 5 座中型坝能抵御 10～20 年一遇洪水；有 10 座中型坝已经淤满丧失防洪能力，占中型坝总数

的 25%；约 112 座小型坝已经丧失防洪能力，占小型坝总数的 78.2%，防洪能力不容乐观。

由上述分析可以看出，已经丧失防洪能力且为数众多的小型坝将是韭园沟小流域坝系未来运行中防洪安全的隐患和弱势，也是下一步进行坝系建设升级规划中需要重点考虑的对象。

7.4.2　韭园沟小流域“7・15”暴雨淤地坝水毁和泥沙拦蓄调查

1. 淤地坝水毁调查结果

2012 年 7 月 15 日零时起，绥德县东部地区相继出现强降雨天气，降雨历时 2.5h 左右，6 个乡镇降雨量达到暴雨或大暴雨范畴。根据绥德县气象局提供的气象资料，绥德县境内义合镇降雨量为 100.0mm，满堂川乡降雨量达 111.2mm，韭园沟小流域最大点降雨量为 98.4mm，其中，历时 1h 的最大降雨强度出现在王茂沟小流域，为 75.7mm/h。

在本次大暴雨中，韭园沟小流域内的淤地坝及其配套工程受到了不同程度的损坏(表 7.20)，其中，涉及韭园沟示范区建设范围的骨干坝 2 座、中小型淤地坝 22 座、配套工程 10 处。在此次暴雨洪水中，水毁坝以中小型坝为主。中型坝主要是卧管、涵洞等泄水设施遭到破坏，主要与缺乏日常维护管理有关。中小型坝水毁严重的主要原因在于此类型淤地坝已淤满或库容太小，洪水漫顶引起溃坝和坝体冲坏发生管涌穿洞而导致最终溃坝。

表 7.20　韭园沟小流域“7・15”暴雨水毁淤地坝调查

坝型	淤地坝名称	坝址位置	水毁类型	损坏程度
骨干坝	想她沟坝	三角坪	坝体穿洞	重大
	上桥沟坝	三角坪	坝体穿洞	重大
中型坝	团卧沟坝	三角坪	坝体穿洞	较大
	下桥沟 2#坝	刘家坪	涵、卧全毁	较大
	羊圈嘴坝	吴家畔	卧管全毁	较大
	林家硷村后坝	林家硷	竖井下陷	较大
	烧炭沟坝	林家硷	溢洪道损毁	较大
	蒲家洼村前大坝	蒲家洼	放水工程全毁	较大
	埝堰沟 1#坝	王茂庄	1#轻微	较大
	康和沟 2#坝	王茂庄	坝体损坏	一般
	关地沟 1#坝	王茂庄	坝体损坏	一般

续表

坝型	淤地坝名称	坝址位置	水毁类型	损坏程度
小型坝	邓山坝	马莲沟	坝体损毁	较大
	关道沟坝	高舍沟	坝体损坏	一般
	关地沟 2#坝	王茂庄	坝体损坏	一般
	背塔沟坝	王茂庄	竖井、涵洞毁坏	较大
	王塔沟 1#坝	王茂庄	坝体损坏	较大
	埝堰沟 2#坝	王茂庄	2#涵、卧损毁	较大
	埝堰沟 3#坝	王茂庄	3#坝体损坏	较大
	黄柏沟 1#坝	王茂庄	竖井倾斜	较大
	何家沟坝	李家寨	坝体损坏	一般
	步子沟坝	韭园村	坝体损坏	较大
	水堰沟 1#坝	刘家坪	坝体穿洞	较大
	水堰沟 2#坝	刘家坪	坝体穿洞	较大

2. 淤地坝泥沙拦蓄调查结果

在对“7 · 15”暴雨洪水中的王茂沟小流域坝系单元中各淤地坝坝地过水和泥沙淤积情况进行实地调查的基础上，根据各单坝溃坝前坝地最大洪水位时的溃坝水深和泥沙淤积厚度，计算得到的各坝溃坝前坝内洪水总量及溃坝后的坝地泥沙淤积量见表 7.21～表 7.23。

表 7.21 “7 · 15”暴雨洪水王茂沟 1#坝洪水泥沙拦蓄情况统计表

淤地坝名称	坝型	区间面积/km²	坝间面积/km²	已淤面积/hm²	总库容/万 m³	已淤库容/万 m³	剩余库容/万 m³	洪水深度/m	洪水总量/m³	泥沙淤积厚度/cm	泥沙量/m³	单位面积淤量/(m³/hm²)
何家峁坝	小	0.082	0.082	0.37	0.7	0.7	0.0	1.30	4 810	8	296	800
马地嘴坝	中	0.605	0.257	1.45	12.0	12.0	6.5	1.35	19 575	46	6 670	4 600
死地嘴 1#坝	中	0.512	0.370	2.65	24.6	24.6	6.4	1.14	30 210	48	12 720	4 800
死地嘴 2#坝	小	0.142	0.142	0.41	1.2	1.2	0.0	0.90	3 690	5	205	500
王塔沟 1#坝	小	0.050	0.050	0.63	2.0	2.0	0.0	1.20	7 560	42	2 646	4 200
王塔沟 2#坝	小	0.298	0.298	0.97	0.3	0.3	0.0	1.26	12 222	6	582	600
关地沟 1#坝	中	1.302	0.223	2.54	40.3	19.2	21.1	1.52	38 608	42	10 668	4 200
关地沟 2#坝	小	0.120	0.120	0.43	1.4	1.4	0.0	1.75	7 525	45	1 935	4 500
关地沟 3#坝	小	0.204	0.204	0.75	1.4	1.4	0.0	1.42	10 650	56	4 200	5 600
背塔沟坝	小	0.186	0.186	0.75	3.2	3.2	0.0	1.26	9 450	15	1 125	1 500
关地沟 4#坝	中	0.410	0.410	1.59	13.6	6.5	7.1	0.95	15 105	12	1 908	1 200
合计	—	3.911	2.342	12.54	100.7	72.5	41.1	—	159 405	—	42 955	—
王茂沟 2#坝	骨干	3.184	0.683	4.37	105.4	41.2	64.2	2.33	101 821	140	61 180	14 000

表 7.22　“7·15”暴雨洪水王茂沟 2#坝系洪水泥沙拦蓄情况统计表

淤地坝名称	坝型	区间面积/km²	坝间面积/km²	已淤面积/hm²	总库容/万 m³	已淤库容/万 m³	剩余库容/万 m³	洪水深度/m	洪水总量/m³	泥沙淤积厚度/cm	泥沙量/m³	单位面积淤量/(m³/hm²)
黄柏沟 1#坝	小	0.188	0.188	0.39	1.4	1.4	0	1.05	4 095	18	702	1 800
黄柏沟 2#坝	中	0.156	0.156	0.40	10.3	8.0	2.3	1.22	4 880	46	1 840	4 600
埝堰沟 1#坝	中	0.897	0.036	1.20	12.8	8.2	4.6	1.02	12 240	34	4 080	3 400
埝堰沟 2#坝	小	0.243	0.243	1.65	7.3	7.3	0	0.90	14 850	13	2 145	1 300
埝堰沟 3#坝	小	0.227	0.227	0.89	4.2	4.2	0	1.20	10 680	4	356	400
埝堰沟 4#坝	小	0.232	0.232	0.51	2.4	2.4	0	1.03	5 253	31	1 581	3 100
康和沟 1#坝	小	0.058	0.058	0.47	2.9	2.9	0	1.55	7 285	20	940	2 000
康和沟 2#坝	中	0.303	0.056	0.87	11.5	4.5	7	1.45	12 615	32	2 784	3 200
康和沟 3#坝	小	0.347	0.247	0.42	2.5	2.5	0	1.32	5 544	20	840	2 000
合计	—	2.651	1.443	6.80	55.3	41.4	13.9	—	77 442	—	15 268	—
王茂沟 1#坝	骨干	2.612	1.169	4.76	50.1	38.1	12.0	1.85	80 845	18	8 568	1 800

表 7.23　“7·15”暴雨洪水韭园沟小流域各坝系单元泥沙拦蓄情况

坝系单元名称	区间面积/km²	坝间面积/km²	总库容/万 m³	已淤库容/万 m³	剩余库容/万 m³	已淤面积/hm²	洪水深度/m	洪水总量/万 m³	泥沙淤积厚度/cm	泥沙淤积量/万 m³
主沟坝系	20.37	18.60	1 093.89	519.4	469.00	88.54	0.78	690 612	10	88 540
王家沟	4.28	3.49	83.80	23.0	50.78	6.93	0.85	58 905	15	10 395
马家沟	4.37	3.05	58.99	24.5	4.49	5.86	0.66	38 676	12	7 032
水堰沟	2.18	1.12	35.38	16.9	18.48	3.64	0.72	26 208	12	4 368
下桥沟	2.60	1.62	38.00	31.2	6.80	4.81	0.66	31 746	10	4 810
马连沟	3.58	2.71	194.80	120.4	74.40	15.23	0.65	98 995	9	13 707
何家沟	2.97	1.83	67.90	26.2	41.70	6.16	0.90	55 440	11	6 776
想她沟	3.23	1.92	89.83	69.8	20.03	6.25	0.64	40 000	9	5 625
高舍沟	7.00	4.39	324.56	209.2	115.36	22.30	0.72	160 560	10	22 300
西雁沟	13.10	6.40	147.58	125.9	121.68	16.41	0.81	132 921	8	13 128
折家沟	2.12	1.63	93.60	63.8	29.80	9.06	0.95	86 070	16	14 496
李家寨	10.45	6.42	285.40	165.7	119.70	23.62	1.05	248 010	19	44 878
王茂沟	5.80	5.80	328.60	197.4	131.20	36.60	1.25	457 500	34	124 440
林家硷	21.65	12.91	631.66	413.6	218.06	44.36	0.67	297 212	18	79 848
柳树沟	5.72	3.08	301.70	139.3	162.00	11.40	0.88	100 320	13	14 820
合计	109.42	74.97	3 775.69	2 146.3	1583.48	301.17	—	2 523 175	—	455 163

由表 7.21 可知，王茂沟 2#坝坝址以上的淤地坝除死地嘴坝外均全部水毁，但下泄洪水和泥沙全部被王茂沟 2#坝拦蓄，共拦蓄上游下泄洪水 159 405m³(仅指各坝溃坝前的洪水量，不含降雨过程中由王茂沟 2#坝通过泄水设施下泄的洪水)、泥沙

61 180m^3，单位面积淤积量为 14 000m^3/hm^2，相当于上游各坝平均淤积量的 4.5 倍，也就是说，近 80%的上游侵蚀泥沙被该骨干坝所控制。

由表 7.22 可知，王茂沟 1#坝拦蓄洪水 77 442m^3、泥沙 15 268m^3，单位面积拦沙量为 1 800m^3/hm^2。根据实地调查结果，在韭园沟小流域各坝系单元中，不仅王茂沟坝系单元在“7 · 15”暴雨洪水中水毁严重，其余坝系单元的水毁情况也比较严重。

由表 7.23 可知，韭园沟小流域坝系在“7 · 15”暴雨洪水中共拦蓄洪水 2 523 175m^3、淤积泥沙 455 163m^3，远小于整个流域坝系的剩余库容，未对坝系造成严重威胁。

第 8 章　淤地坝对流域泥沙输移–沉积特征的影响

8.1　材料和方法

8.1.1　土壤样品的采集

2013 年 8 月在黄土丘陵沟壑区王茂沟小流域进行了坝地泥沙淤积层的剖面取样，沿坝地中泓线在坝前、坝中、坝后 3 个位置用直径为 5cm 的土钻采集土样，共计采样点 47 个、土样 940 个。每个采样点采集深度为 200cm，沿深度方向每隔 10cm 采集 1 个土样，共采集了 20 层土壤样品，每层土样质量大约 1.0kg，带回土壤化学实验室进行测试分析。在采样过程中，利用手持式 GPS 定位仪对采样点进行定位，并记录采样点的相应定位信息。

8.1.2　土壤分形理论

1983 年 Mandelbrot 首先建立了二维空间的土壤颗粒大小分形特征模型，Tyler (1992)、杨培岭等(1993)在此基础上对模型进行推广，提出用粒径重量分布表征的土壤分形模型。本书采用杨培岭等(1993)提出的以不同级别颗粒的重量分布表征的土壤分形模型。土壤颗粒重量分布与平均粒径的分形关系式为

$$\left(\frac{\bar{d}_i}{\bar{d}_{\max}}\right)^{3-D}=\frac{w(\delta<d_i)}{w_0} \tag{8.1}$$

则

$$D=3-\lg\left[\frac{w(\delta<d_i)}{w_0}\right]\Big/\lg\left(\frac{\bar{d}_i}{\bar{d}_{\max}}\right) \tag{8.2}$$

式中，$\bar{d}_i$ 为两筛分粒级 d_i 与 d_{i+1} 间粒径的平均值($d_i>d_{i+1}$，i=1,2,⋯)；$\bar{d}_{\max}$ 为最大粒径土粒的平均值(mm)；$w(\delta<d_i)$ 为小于 d_i 的累积土粒重量；w_0 为土壤各粒级重量的总和。

土壤颗粒分形维数计算步骤为：首先，求出土壤样品不同粒径 d_i 的 $\lg\left(\frac{\bar{d}_i}{d_{\max}}\right)$ 和 $\lg\left[\frac{w(\delta<d_i)}{w_0}\right]$ 值；其次，以前者为横坐标、后者为纵坐标，在直角坐标系中点绘

$\lg\left(\dfrac{\overline{d}_i}{\overline{d}_{\max}}\right) \sim \lg\left[\dfrac{w(\delta < d_i)}{w_0}\right]$关系曲线；再次，使用最小二乘法进行直线拟合，计算其斜率；最后，由斜率推算得到分维数 D。

王国梁等(2005)指出，Taylor 等及杨培岭等得到的上述重量分形维数的计算公式与体积分形维数在形式上完全相似，不同的是用体积代替了质量。尽管体积分形维数公式与重量分形维数的公式相似，但体积分形维数计算中不需要做不同粒级土壤颗粒具有相同密度这一假设。

8.2 坝地泥沙淤积对沟道地形的影响

王茂沟小流域作为黄土高原淤地坝坝系示范工程流域，流域面积为 5.97km^2，有淤地坝 23 座，主沟道长 4.3km；主沟道上有 5 座淤地坝，其中王茂沟 1#坝和王茂沟 2#为骨干坝、关地沟 1#坝和关地沟 4#坝为中型坝，关地沟 2#坝为小型坝，这种主沟道淤地坝的布局使得王茂沟小流域坝系处于相对稳定时期。王茂沟小流域淤地坝修建前、后的主沟道纵断面图如图 8.1 所示。图 8.1 中纵坐标为高程，横坐标为距沟口的距离，虚灰色线是修建淤地坝前的沟道纵断面，黑色线是修建淤地坝后的沟道纵断面。从图 8.1 中可以看出，原来河道在淤地坝的作用下被分成了 5 段，且每段的沟道比降明显降低，并且有“翘尾巴”现象。随着沟道泥沙的不断淤积，坝地的面积越来越大，同时主沟道的平均比降从原始沟道的 12.3%降低到修筑淤地坝后的 4.0%，抬高了侵蚀基准面，沟道形状由“V”形逐渐演变为“U”形。

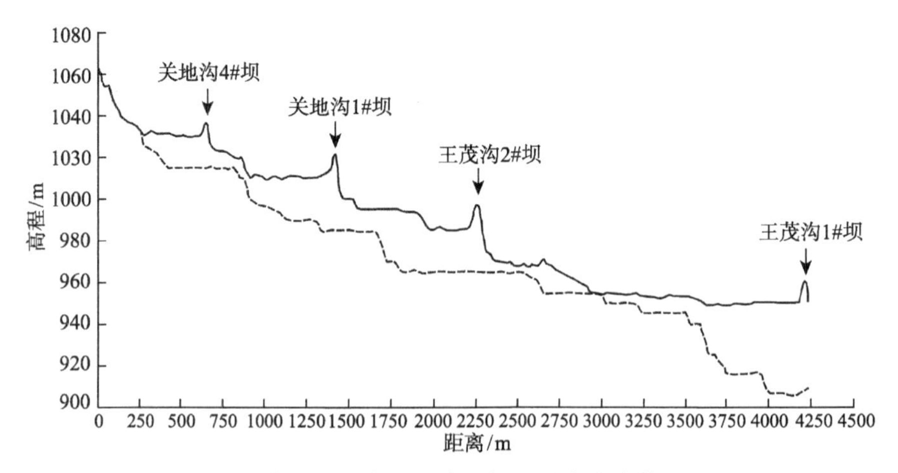

图 8.1 王茂沟小流域主沟道纵断面图(高海东等，2016)

8.3　坝地淤积泥沙的粒径分析

8.3.1　坝地土壤粒径的统计特征

据美国土壤粒级制的分级标准，土壤机械组成包括砂粒(50～2000μm)、粉粒(2～50μm)及黏粒(0.1～2μm)三种粒级。图 8.2 为王茂沟小流域淤地坝坝地不同位置土壤粒径分布柱状图。由图 8.2 可知，王茂沟小流域的淤地坝坝地淤积泥沙的机械组成在坝前、坝中、坝后相差不大。

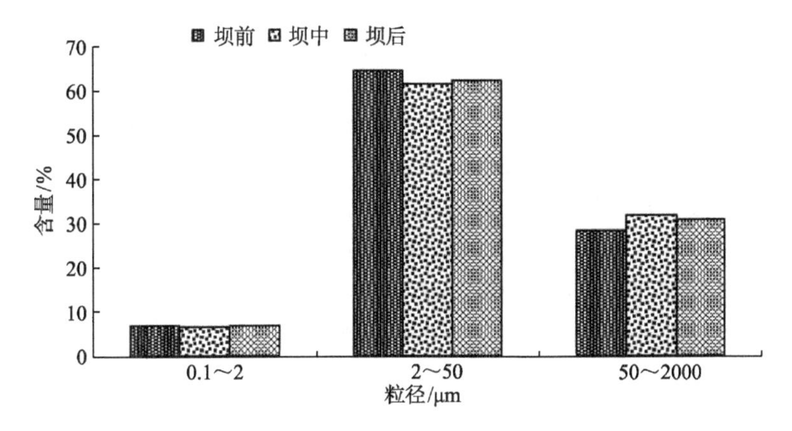

图 8.2　王茂沟小流域淤地坝坝地不同位置土壤粒径分布柱状图

根据王茂沟小流域坝地泥沙淤积剖面土壤各粒径的描述统计结果(表 8.1)可以看出，粉粒含量占主导地位，粉粒含量百分比为 39.64%～85.90%，平均值为 63.22%；砂粒含量次之，砂粒含量百分比为 3.38%～57.74%，平均值为 29.94%；黏粒含量最少，黏粒含量百分比为 2.62%～15.26%，平均值为 6.84%。这表明粉粒是王茂沟小流域坝地土壤的主要组成部分。这主要因为王茂沟小流域土壤侵蚀以水力侵蚀为主，水力侵蚀对土壤颗粒的分选作用形成淤地坝坝地的异质性土壤。

在垂直方向上，坝地的淤积泥沙表现为：粗细相间分布，由上到下依次为细、粗、细、粗的分布规律；在水平方向上，粗泥沙含量大小依次为坝中>坝后>坝前，分别为 31.47%、30.81%、28.52%，从总体上看，坝中和坝后的泥沙含量相差不大，但是跟坝前相比，坝前粗泥沙含量明显降低，这表现为坝后泥沙较粗，坝前泥沙较细。

坝地土壤各粒径在整个剖面的变异系数 C_v 大小依次为砂粒>黏粒>粉粒。根据 Nielson 等(1985)的分类系统，$C_v \leqslant 10\%$为弱变异性，$10\% < C_v < 100\%$为中等变异性，

C_v≥100%为高度变异性。由表 8.1 可以看出，王茂沟小流域坝地淤积泥沙剖面的粉粒、黏粒、砂粒都具有中等变异性。

表 8.1　王茂沟小流域坝地土壤粒径体积百分比统计分析表

质地类别	平均值/ %	中位数/ %	标准差/ %	变异系数/ %	方差
黏粒	6.84	6.68	1.18	17.25	1.39
粉粒	63.22	63.37	6.45	10.20	41.60
砂粒	29.94	29.89	7.34	24.52	53.88

8.3.2　坝地淤积泥沙质地分类

图 8.3 为王茂沟小流域坝地和坡地的土壤质地三角形图。由图 8.3 可以看出，王茂沟小流域坝地和坡地土壤可分为砂质壤土、粉砂壤土和粉砂土三种质地。显然，粉砂壤土的土样最多，其次为砂质壤土，而粉砂土的样本数最少。王茂沟小流域坡面上的土壤样品均为粉砂壤土，其黏粒含量较低，而坝地内绝大多数的土壤样品均属于粉砂壤土。由图 8.3 可以看出，坝地内的泥沙搬运、沉积过程细化了土壤颗粒组成。坡地土壤黏粒、粉粒、砂粒含量均值分别为 0.28%、66.27%、33.45%，与坝地淤积泥沙相比，坡地土壤砂粒、粉粒含量大而黏粒含量小。坡面土壤转变成坝地土壤的过程是一个泥沙输移分选作用的过程。这主要是因为在水力侵蚀过程中坡面土壤的黏粒和粉粒比砂粒更容易被径流悬浮和搬运。

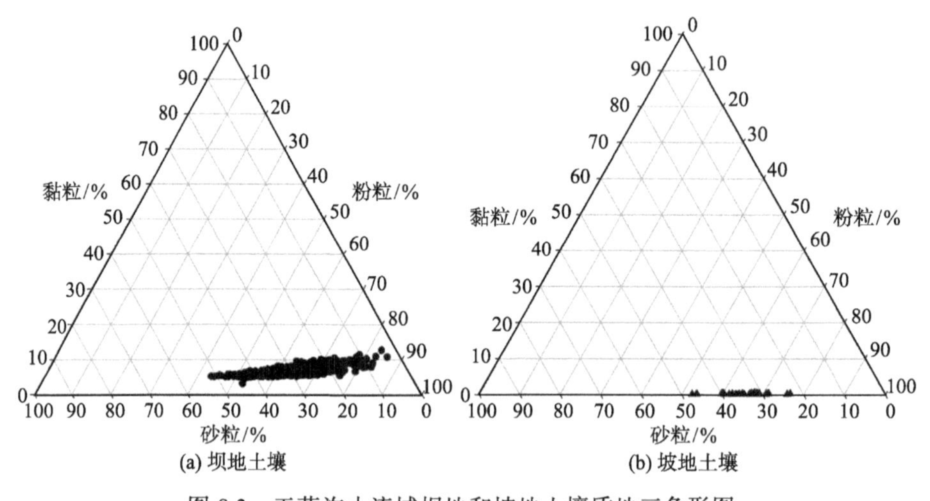

图 8.3　王茂沟小流域坝地和坡地土壤质地三角形图

8.3.3　坝地土壤颗粒的粗化度

表 8.2 为王茂沟小流域坝地土壤的粒径组成和质地粗化度统计表。由表 8.2 可

知，坝地土壤粒径主要为 0.1～0.05mm 和 0.05～0.002mm，这说明径流冲刷对坡面土壤颗粒大小具有一定的分选作用。一般的侵蚀性降雨产生的地表径流都能将坡面土壤表面的细粒径的砂粒和粉粒冲刷、搬运至淤地坝坝地并沉积下来。

表 8.2　坝地土壤粒径含量和质地粗化度统计

采样地点	采样深度/cm	颗粒组成/%							中值粒径 D_{50}/μm	土壤质地粗化度
		2.0～1.0mm	1.0～0.5mm	0.5～0.25mm	0.25～0.1mm	0.1～0.05mm	0.05～0.002mm	<0.002mm		
坝前	0～10	0.00	0.04	0.25	5.50	22.48	64.56	7.17	29.81	0.39
	10～20	0.00	0.03	0.20	5.45	21.92	65.50	6.90	29.92	0.38
	20～30	0.05	0.06	0.09	5.63	22.86	64.71	6.60	31.29	0.40
	30～40	0.00	0.00	0.10	4.22	22.65	66.32	6.71	30.39	0.37
	40～50	0.00	0.00	0.14	4.55	24.04	64.72	6.55	31.52	0.40
	50～60	0.00	0.01	0.11	4.95	24.86	63.45	6.63	32.35	0.43
	60～70	0.00	0.01	0.10	4.51	23.28	65.21	6.90	30.23	0.39
	70～80	0.00	0.00	0.05	5.36	25.33	62.70	6.55	33.08	0.44
	80～90	0.00	0.03	0.21	5.86	24.34	62.88	6.67	32.45	0.44
	90～100	0.00	0.00	0.04	4.76	22.35	65.85	6.99	29.55	0.37
	100～110	0.00	0.00	0.06	4.82	23.98	64.19	6.95	31.04	0.41
	110～120	0.00	0.00	0.08	5.41	24.10	63.46	6.95	31.48	0.42
	120～130	0.00	0.00	0.02	4.96	24.18	63.98	6.85	31.31	0.41
	130～140	0.00	0.00	0.07	5.06	22.94	64.87	7.05	30.07	0.39
	140～150	0.00	0.00	0.02	4.88	24.79	63.51	6.80	31.80	0.42
	150～160	0.00	0.01	0.08	5.68	23.72	63.31	7.20	30.72	0.42
	160～170	0.00	0.00	0.04	4.59	20.91	66.95	7.51	27.67	0.34
	170～180	0.00	0.00	0.05	4.26	22.11	66.31	7.28	29.05	0.36
	180～190	0.00	0.00	0.03	4.91	22.14	65.64	7.28	28.91	0.37
	190～200	0.00	0.00	0.03	5.52	24.60	63.34	6.50	32.49	0.43
坝中	0～10	0.00	0.00	0.23	3.55	18.50	69.15	8.57	25.21	0.29
	10～20	0.00	0.00	0.17	3.39	17.73	72.20	6.53	30.41	0.27
	20～30	2.64	0.94	0.08	3.86	22.26	64.08	6.15	32.95	0.42
	30～40	3.50	0.36	0.27	6.38	25.54	58.25	5.71	37.57	0.56
	40～50	0.00	0.10	0.59	8.08	27.30	57.84	6.09	37.01	0.56
	50～60	0.00	0.00	0.04	7.48	28.01	58.21	6.26	36.54	0.55
	60～70	0.00	0.02	0.08	7.19	26.40	59.68	6.64	34.54	0.51
	70～80	0.16	0.08	0.10	5.83	23.07	63.94	6.82	31.50	0.41
	80～90	2.35	4.85	0.74	7.39	21.25	57.46	5.97	31.17	0.58
	90～100	0.00	0.00	0.06	5.18	23.69	64.20	6.87	30.87	0.41
	100～110	0.00	0.00	0.00	6.80	26.14	60.71	6.36	34.25	0.49
	110～120	0.00	0.01	0.06	5.56	24.53	63.08	6.77	31.42	0.43
	120～130	0.00	0.03	0.21	6.02	24.08	62.49	7.17	31.16	0.44
	130～140	0.00	0.00	0.11	5.75	23.49	63.47	7.17	30.70	0.42

续表

采样地点	采样深度/cm	颗粒组成/%							中值粒径 D_{50}/μm	土壤质地粗化度
		2.0～1.0mm	1.0～0.5mm	0.5～0.25mm	0.25～0.1mm	0.1～0.05mm	0.05～0.002mm	<0.002mm		
坝中	140～150	0.00	0.00	0.04	5.66	26.15	61.75	6.39	33.77	0.47
	150～160	0.00	0.01	0.08	6.82	28.30	58.71	6.09	36.66	0.54
	160～170	0.00	0.00	0.00	5.81	26.48	61.24	6.47	34.29	0.48
	170～180	0.00	0.00	0.00	6.65	26.04	60.46	6.85	33.50	0.49
	180～190	0.00	0.02	0.22	6.89	25.63	60.56	6.68	33.52	0.49
	190～200	0.00	0.02	0.19	6.39	25.88	61.07	6.45	33.96	0.48
坝后	0～10	0.00	0.01	0.13	5.41	22.35	64.99	7.11	29.57	0.39
	10～20	0.00	0.00	0.07	5.30	23.39	64.38	6.86	30.59	0.40
	20～30	0.00	0.01	0.10	6.35	24.96	61.97	6.61	32.78	0.46
	30～40	0.00	0.01	0.11	6.61	25.11	61.44	6.71	32.87	0.47
	40～50	0.00	0.02	0.11	6.27	25.98	61.01	6.60	33.52	0.48
	50～60	0.00	0.03	0.14	6.20	25.48	61.53	6.63	32.98	0.47
	60～70	0.02	0.02	0.07	6.13	26.04	61.26	6.46	33.78	0.48
	70～80	0.00	0.04	0.25	6.23	24.92	61.94	6.62	32.89	0.46
	80～90	0.00	0.05	0.28	6.24	24.89	61.72	6.82	32.20	0.46
	90～100	0.00	0.02	0.10	5.93	25.00	62.11	6.83	32.15	0.45
	100～110	0.00	0.01	0.10	6.10	24.62	62.31	6.85	31.96	0.45
	110～120	0.00	0.02	0.12	5.63	23.27	63.74	7.22	29.82	0.41
	120～130	0.00	0.02	0.17	5.60	23.88	63.22	7.12	30.66	0.42
	130～140	0.00	0.01	0.14	6.26	24.48	62.08	7.02	31.52	0.45
	140～150	0.00	0.00	0.04	6.08	25.44	61.77	6.67	32.98	0.46
	150～160	0.00	0.00	0.03	5.94	24.88	62.24	6.91	32.04	0.45
	160～170	0.00	0.01	0.06	5.57	23.82	63.48	7.06	30.66	0.42
	170～180	0.00	0.01	0.08	6.05	25.09	61.95	6.82	32.46	0.45
	180～190	0.00	0.02	0.12	5.84	25.16	62.02	6.84	32.36	0.45
	190～200	0.00	0.00	0.00	5.82	25.25	62.01	6.91	32.33	0.45

本书对砾粒、砂粒、粉粒、黏粒的划分采用美国制。石砾和砂粒含量之和(>0.05mm)与粉粒和黏粒含量之和(<0.05mm)的比值称为土壤质地粗化度。土壤质地粗化度可以说明侵蚀后的土壤颗粒组成的变化。土壤质地粗化度值越大，说明粗颗粒在土壤机械组成中比例越大；土壤质地粗化度值越小，说明粗颗粒在土壤机械组成中比例越小，表现为土壤受侵蚀的程度越大。由表 8.2 可知，王茂沟坝地土壤质

地粗化度在 0.27～0.58，平均值为 0.44；土壤质地粗化度大小依次为坝前(0.40)<坝后(0.45)<坝中(0.46)，即淤积泥沙粒径大小具有从上游到下游呈现逐渐由粗变细的趋势。因为黄土高原支离破碎的景观格局导致坝地淤积泥沙颗粒的组成和分布相当复杂，但是大多数来自沟间地的泥沙在沟道中沉积遵循一个普遍的规律：较粗泥沙颗粒由于受到重力的作用先逐渐沉积，细颗粒随着水流沿着沟道向下游流动的过程逐渐沉积，表现为从上游向下游逐渐变细的过程和坝内泥沙水平位移轨迹，但是大多数坝地面积大小受沟道长度或者流域形状的影响较大，淤地坝泥沙沉积分选规律不明显。

8.4 坝地土壤颗粒分形特征

8.4.1 坝地土壤颗粒体积分形维数的分布特征

土壤颗粒粒径的大小决定了土壤物理、化学和生物学特性，具体包括土壤颗粒间的结合、孔隙大小、数量和几何形态，这与水土流失、土壤退化关系密切。与单纯的土壤粒径分布相比，土壤颗粒体积分形维数可以综合反映不同粒径含量，也可以综合描述土壤的不规则结构。黏粒、粉粒含量越高，土壤质地就越细，相应的土壤颗粒体积分形维数就越大；砂粒含量越高，土壤质地就越粗，相应的土壤颗粒体积分形维数就越小。

图 8.4 为王茂沟小流域坝地坝前、坝中和坝后不同土层深度的土壤颗粒体积分形维数柱状图。根据王茂沟坝地 0～200cm 土层土壤颗粒体积分形维数计算结果(表 8.3)，坝地土壤颗粒体积分形维数的变化范围为 2.651～2.965，均值为 2.799，说明在王茂沟小流域内土壤颗粒体积分形维数值分布比较均匀；坝前、坝中、坝后

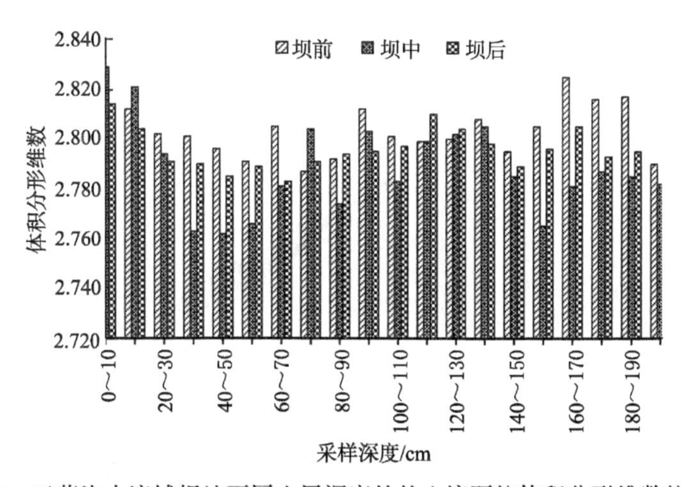

图 8.4 王茂沟小流域坝地不同土层深度处的土壤颗粒体积分形维数柱状图

表 8.3　坝地土壤颗粒体积分形维数统计特征值

样点数	最小值	最大值	均值	中值	标准差	变异系数	偏度	峰度
940	2.651	2.965	2.799	2.798	0.046	0.016	0.141	0.548

土壤颗粒体积分形维数分别为 2.803、2.783、2.795，说明上游泥沙较粗而下游泥沙较细。

8.4.2　坝地土壤颗粒分形维数与土壤颗粒组成的关系

土壤颗粒分形维数在一定程度上可以衡量土壤质地的均一程度。图 8.5(a)、图 8.5(b)和图 8.5(c)分别为王茂沟小流域坝地土壤颗粒体积分形维数与土壤黏粒、粉粒和砂粒颗粒体积百分比含量之间的相关关系图。根据图 8.5(a)、图 8.5(b)和图 8.5(c)中的散点分布趋势，采用线性方程对土壤颗粒体积分形维数分别与土壤黏粒、粉粒和砂粒颗粒体积百分比含量之间的相关关系进行拟合，结果如下：

$$y=0.0355x_3+2.5557 \qquad R^2=0.790 \tag{8.3}$$

$$y=0.0068x_2+2.3711 \qquad R^2=0.850 \tag{8.4}$$

$$y=-0.0061x_1+2.9817 \qquad R^2=0.917 \tag{8.5}$$

式中，y 为土壤颗粒体积分形维数；x_1、x_2 和 x_3 分别为土壤黏粒、粉粒和砂粒颗粒体积百分比含量(%)。

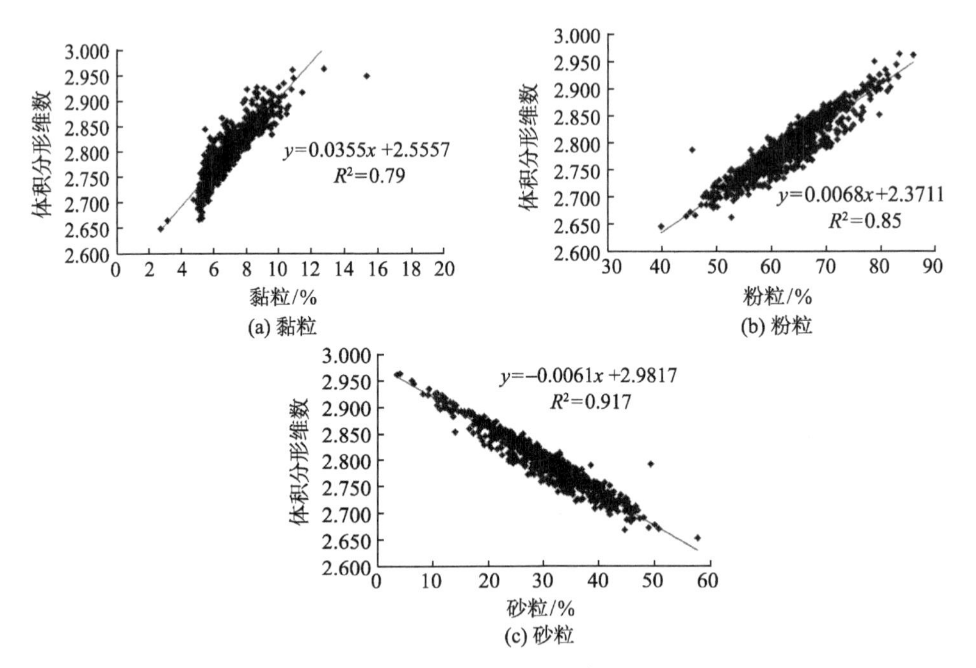

图 8.5　土壤颗粒体积分形维数与不同土壤颗粒含量相关关系图

土壤颗粒体积百分比含量与土壤颗粒体积分形维数之间的相关分析结果表明：土壤黏粒、粉粒含量越高，则土壤颗粒体积分形维数就越大；土壤砂粒含量越高，则土壤颗粒体积分形维数就越小。从拟合方程结果来看，坝地土壤颗粒体积百分含量对土壤颗粒分形维数的影响大小大体上表现为：砂粒>粉粒>黏粒，表明坝地土壤颗粒体积分形维数值主要受土壤中砂粒体积百分比含量的影响。

8.5　典型暴雨下淤地坝淤积泥沙特征

8.5.1　绥德“7・15”暴雨洪水调查

2012 年 7 月 15 日零时起，榆林市绥德县东北部地区相继出现强降水天气，降雨历时 165min，6 个乡镇降雨量达到暴雨或者大暴雨范畴。根据绥德县气象局、防汛抗旱指挥中心当日的水文气象资料统计显示：在本次暴雨中，绥德县义合镇降雨量为 100.5mm，满堂川乡降雨量达 111.2mm，暴雨中心出现在韭园沟毗邻的满堂川乡闫家沟村雨量站，降雨量为 111.2mm。

根据黄河水利委员会绥德水土保持科学试验站韭园沟流域 9 个雨量站的实测资料，韭园沟流域最大点降雨量为 98.4mm，其中，马莲沟雨量站降雨历时为 115min，降雨量为 52.3mm；王家洼雨量站降雨历时为 130min，降雨量为 27.6mm；黑家洼雨量站降雨历时为 3h 35min，降雨量为 62.2mm；最大降雨强度出现在王茂沟小流域，最大 1h 降雨量达到 75.7mm。

在此次特大暴雨中，韭园沟小流域内淤地坝及配套工程，如排洪渠、蓄水池、自流灌溉渠等，遭到了不同程度的损坏。

8.5.2　次暴雨洪水坝地淤积特征

根据实地走访调查，2012 年绥德“7・15”大暴雨导致王茂沟 2#坝坝地的最大水深达到 6m 左右，淤积泥沙厚度为 2m 左右。根据 2013 年 8 月王茂沟 2#坝坝地不同位置分层采集的厚度为 2m 的淤积泥沙土样的测试分析结果，本节开展了次暴雨洪水条件下淤地坝对淤积泥沙的沉积分选规律的相关研究工作。

从图 8.6 中可以看出，在水平方向上，王茂沟 2#坝坝地淤积泥沙颗粒体积分形维数大小依次为坝前 > 坝中 > 坝后，从上游到下游坝地土壤颗粒体积分形维数逐渐变大，黏粒、粉粒含量增多，砂粒含量减少，基本表现为：在暴雨洪水条件下，当坡面径流到达淤地坝坝地后，在水流挟沙力和重力的双重作用下，随径流挟带的泥沙在淤地坝坝地上发生沉积，即粗颗粒泥沙先沉积而细颗粒后沉积，表现为淤积泥沙从上游到下游逐渐由粗变细的趋势和坝内泥沙水平位移轨迹。由于王茂沟 2#坝的坝控流域面积较大和沟道前后距离较长，泥沙在淤地坝内的沉积分选规律特别明显。

在垂直方向上，径流遇到淤地坝坝体阻挡后，停止运动，径流中挟带的泥沙在重力作用下不断沉积，先沉积粗颗粒，然后是细颗粒，由上到下表现为泥沙越来越粗，形成了以砂粒–粉粒–黏粒为主的沉降次序。从图 8.7 可以看出，王茂沟 2#坝坝

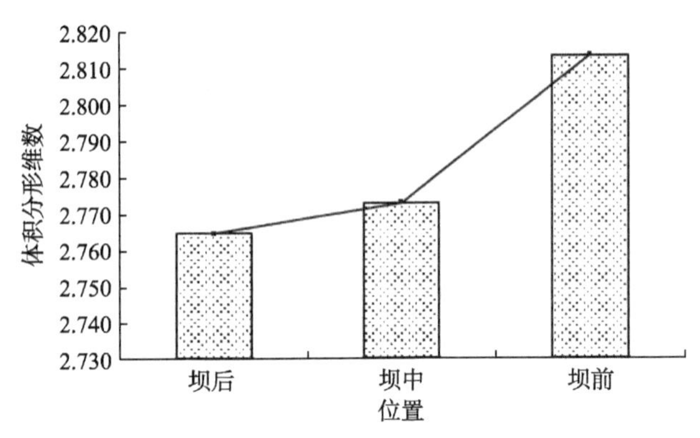

图 8.6　王茂沟 2#坝坝地不同位置土壤颗粒体积分形维数柱状图

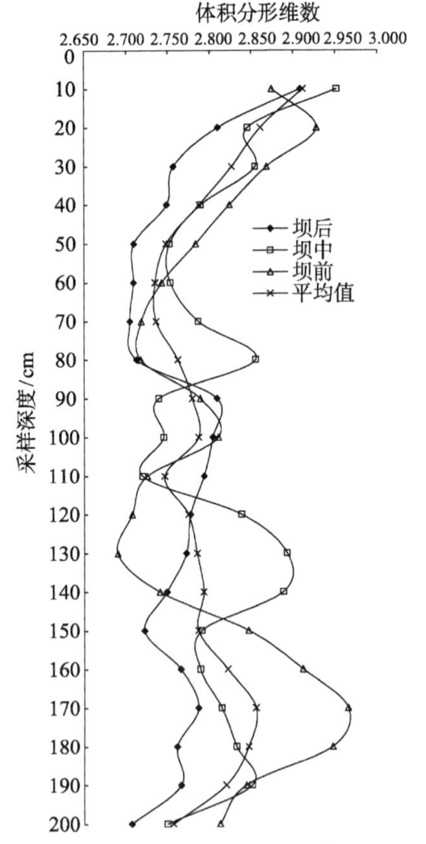

图 8.7　王茂沟 2#坝坝地土壤颗粒体积分形维数随土层深度的变化曲线

地泥沙颗粒体积分形维数随泥沙淤积深度的增加呈波动式变化规律，即 0～60cm 泥沙颗粒分形维数变化很剧烈，表现为明显的递减规律；60～200cm 泥沙颗粒体积分形维数变化相对比较平稳。

综上所述，次暴雨径流所挟带的泥沙到达淤地坝后，在地形地貌、重力和水流挟沙力等综合因子影响下，形成了淤地坝淤积泥沙在水平和垂直方向上独特的分布格局。这种格局是坝控小流域侵蚀产沙和侵蚀环境变化的集中体现，存储了小流域侵蚀变化和侵蚀环境变化的大量信息。

8.6　土壤颗粒体积分形维数与土壤性质的关系

从土壤颗粒体积分形维数的计算公式[式(8.2)]可以得出，土壤颗粒体积分形维数值的大小与土壤颗粒粒径由大到小的累计含量有关。王茂沟小流域坝地土壤颗粒体积分形维数与不同粒径颗粒的百分比含量之间的相关分析结果见表 8.4。由表 8.4 可以看出，土壤颗粒体积分形维数与土壤黏粒(小于0.002mm)含量、土壤粉粒(0.002～0.05mm)含量呈极显著正相关关系(P<0.01)；土壤颗粒体积分形维数与砂粒(大于0.05mm)含量呈极显著负相关关系(P<0.01)；黏粒、粉粒含量越高，土壤颗粒体积分形维数越大；砂粒含量越高，土壤颗粒体积分形维数越低。上述研究结果与王国梁等(2005)的研究结论基本一致。

表 8.4　坝地土壤颗粒体积分形维数与不同粒径土壤颗粒含量的相关关系

土壤性质	土壤颗粒体积分形维数	黏粒含量/%	粉粒含量/%	砂粒含量/%
土壤颗粒分形维数	1			
黏粒/%	0.789**	1		
粉粒/%	0.920**	0.711**	1	
砂粒/%	−0.938**	−0.803**	−0.990**	1

**表示相关性极显著(P<0.01)。

根据实测数据，对土壤颗粒体积分形维数 D 和不同粒径的土壤颗粒含量 X 之间的相关关系进行了回归分析，得到表 8.5。

通过计算可知，以 0.05mm 为临界点分析，<0.05mm 粒径的土壤颗粒平均含量为 69.73%，>0.05mm 粒径的土壤颗粒平均含量为 30.27%。对<0.05mm 和>0.05mm 粒径的土壤颗粒含量与土壤颗粒体积分形维数之间的相关关系分析结果(表 8.5)表明，粒径<0.05mm 的土壤颗粒含量与土壤颗粒体积分形维数呈极显著正相关，粒径>0.05mm 的土壤颗粒含量与土壤颗粒体积分形维数呈极显著负相关。在粒径

<0.05mm 的粒级范围内，土壤颗粒含量越高，则土壤颗粒体积分形维数越大；在粒径>0.05mm 的粒级范围内，土壤颗粒含量越高，则土壤颗粒体积分形维数越小。

表 8.5 土壤颗粒体积分形维数与不同粒径的土壤颗粒含量相关关系分析结果

粒径	回归方程	R^2
2.0～1.0mm	$D=-0.017X+2.797$	0.25
1.0～0.5mm	$D=-0.025X+2.797$	0.57
0.5～0.25mm	$D=-0.096X+2.806$	0.33
0.25～0.1mm	$D=-0.015X+2.806$	0.44
0.1～0.05mm	$D=-0.005X+2.909$	0.19
0.05～0.002mm	$D=0.006X+2.393$	0.61
<0.002mm	$D=0.036X+2.548$	0.52

8.7 不同类型单座淤地坝坝地泥沙淤积特征

8.7.1 有放水建筑物的淤地坝坝地泥沙淤积特征

王茂沟小流域共有 23 座淤地坝，而有放水建筑物(即竖井或卧管)的淤地坝(又称坝体+放水建筑物的“二大件”淤地坝)累计 7 座，分别是王茂沟 2#坝、关地沟 1#坝、死地嘴 1#坝、黄柏沟 1#坝、埝堰沟 1#坝、埝堰沟 2#坝、关地沟 4#坝，其中，前 5 座淤地坝的放水建筑物是竖井，后 2 座淤地坝的放水建筑物为卧管。

经过长期运行，王茂沟小流域绝大多数淤地坝处于淤满或者将要淤满的状态，此时的放水建筑物(含竖井和卧管)的泄水能力相对较弱，因此，有、无放水建筑物对淤地坝的坝地淤积泥沙颗粒大小的影响不显著。然而，与无放水建筑物的淤地坝相比，有放水建筑物的淤地坝的坝地淤积泥沙粒径大小相对偏细(见表 8.6)，因此，淤地坝对沟道上方来沙具有一定的淤粗排细效果。

表 8.6 王茂沟坝系淤地坝坝地不同位置的淤积泥沙中值粒径结果

淤地坝名称	放水建筑物类型	不同坝地位置处的淤积泥沙中值粒径 D_{50}/μm		
		坝前	坝中	坝后
王茂沟 1#坝	溢洪道	34.15	33.75	33.06
黄柏沟 1#坝	竖井	26.71	—	32.66
黄柏沟 2#坝	无	33.95	—	33.98
康和沟 1#坝	无	34.80	—	37.03
康和沟 2#坝	无	32.96	—	33.77
康和沟 3#坝	无	35.85	—	32.46
埝堰沟 1#坝	竖井	26.60	—	27.02

续表

淤地坝名称	放水建筑物类型	不同坝地位置处的淤积泥沙中值粒径 D_{50}/μm		
		坝前	坝中	坝后
埝堰沟 2#坝	卧管	25.11	31.94	32.01
埝堰沟 3#坝	无	29.52	—	30.58
埝堰沟 4#坝	无	27.53	—	32.80
王茂沟 2#坝	竖井	27.46	33.23	35.90
死地嘴 1#坝	竖井	27.79	31.29	28.14
死地嘴 2#坝	无	28.28	—	28.72
王塔沟 1#坝	无	36.10	—	36.63
王塔沟 2#坝	无	29.25	—	30.03
关地沟 1#坝	竖井	31.70	38.13	39.88
关地沟 2#坝	溢洪道	27.98	—	31.24
关地沟 3#坝	无	35.89	—	28.10
关地沟 4#坝	卧管	33.12	—	36.20
背塔沟坝	无	29.44	—	30.25
马地嘴坝	无	28.86	31.38	31.52

8.7.2　有溢洪道的淤地坝坝地泥沙淤积特征

王茂沟小流域坝系中有溢洪道的淤地坝(属于坝体+溢洪道的“二大件”淤地坝)共有 2 座，分别是王茂沟 1#坝和关地沟 2#坝。因为王茂沟 1#坝是地处王茂沟沟口的控制性骨干坝，故本书以关地沟 2#坝为研究对象分析溢洪道对淤地坝坝地淤积泥沙粒径大小的影响。

由于关地沟 2#坝基本上处于泥沙淤满状态，沟道上方泥沙来多少就向下游排泄多少，在坝地内基本不会发生泥沙淤积，因此，有溢洪道的淤地坝的淤粗排细特征相对较明显。

8.7.3　“闷葫芦”坝坝地泥沙淤积特征

王茂沟小流域坝系中只有坝体而无放水建筑物(竖井、卧管)或溢洪道的“闷葫芦”坝或“一大件”坝共 14 座(见表 8.6)，均属于典型的洪水泥沙全拦全蓄型淤地坝。

通过分析表 8.6 中王茂沟小流域内的 14 座“闷葫芦”坝的坝前、坝中和坝后的淤积泥沙的中值粒径大小后发现，“闷葫芦”坝淤泥泥沙的颗粒大小基本规律为坝前<坝后。

8.8 坝系单元坝地泥沙淤积特征

8.8.1 不同坝系单元级联模式下的坝地泥沙淤积特征

王茂沟小流域淤地坝坝系属于整体混联而局部串、并联的坝系单元级联模式。

从图 6.34 中可以看出，黄柏沟坝系单元中的黄柏沟 2#坝、黄柏沟 1#坝之间是串联关系；埝堰沟坝系单元中的埝堰沟 4#坝和埝堰沟 3#坝之间、埝堰沟 2#坝和埝堰沟 1#坝之间以及埝堰沟 3#坝、麻圪凹坝与埝堰沟 2#坝之间均属于串联关系，而埝堰沟 3#坝与麻圪凹坝之间属于并联关系，因此，黄柏沟坝系单元整体上属于坝系混联模式；康和沟坝系单元中的康和沟 1#坝、康和沟 2#坝和坝康和沟 3#坝之间属于串联关系。研究结果表明，在上述坝系单元中，淤地坝淤积泥沙均存在从沟头到沟口逐渐由粗变细的趋势；在每个单坝坝地内，淤积泥沙都是从坝后到坝前由粗变细，这可能是由于坝控流域的面积和土地利用差异有关。

马地嘴坝系单元是由王塔沟内的 2 座串联坝、死地嘴内的 2 座串联坝并联后，再与马地嘴坝串联，整体上也属于一个混联模式。研究结果同样表明，在王塔沟坝系单元和死地嘴坝系单元内，淤地坝淤积泥沙也存在从沟头到沟口逐渐由粗变细的趋势。马地嘴坝的淤积泥沙粒径大小介于属于同一沟道级别的两条支沟，即王塔沟、死地嘴内的淤地坝淤积泥沙粒径大小之间。

关地沟坝系单元也属于混联模式，关地沟 4#坝和背塔沟坝并联后再与关地沟 2#坝串联，而关地沟 2#坝与关地沟 3#坝之间属于并联关系，关地沟 2#坝、关地沟 3#坝与关地沟 1#坝之间属于串联关系。研究结果表明，在关地沟坝系单元内，淤地坝淤积泥沙也存在从沟头到沟口逐渐由粗变细的趋势；当支沟汇入主沟后，淤积泥沙的粒径大小会有相对明显的均化现象。

综上所述，在有放水建筑物的串联坝系单元内，从沟头到沟口，淤地坝淤积泥沙的粒径逐渐由粗变细；在没有放水建筑物的“闷葫芦”坝系单元内，从沟头到沟口，淤地坝淤积泥沙的粒径变化不明显，有时候会出现由细变粗的变化趋势，但是在单坝内坝前淤积泥沙粒径要比坝后淤积泥沙粒径相对较细，这可能与坝控流域面积大小和土地利用方式差异有关；并联淤地坝的泥沙进入下游淤地坝后，下游淤地坝的淤积泥沙的粒径大小会有一定程度的均化现象。

8.8.2 不同沟道级别下的坝地泥沙淤积特征

按照 Strahler 的河系分级原则，可以将王茂沟小流域内的沟道划分成Ⅰ级沟道、Ⅱ级沟道和Ⅲ级沟道三种，其中，将水流汇入干沟的沟道为Ⅲ级沟道，将汇集的水流汇入Ⅲ级沟道的沟道为Ⅱ级沟道，以此类推。经统计，王茂沟小流域Ⅰ级沟道内有淤地坝 16 座，为“一大件”小型坝；Ⅱ级沟道内有淤地坝 5 座，为“二大件”中型坝；Ⅲ级沟道内有淤地坝 2 座，为“二大件”骨干坝。

从图 8.8 中可以看出，王茂沟小流域坝地淤积泥沙颗粒体积分形维数按照最上游坝→支沟沟口坝→主沟沟口坝的顺序依次增大，而泥沙粒径大小也表现为由粗到细的变化趋势。因此，随着沟道级别的增加，淤泥泥沙的粒径越来越小，即粗泥沙越来越少，而细泥沙越来越多。

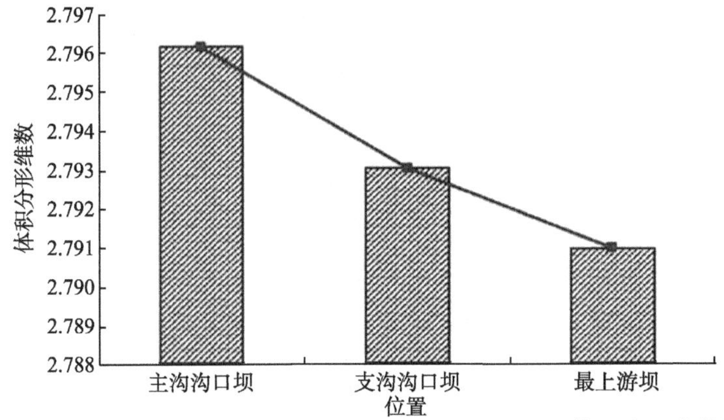

图 8.8　王茂沟小流域不同沟道级别沟道坝地淤积泥沙颗粒体积分形维数柱状图

8.8.3　不同坝系单元下的坝地泥沙淤积特征

图 8.9 为王茂沟小流域坝系单元坝地淤积泥沙颗粒体积分形维数随土层深度的变化曲线。由图 8.9 可以看出，王茂沟小流域内的 6 个坝系单元的淤积泥沙颗粒体积分形维数随土层深度的增加呈波动式变化规律，即 60cm 深度以上的淤积泥沙颗粒体积分形维数值变化不剧烈，平均值为 2.790，相反，60cm 深度以下的淤积泥沙颗粒体积分形维数值变化很剧烈。

从整个王茂沟坝系单元分析，王茂沟 1#坝是仅有坝体和溢洪道的“二大件”淤地坝，控制黄柏沟坝系单元、埝堰沟坝系单元、康和沟坝系单元；王茂沟 2#坝是仅有坝体和竖井的“二大件”淤地坝，控制马地嘴坝系单元和关地沟坝系单元。由于王茂沟 2#坝的竖井的泄洪能力很小，可以认为王茂沟 2#坝坝控流域范围内的径流泥沙基本上无法进入王茂沟 1#坝坝地内。

王茂沟小流域不同坝系单元下的坝地淤积泥沙的中值粒径和泥沙颗粒体积分形维数的统计结果见表 8.7。王茂沟 1#坝和王茂沟 2#坝的淤积泥沙颗粒体积分形维数分别为 2.791 和 2.783，说明王茂沟 2#坝内的淤积泥沙比 1#坝内的淤积泥沙的砂粒含量多，质地粗；王茂沟小流域主沟坝系单元的淤积泥沙颗粒体积分形维数均值为 2.787；王茂沟 1#坝控制的 3 个坝系单元淤积泥沙颗粒体积分形维数均值和王茂沟 2#坝控制的两个坝系单元的均值分别为 2.797、2.799，都比各自控制坝的淤积泥沙颗粒体积分形维数值高，表明进入王茂沟 1#坝和王茂沟 2#坝的泥沙颗粒逐渐变细，更进一步说明淤地坝具有“淤粗排细”的作用。

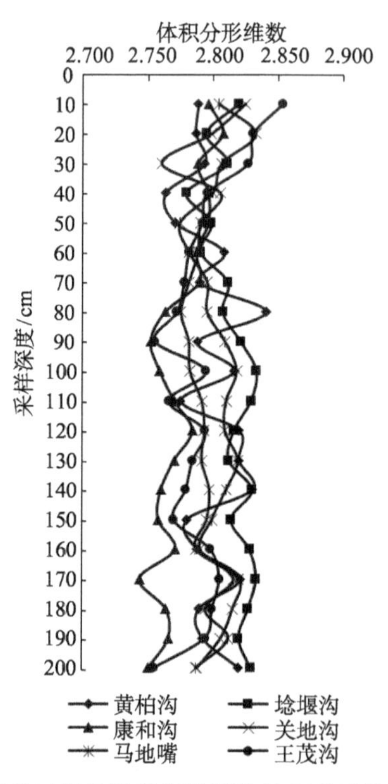

图 8.9　王茂沟小流域坝系单元坝地淤积泥沙颗粒体积分形维数随土层深度的变化曲线

表 8.7　王茂沟小流域不同坝系单元坝地淤积泥沙中值粒径和泥沙颗粒体积分形维数结果统计表

坝系单元名称	中值粒径 D_{50}/μm			泥沙颗粒分形维数		
	最大值	最小值	均值	最大值	最小值	均值
关地沟	46.68	11.94	30.82	2.964	2.668	2.793
马地嘴	50.63	11.11	32.34	2.938	2.686	2.804
埝堰沟	59.21	14.83	29.82	2.917	2.651	2.816
康和沟	47.27	22.26	34.66	2.858	2.667	2.774
黄柏沟	40.44	14.74	31.65	2.925	2.740	2.780
主沟	46.30	11.58	32.64	2.965	2.691	2.794

8.9　王茂沟坝系坝地泥沙淤积特征

根据王茂沟小流域主沟采样点的土样测定结果，分析得到的王茂沟主沟坝地淤积泥沙中值粒径大小从上游到下游的沿程变化结果如图 8.10 所示。从图 8.10 中可以看出，关地沟 4#坝、关地沟 2#坝、关地沟 1#坝、王茂沟 2#坝淤积泥沙的中值粒径 D_{50} 的大小从上游到下游均有明显下降趋势；相反，王茂沟 1#坝淤积泥沙的 D_{50} 自上而下表现为缓慢增加趋势，分析其原因可能是由坝控流域面积大小和坝控流域内的土地利用方式差异造成的。

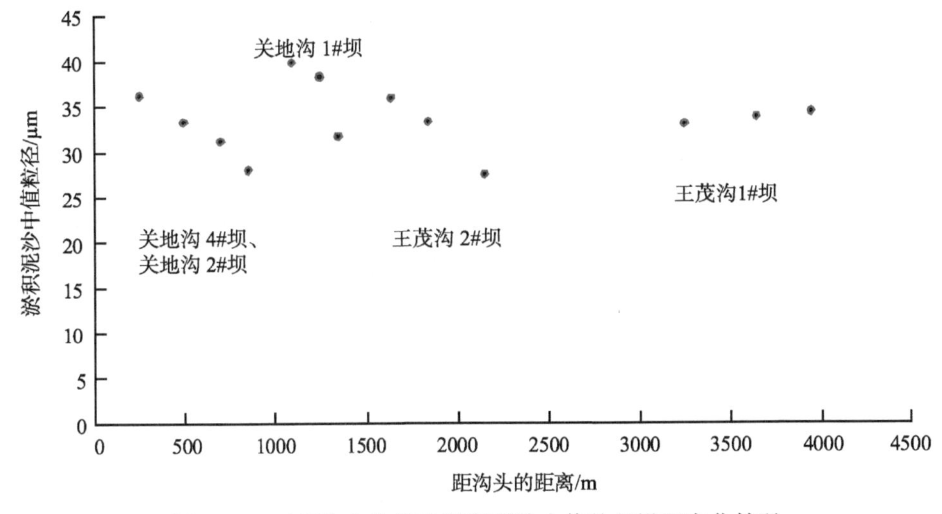

图 8.10　王茂沟主沟坝地淤积泥沙中值粒径沿程变化情况

以王茂沟 2#坝为分界线，王茂沟 2#坝以上区域属于王茂沟小流域上游，而王茂沟 2#坝以下区域属于王茂沟小流域下游，下游和上游的坝地淤积泥沙颗粒体积分形维数平均值分别为 2.793、2.791，说明上游坝地淤积泥沙颗粒比下游坝地淤积泥沙颗粒粗，再次说明了淤地坝的“淤粗排细”作用。

第9章　小流域淤地坝系级联效应模拟与分析

9.1　坝系运算关系解析

一座淤地坝的上游可能有多条支沟(或沟段)，也就可能有多个相邻的上游坝，位于上游的坝可能更多。将相邻的上游坝挑选出来，是坝系调洪演算的前提，此外，相邻上游坝的识别在建坝顺序的优化中也要涉及。

1. 标识符与序号

可采用英文字母来标识坝址所在的沟道。最上游的支沟(或沟段)用一个字母表示，较下游的支沟(或沟段)用两个字母表示，更下游的支沟(或沟段)都用两个字母中间加一个“～”符号表示。下游坝址的标识符必须包含所有上游坝的标识符(图9.1)，“～”代表最上游坝址的标识符至本坝址的标识符之间的支沟。一座坝的序号用数字表示，用来标识同一条支沟中自上游向下游坝址排列的顺序。

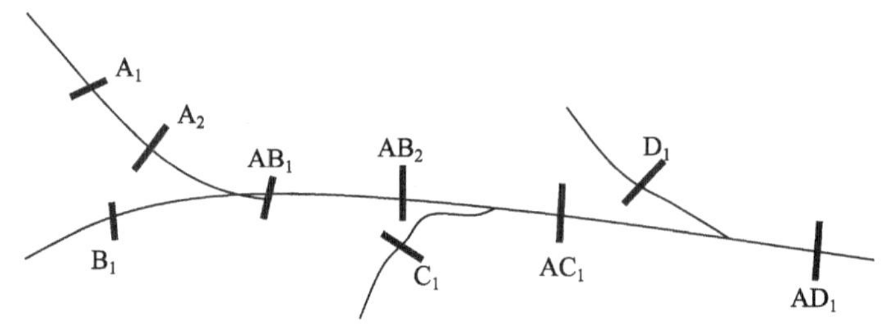

图9.1　淤地坝坝址编号示意图

关于标识符和序号的编制及上下游关系的判断，以图9.1为例详述如下：

(1) 每座坝具有独有的标识符和序号，标识符由1～3个字符组成，序号是阿拉伯数字。例如，A_2坝的标识符是A，序号是2；AB_1坝址的标识符是AB，序号是1；AC_1坝的标识符是AC，序号是1。

(2) 标识符相同的坝必然位于同一支沟或沟段中，如A_1坝和A_2坝位于同一支沟中。

(3) 标识符相同、序号相连的坝必然是相邻的上、下游坝，如A_1和A_2是相邻的上、下游坝。

(4) 标识符既不相同又不包容的坝不存在上、下游关系。例如，A_1与B_1、C_1、D_1等坝的标识符互不相同，也不包容，所以不存在上下游关系。

(5) 标识符包容的坝具有上下游关系，但是否相邻还应作进一步判断。在图 9.1 中，AB 包容 A 或 B，则 A_1、A_2、B_1 均是 AB_1 坝的上游坝。但 A_1 不是 AB_1 的相邻上游坝，B_1、A_2 才是 AB_1 的相邻上游坝。

(6) 标识符最多由 3 个字符组成，两侧字符是字母，中间是连接符号“～”。符号“～”代表前后两个字母之间的所有字母。例如，“A～D” 中的 “～” 代表 “BC” 两个字母，而 “A～C” 中的 “～” 则代表 “B” 一个字母。

2. 计算标记

在初始状态下，所有淤地坝的计算标记均设为 “n”，坝系调洪演算应从上游向下游依次进行。下面仍以图 9.1 为例进行说明。位于最上游的 A_1 坝，q_u 和 W_u 均为零。计算第 2 座坝即 A_2 坝时，上游相邻坝 A_1 坝就是最上游坝。A_2 坝计算结束后，A_1 坝的计算标记被置为 “y”。计算第 3 座坝 AB_1 坝时，发现 A_1 坝的计算标记为 “y”，就不再作为上游坝考虑。之后再计算 C_1 坝，依此规律向下游推算，直至到 AD_1 坝为止。

9.2　坝系防洪标准研究

9.2.1　子坝系和单元坝系的概念

小流域坝系可进一步分解为子坝系和单元坝系，它们的划分原则与流域水系和工程布局有关。

子坝系是指位于小流域内的一级支沟上的坝系，沟道等级一般在Ⅳ～Ⅴ级沟道的范畴内。一个小流域坝系往往由若干个子坝系组成，如韭园沟小流域坝系所包含的王家沟、王茂沟等 14 个子坝系，每个子坝系都是相对独立的支沟，除坝系下游出口处子坝系(韭园沟主沟坝系)之外，各子坝系之间一般不存在水沙传递关系。一个子坝系又由若干个单元坝系组成，原则上至少包含一个单元坝系，如王茂沟子坝系又可划分为关地沟、马地嘴等 4 个单元坝系。

单元坝系是指由一座骨干坝及其控制范围内的中、小型淤地坝所组成的工程体系。根据骨干坝的设计特征，每个单元坝系的控制范围一般是集水面积为 3.0～8.0km^2 的闭合区域，恰好符合Ⅲ级沟道的面积特征。从水沙控制的角度来看，每个单元坝系之间是相对独立的；之所以说是相对独立的，是因为虽然各个单元坝系自成体系实施水沙控制，但有些单元坝系位于同一个子坝系内，也存在着上下游关系，上游单元坝系的洪水经过调蓄处理后将泄入其下游的单元坝系，这样的单元坝系之间存在着水沙传递关系。例如，在王茂沟小流域坝系中，AC(关地沟 1#坝)、AE(王茂沟 2#坝)和 AI(王茂沟 2#坝)3 个单元坝系存在上下游关系，组成一个主沟串联坝系结构。图 9.2 为王茂沟小流域单元坝系划分及结构图。

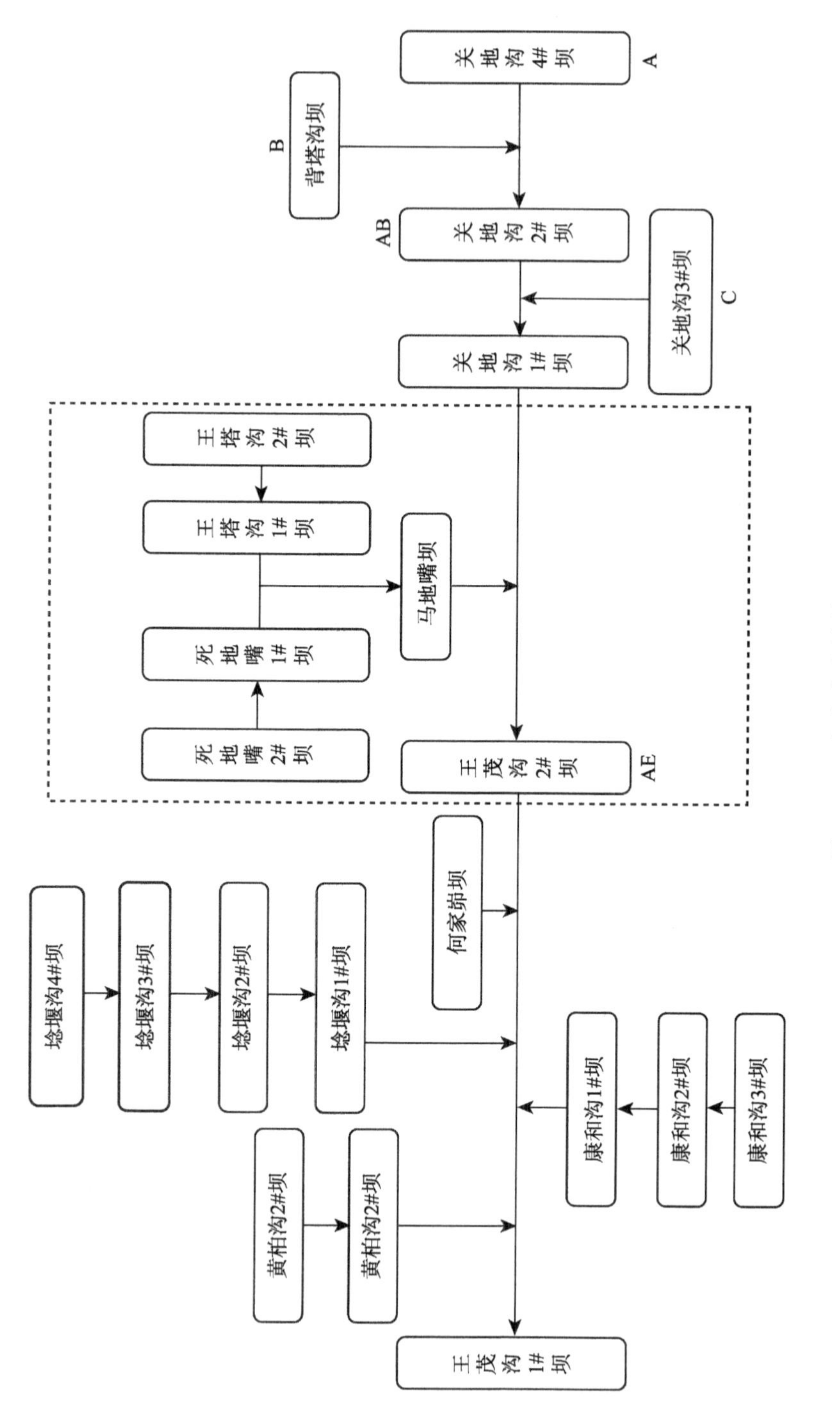

图 9.2　王茂沟小流域单元坝系划分及结构图

通过子坝系和单元坝系的划分，可以更加清晰地反映坝系工程体系的空间位置关系以及它们之间的相互作用，有助于坝系的规划设计和建设实施。

9.2.2 单元控制论的应用

解决黄土高原水土流失的关键问题是水沙控制问题。通过调查研究发现，一个坝系可以分为若干个集水面积为 3.0～8.0km^2 的闭合水系，它既是降雨径流汇集的最小单元，又是水土流失发生发展和产流产沙的最小单元。单元坝系是由一座骨干坝和若干座中小型淤地坝组成的，其中，骨干坝的设计标准较高，可以对所控制范围内的洪水、泥沙和中小型淤地坝实施控制，达到单元内防洪、拦泥、淤地、生产“区域自治”的效果。

从坝系的角度分析，采用单元控制原则，可以实现分段、分层、分片控制洪水泥沙，削弱导致水土流失的原动力，在不同的降雨条件下有序地分散径流动能以达到安全拦蓄洪水泥沙的目的，使得在设计频率条件下，不同地段的洪水和泥沙各有归宿，得到科学合理的分配，防止其形成具有破坏力的动能，这样就可以减轻甚至避免出现灾害，既保证了坝系的稳定安全，又达到了科学控制和合理利用水沙资源的目的，使坝系处于整体稳定的状态。

从单元坝系的角度分析，采用单元控制，不同等级、不同规模的各项工程之间相互依存、相互补充，各自发挥自身优势，将洪水和泥沙分解、拦蓄，确保单元坝系自身的稳定和安全。即使在流域发生超出中小型淤地坝设计标准的洪水的情况下，允许单元坝系内的中小型淤地坝和坝地生产受到影响，但因为有骨干坝这道“最后防线”的存在，仍然可以保证单元坝系的整体防洪安全，有效防止“二次水土流失”的发生，也保证了整个坝系的稳定和安全。

表 9.1 对王茂沟小流域坝系中的 35 座现存淤地坝自建坝至调查期的淤积发展情况进行了概化分析。在 20 世纪 50 年代～1999 年的近 50 年里，王茂沟小流域的土地利用方式和耕作模式变化不大。因此，该时期的土壤侵蚀模数变化亦不是很大，平均侵蚀模数约 1800 万 t/(km^2·a)。自 1999 年开始推行退耕还林还草政策以来，王茂沟小流域的土地利用方式和耕作模式发生了极大改变，小流域的土壤侵蚀类型和侵蚀强度也发生了变化，且土壤侵蚀模数显著降低。

选取 1950～1999 年建设并运行至今的各单坝为对象，根据坝地淤积现状，计算其平均年淤积量：

$$\overline{v}_i = \frac{V_{已淤}}{n_i} \tag{9.1}$$

式中，$\overline{v}_i$ 为第 i 个单坝的理论年平均淤积量(m^3)；$V_{已淤}$ 为当前已淤泥沙量(m^3)；n_i 为第 i 个单坝运行时间(年)。

表 9.1　王茂沟小流域坝系各单坝拦泥现状及淤积年限预测

淤地坝名称	设计库容/万 m^3			已淤库容/万 m^3	剩余库容/万 m^3		年淤积量/万 m^3	理论淤满时间/年	运行时间/年	剩余时间/年
	总库容	拦泥库容	防洪库容		滞洪库容	拦泥库容				
主沟拦洪坝	1.22	1.06	0.16	1.22	0	0	0.031	34	40	0
石宣沟 2#坝	0.26	0.23	0.03	0.26	0	0	0.007	32	40	0
米地沟坝	0.22	0.19	0.03	0.22	0	0	0.006	32	40	0
上合沟坝	0.08	0.07	0.01	0.08	0	0	0.002	35	40	0
康和沟 3#坝	2.12	1.84	0.28	2.12	0	0	0.053	35	40	0
埝堰沟 2#坝	7.33	6.38	0.95	7.33	0	0	0.167	38	44	0
埝堰沟 4#坝	2.41	2.10	0.31	2.41	0	0	0.062	34	39	0
马圪凸 1#坝	4.19	3.65	0.54	4.19	0	0	0.107	34	39	0
小嘴沟坝	1.12	0.97	0.15	1.12	0	0	0.028	35	40	0
死地嘴 3#坝	1.18	1.03	0.15	1.18	0	0	0.030	34	40	0
死地嘴 4#坝	1.17	1.02	0.15	1.17	0	0	0.029	35	40	0
崖窑沟坝	0.21	0.18	0.03	0.21	0	0	0.008	23	28	0
王塔沟 2#坝	2.00	1.74	0.26	2.00	0	0	0.065	27	31	0
小王塔沟坝	0.25	0.22	0.03	0.25	0	0	0.009	24	27	0
死地嘴 1#坝	5.07	4.46	0.61	4.88	0.19	0	0.122	37	40	2
康和沟 1#坝	2.85	2.51	0.34	2.66	0.19	0	0.068	37	39	3
关地沟 2#坝	1.37	1.21	0.16	1.14	0.23	0.07	0.029	42	40	2
主沟 1#坝	69.83	60.05	9.78	59.20	10.63	0.85	1.287	47	46	1
主沟 4#坝	2.27	2.00	0.27	1.67	0.60	0.33	0.060	33	28	5
王塔沟 1#坝	4.51	3.97	0.54	3.65	0.86	0.32	0.085	47	43	4
埝堰沟 3#	5.92	5.21	0.71	4.72	1.20	0.49	0.110	47	43	4
见他沟坝	2.98	2.62	0.36	2.32	0.66	0.30	0.058	45	40	5
黄柏沟 2#坝	2.00	1.76	0.24	1.57	0.43	0.19	0.037	48	43	5
何家峁沟坝	0.62	0.55	0.07	0.42	0.20	0.13	0.02	34	27	8
马地嘴坝	18.50	16.28	2.22	12.00	6.50	4.28	0.39	42	31	11
敖子峁坝	1.18	1.04	0.14	0.78	0.40	0.26	0.02	52	40	13
关地沟 3#坝	14.02	12.34	1.68	8.54	5.48	3.80	0.21	58	40	18
大嘴沟坝	1.57	1.38	0.19	0.91	0.66	0.47	0.02	60	40	21
死地嘴 2#坝	18.50	16.28	2.22	9.93	8.57	6.35	0.25	66	40	26
黄柏沟 1#坝	5.55	4.88	0.67	2.97	2.58	1.91	0.07	72	44	28
留他沟坝	5.52	4.86	0.66	2.19	3.33	2.67	0.06	88	40	49
关地沟 1#坝	29.41	25.88	3.53	10.57	18.84	15.31	0.24	108	44	64
康和沟 2#坝	2.64	2.32	0.32	0.79	1.85	1.53	0.02	116	39	77
埝堰沟 1#坝	15.18	13.36	1.82	4.91	10.27	8.45	0.11	119	44	75
主沟 2#坝	105.40	90.64	14.76	28.08	77.32	62.56	0.70	129	40	89

$$T_i = \frac{V_{总}}{\overline{v}_i} \tag{9.2}$$

$$T_{可淤} = T_i - n_i \tag{9.3}$$

式中，T_i为第 i 个单坝理论淤满时间(年)；$V_{总}$为第 i 个单坝总设计库容(m^3)；$T_{可淤}$为现状库容淤满所需时间(年)。

由表 9.1 可知，王茂沟小流域当前已淤满的淤地坝共 14 座，均为小型坝，已失去蓄洪拦沙能力，从坝系生产和防洪需要角度来看，不具备加高扩容条件，今后宜作为单一的生产坝地，配套排灌、防盐渍化措施，以实现高产，发挥坝系的经济效益功能。剩余淤积年限为 2～10 年的淤地坝有 10 座；剩余淤积年限为 0～20 年的淤地坝有 3 座，包括 1 座骨干坝和 1 座中型坝，分别为主沟 1#坝和马地嘴坝；其余 9 座均为小型坝，当前均已进入生产利用阶段，防洪拦沙能力有限，应采取加高或增建卧管或溢洪道等泄水设施，以提高运行年限和保障坝地作物生产。剩余淤积年限为 20～50 年的淤地坝共有 5 座，其中，关地沟 1#坝、3#坝为中型坝，其余 3 座均为小型坝，尚可持续拦泥运行且近期无须加高改建。剩余淤积年限在 60 年以上的淤地坝共 5 座，其中，中、小型坝各 2 座，骨干坝 1 座。

小型坝设计淤积年限一般为 5～10 年，中型坝设计淤积年限一般为 10 年，骨干坝设计淤积年限为 10～20 年。从王茂沟小流域坝系中各单坝的泥沙淤积现状情况、理论淤积年限及剩余淤积年限来看，多数单坝设计标准不尽合理。对于现已淤满的 14 座单坝而言，由于其实际的泥沙淤满年份未知，无法判断其设计标准是否存在淤积期过长或过短的问题。而对于剩余的 21 座单坝来说，无论其坝型和规模如何，基本上都超出了设计淤积年限但仍未淤满，因此，可以认为各单坝均存在设计库容过大、淤积年限过长的问题。尤其是作为小型坝的留他沟坝、康和沟 2#坝均已运行 40 年以上，但根据理论计算结果，其仍然有 50%以上的淤积库容剩余，在侵蚀模数不变的情况下，仍可淤积 60 年以上。

由此可知，王茂沟小流域建坝密度过大、设计淤积库容偏大，从而无法满足小型坝快速淤地生产、尽快发挥坝系生产效益的目的。而 2 座中型坝剩余淤积年限达到 70 年以上，从生产效益来看，投入产出比过低，但从防洪保安角度来看，剩余淤积库容可以作为坝系整体的滞洪库容，从而减轻下游淤地坝的防洪压力。

9.3　坝系拦蓄洪水的级联作用

长期以来，淤地坝单坝的防洪标准很容易明确界定，但对于一个结构复杂但又有清晰层级的坝系而言，其防洪标准缺乏明确的定义。这是由于小流域地貌的复杂多样导致淤地坝数量、坝型、布局等配置问题也复杂多样，因此，确定坝系科学合理的防洪标准，既能最大限度地保证坝系安全，又能确保坝系建设投资不会过大，已成为坝系建设规划中亟须解决的关键问题之一。

9.3.1 小流域坝系防洪体系

一个结构完整的小流域坝系仿佛一片树叶，自然侵蚀形成的沟道宛如叶脉沿着主沟道成发散状分布，沟道中星罗棋布若干大、中、小型坝库，形成了一个工程体系，其功能可归类为防洪体系和生产体系两大体系。

防洪体系是坝系的骨架，是维系坝系安全运行的必要骨干设施。防洪体系主要由承担坝系防洪任务的骨干坝组成，设计标准较高、工程规模较大。骨干坝利用其较大的防洪库容，调蓄和拦截控制区域内的洪水和泥沙，并承担保护下游小多成群淤地坝安全生产的任务。因此，坝系整体的防洪安全设防标准可由若干个骨干坝承担。

生产体系是确保坝系存在和可持续发展的主要内容和目的，由中、小型淤地坝及其附属建筑物组成。坝地、灌溉库容与养殖水面是坝系经济活动的基础，也是坝系规划设计的重要内容。生产体系的设计标准较低，一般不承担防洪任务。当然，骨干坝同样也具备一定的生产能力，甚至有些坝系中的骨干坝成为生产体系的重点。

由此可见，在一个功能完善、配置齐全、效益显著的坝系中，不同类型、不同规模、不同作用的工程应采用不同的设计标准，这样既可减少坝系建设的投入，又能发挥各个工程的作用。在坝系的运行过程中各司其职、各尽所能、联合运用，分层、分片、分段拦蓄洪水和泥沙，最大限度地发挥其在坝系中的优势，并通过相互之间的联合互动，弥补各自所存在的缺陷或不足，这种相互合作、相互保护、相互补充的结果将保证坝系处于高效运转的状态，实现坝系对洪水的安全蓄滞和最大限度的拦截泥沙。

9.3.2 淤地坝防洪标准

《水土保持治沟骨干工程技术规范》(SL 298—2003)和《水土保持综合治理技术规范沟壑治理技术》(GB/T 16453.3—2008)等都对淤地坝工程的设计标准有着明确的规定，见表 9.2。

表 9.2 淤地坝规模与设计标准

项目	骨干坝		中小型淤地坝	
工程等级或规模	五	四	小型	中型
总库容/万 m³	50～100	100～500	1～10	10～50
淤积年限/年	10～20	20	5～10	10
校核洪水重现期/年	200～300	300～500	50	100
设计洪水重现期/年	20～30	30～50	10	10～20

9.3.3　单坝防洪标准与坝系防洪标准的关系

单坝防洪标准的确定一般只考虑该淤地坝所控制区域内的水沙情况。如果该淤地坝坝控流域实际出现的洪水重现期不超过该淤地坝的设计防洪标准，则该淤地坝是安全的。然而，作为大量单坝复杂组合的坝系则需要综合考虑整个系统内部的相互联系、调度等问题。单坝的防洪标准不等于坝系的防洪标准，反之坝系的防洪标准也不能替代单坝的防洪标准。单坝的防洪标准最佳不能说明坝系的防洪标准也最佳。

在进行小流域坝系规划和布局时，对于同一类别的淤地坝而言，防洪标准都取相同值是一种较为经济、合理的方案，对于坝系中的骨干坝尤其如此。对骨干坝的防洪标准确定应在保证坝系整体安全的基础上进行。

(1) 合理的坝系配置更容易发展到相对稳定状态，承担防洪任务的骨干坝可拦蓄其控制范围内的全部洪水和泥沙，骨干坝应不存在垮坝危险，以保证坝系的完好。

(2) 骨干坝在坝系建设中取相同的设计标准，可以将坝地防洪标准问题简单化，但在实际应用中，因地制宜、因时制宜对坝系中个别规模较大的骨干坝应适当提高设计标准。

(3) 应用低板论确定坝系防洪标准。日常生活中常用的木制水桶是用若干块木板条箍成的，如果有一块木板最低，无论其余木板条多高，那么木桶的容积为以最低的木板高作为计算标准，故称为小流域坝系防洪标准的“低板论”原则。

将低板论引入到坝系防洪标准研究中认为，在一个坝系内所有的单元坝系中，若存在一个防洪能力最低，即骨干坝防洪标准最小的单元坝系，则说明这个单元坝系处于不安全的状态。如果发生超过该单元坝系防洪标准的降雨，那么该单元坝系中的骨干坝就有可能发生溃坝风险，洪水下泄后对下游单元坝系造成压力和威胁，甚至发生连锁溃坝，导致坝系防洪体系的崩溃。因此，在确定该坝系防洪标准时，应将此单元坝系的防洪标准作为整个坝系的防洪标准。

采用低板论确定坝系防洪标准的目的是保证坝系安全运行，防止发生整个坝系防洪功能崩溃，最大限度地消除坝系防洪中所存在的安全隐患，降低坝系工程建设成本，为坝系工程的布局、规模的调整和工程的配套完善奠定基础。

9.3.4　王茂沟小流域不同坝系结构配置的蓄洪效应

为了揭示小流域坝系中不同坝系单元组合以及各坝系单元中不同单坝组合对洪水泥沙的分层、分片、分段蓄滞和拦截的级联作用，在将小流域坝系作为一个系统体系的基础上，应用坝系防洪“低板论”理论，将骨干坝作为该坝控制区间蓄洪的决定性因素，分析其上游分别配置不同数量、不同坝型、不同位置的中、小型淤地坝对骨干坝蓄洪拦沙能力的影响以及两者之间的关系，为坝系建设中的布局、防洪标准确定提供理论基础。具体研究方法如下。

将王茂沟小流域主沟道划分为 3 段，每段分别由 1 座大型淤地坝控制，将该坝上游还原到未建坝前的状态。在该控制性骨干坝上游分别配置 0，1，2，…，n 座中小型坝，然后计算 50 年、100 年、200 年、300 年和 500 年一遇设计洪水条件和不同坝系结构组合情况下的骨干坝及其上游坝分别拦蓄的洪水总量，并与现状剩余库容对比，作为判断该骨干坝和单元坝系的现状防洪风险评价指标。

$$W_{骨干}=0.1\alpha H_{24}(F_{区间}-\sum F_i)+\sum \Delta w_i \qquad (i=1,2,\cdots,n) \tag{9.4}$$

$$\Delta w_i = w_i - v_i \qquad (i=1,2,\cdots,n,若\ w_i \leqslant v_i,则\ \Delta w_i=0) \tag{9.5}$$

$$w_i = 0.1\alpha H_{24} F_i \qquad (i=1,2,\cdots,n) \tag{9.6}$$

式中，$W_{骨干}$ 为上游配置不同单坝组合情况下该区间被骨干坝拦蓄的洪水量；α为洪量径流系数；H_{24} 为频率为 p 的流域形心点的 24h 暴雨量；$F_{区间}$ 为骨干坝控制区间面积；F_i 为上游各单坝的控制面积；Δw_i 为骨干坝上游各单坝控制区间洪水总量与该坝滞洪库容的差值；v_i 为骨干坝上游各单坝的滞洪库容。

为了从坝系结构上系统研究小流域串联坝系蓄洪拦沙的级联作用，将王茂沟小流域还原到没有任何淤地坝等水土保持工程的天然状态。根据王茂沟小流域的沟道分布特点，通过建坝潜力调查分析，对不同单元坝系结构的蓄洪拦沙能力进行推演。根据推演结果，判断主沟道上 3 个控制性坝库工程在其上游淤地坝不同布设位置、坝型和数量，从而形成不同坝系结构情况下串联坝系上中下游坝系之间的泥沙输移和分配关系，揭示坝系内如何配置才能更好地实现坝与坝之间互相配合、联合运用，从而达到调洪削峰、确保坝系安全、防洪保收的目的。

1. 不同重现期设计洪水条件下关地沟 1#坝区间不同坝系结构组合蓄洪级联特征

首先，假设关地沟 1#坝(坝 AC)上游无中、小型坝，则控制区间水沙全部由关地沟 1#坝拦蓄。当上游分别增加坝 A 即关地沟 4#坝后，随着上游建坝数量和库容的增加，区间内由坝 AC 拦蓄的洪量逐渐减少，其承担的防洪压力也逐渐减小；当其上游继续增建坝 A、B、AB、C 后，此 4 座坝总库容达到 19.6 万 m^3，占坝 AC 库容的 50%，可以在关地沟 1#坝上游拦截相当于其库容 1/2 的水沙，缓解了关地沟 1#坝的防洪压力，延长了其作为控制性工程的淤积年限和使用寿命。

对于 50 年一遇洪水，当上游无坝时，区间洪水全部由关地沟 1#坝拦蓄，需拦蓄 5.55 万 m^3 洪量；当上游依次增加坝 A、B、AB、C 时，该单元坝系组合依次为 AC+A、AC+A/B、AC+A/B/AB 和 AC+A/B/AB/C，则关地沟 1#坝需拦蓄洪量分别为 5.55 万 m^3、3.56 万 m^3、2.66 万 m^3、1.67 万 m^3 和 1.09 万 m^3，详见表 9.3。

对于 100 年一遇洪水，当上游无坝时，区间洪水全部由关地沟 1#坝拦蓄，需拦蓄 6.71 万 m^3 洪量；当上游依次增加坝 A、B、AB、C 时，该单元坝系组合依次为 AC+A、AC+A/B、AC+A/B/AB 和 AC+A/B/AB/C，则关地沟 1#坝需拦蓄洪量分别为 6.71 万 m^3、4.30 万 m^3、3.21 万 m^3、2.01 万 m^3 和 1.31 万 m^3，详见表 9.4。

对于 300 年一遇的洪水，对不同的单元坝系组合，关地沟 1#坝需拦蓄洪量分别为 8.80 万 m^3、5.64 万 m^3、4.21 万 m^3、2.64 万 m^3、1.72 万 m^3，详见表 9.5。

表 9.3　关地沟 1#坝区间不同坝系结构组合蓄洪级联特征(50 年一遇)

单坝编号	设计库容/万 m^3	剩余库容/万 m^3	拦蓄洪量/万 m^3				
			AC_0	AC_1	AC_2	AC_3	AC_4
A	13.6	7.10	1.99				
B	3.2	0.00	0.90	0.90			
AB	1.4	0.00	0.99	0.99	0.99		
C	1.4	0.00	0.58	0.58	0.58	0.58	
AC	29.4	10.61	1.09	1.09	1.09	1.09	1.09
合计	49.0	17.71	5.55	3.56	2.66	1.67	1.09

注：A 为关地沟 4#坝；B 为背她沟坝；AB 为关地沟 2#坝；C 为关地沟 3#坝；AC 为关地沟 1#坝，下表同。AC_0 为单元坝系仅有坝 AC；AC_1 为 AC+A 的坝系结构；AC_2 为 AC+A/B 组合；AC_3 为 AC+A/B/AB 的坝系结构；AC_4 为 AC+A/B/AB/C 的坝系结构，下表同。

表 9.4　关地沟 1#坝区间不同坝系结构组合蓄洪级联特征(100 年一遇)

单坝编号	设计库容/万 m^3	剩余库容/万 m^3	拦蓄洪量/万 m^3				
			AC_0	AC_1	AC_2	AC_3	AC_4
A	13.6	7.10	2.41				
B	3.2	0.00	1.09	1.09			
AB	1.4	0.00	1.2	1.2	1.2		
C	1.4	0.00	0.7	0.7	0.7	0.7	
AC	29.4	10.61	1.31	1.31	1.31	1.31	1.31
合计	49.0	17.71	6.71	4.30	3.21	2.01	1.31

表 9.5　关地沟 1#坝区间不同坝系结构组合蓄洪级联特征(300 年一遇)

单坝编号	设计库容/万 m^3	剩余库容/万 m^3	拦蓄洪量/万 m^3				
			AC_0	AC_1	AC_2	AC_3	AC_4
A	13.6	7.10	3.16				
B	3.2	0.00	1.43	1.43			
AB	1.4	0.00	1.57	1.57	1.57		
C	1.4	0.00	0.92	0.92	0.92	0.92	
AC	29.4	10.61	1.72	1.72	1.72	1.72	1.72
合计	49.0	17.71	8.80	5.64	4.21	2.64	1.72

对于 500 年一遇洪水，对不同的单元坝系组合，关地沟 1#坝需拦蓄洪量分别

为 10.14 万 m^3、6.50 万 m^3、4.85 万 m^3、3.04 万 m^3、1.98 万 m^3，详见表 9.6。

表 9.6　关地沟 1#坝区间不同坝系结构组合蓄洪级联特征(500 年一遇)

单坝编号	设计库容/万 m^3	剩余库容/万 m^3	拦蓄洪量/万 m^3				
			AC_0	AC_1	AC_2	AC_3	AC_4
A	13.6	7.10	3.64				
B	3.2	0.00	1.65	1.65			
AB	1.4	0.00	1.81	1.81	1.81		
C	1.4	0.00	1.06	1.06	1.06	1.06	
AC	29.4	10.61	1.98	1.98	1.98	1.98	1.98
合计	49.0	17.71	10.14	6.50	4.85	3.04	1.98

由表 9.3～表 9.6 可知，当骨干坝控制区间面积和库容一定时，该淤地坝需承担区间全部洪水和泥沙的拦蓄任务，设计标准相对较高，对该单元坝系的防洪安全起着决定性作用，也是该区间水沙传递体系的最后一道闸门。

2. 不同重现期设计洪水条件下王茂沟 2#坝区间不同坝系结构组合蓄洪级联特征

首先，假设王茂沟 2#坝(坝 AD)上游无坝，则控制区间水沙全部由坝 AD 拦蓄。当上游依次增加坝 D_1、D_2、E_1、E_2、DE 时，该单元坝系组合依次为 AD+D_1、AD+D_1/D_2、AD+D_1/D_2/E_1、AD+D_1/D_2/E_1/E_2 和 AD+D_1/D_2/E_1/E_2/DE，则王茂沟 2#坝上游 5 个中小型坝的总库容为 48.58 万 m^3。

当上游分别增加坝 A，即关地沟 4#坝后，随着上游建坝数量和库容的增加，区间内由王茂沟 2#坝拦蓄的洪量逐渐减少，其承担的防洪压力也逐渐减小；当其上游继续增建坝 A、B、AB、C 后，此 4 座坝总库容达到 19.6 万 m^3，占王茂沟 2#坝库容的 50%，可以在王茂沟 2#坝上游拦截相当于其库容 1/2 的水沙，缓解了王茂沟 2#坝的防洪压力，延长了其作为控制性工程的淤积年限和使用寿命。

对于 50 年一遇洪水，当上游无坝时，区间洪水全部由王茂沟 2#坝拦蓄，需拦蓄 8.75 万 m^3 洪量；当上游依次增加坝 D_1、D_2、E_1、E_2、DE 时，王茂沟 2#坝需拦蓄洪量分别为 8.51 万 m^3、7.06 万 m^3、5.26 万 m^3、4.57 万 m^3 和 3.32 万 m^3，详见表 9.7。

对于 100 年一遇洪水，当上游无坝时，区间洪水全部由王茂沟 2#坝拦蓄，需拦蓄 10.58 万 m^3 洪量；当上游依次增加坝 D_1、D_2、E_1、E_2、DE 时，则王茂沟 2#坝需拦蓄洪量分别为 10.29 万 m^3、8.54 万 m^3、6.37 万 m^3、5.53 万 m^3 和 4.02 万 m^3，详见表 9.8。

对于 300 年一遇洪水，对不同的单元坝系组合，王茂沟 2#坝需拦蓄洪量分别为 13.84 万 m^3、13.46 万 m^3、11.17 万 m^3、8.33 万 m^3、7.24 万 m^3 和 5.26 万 m^3，详

见表 9.9。

表 9.7 王茂沟 2#坝区间不同坝系结构组合蓄洪级联特征(50 年一遇)

单坝编号	设计库容/万 m^3	剩余库容/万 m^3	拦蓄洪量/万 m^3					
			AD_0	AD_1	AD_2	AD_3	AD_4	AD_5
D_1	2.00	0.00	0.24					
D_2	4.51	0.86	1.45	1.45				
E_1	18.50	8.57	1.80	1.80	1.80			
E_2	5.07	0.19	0.69	0.69	0.69	0.69		
DE	18.50	6.50	1.25	1.25	1.25	1.25	1.25	
AD	105.40	77.32	3.32	3.32	3.32	3.32	3.32	3.32
合计	153.98	93.44	8.75	8.51	7.06	5.26	4.57	3.32

注：D_1 为王塔沟 2#坝；D_2 为王塔沟 1#坝；E_1 为死地嘴 2#坝；E_2 为死地嘴 1#坝；DE 为马地嘴坝；AD 为王茂沟 2#坝，下同。AD_0 为单元坝系只有坝 AD；AD_1 为 AD+D_1 的坝系结构；AD_2 为 AD+D_1/D_2 的坝系结构；AD_3 为 AD+D_1/D_2/E_1 的坝系结构；AD_4 为 AD+D_1/D_2/E_1/E_2 的坝系结构；AD_5 为 AD+D_1/D_2/E_1/E_2/DE 的坝系结构，下同。

表 9.8 王茂沟 2#坝区间不同坝系结构组合蓄洪级联特征(100 年一遇)

单坝名称	设计库容/万 m^3	剩余库容/万 m^3	拦蓄洪量/万 m^3					
			AD_0	AD_1	AD_2	AD_3	AD_4	AD_5
D_1	2.00	0.00	0.29					
D_2	4.51	0.86	1.75	1.75				
E_1	18.50	8.57	2.17	2.17	2.17			
E_2	5.07	0.19	0.84	0.84	0.84	0.84		
DE	18.50	6.50	1.51	1.51	1.51	1.51	1.51	
AD	105.40	77.32	4.02	4.02	4.02	4.02	4.02	4.02
合计	153.98	93.44	10.58	10.29	8.54	6.37	5.53	4.02

表 9.9 王茂沟 2#坝区间不同坝系结构组合蓄洪级联特征(300 年一遇)

单坝编号	设计库容/万 m^3	剩余库容/万 m^3	拦蓄洪量/万 m^3					
			AD_0	AD_1	AD_2	AD_3	AD_4	AD_5
D_1	2.00	0.00	0.38					
D_2	4.51	0.86	2.29	2.29				
E_1	18.50	8.57	2.84	2.84	2.84			
E_2	5.07	0.19	1.09	1.09	1.09	1.09		
DE	18.50	6.50	1.98	1.98	1.98	1.98	1.98	
AD	105.40	77.32	5.26	5.26	5.26	5.26	5.26	5.26
合计	153.98	93.44	13.84	13.46	11.17	8.33	7.24	5.26

对于 500 年一遇洪水，对不同的单元坝系组合，王茂沟 2#坝需拦蓄洪量分别为 15.97 万 m^3、15.33 万 m^3、12.89 万 m^3、9.61 万 m^3、8.35 万 m^3 和 6.07 万 m^3，详见表 9.10。

表 9.10　王茂沟 2#坝区间不同坝系结构组合蓄洪级联特征(500 年一遇)

单坝编号	设计库容/万 m^3	剩余库容/万 m^3	拦蓄洪量/万 m^3					
			AD_0	AD_1	AD_2	AD_3	AD_4	AD_5
D_1	2.00	0.00	0.44					
D_2	4.51	0.86	2.64	2.64				
E_1	18.50	8.57	3.28	3.28	3.28			
E_2	5.07	0.19	1.26	1.26	1.26	1.26		
DE	18.50	6.50	2.28	2.28	2.28	2.28	2.28	
AD	105.40	77.32	6.07	6.07	6.07	6.07	6.07	6.07
合计	153.98	93.44	15.97	15.53	12.89	9.61	8.35	6.07

3. 不同重现期设计洪水条件下王茂沟 1#坝区间不同坝系结构组合蓄洪级联特征

首先，假设王茂沟 1#坝(坝 AI)上游无坝，则控制区间水沙全部由王茂沟 1#坝拦蓄。当上游依次增加坝 G_1、G_2、G_3、G_4、H_1、H_2、I_1、I_2 时，该单元坝系组合依次为 $AI+G_1$、$AI+G_1/G_2$、$AI+G_1/G_2/G_3$、$AI+G_1/G_2/G_3/G_4$、$AI+G_1/G_2/G_3/G_4/H_1$、$AI+G_1/G_2/G_3/G_4/H_1/H_2$、$AI+G_1/G_2/G_3/G_4/H_1/H_2/H_3$、$AI+G_1/G_2/G_3/G_4/H_1/H_2/H_3/I_1$ 和 $AI+G_1/G_2/G_3/G_4/H_1/H_2/H_3/I_1/I_2$，王茂沟 1#坝上游 9 个中小型坝的总库容为 46.5 万 m^3。

对于 50 年一遇洪水，当上游无坝时，区间洪水全部由王茂沟 1#坝拦蓄，需拦蓄 12.69 万 m^3 洪量；当上游依次增加坝 G_1、G_2、G_3、G_4、H_1、H_2、I_1、I_2 时，王茂沟 1#坝需拦蓄洪量分别为 11.56 万 m^3、10.45 万 m^3、9.27 万 m^3、9.10 万 m^3、7.90 万 m^3、7.63 万 m^3、7.35 万 m^3、6.59 万 m^3、5.68 万 m^3，详见表 9.11。

对于 100 年一遇洪水，当上游无坝时，区间洪水全部由王茂沟 1#坝拦蓄，需拦蓄 15.35 万 m^3 洪量；当上游依次增加坝 G_1、G_2、G_3、G_4、H_1、H_2、I_1、I_2 时，王茂沟 1#坝需拦蓄洪量分别为 13.39 万 m^3、12.65 万 m^3、11.22 万 m^3、11.01 万 m^3、9.56 万 m^3、9.23 万 m^3、8.89 万 m^3、9.79 万 m^3、6.87 万 m^3，详见表 9.12。

同理，对于 300 年一遇洪水，对不同的单元坝系组合，王茂沟 1#坝需拦蓄洪量分别为 20.1 万 m^3、18.32 万 m^3、16.57 万 m^3、14.7 万 m^3、14.43 万 m^3、12.53 万 m^3、13.88 万 m^3、11.65 万 m^3、10.45 万 m^3、9.0 万 m^3，详见表 9.13。

对于 500 年一遇洪水，对不同的单元坝系组合，王茂沟 1#坝需拦蓄洪量分别为 23.17 万 m^3、21.12 万 m^3、19.10 万 m^3、16.95 万 m^3、16.63 万 m^3、14.44 万 m^3、13.94 万 m^3、13.43 万 m^3、12.04 万 m^3、10.37m^3，详见表 9.14。

表 9.11　王茂沟 1#坝区间不同坝系结构组合蓄洪级联特征(50 年一遇)

单坝编号	设计库容/万 m^3	剩余库容/万 m^3	拦蓄洪量/万 m^3									
			AI	AI_1	AI_2	AI_3	AI_4	AI_5	AI_6	AI_7	AI_8	AI_9
G_1	2.41	0.00	1.13									
G_2	5.92	1.20	1.11	1.11								
G_3	7.33	0.00	1.18	1.18	1.18							
G_4	15.18	10.27	0.17	0.17	0.17	0.17						
H_1	2.12	0.00	1.20	1.20	1.20	1.20	1.20					
H_2	2.64	1.85	0.27	0.27	0.27	0.27	0.27	0.27				
H_3	2.85	0.19	0.28	0.28	0.28	0.28	0.28	0.28	0.28			
I_1	2.00	0.43	0.76	0.76	0.76	0.76	0.76	0.76	0.76	0.76		
I_2	5.55	2.58	0.91	0.91	0.91	0.91	0.91	0.91	0.91	0.91	0.91	
AI	69.83	10.63	5.68	5.68	5.68	5.68	5.68	5.68	5.68	5.68	5.68	5.68
合计	115.83	27.15	12.69	11.56	10.45	9.27	9.10	7.90	7.63	7.35	6.59	5.68

注：G_1 为捻堰沟 4#坝；G_2 为捻堰沟 3#坝；G_3 为捻堰沟 2#坝；G_4 为捻堰沟 1#坝；H_1 为康和沟 3#坝；H_2 为康和沟 2#坝；H_3 为康和沟 1#坝；I_1 为黄柏沟 2#坝；I_2 为黄柏沟 1#坝，下同。AI 为单元坝系仅有单坝 AI；AI_1 为 AI+G_1 的坝系结构；AI_2 为 AI+G_1/G_2 的坝系结构；AI_3 为 AI+$G_1/G_2/G_3$ 的坝系结构；AI_4 为 AI+$G_1/G_2/G_3/G_4$ 的坝系结构；AI_5 为 AI+$G_1/G_2/G_3/G_4/H_1$ 的坝系结构；AI_6 为 AI+$G_1/G_2/G_3/G_4/H_1/H_2$ 的坝系结构；AI_7 为 AI+$G_1/G_2/G_3/G_4/H_1/H_2/H_3$ 的坝系结构；AI_8 为 AI+$G_1/G_2/G_3/G_4/H_1/H_2/H_3/I_1$ 的坝系结构；AI_9 为 AI+$G_1/G_2/G_3/G_4/H_1/H_2/H_3/I_1/I_2$ 的坝系结构，下同。

表 9.12　王茂沟 1#坝区间不同坝系结构组合蓄洪级联特征(100 年一遇)

单坝编号	设计库容/万 m^3	剩余库容/万 m^3	拦蓄洪量/万 m^3									
			AI	AI_1	AI_2	AI_3	AI_4	AI_5	AI_6	AI_7	AI_8	AI_9
G_1	2.41	0.00	1.36									
G_2	5.92	1.20	1.34	1.34								
G_3	7.33	0.00	1.43	1.43	1.43							
G_4	15.18	10.27	0.21	0.21	0.21	0.21						
H_1	2.12	0.00	1.45	1.45	1.45	1.45	1.45					
H_2	2.64	1.85	0.33	0.33	0.33	0.33	0.33	0.33				
H_3	2.85	0.19	0.34	0.34	0.34	0.34	0.34	0.34	0.34			
I_1	2.00	0.43	0.92	0.92	0.92	0.92	0.92	0.92	0.92	0.92		
I_2	5.55	2.58	1.10	1.10	1.10	1.10	1.10	1.10	1.10	1.10	1.10	
AI	69.83	10.63	6.87	6.87	6.87	6.87	6.87	6.87	6.87	6.87	6.87	6.87
合计	115.83	27.15	15.35	13.99	12.65	11.22	11.01	9.56	9.23	8.89	7.97	6.87

表 9.13　王茂沟 1#坝区间不同坝系结构组合蓄洪级联特征(300 年一遇)

单坝编号	设计库容/万 m^3	剩余库容/万 m^3	拦蓄洪量/万 m^3									
			AI	AI_1	AI_2	AI_3	AI_4	AI_5	AI_6	AI_7	AI_8	AI_9
G_1	2.41	0.00	1.78									
G_2	5.92	1.20	1.75	1.75								
G_3	7.33	0.00	1.87	1.87	1.87							
G_4	15.18	10.27	0.27	0.27	0.27	0.27						
H_1	2.12	0.00	1.90	1.90	1.90	1.90	1.90					
H_2	2.64	1.85	0.43	0.43	0.43	0.43	0.43	0.43				
H_3	2.85	0.19	0.45	0.45	0.45	0.45	0.45	0.45	0.45			
I_1	2.00	0.43	1.20	1.20	1.20	1.20	1.20	1.20	1.20	1.20		
I_2	5.55	2.58	1.45	1.45	1.45	1.45	1.45	1.45	1.45	1.45	1.45	
AI	69.83	10.63	9.00	9.00	9.00	9.00	9.00	9.00	9.00	9.00	9.00	9.00
合计	115.83	27.15	20.10	18.32	16.57	14.70	14.43	12.53	13.88	11.65	10.45	9.00

表 9.14　王茂沟 1#坝区间不同坝系结构组合蓄洪级联特征(500 年一遇)

单坝编号	设计库容/万 m^3	剩余库容/万 m^3	拦蓄洪量/万 m^3									
			AI	AI_1	AI_2	AI_3	AI_4	AI_5	AI_6	AI_7	AI_8	AI_9
G_1	2.41	0.00	2.05									
G_2	5.92	1.20	2.02	2.02								
G_3	7.33	0.00	2.15	2.15	2.15							
G_4	15.18	10.27	0.32	0.32	0.32	0.32						
H_1	2.12	0.00	2.19	2.19	2.19	2.19	2.19					
H_2	2.64	1.85	0.50	0.50	0.50	0.50	0.50	0.50				
H_3	2.85	0.19	0.51	0.51	0.51	0.51	0.51	0.51	0.51			
I_1	2.00	0.43	1.39	1.39	1.39	1.39	1.39	1.39	1.39	1.39		
I_2	5.55	2.58	1.67	1.67	1.67	1.67	1.67	1.67	1.67	1.67	1.67	
AI	69.83	10.63	10.37	10.37	10.37	10.37	10.37	10.37	10.37	10.37	10.37	10.37
合计	115.83	27.15	23.17	21.12	19.10	16.95	16.63	14.44	13.94	13.43	12.04	10.37

小流域坝系不仅需要具备防洪保安功能，还需要淤地生产作为坝系生存和可持续发展的基础。因此，在利用骨干坝确保坝系防洪安全的前提下，可在骨干坝上游的Ⅰ、Ⅱ级支沟建设中、小型淤地坝，以尽快淤地生产。以淤地生产为主要目的的中、小型淤地坝设计标准较低，淤积年限较短，一般为 5～10 年。因此，淤地坝的分布密度、坝高、库容、坝址的合理配置就显得尤为重要。如果配置不够合理，布坝密度过小，会很快淤满，库容丧失过快，同时下游无控制性大坝或该控制性大坝剩余库容较小的话，一旦出现超标准洪水，则必将对下游淤地坝的

防洪安全造成压力，甚至导致发生连锁溃坝的危险。反之，如果布坝密度过大，理论上来讲该单元坝系面对超标洪水时会更加安全，但相应的建坝成本增加，各单坝控制面积过小，淤积成地过慢，坝系不能尽快发挥生产效益，也不利于坝系的生存和可持续发展。

9.4　坝系防洪安全控制方法

对单座淤地坝而言，在建成初期时，坝地泥沙淤积较少，拦泥库容尚未淤积，部分可参与拦洪，因此，实际拦洪能力较大。随着坝地泥沙淤积量的逐渐增大，单坝拦洪能力逐步降低至设计防洪标准，防洪安全性相应下降。就坝系而言，建设初期坝库较少，坝系整体防洪能力较低。随着建设规模的逐步扩大，坝系的防洪能力将随之不断提高，坝系安全性也相应加强。

坝系防洪安全控制方法，就是通过合理确定坝系建设不同时期坝库的布设数量、位置、打坝顺序与间隔时间，使坝系实际动态拦洪能力始终能够达到或接近坝系整体的设计防洪标准，实现对暴雨洪水的均衡分配，从而保证各个形成时期坝系的整体防洪安全，降低坝系形成过程中的水毁风险。因此，在坝系建设过程中，当某一时期某单坝实际拦洪能力不能抵御控制范围内相应标准的暴雨洪水时，应及时对该工程进行加高处理或在该坝上游修建其他坝库以分配洪水。

表 9.15 为关地沟 1#坝坝系单元在不同坝系结构情况下的防洪演算结果。由表 9.15 可知，当该单元坝系的控制性大坝即关地沟 1#坝上游无其他淤地坝时，随着防洪标准(50 年、100 年、300 年、500 年一遇)的提高，由关地沟 1#坝蓄滞的洪水总量分别为 5.55 万 m^3、6.71 万 m^3、8.80 万 m^3 和 10.14 万 m^3。当上游增建坝 A 时，关地沟 1#坝上游来洪量减小，其需拦蓄洪水总量也相应减小，发生 300 年一遇的设计洪水时的洪水拦蓄量为 5.64 万 m^3，相当于上游无坝时 50 年一遇洪水情况下进入关地沟 1#坝的洪水总量；当洪水标准提高到 500 年一遇时，关地沟 1#坝需拦蓄的洪水总量为 6.5 万 m^3，相当于上游无坝时 100 年一遇洪水情况下拦蓄的洪水总量。当上游继续增建坝 B、AB 和 C 时，由于上游中小型坝对洪水的就地拦蓄，使得进入关地沟 1#坝的洪水总量持续减小。当形成 AC+A/B/AB/C 的单元坝系结构组合后，经过坝系上游各中小型坝对洪水的分段、分片、层层拦蓄，进入关地沟 1#坝的洪水总量在不同防洪标准下分别为 1.09 万 m^3、1.31 万 m^3、1.72 万 m^3 和 1.98 万 m^3，即使当洪水标准为 500 年一遇情况下，最终进入关地沟 1#坝的洪水总量仅为 1.98 万 m^3，远小于上游无坝时进入关地沟 1#坝的洪水总量。因此，在串联坝系中，上游坝的数量、库容和布局的合理配置可以减少进入下游控制性大坝的洪水总量，从而减轻其防洪压力。由于坝系的防洪标准高低主要由坝系控制性骨干坝的蓄洪标准决定，因此，对于串联坝系来说，上游坝的配置数量、库容和布局决定了整个坝系的防洪标

准大小。

表 9.15　关地沟 1#坝在不同坝系结构情况下的防洪演算结果

洪水重现期/年	拦蓄洪量/万 m^3				
	AC_0	AC_1	AC_2	AC_3	AC_4
50	5.55	3.56	2.66	1.67	1.09
100	6.71	4.30	3.21	2.01	1.31
300	8.80	5.64	4.21	2.64	1.72
500	10.14	6.50	4.85	3.04	1.98

表 9.16 为王茂沟 2#坝在单元坝系不同结构情况下的防洪演算结果。从表 9.16 中可以看出，当该区间仅有王茂沟 2#坝时，根据不同标准的洪水(50 年、100 年、300 年、500 年一遇)进行洪水演算，王茂沟 2#坝可拦蓄的洪水量为 8.75 万 m^3、10.58 万 m^3、13.84 万 m^3 和 15.97 万 m^3。当上游增建坝 DI，形成 AD_1 的坝系结构时，由于坝 D_1 的滞洪库容仅为 0.3 万 m^3，因此，其拦蓄的洪量极其有限，对进入王茂沟 2#坝的洪量影响有限。当上游增建 D_1、D_2、E_1 和 E_2 共 4 座淤地坝后，拦蓄洪水能力增大，进入王茂沟 2#坝的洪量分别仅为 4.57 万 m^3、5.53 万 m^3、7.24 万 m^3 和 8.35 万 m^3，使作为坝系控制性骨干坝的王茂沟 2#坝的防洪标准大幅提高，由 50 年一遇提高到 300 年一遇。当增建中型坝 DE 后，王茂沟 2#坝需拦蓄的洪水总量大幅减少，即使是遭遇 500 年一遇的洪水，经过上游中小型坝的层层拦蓄，最终进入坝 AD 的洪水仅为 6.07 万 m^3，相当于上游无坝情况下 50 年一遇洪水的拦蓄量。因此，对于该单元坝系来说，王茂沟 2#坝上游建坝后，各单坝分段分层拦蓄区间洪水，减缓骨干坝的拦洪压力，使得单元坝系整体的防洪标准大幅提高。

表 9.16　王茂沟 2#坝在不同坝系结构情况下的防洪演算结果

洪水重现期/年	拦蓄洪量/万 m^3					
	AD_0	AD_1	AD_2	AD_3	AD_4	AD_5
50	8.75	8.51	7.06	5.26	4.57	3.32
100	10.58	10.29	8.54	6.37	5.53	4.02
300	13.84	13.46	11.17	8.33	7.24	5.26
500	15.97	15.53	12.89	9.61	8.35	6.07

王茂沟 2#坝的控制区间面积为 2.64km^2，其与上游 9 座中、小型坝组成一个单元坝系，对不同单坝组合的坝系结构情况进行防洪演算。表 9.17 为不同单元坝系结构条件下不同洪水标准(50 年、100 年、300 年、500 年一遇)的洪水经上游中小型坝分片、分段、层层拦蓄后进入王茂沟 2#坝的洪水总量。当该区间仅有王茂沟 2#坝

时，不同标准洪水将全部由该坝拦蓄，分别为 12.69 万 m^3、15.35 万 m^3、20.10 万 m^3 和 23.17 万 m^3，若以当前该坝剩余库容为 10.57 万 m^3 来算，则该坝将不能抵御 50 年一遇的洪水。当上游增建 G_1、G_2、G_3、G_4 坝后，王茂沟 1#坝的防洪压力因上游 4 座小型坝对洪水的就地拦蓄而得到一定程度的缓解，不需拦截全部的洪量，但由于 4 座小型坝库容较小，对下游防洪压力的影响不大。

表 9.17　王茂沟 2#坝在不同坝系结构情况下的防洪演算结果

洪水重现期/年	拦蓄洪量/万 m^3									
	AI	AI_1	AI_2	AI_3	AI_4	AI_5	AI_6	AI_7	AI_8	AI_9
50	12.69	11.56	10.45	9.27	9.10	7.90	7.63	7.35	6.59	5.68
100	15.35	13.99	12.65	11.22	11.01	9.56	9.23	8.89	7.97	6.87
300	20.10	18.32	16.57	14.70	14.43	12.53	13.88	11.65	10.45	9.00
500	23.17	21.12	19.10	16.95	16.63	14.44	13.94	13.43	12.04	10.37

当上游继续增建 H_1、H_2、H_3、I_1、I_2 等 5 座中小型淤地坝后，整个单元坝系将被 9 座单坝分割为 9 个区段，每座单坝可就地拦蓄控制区间的洪水，从而减轻其相邻下游坝的防洪压力。假设就现状单元坝系结构来看，在不同洪水标准下王茂沟 1#坝需拦蓄洪水总量分别为 5.68 万 m^3、6.87 万 m^3、9.00 万 m^3 和 10.37 万 m^3，均小于 50 年一遇设计洪水标准的洪量。因此，在不提高骨干坝单坝防洪标准的前提下，上游合理布设中小型淤地坝可以拦蓄部分洪水，减缓骨干坝防洪压力，也即在不加高扩容的情况下，依靠串联坝系分段分层拦蓄洪水的级联效应达到提高坝系防洪能力的目的。

9.5　王茂沟小流域不同坝系结构组合拦沙级联效应

合理的坝系布局可以尽快实现小流域水沙淤积的相对平衡，并最终实现流域内天然降水的完全内部消化和侵蚀泥沙的彻底拦截，既避免洪水对下游区域造成安全威胁，又可防止侵蚀泥沙进入下游河道，同时截留沉积的泥沙淤地后成为重要的生产用地，产生的经济效益又成为坝系可持续发展的动力和物质保障。

小流域坝系的防洪安全主要取决于骨干坝的洪水拦蓄能力，因此，对于一个布局合理的小流域坝系来说，处于控制性地段的骨干坝的拦蓄能力至关重要。然而，骨干坝的持续拦蓄洪水泥沙能力除了取决于其自身库容大小之外，还依赖于其上游坝库群的拦蓄能力。上游合理的坝库建设可以实现上下游坝库、干支沟之间的相互配合，联合运作，分工协作，充分发挥单元坝系蓄洪、拦沙、淤地、生产综合功能和效益。

本节以王茂沟小流域坝系为对象，分析串联坝系上下游坝库间如何通过合理布局、联合运用、分级调度，实现对区域侵蚀泥沙的分层、分片、分段拦截淤积，从而发挥其级联调控作用，为坝系布局和建坝时序的合理安排提供参考。

根据王茂沟小流域沟道分布特征和控制性坝库在主沟道的分布，将坝系自上而下进行分段，划分为 3 个控制区间，分别为关地沟 1#坝、王茂沟 2#坝和王茂沟 1#坝，控制区间分别为 1.32 km^2、2.81 km^2 和 2.62km^2。首先，对关地沟 1#坝(坝 AC)控制区间还原成未建坝的初始状态；其次，在布设控制坝 AC 的基础上，在其上游不同位置布设不同数量的中小型坝，推演在区间土壤侵蚀模数不变、坝系组合不同的情况下控制坝 AC 拦截的泥沙量；最后，通过其上游串联坝库对该控制坝淤积量、淤积年限的影响，揭示坝库群相互之间联合运用、协调拦蓄对单元坝系蓄洪拦沙的级联效应。具体计算方法如下：

$$V_{控制}=V_{总拦}-\sum_{i=1}^{n}V_i \qquad (i=1,2,\cdots,n) \tag{9.7}$$

$$\overline{v}_{控制}=\sum v_i / x_{控制} \tag{9.8}$$

$$y_{淤积}=\frac{V_{控制总}}{\overline{v}_{控制}} \tag{9.9}$$

$$y_{剩余}=\frac{V_{控制剩余}}{\overline{v}_{控制}} \tag{9.10}$$

1. 关地沟 1#坝区间不同坝系结构组合拦沙级联特征

关地沟 1#坝(坝 AC)控制区域位于王茂沟小流域主沟上游沟段，控制面积为 1.32km^2，作为Ⅱ级支沟的控制性坝库工程，对上游集水区域来水来沙的拦蓄起着决定性作用，蓄洪拦沙能力大小不仅决定区域水沙是否流失，还影响着下游坝库的运行安全问题。该淤地坝的蓄洪拦沙能力不但取决于自身库容大小和上游区域的洪量模数、侵蚀模数，而且与上游坝库的布设状况有关，最终体现在该串联坝系中各坝之间的相互协作保护、联合运用上。

如表 9.18 所示，在坝 AC 上游没有坝库情况下，经过 44 年的运行，控制区域内的侵蚀泥沙均被拦截在坝 AC 内，总量达 23.1 万 m^3，占设计淤积库容的 78%，即将淤满而失去防洪能力；当上游增建坝 A，形成 AC+A 的坝系组合后，坝 AC 拦截的泥沙量仅为 16.6 万 m^3，占设计淤积库容的 56%，使淤积年限延长了 19 年。当上游增建坝 B，形成 AC+A/B 的坝系组合后，坝 AC 拦截的泥沙量为 13.4 万 m^3，占设计淤积库容的 45%，淤积年限延长了 16 年。当上游增建坝 AB，形成 AC+A/B/AB 的坝系组合后，坝 AC 拦截的泥沙量为 12.0 万 m^3，占设计淤积库容的 41%，淤积年限延长了 10 年。当上游继续增建坝 C，形成 AC+A/B/AB/C 的坝系组合，即当前的坝系组合，坝 AC 拦截的泥沙量为 10.6 万 m^3，占设计淤积库容的 36%，淤积年限延长了 13 年。

表 9.18　关地沟 1#坝控制区间不同坝系结构组合拦沙级联特征

项目	设计库容	已淤库容	AC_0	AC_1	AC_2	AC_3
A/万 m^3	13.6	6.5	—	—	—	—
B/万 m^3	3.2	3.2	3.2	—	—	—
AB/万 m^3	1.4	1.4	1.4	1.4	—	—
C/万 m^3	1.4	1.4	1.4	1.4	1.4	—
AC/万 m^3	29.4	10.6	10.6	10.6	10.6	10.6
总拦泥量/万 m^3	49.1	23.1	16.6	13.4	12.0	10.6
比例/%	—	78	56	45	41	36
淤积年限/年	—	49	68	84	94	107
剩余年限/年	—	5	24	40	50	63

2. 王茂沟 2#坝区间不同坝系结构组合拦沙级联特征

王茂沟 2#坝(坝 AD)位于小流域主沟中游沟段，控制面积为 2.81km^2，作为控制性骨干坝，对沟道水沙传递起着承上启下的作用。当上游坝系水沙超出拦蓄能力而下泄时，王茂沟 2#坝不但要拦蓄上游坝下泄的水沙，而且要对本坝控制区间的水沙尽可能做到全拦全蓄，以防止本坝区间水沙流失，同时，拦蓄能力也影响着下游坝库的运行安全。因此，王茂沟 2#坝蓄洪拦沙能力不仅取决于自身库容大小和控制区域的洪量模数、侵蚀模数，还需要合理布设上游坝库，依靠各坝间相互协作保护、联合运用，以最大限度拦蓄水沙。

当上游无坝时，坝 AD 将拦蓄坝控区间全部泥沙，经过 40 年的运行，坝内淤积泥沙将达到 60.54 万 m^3，占设计淤积库容的 57%，当前剩余淤积年限为 28 年。当上游依次增加坝 D_1、D_2、E_1、E_2、DE 时，该单元坝系组合依次为 AD+D_1、AD+D_1/D_2、AD+$D_1/D_2/E_1$ 和 AD+$D_1/D_2/E_1/E_2$ 和 AD+$D_1/D_2/E_1/E_2$/DE，在各坝系组合情况下，坝 AD 分别拦截泥沙 58.54 万 m^3、54.89 万 m^3、44.96 万 m^3、40.08 万 m^3 和 28.08 万 m^3，入库泥沙依次减少；占设计淤积库容的比例分别为 56%、52%、43%、38%和 27%；随着上游淤地坝数量的增加，坝 AD 拦截的泥沙量相应增加，减轻了下游坝库的泥沙淤积压力，因此进入骨干坝的泥沙相应减少，也就延长了骨干坝的淤满时间，分别延长 12 年、5 年、16 年、11 年和 44 年。因此，骨干坝可以保留相对比较大的滞洪库容，以防范超标洪水造成漫坝危险。详见表 9.19。

3. 王茂沟 1#坝区间不同坝系结构组合拦沙级联特征

王茂沟 1#坝(坝 AI)位于小流域主沟下游沟段沟口位置，控制面积为 2.62km^2，建于 1953 年，建成至今已运行 46 年，为该小流域坝系建设最早的控制性大坝。建坝伊始，上游没有其他坝库作为补充，坝控区域泥沙全部进入该坝，库容急剧损失。当上游增建淤地坝后，进入该坝的泥沙减少，淤积速率减缓，即便如此，截至目前已淤积泥沙 59.20 万 m^3，接近淤满状态，防洪控制能力大部分丧失。作为流域出口的控制性骨干坝，小流域水沙向下一级沟道汇集的必经之道，如果要保障泥沙不因下泄而对下游造成防洪压力，就需要其持续具有足够的库容拦蓄上游的来水来沙。因此，不仅需要通过加高坝体扩容和改建溢洪道及时排泄超标洪水，还需要在其上游增建中小型淤地坝，形成布局合理、结构优化的坝系单元，依靠各坝间相互协作保护、联合运用，将水沙就地拦蓄，分散减弱洪水汇集后的势能，从而减少该坝的防洪压力，以保障坝系安全。

表 9.19　王茂沟 2#坝控制区间不同坝系结构组合拦沙级联特征

项目	设计库容	已淤库容	AD_0	AD_1	AD_2	AD_3	AD_4
D_1/万 m^3	2.00	2.00	—	—	—	—	—
D_2/万 m^3	4.51	3.65	3.65	—	—	—	—
E_1/万 m^3	18.50	9.93	9.93	9.93	—	—	—
E_2/万 m^3	5.07	4.88	4.88	4.88	4.88	—	—
DE/万 m^3	18.50	12.00	12.00	12.00	12.00	12.00	—
AD/万 m^3	105.40	28.08	28.08	28.08	28.08	28.08	28.08
总拦泥量/万 m^3	153.98	60.54	58.54	54.89	44.96	40.08	28.08
比例/%	—	57	56	52	43	38	27
淤积年限/年	—	61	63	67	82	92	131
剩余年限/年	—	19	21	25	39	49	86

当上游无坝时，坝 AI 将拦蓄坝控区间全部泥沙，经过 46 年运行，坝内淤积泥沙等于现状单元坝系内全部单坝拦蓄的泥沙量，为 88.68 万 m^3，占设计淤积库容的 127%。自 1956 年起，在坝 AI 上游增建中小型淤地坝，假设自沟掌开始，依次分别增建坝 G_1、G_2、G_3、G_4，则相应形成 AI+G_1、AI+G_1/G_2、AI+G_1/G_2/G_3、AI+G_1/G_2/G_3/G_4 共 4 种坝系组合。在上述 4 种坝系组合下，进入坝 AI 的泥沙量分别为 86.27 万 m^3、81.55 万 m^3、74.22 万 m^3、69.31 万 m^3，占总库容的比例从 124%下降到 99%。也就是说，仅当坝 AI 上游增建 4 座中小型坝后，由于分别拦截小流域的部分泥沙，才使得进入沟口控制性骨干坝的泥沙低于该坝的设计淤积库容。但由于 4 座均为小型坝，库容不大，且建设在沟掌处，所以泥沙淤积速度快，对坝 AI 的淤积年限延长作用不大，仍然为负值。当在上游继续增建中小型淤地坝 H_1、H_2、H_3、I_1、I_2 时，形成 AI+G_1/G_2/G_3/G_4/H_1、AI+G_1/G_2/G_3/G_4/H_1/H_2、AI+G_1/G_2/G_3/G_4/H_1/H_2/H_3、AI+G_1/G_2/

$G_3/G_4/H_1/H_2/H_3/I$、$AI+G_1/G_2/G_3/G_4/H_1/H_2/H_3/I_1/I_2$ 共 5 种单元坝系组合。在上述 5 种不同的坝系组合情况下，进入坝 AI 的泥沙量分别为 67.19 万 m^3、66.40 万 m^3、63.74 万 m^3、62.17 万 m^3 和 59.20 万 m^3，占坝 AI 设计淤积库容的比例分别为 96%、95%、91%、89%和 85%，延长淤积年限分别为 2 年、2 年、4 年、6 年和 8 年，详见表 9.20。

表 9.20　王茂沟 1#坝控制区间不同坝系结构组合拦沙级联特征

项目	设计库容	已淤库容	AI	AI_1	AI_2	AI_3	AI_4	AI_5	AI_6	AI_7	AI_8
G_1/万 m^3	2.41	2.41									
G_2/万 m^3	5.92	4.72	4.72								
G_3/万 m^3	7.33	7.33	7.33	7.33							
G_4/万 m^3	15.18	4.91	4.91	4.91	4.91						
H_1/万 m^3	2.12	2.12	2.12	2.12	2.12	2.12					
H_2/万 m^3	2.64	0.79	0.79	0.79	0.79	0.79	0.79				
H_3/万 m^3	2.85	2.66	2.66	2.66	2.66	2.66	2.66	2.66			
I_1/万 m^3	2.00	1.57	1.57	1.57	1.57	1.57	1.57	1.57	1.57		
I_2/万 m^3	5.55	2.97	2.97	2.97	2.97	2.97	2.97	2.97	2.97	2.97	
AI/万 m^3	69.83	59.20	59.20	59.20	59.20	59.20	59.20	59.20	59.20	59.20	59.20
总拦泥量/万 m^3	—	88.68	86.27	81.55	74.22	69.31	67.19	66.40	63.74	62.17	59.20
比例/%	—	127	124	117	106	99	96	95	91	89	85
淤积年限/年	—	32	32	34	38	40	42	42	44	45	47
剩余年限/年	—	−10	−9	−7	−3	0	2	2	4	6	8

对比王茂沟小流域主沟道 3 座控制性大坝与上游坝间的关系可知，在控制性坝库工程控制区域面积一定的前提下，其上游中小型坝的密度越大或总库容越大，则截留的洪水泥沙占区域侵蚀泥沙量的比例越大，进入下游控制性骨干坝的洪水和泥沙就越少，淤积速度就越慢，淤积期就越长，剩余淤积库容越大，防洪保安能力也就越强。因此，在进行小流域坝系布局规划和建坝时序安排时，要科学合理地设置骨干坝上游中小型坝的密度、坝址，选取合理的库容和防洪标准，使得各坝的蓄洪拦沙能力得到充分发挥，同时可以达到快速适宜的淤地速度，以尽快投入生产。通过各坝之间相互协调、联合运用、彼此互补，实现对洪水、泥沙、坝地的“轮蓄、轮拦、轮种”，促使坝系尽快达到相对稳定状态，实现坝系安全、高效、高产，最大限度发挥其生态效益、经济效益、社会效益。

9.6 小流域坝系不同结构配置的相对稳定分析

在坝系相对稳定概念中，保收和保坝是两个不同的条件。由于坝地高秆作物保收对暴雨洪水标准的要求较低(一般为 10 年一遇)，在坝系形成过程中，当淤地面积达到一定规模(如坝系相对稳定系数达到 1/25～1/20)时，保收要求即可满足，但此时坝系保坝能力并不一定符合要求，即坝系中骨干坝的防洪库容不一定能够满足坝系拦蓄 200～300 年一遇洪水标准。在另外一种情况下，尤其是对于一些新建坝系而言，由于坝系中的骨干坝有足够的防洪库容，坝系可以满足防御 200 年以上一遇的洪水，但此时坝系中的淤地面积尚不能满足坝系防洪保收标准，坝地作物不能保收，甚至还不能耕种。实现相对稳定的坝系不但能在保收标准(10～20 年一遇)下保收，而且能在坝系保坝标准(200～300 年一遇)下保证坝系中骨干坝的安全。此时，坝系中的骨干坝能够充分发挥上拦下保的作用，拦蓄流域洪水泥沙和因暴雨洪水可能造成的中小型淤地坝局部水毁导致的泥沙下泄。随着保收能力的提高，坝地不但能够满足高秆作物保收，而且可以用于种植低秆作物或经济作物。

在坝系相对稳定研究中，通常将小流域坝系中的淤地面积与坝系控制面积的比值称为坝系相对稳定系数。长期以来，人们一直将坝系相对稳定系数作为衡量坝系相对稳定程度的指标。按照以往的研究结果，在黄土丘陵沟壑区，当坝系相对稳定系数达到 1/25～1/20 时，在 10～25 年一遇的暴雨洪水下，坝系可满足高秆作物防洪保收(次暴雨坝内淹水深度不超过 0.7m，淹水时间不超过 7d，坝系接近达到相对稳定)；当坝系相对稳定系数达到 1/15～1/10 时，在 100～200 年一遇的暴雨洪水下，坝系仍可满足高秆农作物的防洪保收，坝系可达到相对稳定(坝内年淤积厚度不超过 0.3m，次暴雨淹水深度不超过 0.7m)。

9.6.1 单坝相对稳定与坝系稳定的关系

单坝结构单一，形成相对稳定所需时间长，难以尽快利用，淹没损失较大。坝系由各种类型的坝库以不同的时序和位置组合而成，坝系与单坝相比能够更加充分利用小流域水沙资源与沟道条件和建坝资源，淹没损失小，能及时发挥生产效益。坝系各坝之间的防洪、淤积和生产能够相互协调和互补，所以坝系相对稳定比单坝相对稳定实现得早，发挥生产效益早，安全系数比较大。

有人认为坝系实现相对稳定的前提是组成坝系的各个单坝全部达到相对稳定，这种看法不一定科学。坝系相对稳定是针对坝系整体而言的，并不是要求每个单坝都达到相对稳定。这是因为，坝系中各类工程的分工不同，在坝系中所发挥的作用不同。中小型淤地坝的作用主要是拦泥淤地，发展生产，因此防洪标准较低；骨干坝在坝系中的主要作用是拦蓄洪水，保障坝系的防洪安全，防止在设防标准内的暴雨洪水条件下坝系发生结构性破坏，危及坝系的整体运行安全；同时，骨干坝在滞洪过程中不可避免地会拦蓄洪水所携带的泥沙。因此，骨干坝仍兼顾拦泥淤地和发展生产的功能。

9.6.2 坝系相对稳定与骨干坝的关系

坝系的相对稳定应以骨干坝为单元进行分析，并分析达到坝系相对稳定的条件。现有研究认为，坝系相对稳定的防洪标准应采用 200 年一遇较为适宜，即在该标准的暴雨洪水下，能够保证坝系的防洪安全，坝系中的骨干坝不会在暴雨洪水中发生破坏而影响坝系的安全运行。当坝地的淹水深度平均不超过 0.7m、各坝的年平均淤积厚度不超过 0.3m 时，坝系能保证高秆作物的防洪保收，基本实现洪水泥沙不出沟或少出沟，水资源得以有效利用。

是否每一个单坝都要按照 200 年一遇的防洪标准进行设计呢？显然没有必要。坝系由大、中、小型的单坝按照一定的结构比例组合而成，各类坝库在坝系中具有不同的作用和功能。骨干坝在坝系相对稳定形成过程中及形成以后都具有极为重要的作用，一方面它承担坝系的整体防洪任务，确保坝系在设防标准的暴雨洪水条件下不会发生连锁溃坝，另一方面它可以有效地保护中小型坝的安全生产，并提供灌溉水源，提高坝地的生产率。随着坝系相对稳定程度的不断提高，坝系不但能够保证坝地高秆作物保收，而且可以保证一些低秆作物和经济作物保收。考虑到某些骨干坝的重要作用和一些中小型坝的垮坝可能对坝系整体相对稳定程度产生不利影响，这类单坝的设计标准必要时可适当提高。在此基础上，中小型坝通过与骨干坝的协作配合可采用较低的设计标准。在较高标准暴雨洪水频率下，中小型坝即使有一定程度的冲毁，也不会对坝系整体安全和相对稳定造成太大的危害。因此，坝系相对稳定的防洪标准是一个针对坝系整体而言的概念，各单坝之间所形成的相辅相成的有机体系正是坝系优越性的具体体现，即坝系的功能大于各单坝功能的简单叠加。同理，坝系的保收标准也应该是针对坝系整体而言的。

目前，在治沟骨干工程建设中常选用不设溢洪道的“二大件”工程，即用“库容制胜”的高坝大库来对付支毛沟中峰高量小的洪水。这类工程便于大型淤地坝淤满后的加高改建，有利于沟道坝系可持续拦泥作用的发挥。同时，这类工程在坝系中的作用重大，在淤积后期具有较大的风险性，因此在设计这些工程时应考虑其淤满加高的可行性。如果没有加高条件，则应按“三大件”工程设计或在其淤满后及时增设泄洪设施，确保坝系安全运行。

坝系的相对稳定要比单坝复杂得多，它的形成既受到规划布局、建坝时序及各坝设计与施工等系统内部诸因子的影响，又受到社会、经济、自然和科技等系统外部条件的制约，是一个复杂的系统工程。一个相对稳定坝系的形成往往需要几十年时间，在此期间，诸多影响因子都在不断发生变化，其中，许多因子的发生和发展又具有较大的不确定性(如降雨、工程质量、投资等)，而任何一个因子出现不利的情况就有可能影响坝系相对稳定的形成与发展，甚至造成坝系局部功能的破坏和丧失，降低坝系效益，延缓坝系相对稳定的形成。保证坝系优越性全面发挥和相对稳定顺利实现的技术前提是在坝系相对稳定规划中将坝系的总体布局、设计施工、运行管理和开发利用等环节紧密结合起来，统筹安排，综合集成，使各单坝及各阶段都服从和服务于小流域坝系相对稳定的形成，使整个形成过程构成一个动态的、严密的整体。坝系建设融效益与风险于一体，必须以系统工程的观点和方法来组织实施，充分调动一切有利于坝系发展的积极因素，降低形成过程的风险度，以较小的风险和投入获取最大的效益，从而加快坝系相对稳定的建设步伐。

表 9.21 和表 9.22 分别计算了王茂沟小流域坝系中 3 个单元坝系在不同的单坝组合结构下单坝相对稳定和坝系相对稳定之间的关系，由此可探讨坝系蓄洪拦沙级联作用与坝系相对稳定发展的关系，为坝系合理规划布局提供理论参考。

表 9.21 关地沟 1#坝坝控流域不同坝系结构组合下坝系可淤坝地面积及相对稳定系数

单坝编号	坝控面积/km²	可淤坝地面积/hm²				
		AC_0	AC_1	AC_2	AC_3	AC_4
A	0.410	—	2.07	2.07	2.07	2.07
B	0.186	—	—	0.75	0.75	0.75
AB	0.204	—	—	—	0.75	0.75
C	0.120	—	—	—	—	0.52
AC	0.223	4.18	4.18	4.18	4.18	4.18
合计	1.143	4.18	6.25	7.00	7.75	8.27
相对稳定系数	—	1/27	1/18	1/17	1/15	1/12

表 9.22 关地沟 1#坝坝控流域不同坝系结构现状条件下的已淤坝地面积及相对稳定系数

单坝编号	坝控面积/km²	已淤坝地面积/hm²				
		AC_0	AC_1	AC_2	AC_3	AC_4
A	0.410	—	1.59	1.59	1.59	1.59
B	0.186	—	—	0.75	0.75	0.75
AB	0.204	—	—	—	0.75	0.75
C	0.120	—	—	—	—	0.43
AC	0.223	2.54	2.54	2.54	2.54	2.54
合计	1.143	2.54	4.13	4.88	5.63	6.06
相对稳定系数	—	1/45	1/28	1/24	1/20	1/19

关地沟 1#坝(坝 AC)作为控制性坝库，其上游布设中小型坝的数量和位置不同，

该单元坝系设计可淤地面积和经过近 40 年运行形成的现状淤地面积也不同，由此计算得到的相对稳定系数也是不同的。表 9.21 为设计条件下关地沟 1#坝坝控流域不同单坝组合情况下各单坝及单元坝系的设计可淤地面积。当坝 AC 上游没有坝库情况时，控制区域内的侵蚀泥沙将全部被坝 AC 所拦截，即使当该坝完全淤满成地，坝地面积也仅有 4.18hm^2，相对稳定系数为 1/27。当上游增建坝 A 并形成 AC+A 的坝系组合后，两座坝全部淤满成地，则共可淤地 6.25hm^2，坝系相对稳定系数为 1/18，还不能达到坝系相对稳定。当上游继续增建坝 B、AB 和 C，并形成 AC+A/B/AB、AC+A/B/AB/C 的坝系组合后，分别可淤地 7.75hm^2 和 8.27hm^2，相对稳定系数分别为 1/15 和 1/12，可以达到坝系相对稳定状态，实现坝系全拦全蓄洪水泥沙，并能在 100～200 年一遇洪水条件下实现坝地安全和作物保收。

表 9.22 为关地沟 1#坝坝控流域单元坝系的淤地面积，即单元坝系相对稳定系数现状。若仅考虑单坝相对稳定，由于上游坝拦蓄了区间部分洪水泥沙并淤积成地，因此坝 AC 当前淤地 2.54hm^2，单坝相对稳定系数为 1/45，远没有达到相对稳定。从整个单元坝系来看，当上游增建中小型淤地坝并拦截泥沙，淤积成地的面积扩大，则相对稳定系数也分别增大为 1/28、1/24、1/20、1/19。如果仅从相对稳定系数大小来判断，经过 40 多年的运行，该单元坝系还没有达到相对稳定，这是由于在坝系初建阶段的 20 世纪 50 年代，缺乏科学合理的规划，存在着布局不合理问题，缺乏长远安排，该拦蓄的不拦蓄，导致坝地形成速度慢，整个坝系不能按规划设计要求正常运行，也影响了坝系生产和效益的发挥。

表 9.23 为王茂沟 2#坝(坝 AD)坝系在不同单坝组合情况下该单元坝系各单坝设计淤地面积以及对应的单坝和坝系相对稳定系数。坝 AD 上游共布设 5 座库容不等的中小型坝，布坝数量和位置不同，该单元坝系由设计可淤地面积计算得出的相对稳定系数也不同。在坝 AD 上游没有坝库情况下，坝 AD 将拦截控制区域内全部侵蚀泥沙，当该坝完全淤满时，可淤成坝地面积为 7.58hm^2，相对稳定系数为 1/24。

表 9.23　王茂沟 2#坝坝控流域不同坝系结构组合下的设计可淤坝地面积及相对稳定系数

单坝编号	坝控面积/km^2	设计可淤坝地面积/hm^2					
		AD_0	AD_1	AD_2	AD_3	AD_4	AD_5
D_1	0.298	—	0.97	0.97	0.97	0.97	0.97
D_2	0.050	—	—	0.63	0.63	0.63	0.63
E_1	0.142	—	—	—	0.41	0.41	0.41
E_2	0.370	—	—	—	—	3.40	3.40
DE	0.257	—	—	—	—	—	1.87
AD	0.683	7.58	7.58	7.58	7.58	7.58	7.58
合计	1.800	7.58	8.55	9.18	9.59	12.99	14.86
相对稳定系数	—	1/24	1/21	1/20	1/19	1/14	1/12

当上游增建坝 D_1、D_2、E_1，可淤坝地面积分别为 8.55 hm^2、9.18 hm^2、9.59hm^2，由于 3 座均为小型坝，库容和坝控面积均较小，因此，淤成坝地面积变化不大，相对稳定系数分别为 1/21、1/20 和 1/19，即使在各单坝均淤满情况下，单元坝系仍然不能达到相对稳定状态。当上游增建 E_2、DE_2 座中型坝后，形成 AD+D_1/D_2/E_1/E_2/DE 的坝系组合，坝地可淤地面积增加到 12.99 hm^2 和 14.86hm^2，相对稳定系数增大到 1/14 和 1/12，可以达到相对稳定状态，实现坝系对洪水泥沙就地拦蓄用，并能在 100～200 年一遇洪水条件下实现坝地安全和作物的保收。

表 9.24 为王茂沟 2#坝(坝 AD)控制区间形成的单元坝系自建坝至今已淤积成地面积和对应的单坝及坝系相对稳定系数。由于坝 AD 上游 5 座中小型坝布坝数量和位置不同，相对稳定系数亦有很大不同。坝 AD 上游无坝库情况下，坝 AD 运行至今将拦截控制区域内全部侵蚀泥沙，可淤成坝地面积为 4.37hm^2，相对稳定系数为 1/41。当上游增建坝 D_1、D_2、E_1 时，可淤坝地面积分别为 5.34hm^2、5.97hm^2 和 6.38hm^2。由于上游增建的 3 座淤地坝均为小型坝，库容和坝控面积均较小，由此计算得到的坝系相对稳定系数分别为 1/34、1/30 和 1/28，虽然都已淤满，但由于淤成坝地面积较小，单元坝系仍然不能达到相对稳定状态。当上游增建 E_2、DE 2 座中型坝后，形成 AD+D_1/D_2/E_1/E_2/DE 的坝系组合，虽然两座中型坝还都未淤满，但淤成坝地面积较大，整个单元坝系淤地面积达到 9.03 hm^2 和 10.48hm^2，相对稳定系数分别为 1/20 和 1/17，接近达到相对稳定状态，基本能够实现坝系对洪水泥沙的就地拦蓄利用，并能在 50～100 年一遇洪水条件下实现坝地安全和作物的保收。

表 9.24 王茂沟 2#坝坝控流域不同坝系结构组合下的已淤坝地面积及相对稳定系数

单坝编号	坝控面积/km^2	已淤坝地面积/hm^2					
		AD_0	AD_1	AD_2	AD_3	AD_4	AD_5
D_1	0.298	—	0.97	0.97	0.97	0.97	0.97
D_2	0.050	—	—	0.63	0.63	0.63	0.63
E_1	0.142	—	—	—	0.41	0.41	0.41
E_2	0.370	—	—	—	—	2.65	2.65
DE	0.257	—	—	—	—	—	1.45
AD	0.683	4.37	4.37	4.37	4.37	4.37	4.37
合计	1.800	4.37	5.34	5.97	6.38	9.03	10.48
相对稳定系数	—	1/41	1/34	1/30	1/28	1/20	1/17

王茂沟 1#坝(坝 AI)控制面积为 2.612km^2，比上游坝 AC 和 AD_2 两个单元坝系的控制面积大，区间共有 1 座骨干坝和 9 座大中型坝，坝系结构和组合形式更为复杂，不同的单坝数量和组合对侵蚀泥沙的拦截和分配部位也不同，经过相同的淤积期，各单坝的淤地面积会有所不同，所处的相对稳定阶段也不同，因此，淤积成地

面积及由此计算得到的坝系相对稳定系数也不同。

表 9.25 为王茂沟 1#坝控制单元坝系在采用不同坝系结构和单坝组合时各单坝和坝系设计可淤成坝地面积及单元坝系相对稳定系数。从表 9.25 中可以看出，当只有王茂沟 1#坝 1 座骨干坝时，即使完全淤满，设计可淤成坝地面积仅为 4.76hm^2，相对稳定系数为 1/55，也就是说，当该区间只有 1 座骨干坝时，即使拦截所有上方来沙，可淤成坝地面积也非常有限，难以达到相对稳定状态。当上游增建 4 座小型坝 G_1、G_2、G_3 和 G_4 时，单元坝系设计可淤成坝地面积分别增加到 5.27hm^2、6.57hm^2、8.22hm^2 和 10.02hm^2，相对稳定系数分别为 1/45、1/40、1/32 和/1/26，未能达到相对稳定状态。当上游继续增建淤地坝 H_1、H_2、H_3、I_1 和 I_2 共 5 座中小型坝时，单元坝系设计可淤成坝地面积分别增加到 10.44hm^2、12.04hm^2、12.52hm^2、13.04hm^2 和 14.2hm^2，相对稳定系数分别为 1/25、1/22、1/21、1/20 和 1/19。就当前单元坝系结构及单坝的数量、布局和库容等来看，即使所有的单坝均淤满成地，坝系的相对稳定系数也不高，不能保障在 200～300 年一遇洪水下实现上方来沙的全拦全蓄和作物保收。因此，该坝系的布坝密度、库容分布、坝系结构不够合理，很难达到相对稳定状态，还需要在坝系运行过程中因时制宜地进行坝系的增建或者单坝的加高，以增加可淤地面积，为坝系实现相对稳定创造前提条件。

表 9.25　王茂沟 1#坝王茂沟控流域不同坝系结构组合下的设计可淤成坝地面积及相对稳定系数

单坝编号	坝控面积/km^2	可淤面积/hm^2									
		AI	AI_1	AI_2	AI_3	AI_4	AI_5	AI_6	AI_7	AI_8	AI_9
G_1	0.232	—	0.51	0.51	0.51	0.51	0.51	0.51	0.51	0.51	0.51
G_2	0.227	—	—	1.30	1.30	1.30	1.30	1.30	1.30	1.30	1.30
G_3	0.243	—	—	—	1.65	1.65	1.65	1.65	1.65	1.65	1.65
G_4	0.036	—	—	—	—	1.80	1.80	1.80	1.80	1.80	1.80
H_1	0.247	—	—	—	—	—	0.42	0.42	0.42	0.42	0.42
H_2	0.056	—	—	—	—	—	—	1.60	1.60	1.60	1.60
H_3	0.058	—	—	—	—	—	—	—	0.48	0.48	0.48
I_1	0.156	—	—	—	—	—	—	—	—	0.52	0.52
I_2	0.188	—	—	—	—	—	—	—	—	—	1.16
AI	1.169	4.76	4.76	4.76	4.76	4.76	4.76	4.76	4.76	4.76	4.76
合计	2.612	4.76	5.27	6.57	8.22	10.02	10.44	12.04	12.52	13.04	14.20
相对稳定系数	—	1/55	1/45	1/40	1/32	1/26	1/25	1/22	1/21	1/20	1/19

表 9.26 为王茂沟 1#骨干坝(坝 AI)控制单元坝系自建坝开始运行至今各坝已淤成坝地面积和不同单坝组合的坝系相对稳定系数。由表 9.26 可以看出，当只有王茂

沟 1#坝 1 座骨干坝且上游无坝库情况下，坝地淤积已达到设计淤成坝面积即 4.76hm^{2}时，相对稳定系数为 1/55，还不能达到相对稳定状态。当上游增建 4 座小型坝后形成 AI+G_1/G_2/G_3/G_4的坝系组合时，坝系总的淤地面积分别增加到 5.27hm^2、6.16hm^2、7.81hm^{2}和 9.01hm^2，相对稳定系数分别为 1/50、1/43、1/34 和/1/29，坝系还不能达到相对稳定状态。当上游继续增建 H_1、H_2、H_3、I_1和 I_2共 5 座中小型坝时，单元坝系淤地面积分别增加到 9.43hm^2、10.30hm^2、10.77hm^2、11.17hm^{2}和 11.56hm^2，相对稳定系数分别为 1/28、1/25、1/24、1/23 和 1/22。就单元坝系相对稳定系数来看，还远没有达到相对稳定状态，仍需要根据坝系运行发展现状，结合沟道发育现状，在合适位置因地制宜地增建中小型坝，以进行坝系结构调整，加速坝系向相对稳定状态发展。

表 9.26　王茂沟 1#坝王茂沟控流域不同坝系结构组合下的现状已淤成坝地面积及相对稳定系数

单坝编号	坝控面积/km^2	可淤面积/hm^2									
		AI	AI_1	AI_2	AI_3	AI_4	AI_5	AI_6	AI_7	AI_8	AI_9
G_1	0.232	—	0.51	0.51	0.51	0.51	0.51	0.51	0.51	0.51	0.51
G_2	0.227	—	—	0.89	0.89	0.89	0.89	0.89	0.89	0.89	0.89
G_3	0.243	—	—	—	1.65	1.65	1.65	1.65	1.65	1.65	1.65
G_4	0.036	—	—	—	—	1.20	1.20	1.20	1.20	1.20	1.20
H_1	0.247	—	—	—	—	—	0.42	0.42	0.42	0.42	0.42
H_2	0.056	—	—	—	—	—	—	0.87	0.87	0.87	0.87
H_3	0.058	—	—	—	—	—	—	—	0.47	0.47	0.47
I_1	0.156	—	—	—	—	—	—	—	—	0.40	0.40
I_2	0.188	—	—	—	—	—	—	—	—	—	0.39
AI	1.169	4.76	4.76	4.76	4.76	4.76	4.76	4.76	4.76	4.76	4.76
合计	2.612	4.76	5.27	6.16	7.81	9.01	9.43	10.30	10.77	11.17	11.56
相对稳定系数	—	1/55	1/50	1/43	1/34	1/29	1/28	1/25	1/24	1/23	1/22

第 10 章　淤地坝(系)安全稳定影响因素分析

10.1　淤地坝安全影响因素分析

对于黄河中游的淤地坝而言，从经济和技术角度分析，不应该以不断提高设计防洪标准来保证其安全，而应通过治理坡面的水土流失，减少坡面的来水来沙，同时使淤地坝保持一定的拦水拦沙能力和排水排沙能力来保障淤地坝一定程度(即相对)的安全和稳定。

在具体计算淤地坝的安全稳定程度时，应以淤地坝能防御多大洪水为标准。在计算淤地坝的防洪标准时，应考虑该流域实施水土保持治理后的来水来沙状况，以修正淤地坝的防洪标准；关于淤地坝的加高与除险加固问题，应从其运行管理方面考虑，采取产权制度改革、发挥农村基层组织作用、地方政府的水土保持部门技术支持等措施。

10.1.1　淤地坝排水排沙能力分析

黄土高原许多地区缺乏石料，且建坝地点交通不便，导致溢洪道的造价较高。然而黄土高原地区土料丰富、劳动力便宜，因此，黄土高原地区的骨干坝和大中型淤地坝一般由坝体和放水建筑物“二大件”组成，极少布设溢洪道，而小型淤地坝仅有坝体。淤地坝的安全和稳定主要依靠“库容取胜”。

《水土保持治沟骨干工程技术规范》(SL 289—2003)规定，“骨干坝放水工程的放水流量一般按 3～5 天排完 10 年一遇洪水总量，或按 4～7 天排完一次设计洪水总量计算”。陕西省地方标准《陕西省淤地坝技术标准》(陕 DB3446—86)中规定，“泄水洞泄水量应按满足在 1～3 日内泄完库内拦蓄一次洪水的水量来确定”。根据《水土保持治沟骨干工程技术规范》(SL 289—2003)中的计算公式，以卧管形式，采用一孔放水的流量公式为

$$Q = \sqrt{H} \times \left(\frac{d}{0.68}\right)^2 \tag{10.1}$$

式中，Q 为排水流量(m^3)；H 为卧管放水孔上的水深(m)；d 为卧管放水孔直径(m)。

式(10.1)表明，当放水工程的结构尺寸一定时，放水流量与水深之间呈非线性关系。因此，对于只有坝体和放水工程“二大件”的淤地坝而言，其排水能力不但

是有限的，而且相同洪水形成的水深随着淤积年限的增加逐渐减小，对相同频率洪水的排泄能力显著降低。小型淤地坝只有坝体“一大件”，基本没有排水排沙能力。

10.1.2　淤地坝拦水拦沙能力分析

对于只有坝体和放水建筑物甚至只有坝体的淤地坝而言，在坝控面积上的产水产沙数量已知时，以“库容取胜”的淤地坝的拦水拦沙能力成为保证其安全稳定运行的重要条件。虽然淤地坝在运行初期有较高的拦水拦沙能力(表 10.1)，但随着运行年限的增加和总库容的不断减少，淤地坝的拦水拦沙能力逐年下降，最终丧失拦水拦沙能力。具体分析淤地坝的拦水拦沙能力可知，当流域的来水来沙量一定时，每年因泥沙淤积而减少的淤地坝总库容的数量是一个确定的数值。因此，淤地坝的总库容随着运行年限的增加呈线性下降趋势，但淤地坝的防洪能力却随着运行年限的增加、总库容的减少而呈非线性下降趋势。

表 10.1　淤地坝防洪标准

执行标准	等级	重现期/年		淤积年限/年
		设计洪水	校核洪水	
水利部标准(SL 289—2003)	骨干坝四级	30～50	300～500	20～30
	骨干坝五级	20～30	200～300	10～20
陕西省淤地坝技术标准(陕 DB3446—86)	大型淤地坝	30～50	300～500	10～20
	中型淤地坝	20～30	100～300	5～10
	小型淤地坝	10～20	50～100	5

陕西省吴堡县后桥沟小流域的土壤侵蚀模数为 2.0 万 t/(km^2·a)，设土壤容重为 1.35t/m^3，则泥沙产生量为 1.48 万 m^3/(km^2·a)。当淤地坝的淤积库容被泥沙淤满后，滞洪库容开始淤积泥沙。由于泥沙淤积，淤地坝的滞洪能力急剧下降。根据设计资料，后桥沟小流域淤地坝校核标准为 500 年一遇的滞洪库容为 13.74 万 m^3/(km^2·a)。由于每年来自沟道上方的来沙量为 1.48 万 m^3/(km^2·a)，淤地坝滞洪库容相应地每年减少 1.48 万 m^3，导致滞洪能力急剧下降。当淤地坝运行到第 4 年时，滞洪能力已降低到不足 100 年一遇；当淤地坝运行到第 9 年时，剩余滞洪库容仅为 1.9 万 m^3，相应的滞洪能力不足 4 年一遇。

根据以上分析可知，“库容取胜”的运行年限也是较短的。随着运行年限的增加，淤地坝的拦水拦沙能力急剧衰减，最后发展到即使遭遇到常遇洪水也可以造成垮坝。

10.1.3　坝控流域的来水来沙状况分析

对于一个排水排沙能力和拦水拦沙能力已经确定的淤地坝而言，淤地坝坝址上游的来水来沙量直接影响淤地坝的安全与稳定。一般来讲，减少坝控面积上的来水来沙量可以使淤地坝安全和稳定的年限延长，并长期保持相对安全和稳定。来水来沙减少量越大，淤地坝就越安全和稳定。实践证明，水土保持综合治理将显著减少淤地坝坝址上游的来水来沙量，从而延长淤地坝安全稳定运行的年限。

陕西宝塔区碾庄沟小流域和子长县丹头沟小流域均为黄河中游地区运行多年的典型坝系小流域，这两个小流域的坡面治理均达到一定程度(表 10.2)。这里以这两个小流域坝系为例进行分析讨论。

表 10.2 小流域基本情况

县名	流域名称	总面积/km^2	梯田面积/hm^2	造林面积/hm^2	种草面积/hm^2
安塔县	碾庄沟	54.2	738	2353	60
子长县	丹头沟	65.1	536	1540	680

水利部黄河水利委员会天水水土保持科学试验站通过分析论证得到的延安大砭沟径流小区不同洪水频率下的梯田减洪指标见表 10.3。根据表 10.3，分别计算出碾庄沟小流域和丹头沟小流域的坡面水土保持措施在不同设计频率洪水下的减洪指标，结果见表 10.4。

表 10.3 延安大砭沟径流小区不同洪水频率下梯田减洪指标

洪水频率/%	梯田		人工造林		人工种草	
	绝对指标/(万 m^3/km^2)	相对指标/%	绝对指标/(万 m^3/km^2)	相对指标/%	绝对指标/(万 m^3/km^2)	相对指标/%
5	12.6	88.0	5.10	52.0	3.40	27.0
10	9.10	89.0	5.40	62.5	2.59	28.0
20	6.20	92.0	4.43	72.5	1.90	30.5
30	4.70	95.1	3.55	80.0	1.60	33.0
40	3.65	98.7	2.80	87.5	1.25	38.0
50	2.75	100	2.10	94.5	1.05	45.0

资料来源：黄河上中游管理局，1998. 黄土高原水土保持实践与研究(二). 郑州：黄河水利出版社.

表 10.4 坡面水土保持措施减洪指标

流域名称	洪水频率/%	梯田减洪量/万 m^3	造林减洪量/万 m^3	种草减洪/万 m^3	减洪总量/万 m^3	原洪水总量/万 m^3	坡面措施减洪率/%	原洪量模数/(万 m^3/km^2)	现洪量模数/(万 m^3/km^2)
碾庄沟	5	32.46	61.18	0.81	94.45	157.25	60.06	5.0	2.0
	10	23.64	52.94	0.60	77.19	113.22	68.17	3.6	1.1
丹头沟	5	23.58	40.04	10.83	74.46	137.80	54.03	5.0	2.3
	10	17.17	34.65	6.85	58.68	99.22	59.14	3.6	1.5

大量研究表明，坡面水土保持治理措施的减水作用将导致流域内的洪量减少，洪水发生频率降低。由于碾庄沟小流域和丹头沟小流域的坡面水土保持治理程度较高，因此，坡面水土保持治理措施对全流域的洪水总量也产生显著的影响，使全流域的洪水频率由稀遇大洪水向常遇小洪水转化(表 10.5)。

表 10.5　坡面水土保持措施减洪对全流域洪水总量的影响

流域名称	全流域原洪水		总减洪量/%	剩余洪量/万 m³	剩余洪量模数/(万 m³/km²)
	洪水频率/%	总洪量/万 m³			
碾庄沟	5	271.00	34.85	176.55	3.3
	10	195.12	39.56	117.93	2.2
丹头沟	5	325.50	22.87	251.04	3.9
	10	234.36	25.04	175.68	2.7

2002 年 7 月 4 日，延安市子长县遭受百年不遇的特大暴雨，降雨量达 317.3mm。该场暴雨洪水冲毁水利水保工程 158 处(座)，其中淤地坝 85 座，加上其他水毁设施，造成直接经济损失 2700 多万元。经延安市水保队对该流域调查后认为：“由于坡面治理较好，基本控制住泥不下山，径流清清。由于其坝系的连锁滞洪与排洪，加之坡面上的治理措施对洪水径流节节拦蓄，从根本上控制了洪水，使各坝都能安全地溢洪，从而确保了全流域 70 座淤地坝均安然无恙。其成功之处有两个：一是全流域综合治理程度较高，坡面措施拦蓄径流能力强；二是有合理布局的坝系，具有较大的调洪能力”。

本书选取黄河中游 18 个典型小流域坝系(表 10.6)具体分析坡面治理的减沙效益。

根据王万忠等(2002)分析计算的黄土高原不同类型地区在不同降雨频率下的水土保持减沙效益，计算得到的 10 年一遇暴雨情况下黄土高原 18 个典型小流域的坡面措施减沙效益如图 10.1 所示。

通过对图 10.1 中的 18 个典型小流域水土保持监测数据进行分析后发现，坡面水土保持治理措施的减沙效益十分显著。根据 10 年一遇暴雨情况下 18 个典型小流域的坡面治理程度与减沙效益结果，建立的坡面水土保持治理程度 x 与减沙效益 y 之间的线性回归关系为

$$y=-0.74+0.73x \tag{10.2}$$

式(10.2)表明，在 10 年一遇暴雨情况下，18 个典型小流域的坡面治理度每增加 1%，坡面治理措施减沙效益就提高 0.73%。

由于坡面治理措施可以显著减少流域产水产沙量，从而改善淤地坝的运行环境，延长淤地坝安全稳定运行的年限，因此《水土保持治沟骨干工程技术规范》(SL 289—2003)中明确规定：“骨干工程的修建，必须与上游坡面治理同步进行”。陕西省地方

标准《陕西省淤地坝技术标准》中规定：“(淤地坝规划布设)必须在小流域综合治理规划的基础上进行，应与流域内其他水土保持措施密切配合”。

表 10.6　黄河中游 18 个典型小流域基本情况表

县(区)名称	流域名称	流域面积/km^2	坡面治理度/%	已淤坝地面积/hm^2
宝塔区	碾庄沟	54.2	58	222.2
子长县	丹头沟	65.1	42	198.0
横山县	赵石畔	60.7	41	125.7
横山县	石老庄	86.8	62	109.7
横山县	元坪沟	128.0	46	442.3
米脂县	榆林沟	65.6	48	267.7
子洲县	小河沟	63.3	42	243.0
绥德县	马家川	48.9	47	111.4
绥德县	韭园沟	70.7	42	266.9
清涧县	老舍古	75.4	50	65.9
吴堡县	后桥沟	38.0	49	70.0
汾西县	康和沟	48.8	65	377.0
隰县	半沟	20.4	55	68.0
中阳县	高家沟	14.1	70	84.7
中阳县	洪水沟	23.9	68	83.1
准旗	川掌沟	147.0	75	443.4
环县	七里沟	46.6	53	86.0
互助县	西山	60.3	81	18.7

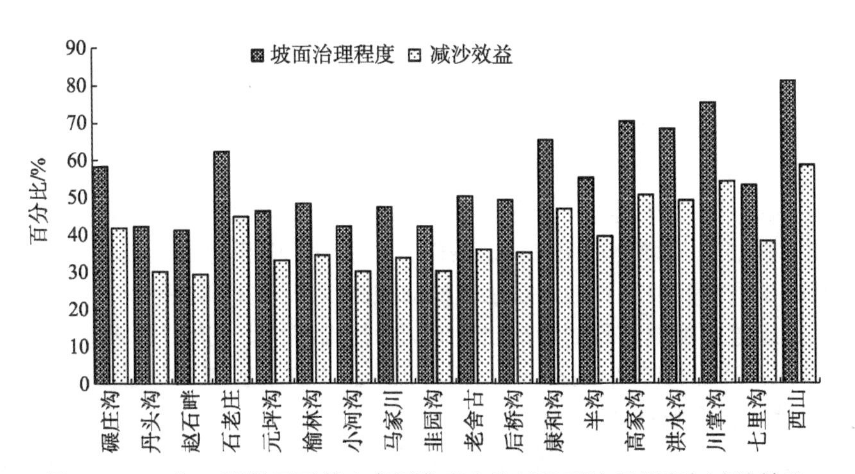

图 10.1　10 年一遇暴雨下黄土高原典型小流域坡面治理程度与减沙效益

10.2　淤地坝及坝系相对稳定系数

10.2.1　坝系相对稳定的内涵

1. 坝系相对稳定的提出

坝系相对稳定的最初提法来自于淤地坝水沙相对平衡概念。20 世纪 60 年代初，受天然聚湫(山体滑崩封堵沟道而天然形成的淤地坝)对洪水泥沙的全拦全蓄、不满不溢现象的启发，提出了淤地坝水沙相对平衡的概念，即当坝体达到一定高度、坝地面积与坝控流域面积的比值达到一定数值后，淤地坝将能长期控制洪水泥沙而不影响坝地作物生长，洪水挟带的泥沙在坝地内被消化利用，达到产水产沙与用水用沙的相对平衡。随着淤地坝建设的快速发展，形成了以骨干坝为主体、中小型坝相配套的小流域坝系建设模式，促进了坝系相对稳定的推广运用。

2. 坝系相对稳定的含义

坝系是以沟道小流域为单元，为充分利用水沙资源而建立的以拦泥和生产为目的淤地坝工程体系。坝系相对稳定是指小流域坝系工程建设总体上达到一定规模后，通过大、中、小型坝群的联合调洪、拦泥和蓄水，使洪水泥沙得到合理利用，在较大频率(一般为 200～300 年一遇)设计暴雨洪水条件下，坝系中的骨干坝可以实现安全运行；在较小频率(一般为 10～20 年一遇)设计暴雨洪水条件下，坝地农作物可以实现保收。

坝系相对稳定是在小流域内将淤地坝单坝相对平衡的目标，从时间和空间上予以扩大和重新分配，使坝系作为一个整体，避免了为达到单坝相对平衡时所必须建设高坝大库的局限，能够充分发挥坝系的综合效益。

3. 坝系相对稳定的条件

坝系相对稳定的条件因侧重点的不同而有所区别。有人认为均衡坝系的条件包括设计洪水均衡、沟道侵蚀均衡、坡面侵蚀均衡、社会保险均衡和经济保险均衡。然而，根据黄河中游的地形、侵蚀和生产状况，上述均衡条件是难以实现的。在实践中，许多学者认为淤地坝相对稳定条件宜采用坝地面积与坝控流域面积之比作为衡量指标，该指标反映了坝地对洪水泥沙的控制作用，这种作用也可称为坝地的“平地效应”，即随着坝地面积的增加，坡地面积逐渐减少，流域产水产沙能力逐渐减弱，而蓄水拦沙能力逐渐增强，当坝地面积所占比例增加到一定程度时，就产生了类似于平地对洪水泥沙的控制作用。

随着研究的进一步深入，研究人员发现已有研究成果中关于坝系相对稳定性的描述存在一定的不足和局限，认为坝系相对稳定性应进一步分析地质条件、地貌形态(包括坡面形态和沟道形态)、降雨特征、水文泥沙特征、植被覆盖及坡面水土保持措施与工程稳定、水沙平衡趋势及侵蚀发展的关系。曹文洪等(2007)从坝系相对稳定的概念出发，认为一条小流域沟道坝系工程要达到坝系相对稳定需要满足以下几个条件：①防洪安全，即在一定设计标准洪水下坝系可以实现安全运行；②坝地保收，即在一定频率的暴雨洪水条件下，坝系能够保证坝地作物安全生产而不受较大损失；③有效控制洪水泥沙，即在一定频率的暴雨洪水条件下，骨干坝能够对小流域洪水泥沙进行有效控制和合理利用水沙资源；④坝系岁修或加高坝体的许可工程量，即坝系中坝体年均加高工程量不大于单位基本农田的年维修量。刘卉芳(2011)依据影响坝系相对稳定性的坝控面积、坝数、总库容、可淤库容、坝前水深、防洪能力、淤地面积 7 个主要因素，采用混沌神经网络模型对马家沟流域 13 个坝系进行了坝系相对稳定分析。

10.2.2　流域淤地坝与坝系相对稳定系数的空间变化特征

本书拟在上述研究的基础上，以典型小流域为研究对象，分析淤地坝、淤地坝坝系单元和淤地坝坝系的相对稳定系数的空间变化特征。

1. 小河沟小流域坝系相对稳定系数空间变化特征

小河沟小流域的淤地坝坝系布局如图 6.3 所示，坝系单元结构见图 6.14，小河沟小流域坝系单元组成及主要特征参数见表 10.7。

表 10.7　小河沟小流域坝系单元组成及主要特征参数

坝系单元名称	淤地坝名称	控制面积/km^2	可淤坝地面积/hm^2	已淤坝地面积/hm^2
朱阳湾坝系	没天沟 3#坝	0.54	17	3.2
	没天沟 1#坝	0.24	5	2.0
	羊路渠坝	1.99	15	2.7
	朱阳湾坝	3.99	23	11.3
	端午坪坝	0.51	6	0.0
蒋新庄坝系	蒋新庄 2#坝	0.50	20	4.0
	蒋新庄	1.98	31	9.9
瓜则湾坝系	宽墕坝	0.64	4	2.3
	红香峁坝	1.05	12	2.5
	上洼坝	0.53	6	2.0
	田巨塌坝	1.40	12	2.3

续表

坝系单元名称	淤地坝名称	控制面积/km²	可淤坝地面积/hm²	已淤坝地面积/hm²
碌出沟坝系	西沟掌坝 2#坝	0.30	16	2.7
	西沟 2#坝	0.37	13	2.3
	西沟掌坝 1#坝	0.35	20	4.0
	西沟 1#坝	0.94	7	1.4
	东沟坝	1.11	16	3.3
	桑坪坝	3.79	35	11.3
陈渠坝系	吴山 1#坝	0.81	11	2.2
	火石沟 2#坝	0.60	6	0.8
	火石沟 1#坝	1.42	15	4.0
	吴山坝	1.86	26	4.7
屈家园子坝系	掌沟坝	0.49	13	1.3
	火烧沟坝	0.40	20	1.9
	大沟坝	1.30	25	2.4
	石畔沟坝	0.96	3.5	1.7
	园则沟坝	0.51	15	2.0

根据坝系相对稳定系数的计算结果，对小河沟小流域的淤地坝、坝系单元及流域坝系相对稳定系数的空间变化特征进行分析计算，结果如图 10.2～图 10.4 所示。

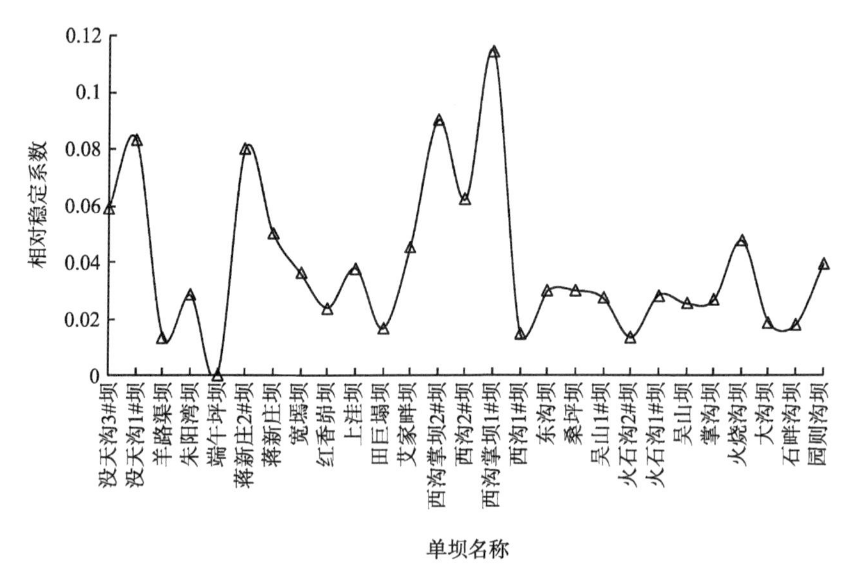

图 10.2　小河沟小流域单坝相对稳定系数计算结果

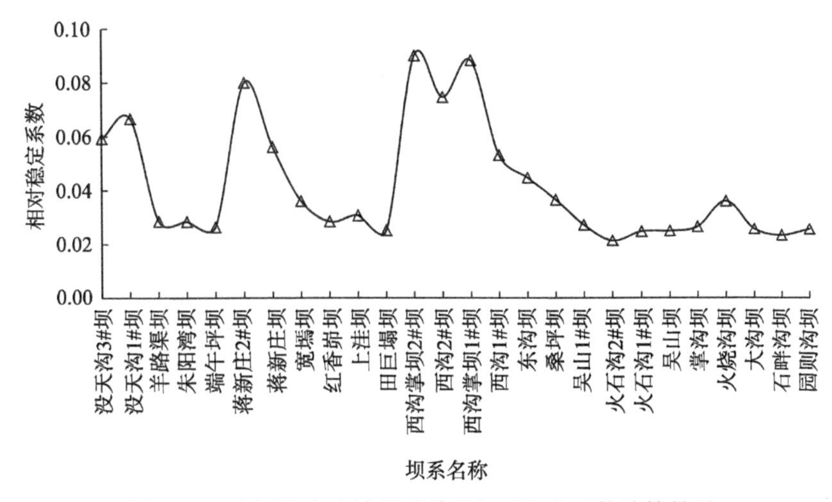

图 10.3　小河沟小流域坝系单元相对稳定系数计算结果

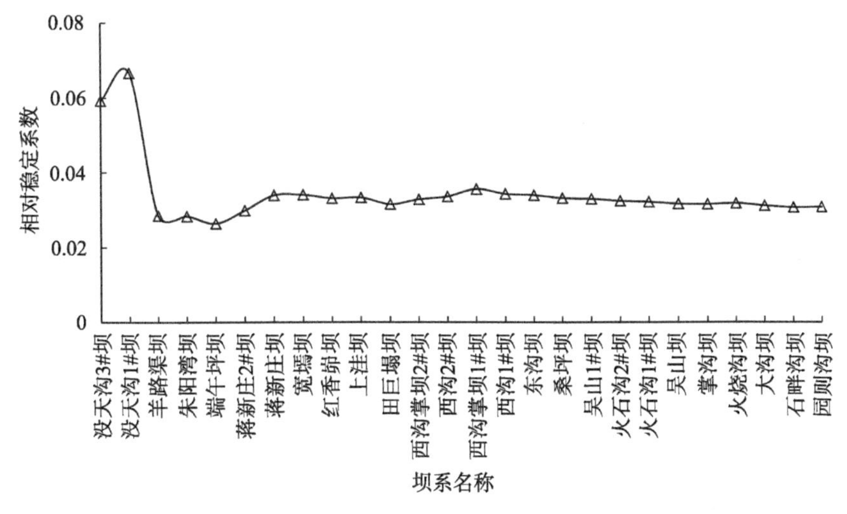

图 10.4　小河沟小流域坝系相对稳定系数计算结果

2. 王茂沟小流域坝系相对稳定系数空间变化特征

王茂沟小流域坝系单元控制关系结构图见图 6.34，王茂沟小流域坝系单元组成和主要特征参数见表 10.8。

根据坝系相对稳定系数的计算结果，对流域淤地坝、淤地坝单元和淤地坝坝系稳定系数的空间分布特征进行分析计算，结果如图 10.5～图 10.7 所示。从图 10.5～图 10.7 中可以看出，王茂沟小流域坝系是淤积较为成熟的坝系，各个单坝的相对稳定系数基本上约为 0.04，表明目前各个单坝在其控制范围内淤积都达到了较为成熟的阶段，能够起到很好的稳定作用；而在各个坝系单元上，各个淤地坝则略有所不同，

表 10.8　王茂沟小流域淤地坝淤积特征

序号	淤地坝名称	控制面积/km^2	淤地面积/ hm^2	平均淤积厚度/ cm
1	关地沟 4#坝	0.40	2.13	12
2	背塔沟坝	0.20	0.32	15
3	关地沟 2#坝	0.10	0.01	45
4	关地沟 3#坝	0.05	0.27	56
5	关地沟 1#坝	1.14	2.46	42
6	死地嘴 1#坝	0.62	2.60	48
7	王塔沟 1#坝	0.35	1.01	42
8	王茂沟 2#坝	2.97	2.47	140
9	康和沟 3#坝	0.25	1.26	20
10	康和沟 2#坝	0.32	1.12	32
11	康和沟 1#坝	0.06	1.34	31
12	埝堰沟 3#坝	0.46	0.97	3
13	埝堰沟 2#坝	0.18	2.42	34
14	埝堰沟 1#坝	0.86	1.22	46
15	黄柏沟 2#坝	0.18	2.11	18
16	黄柏沟 1#坝	0.34	0.89	36
17	王茂沟 1#坝	2.89	4.82	14

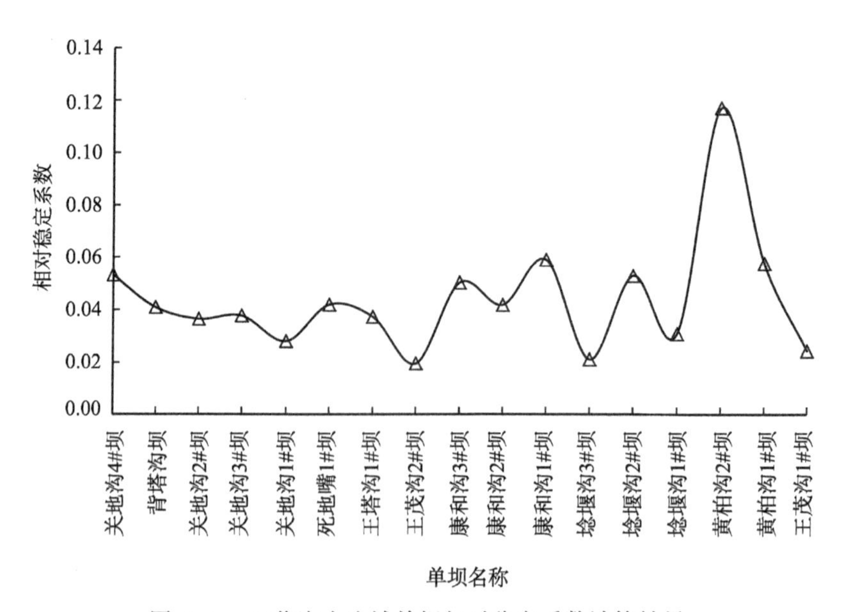

图 10.5　王茂沟小流域单坝相对稳定系数计算结果

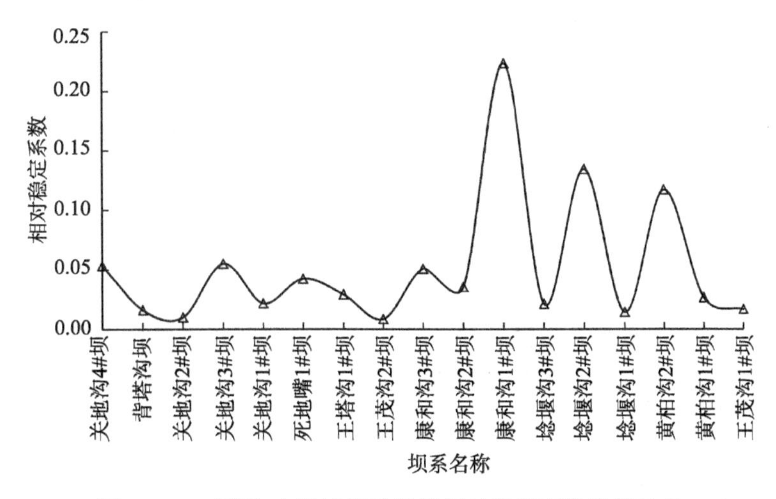

图 10.6　王茂沟小流域坝系单元相对稳定系数计算结果

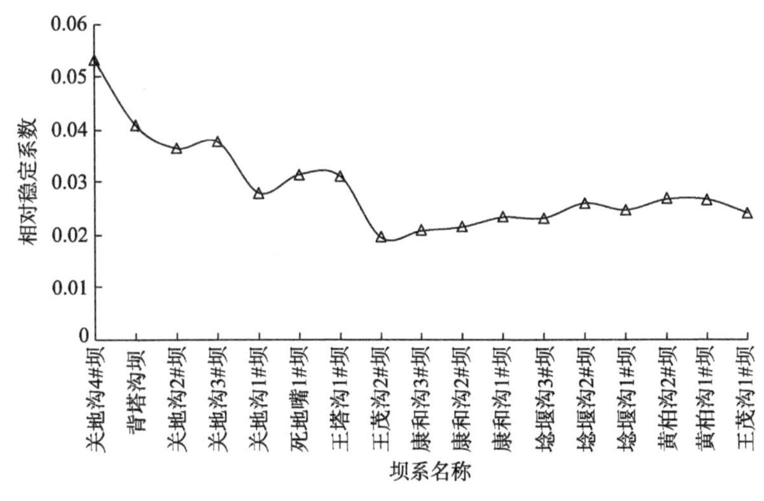

图 10.7　王茂沟小流域坝系相对稳定系数计算结果

尤其是在康和沟坝系单元，由于单坝控制面积较小而淤地面积较大，故单坝相对稳定系数较大；但是对整个坝系单元而言，则整体的相对稳定系数接近 0.04。流域出口的王茂沟 1#坝由于控制全流域面积，反映了流域整体的稳定性情况，结果表明，目前流域坝系的稳定系数在 0.02 左右。

10.3　小流域坝系不同地貌单元的水动力结构功能变化

暴雨洪水是黄河中游粗泥沙集中来源区流域侵蚀产沙的主要动力源。特殊的气候和地理环境使黄河中游粗泥沙集中来源区具有暴雨洪水发生频度高、暴雨中心多、强度大、支流洪峰流量大、洪水含沙量高、洪水输沙量大、暴雨侵蚀产沙强烈、粗泥沙集中，以及对黄河干流水沙影响大等特点。高强度暴雨、特殊的下垫面条件和高含沙水流是黄土高原地区流域产洪和产沙、输沙的三大基本成因，形成了本区特有的暴雨洪水产沙、输沙规律。

10.3.1 暴雨洪水集中是侵蚀产沙的主要动力

黄河中游粗泥沙集中来源区是黄河河龙区间高强度暴雨多发区和暴雨洪水发生频度最高的区域。由于特殊的自然地理和气候条件，降雨经常以暴雨形式出现，且极易形成区域暴雨中心。

根据黄河中游粗泥沙集中来源区典型支流多年实测资料统计，本区日雨量大于50mm 的暴雨一般 1～2 年发生一次，日雨量大于 100mm 的暴雨一般 6～8 年发生一次，个别支流(如窟野河)发生频度更高(表 10.9)。

表 10.9 黄河中游粗泥沙集中来源区典型支流暴雨洪水特征

流域名称	时段降雨/mm		出现频次/(年/次)		最大次暴雨洪水				暴雨中心位置
	最大 1min	最大 1h	>50mm	>100mm	中心雨量/mm	最大雨量/(mm/h)	洪峰流量/(m³/s)	发生时间	
皇甫川	—	181.0	2.00	6.15	136.0	181.0	10 600	1989.07.21	纳林川附近
孤山川	18.3	60.0	1.25	6.50	210.0	21.0	10 300	1977.08.02	新民一带
窟野河	—	60.0	—	2.70	205.5	34.3	14 100	1959.08.03	大柳塔、神木附近
秃尾河	—	—	1.70	8.50	—	—	—	—	高家堡附近

黄河中游粗泥沙集中来源区暴雨季节性强，80%以上发生在年内的 7 月和 8 月。次暴雨时间更是高度集中，历时短，强度大，一次暴雨一般不超过 20h，主雨时段一般 6～12h；最大 1min 雨量可达 18.3mm(孤山川)，最大 1h 雨量可达 181.0mm(皇甫川)。1989 年 7 月 21 日出现在内蒙古准格尔旗田圪塔的一场暴雨，15min 降雨量竟高达 106mm，创我国北方同期(同历时)最高雨量纪录。

暴雨空间分布极不均匀，同一场暴雨在几十千米的范围内往往差别很大，有很强的局地性；流域面积或雨区范围越大，差别就越大。根据大理河岔巴沟流域 80 多个时段雨量统计资料分析，同一时段最大雨量是最小雨量的 3～7 倍；分析“1966.08.13”“1979.08.10”“1982.07.29”“1991.07.19” 4 场较大范围典型暴雨最大 3 日雨量分布情况，最大点暴雨量是最小点暴雨量的 15～25 倍，见表 10.10。

表 10.10　典型暴雨最大三日雨量分布情况

典型暴雨发生时间	暴雨中心(最大点)		最小点降雨量	
	地点	雨量/mm	地点	雨量/mm
1966.08.13	窟野河石圪台	157.0	窟野河解家堡	8.2
1979.08.10	黄埔川得胜西	251.8	秃尾河高家堡	10.0
1982.07.29	窟野河麻家塔沟	162.0	窟野河康巴什	31.0
1991.07.19	窟野河大柳桥	143.0	窟野河准格尔召	9.0

黄河中游粗泥沙集中来源区的流域产流产沙主要是由暴雨形成的，因此，暴雨、洪水、泥沙之间存在着必然的关系。各支流每年的洪水泥沙都集中在几次强暴雨期间，往往一次暴雨洪水可占汛期洪水的 50%以上，沙量可占 70%～80%，且一次降雨过程的洪水、泥沙特征在很大方面取决于暴雨特征。

从典型支流次暴雨径流深与产沙模数关系图(图 10.8)看出，两者接近线性相关关系，充分说明暴雨是侵蚀产沙的主要动力。1971 年 7 月下旬，以窟野河流域为中心，包括孤山川流域、秃尾河流域在内出现一次较大范围的降雨过程，暴雨中心在杨家坪，最大 6h 雨量高达 205.5mm，窟野河温家川站洪峰流量为 13 500m^3/s，一日沙量占年沙量的 85%；1976 年 8 月的一场暴雨，暴雨中心在鄂托克旗乌兰镇，最大 24h 雨量为 207.9mm，洪峰流量为 14 000m^3/s，洪水挟带的泥沙量很大，一日沙量就占年沙量的 63%。

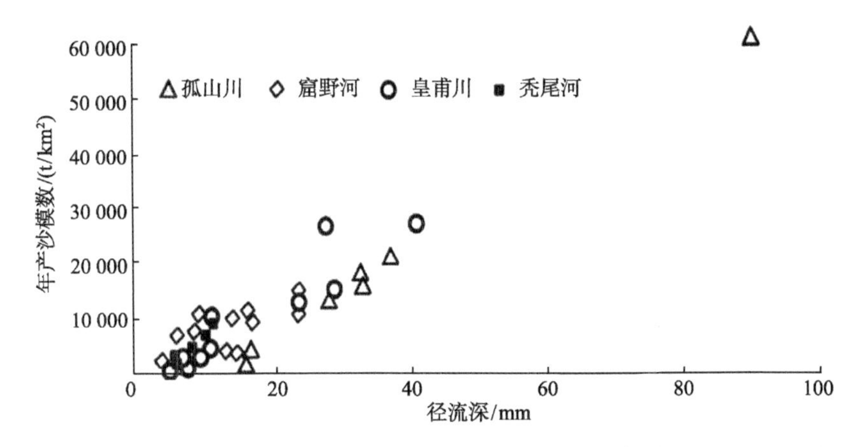

图 10.8　典型支流次暴雨径流深与年产沙模数关系图

10.3.2　高强度暴雨下的超渗产流对大洪峰形成具有重要影响

黄河中游粗泥沙集中来源区是黄河干流龙门站洪水的主要来源区之一，在高强度暴雨下产流模式以地面超渗产流为主，各支流洪水集中发生在 7～8 月，一般为峰高量大、暴涨暴落、含沙量高的尖瘦型洪水，对大洪峰形成具有决定性影响。从主要支流来看，皇甫川的洪水径流主要来源于长滩、沙圪堵至皇甫之间；孤山川产流比较均匀；窟野河的径流大部分来源于王道恒塔、新庙至温家川之间，秃尾河的非汛期径流大部分来源于风沙区，而洪水径流则主要来源于高家堡站以下区域；无定河的洪水径流主要来自丁家沟站以上区域。

黄河龙门站洪峰与黄河中游粗泥沙集中来源区各支流的洪峰密切相关，且都发生在每年的 7～8 月。分析 1951～1996 年 46 年的洪水统计资料，龙门水文站洪峰流量大于和接近 10 000m³/s 的 24 场洪峰均来自于黄河中游粗泥沙集中来源区的 8 条支流，以洪水大小和出现次数排序依次为：窟野河、皇甫川、孤山川、无定河、清涧河、秃尾河和佳芦河等，这不但表明黄河中游粗泥沙集中来源区出现的洪峰流量频率高，尤以前 4 条支流的洪峰相关程度较高，而且对龙门大洪峰的形成具有重要影响。特别是窟野河最大洪峰流量达 14 100m³/s，最大洪峰占龙门站洪峰流量 50%以上的就有 10 场，有时其单独来水就可形成龙门站最大洪峰流量，如 1959 年、1971 年、1976 年、1996 年等(表 10.11)。

表 10.11　黄河龙门站及主要粗泥沙支流洪峰流量对照　(单位：m³/s)

时间	龙门站	皇甫川	窟野河	孤山川	秃尾河	佳芦河	无定河	清涧河	延河
1951.08.15	13 700	—	—	—	—	—	—	—	—
1953.08.26	15 500	—	—	—	—	—	—	—	—
1954.07.13	13 100	1 730	10 800	—	—	—	—	—	—
1954.09.03	16 400	—	5 100	—	—	—	2 970	—	—
1958.07.13	10 800	—	2 760	—	—	3 980	—	—	—
1959.07.21	12 400	—	12 000	—	2 800	—	—	—	—
1959.08.04	11 300	2 900	14 100	—	—	—	—	—	—
1964.07.05	10 200	—	—	—	—	—	3 020	4 130	1 910
1964.08.13	17 300	1 000	4 100	3 990	2 090	1 870	950	—	—
1966.07.29	10 100	1 620	8 380	1 190	—	—	1 500	4 110	—
1966.08.16	9 260	—	6 230	—	—	—	2 290	—	—
1967.08.06	15 300	2 650	6 630	2 650	—	—	2 320	—	—
1967.08.11	21 000	1 300	4 250	2 140	3 670	—	1 130	—	—
1967.08.25	14 900	—	3 370	3 670	2 170	—	—	—	—
1967.09.02	14 500	2 160	6 500	2 070	1 000	—	1 630	—	—
1970.08.02	13 800	1 550	4 450	2 700	3 500	5 770	1 760	—	—

续表

时间	龙门站	皇甫川	窟野河	孤山川	秃尾河	佳芦河	无定河	清涧河	延河
1971.07.26	14 300	4 950	13 500	2 430	2 760	1 400	1 700	—	—
1972.07.20	10 900	8 400	—	668	—	—	970	—	—
1976.08.03	10 600	2 270	14 000	2 330	—	—	—	—	—
1977.07.06	14 500	—	—	—	—	—	—	4 320	9 050
1977.08.04	13 600	—	8 480	10 300	—	—	—	—	—
1977.08.06	12 700	—	—	—	—	—	3 840	2 340	—
1979.08.12	13 000	5 990	6 300	2 310	—	—	—	—	—
1988.08.06	10 200	6 790	3 190	2 880	—	—	—	—	—
1994.08.05	10 600	1 500	6 450	—	—	—	—	—	—
1996.08.10	11 000	5 900	10 000	1 030	—	1 300	1 010	—	1 780

资料来源：李勇，董雪娜，张晓华，等, 2004. 黄河水沙特性变化研究. 郑州:黄河水利出版社.

10.3.3　产沙强烈、粗泥沙集中是暴雨洪水产沙的显著特点

黄河中游粗泥沙集中来源区是黄河中游产输沙模数最高、产沙粒径最粗的区域。该区暴雨洪水产沙的显著特点是产沙强烈、粗泥沙集中、输沙力强、含沙量高。砒砂岩区和黄土区产沙模数大,各支流高含沙洪水多,平均含沙量在 200kg/m³ 以上，最大含沙量达 1650kg/m³。暴雨产沙不仅与暴雨特性有关，下垫面状况也是重要成因，而支流产沙和输沙在很大程度上还取决于高含沙水流的水力特性。砒砂岩受冷热干湿变化易分解，水中崩解速度很快，分布区地面切割深度大，地形破碎，谷坡陡峻，因此块体崩塌、散落作用强烈，加之地面土壤稳渗率较小、集流快、径流集中，故水流输沙强度大，侵蚀模数高。黄土区土层深厚，垂直节理发育，质地疏松，遇水崩解速度较快，抗蚀性很弱，因此沟壑密度大，侵蚀模数较高。局部黄土地区如神木—温家川区间侵蚀模数高于砒砂岩地区。

黄河中游粗泥沙集中来源区的支流涉及区域均为高产沙区，以窟野河、皇甫川、孤山川和无定河等支流对黄河泥沙的贡献最大。4 条支流 57.8%的区域，尤其是皇甫川和孤山川几乎全部为黄河中游粗泥沙集中来源区，其支流面积占黄河龙门站以上流域面积的比例不足 10%，但泥沙量占龙门站输沙量(据 1960～1989 年资料，龙门站年均输沙量为 8.23 亿 t)的 40%以上，粒径大于 0.05mm 的粗泥沙则占 85%以上，并有增加的趋势，这一趋势尤以窟野河和皇甫川为甚，两条河流域面积占龙门站以上流域面积的比例不足 3%，粒径大于 0.05mm 的粗泥沙量却占整个产沙量的 70%。4 条支流中皇甫川沙圪堵以上、孤山川高石崖以上、窟野河王道恒塔、新庙一温家川、无定河支流大理河下游等区间年均输沙模数均在 15 000t/km²以上。

黄河中游粗泥沙集中来源区的汛期输沙往往集中于几场大暴雨，洪水为高含沙

水流，输沙量占年输沙总量的 90%以上。例如，砒砂岩地区窟野河纳林川的一场暴雨产沙量为年产沙总量的 95%；皇甫川实测次洪水含沙量高达 1 570kg/m^3；1994 年 8 月，吴堡、绥德、子洲一带发生罕见暴雨，100mm 等雨量线覆盖面积为 2 216km^2，暴雨中心 6h 雨量为 175mm，暴雨中心绥德县裴家峁沟(面积为 39.5km^2)输沙模数高达 44 530t/km^2；佳芦河 1970 年的输沙模数高达 68 700t/km^2。本区年输沙量的年际变化很大，最大年输沙量是最小年输沙量的几十倍到几百倍。

10.4 不同地貌单元淤地坝建设耦合性分析

10.4.1 黄土区

黄土区是黄河中游粗泥沙集中来源区面积最大的水土保持治理区，以窟野河下游乌日时高勒—罗裕口镇和元定河下游韭园沟—老舍、大理河新城—高台分布面积最大，分别为 2 529.20km^2 和 5 250.5km^2，分别占黄土区面积的 17.7%和 35.9%；除了清涧河、石马川、乌龙河和延河 4 条河流的黄土区面积很小以外，剩余 5 条支流的黄土区面积占整个黄土区面积的比例都在 7%左右。表 10.12 为黄河中游粗泥沙集中来源区水土保持治理措施现状。

黄土区绝大部分属黄土高原地区水土流失分区中的黄土丘陵沟壑区第一副区，地貌形态复杂，沟壑密度大，总体上东南部地区坡陡沟深，西北部地区坡缓沟宽。该区主要地貌为峁状、梁状丘陵沟壑，其形态表现为上峁下梁、峁梁起伏、峁小梁短、峁多梁少，地面由黄土覆盖，相对切割深度为 100～150m，子长和清涧一带表现明显。梁峁区相对切割深度为 100～200m，梁峁坡多为 15°～20°，沟谷坡多为 25°～45°，各支流接近入黄口地区的黄土丘陵沟壑谷坡达 35°～70°，沟间地与沟谷地面积之比约为 4∶6，沟壑密度为 6～8km/km^2。冲沟、干沟的下游多切入砂页岩或红土中，沟底常有一级洪积小阶地。

该区土壤侵蚀以水力侵蚀为主，侵蚀产沙地形南北差异大，生态环境脆弱。粮食占有水平和人均收入水平整体不高，北部稍好于南部；南部人口密度大，人地矛盾突出，陡坡开荒严重；北部人口密度小，可耕地和基本农田面积小，草地耕垦现象严重。

本区是黄土高原土壤侵蚀最为严重的地区，该区的神木—温家川区间的土壤侵蚀模数大部分为 40 000t/(km^2·a)左右，其中粒径大于 0.1mm 的粗泥沙侵蚀模数在 10 000t/(km^2·a)以上，是黄河中游粗泥沙集中来源区当前亟须治理的重点区域。

1. 自然条件分析

黄土区地质构造属鄂尔多斯地台向斜南部，出露的最老岩层为三叠纪地层，上部覆盖第四纪沉积物，许多沟道出露有砂岩；地面覆盖的黄土厚度可达上百米，多属轻、中粉质壤土，疏松多孔。

表 10.12 黄河中游粗泥沙集中来源区水土保持治理措施现状

支流名称	流域面积/km^2	水土流失面积/hm^2	基本农田/hm^2				人工林地/hm^2	人工草地/hm^2	封禁/hm^2	治理面积/hm^2	治理程度/%	库容 500 万 m^3 以上的拦泥库					治沟骨干工程				淤地坝/座			其他拦蓄工程/处
			梯田	坝地	水浇地	小计						座数/座	控制面积/hm^2	总库容量/万 m^3	防洪库容/万 m^3	已淤库容/万 m^3	座数/座	控制面积/km^2	总库容量/万 m^3	已淤库容/万 m^3	小计	中型	小型	
皇甫川	3 195	2 964	6 580	2 067	1 422	10 069	88 224	13 951	1 850	14 094	35.7	—	—	—	—	—	99	705	20 370	12 733	299	80	219	45 022
清水川	881	827	1 861	265	257	2 383	9 131	3 151	0	14 665	16.6	—	—	—	—	—	—	—	—	—	325	22	303	1479
孤山川	1 268	1 189	1 734	339	393	2 466	16 608	2 833	0	21 907	17.3	1	27	768	152	616	1	3	89	22	407	40	367	2 442
石马川	241	225	891	213	222	1 326	1 997	1 288	0	4 611	19.1	—	—	—	—	—	—	—	—	—	—	—	—	387
窟野河	4 001	3 611	5 153	1 909	6 259	13 321	62 208	20 891	0	96 420	24.1	5	196	3 556	900	2 656	60	244	5 048	1 963	1 000	58	942	10 665
秃尾河	1 088	914	2 600	567	2 844	6 011	14 787	2 414	0	23 212	21.3	—	—	—	—	—	6	19	522	139	866	66	800	2 967
佳芦河	932	803	8 437	764	912	10 113	15 615	2 723	1 850	30 301	32.5	1	135	1 760	980	780	19	132	1 521	383	1 770	73	1697	8 727
乌龙河	101	89	960	109	75	1 144	1 483	221	0	2 848	28.2	—	—	—	—	—	—	—	—	—	139	12	127	210
无定河	5 253	4 878	29 533	4 794	10 278	44 605	86 519	15 313	5 583	52 020	28.9	6	949	36 670	18 332	18 338	75	363	6 230	2 050	5 475	528	4947	28 143
延河	235	214	614	112	291	1 017	3 342	754	0	5 113	21.8	—	—	—	—	—	4	23	368	188	22	4	18	88
清涧河	30	28	148	28	21	197	1 073	302	0	1 572	52.4	—	—	—	—	—	4	16	284	153	626	134	492	195
其他	1 578	1 354	4 461	893	2 042	7 396	24 448	7 875	0	39 719	25.2	—	—	—	—	—	6	31	1071	614	511	30	481	1640
合计	18 803	17 096	62 972	12 060	25 016	100 048	325 435	71 716	9 283	306 482	—	13	1 307	42 754	20 364	22 390	274	1 536	35 503	18 245	11 440	1 047	10 393	101 965

该区大部分地貌为黄土峁状、梁峁状丘陵沟壑。梁峁起伏，沟壑纵横，地形破碎，相对切割深度为100～300m，沟间地占56%～80%，沟谷地占20%～44%，沟道长且数量多，沟壑密度为1.85～8.00km/km^2，南大北小，差异较大，沟道横断面形状南部多为“V”形，北部多为“U”形。

黄土区以陕西韭园沟、榆林沟和内蒙古陈家坪、清水坪为典型流域，其中，前两个流域代表南部地区，后两个流域代表北部地区，其地质、地形、地貌、沟道特征及土壤条件有利于修建淤地坝。黄土区典型小流域沟道地貌特征值详见表10.13。

表10.13　黄土区典型小流域沟道地貌特征值

流域名称	所属流域	流域面积/km^2	沟间地比例/%	沟谷坡比例/%	主沟长/km	沟道比降/%	沟壑密度/(km/km^2)	海拔高度/m
韭园沟	无定河	70.70	56.7	43.3	18.0	1.15	5.34	820～1180
榆林沟	无定河	65.60	56.6	43.4	16.1	1.44	4.38	865～1180
陈家坪	窟野河	48.12	—	—	18.7	1.63	5.06	763～1190
清水坪	窟野河	76.89	—	—	20.5	1.38	5.00	802～1338

典型分析结果表明，黄土区Ⅰ、Ⅱ级沟道(以300m沟长作为Ⅰ级沟道起点)主要适于建设小型坝，作用是拦泥淤地，利用用途以蓄为主，抢种抢收，一般不设溢洪道和泄水洞，设计防洪标准为20年一遇；Ⅱ、Ⅲ级沟道主要适于建设中型坝，作用是拦截较大洪水和泥沙，保护小型坝，控制面积多在2km^{2}以下，多无配套工程，淤积快，成为主要生产坝；Ⅲ级以上沟道主要适于建设骨干坝，作用是调蓄和分配洪水泥沙，实现上拦下保，由于库容大，水源条件相对较好，利于农业利用。例如，榆林沟修建骨干坝17座、中型坝30座、小型坝69座；Ⅰ级沟道布坝率为45.7%，Ⅱ级沟道布坝率为37.9%，Ⅲ级沟道布坝率为10.3%，Ⅳ级沟道布坝率为4.3%，Ⅴ级沟道布坝率仅为1.7%。小型坝主要分布于Ⅰ、Ⅱ级沟道，Ⅰ级沟道布坝量占总坝数的64.8%，Ⅱ级沟道布坝量占总坝数的33.8%；中型坝主要分布于Ⅱ、Ⅲ级沟道，Ⅱ级沟道布坝量占总坝数的62.5%，Ⅲ级沟道布坝量占总坝数的12.5%；骨干坝主要分布于Ⅲ、Ⅳ级沟道，Ⅲ级沟道布坝量占总坝数的28.6%，而Ⅳ级沟道布坝量占总坝数的47.6%。

黄土区年均降水量为350～550mm，空间分布不均、年际变化大、年内集中。降水总趋势南多北少，多集中于6～9月且以暴雨形式出现，在高强度暴雨下导致超渗产流，加上坡陡沟深，支流密集，很容易形成洪峰尖瘦、暴涨暴落的突发性高含沙洪水。淤地坝(系)是现状拦截洪水泥沙最有效的水土保持措施。例如，韭园沟和榆林沟64%～71%的年降雨量集中在6～9月，榆林沟历年最大1日降雨量为131.2mm(1961年)，最大1h降雨量为44.2mm(1978年)。两个流域在水土保持治理前的多年平均侵蚀模数均为1.8万t/km^2，见表10.14。榆林沟小流域水土保持治理前的多年年均径流量为

106.1 万 m^3，1968 年建沟口治沟骨干工程后，治理措施拦洪量占产洪量的 90%以上，其中坝库占 60%以上；陕西清涧老舍古沟大坝，控制面积为 33km^2，坝高 45m，总库容为 538 万 m^3，有剩余库容 400 万 m^3，在 1977 年 8 月暴雨降雨量约 210mm 的情况下，库内洪水位比溢洪道底坎低 3m，坝体完好无损，除了泄水洞下泄 1.5m^3/s 外，水沙全部拦于库内，并淤地 26.68hm^2。

表 10.14　黄土区典型小流域降雨及侵蚀特征值

流域名称	年均降水量/mm	最大年降水量/mm	最小年降水量/mm	年侵蚀模数/(万 t/km^2)	侵蚀类型	侵蚀强度类型
韭园沟	517.0	734.5	232.1	1.83	水力侵蚀	剧烈
榆林沟	450.0	704.8	186.1	1.80	水力侵蚀	剧烈
陈家坪	429.9	819.1	108.6	3.00	水力侵蚀	剧烈
清水坪	434.3	819.1	108.6	2.93	水力侵蚀	剧烈

2. 经济社会需求分析

黄土区总体上人口密度大，人地矛盾突出。典型流域平均人口密度为 113 人/km^2，南部绥德县人口密度高达 164 人/km^2，人均耕地和人均基本农田却分别为 0.18hm^2 和 0.08hm^2；榆林沟人口密度为 151 人/km^2，人均耕地和人均基本农田分别为 0.22hm^2 和 0.16hm^2；北部人口密度虽然相对较小，但可利用的农耕地也不多，梯田和坝地等基本农田相对更少，如陈家坪流域人口密度为 81 人/km^2，人均耕地为 0.4hm^2，人均基本农田为 0.06hm^2 (表 10.15)。

表 10.15　黄土区典型小流域经济社会特征值

流域名称	人口		耕地		基本农田		坝地	
	数量/人	密度/(人/km^2)	数量/hm^2	人均面积/hm^2	数量/hm^2	人均面积/hm^2	数量/hm^2	人均面积/hm^2
榆林沟	9833	151	2163.3	0.22	1527.0	0.16	169.1	0.017
韭园沟	9700	137	3686.0	0.38	1877.4	0.19	263.0	0.027
成家坪	3899	81	1559.6	0.40	142.0	0.06	39.7	0.010
清水坪	4876	63	2584.3	0.53	287.9	0.07	107.2	0.022

黄土区农村经济仍然以农业经济为主，粮食仍然是群众日常生活的最基本需要，该区 80%以上的耕地是水土流失严重的坡耕地，一般年份粮食产量只有 375～750kg/hm^2，灾害年份甚至颗粒无收。但坝地粮食产量一般可达到 5000kg/hm^2，有的甚至高达 8000kg/hm^2，是坡耕地粮食产量的 4～6 倍，甚至 10 倍以上。例如，榆林沟坝地面积占粮田面积的 2.78%，其粮食产量占总产量的 10.27%。因此，该区仍然需要建设大量基本农田，建设淤地坝(系)不仅有利于提高中低产田产量，更重要

的是淤地造田，满足群众基本生活需求。该区绝大部分人口集中在主沟道中下游两岸台地及支沟沟口岸坡上，发展坝地能够方便生产，应该成为该区需要大力发展的主地。黄土区，尤其是南部地区建坝，具有良好的群众基础，群众要求加快淤地坝建设的热情很高。

3. 拦泥蓄水效益分析

1) 淤地坝是控制各级沟道的主要措施

据典型调查结果，黄土区措施配置相对完整流域的沟道控制程度很高，且沟道级别越高，控制率越高，拦蓄效果越明显。黄土区Ⅲ、Ⅳ级沟道数量相对于Ⅰ、Ⅱ级沟道数量较少，大部分治理相对完整的流域在Ⅲ、Ⅳ级沟道都建有骨干坝，其上游沟道基本得以控制。例如，韭园沟、榆林沟属于典型的分层分级拦蓄型淤地坝系结构，流域面积分别为70.7km²和65.6km²，坝系控制面积分别为69.7km²和65.0km²，控制率为98.6%和99.1%。其中Ⅰ级沟道控制率为49.0%和29.4%，Ⅱ级沟道控制率为66.7%和66.0%，Ⅲ级沟道控制率为97.4%和57.5%，Ⅳ级沟道控制率为98.6%和90.7%。相比而言，韭园沟沟道控制率均高于榆林沟，沟道坝系更为完善。

2) 淤地坝是拦泥蓄水的关键措施

淤地坝拦泥量一般占治理措施拦泥量的60%以上，坝系建设阶段的拦泥量接近正态分布，一般表现出如下规律：坝群创建初期，坝少，拦泥量也少；扩建巩固阶段拦泥量最大；坝群建设后期，随着淤积逐渐增加，拦泥量有所下降。例如，皇甫川、无定河、清涧河和延河淤地坝拦泥量占治理措施拦泥量的66%以上，其中，清涧河高达83.7%，20世纪70年代各支流淤地坝拦泥量比例高于20世纪80年代 (表10.16)；榆林沟坝群创建阶段(1957～1963年)、扩建巩固阶段(1964～1979年)和调整完善阶段(1980～1992年)的拦泥效率分别为33.0%、64.9%和69.2%，蓄水效率分别为35.2%、54.0%和53.7%(表10.17)。淤地坝的拦泥量一般随坝高的增加而呈现级数增长，即淤地坝越高，其拦泥作用也越大。据无定河666座淤地坝调查资料分析，坝高31～35m与坝高小于5m的淤地坝相比，平均单坝拦泥量增加6倍，淤地面积增加43倍(表10.18)，而单位淤积量的投资为高坝低于低坝。

表10.16　黄土区典型支流淤地坝拦泥情况

流域名称	流域面积/km²	20世纪70年代平均拦泥量			20世纪80年代平均拦泥量		
		治理措施/万t	坝地/万t	坝地占比例/%	治理措施/万t	坝地/万t	坝地占比例/%
无定河	30 260	9 466.0	7 231	76.4	5 226.0	2 201	42.1
清涧河	4 080	1 862.7	1 560	83.7	1 305.0	867	66.4
延河	7 687	931.0	614	66.0	1 530.5	852	55.7
皇甫川	3 246	908.6	741	81.6	861.6	563	64.5

表 10.17　榆林沟小流域拦泥蓄水效益分析

年份	产流量/万 m^3	蓄水量/万 m^3	产沙量/万 t	拦泥量/万 t	蓄水效率/%	拦泥效率/%
1957～1963	773.1	272.4	927.4	306.3	35.2	33.0
1964～1979	2166.9	1170.2	2162.7	1402.6	54.0	64.9
1980～1992	1704.8	914.5	1607.4	1111.0	53.7	69.2
1957～1992	4644.8	2357.1	4697.5	2819.9	50.8	60.0

表 10.18　无定河流域不同坝高淤地坝拦泥情况

坝高分级/m	坝数/座	平均坝高/m	淤地面积/hm^2	单坝淤地面积/(hm^2/座)	拦泥量/万 m^3	平均拦泥量/(万 m^3/hm^2)
≤5	110	—	22.95	0.21	32.20	1.40
6～10	249	7.5	110.98	0.45	265.67	2.39
11～15	150	12.5	156.48	1.04	572.86	3.66
16～20	76	17.5	155.35	2.04	749.77	4.83
21～25	47	22.5	158.34	3.37	963.21	6.08
26～30	21	27.5	121.94	5.81	1081.00	8.87
31～35	13	32.5	118.48	9.11	1238.53	10.45
合计	666	—	844.52	—	4903.24	—

淤地坝(系)的防洪能力主要取决于骨干坝，拦泥淤地能力取决于坝系的完善程度。例如，陈家坪小流域只有控制面积为 2.14km^2 的 1 座骨干坝，剩余滞洪库容为 5.8 万 m^3，防洪能力不到 10 年一遇，中小型坝控制面积为 10.7km^2 且大部分淤满。根据淤地坝建设规划，增加 6 座治沟骨干工程可基本形成一个完整的淤地坝坝系，提高流域整体拦泥、防洪和淤地能力。在一定淤积库容情况下，淤积量越少，则拦泥潜力越大。以剩余拦泥库容占设计拦泥库容的比例分析，南部韭园沟(11.4%)、榆林沟(16.1%)明显低于北部陈家坪(37.7%)。从榆林沟和韭园沟各级沟道剩余淤积库容来看，Ⅲ级以上沟道比例较大，如榆林沟剩余库容主要分布于Ⅳ、Ⅴ级沟道(干沟和主沟)，占流域剩余淤积库容的 57%；说明既定侵蚀状态下大坝在加快拦减泥沙方面比小坝有众多的优越性。

3) 淤地坝具有良好的减蚀效果

黄土区特别是南部地区窄深的“V”形沟道处于侵蚀活跃期，面蚀、沟蚀、重力侵蚀等非常剧烈。淤地坝能明显改变流域侵蚀形态，特别是抬高侵蚀基准面，稳定沟坡，减缓或制止沟床下切、沟岸扩张和沟头前进。据测算，1957～1992 年，榆林沟淤地坝减蚀 86.4 万 t，年均减蚀 2.4 万 t，占侵蚀量的 2.03%；流域沟道平均抬高 9m，沟口侵蚀基准面抬高 20m；未建坝沟道断面年均下切 0.05m，最大年下切 4.5m，而建坝沟道断面年均下切 0.015m，沟坡下切减少 69.4%，沟头前进速度减少

58.7%。

4) 土地优化利用、陡坡退耕和生态环境改善

绥德县王茂沟小流域有坝地 $27hm^2$，在人口增加、粮田面积缩小的情况下，粮食总产却连年增加，使大量坡耕地退耕还林还草，土地利用结构发生了显著变化。耕地面积由占总面积的 57%下降到 28%，林地面积由 3%上升到 45%，草地面积由 3%上升到 7%。坝地面积占耕地面积的 15%，但粮食产量却占流域粮食总产量的 67%。

4. 适应性特征关系分析

1) 工程配置比例

从实地查勘和相关资料分析，黄土区淤地坝数量占区域总坝数的 96.2%，骨干坝与中小型坝的配置比例为 1:8.0～1:3.4，平均 1:4.2。区域内存在布坝密度南高北低、骨干坝与中小型坝配置比例北高南低的趋势，这一特点与南、北部地区的沟道特征和经济社会需求差别直接相关。由表 10.19 可以看出，黄土区南部的榆林沟和韭园沟的平均布坝密度分别为 1.76 座/km^2 和 3.72 座/km^2，骨干坝与中小型坝配置比例分别为 1:5.82 和 1:15.44，基本形成“小多成群有骨干”的淤地坝体系；北部陈家坪和清水坪的布坝密度分别为 0.69 座/km^2 和 0.78 座/km^2，骨干坝与中小型坝配置比例分别为 1:3.71 和 1:4.45。需要说明的是，如果典型流域属于治理程度或规划治理程度较高的流域，工程配置比例均高于该区平均值。

表 10.19 黄土区典型小流域淤地坝配置情况

位置及流域		流域面积/km^2	沟壑密度/(km/km^2)	布坝密度/(座/km^2)	总坝数/座	沟治骨干工程/座	中型坝/座	小型坝/座	坝型配置比例
南部	榆林沟	65.6	4.83	1.76	116	17	30	69	1:5.82
	韭园沟	70.7	5.34	3.72	263	16	40	207	1:15.44
	合计	136.3	—	—	379	33	70	276	—
北部	陈家坪	48.1	2.06	0.69	33	7	22	4	1:3.71
	清水坪	76.9	1.85	0.78	60	11	17	32	1:4.45
	合计	125.0	—	—	93	18	39	36	—

注：坝型配置比例指治沟骨干工程与中小型坝座数的比例。

2) 淤地面积与坝高、流域面积关系分析

郑新民等(2008)从黄河中游河龙区间无定河、秃尾河、孤山川、窟野河、皇甫川等流域 505 座淤地坝资料分析和验证得知，淤地面积与坝高、流域面积的关系式为

$$A = K \cdot H^{1.5} \cdot F^{0.9} \tag{10.3}$$

式中，A 为淤地面积(hm^2)；H 为坝高(m)；F 为流域面积(km^2)；K 为断面系数。

当坝体纵断面形状分别为三角形、梯形和锅底形时，K 值分别等于 0.0073、0.0267、0.0667。以榆林沟 3#坝为例，其坝高为 37m，控制面积为 8km²，坝体断面为梯形，计算淤地面积为 39hm^2，与设计值 39.7hm^2 接近。

3) 沟壑密度、布坝密度和减沙率关系分析

淤地坝系减沙程度取决于淤地坝的数量和单坝特征值，而单坝特征值在设计时已根据特定沟道特征和淤地坝设计规范所确定，因此减沙程度主要与布坝密度有关，而布坝密度与沟壑密度有关。一般情况下，沟壑密度较大时，布坝密度相对较大(表 10.20)；布坝密度较大时，沟道淤地坝系完善程度相对较高，流域减沙程度相对较高。黄土区及其周边地区都有这种规律特征。例如，韭园沟、碾庄沟等流域沟壑密度相对较大，淤地坝系的完善程度相对较高，布坝密度相对较大，相应的拦沙率分别达到 87.2%和 65.8%，而陈家坪沟流域沟壑密度相对较小，淤地坝系的完善程度相对较低，布坝密度相对较低，因而拦沙率较低(表 10.20)。

表 10.20　黄土区典型小流域淤地坝相关特征

流域名称	流域面积/km^2	沟壑密度/(km/km^2)	布坝密度/(座/km^2)	总坝数/座	主沟长度/km	减沙程度/%	治理程度/%	总库容/万 m^3
韭园沟	70.7	5.34	3.72	263	18.0	87.2	58.8	2808.9
榆林沟	65.6	4.38	1.76	116	16.1	60.1	65.1	3272.1
碾庄沟	54.2	4.28	3.10	168	14.6	65.8	65.4	1315.0
元坪沟	128.0	2.16	1.70	108	18.0	59.7	51.4	5770.5
陈家坪	48.1	2.06	0.69	33	14.0	46.8	16.0	467.8

4) 沟壑密度与库容分布关系分析

从不同流域看，沟壑密度大的地区一般布坝密度大，中小型坝配置比例高，总库容和单位面积的库容相对也大；沟壑密度小的地区一般布坝密度小，大中型坝配置比例高，总库容和单位面积库容相对较小，黄土区淤地坝(系)库容特征值表现出南大北小趋势。例如，南部韭园沟和榆林沟平均布坝密度为 2.78 座/km^2，单位面积总库容为 45.32 万 m^3/km^2，单位面积拦泥库容为 35.57 万 m^3/km^2，而北部陈家坪和清水坪平均布坝密度只有 0.74 座/km^2，单位面积总库容为 27.85 万 m^3/km^2，单位面积拦泥库容为 24.35 万 m^3/km^2，均小于黄土区南部区域的特征值(表 10.21)。

从控制沟道级别看，一般沟道级别越高，骨干坝配置比例越高，单坝库容越大，布坝密度越小；沟道级别越低，中小型坝配置比例越高，单坝库容越小，布坝密度越大。例如，榆林沟Ⅴ级沟道大型坝布坝密度为 0.244 座/km^2，布坝率仅为 1.70%，单坝库容达到 545.5 万 m^3；而Ⅰ级沟道小型坝布坝密度达到 1.053 座/km^2，布坝率达 45.7%，单坝库容仅 5.81 万 m^3 (表 10.22)。

表 10.21　黄土区典型小流域坝系库容分布特征

流域名称	总坝数/座	总库容/万 m^3	拦泥库容/万 m^3	单位总库容/(万 m^3/km^2)	单位拦泥库容/(万 m^3/km^2)	沟壑密度/(km/km^2)	布坝密度/(座/km^2)
韭园沟	263	2808.9	2022.5	40.3	29.02	5.34	3.72
榆林沟	116	3272.1	2737.3	50.34	42.11	4.38	1.76
合计(平均)	379	6081.0	4759.8	(45.32)	(35.57)	(4.86)	(2.74)
陈家坪	33	467.8	418.0	33.8	30.2	2.06	0.69
清水坪	60	899.7	760.7	21.9	18.5	1.85	0.78
合计(平均)	93	1367.5	1178.7	(27.85)	(24.35)	(1.96)	(0.74)

表 10.22　黄土区典型流域淤地坝单坝库容分布情况分析

流域名称	项目	合计	Ⅰ级	Ⅱ级	Ⅲ级	Ⅳ级	Ⅴ级
榆林沟	库容/万 m^3	3271.3	308.1	712.3	444.5	715.4	1091
	坝数/座	116	53	44	12	5	2
	平均单坝库容/万 m^3	—	5.81	16.19	37.04	143.08	545.50
	布坝率/%	100.00	45.70	37.90	10.30	4.30	1.70
韭园沟	库容/万 m^3	2808.9	289.5	1014.5	1020	484.9	0
	坝数/座	263	152	84	22	5	0
	平均单坝库容/万 m^3	—	1.90	12.08	46.36	96.98	0
	布坝率/%	100.00	57.80	31.90	8.40	1.90	0

综上所述，黄土区的地质、地貌及沟道特征均适宜淤地坝建设，建坝淤地是满足人多地少地区群众对粮食等基本生活要求的重要措施，淤地坝在控制泥沙、调蓄洪水和保障群众生命财产安全方面也具有非常重要的作用。该区建坝自然条件优越，历史悠久，技术成熟，群众热情高，修建淤地坝已成为快速拦减入黄泥沙、解决群众粮食生产和水资源利用的主要措施。

10.4.2　砒砂岩区

砒砂岩区主要包括窟野河上游东部(乌兰哈达—乌日图高勒)、皇甫川大部两个区域。该区主要特点是侵蚀产沙地层和地面组成物质以砒砂岩为主，空间分布相对集中，属水、风蚀混合侵蚀产沙区，水力侵蚀、沟谷泻溜和崩塌等重力侵蚀和沟谷坡的冻融风化侵蚀都很严重，侵蚀模数高达 1.4 万 t/km^2。该区人口稀少，但农牧业基础设施落后，群众生产生活条件很差。现以皇甫川流域速机沟、乌拉素沟、碾坊沟、西黑岱沟和虎石沟为典型流域进行分析。

1. 自然条件分析

砒砂岩区地处黄河中游粗泥沙集中来源区西北部，发育了皇甫川、窟野河等多沙粗沙河流。该区分为覆土砒砂岩和裸露砒砂岩两种情况：覆土砒砂岩区是中生代红色调碎屑沉积岩大面积出露，坡面覆盖新生代黄土、红土或风沙土的区域，具有一定量建坝所需的土料、砂料和石料，其中，南部梁状丘陵十分破碎，沟壑密度为 5.4～6.0km/km^2，梁峁顶部平缓宽大，坡度为 5°～10°，沟谷深且陡峻，坡度为 25°～60°，相对高差为 60～120m。该区主沟道多为“U”形，平均比降为 1%～2.5%，与黄土区相比明显偏小，建坝条件较好且淹没损失少。例如，碾坊沟Ⅱ级以上沟道、速机沟和乌拉素沟两岸边坡较缓，沟床宽，比降小，沟道呈“U”形或倒梯形(表 10.23)，沟床多为沙质床，因此，建设骨干坝的条件要优于黄土区，但下游村庄和川台地分布密集的沟道淹没损失太大，建设治沟骨干工程会受到一定的限制。裸露砒砂岩区沟道侧向扩张侵蚀比沟头溯源侵蚀强，沟谷切割烈度(沟缘线包围的沟谷面积占流域面积的百分比)明显大于覆土砒砂岩区，各级沟道多呈“V”形，沟床狭窄，沟间坡面退缩成狭长的坡梁，植被极为稀少或寸草不生，有关建坝材料、地形地貌条件、地质稳定性等问题有待于进一步研究。但这一地区的人口、村庄、耕地、工矿企业稀少，筑坝安全性的外在影响不大，地质条件较好，在不排除投资可能情况下，可以在有地形条件的地区建设一定数量的淤地坝。

表 10.23　砒砂岩区典型小流域沟道特征值统计

流域名称	流域面积/km^2	沟道类别	沟道数量/条	平均沟床宽/m	平均比降/%	沟道形状
碾坊沟	95.0	Ⅰ级	139	14.8	9.00	“V”形
		Ⅱ级	30	30.6	3.30	“U”形
		Ⅲ级	6	54.5	2.40	“U”形、倒梯形
速机沟	104.3	左岸支沟	28	15.0	2.47	窄“U”形
		右岸支沟	15	30.0	1.75	“U”形
		主沟道	1	80.0	1.05	倒梯形
乌拉素沟	95.7	左岸支沟	21	41.6	2.72	窄“U”形
		右岸支沟	15	72.9	2.36	“U”形
		主沟道	1	157.2	1.35	倒梯形
西黑岱沟	32.0	—	—	—	1.00	“U”形
虎石沟	124.3	—	—	90.0	1.66	“U”形

砒砂岩区冬季寒冷干燥，夏季短促炎热，春秋多风沙，旱灾和风灾严重。降水年际变化大，年内分布不均。降雨主要集中在汛期的 7～9 月，多年平均 7～9 月降水量占年降水量的 70%～80%，且多以历时短、强度大、灾害性强的暴雨出现。例如，速机沟年均降水量为 400mm，最大年降水量为 636.5mm，最大 24h 降水量为 130mm，汛期降水量占全年降水量的 78.8%(表 10.24)。

表 10.24　砒砂岩区典型流域降水特征

流域名称	年降水量极值及发生年份				多年平均降水量/mm	最大24h降水量/mm	平均汛期降水量/mm	多年平均暴雨次数/次
	最大值/mm	发生年份	最小值/mm	发生年份				
速机沟	636.5	1967	160.8	1965	—	—	—	—
乌拉素沟	636.5	1967	160.8	1965	—	—	—	—
碾坊沟	849.6	1976	199.6	1965	447	115.5	311.1	0.8
西黑岱沟	494.3	—	264.8	—	400	—	—	—
虎石沟	636.5	1967	160.8	1965	400	130	314.3	6

相关研究表明，砒砂岩区主要产沙方式是水力侵蚀和重力侵蚀，沟谷陡坡裸露砒砂岩产沙量占流域产沙量的 79.4%～84.1%。皇甫川流域沙圪堵控制区内裸露的砒砂岩粒度极粗，粒径大于 0.05mm 的粗沙占 95%以上；沙黄土粒径大于 0.05mm 的粗沙颗粒占 70.7%，大于 0.10mm 的粗沙颗粒占总沙量的 46.1%；皇甫川 2.86 亿 t 的输沙中，粒径大于 0.05mm 和 0.1mm 的沙量为 1.11 亿 t 和 0.49 亿 t，占 38.81%和 17.13%。例如，皇甫川速机沟、乌拉素沟、碾坊沟、虎石沟等小流域的泥沙主要来源于沟谷和左岸支沟砒砂岩裸露区。年际变化大，最大年输沙量与最小年输沙量之比达 6.7。泥沙颗粒以粗沙为主，其中，大于 0.05mm 的粗沙占总沙量的 38.81%～95%。尤以速机沟和乌拉素沟粗泥沙比例最高，碾坊沟径流模数最大，虎石沟输沙模数最高(表 10.25)。这一自然条件需要加强沟道工程特别是淤地坝等工程建设，加速拦减入黄粗泥沙。

表 10.25　砒砂岩区典型流域径流泥沙特征值

流域名称	年径流量极值及发生年份				多年平均年径流量/万 m^3	多年平均汛期径流量/万 m^3	多年平均洪水次数/次	径流模数/[t/(km^2·a)]	年输沙量/万 t	输沙模数/[t/(km^2·a)]
	最大值/万 m^3	发生年份	最小值/万 m^3	发生年份						
速机沟	1 579.1	1967	80.0	1965	578.6	478.3	6	55 000	181.4	15 000
乌拉素沟	1 556.4	1967	69.8	1965	526.4	478.3	6	55 000	157.9	15 000
碾坊沟	901.8	1954	66.3	1965	328.2	302.2	8	68 000	83.9	15 000
西黑岱沟	1 865.7	1967	94.6	1965	683.6	559.9	6	55 000	204.2	16 500
虎石沟	1 579.1	1967	80.0	1965	578.6	478.3	6	55 000	181.4	15 000

2. 经济社会需求分析

砒砂岩区人口密度为 20～33 人/km^2，远远低于黄土区，区域内人口分布差异较大，一般人口多聚集于流域中下游或川台地相对较多的地区。以皇甫川准格尔旗为例，上游德胜西乡人口密度为 15.9 人/km^2，中游纳林乡人口密度为 23.2 人/km^2；川道地貌的贺家湾人口密度为 100 人/km^2，毗邻丘陵地貌的圪针墕村人口密度为 20 人/km^2。分散的聚落和人口分布使该区既保留了以游牧形式为主的粗放畜牧业，又形成了遍垦丘陵草地的旱作种植业，对植被和原生地貌的破坏十分严重。该区农耕地面积小，典型流域耕地面积仅占 4.63%～10.2%(表 10.26)，人均耕地面积为 0.48hm^2；该区 90%以上的耕地为旱坡地，种植方式以旱作和广种薄收为主，梯田和水浇地等基本农田仅占耕地面积的 5%～6%，集约化程度很低，产量低而不稳，干旱年份每公顷耕地粮食产量只有 750kg 左右；天然草地面积占土地面积的 70%以上，但经过长期农垦和放牧，绝大部分成为植被稀疏的撂荒地、退化草地和难利用的侵蚀沟坡地；畜牧业经营以草地放牧为主，加之缺乏良种，商品率不高，经济效益很差。

表 10.26　砒砂岩区典型流域土地利用现状

流域名称	耕地面积/hm^2	坝地面积/hm^2	梯田面积/hm^2	林地面积/hm^2	草地面积/hm^2	人口数量/人	人口密度/(人/km^2)	人均耕地面积/hm^2
速机沟	601.2	126.2	473.4	2358.0	4485.0	1307	12.4	0.46
乌拉素沟	1180.5	114.8	430.7	1839.8	468.4	1736	18.1	0.68
碾坊沟	546.0	67.3	250.6	815.7	1378.3	2100	37.0	0.26
西黑岱沟	203.8	98.1	17.7	1887.3	460.7	886	28.0	0.23
虎石沟	16.6	432.4	648.0	1053.0	757.0	2052	17.0	0.78
合计(平均)	2548.1	838.8	1820.4	7953.8	7549.4	8081	(22.5)	(0.48)

砒砂岩区生态脆弱，治理程度低，农牧业生产方式落后，生产和交通条件差，群众生活贫困。淤地坝运行前期作为蓄水工程能有效解决农牧业用水，发展水产养殖；运行后期拦泥淤地，为群众提供最基本的生产条件，带动和促进区域经济发展。因此，群众对建设淤地坝有一定的积极性。

3. *拦泥蓄水效益分析*

砒砂岩区相对完整的淤地坝系较少，特别是裸露砒砂岩区中型坝以上的治沟工程很少。据调查，该区水资源短缺，尤其是枯水期的供需矛盾更加突出，建设淤地坝(系)能有效地拦截支流泥沙，调节地表径流量和沟道洪水资源，提高水资源利用率，对解决当地人畜饮水问题和发展农业生产有重要作用。典型调研资料表明，淤地坝系建设较好的流域拦泥拦洪效率都达到了 80%以上。以内蒙古准格尔旗川掌沟为例，流域面积 147km^2，截至 1999 年底，修建骨干坝 36 座、中小型淤地坝 110 座，控制面积 132km^2，总库容达 3422 万 m^3，已形成较为完整的流域治理防御体系。1989 年 7 月 21 日，皇甫川特大暴雨中心的川掌沟平均降雨量为 118.9mm，最大点雨量为 141.2mm，推算最大洪峰流量为 874m^3/s，产洪量 1233.7 万 m^3，淤地坝拦蓄洪水量为 593.22 万 m^3，缓洪量 514.58 万 m^3，削洪效率达 89.7%，流域内的 340hm^2 基本农田及其众多治理工程免于水患，减灾效益达到 200 万元以上。又如，虎石沟现状淤地坝中有 2 座年蓄水能力为 34.93 万 m^3 的骨干坝，在供给人畜饮水和灌溉沟道两岸川台地方面发挥了很好的效益。

另据资料分析，20 世纪 60～90 年代，皇甫川流域年降水量无较大变化，实测输沙量由 5259.3 万 t/a 下降到 2794.7 万 t/a，各类水土保措减沙量由 63.9 万 t/a 增加到 1611.5 万 t/a，年减沙作用由 1.20%提高到 36.57%，河流年输沙量呈明显减少趋势，其重要原因是淤地坝发挥了重要作用。

4. 适应性特征关系分析

1) 淤积量与土壤侵蚀强度关系

在工程规划中，坝库淤积量除了用淤积库容曲线推求外，还经常利用下列公式由土壤侵蚀强度推算或由实测淤地坝淤积量推算，进而确定淤地坝淤积库容与土壤侵蚀量的关系式。

$$V_s=M_s \cdot F \cdot N \tag{10.4}$$

式中，V_s为淤地坝设计淤积库容(万 m^3)；M_s为年均土壤侵蚀模数[万 t/(km^2·a)]；F为淤地坝控制面积(km^2)；N为淤地坝淤积年限(年)。

通过对砒砂岩区典型流域淤地坝的淤积情况调查与实测分析(表 10.27)，发现式(10.4)特别适用于砒砂岩区。

表 10.27　砒砂岩区典型流域淤地坝淤积情况

流域名称	淤地坝名称	控制面积/km^2	总库容/万 m^3	淤积量/万 m^3	淤积年限/a	土壤侵蚀模数计算值/[万 t/(km^2·a)]
速机沟	马如山沟坝	1.23	74.3	18.8	14	1.47
	张家圪坦沟坝	3.26	77.0	0.0	1	—
	马如山沟口坝	1.28	88.6	46.0	17	1.46
	董家圪坦 1#坝	1.35	26.1	3.2	6	0.53
	董家圪坦 2#坝	2.31	44.6	28.7	12	1.40
	董家圪坦 3#坝	2.78	53.3	23.9	6	1.93
	马场塔坝	1.63	31.5	1.2	2	0.49
	小计	13.84	395.4	121.8	—	—
乌拉素沟	沟掌坝	0.77	31.9	18.5	20	1.62
	二道壕坝	1.00	43.0	30.4	22	1.87
	三道壕坝	1.17	32.1	10.3	10	1.19
	四道壕坝	1.09	34.8	8.5	8	1.32
	五道壕坝	0.78	37.0	1.3	4	0.56
	小计	4.81	178.8	69.0	—	—
碾坊沟	赵有成坝	3.48	130.9	80.4	19	1.58
	沙圪坨坝	3.55	131.9	123.3	28	1.16
	碾坊沟坝	5.72	209.8	12.8	28	1.14
	小计	12.75	472.6	216.5	—	—

在淤积年限和流域控制面积一定时，淤地坝淤积量或淤积库容与土壤侵蚀模数呈正相关。例如，速机沟、乌拉素沟和碾坊沟三条流域典型淤地坝单位面积坝地淤积量分别为 11.51 万 m^3/km^2、14.35 万 m^3/km^2 和 16.98 万 m^3/km^2，由淤积量推算的年均侵蚀模数分别为 1.56 万 t/km^2、1.46 万 t/km^2 和 1.54 万 t/km^2。

2) 骨干坝配置比例

砒砂岩区骨干坝主要分布于Ⅱ、Ⅲ级以上沟道，中型坝主要分布于Ⅰ、Ⅱ级沟道，小型坝主要分布于Ⅰ级沟道，与黄土区的配置方式大体相似，但配置比例却有所不同，以中型坝、治沟骨干工程为主，这种配置结构(表 10.28)与砒砂岩区地形地貌和沟道特征有关。例如，虎石沟坝库总数为 22 座，布坝密度为 0.18 座/km^2；治沟骨干工程占总坝数的 68.2%，主要分布于流域中游左岸Ⅲ级以上沟道；中型坝占总坝数的 27.3%，分布于流域Ⅱ级沟道；小型坝占总坝数的 4.5%，主要分布于Ⅰ级沟道。

表 10.28　砒砂岩区典型流域淤地坝分布情况

流域名称	淤地坝总数/座	骨干坝数量/座	中型坝数量/座	小型坝数量/座	坝型配置比例
速机沟	7	4	3	0	1:0.75:0
乌拉素沟	5	0	5	0	—
碾坊沟	3	3	0	0	—
西黑岱沟	20	8	6	6	1:0.75:0.75
虎石沟	22	15	6	1	1:0.4:0.07

注：坝型配置比例指骨干坝数量:中型坝数量:小型坝数量。

由于典型流域淤地坝(系)相对不够完善该区典型流域骨干坝与中小型坝的配置比例为 1:0.9。根据该区以外同类型区有关规划资料分析，该区相对完善的淤地坝(系)骨干坝与中小型坝的配置比例关系可以取到 1:1.6～1:1.2。

3) 库容分布情况分析

该区单位面积总库容、单位面积拦泥库容和单位面积已淤库容均小于黄土区，这与该区沟壑密度小、沟道数量少、布坝密度小有直接关系。该区越是靠近黄土区的区域，其库容特征值越接近黄土区。例如，黄土区北部淤地坝单位面积总库容、单位面积拦泥库容和单位面积已淤库容分别为 27.8 万 m^3/km^2、24.4 万 m^3/km^2 和 20.8 万 m^3/km^2，而砒砂岩区相应值分别为 36.2 万 m^3/km^2、27.4 万 m^3/km^2 和 13.7 万 m^3/km^2 (表 10.29)。

该区典型流域的库容淤积率为 50%左右，具有一定的拦蓄能力。碾坊沟仅有 3 座骨干坝，其中 1 座坝已淤满，基本失去拦沙能力，1 座坝有 8.65 万 m^3 的剩余库容，但由于开设溢洪道失去了蓄水能力；乌拉素沟仅有 5 座中型坝，其中 2 座淤满，3 座仍有 40%左右的拦沙、蓄水能力；速机沟和西黑岱沟淤地坝整体剩余库容较大，防洪蓄水能力较强，但由于缺少骨干坝，遇到大洪水时泥沙仍难以有效控制；虎石沟流域内的淤地坝均为新建工程，具有较大的拦蓄能力。从典型流域看，本区淤地坝新建、扩建、加固、配套的任务很重。

表 10.29 础砂岩区典型小流域坝系库容分布

流域名称	控制面积/km²	总库容/万 m³	拦泥库容/万 m³	已淤库容/万 m³	单位总库容/(万 m³/km²)	单位拦泥库容/(万 m³/km²)	单位已淤库容/(万 m³/km²)
速机沟	10.2	394.4	269.5	121.8	38.7	26.4	11.9
乌拉素沟	4.8	178.8	121.9	69.0	37.3	25.4	14.4
碾坊沟	12.8	458.9	377.9	269.8	35.9	29.5	21.1
西黑岱沟	20.4	902.5	789.4	411.1	44.2	38.7	20.2
虎石沟	123.2	3096.1	2092.8	96.6	25.1	16.8	0.8
合计(平均)	171.4	5030.7	3651.5	968.3	(36.2)	(27.4)	(13.7)

综上所述，覆土础砂岩区有修建淤地坝的地质、地形条件及一定的土、石、沙等建坝材料，该区建设淤地坝蓄水拦沙效益显著，可以着眼于建设骨干坝，不必强调相对完整的淤地坝坝系；裸露础砂岩区有修建淤地坝的地质、地形条件，个别地区的土、石、沙料也可以有条件地解决。

10.4.3 盖沙区

盖沙区是黄河中游粗泥沙集中来源区面积最小的治理区，主要包括窟野河中游(纳林陶亥—孙家岔)和皇甫川上游、中游东部地区。该区主要特点为地面组成物质是风沙土，地表平缓，在固定、半固定沙丘上生长有沙棘、沙柳等沙生植物，乔木少，侵蚀动力夏秋季以水力为主、冬春季以风力为主，土壤侵蚀模数为 1.0 万 t/(km²·a)以上。

1. 自然条件分析

盖沙区为过渡性坡梁地带，地面组成物质以第四系风成沙、沙黄土和中生界砂页岩为主，局部有砾岩层。地貌以盖沙黄土丘陵、沙质波状高平原为主，沟壑密度在 4.6km/km² 以下；年降水量为 350～430mm；植被盖度为 30%左右，且以耐旱草本植物为主，在固定和半固定沙丘沙地上生长有大量的沙棘、沙柳等沙生植物，乔木种类较少。

盖沙区土壤侵蚀方式以水力侵蚀为主，其次为风力侵蚀，以盖沙黄土丘陵地貌侵蚀产沙最为强烈。该区侵蚀模数为 1.0 万～1.5 万 t/(km²·a)，风蚀模数为 0.3 万～0.75 万 t/(km²·a)。与黄土区相比，其沟道宽阔、沟壑密度小、沟道比降小，横剖为“U”形。该区的地形特征与黄土区北部地区十分相似，有建设大、中型淤地坝的自然条件。

2. 经济社会需求分析

盖沙区人口密度介于黄土区与砒砂岩区之间，水资源较为丰富，多数沟道有长流水，地表覆盖风沙土，沟间地面积相对大而平坦，但质地差、利用期短、利用率低；该区相当一部分地区为煤田开发区，过去人口密度较小，但近年来围绕矿区开发人口增长较快，矿区企业生产和居民生活用水量增长快。该区有一定数量的农耕地，梯田和水浇地等基本农田比例大于砒砂岩区，种植业以坡地旱作和广种薄收为主，集约化程度很低，粮食产量不高。植被主要以耐旱的灌木和草本植物为主。

该区沟道治理工程类型包括淤地坝、治河造地、引洪漫地、引水拉沙造田等许多特有的措施，修建淤地坝不仅是该区拦泥淤地的重要措施，也是该区非常重要的生产生活水源工程，同时对区域矿产资源开发和环境建设也有重要的现实意义。

3. 适应性特征关系分析

盖沙区地质、地形、沟道特征等与黄土区北部地区相似，具有建设淤地坝的自然条件，治河造地、引洪漫地、引水拉沙造田等是该区特有的沟道工程措施。但该区整体面积不大，现状分布的淤地坝数量很少，适应性特征关系分析难以在该区取得有分析价值的成果。根据其他盖沙区淤地坝工程建设经验，该区淤地坝建设可以借鉴黄土区北部地区的适应性特征关系。

综上所述，盖沙区具有建设淤地坝的自然条件和经济社会需求，沟坝地建设应以治河造地、引洪漫地、引水拉沙造田等特有措施为主，同时可以借鉴黄土区北部地区适应性特征值进行沟道工程措施安排。

10.5　不同地貌单元水土资源优化调控模式探讨

黄河中游粗泥沙集中来源区侵蚀产沙类型多、侵蚀强度高、泥沙颗粒粗，按照不同地貌单元区的自然环境特征、经济社会特征和侵蚀产沙特点，借鉴区域及周边典型流域治理的成功经验，紧紧围绕有效控制和拦截入黄泥沙特别是粗泥沙，为水土资源利用、经济社会发展和区域能源开发创造良好外部条件的要求，探讨分析现状水土资源调控模式优化配置方向。

10.5.1　黄土区

1. 基本思路

根据侵蚀产沙环境特点和治理措施适应性分析结果，现状治理中以治沟骨干坝为重点的淤地坝(系)是黄土区拦减泥沙的关键措施。因此，为加快黄土区的治理，需要加大包括骨干坝在内的淤地坝(系)的建设力度，突出治沟工程体系建设在滞洪、拦泥、淤地、改善生态和促进区域经济社会发展中的作用；同时，还要配合坡面治理措施，开展以小流域为单元的流域综合治理，实现快速、稳定、持续拦泥的目的。

2. 措施配置方式

根据典型治理经验，黄土区水土保持措施配置方式为：小流域主沟布设治沟骨干坝，支毛沟布设中型坝，河道较宽地段依据水流条件实施放淤工程，治河造地，发展坝地和水浇地；沟头布设谷坊等防护工程；住宅旁布设水窖、涝池等集雨工程，解决人畜饮水问题；条件适宜的主沟及其较大的一、二级支沟布设拦泥库；村庄附近的缓坡地修梯田，避风向阳处发展经济林果；退耕地、梁峁地和沟谷坡等通过水平沟、鱼鳞坑等整地，建设以沙棘、柠条、紫花苜蓿为主的灌、草植被；“四旁”栽植以速生树种为主的乔木林；其余地区实施封禁措施，依靠自然修复恢复植被。

3. 坝系及其布局架构

按照淤地坝(系)控制占区域面积 42%的来沙区、骨干坝平均单坝控制面积为 3～8km^2 和骨干坝与中小型坝配置比例为 1∶5 计算，黄土区淤地坝(系)的控制面积为 6 146km^2，需要建设骨干坝 768～2 049 座，建设中小型坝 3 840～10 245 座。根据区域侵蚀产沙环境特点和淤地坝(系)耦合性分析结果，黄土区涉及的 11 条支流都可建设淤地坝(系)工程，淤地坝(系)重点应布设在各支流的一、二、三级支沟上。

4. 治理措施建设实施时序

为加快拦减泥沙，首先，建设骨干坝工程，控制主要来沙区；其次，进行沟道工程的功能配套、结构配套和规模配套，建立完整的治沟工程体系；再次，开展坡面梯田、人工林、人工草和封禁保护等综合治理措施，保障沟道工程长期、安全、稳定发挥效益。

10.5.2　砒砂岩区

1. 基本思路

以沟口大型拦泥坝库、大面积封禁和生态移民措施为重点。该区有建设较大坝库的地形条件，淹没损失小。因此，为加快拦减入黄泥沙，应在有条件的沟口建设骨干坝等集中拦泥工程；对有一定冻融风化土壤层和植被覆盖条件的地区实施大面积封禁保护，适当加强具有一定生存条件地区和沙棘等适生植物区的人工治理；对自然条件特别恶劣、不适宜人类生存的地区实施必要的生态移民。

2. 措施配置方式

砒砂岩区具体治理措施布局为：在有条件的主沟及区域临界一、二级支沟建设拦泥库，在沟道下游实施放淤工程，治河造地，发展水浇地，建设高标准基本农田；在有条件的支沟、毛沟建设少量的骨干坝或中小型淤地坝；在平缓且宽敞的河谷川道建设以乌柳、沙棘为主的防护堤，进行治河造地或引洪淤漫，修建马槽井、截潜流工程；在人口比较集中的居民点周边，以及缓坡梁地修建鱼鳞坑或水平阶，营造油松、沙棘、柠条等乔、灌混交林；在裸露砒砂岩区建设以沙棘为主的灌木林；在大部分地区实行封禁措施，以生态自然修复方式为主恢复植被。

3. 淤地坝及其布局架构

砒砂岩区治沟控制措施主要布设在流域的游沟口和区域临界地区，淤地坝(系)控制面积一般占区域面积的 32%。按照淤地坝(系)控制面积占区域面积 32%的来沙区、骨干坝平均单坝控制面积为 3～8km^2 和骨干坝与中小型坝配比为 1:1.4 计算，砒砂岩区淤地坝的可控制面积为 943km^2，需要建设骨干坝 118～314 座，建设中小型坝 165～440 座。

4. 治理措施建设时序

首先，在有条件的较大沟道建设沟口拦泥库和骨干坝等集中拦泥工程及大面积封禁与生态移民工程；其次，在有条件和生产生活需求的沟道开展中小型坝建设，尽可能形成完整坝系；最后，开展以沙棘林等适于在砒砂岩地区生长的植物措施建设，改善砒砂岩区的生态环境，保障沟道工程长期、安全、稳定发挥效益。

10.5.3 盖沙区

1. 基本思路

以防风固沙、治沙为重点，沟道工程拦泥措施与坡面生物防风固沙措施相结合，建设农田防护林网、发展灌溉农业；沙滩、沙丘、沙地造林种草，防风固沙，发展林牧业。

2. 措施配置方式

根据典型治理经验，盖沙区措施配置方式为：一、二级沟道建设淤地坝(系)，宽阔沟道实施引水拉沙造田、围滩造田、引洪淤漫等措施；坡面以防风固沙措施为主体，沙丘沙滩布设沙障，营造防风固沙林，在防治关键部位的迎风口设置沙障，并建设速生防风固沙林；其余区域实行封禁，开展生态修复。

3. 淤地坝及其布局架构

借鉴黄土区北部地区特征值，按照淤地坝(系)控制面积占区域面积 40%的来沙区、骨干坝平均单坝控制面积为 3～8km^2 和骨干坝与中小型坝配比为 1:3.6 (比例按照黄土区北部地区特征值分析取值)计算，盖沙区淤地坝(系)的可控制面积为 488km^2，需要建设骨干坝 61～163 座、中小型坝 220～586 座。根据区域侵蚀产沙环境特点和淤地坝(系)耦合性分析结果，盖沙区淤地坝(系)重点布设在各支流的一、

二、三级支沟上，其布局为：皇甫川、窟野河、无定河的骨干坝；皇甫川、窟野河、无定河的中小型坝；宽阔沟道的引水拉沙造田、围滩造田、引洪漫地工程等。

4. 治理措施建设时序

首先，开展骨干坝、中型坝、引水拉沙、引洪漫地等集中拦泥工程；其次，尽可能按照沟道工程体系建设要求，开展沟道工程的生产配套、功能配套和规模配套；最后，开展农田防护林网、沙滩沙丘人工林草等防风治沙措施建设，开展大面积封禁保护等，保障沟道工程长期、安全、稳定发挥效益。

第 11 章　坝系安全稳定布局与坝级配置及其综合效益研究

11.1　小流域坝系布坝密度研究

小流域坝系的布坝密度从数量方面反映了坝系工程发展的总体规模。由于坝地面积的淤积发展，坝系在不同发展阶段的布坝密度是一个由递增到递减的过程。在坝系初建阶段，坝系的布坝密度一般较大，并在坝系发育过程中，由于现状工程和新建工程要进行“轮拦、轮蓄、轮种”等一系列的功能互换配置，因此工程数量进一步增加；在坝系基本成熟后，其淤地面积达到了一定的规模，“轮栏、轮蓄、轮种”等一系列的功能互换配置基本结束，坝系中出现了“坝吃坝，坝淹坝”的现象，因此布坝密度开始递减；到坝系“实现水沙拦淤相对平衡”后，坝系结构完全稳定到一个最优化的布局结构上。

11.1.1　布坝密度影响因素分析

一个布局合理的小流域坝系的布坝密度与小流域的沟道密度有关，而小流域的沟道密度又与小流域的地形地貌有关。另外，布坝密度也与坝系的不同建设阶段有关。影响小流域坝系布坝密度的因素很多，归纳起来主要有以下几个方面：

$$R=f(M,\ K,\ T) \tag{11.1}$$

式中，R 为坝系的动态布坝密度；M 为小流域地貌特征参数；K 为小流域沟道特征参数；T 为坝系建设发展不同阶段的时间特征参数。

式(11.1)中的小流域沟道特征参数 K 计算公式如下

$$K=f\{J, B(b_{\mathrm{I}}、b_{\mathrm{II}}、b_{\mathrm{III}}、b_{\mathrm{IV}}), L(l_{\mathrm{I}}、l_{\mathrm{II}}、l_{\mathrm{III}}、l_{\mathrm{IV}}), D(d_{\mathrm{I}}、d_{\mathrm{II}}、\mathrm{d}_{\mathrm{III}}、d_{\mathrm{IV}})\} \tag{11.2}$$

式中，J 为小流域沟道等级参数；B 为小流域沟道比降参数；D 为小流域沟道宽度参数；L 为小流域沟道长度参数；b_{I}、b_{II}、b_{III}、b_{IV}为各级沟道的比降参数；l_{I}、l_{II}、l_{III}、l_{IV}为各级沟道的长度参数；d_{I}、d_{II}、d_{III}、d_{IV}为各级沟道的宽度参数。

1) 小流域的沟壑密度

小流域的沟壑密度反映了小流域内沟道汇水组合的复杂程度，沟壑密度的大小直接决定了坝系的布坝密度。沟壑密度较大的小流域一般布坝密度较大，其坝系内的中小型淤地坝数量较多；沟壑密度较小的小流域一般工程数量较少，平均布坝密度较小，大中型淤地坝的数量相对较多。

2) 沟道比降

沟道比降较大的沟道一般淤地坝数量相对较多，工程等级较低，坝型较小；沟道比降较小的沟道一般工程数量较少，工程等级较高，坝型较大。

基于上述原理，一般在小流域内的主沟和较大支沟上，一般工程数量较少，等级较高，坝型较大；而在支毛沟上一般淤地坝数量较多，工程等级较低，坝型较小。

3) 沟长

一般情况下，较长的沟道内的淤地坝数量较多，较短的沟道内的淤地坝数量较少。

4) 侵蚀强度

侵蚀强度较大的小流域所在地区一般都是地貌破碎，沟壑纵横，相应的沟壑密度一般较大，也就是说坝系的工程数量也相对较大，因此坝系的布坝密度也较大。而侵蚀模数较小的小流域一般地貌相对完整，沟壑密度相对较小，因此布坝密度较小。

5) 小流域坡面治理程度

坡面治理程度的高低直接影响侵蚀模数的变化，进而影响坝系的布坝密度。一般而言，小流域内的治理程度越高，坝系的布坝密度越小。

6) 暴雨发生的频繁程度

暴雨发生的频繁程度决定了该地区的土壤侵蚀强度和下垫面地形的破碎程度，同时也决定了小流域坝系的布坝密度。一般暴雨频繁的地区，小流域坝系的布坝密度较大，工程等级较高，反之亦然。

此外，坝系规模的确定还与小流域内的坝址充裕条件、库区淹没情况、流域内的自然条件和社会经济条件有关。在同一侵蚀地区，由于自然和社会经济条件的不同制约了小流域坝系的布坝密度。

坝系的发展阶段不同，则小流域所需的坝系工程数量也不相同。一般在坝系的初建阶段，工程数量较大，布坝密度也较大，等级规模较小，中小型淤地坝较多，淤地规模也较小；随着坝系的发展发育，工程数量递减，工程规模逐渐增大，到坝系发展成熟，小流域坝系的工程数量才稳定下来，保持在一定的数量规模上持续发展，直到坝系发展到相对平衡。

11.1.2　黄土高原不同分区小流域坝系布坝密度

坝系的布坝密度一般包括坝系平均布坝密度、各类坝的布坝密度、主沟道布坝密度、支沟布坝密度等多个指标。《水土保持治沟骨干工程技术规范》规定，建坝密度的布设应根据沟壑密度、侵蚀模数、洪水、地形、地质条件等因素，结合坝系运用方式和当地经济发展需要，合理确定骨干坝和淤地坝等沟道工程的数量。

淤地坝的布坝密度或坝系的平均布坝密度一般根据小流域的实际情况确定。科学确定一个区域的布坝密度，应当调查一定数量的结构稳定、布局均衡的小流域坝系。从理论上讲，还必须满足三个条件：第一，流域形状一致，布坝密度与流域形状有关，狭长形流域和宽阔型流域的布坝密度有差异，因此，确定布坝密度必须考虑流域形状；第二，坝系建设发展阶段一致，在坝系初建阶段、发育阶段、成熟阶段，布坝密度显然有差别；第三，类型区基本一致，主要是侵蚀模数和暴雨频率、强度等基本一致。从实践上讲，目前结构稳定、布局均衡的小流域坝系不多，且要满足上述条件，在目前情况下难以实现。

黄土高原 12 条坝系示范工程小流域在监测期内共建新坝 335 座，其中，2006 年新建坝 68 座、2007 年新建坝 155 座、2008 年新建坝 101 座、2009 年新建坝 5 座、2010 年新建坝 6 座。12 条坝系新建淤地坝数量统计结果见表 11.1，淤地坝建设情况见表 11.2。经计算，截至 2010 年底，12 条小流域的平均布坝密度为 0.78 座/km^2，其中，榆林沟小流域最高，为 1.51 座/km^2，聂家河小流域最低，为 0.45 座/km^2。

表 11.1　黄土高原 12 条坝系示范工程小流域各年度新建淤地坝统计表

年份	骨干坝/座	中型坝/座	小型坝/座	总计/座
2006	22	27	19	68
2007	40	53	62	155
2008	16	27	58	101
2009	1	2	2	5
2010	3	3	0	6
合计	82	112	141	335

表 11.2　黄土高原 12 条坝系示范工程小流域淤地坝建设现状表

县(区)名称	流域名称	土地面积/km^2	耕地面积/hm^2	淤地坝/座				淤地面积/hm^2	布坝密度/(座/km^2)
				骨干坝	中型坝	小型坝	合计		
大通	景阳沟	60.4	—	6	13	16	35	—	0.58
定西	称沟河	118.0	6 821.9	20	22	32	74	—	0.63
环县	城西川	79.6	—	10	8	42	60	—	0.75
西吉	聂家河	46.6	—	8	10	3	21	—	0.45
准旗	西黑岱	32.0	60.0	9	12	8	29	119.8	0.91
清水河	范四窑	42.5	529.2	10	15	1	26	100.0	0.61
横山	元坪	131.4	3 653.0	29	29	29	87	415.3	0.66
宝塔区	麻庄	58.6	1 057.7	5	18	4	27	81.4	0.46
米脂	榆林沟	65.6	2 821.4	7	26	68	101	285.7	1.51
河曲	树儿梁	109.7	3 970.7	19	40	76	135	285.7	1.23
永和	岔口	132.0	3 090.0	23	19	92	134	86.1	1.02
济源	砚瓦河	89.9	—	6	12	28	46	0	0.51
合计(平均)		966.3	—	152	224	399	775	—	(0.78)

另外，以山西省康和沟等 14 条典型小流域坝系的布坝密度分析来看，各个小

流域的平均布坝密度差别很大。骨干坝的布坝密度尚有一定规模可循，最大不超过 0.35 座/km^2。从各个坝系的发育阶段看，高家沟坝系和洪水沟坝系已处于从发育阶段向成熟阶段的过渡期，其骨干坝的布坝密度为 2.1～3.5 座/10km^2。康和沟坝系和树儿梁坝系处于发育阶段，骨干坝的布坝密度为 1.4～1.67 座/10km^2。

山西省典型小流域坝系布坝密度见表 11.3。陕晋片典型小流域坝系布坝密度见表 11.4。内蒙古片典型小流域坝系布坝密度见表 11.5。甘青宁片典型小流域坝系布坝密度见表 11.6。

表 11.3　山西省典型小流域坝系布坝密度　　(单位：座/km^2)

小流域名称	骨干坝	中小淤地坝			坝系	主沟道	支毛沟
		中型	小型	平均			
康和沟	0.14	0.06	8.34	8.40	8.55	0.23	8.32
洪水沟	0.21	0.38	1.68	2.05	2.26	0.59	1.68
树儿梁	0.17	0.35	0.49	0.84	1.01	0.01	1.0
洪河沟	0.20	0	0.12	0.12	0.32	0.08	0.24
柳沟	0.07	0	2.10	2.10	2.15	0.18	1.97
雁子沟	0.11	—	—	0.27	0.37	—	—
东石羊	0.09	—	—	0.26	0.35	—	—
万安沟	0.09	—	—	0.72	0.81	—	—
兴龙沟	0.16	—	—	1.22	1.38	—	—
刘家沟	0.18	—	—	0.70	0.96	—	—
阳坡沟	0.11	—	—	0.25	0.35	—	—
高家沟	0.35	—	—	3.97	4.33	—	—
贺龙沟	0.08	—	—	3.71	3.79	—	—
南曲沟	0.15	—	—	0.89	1.03	—	—

表 11.4　陕晋片典型小流域坝系布坝密度表

类型区	小流域名称	流域面积/km^2	骨干坝数量/座	中小型淤地坝数量/座	骨干坝密度/(座/ km^2)
陕晋片	康和沟	48.8	7	30	0.140
	洪水沟	23.9	5	49	0.210
	树儿梁	113.8	19	96	0.167
	洪河沟	25.4	4	4	0.200
	韭园沟	70.7	23	179	0.325
	碾庄	54.2	2	166	0.037
	赵石畔	60.7	6	17	0.099
	丹头	66.6	7	67	0.105

从表 11.4 中可以看出，陕晋片 8 条典型小流域的骨干坝布坝密度为 0.037～0.325

座/km^2。布坝密度较小的康和沟坝系和树儿梁坝系处于发育阶段；韭园沟坝系已成为一个成熟坝系，布坝密度达到 0.325 座/km^2。

表 11.5　内蒙古片典型小流域坝系布坝密度表

类型区	典型小流域名称	流域面积/km^2	骨干坝/座	中小型淤地坝数量/座	骨干坝密度/(座/km^2)
内蒙古片	西黑岱	32.0	7	12	0.219
	阿不亥	95.0	14	4	0.147
	合同沟	127.3	10	7	0.079
	范四窑	42.5	10	5	0.235

内蒙古片的 4 条典型小流域虽属于同一类型区，但阿不亥和合同沟地处砒砂岩区，筑坝材料相对缺乏，导致布坝密度明显偏低。

表 11.6　甘青宁片典型小流域坝系布坝密度表

类型区	典型小流域名称	流域面积/km^2	骨干坝/座	中小型淤地坝数量/座	骨干坝密度/(座/km^2)
甘青宁片	七里沟	46.6	6	8	0.129
	榆林沟	56.4	5	3	0.089
	狗娃河	139.0	1	3	0.007
	花岔	79.4	9	4	0.113
	西山	60.3	8	0	0.133
	纸坊沟	19.0	2	2	0.105

甘青宁片七里沟流域坝系现有骨干坝 6 座、中小型淤地坝 8 座，骨干坝与中小型淤地坝配置比例为 1∶1.3，现有淤地面积与控制面积比例达到 1∶44。

通过对黄河中游多沙粗沙区 85 条坝系的优化布局论证，分析多沙粗沙区不同地区和不同侵蚀区的小流域坝系的布坝密度，总结出黄河中游多沙粗沙区，其布坝密度一般为 $R = 0.4 \sim 2.0$ 座/km^2。

按照多沙粗沙区侵蚀副区的范围和行政区划分，黄河中游多沙粗沙区的黄土丘陵沟壑区第一副区主要分布在陕西、山西和内蒙古境内，其布坝密度分别为 $R_{丘一区—陕西}$=2.0 座/km^2、$R_{丘一区—山西}$=1.5 座/km^2、$R_{丘一区—内蒙古}$=0.7 座/km^2。

黄河中游多沙粗沙区的黄土丘陵沟壑区第二副区主要分布在陕西省境内，布坝密度为 $R_{丘二区—陕西}$=1.1 座/km^2。

黄河中游多沙粗沙区的黄土丘陵沟壑区第五副区主要分布在内蒙古和甘肃省境内，布坝密度分别为 $R_{丘五区—内蒙古}$ = 0.7 座/km^2、$R_{丘五区—甘肃}$ = 0.5/座/km^2。

地处黄河中游多沙粗沙区的高原沟壑区主要分布在甘肃省境内，布坝密度为$R_{黄土高塬沟壑区}=0.4$ 座/km^2。

黄河中游多沙粗沙区各个副区的布坝密度情况见表 11.7。

表 11.7　多沙粗沙区小流域坝系优化布局布坝密度分布表　(单位:座/km^2)

行政区	丘一区	丘二区	丘五区	黄土高塬沟壑区	多沙粗沙区	备注
陕北地区	2.0	1.1	—	—	1.6	优化布局
晋西地区	1.5	—	—	—	1.5	优化布局
蒙南地区	0.7	—	0.7	—	0.7	优化布局
陇东地区	—	—	0.5	0.4	0.5	优化布局
平均	1.4	1.1	0.6	0.4	—	优化布局

11.2　坝系空间布局的配置比例分析

小流域坝系空间布局指坝系中骨干坝、中小型淤地坝在流域主沟道、各级支毛沟上的布设(包括平面布设和分期加高)，以及单元坝系分片控制、分层控制的关系。从典型小流域坝系发展的实践看，坝系空间布局与坝系结构相对应，也是不断调整的动态过程。即使坝系发展到高级阶段(即向成熟阶段过渡，单坝工程数量稳定、坝系面积控制率达到或接近 100%，整个坝系布局相对均衡)，仍然存在坝系的计划加高加固问题，它仍然属于坝系空间布局的范畴，称为二次布局。因此，在坝系未达到理论上的相对稳定之前，坝系空间布局与坝系结构的动态调整就不会停止。

小流域坝系空间布局最关键的问题有两个，一是对各级沟道的控制程度，二是全流域布局的均衡性。主沟道和大支沟沟道上单坝的布局是形成坝系的核心框架，对坝系布局均衡性具有决定性影响。

小流域坝系空间布局分析一般包括 3 个方面：一是骨干坝、中小型淤地坝在各级沟道上的分布；二是单元坝系在各级沟道上的布局；三是坝系布局均衡性分析。

据调查结果，截至 2010 年，黄土高原 12 条坝系示范工程小流域累计修建 123 条坝系，合计淤地坝 775 座，其中，骨干坝 152 座、中型坝 224 座、小型坝 399 座。大、中、小型淤地坝配置比例为 1:1.47:2.63，基本上为 1:1.5:2.5。详见表 11.8。

参考坝系优化布局相关研究，按照黄河中游多沙粗沙区侵蚀副区的范围和行政区划分，不同区域的坝系优化布局的大、中、小型工程配置比例(即中小型淤地坝总数/骨干坝总数)详见表 11.9。

表 11.8　12 条小流域坝系建设动态统计表

年份	淤地坝总数/座	骨干坝/座	中型坝/座	小型坝/座	结构比例	总库容/万 m^3	控制面积/km^2
2006	508	92	139	277	1∶1.51∶3.01	9 540.82	655.94
2007	663	132	192	339	1∶1.45∶2.57	12 632.66	836.86
2008	764	148	219	397	1∶1.48∶2.68	13 654.33	944.96
2009	769	149	221	399	1∶1.48∶2.68	13 654.33	944.96
2010	775	152	224	399	1∶1.47∶2.63	13 710.38	949.06

表 11.9　多沙粗沙区小流域坝系优化布局配置比例分布表

行政区	丘一区	丘二区	丘五区	黄土高塬沟壑区	多沙粗沙区	备注
陕北地区	10.9	5.8	2.8	—	6.5	优化布局
晋西地区	6.9	—	—	—	6.9	优化布局
蒙南地区	2.7	—	—	—	2.7	优化布局
陇东地区	—	—	1.3	1.2	1.2	优化布局

在坝系的形成过程中，淤地坝配置比例一般有几个明显阶段：①坝系初建阶段，一般以骨干坝为主，首先形成坝系骨架；②在坝系的形成阶段，随着骨干坝的淤积，拦泥库容逐步缩小，为了延长骨干坝的寿命，根据地形适当配置中、小型淤地坝，此阶段坝系中的单坝数量最多，中、小型坝的配置比例也比较高；③在坝系基本成熟后，由于各类淤地坝逐渐淤积，原始沟道大部分被淤埋，沟道下切停止，沟岸扩张随着沟道底部逐渐变宽而趋于缓和，此时，坝与坝之间逐渐出现“坝淹坝、坝吃坝”的现象，单坝数量逐渐减少，坝型由小变大，中小型淤地坝会逐渐消失。

在坝系的发展过程中，在土地资源相对缺乏的地区，因为上(或下)游有骨干坝的保护，生产比较安全，当地群众为了增加土地面积，在骨干坝控制范围内建设中、小型淤地坝能够尽早成地并利用，所以群众的积极性比较高。但在土地资源较丰、水资源极度贫乏的西部地区，群众对水的需求远大于对土地的需求，而中、小型淤地坝的蓄水能力与骨干坝相比极为有限，群众的积极性不高，管理措施跟不上，因此，中小型坝配置数量也比较少。

11.3　骨干坝最优控制面积分析

按照黄河中游多沙粗沙区侵蚀副区的范围和行政区划分，不同区域的坝系优化布局的骨干坝最优控制面积(即小流域坝系控制面积/骨干坝数的最优结果)见表 11.10。

表 11.10　多沙粗沙区小流域坝系优化布局骨干坝最优控制面积分布表 (单位：km^2)

行政区	丘一区	丘二区	丘五区	黄土高塬沟壑区	多沙粗沙区
陕北地区	4.2	6.5	6.0	—	5.5
晋西地区	5.6	—	—	—	5.6
蒙南地区	6.8	—	—	—	6.8
陇东地区	—	—	6.3	7.2	6.7

另外，根据小流域坝系布局研究资料，在峁状丘陵沟壑区，当单坝控制面积约为 8km^2 时，工程投资水平与所获得的库容回报水平在理论上基本持平，工程的投资水平与工程规模相适应，也比较合理。当单坝控制面积为 8.1km^2 时，骨干工程所取得的淤地能力与其投资水平相一致，比较合理。因此，单坝控制面积的适宜下限值应该取 7～8km^2 比较合理。

梁状丘陵沟壑区应根据实际地形，放宽面积控制条件，当坝址地形较好时，建设库容大、效益好的单坝对该区的沟道治理更为适宜。

黄土高塬沟壑区的地形一般沟底狭窄、两岸坡度为 30°～50°，并多见悬崖立壁，其上 40～50m 高处有残存的小片台地，为较宽阔平缓地段，再上是 20°～30° 的峁梁斜坡。沟道纵断面比降为 2%～5%，支沟横断面多呈“V”字形。因此，库容较好的地段在距沟底 40～60m 的残台地一线，一般坝高要达到 50～60m。根据 20 世纪 70 年代后期对甘肃省环县肖川大队南沟的调查，当控制面积为 8km^2、坝高达到 45m 时技术经济指标比较合理。黄土高塬沟壑区的单坝控制面积如果采用技术规范规定的 3～5km^2 的控制指标，极易形成高坝小库容的工程，因此，在该类型区建坝要根据地形条件确定其控制面积。

11.4　淤地坝相对稳定系数分析

淤地坝相对稳定系数是描述淤地坝相对稳定状态的参数之一。在一定流域面积内，随着坡面水土流失的治理，沟道来水来沙量逐渐减少，又随着沟道淤地坝的兴建，坝系的逐步形成，淤地面积逐渐增加，一定频率的洪水泥沙沉积在坝地上的厚度逐渐减少。当淤地面积与坝控面积之比足够大时，一定频率的洪水淹水深度将不会影响作物生长，洪水泥沙全部沉积在坝地内被利用，此时流域产水产沙与用水用沙达到相对平衡。

随着坝地面积的增加，坝系相对稳定系数逐渐增大，当增大到一定程度时即达到相对稳定阶段。此时的坝系相对稳定系数称为坝系相对稳定临界值。在黄土丘陵沟壑区不同类型区，坝系相对稳定临界值存在较大的差异。

坝系相对稳定需要有足够的坝地面积，而坝地面积又与坝高有关。研究表明，淤地坝达到相对稳定时的坝高受沟道形状的影响较大。对于控制流域面积不超过 5km^2 的淤地坝，不论沟道形状如何，通过一次设计施工或一次设计分期加高完全可以实现淤地坝达到相对稳定的坝高，见表 11.11。

表 11.11　不同集水面积淤地坝的相对稳定坝高

集水面积/km^2	坝地面积/hm^2	不同形态沟道断面的相对稳定坝高/m		
		三角形	梯形	锅底形
0.5	2.5	56.5	25.2	14.2
1.0	5.0	59.0	26.3	14.9
1.5	7.5	60.6	27.0	15.2
2.0	10.0	61.7	27.5	15.5
2.5	12.5	62.6	27.9	15.7
3.0	15.0	63.3	28.2	15.9
4.0	20.0	64.4	28.7	16.2
5.0	22.5	65.3	29.1	16.4

11.5　淤地坝系建坝时序研究

坝系的建设时序研究是指小流域坝系建设整个历程的时间序列研究，即主要回答小流域坝系的总体布局和建设(加高)规模随时间的变化，在不同发展阶段的建坝顺序、不同发展阶段的形成周期、不同发展阶段坝系的生产运行周期、分批建设的项目建设期、建设时间间隔等，用通俗的话讲就是回答坝系在什么时间建设以及建设什么样的坝的问题。

11.5.1　流域坝系的建坝顺序

在坝系总体布局的指导下，合理安排坝系中各个工程的建设顺序是坝系建设的重要内容。在坝系的建设过程中，布坝的模式很多，变化较大，各地的应用模式各不相同，实际中应因地制宜地进行操作。坝系布局主要在初建阶段完成，发育阶段再根据需要进行补充和加高，成熟阶段和相对平衡阶段主要是坝系加高。

1. 坝系初建阶段

坝系初建阶段主要在小流域处于原始空白沟道的情况下，从流域的沟口到沟掌依照快速成坝的原则，采用先下后上、先干后支、先大后小等方式在流域内的干沟和较大的支沟建设一些大的工程或大坝，经过短时期的快速拦洪拦沙形成坝地，进而逐次分摊控制面积，建设大型骨干坝，逐层逐级控制，形成坝系的框架，而后再补充若干中小型坝，使坝系完成各级控制，充分利用洪水和泥沙形成坝系，达到防洪、拦泥、生产的目的。

坝系初建阶段的模式有很多，有韭园沟模式、榆林沟模式、磨石沟模式、小河沟模式等。初建阶段由于对坝系发展的基本理念的侧重点不同，形成不同坝系格局。韭园沟模式和榆林沟模式主要侧重于生产，因此，初建阶段坝系的工程规模小、布坝密度大，形成所谓“小多成群”布局；磨石沟模式和小河沟模式则侧重于拦洪拦沙，因此，坝系的工程规模大、布坝密度小，形成了“大坝串联”的布局。上述两种坝系模式各有特点，前一种生产快、成地早，但生产周期短；后一种拦洪拦沙效果好、成地慢，干沟淤积高度高，生产周期长，后续生产效益巨大。

支沟的坝系布局模式也有很多，如王茂庄模式、对岔模式、辛店沟模式、陈家沟模式等。王茂庄模式堪称是坝系单元建设的典范，即“小多成群有骨干”；对岔模式属于坝系水资源保护的典范。总之，各种坝系布局模式很多，因地制宜是坝系建设应遵循的一条最基本原则。

在坝系初建阶段，由于布局分散性大、统筹性能差，坝系实际上是各个单坝的组合，缺乏整体性的布局考虑。随着坝系建设的发展，坝系中互相协调的矛盾日益暴露出来，通过不断淤积，需要对坝系进行改造，以使坝系能够正常发育。

在坝系初建阶段，坝系中各级沟道的布坝顺序一般遵循以下几条原则。

1) 先布骨干、后布中小

先布骨干、后布中小即在空白沟道上先建设骨干工程控制洪水和泥沙，后建设中小型坝淤地生产。该顺序的优点是拦洪拦沙彻底，缺点是骨干工程下游的淤地坝淤积慢。

2) 先关键控制、后布网控制

先关键控制、后布网控制为小流域坝系中骨干工程的建设顺序。即在小流域内沟道汇水的关键控制部位抢先建设几座骨干工程，用按区间控制面积设计的总库容作为关键控制范围的防洪库容，实现短时间的抢先控制，然后再内插骨干工程形成分段分片的区间控制格局。该顺序适用于短期内的坝系工程规模建设。该顺序的优点是抢拦洪水，泥沙淤积快。

3) 先上后下、先支后干

先上后下、先支后干为坝系单元的建设顺序，适用于集水面积为 3～5km^2 或更大的支沟。一般从上游向中、下游依次修坝，其坝高、库容等技术指标依次逐渐加大。也可在中游或下游同时各修一座中型以上淤地坝，淤平以后再上移修坝，并在中下游适当位置建设治沟骨干工程，以保证坝系安全。

4) 先下后上、先干后支

先下后上、先干后支适用于集水面积 1km^2 以下的小支沟。即先从沟口或下游开始，修建第一座坝，淤平种地后再在其上游修第二座坝，该坝在拦泥淤地的同时可保护第一座坝安全生产，第二座坝淤平种地时，再在其上游修第三座，如此依次向上推移，直到把全沟修完。

5) 支干结合，插花建设

支干结合，插花建设适用集水面积为 10～20km^{2}的主沟。一般在其上游和两岸支沟各淤地坝建成之后，再建中、下游的大型淤地坝，以减轻下游坝的洪水、泥沙负担，降低工程造价。一般单坝控制区间净面积在 5km^2 以下，工程规模应按大型淤地坝考虑，并于淤满前 1～2 年在其上游的主沟或主要产洪支沟适当位置修建骨干工程，以保证坝地安全生产。

2. 坝系发育阶段

坝系发育阶段是坝系实现水沙淤积相对平衡过程中的第 2 个阶段。主要经历从单坝的群体组合到有机结合、结构分散不定到结构框架固定、拦洪拦沙从快速成地到计划排拦、坝系运行从“各自为政”到“轮蓄、轮排、轮种”、配置从比例失调到分级分层分规模配置的一个发展过程。

在坝系发育过程中，干沟的原始沟道基本被坝地覆盖或淤埋；大部分坝地生产，配置了必要的防洪措施；坝系中有一个防洪坝系和生产坝系，并且防洪坝系与生产坝系结构交替变换，淤积与生产轮流换班；大坝吃小坝时有发生；坝系由小多成群逐步向少而大转变；沟道逐步向梯级川台发展。总之，在坝系发育期，坝系逐步加高，结构更趋合理，功能更趋完善。通过发育期坝系建设和发展，干沟已基本变成了由几个骨干坝构成的大型川台。支沟的坝系单元变成一个小的沟道川台，并且中型坝上升为骨干坝，起到了防洪作用。小型坝配合谷坊，使毛沟向梯级方向发展，逐步实现毛沟川台化。

由于在多沙粗沙区开展淤地坝建设才 50 多年的历史，真正形成坝系的沟道也不过 30 多年，有的坝系建设得早，发展得快，目前已进入了发育阶段初期，如韭园沟坝系、榆林沟坝系等，沟道中的坝库大部分已建成，个别干沟大坝进行了加高加固，干沟的原始沟道绝大部分被淤埋，“轮蓄、轮拦、轮种”阶段才刚刚开始，第一个循环还正在进行，支沟坝系单元系统基本形成，有的还达不到拦洪拦沙标准，经过不断的运行和建设，才能达到坝系的成熟阶段。

有的坝系由于初建阶段坝库的侧重点不同，初建阶段和发育阶段同时进行，如磨石沟坝系、小河沟坝系等。这些坝系从初建开始就以主干沟大型坝库建设为主，并在运行过程中实施走先加高干沟淤地坝后建设支毛沟淤地坝的建设策略，因而主沟(干沟)的坝系发育很好，但从坝系整体布局上看结构不完善，水沙利用集中于主沟的布局策略，因此这些坝系也属于初建期。

目前，在黄河中游多沙粗沙区，除少数小流域坝系外，绝大部分坝系目前处于初建阶段。这些坝系一般是有些没有相对完整的主沟坝系，有些没有较为独立的坝系单元，属于流域内所拥有的协调性很差的坝库群体，结构不全、坝型不全、功能不全是坝系的普遍特性。因此，坝系从初建到发育仍有大量的工作要做。

在坝系发育阶段，坝系中各级沟道的布坝顺序一般应遵循以下几条原则：①上拦下种：即上坝拦蓄洪水，下坝生产，适合较大沟道串联的工程在淤满后需要加高的情况。②上种下拦：即上坝泄洪生产，下坝拦蓄，适合较小沟道串联的工程在淤满后需要加高的情况。③计划拦排，轮蓄轮种，循环往复：适合较大沟道干、支沟内的大、中型坝的生产运行和循环加高情况。④支沟滞洪，干沟生产，循环交替：适用于较大沟道干、支沟内大、中型坝的生产运行和循环加高情况。⑤坝库功能互换：坝系在进行“轮蓄轮种”的过程中，原来为生产种植的工程加高后蓄水拦泥，在坝系中起水库的作用，而原来在坝系中起水库作用的工程淤满后生产种植，成为淤地坝。

3. 坝系成熟阶段

坝系成熟阶段是坝系发展又一个具有里程碑意义的阶段，是坝系结构的最终布局阶段，也是坝系相对平衡的基础阶段。从这个阶段开始，坝系结构已基本固定，主沟川台化坝系已经形成，并且各个干沟大坝和坝系单元控制工程的区间控制面积基本均衡，坝库数量降到最小，坝系基本变成了若干个“分而治之”的大坝川台，干沟的原始沟道已完全消失，“山沟”已变成了“山川”，谷坡大部分被坝系淤埋；各个大坝小标准(如 50 年一遇)洪水可保收，大标准洪水(如 200 年一遇)可保安全，洪水完全得到控制；泥沙由按计划排变成了坝坝皆拦，而且拦蓄的泥沙已对生产基本无影响，生产保证率更高，实现泥沙不出沟；沟道形态显著改善；坝系加高次数更少，加高高度更小，淤积时间更长；成熟阶段的坝系建设最多加高两个循环即可达到坝系的相对平衡，一般情况加高一次即可。

成熟阶段的坝系工程布局是所追求的理想坝系布局，这个坝系的布局以实现水沙淤积相对平衡最快、工程数量最少、结构最简捷，工程控制规模理想，单项工程控制基本均衡的一个最理想、最切合自然地形地貌的坝系布局。

因此，在整个坝系建设历程中，从坝系初建阶段发展到坝系成熟阶段，整个坝系的工程数量逐步减少，单项工程的控制规模逐步增大，坝系的加高也由插花加高变成逐坝加高，并且加高高度越来越小，工程的淤积年限越来越长，坝地生产利用率越来越高，小流域沟道川台化完全形成。

4. 坝系相对平衡阶段

经过坝系成熟期建设，坝系达到相对平衡后，全流域的洪水问题全部解决，而且不再出现坝地作物淹没减产问题；坝系建设变成了田间管理；坝地成了当地群众真正的高产稳产农田；坝体加高成了养护性质的护埂；支沟完全川台化；谷坡绝大部分被淤埋，重力侵蚀基本消除，土壤侵蚀大大减小，农村土地利用结构可以得到很大调整。因此，在整个坝系建设历程中，从坝系成熟阶段发展到坝系相对平衡阶段，整个坝系的工程数量基本不变，工程的淤积年限越来越长，坝地生产利用率越来越高，小流域沟道川台化完全形成。

11.5.2　小流域坝系的建坝时序分析

通常所说的坝系建坝时序是指坝系中建设各单坝的先后时间间隔。一般的坝系建设时序是：先在小流域的沟口附近开始建第一座坝，当该坝淤积到设计淤积高程的一定比例(如 60%～80%)时，在坝地上游适当位置建第二座坝，当第二座坝淤积到一定高程时，再在其上游适当位置建第三座坝，依次类推。在这种情况下，建坝的时间间隔取决于单坝控制面积内来沙量的多少。但是在实际中，特别是集中进行坝系建设时，往往是几座淤地坝同时建设或者分期分批建设。因此，单坝的时间间隔在实际工作中意义不大。

这里讨论的坝系建设的时间间隔主要包括以下几个方面。

1. 坝系各个发展阶段的形成周期(T_1)

坝系各个发展阶段的形成周期是指坝系从初建开始到初建完成、从发育开始到坝系成熟、从成熟期开始到相对平衡 3 个阶段的坝系形成周期。在各个建设周期内，坝系内的所有工程是按坝系的分期建设方案和运行的实际需求，分批分时段进行建设。

在坝系初建阶段，在小流域从原始空白沟道到形成功能初步完善的坝系一般需要 20～30 年的时间，目前已经形成的比较典型的坝系也基本是这样的形成周期。例如，绥德的韭园沟坝系从 20 世纪 50 年代后期开始建设到 20 世纪 70 年代中期，坝系初建阶段就基本形成。

在坝系的发育阶段，按照全流域防洪、拦泥控制和生产发展要求，通过有计划地弥补建设和合理的旧坝加高进行坝系建设的有序发展，将原来“小多成群”的淤地坝群通过有计划地淤埋逐步过渡到基本均衡分布的以大坝为主体的坝系网络。在这个阶段，坝系的发展周期一般为 20～30 年，如绥德的韭园沟坝系从 20 世纪 80 年代初期到现在，在初建坝系的基础上通过示范坝系建设，已经实现了坝系“轮蓄轮种、拦种结合”，再通过 10～20 年的有效淤积，坝系发育阶段就基本完成，延安的碾庄沟坝系和米脂的榆林沟坝系也大概是这样的形成周期，在经过最近的坝系集中治理后，也同样完成了坝系从初建阶段到发育阶段的建设过渡，再经过 20～30 年的淤积，达到坝系的成熟。

由于坝系建设在我国开展也只有短短 50～60 年的时间，坝系概念的提出也只有不足 30 年的时间，再加之坝系的形成是一个非常缓慢的过程，因此目前还没有一条完全达到成熟阶段的坝系。绝大部分坝系尚处于初建阶段，只有个别典型坝系发展到发育阶段的后期。关于坝系的发展理论研究还有待于相关科研单位进一步深入探讨。

2. 建设期(T_2)

在坝系建设过程中，不同发展阶段的一批工程建设项目从开工到项目建设完成所用的时间即为坝系的建设期。例如，20 世纪 90 年代开始的小流域坝系建设就是按照集中治理、快速建设的思想形成坝系的。坝系的建设期一般为 2～5 年。

3. 分期建设的时间间隔(T_3)

在坝系建设过程中，上批工程完成到下批工程开始之间的坝系运行时间间隔即为分期建设间隔。

4. 运行周期(T_4)

运行周期是指单个淤地坝淤满开始生产到下次再加高拦泥所需的时间。

1) 坝系不同阶段的分批建设时间间隔

根据多年淤地坝的建设实践，在坝系初建阶段，小流域从空白沟道开始建设到初建完成，可分 1～2 个建设期完成较为合理，每个建设期一般 1～3 年，两期建设间隔一般为 5～6 年。由于初建工程都控制原始沟道，各级沟道都有拦洪拦沙要求，因此，第一期建设的工程数量较多且坝型较大，而第二期建设的工程数量较少，且坝型较小。两期建设完成后坝系可运行 10 年左右，因此初建阶段的周期一般为 20～25 年。

发育阶段的坝系建设主要是现状工程的再加高过程，坝系加高建设可分 2～3 个建设期完成，建设期一般为 1～2 年，建设间隔一般为 5～6 年。随着坝系的发展，坝地面积不断扩大，淤积面不断抬高，侵蚀模数逐渐减小，淤积速度越来越慢，运行周期越来越长，建设的时间间隔也越来越长，分批建设的规模越来越小。完成 2～3 次加高一般为 10～15 年，可运行 10～20 年，因此发育阶段周期一般为 25～30 年。

2) 相邻坝间的建设间隔

在坝系的成长发育过程中，大型淤地坝在库容淤积至 70%～80%时，应在该坝上游的主沟或主要产洪支沟选择适当位置修建骨干坝工程，以保证该坝的安全。中型坝一般在坝库拦泥库容淤积至 50%～60%时坝地就可开始“抢种抢收”，也就是一般达到设计淤积年限的 50%～60%时，上游应建坝拦洪。

在坝系的初建阶段和发育阶段，相邻骨干坝之间的建设间隔以集中水沙调用为原则，先下后上的布坝顺序时用拦泥库容换取防洪库容，即用下游新建骨干坝的总库容兼顾上游坝的防洪问题，当下游坝的淤积库容淤积到一定程度，库容不能满足控制区间防洪要求时就要在上游进行工程建设。

对于一个已初步形成坝系的配套完善而言，其布坝时间间隔主要根据坝系现状和运行过程中出现的问题来处理。从黄土高原西部地区现有坝系的建设发展过程来看，坝系建设从 20 世纪 70 年代后期开始，从最初的单坝建设到近期的坝系建设，绝大多数坝系中控制性骨干坝工程都以小型水库的方式运行，由于大部分工程已生产运行多年，泥沙不断淤积，防洪库容逐渐减小，防洪安全已经受到威胁，因此，坝系的配套完善应尽快完成。

11.6　小流域坝系综合效益的研究

长期的水土保持实践经验证明，坝系工程是黄土丘陵沟壑区水土保持的关键措施。加大坝系建设力度，开发利用当地的洪水泥沙资源、控制水土流失，既是发展当地经济的必由之路，又是治黄的根本措施。大规模开展坝系工程建设，充分发挥其拦沙、蓄水、淤地等综合功能，对促进当地农业增产、农民增收和农村经济发展，巩固退耕还林还草成果，改善生态环境，实现全面建设小康社会的宏伟目标，再造秀美山川；对快速有效地减少入黄泥沙，实现黄河下游“河床不抬高”，确保黄河长治久安，具有非常重大的现实意义。

小流域坝系综合效益涉及的内容比较广，表现形式也比较多，其中，增产和减蚀是小流域坝系综合效益中的两大主要内容。小流域坝系建设不但能抬高沟道的侵蚀基准面，稳定沟坡，防止沟底下切、沟头延伸和沟岸扩张；而且还能迅速、有效地拦截小流域内坡面与沟壑流失下来的泥沙，有效防止泥沙向下游输移，是有效防治土壤侵蚀的重要手段。

多年的实践表明，坝系建设所形成的坝地由于土地平坦，土壤水肥条件较好，农作物单位面积产量一般是坡耕地单产的 5～6 倍，与坡耕地比较，具有显著的增产作用。但是，由于坝地容易受洪水、地下水等因素的影响，一些坝地不能被正常地开发利用，即使是被开发利用的坝地，一部分也不能保证正常收获。因此，提高坝地利用率和保收率、不断提高坝系水土资源开发利用效率已经成为目前亟待解决的问题。

11.6.1　坝系拦沙蓄水效益分析

1. 小流域坝系拦沙效益分析

黄河泥沙主要来源于黄河中游黄土丘陵沟壑区的千沟万壑。修建于各级沟道中的淤地坝，从源头上封堵了向下游输送泥沙的通道，在泥沙的汇集和通道处形成了一道人工屏障。据统计，皇甫川流域上游已建成骨干坝 51 座，控制水土流失面积 460km^2，总库容为 1.11 亿 m^3，可拦泥 7490 万 m^3，川掌沟、忽鸡兔沟和卜洞沟三条小流域坝系工程年均拦沙量达 870 万 t，占全流域年均流失量 5300 万 t 的 16.4%。1989 年 7 月 21 日，内蒙古皇甫川流域普降大暴雨，处在暴雨中心的川掌沟流域平均降雨量为 118.9mm，当时已建成的 14 座骨干工程在这次洪水中共拦泥沙 593 万 m^3，减沙率为 89.7%。陕西省绥德县王茂沟小流域流域面积为 5.97km^2，1953～1983 年共建 42 座淤地坝，累计拦泥 120 万 m^3，淤地 24.5hm^2，基本上达到洪水、泥沙不出沟。

据有关调查资料，每淤 1hm^2 坝地大型淤地坝，平均可拦泥沙 13 万 t；中型淤地坝 10 万 t，小型淤地坝 5.1 万 t，尤其是典型坝系的拦泥效果更加显著。典型坝系的调研资料表明，建设较好的坝系，如山西的东石羊坝系以及陕西碾庄沟坝系、韭园沟坝系和甘肃的七里沟坝系，拦泥拦洪量都达到 80%以上。内蒙古准格尔旗西黑岱小流域坝系，流域总面积为 32km^2，从 1986 年开始完善沟道坝系建设，到目前建成淤地坝 38 座，累计拦泥 645 万 t，已达到泥沙不出沟。陕西横山县赵石畔流域面积为 60.68km^2，建成淤地坝 45 座，总库容为 2982.5 万 m^3，已拦泥 2039 万 m^3。

黄土高原 12 条坝系示范工程小流域内共布设了 524 个拦沙监测点，用于监测大、中、小型淤地坝的淤积情况。由于降雨时空分布不均和沟道条件差异等因素，各拦沙监测点实测的泥沙淤积情况不同。按照混凝土桩柱示数和开挖淤积剖面，并结合原始库容曲线，测算得坝系拦沙量。

不同类型淤地坝的拦沙量和拦沙指标：根据监测资料按骨干坝、中小型淤地坝对其拦沙量和单位面积拦沙量进行分类统计计算。

(1) 产沙量：小流域产沙量包括坝系拦沙量、坡面工程拦沙量、把口站输沙量三部分，采用式(11.3)推算：

$$W_C=W_S+W_P+W_0 \tag{11.3}$$

式中，W_C 为小流域年产沙量(t)；W_S 为坝系年拦沙量(t)；W_P 为坡面工程年拦沙量(t)；W_0 为把口站年输沙量(t)。

(2) 拦沙率：小流域坝系拦沙率 η 为小流域坝系年拦沙量 W_S 占年产沙量的 W_C 百分比，用式(11.4)计算：

$$\eta=(W_S/W_C)\times 100\% \tag{11.4}$$

根据监测资料，2006～2010 年，黄土高原 12 条坝系示范工程小流域的坝系累计拦沙 1805.56 万 t，小流域累计产沙量为 2239.24 万 t，坝系拦沙率平均为 80.63%。与 2006 年相比，2010 年坝系拦沙量和小流域产沙量都有所下降。产沙量减少的主要原因在于坝系拦沙量和把口站输沙量均在减少。黄土高原 12 条坝系示范工程小流域不同坝型年度拦沙量见表 11.12 和图 11.1。

表 11.12　黄土高原 12 条坝系示范工程小流域不同坝型淤地坝年度拦沙量统计表

年份	骨干坝		中型坝		小型坝		坝系拦沙量合计/万 t	小流域产沙量/万 t	坝系拦沙率/%
	拦沙量/万 t	比例/%	拦沙量/万 t	比例/%	拦沙量/万 t	比例/%			
2006	547.75	94.13	23.58	4.05	10.94	1.88	581.91	671.91	86.61
2007	428.32	81.16	63.82	12.09	35.63	6.75	527.78	620.49	85.06
2008	104.84	55.24	54.52	28.73	30.42	16.03	189.79	275.95	68.78
2009	143.88	62.02	55.58	23.96	32.55	14.03	232.01	312.72	74.19
2010	172.09	62.79	65.88	24.04	36.11	13.17	274.08	358.18	76.52

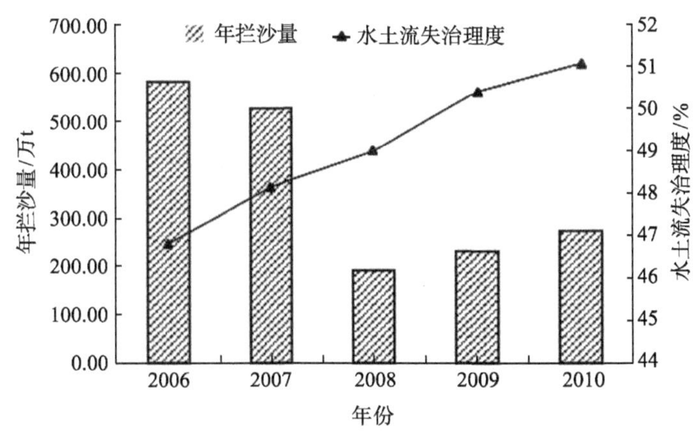

图 11.1　黄土高原 12 条坝系示范工程小流域坝系拦沙量年际变化

从图 11.1 中可以看出，2006～2010 年，黄土高原 12 条坝系示范工程小流域的坝系年均拦沙量总体呈现减少的趋势，2006 年的坝系拦沙量最高，为 581.91 万 t，2008 年的拦沙量最低，为 189.79 万 t。

通过对比拦沙量与水土流失治理度的变化关系可知，在不考虑其他因素影响的情况下，坝系拦沙量的变化趋势与水土流失治理度的变化趋势相反，即坝系拦沙量随着水土流失治理度的逐年提高呈现逐年减少的趋势。分析其产生原因在于，随着水土保持与生态建设的推进，近年来各流域内的坡面治理度、植被覆盖率逐年提高，而坡耕地和荒草地、裸地面积逐年减小，退耕还林的效益渐渐显现，幼林逐渐长大，郁闭度增大，拦沙率逐渐提高；近年来，随着生态建设和封禁措施的实施，荒山荒坡(荒草地与裸地)的植被迅速恢复，人为扰动造成的坡面水土流失大大减弱，故坡面水土保持和林草措施拦蓄了区内绝大部分泥沙，坡面产沙量明显降低，坝地淤积量也明显减少。

由表 11.12 可以看出，截至 2010 年底，黄土高原 12 条坝系示范工程小流域的骨干坝累计拦沙量为 1396.88 万 t，占坝系拦沙总量的 77.37%；中型坝累计拦沙量为 263.38 万 t，占坝系拦沙总量的 14.59%；小型坝的累计拦沙量为 145.66 万 t，仅占坝系拦沙总量的 8.07%，因此，坝系拦沙以骨干坝为主。由表 11.12 可以看出，2008 年的坝系拦沙量是 2006～2010 年的最小值，中小型坝的拦沙量与骨干坝的拦沙量相差不大，其主要原因是 2008 年汛期最大日降水量为 52.5mm，较 2007～2010 年的其他年份明显偏小，造成的坡面土壤侵蚀相对较小，上游来洪来沙较少，经过中小型淤地坝的拦蓄后输送到下游骨干坝控制区域的泥沙量减少，所以中型坝和小型坝发挥了很大的拦沙作用。

据《黄河中游地区淤地坝减洪减沙作用分析》研究成果，1970～1996 年，河龙区间淤地坝年均减洪减沙量分别占水土保持措施年均减洪减沙总量的 59.3%和

64.7%，居于主导地位；泾河、北洛河、渭河流域淤地坝年均减洪量分别占水土保持措施年均减洪总量的 33.6%、43.9%和 5.4%，而淤地坝年均减沙量分别占水土保持措施年均减沙总量的 17.2%、29.9%和 27.6%。

近年来，黄土丘陵沟壑区严重水土流失区的淤地坝尤其是骨干坝建设突飞猛进，“九五”期间的建设数量是“八五”期间的 2 倍，“十五”期间的淤地坝建设数量比以往建成淤地坝数量的总和还多。黄土高原地区建成的 1585 座骨干坝，控制面积为 10 133km^2，总库容为 13.75 亿 m^3，预计可拦泥 10.65 亿 t。

坝系工程在拦减泥沙方面发挥着举足轻重的作用。因此，在淤地坝建设中，尽量以小流域为单元，以治沟骨干工程为主体，大、中、小型淤地坝结合，形成相对稳定的淤地坝坝系。

2. 小流域坡面措施拦沙效益分析

沟道洪水泥沙主要来源于坡面，坡面治理程度低，裸露面大，发生暴雨时径流泥沙汇流时间短且数量大，给淤地坝带来严重威胁。若坡面治理度高，坡面工程措施能起到蓄水保土作用，就可以减少小流域的洪水泥沙。据观测分析，结果表明，水平梯田可减水 35%～65%，拦沙 60%～90%；林草措施能截留降雨，减少雨滴溅蚀量，增加地面糙度，减少径流和增加入渗，平均可减水 20%～60%，减沙 30%～50%。实践表明：随着小流域治理度的提高，坡面径流和土壤侵蚀量逐渐减少，坝系的防洪压力减轻，从而坝地的防洪保收能力得到提高。坡面工程拦泥定额标准见表 11.13 (黄河水利委员会水土保持局等，1996)。

表 11.13　黄河水土保持措施拦泥定额

项目		单位	青海	甘肃	宁夏	内蒙古	陕西	山西	河南
拦泥定额	梯田	t/hm^2	8.4	27.6	21.5	28.8	38.4	28.2	9.2
	造林	t/hm^2	4.4	14.4	11.3	15.0	20.1	14.7	4.8
	种草	t/hm^2	2.4	8.1	6.3	8.4	11.3	8.3	2.7

按照水土保持效益计算办法，参照《人民治黄五十年水土保持效益分析》方法，经计算，黄土高原 12 条坝系示范工程小流域 2006～2010 年坡面治理措施面积拦沙量达 369.15 万 t，其中梯田拦沙量为 156.95 万 t，造林拦沙量为 189.16 万 t，种草拦沙量为 23.04 万 t。坡面工程拦沙量主要以造林和梯田拦沙为主，种草拦沙相对较少，详见表 11.14。

梯田、林地、草地等坡面工程措施使原先裸露或植被覆盖率低土地的土壤水分无效蒸发部分转化为植物的有效蒸腾，减少了无效蒸发量，同时拦截部分径流，增加了降雨入渗，提高了降雨的有效利用率和土地生产能力，从而减少了降雨造成的坡面侵蚀和养分流失，改善了生态环境。

表 11.14　黄土高原 12 条坝系示范工程小流域坝系坡面措施拦沙量表

年份	梯田拦沙量/万 t	造林拦沙量/万 t	种草拦沙量/万 t	拦沙总量/万 t
2006	29.85	35.99	4.23	70.06
2007	30.73	37.07	4.53	72.33
2008	31.40	37.77	4.72	73.88
2009	31.81	39.07	4.78	75.67
2010	33.17	39.26	4.78	77.21
合计	156.95	189.16	23.04	369.15

3. 小流域坝系蓄水用水分析

2006～2010 年，黄土高原 12 条坝系示范工程小流域的坝系蓄水量变化呈逐年增加的趋势。2006 年底坝系蓄水量为 387.69 万 m^3，到了 2010 年底，坝系蓄水量增加到 578.49 万 m^3，增加了 190.80 万 m^3。增加的坝系蓄水量一方面可以用于灌溉、人畜饮水等，另一方面通过土壤渗透可以补充地下水，除此之外还可以改变局部小气候。详见表 11.15。

表 11.15　小流域坝系蓄水用水监测结果表

年份	年底蓄水量/万 m^3	新增水面面积/hm^2	用水量/万 m^3	用水量变化率/%
2006	387.69	37.20	23.39	5.69
2007	570.47	43.73	32.70	5.42
2008	501.20	−4.74	43.67	8.02
2009	503.01	24.85	43.10	7.89
2010	578.49	27.65	37.65	6.11

与邻近自然条件相似但建坝较少的李家寨小流域相比，王茂沟小流域在 1959 年 8 月 19 日和 1961 年 8 月 1 日两次暴雨中的洪峰流量分别为 4.0m^3/s 和 2.1m^3/s，而李家寨小流域分别为 43.0m^3/s 和 18.0m^3/s。经计算，王茂沟小流域的坝系削减洪峰作用分别达 90.7%和 88.3%。

11.6.2　坝地利用及增产效益分析

坝地是径流冲刷坡面表层土壤淤积而成，淤泥中含有大量的牲畜粪便、腐殖质和有机肥料，因此坝地一般土质肥沃，水分条件良好，作物产量高。根据对黄土高原 12 条坝系示范工程小流域统计调查结果，坝地面积占耕地面积的 7.87%，而坝地生产的粮食却占总产量的 12.29%。

1. 坝地淤积利用分析

截至 2010 年，黄土高原 12 条坝系示范工程小流域的坝系累计淤地面积为 538.71hm^2，坝地面积为 1745.26hm^2(包括历史上形成的坝地)，坝地利用面积达到了 1346.75hm^2。

2006～2010 年坝地利用面积与坝地面积之比分别为 78.22%、75.55%、70.31%、77.39%、77.17%，坝地面积与耕地面积之比分别为 5.52%、5.98%、6.16%、8.31%、8.42%，呈逐年上升趋势，坝地面积在耕地面积中的比重逐年增加，详见表 11.16。

表 11.16　2006～2010 年黄土高原 12 条坝系示范工程小流域坝地淤积利用情况表

年份	本年淤地面积/hm^2	累计淤地面积/hm^2	坝地面积/hm^2	小流域耕地面积/hm^2	坝地利用面积/hm^2	坝地利用面积与坝地面积之比/%	坝地面积与耕地面积之比/%
2006	17.40	375.47	1069.55	19 358.47	836.65	78.22	5.52
2007	88.99	464.46	1162.72	19 428.18	878.44	75.55	5.98
2008	24.16	488.62	1263.65	20 504.72	888.45	70.31	6.16
2009	35.77	524.39	1721.35	20 724.27	1332.07	77.39	8.31
2010	14.32	538.71	1745.26	20 729.78	1346.75	77.17	8.42

2. 坝地增产效益分析

坝地增产效益包括坝地农作物面积及其年增产情况，主要有坝地农作物单产、坝地农作物种植面积和坝地产量等。根据典型地块监测资料，分析坝地农作物单产，与梯田单产、坡地单产、小流域平均粮食单产进行比较。2006～2010 年黄土高原 12 条坝系示范工程小流域坝地增产效益监测数据见表 11.17。从表 11.17 中可以看出，坝地单产最高，其次是梯田，最少是坡地。以 2010 年为例，坝地单产比小流域平均单产高出 63.79%，比梯田高出 62.96%，比坡地高出 166.68%。

表 11.17　2006～2010 年黄土高原 12 条坝系示范工程小流域坝系效益监测数据表

年份	粮食平均单产/(kg/hm^2)				坝地增产效益/%		
	小流域平均	坝地	梯田	坡地	小流域平均	梯田	坡地
2006	3369.10	7209.33	4100.00	2688.00	113.98	75.84	168.20
2007	4172.41	7433.67	4818.13	2686.43	78.16	54.29	176.71
2008	4205.85	6321.67	4227.25	2192.71	50.31	49.55	188.30
2009	4134.06	6904.67	4472.75	2289.14	67.02	54.37	201.63
2010	4734.98	7755.32	4758.92	2908.11	63.79	62.96	166.68

坝地有机质含量高，水分充足，墒情好，抗旱能力强，是当地稳产高产的基本

农田。一般坝地土壤中含氮量、含磷量、含钾量、有机质含量分别是坡地的 1.2 倍、4 倍、5.2 倍和 1.3 倍，干旱年份坝地含水率是坡耕地的 2.5 倍、梯田的 2.0 倍。由于坝地水肥条件优越，生产力较高。据有关典型调查资料，坝地平均亩[①]产量为 250～300kg，高的达 500kg 以上，分别是坡地和梯田的 4～6 倍和 2～3 倍，尤其在干旱年份，坝地作用更加明显。另据陕西省绥德县韭园沟小流域实测资料分析，坝地平均产粮 4750kg/hm²，水平梯田平均产粮 1606kg/hm²，坡耕地平均产粮 566kg/hm²，坝地平均单产分别是水平梯田和坡耕地的 2.96 倍和 8.39 倍。据王茂沟小流域坝系 1958～1992 年粮食产量统计，坝地种植面积占粮田面积的 1.3%～13.7%，而产量占总产量的 5.52%～35.3%，坝地单产是其他耕地平均单产的 26～42 倍。陕西榆林市耕地面积 20 世纪 80 年代与 50 年代相比减少了 18.6%，而粮食总产量由 23.56 万 t 增加到 62.85 万 t，其中，坝地产粮占总产粮的比例由 0.7%增加到 14.8%。通过淤地坝建设和缩河造地工程，内蒙古准格尔旗川掌沟流域的粮食产量由 1981 年的 81.9 万 kg 增长到 1989 年的 147.4 万 kg，增长了 80%。

表 11.18 是陕西、山西等地坝地产量占总产量比例典型情况统计表。由表 11.18 可以看出，坝地面积占耕地面积的比例为 6.9%～18.6%，而坝地产量占总产量的比例为 24.7%～70.3%，坝地增产效益非常显著。

表 11.18　坝地产量占总产量比例

省名	县名	流域或范围	坝地面积占耕地面积的比例/%	坝地产量占总产量的比例/%
陕西	横山	红石峁	10.6	29～35
	米脂	米家村	6.9	24.7
	米脂	高西沟	18.6	53.9
	子长	张家湾	9.3	40～60
	靖边	胶泥庄村	16.0	37.7～70.3
山西	汾西	全县	9.26～10.04	27.2～51.7

3. 提高坝地利用率措施

坝地利用率一般用坝地的实际种植利用面积占已淤坝地总面积的百分数表示。据黄土高原 12 条坝系示范工程小流域的调查资料，截至 2010 年底，坝地利用率仅为 77.17%。

影响坝地利用率的因素主要包括坝地盐碱化、渠系道路布设和管理水平等。对典型小流域坝地利用情况的调查表明，坝地利用率仅为 67.7%，其中，因盐碱化危害不能利用的面积占 15.5%，道路与排洪渠占地 6.7%，其他原因造成的不可利用面

① 1 亩≈666.67m²。

积占 10.1%。据对陕北、晋西、内蒙古南部典型小流域坝系调查，由于坝系配套不全，小流域水资源的利用率均小于 10%。加之地下径流排泄不畅，造成严重的坝地盐碱化现象。韭园沟坝系因地下水造成坝地盐碱化而不能利用的面积占总坝地面积的 13%。

针对影响坝地利用率的主要因素，提高坝地利用率的途径主要包括坝地盐碱化防治、渠系道路的合理布设和提高坝地管理水平等，具体如下。

1) 防治坝地盐碱化

坝地盐碱化是坝系水土资源开发利用率低下的主要因素之一，而坝地盐碱化与坝地地下水位密切相关，因此，坝地盐碱化的防治主要是改变地下水排泄条件，降低地下水位。从黄土丘陵沟壑区长期的研究成果和实践经验来看，防治坝地盐碱化的主要措施有排水治碱、截渗治碱、改土压碱、垫土压碱、淤土压碱、引洪漫淤、改土压碱、生物治碱、防治结合等措施。

在坝地盐碱化的防治上应当以预防为主、防治结合，切不可只治不防、重治轻防，如在坝系工程建设前期，就应该查清地下水资源，若遇泉水出露，应采用石块圈井(箍窑)或合理布设蓄水池等办法将泉水保留下来，切不可压埋泉水而造成坝地的盐碱化。

2) 合理布设渠系和道路工程

淤地坝位于沟道中，实现坝路结合，为库区居民和当地群众提供了交通条件，成为山区商品流通和农民群众与外界交往的纽带。同时，生产道路、灌溉渠道、排洪渠道等也是更好地利用坝地所必需的。因此，在坝系建设过程中，应及早考虑渠系和道路等设施的布设问题。在规划阶段，应根据当地实际的自然情况及生产、生活需要，科学合理地确定渠系和道路的位置、规格等，以减少不必要的坝地浪费，使坝地生产最终实现以道路为骨架、以渠道为骨干。

3) 加强对坝地的管理与维护

加强对坝地的管理与维护是提高坝地利用率的有效途径。如果没有得力有效的管护措施，坝系工程就会遭受破坏，坝地利用率就会降低。尤其是近年来，由于项目的实际产权主体与项目法人主体无法统一，法人主体对坝系建成后所产生的效益的拥有权及资产的处置权等实际缺位，造成工程建成后的法人主体与管护主体不一致，坝地管护问题较以前变得更为复杂。因此，在现今条件下，坝地管护必须适应新形势、新变化，积极寻找和探索坝地管护的新机制。

“谁受益、谁管护”是坝地管护的基本原则，实行产权制度改革是坝地管护的基本思路，提高管护技术，及时处理坝体裂缝，排除坝肩径流，加强坝坡防护和防汛抢险等。

11.6.3　生态效益

实践证明，小流域坝系建设能够促进退耕还林还草，加快生态环境的良性改变。根据典型流域调查分析，坝地亩产平均按 300kg 计、坡耕地亩产平均按 50kg 计，每种植 1 亩坝地，可退耕 6 亩坡地。

陕西省清涧县老舍古流域，1982 年农耕地为 66 135 亩，其中坡耕地 58 320 亩，25° 以上的占 43%，水土流失严重，单产低而不稳，平均亩产仅 29.5kg，遇大旱陡坡耕地几乎颗粒无收，粮食问题一直困扰着当地群众。1983～1989 年治理期间，当地群众狠抓改土治水，坚持治沟与治坡相结合，新增坝地 1 185 亩，人均基本农田达到 2.7 亩，人均产粮达到 415kg，不但从根本上解决了粮食问题，而且有力地促进了坡地退耕还林还草。1989 年与 1982 年相比，坡耕地退耕 29 055 亩，占原农耕地面积的 43.9%，农耕地占总土地面积的比例也由 48.9%降为 28.3%，林、牧业用地由占总土地面积的 11%提高到 56.4%，土地生产利用率也由 50.9%提高到 84.7%。

11.6.4　社会效益

小流域坝系建设具有广泛的社会效益，突出表现在以下几个方面。

1. 促进农村产业结构调整

黄土丘陵沟壑区农村产业结构的变化与土地利用结构变化相伴而行，因而与坝地面积的增加密切相关。坝地的增加促进了坡耕地退耕，为林牧业的发展提供了土地资源，促进了农村商品经济的发展。当前，陕北各地的种植业已由单一粮食生产变为了粮食、经济作物并重，农业经济已由单一小农经济变为农林牧副渔各业并举，种植业、养殖业、农副产品加工业全面发展的新格局，农民人均收入不断提高，贫穷落后的面貌发生了根本变化。

2. 改善了山区交通条件

黄土丘陵沟壑区由于沟整纵横，地面支离破碎，致使许多地方道路不通、交通不便，严重制约了当地的农业生产和经济发展。通过坝系建设，实现坝路结合，不但为当地群众的生产、生活提供了便利，而且有些地方的公路干线也是利用淤地坝过沟，淤地坝也为当地的经济发展创造了条件。山西汾阳市至宁夏银川市的公路，在陕西靖边县青阳岔至桥沟湾路段内，有八处跨越大沟，都是以坝代桥；内蒙古准格尔旗至东胜区的公路，在沙圪堵至纳林镇路段内，有多处就是用坝代桥，节省了大量建桥费用。

另外，通过坝系建设，在沟道中形成了类似于山间小平原的坝地，有利于实现机械化、水利化和集约化经营。

3. 促进了社会进步

小流域坝系建设促进了土地利用结构和产业结构的调整，为发展优质高效农业和多样化产业奠定了基础，使人们长期形成的大量垦荒、广种薄收的理念逐渐转变为科学种田、发展优质高效农业，农、林、牧等各业并举，实行集约化经营的新观念。把大量的劳动力从单一的农业生产中解放出来，从事林、牧、工副业和第三产业，从而获得更高的经济效益。

另外，小流域坝系建设还在蓄水灌溉、方便交通、解决人畜饮水、种植蔬菜和建设苗圃、改善农村小气候等方面都起到了良好的作用。一些淤地坝的坝顶已成为连接深沟两岸的桥梁，便利了群众的生产活动、物质交流和文化活动，为山区农业生产和商品经济发展提供了条件。自然条件的改善和经济的发展促进了现代农业和产业的发展，客观上成为当地人们学科学、学文化的动力，促进了农村科技文化教育事业的发展。

第 12 章　黄土高原淤地坝水损特征及原因分析

淤地坝是黄土高原水土流失地区重要的水土保持工程措施，它是抬高侵蚀基准面、保障泥沙不出沟并且能建造高产农田的有效手段，也是减少入黄泥沙和保障黄河下游安全的重要措施。截至 2008 年，黄土高原共建成了 9 万多座淤地坝，控制水土流失面积超过 2.0 万 km^2，累计拦蓄泥沙量超过 210 亿 t，有效地减少了入黄泥沙量。然而，淤地坝目前还存在较多的安全隐患，工程本身防洪标准低，抵御风险能力弱。近年来，极端气候发生频率显著增加，如果淤地坝安全生产管理工作不到位，遇到突发性极端暴雨时，极可能发生淤地坝垮坝失事甚至连锁溃坝等严重后果。这种情况一旦发生，势必给淤地坝建设带来严重的负面影响，制约黄土高原地区水土保持生态建设的健康发展。

12.1　黄土高原小流域坝系示范工程安全运行监测

为了全面总结黄土高原淤地坝建设的经验，扩大影响和以点带面，黄河上中游管理局开展了小流域坝系示范工程建设动态、拦沙蓄水、坝地利用及增产效益、坝系工程安全等方面的监测，总结小流域坝系布局、工程建设管理、技术应用、运行机制等方面的成功经验，为黄土高原淤地坝坝系建设树立示范样板，确定青海省大通县景阳沟，甘肃省定西市安定区称钩河、环县城西川，宁夏回族自治区西吉县聂家河，内蒙古自治区准格尔旗西黑岱、清水河县范四窑，陕西省横山县元坪、延安市宝塔区麻庄、米脂县榆林沟，山西省河曲县树儿梁、永和县岔口，河南省济源市砚瓦河 12 条沟道治理条件比较好的小流域作为黄土高原第一批坝系示范工程小流域。

2006～2010 年通过对上述 12 条小流域内的大、中、小型淤地坝的安全运行情况的连续逐座检查，发现存在的淤地坝安全运行问题主要包括：①坝顶有裂缝和陷穴及冲沟破坏和变形；②坝坡迎水面与背水面坡面有明显冲蚀和冲沟；③坝端、坝肩及与岸坡连接处有明显冲蚀、坍塌；有的排水渠出现断裂现象，有的出现渗流现象；④卧管有破损或被坍塌的土堆掩埋；⑤溢洪道有破损或坍塌的土堆。另外，年代较早的小型坝破损比较严重，主要原因是淤地坝在淤满后的冲蚀。

表 12.1 为黄土高原 12 条坝系示范工程小流域的淤地坝安全运行监测情况表。图 12.1 为黄土高原 12 条坝系示范工程小流域的淤地坝安全状况逐年对照表。由

表 12.1 可以看出，淤地坝工程的后期管护工作非常重要，需引起当地政府的高度重视，需采取切实可行的防护措施，并具体落实到村、落实到人，以保障淤地坝的安全运行。

表 12.1　黄土高原 12 条坝系示范工程小流域的淤地坝安全运行监测情况表

年份	病险坝/座			水毁坝/座			中小型坝损坏坝数/座	总坝数/座	淤地坝损坏比例/%
	骨干坝	中型坝	小型坝	骨干坝	中型坝	小型坝			
2006	6	19	57	0	0	0	76	508	14.96
2007	7	21	60	0	0	0	81	663	12.22
2008	9	10	10	0	0	1	21	764	2.75
2009	19	15	11	0	0	1	27	769	3.51
2010	15	15	8	5	0	13	36	775	4.65

注：淤地坝损坏比例为中、小型坝损坏坝数与总座数之比。

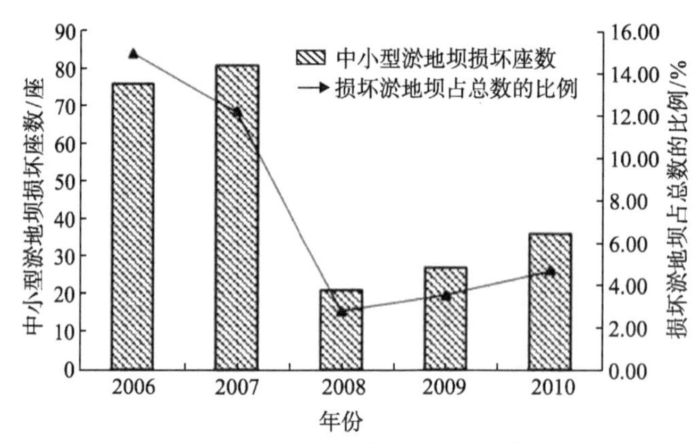

图 12.1　黄土高原 12 条坝系示范工程小流域淤地坝安全状况逐年对照表

根据表 12.1 和图 12.1，2010 年黄土高原 12 条坝系示范工程小流域的平均淤地坝损坏比例为 4.65%，比 2006 年下降了 10.31%；由连续 5 年的监测数据可知，出现安全问题的淤地坝数量先大幅较少后略微增多，主要原因是有关部门及时对存在安全问题的淤地坝进行了修缮。然而，根据坝系安全运行监测情况可知，部分淤地坝还存在一定的安全问题，建议对淤地坝坝坡存在的不同程度的冲蚀沟进行回填夯实、种草，同时要重视解决淤地坝坝肩处的排水问题；对溢洪道、涵洞、卧管、排水渠有断裂、掩埋、破损等现象的，需进行工程修补；涵洞出口、卧管和坝肩有坍塌土堆的，需清理坍塌土；有些小型淤地坝被冲开了缺口或两侧串水的，需即时修复；最重要的是，需投入一定的人力、工程机械和资金对坝体中部下沉和变形或坝顶产生裂隙、陷穴等损坏情况的骨干坝和中型坝进行重点修理，以解除隐患。

以下是黄土高原 12 条坝系示范工程小流域的淤地坝坝系安全状况监测结果。

1. 黄土丘陵沟壑区第一副区

在黄土高原 12 条坝系示范工程小流域中，位于黄土丘陵沟壑区第一副区的有 5 条，按照从黄河上游到下游的顺序，分别是西黑岱、范四窑、元坪、榆林沟和树儿梁小流域。

综合 2006～2010 年淤地坝淤积情况勘测及坝地利用情况调查，对黄土丘陵沟壑区第一副区小流域坝系内的大、中、小型坝的运行情况进行了逐座检查后发现：西黑岱、元坪、榆林沟 2006～2010 年坝系运行正常，无损坏或异常；范四窑 2006 年、2009 年由于汛期暴雨原因导致坝顶、坝坡形成小的冲沟、裂缝，但不影响主体安全；树儿梁小流域 2008 年、2009 年山庄头骨干坝、红米梁骨干坝和山庄头中坝等 5 座淤地坝已出现不同程度的冲沟，需回填夯实；流域沟 3#中型坝存在从涵洞两侧串水现象；生嘴沟 2#坝存在排水渠断裂现象；吃水沟、白泥沟、护村 3 座小型坝坝体冲开缺口，需要修复；树儿梁小流域 2010 年流域沟 2#骨干坝、关帝梁中型坝、炭坪沟 2#中型坝、流域沟 4#中型坝和上养仓中型坝 5 座淤地坝已出现不同程度的冲沟，需回填夯实；炭坪沟 2#中型坝、流域沟 4#中型坝和东沟岔小型坝的坝体出现陷穴，需回填夯实；炭坪沟 1#骨干坝和杨寺嘴 3#骨干坝的坝体右侧发生塌方导致卧管部分被掩埋，要及时清理疏通卧管；流域沟 2#骨干坝和炭坪沟 2#中型坝有从涵洞两侧串水现象。

2. 黄土丘陵沟壑区第二副区

在黄土高原 12 条坝系示范工程小流域中，位于黄土丘陵沟壑区第二副区的有两条，分别是麻庄、岔口小流域。

综合 2006～2010 年淤地坝淤积情况勘测及坝地利用情况调查，对第二副区小流域坝系内的大、中、小型坝的运行情况进行了逐座检查后发现：2006～2010 年，麻庄小流域坝系工程中的 5 座骨干坝、18 座中型坝、4 座小型坝均未发生安全质量事故；岔口小流域坝系工程 2006 年、2007 年、2008 年、2009 年和 2010 年分别有 5 座、10 座、24 座、30 座和 23 座淤地坝存在安全隐患。

3. 黄土丘陵沟壑区第三副区

在黄土高原 12 条坝系示范工程小流域中，位于黄土丘陵沟壑区第三副区的仅有聂家河小流域。

综合 2006～2010 年淤地坝淤积情况勘测和坝地利用情况调查，对聂家河内的大、中、小型坝的运行情况进行了逐座检查后发现：2006～2010 年，聂家河小流域坝系工程坝体、坝顶无损坏或异常情况，迎水面无径流冲刷和冲沟现象，背水面无损坏或异常情况；坝基和坝区完好，坝段岸坡有部分冲刷现象；输水洞完好。

4. 黄土丘陵沟壑区第四副区

在黄土高原 12 条坝系示范工程小流域中，位于黄土丘陵沟壑区第四副区仅有景阳沟小流域。

综合 2006～2010 年淤地坝淤积情况勘测和坝地利用情况调查，对景阳沟小流域内的大、中、小型坝的运行情况进行了逐座检查后发现：2006～2010 年，景阳沟小流域坝系工程未出现大范围的沉陷及严重裂缝和坍塌现象，坝系安全比为 100%。

5. 黄土丘陵沟壑区第五副区

在黄土高原 12 条坝系示范工程小流域中，位于黄土丘陵沟壑区第五副区的小流域包括称钩河小流域、城西川小流域两条。

综合 2006～2010 年淤地坝淤积情况勘测及坝地利用情况调查，对黄土丘陵沟壑区第五副区小流域坝系内的大、中、小型坝的运行情况进行了逐座检查后发现：称钩河小流域坝系工程 2006 年、2007 年、2009 年、2010 年所有淤地坝坝体和泄水建筑物完好，运行正常；因受 2008 年“5·12”汶川地震波及，别杜川骨干坝坝肩有裂缝，经采取措施进行处理后，运行正常。城西川小流域坝系工程 2006 年、2007 年、2009 年所有淤地坝坝体及泄水建筑物完好，运行正常；2008 年因受“5·12”汶川地震波及，刘大掌泄水陡坡多处出现裂缝，陡坡侧墙出现细小裂缝，桃木掌陡坡左岸山体滑塌、陡坡损坏，木瓜台陡坡末端长 15m 的基础岩石出现裂缝；2010 年 8 月 9 日城西川坝系普降特大暴雨，降水量为 159mm，淤地坝受损 17 座，其中，骨干坝 5 座、小型淤地坝 12 座，具体受损如下：徐旗寨骨干坝坝体左肩外坡水毁严重、陡坡部分水毁，进坝道路水毁；周家阴山骨干坝坝体右岸距坝顶 4.5m 老土出现裂缝，形成窜洞，致使坝体右岸水毁、陡坡水毁，进坝道路水毁；阳湾骨干坝坝体左肩内坡水毁严重，进坝道路水毁；毛沟卡骨干坝坝体坝坡多处冲沟、陡坡部分水毁，进坝道路水毁；贾台台骨干坝坝体中部出现决口宽 4m，深至沟底，右岸距坝顶 4.5m 老土出现裂缝；上塬、吊咀、老庄拐沟、从坟沟、庄子梁、阴山、阳台、谢家庄、杨家湾、张家湾、苦水沟、阴塬 12 座小型淤地坝均发生洪水漫顶溃坝。

6. 黄土高原土石山区

在黄土高原 12 条坝系示范工程小流域中，位于黄土高原土石山区的小流域仅有砚瓦河小流域 1 条。

综合 2006～2010 年淤地坝淤积情况勘测和坝地利用情况调查，对砚瓦河小流域坝系内的大、中、小型坝的运行情况进行了逐座检查后发现：砚瓦河小流域坝系工程骨干坝没有表面损坏、沉陷、裂缝、位移状况，但都有轻微的渗流现象；中型淤地坝也都运行良好；只有段背沟 2#小型坝因为施工质量原因导致下游坡面有部分坍塌。

12.2　典型小流域淤地坝受损调查

1. 山西中阳洪水沟流域

洪水沟流域坝系经过几十年的建设运行，已显示出巨大的经济效益、生态效益和社会效益，但是该坝系在规划布局时缺乏全局观念，设计标准偏低，工程不配套，再加上年久失修，许多淤地坝已毁坏或淤平，丧失了拦泥与滞洪能力。目前洪水沟流域坝系工程存在的安全问题包括：一是所剩库容已不能满足滞洪要求，更失去了持续拦泥淤地的能力，使得流域坝系在总体上起不到安全防洪作用。二是多数淤地坝已经淤满，或者因局部水毁长期得不到维修、完善而成为病险坝，单坝防洪能力降低。三是流域水沙运用不均衡，部分干支沟、上下游淤地坝分布不均，运用状态相差悬殊，水沙调运不均衡，使部分坝超载，工程承受的压力较大，工程安全运行受到威胁。

影响洪水沟流域坝系工程安全的主要因素包括：一是降雨条件；二是工程本身的完好程度；三是坡面治理；四是工程结构配置；五是剩余库容；六是工程布局；七是运行管理。

洪水沟坝系工程虽然发展比较平稳，坝系已基本形成，但淤地坝病险状况较为严重，需进行坝体加高和工程配套，以满足坝系相对稳定的条件，具体问题表现如下。

1) 坝系规划布局不合理

在坝系规划布局方面，缺乏全局观念，各行其是，坝间距太远，支沟及主沟上、下游缺乏控制性骨干工程。

2) 设计标准偏低

大部分淤地坝的设计标准偏低、库容小，且由于年久失修，许多淤地坝已毁坏或淤平，丧失了拦泥与滞洪能力。在主沟的 15 座淤地坝中，除 4#、7#、9#、14#和 15#坝尚有较强的拦蓄能力外，其余 10 座淤地坝均因淤满或溢洪道下切而失去拦蓄能力；在支沟的 38 座淤地坝中，水毁的有 9 座，已淤满的有 13 座，未淤满的 15 座也因溢洪道下切而丧失了拦蓄能力。

3) 工程不配套

流域中的大部分淤地坝是 20 世纪 50～60 年代修建的，由于缺少系统的勘察设计或设计不够规范，大部分工程不配套。例如，在主沟的 15 座坝库工程中，溢洪道和放水涵洞齐全的淤地坝有 1 座，只有溢洪道的淤地坝有 12 座，只有放水涵洞的淤地坝有 2 座；在支沟的 38 座淤地坝中，只有溢洪道的淤地坝(而且是土质溢洪道)有 30 座，溢洪道和放水涵洞均没有的淤地坝有 8 座。工程不配套、不完善，直接影响坝体安全、坝地的正常运用和经济效益的发挥。

4) 管理措施不到位

长期以来，淤地坝的建设与管理相互脱节，重建轻管。进入 20 世纪 80 年代以后，随着淤地坝运行时间的延长，20 世纪 60～70 年代修建的淤地坝大部分已经淤满，同时由于农村实行联产承包责任制，大部分坝地按劳分户耕种，少部分被租赁，且租赁期短，责、权、利不清，出现了“有人种，无人管”的现象，致使部分淤地坝带病运行。

2. 陕西绥德韭园沟流域

1) 险坝数量比较多

从总体上说，韭园沟流域目前保存的淤地坝大部分运行时间过长，超出设计淤积年限，所以险坝数量比较多。从调查结果来看，韭园沟流域有大、中、小型淤地坝 211 座，归入病险的中型坝有 4 座、小型坝有 71 座，病险坝数量占了淤地坝总数的 35.55%。

2) 淤地坝损毁形式多样

韭园沟坝系建成 60 多年，经受了多次暴雨洪水考验，多数坝受到了不同程度和不同形式的损坏。从调查结果看，韭园沟坝系主要的毁坝形式包括：①洪水漫顶；②土质溢洪道拉深造成部分坝体损坏；③坝体窜洞，土石工程结合不好，造成洪水沿泄水建筑物窜洞。

3) 造成淤地坝损毁的原因错综复杂

①设计标准偏低，大多是 20 世纪六七十年代修建的“闷葫芦”坝，没有合理的泄水建筑物；②建坝时间过长，在支流沟道上的小型坝都已淤满，洪水漫顶冲毁坝体；③缺乏维修管理，任其冲蚀，小病变大病，最终难以修复；④施工质量差，一遇洪水就出现窜洞；⑤超标准洪水造成垮坝；⑥忽视坡面治理，对水土流失的认识不足；⑦后期管护责任不明，措施不力。

调查表明，从 20 世纪 80 年代开始，随着坝系建设理论的逐步成熟，韭园沟坝系建设在不断调整、完善、提高的基础上，已形成了一个比较科学、规范的模式。先后建成的骨干坝严格控制整个流域的坝系安全，工程结构稳定。毁坏的单坝大多处于支毛沟，控制面积不大，工程重要性相对较小，所以对整个流域的坝系安全不会造成太大的威胁。

通过对韭园沟流域垮坝原因的分析可以看出，引起流域内淤地坝工程垮坝失事的最主要影响因素包括设计标准、坝体结构(三大件)组成、骨干工程布局、布坝密度、侵蚀强度、剩余库容、治理程度、施工季节、工程管护等。

3. 陕西延安碾庄沟流域

经过几十年的示范治理，作为重点小流域的碾庄沟流域已初步形成相对稳定坝系。据统计，碾庄沟流域已建成治沟骨干工程两座、骨干坝 6 座、中型坝 7 座、小型坝 146 座，总库容为 1407 万 m^3，拦泥库容为 965 万 m^3，已淤库容 880 万 m^3，已淤地面积为 215.7hm^2。根据治理现状分析，沟道坝系工程为坡面措施建设赢得了必要时间，坡面措施又延缓了沟道工程的加固配套时间，改善了坝系相对稳定形成条件。沟道坝系工程是水土保持的关键性措施，沟道坝系工程减沙占流域总减沙的 70%～80%。

在流域坝系建设的几十年间，1973 年暴雨造成碾庄沟流域中的 144 座中、小型淤地坝工程被毁，损失坝地 20hm^2，同时损失 43.8%的库容。这次毁坝事件发生的最主要原因一是工程布局没有经过规划和设计，工程质量受当时经济技术条件的限制也没有保证，下游没有能够控制垮坝洗水的骨干工程，因此，上游坝出现溃决造成下游淤地坝的连锁溃决；二是由于坡面治理措施跟不上，坡面产生的洪水泥沙不受阻挡，直接进入沟道，加上降雨强度大、历时短，汇流迅速，形成了高峰型洪水，淤地坝工程库容的不足、泄流不畅引起了淤地坝的溃决。经过这次事件，群众对淤地坝工程的合理布局和工程质量等有了新的认识，因此，流域坝系在后来发生的暴雨洪水中表现良好。

4. *山西汾西康和沟流域*

在康和沟流域，1958 年依靠集体力量开始打坝。当时，只知道沟坝地土肥耐旱产量高，不懂得如何治沟建坝地，在一条沟内，几个村不统一规划，各自为战，哪里沟宽就在哪里造地，哪里容易就在哪里建坝，坝地不连片，排水渠道不通，形成年年淤地年年冲，水小拉条沟，水大连坝端，致使淤地坝的建设几起几落，收效甚微。1971 年，汾西县开始抓坝地建设，当时只注意淤地坝连片建设，不考虑布设排洪渠，一个冬季打坝 42 座，但 1972 年 8 月 25 日次降雨量为 68.3mm 的暴雨冲毁淤地坝近 40 座。1972 年，虽然在规划坝基、工程质量上下了工夫，但仍没有解决根本问题。1974 年 7 月 28 日暴雨导致汾西县全县 500 余座淤地坝被冲毁。

康和沟流域 1985 年、1994 年发生的两次垮坝、毁坝事件的主要原因可归结为：①没有控制性骨干工程，在雨量较大的情况下，中小型淤地坝没有足够的库容承担洪水压力，最终导致淤地坝被毁坏；②中小型工程库容小，康和沟流域的坝地相当一部分是劈沟造田形成的，群众为了尽快发展生产，将淤积库容用人工将其填满，使得淤地坝没有足够的库容拦蓄泥沙和洪水，一遇暴雨就出现中小型淤地坝水毁事件；③运行年限长，拦泥库容不足；④坡面水沙没有得到有效控制；⑤工程质量比较差，每次发生毁坝都是中小型工程坝体比较薄弱的部位首先出现问题。

从康和沟流域历次淤地坝水毁情况看，造成淤地坝水毁的主要原因包括：①没有控制性骨干工程；②中小型工程库容小，淤地坝没有足够的库容；③运行年限长，拦泥库容不足；④坡面水沙没有得到有效控制；⑤工程质量比较差。

在经历了一次又一次的水毁事件以后，当地水利水保部门不断总结经验，使得康和沟流域的坝系工程不断完善。为了更好地保护淤地坝，使淤地坝在持续拦泥和发展生产上发挥更大的效益，流域群众也在探索坝系工程管护新措施。

5. 内蒙古准格尔川掌沟流域

根据调查结果，川掌沟流域 50 座淤地坝归入病险坝的数量较少。大部分病险坝都是土质或砒砂岩质溢洪道因基础抗蚀性差，加之水流的长期冲刷，溢洪道底部出现不同程度的下切，如特布乌素坝、五枝树沟口坝都属于这种情况。其他生产坝实际都是为了骨干工程尽早利用，在淤泥面上打了许多腰坝，这种坝的损毁情况较多，主要原因是施工质量较差，坝体与两岸结合部出现串洞，导致坝体被毁。

川掌沟流域大部分沟道目前已基本实现了川台化，整个沟道的侵蚀基准面被抬高，加之沟道本身的比降较小，所以尽管部分淤地坝输水渠道仍有下切现象，但基本处于稳定状态。

根据《内蒙古自治区水文手册》和《水土保持骨干工程技术规范》中推荐的公式，对流域内所有淤地坝进行洪水总量计算，并按照不同坝型的设计标准进行防洪能力和拦泥能力验算，计算结果表明，现有的 23 座骨干工程防洪能力基本都能满足防洪要求；而 19 座中型淤地坝、4 座小型淤地坝全部属于“超期服役”，已经完全失去了拦泥蓄水能力。由于中小型淤地坝工程的拦泥能力严重不足，缩短了骨干工程的使用寿命，使骨干工程的一部分滞洪库容用来拦蓄泥沙，降低了防洪能力。从总体结果来看，川掌沟流域内的坝系工程结构已经稳定，但整体拦泥能力严重不足，防洪能力尚可满足设计要求。

在川掌沟流域主川，利用其河床宽阔的特点，主要开展治河造地工程；在较大的支沟，如西黑岱沟、满忽图等沟道的主沟上，以治沟造地与建坝淤地相结合，采用淤垫并举的方法，快速建设基本农田。治沟骨干工程主要布设在集水面积大于 $10km^2$ 的支沟上。这种以骨干工程保护川地和坝地的布局形式，充分发挥了骨干工程上拦下保、上拦下灌、蓄浑排清的控制作用。

从骨干工程的控制面积来看，除川掌沟坝控制面积为 $21.6km^2$ 外，其余各坝的控制面积比较合理，最大的为 $11.48km^2$，最小的为 $3km^2$。

目前川掌沟流域坝系存在的主要问题是绝大部分中小型淤地坝都在“超期服役”，虽然当地水利水保部门都在尽力维护坝系的安全和正常运行，但是由于淤地坝工程还未形成较为完善的管护体制，同时受地形条件限制和工程投资不足的影响，局部拦沙蓄洪能力已严重不足。

6. 山西永和岔口流域

根据调查结果，岔口流域有安全隐患的淤地坝共 37 座，包括 14 座骨干坝、11 座中型坝、12 座小型坝，占调查总数的 40.2%。

岔口流域 37 座病险坝的具体情况包括：①坝顶有裂缝和陷穴及冲沟破坏的有 23 座，包括骨干坝 7 座、中型坝 8 座、小型坝 8 座；②坝坡迎水面与背水面坡面有明显冲蚀和冲沟的有 17 座，包括骨干坝 8 座、中型坝 4 座、小型 5 座；③坝端坝肩及与岸坡连接处有明显冲蚀、坍塌的有 18 座，包括骨干坝 6 座、中型坝 4 座、小型坝 8 座；④卧管有破损和坍塌土堆的有 8 座，包括骨干坝 7 座、中型坝 1 座；⑤溢洪道有破损或坍塌的有 6 座，包括中型坝 1 座、小型坝 5 座。

岔口流域淤地坝出现病险隐患的主要原因包括：①施工质量不高：部分淤地坝出现不均匀沉陷，产生纵向或横向张性裂隙，裂隙延伸长而深；有些裂隙由于灌水而产生陷穴，反映了这些坝体施工时质量不过关，压实度不够或不均匀。②水蚀严重：大部分淤地坝建成后坝肩与坝坡缺少植被保护，由于暴雨冲刷，产生大量侵蚀细沟，严重地损坏了坝肩与坝坡。③重力侵蚀时有发生：有些坝肩处、溢洪道处、卧管处开挖的土坡过陡，又缺乏后续管理，导致土坡坍塌，产生重力侵蚀掩埋了部分坝体、溢洪道或卧管。④管护和修缮不及时：如对坝顶和坝坡的植被缺少培植，许多植被受旱枯萎，有些植被还被牛羊践踏；有些排水沟破损、溢洪破损、卧管破损后未能及时修补；也有一些坝体出现裂缝和陷穴后未能及时修补填埋，致使裂缝逐年扩大，有些淤地坝蓄洪排清不及时，等等。

12.3 区域淤地坝安全现状

1. 榆林市

榆林市 2009 年淤地坝安全大检查统计结果见表 12.2。从表 12.2 中可以看出，在榆林市 9084 座淤地坝中，安全淤地坝占淤地坝总数的比例为 25.5%，由漫顶溃坝和渗流破坏引起的坝体损坏的淤地坝占淤地坝总数的比例为 53.8%，放水建筑物损坏的淤地坝占淤地坝总数的比例为 11.6%，溢洪道损坏的淤地坝占淤地坝总数的比例为 9%。

2. 宁夏回族自治区

宁夏回族自治区 2009 年淤地坝安全大检查统计结果见表 12.3。由表 12.3 可知，在 666 座骨干中型淤地坝中，坝体损坏、放水建筑物损坏、溢洪道损坏、其他损坏(主要指淤地坝作为生产道路被破坏)的淤地坝占淤地坝总数的比例分别为 14.4%、12.6%、1.4%、1.5%，安全淤地坝占淤地坝总数的比例为 70.1%。

根据调查结果，宁夏回族自治区淤地坝坝体的损坏表现形式主要有坝体存在裂缝、坝体单薄、防洪坝高不够、坝后渗水、坝体损坏或滑坡等；放水建筑物损坏主要在坝后明渠和陡坡段及消力池部位，损坏形式主要有裂缝、表皮脱落、断裂、冻胀破坏、水毁等，对淤地坝运行具有一定的危害；也有一些淤地坝放水工程年久失修，损坏严重，甚至已完全毁坏，不能正常放水；溢洪道主要有浆砌石砌护溢洪道和土质简易溢洪道两种，溢洪道隐患多存在于建设时间较早的淤地坝中，工程运行时间较长，年久失修。

表 12.2　榆林市 2009 年淤地坝安全隐患汇总统计表

县(区)名称	淤地坝总座数/座	安全淤地坝座数/座	不同损坏类型的淤地坝座数/座			
			坝体损坏	放水建筑物损坏	溢洪道损坏	其他
榆阳区	599	59	401	52	63	24
神木县	507	351	121	0	35	—
府谷县	675	248	204	8	210	5
衡山县	1312	132	969	114	97	—
靖边县	340	120	93	127	0	—
定边县	84	9	61	14	0	—
绥德县	711	283	262	40	126	—
米脂县	735	263	355	32	85	—
佳县	1965	93	1745	32	94	1
吴堡县	111	49	55	1	6	—
清涧县	973	166	178	627	2	—
子洲县	1071	516	447	6	102	—
合计	9083	2289	4891	1053	820	30

表 12.3　宁夏骨干中型淤地坝水损调查表

县(区)名称	不同损坏类型的淤地坝座数/座					安全淤地坝座数/座	淤地坝总座数/座
	坝体损坏	放水建筑物损坏	溢洪道损坏	其他	小计		
彭阳县	19	11	8	7	45	63	108
同心县	35	34	0	0	69	0	69
隆德县	3	5	0	0	8	118	126
海原县	23	16	0	0	39	23	62
原州区	10	10	0	2	22	63	85
西吉县	3	7	0	1	11	153	164
盐池县	3	1	1	0	5	47	52
合计	96	84	9	10	199	467	666

3. 甘肃省

按照水利部统一部署，2009 年甘肃省开展了黄土高原淤地坝安全生产大检查专项行动。2010 年、2011 年连续开展了淤地坝隐患整治工作。

甘肃省从 20 世纪 70 年代开始建设淤地坝，经历了群众自发筑坝、单坝工程建设、小流域坝系试点工程建设 3 个发展阶段，截至 2011 年底已建设各类淤地坝 1628 座。

参照黄河上中游管理局制定的淤地坝安全分类标准，对甘肃省现有淤地坝存在的安全隐患进行分类。工程尚未达淤积高程，坝体和放水建筑物无较大损坏，能正常运行一类、二类淤地坝 1459 座。存在安全隐患的淤地坝共 169 座，其中，三类坝 54 座、四类坝 39 座、五类坝 76 座。经统计分析，甘肃省病险淤地坝主要分布在庆阳市、平凉市、定西市、天水市、兰州市、临夏州、白银市 7 个市州(表 12.4)。从分布情况看，病险淤地坝数量与本地淤地坝数量成正比关系。例如，庆阳、平凉、定西三市有各类淤地坝 1352 座，占全省淤地坝总数的 83%，而病险淤地坝共有 146 座，占全省病险淤地坝总数的 86%。

表 12.4　甘肃省病险淤地坝统计表

市(州)名称	病险淤地坝/座	全市淤地坝总数/座	占全市总数的百分比/%	占全省总数的百分比/%
庆阳市	101	877	11.5	6.20
平凉市	13	104	14.4	0.86
定西市	31	371	8.4	1.90
天水市	11	85	12.9	0.68
临夏州	6	21	28.6	0.40
兰州市	5	123	4.1	0.31
白银市	1	47	2.1	0.06

12.4　淤地坝溃坝形式及原因分析

12.4.1　典型坝系溃坝历史事件

经收集查阅资料，将黄土高原几次大暴雨的典型坝系水毁分别进行归纳总结如下。

1. 20 世纪 70 年代水毁情况

20 世纪 70 年代，黄河中游地区发生了几次较大暴雨，该地区的淤地坝均遭到不同程度的水毁破坏，详见表 12.5。

表 12.5　黄河中游地区暴雨垮坝情况统计表

暴雨日期	地点	降雨量/mm	淤地坝			淤地面积		
			总数/座	冲毁座数/座	垮坝比例/%	总面积/hm^2	冲毁面积/hm^2	冲毁比例/%
1973.08.25	陕西延川县	112.5	7570	3300	43.6	1466	220	15
1975.08.05	陕西延长县	108.5	6000	1830	30.5	2493	232	9
1977.07.07	绥德韭园沟	287	333	243	73	181	49	27
1977.08.05	子洲驼耳巷沟	198	274	199	73	169	43	25

1973 年 8 月 25 日，陕西省延川县突降暴雨，降雨量为 112.5mm，暴雨频率相当于 200 年一遇。在此次暴雨中，在延川县的 7570 座淤地坝中，遭受不同程度损毁的淤地坝共 3300 座，占淤地坝总数的 43.6%。1975 年 8 月，陕西省延长县先后发生降雨量分别为 50.7mm 和 108.5mm 的两次强降雨，暴雨频率相当于 100 年一遇。在这两场暴雨中，6000 座淤地坝中有 1830 座不同程度损毁，所占比例为 30.5%。

1977 年 7 月 4～5 日，黄河中游地区普降暴雨，暴雨中心在甘肃省庆阳地区和陕西省志丹、安塞、子长县一带，50mm 以上暴雨量的降雨面积为 9 万 km^2，最大暴雨中心位于安塞县招安乡，48h 降雨量为 225mm，24h 最大降雨量为 215mm，暴雨频率相当于 300 年一遇。1977 年 8 月 4～5 日，在山西省晋中地区平遥县和吕梁地区石楼县与陕西省北部清涧县之间发生了强降雨，降雨量分别为 356mm 和 294mm，暴雨频率相当于 500 年一遇。在这两次暴雨中，甘肃庆阳地区、陕西榆林和延安市和山西西部 28 县累计有 3.27 万座淤地坝遭受不同程度的损毁。

1978 年 7 月 27 日，陕西省子长、清涧和子洲等县普降暴雨，50mm 以上暴雨量的降雨面积为 626km^2；暴雨中心在 3 县交界处的子洲县裴家乡墕，降雨量为 610mm；清涧河上游的宁寨河、胜天沟、王家贬一带降雨量为 400～600mm。暴雨频率相当于 1000 年一遇。在该次暴雨洪水中，清涧县有 254 座淤地坝遭受不同程度的损毁。

1973 年 8 月 25 日，在延川县的水毁坝库中，损毁坝地面积占损毁坝库坝地总面积的 13.3%，占全县坝地总面积的 5.8%。1975 年 8 月，在延长县的水毁坝库中，损毁的坝地面积占损毁坝库坝地总面积的 26.1%，占全县坝地总面积的 9.3%。

有些沟道暴雨洪水过后，虽然部分坝库遭到冲毁，损失一些坝地，但同时另一些坝拦泥淤沙，反而增加了坝地。山西柳林县 1977 年洪水损失坝地 133hm^2，却新增坝地 80hm^2。在陕西省子长县的 11 条小流域中，总坝地面积为 416km^2，1977 年洪水损毁淤地坝 121 座，占总坝数的 30%，冲毁坝地 89hm^2，占总坝地面积的 26%，但同时另外新淤坝地 148hm^2，毁增相抵，净增坝地 59hm^2。米脂县榆林沟 1978 年暴雨中，冲毁坝地 15hm^2，新增坝地 19hm^2。

2. 黄河中游地区 1994 年暴雨洪水水毁情况

1994 年黄河流域汛期雨量变化异常，晋、陕、蒙、甘、宁等省(自治区)先后出现了 4～7 场区域性大暴雨，造成 7542 座淤地坝遭受不同程度的损坏，详见表 12.6。

3. 1994 年陕北淤地坝水毁调查

1994 年 7、8 月间，陕北榆林、延安市许多县遭受暴雨、洪水、冰雹、龙卷风等灾害，特别是定边、靖边、吴旗、志丹、子洲、绥德等县连续遭受 3～5 次特大暴雨洪水袭击，一大批淤地坝和水库受到损害，有的垮坝溃决，有的出现险情。从

表 12.6　黄河中游 5 省(自治区)1994 年汛期淤地坝水毁情况统计表

省(自治区)名称	地(盟)/个	县(旗)/个	水毁坝/座	坝控面积/km^2
甘肃	5	20	101	605.12
宁夏	2	6	24	163.60
山西	4	21	55	738.28
内蒙古	2	3	15	82.00
陕西	2	25	7347	5212.90
合计	15	75	7542	6801.90

各地情况看，陕北淤地坝受害面积之大、数量之多、损坏程度之严重是 1949 年以来所没有的。据调查，陕北地区 7、8 月间冲垮和部分冲坏的淤地坝共 7347 座，占淤地坝总数的 23%，其中，坝体被冲毁(坝体被洪水拉到沟底)的有 1590 座，局部毁坏的(一般冲毁坝体土方 10%、坝地 5%～10%)有 4851 座，放(泄)水建筑物受损的有 906 座。在损毁的淤地坝中，属于大型淤地坝的有 320 座，占 4.35%；中型淤地坝 1771 座，占 24.11%；小型淤地坝 5256 座，占 71.54%；骨干坝基本上没有明显损坏。榆林地区受损淤地坝 6187 座，其中，坝体全毁的有 1475 座，占 23.8%；坝体部分损坏的有 4035 座，占 65.2%；建筑物损坏 677 座。延安市损坏淤地坝 1160 座，其中，坝体全毁的 115 座，占 9.92%；部分毁坏 816 座，占 70.34%；泄水建筑物毁坏 229 座，占 19.74%。

4. 2000 年 7 月 8 日王家沟流域淤地坝水毁情况

王家沟流域属黄土丘陵沟壑区，位于离石区城北 4km 处，流域总面积为 9.1km^2，沟壑密度为 7.01km/km^2。该流域经过 40 多年的综合治理，沟道川台化已基本形成。截至 1999 年底，流域内共有大、小淤地坝 24 座(不包括已淤平的 5 座)，其中，主沟 9 座，支沟 15 座，建坝密度为 2.6 座/km^2，已拦泥 215.82 万 m^3，淤成坝地 37.29hm^2，坝地面积与流域面积之比为 1:24.4，实现了水沙平衡，达到防洪保收。

2000 年 7 月 8 日出现的略大于 50 年一遇的暴雨使得能抵御百年一遇降雨的王家沟流域坝系严重水毁，具体情况详见表 12.7。

5. 延安市碾庄沟流域水毁情况

碾庄沟是延河的一级支流，流域面积为 54.2km^2，沟长 14.6km，有支毛沟 203 条，沟壑密度为 2.74km/km^2，年侵蚀模数为 8000t/km^2。该流域 1956 年列入全国水土保持示范治理沟，除了坡面治理以外，先后在流域沟谷里建成大、中、小淤地坝 189 座，坝系较完整，拦泥淤地效益好。碾庄坝系由干沟和支沟坝系组成，干沟建有 10 座淤地坝(其中有水库 1 座)，其余都建在支毛沟。建坝密度为 3.5 座/km^2，已淤成坝地 108.9hm^2。1956～1980 年沟道拦泥 611 万 t，相当于全流域 24 年产沙总量的 81%。

表 12.7　王家沟流域“7·8”水毁情况统计表

淤地坝名称	水毁部位	土方工程/m³	石方工程/m³	作物面积/hm²
干沟 3#坝	—	—	—	0.54
干沟 4#坝	涵洞出口	18	7	2.20
干沟 5#坝	中部	1010	—	0.91
干沟 6#坝	右肩	2764	—	6.86
干沟 8#坝	—	—	—	1.79
干沟 9#坝	坝、坡、溢洪道出口	107	76	—
西沟 1#坝	—	—	—	0.65
花曲沟坝	右肩	286	—	1.46
洋道沟坝	左肩	288	—	0.56
排洪渠	1520m	2432	—	—
东流沟 1#坝	涵洞出口	32	12	—
合计	—	6937	95	14.97

碾庄沟流域的水土保持治理受到国内外许多专家学者的关注。然而，碾庄沟流域坝系自建成之年起就开始遭遇到不同程度的水毁灾害。表 12.8 是碾庄沟主干工程水毁情况统计结果。

表 12.8　延安市碾庄沟主干工程水毁情况表

淤地坝名称	坝控面积/km²	坝高/m	库容/万 m³	建坝时间	水毁概况
杨兴庄	2.96	17	90.0	1973.08	坝体被洪水冲开一个缺口
杨兴庄拦洪坝	1.54	5	17.0	1989.10	坝体、溢洪道、排洪渠被水毁
王泉沟大坝	4.56	17	141.0	1958.03	洪水溢坝顶，冲毁下游 300m 灌溉渠道，部分溢洪道水毁
刘庄坝	9.62	11	81.0	1965.11	冲毁部分砌石溢洪道侧墙
水眼沟坝	3.50	6	20.0	1981.06	坝体决口 1/5
碾庄水库	2.00	10	24.5	1970.09	水库砌石坝体全部水毁
碾庄淤地坝	6.85	10	40.0	1975.11	洪水漫溢坝体，冲毁下游排水渠 50m
碾庄拦洪坝	7.79	10	31.6	1992.12	冲毁坝体缺口 1/3
羊圈沟坝	1.88	19	10.8	1979.12	冲毁坝体缺口 1/5
双柳林坝	6.38	16	93.0	1972.10	冲毁坝体缺口 1/3

6. 韭园沟小流域“7·15”暴雨溃坝事件

自 2012 年 7 月 15 日零时起，绥德县东部地区相继出现强降雨天气，降雨历时 2.5h 左右，6 个乡镇降雨量达到暴雨或大暴雨范畴。根据绥德县气象局提供的气象资料，绥德县境内义合镇降雨量为 100.0mm，满堂川乡降雨量达 111.2mm，韭园沟小流域最大点降雨量为 98.4mm，其中，历时 1h 的最大降雨强度出现在王茂沟小流域，为 75.7mm/h。此次降雨来势猛、强度大、历时短，属特大暴雨。

韭园沟流域内 45 座淤地坝及其配套工程在本次特大降雨中有不同程度的损坏，涉及韭园沟示范区建设范围内的有骨干坝 2 座、中小型淤地坝 22 座，详见表 12.9。

表 12.9　2012 年“7·15”暴雨事件中韭园沟流域淤地坝水毁情况表

淤地坝名称	坝型	水毁部位	坝体水毁程度	放水建筑物水毁程度
想她沟坝	骨干坝	坝体穿洞	部分水毁	—
上桥沟 2#坝	骨干坝	坝体穿洞	部分水毁	—
团卧沟坝	小型坝	坝体穿洞	部分水毁	—
羊圈嘴坝	中型坝	坝体、卧管	部分水毁	卧管完全水毁
关地沟 1#坝	小型坝	坝体	部分水毁	—
关地沟 2#坝	小型坝	坝体	部分水毁	—
背塔沟坝	中型坝	竖井、涵洞	—	竖井、涵洞完全水毁
王塔沟 1#坝	小型坝	坝体	部分水毁	—
埝堰沟 1#坝	小型坝	坝体	轻微水毁	—
埝堰沟 2#坝	中型坝	涵洞、卧管	—	涵洞、卧管部分水毁
埝堰沟 3#坝	小型坝	坝体	部分水毁	—
康和沟 2#坝	小型坝	坝体	部分水毁	—
黄柏沟 1#坝	中型坝	竖井倾斜	—	竖井轻微水毁
何家沟坝	小型坝	坝体	部分水毁	—
步子沟坝	小型坝	坝体	部分水毁	—
水堰沟 1#坝	小型坝	坝体穿洞	部分水毁	—
水堰沟 2#坝	小型坝	坝体穿洞	部分水毁	—
下桥沟 2#坝	中型坝	涵洞、卧管	—	涵洞、卧管完全水毁
邓山坝	小型坝	坝体	部分水毁	—
关道沟坝	小型坝	坝体	部分水毁	—
林家硷坝	中型坝	竖井下陷	—	竖井轻微水毁
烧炭沟坝	中型坝	溢洪道	—	溢洪道部分水毁
蒲家洼村前大坝	中型坝	放水工程	—	放水工程完全水毁
上沟 3#坝	中型坝	放水工程	—	放水工程完全水毁

12.4.2　典型坝系垮坝形式

根据典型流域坝系调查和多年来淤地坝水毁资料分析，淤地坝水毁的形式主要有以下几种。

(1) 连锁垮坝：造成连锁垮坝的条件是上游坝在遇到大暴雨时首先垮坝，产生了超过下游坝滞洪、泄洪能力的“垮坝洪水”，引起下游坝的连锁垮坝。例如，1977 年 7 月 8 日韭园沟小流域、1973 年碾庄沟小流域发生的连锁垮坝。连锁垮坝主要发生在 20 世纪 70 年代中期以前，随着 20 世纪 80 年代骨干工程的兴建，连锁垮坝事件逐渐减少。

(2) 清基不彻底：因为基础处理不好，容易出现管涌、串洞等现象。此类淤地坝水毁形式主要发生在新建工程中。

(3) 放水建筑物施工质量差：放水建筑物特别是涵洞的施工质量不好，出现漏水后容易引起串洞并发生垮坝。例如，韭园沟小流域桥沟坝就是由于涵洞施工质量不好，同时截水环尺寸不够，出现的漏水沿涵洞外壁渗出，最后形成串洞，进而引起坝体溃决。

(4) 溢洪道与坝体结合不紧密：例如，田家沟小流域田庄坝就是由于溢洪道和坝体之间存在缝隙，造成水流从缝隙进入地体，造成溢洪道悬空、坍塌。

(5) 漫顶垮坝：这主要是由滞洪库容不足或超标准洪水造成的。漫顶垮坝的现象比较普遍。随着淤地坝运行时间的延长，滞洪库容越来越小，发生漫顶垮坝的将会日趋加大。

(6) 溢洪道下切：早期修建的很多淤地坝，特别是中小型淤地坝，大部分设置有土质溢洪道，随着运行时间的延续，溢洪道底部逐渐下切，最终成为坝体溃决的突破口。

(7) 坝体冲沟：淤地坝坝体迎水坡，背水坡出现冲沟后没有及时修复，时间越长，冲沟越深，出现暴雨后由于有冲沟部位的坝体抵抗洪水的能力比较差，最终被拉成豁口。

12.4.3 典型坝系溃坝原因解析

1. 20 世纪 80 年代前期淤地坝溃坝原因

根据实地调查资料和历史上发生溃坝事件原因分析可知，黄土高原地区发生淤地坝溃决的原因有洪水漫顶、渗流破坏、结构破坏和运行管理不合理等，其中，漫顶溃坝、渗流破坏和结构破坏是造成淤地坝溃决的主要原因。

1) 气象原因：暴雨洪水超过设计标准

超标准洪水是这一阶段淤地坝发生溃坝的首要原因。根据对 20 世纪 70 年代淤地坝发生溃坝原因的分析发现，这一时期发生的溃坝多以超过设计洪水标准而漫顶垮坝的形式为主。淤地坝或者因未完成建设，或者因已达到淤积库容等原因，难以抵御超标准洪水。

2) 规划失衡：缺乏骨干工程，坝系防洪标准低

1977 年暴雨后，黄河水利委员会对陕北、晋西 19 条沟道坝系进行了调查，结果显示，凡是有防洪骨干工程的干沟都未垮坝。绥德县纸坊沟、米脂县杨家沟、子洲县寺沟等流域由于无拦洪骨干工程，因连锁反应而造成坝库水毁灾害。

3) 淤地坝自身因素限制

a. 漫顶溃坝

导致漫顶溃坝的原因非常多，这些原因综合作用导致了洪水漫顶发生。漫顶溃坝的主要原因概括为以下几个方面：① 淤地坝运行时间过长，其运行期已经超过了运行年限，滞洪库容不足；②没有泄水建筑物，或者泄水建筑物已经损坏，导致库区内的洪水没有办法排向下游；③以前的淤地坝没有经过系统的设计，或者设计的时候考虑不充分，坝顶高程可能经过长时间的沉降，比设计坝顶高程低了许多；④长期的降雨导致岸坡土壤饱和，土壤强度降低，发生滑坡的泥土堵塞泄水建筑物，或者上游漂浮物堵塞泄水建筑物。

b. 渗流破坏

渗流破坏是造成淤地坝溃决的常见原因之一。坝体的不均匀沉降导致坝体形成贯穿上下游的裂缝；老鼠、蚂蚁等小型动物筑穴；坝体和泄水建筑物之间的部位处理不当，坝区内的洪水渗流速度较大，冲刷并携带附近的泥土通过泄水建筑物排向下游，逐渐发展成为管涌，当管涌无法控制时，形成了溃坝。常见的另一种渗流破坏形式是，库区内洪水水位过高，导致浸润线抬升，坝后大面积土被浸湿，强度降低、坝体稳定性下降而导致滑坡，最终形成溃坝。

c. 结构破坏

常见的结构破坏有两种形式，即大坝整体失稳和变形造成的裂缝和泄水建筑物的破坏。裂缝几乎发生在每一座淤地坝中，关键是这些裂缝会不会继续发展，最终影响淤地坝的安全。汛期降水较多，降水就会进入裂缝，形成渗流，使裂缝发展速度进一步提升。如果是纵向裂缝，则会影响到淤地坝的整体安全，也是发生整体破坏的征兆，如果裂缝的两端是向下游或者上游发展，再加上汛期雨水进入裂缝，则有可能发生整体滑坡。泄水建筑物是淤地坝唯一的泄水通道，结合以往的调查研究，由于积水漫坝引起的淤地坝水毁是少数现象，因泄水建筑物引起的水毁可能是主要原因，同时溢洪道失事将直接危及大坝安全。

4) 施工质量差，管理措施不足

对榆林地区发生溃坝的淤地坝调查发现，国家投资兴建的 57 座中型水坠坝被冲毁 7 座，占工程总数的 12%；其中两座是正在施工的“半拉子工程”，1 座是溢洪道未挖成，1 座是由于溢洪道塌方堵塞致使洪水漫顶，3 座是由坝体与泄水洞接合不好和涵洞砌筑质量差而穿洞垮坝。由于泄水洞和坝体接合不良引起穿洞，导致陕西省绥德县赵家硷土坝、府谷县刘家洼土坝和王家峁土坝以及子洲县封家岔沟土坝发生垮坝。绥德县赵家坪坝和林家硷 2#坝、子长县红石峁沟 3#坝、清涧县胜天沟张家岔坝都是在讯前溢洪道已被堵塞，未能及时挖通，以致洪水漫顶垮坝。因此，工程质量差、管理管护不善也是引起淤地坝垮坝的重要原因之一。

淤地坝建设的地点都为黄土高原的山区，在执行农村土地政策时，将坝地作为耕地分给了群众，但是没有明确对淤地坝保护的责任和义务。有些群众为了扩大耕作面积，就在坝体上开垦耕作，坝体逐渐变薄变低，最终导致了溃坝。另外，淤地坝的维护依然依赖于当地水利部门的拨款。农村的领导干部都形成了“等靠要”的思想，不积极主动地对淤地坝进行管理维护，小问题不处理就变成大问题。

5) 坡面治理差，加大了沟道工程的洪水威胁

调查资料表明，在坡面治理差的小流域，淤地坝发生垮坝的可能性较大，而在坡面治理好的小流域，淤地坝发生水毁损失的程度都较轻。陕西省子长县红石峁沟流域在发生降雨量为 130mm 的暴雨时，由于坡面治理较差(治理度为 6%)，造成支沟淤地坝垮坝 39 座，干沟坝库全部冲垮，淤地坝垮坝总数占流域内淤地坝总数的 38%；丹头沟流域由于坡面治理较好(治理度为 16.3%)，支沟淤地坝垮坝仅 17 座，干沟淤地坝全部完好，淤地垮坝数占流域坝库总数的 24%。这说明流域的坡面治理是流域沟道坝系安全利用的有效保证。

2. 20 世纪 90 年代淤地坝溃坝原因

1) 超标准暴雨洪水是造成淤地坝水毁的主要原因

调查表明，1994 年 7～8 月，黄土高原不少地方遭到了百年一遇以上的区域性暴雨洪水袭击，暴雨量级大大超过了现有淤地坝的防洪标准。1994 年 8 月 3～5 日，晋陕区间从北向南普降大到暴雨，降雨量超过 50mm 的面积为 3.5 万 km^2，大于 100mm 的面积为 1 万 km^2。暴雨中心绥德县 0.5h 降水量为 63mm，6h 降雨量为 44.2mm，吴堡县 0.5h 降雨量为 41mm，山西省柳林县 1h 降雨量为 48mm。本次暴雨共造成绥德县 798 座淤地坝遭受水毁，占全县总坝数 3 769 座的 21.2%。1994 年 8 月 10 日，陕西省定边县杨福井 12h 降雨量达到 178mm，山洪暴发，造成定边县城两次被洪水淹没，同时造成全县 272 座淤地坝水毁，占总坝数 355 座的 76.6%。1994 年 8 月 30～31 日，陕、甘交界处的吴旗、志丹、环县等地出现的区域性大暴雨，6h 降雨量为 214mm，其中 6h 降雨量大于 100mm 的面积为 1 966km^2、6h 降雨量介于 90～100mm 的面积为 4 900km^2，6h 降雨量介于 50～90mm 的面积为 4 250km^2，造成吴旗县 65 座淤地坝水毁，占全县总坝数 275 座的 23.6%。

上述三场大暴雨的主要特征是雨量大、强度高、面积广，降雨量比历年同期偏多 50%～60%，降雨量和降雨强度之大是历史上少有的。

2) 大部分淤地坝有效库容淤满，滞洪能力不足

黄河流域的淤地坝绝大多数是 20 世纪 60～70 年代建成的，经过长期运用，库容基本淤满，滞洪能力锐减；另外，大多数淤地坝泄洪设施不配套，一遇到较大暴雨洪水，势必造成淤地坝失事。据当时陕北地区统计，“闷葫芦”坝共有 26 233 座，占淤地坝总数的 82%，其中，小型“闷葫芦”坝 22 772 座，占小型淤地坝总数的 90%。

3) 相当一部分淤地坝泄水能力不足，建筑物质量不高

调查中发现，由于资金不足，建坝时一些地方采用埋线胶管或口径不大的陶瓷管作为放水设施，或采用土溢洪道排泄洪水，致使在运行中涵管淤塞，或溢洪道底部被洪水越拉越深，越冲越长，冲沟不断延伸扩展，造成坝体水毁。

4) 管护工作跟不上

个别地方坝地使用权不固定，一些地方基层村干部变动频繁，导致农户生产上的掠夺性经营，只顾种地不管维修，养护责任制形同虚设，承包管护有名无实，工程出现问题不能及时发现和处理。

3. 近期榆林市淤地坝水毁原因

1) 榆林市病险淤地坝除险加固探讨

由于当时建设条件所限，加上几十年的长期运行，榆林市目前的病险淤地坝较多，2.1 万座淤地坝中有 70%都在“带病运行”，其中，骨干坝 349 座、中型坝 2 918 座、小型坝 11 440 座。无排洪泄水设施的淤地坝有 16 493 座，占淤地坝总数的 80.2%，其中，骨干坝 162 座、中型坝 2 209 座、小型坝 14 122 座。

榆林市病险淤地坝主要存在以下几个方面的问题：

(1) 结构不配套，只有坝体，造成洪水无法下泄。由于这些淤地坝大多修建于 20 世纪六七十年代，淤地坝建设缺乏整体规划方案和建设体系，建设标准普遍较低，坝体上基本没有泄洪洞。单坝控制面积过大，防洪标准极低，库容低。很多坝当时是为了解决交通问题修建的，没有考虑建设泄水设施和防洪安全问题，使得工程防洪能力较差。

(2) 暴雨影响，淤地坝毁坏严重。每年的 6～8 月是榆林市多雨期，且降雨较为集中和频繁，缺乏防汛预警设施致使该市淤地坝的防洪保安压力巨大。据榆林市水务局提供的数据，近年来，每年都有百余座淤地坝遭到暴雨毁坏。

(3) 工程运行管护不到位。榆林市淤地坝建设较多的区县均为国家贫困县，财政相对困难，而淤地坝均为农业生产使用，使得大多数淤地坝形成了“有人用，无人管，无人投资维护”的局面。由于缺少资金，有的坝已淤满，长期失修，坝体都有不同程度的损坏，又无泄水设施，因此形成了各类病险坝。淤成的坝地有人种无人管护，维修无资金，加重了坝体的病害。

2) 病险淤地坝问题及原因分析

(1) 缺乏统一规划，部分坝系布局不合理。目前在淤地坝规划布局方面，部分地方尚不尽合理，大部分未进行勘测设计或设计不够规范，造成淤地坝运行管理的潜在隐患。特别是大中型淤地坝比例偏低，控制性骨干工程严重不足，坝系安全受到严重威胁。同时，行业部门也缺乏坝系统一规划设计的理论规范。由于影响淤地坝坝系达到相对稳定的因素很多，包括降雨、洪水泥沙、地形地貌、地质土壤、侵蚀类型、治理程度和措施分布、坝地管理水平、作物种类、排水规模等，在进行大区域的淤地坝坝系建设规划时，还未做到按侵蚀分区确定中小流域的坝系布设、淤积限度、运行模式、骨干坝与中小型淤地坝的配置比例。

(2) 设计标准偏低，工程设施不配套。在设计标准方面，部分中小型淤地坝设计标准低，库容小，未留溢洪道或溢洪道过水断面小，致使洪水漫顶垮坝。在建坝施工方面，有的夯压不实，坝体干容重低，特别是不按技术规范操作，施工质量差。这里的淤地坝很多是20世纪60、70年代修建的，工程设施不配套。坝体、泄水、放水“三大件”齐全的工程偏少，“一大件”的工程偏多，每到汛期，泄洪不畅造成的险情时常发生。目前在已建成的淤地坝和治沟骨干工程中，有相当数量达不到规范要求的设计标准。即使在设计施工时达到了规范要求，由于经过数年的淤积达到设计淤高后，原设计的滞洪库容减少，也就又达不到规范的要求了。

(3) 资金投入不足，半数淤地坝带病运行。据调查分析，在榆林市 2.1 万座淤地坝中有 70%都在“带病运行”的主要原因有两个：一是工程长期运行，设施老化失修，有 80%～90%的淤地坝已运行 40～60 年。经多年泥沙淤积，相当一部分淤地坝已丧失了继续拦泥和滞洪能力。二是投入不足，影响了淤地坝的健康发展。从整体上看，国家每年只有部分资金用于治沟骨干工程，而中小型淤地坝的建设很少有专项投入；从单坝投入来看，标准比较低，一座治沟骨干坝一般需要投资 65 万元左右，而实际投入不到 35 万元。

(4) 管理维护薄弱，病险坝数量逐年增多。虽说坝地是黄土高原地区农民的“保命田”“金饭碗”，但由于“重新修、轻管护”的思想根深蒂固，缺乏维修管理制度和管理养护有效办法，大多数淤地坝只修不管，或者管护流于形式，使得淤地坝老化失修、带病运行，其综合效益未得到充分发挥。管理维护薄弱主要表现在责权不明，坝是集体的，受益是个人的，有人种坝地，无人管坝；缺乏依法管理和保护设施的约束机制。只用不管造成部分淤地坝逐步损毁，加上资金投入不足而无力维修，致使病险坝数量逐年增多。

(5) 科研工作滞后，许多技术问题有待解决。淤地坝建设，特别是小流域坝系建设，是一项复杂的系统工程，技术要求高。近年来，对淤地坝建设与发展的研究引起了越来越多学者的重视，但与淤地坝建设发展速度相比，科研工作显得相对滞后。已有研究大多集中于资料分析，缺乏系统的实验研究，坝系相对稳定或相对平衡理论尚未建立起来。因此，作为淤地坝系规划设计的重要指标之一，迫切需要相对稳定的标准和定量方法、相对稳定的前提条件、达到相对稳定的年限、坝系相对稳定的适用范围等方面进行试验示范研究和科学论证，以便在确定建坝密度、最佳拦沙库容、滞洪坝高、优化规划和建坝顺序等方面提供理论依据。

4. 甘肃省病险淤地坝成因分析

造成甘肃省病险淤地坝的因素很多，除了管护经费短缺、管护工作不到位、不能及时岁修、“5·12”汶川地震影响、局地特大暴雨等因素外，不同类别的病险坝形成的因素也不尽相同。

1) 三类病险坝的病险成因

三类病险坝是指坝体下游有村庄、学校、道路等基础设施，溃坝后可能造成影响人民群众生命安全的淤地坝。根据调查结果，甘肃省有三类病险坝 54 座，其中，庆阳市 20 座，占 37%；平凉市 15 座，占 27.8%；定西市 11 座，占 20.4%；其他 4 个市(州) 8 座，占 14.8%。

造成三类病险坝的因素主要有以下几个方面：一是前期工作不扎实，工程建设前坝址下游就有村庄等设施；二是工程建设后，修建了村庄、道路等设施；三是工程建设后，随着淤地坝综合效益初步发挥，附近村民在坝址下游修建住房、开设农家乐等。这些因素导致能正常运行的淤地坝成为威胁下游安全的病险坝。

2) 四类病险坝的病险成因

四类病险坝是指达到或超过设计淤积年限，滞洪库容不足，防洪标准已达不到规范要求的淤地坝。根据调查结果，甘肃省有四类病险坝 39 座，其中，庆阳市 29 座，占 74.4%；定西市 8 座，占 20.5%；兰州市 2 座，占 5.1%。

分析形成四类病险坝的原因主要有以下两个方面：一是工程建成后运行时间较长，这些淤地坝 90%以上是 20 世纪 80～90 年代建设的，按骨干坝淤积年限 10～20 年、中型淤地坝淤积年限 5～10 年推算，全部超过了淤积年限；二是所有淤地坝都只有坝体和放水建筑物两大件，工程超过淤积高程后，剩余库容不能满足设计防洪要求。

3) 五类病险坝的病险成因

五类病险坝是指坝体出现贯通性横向裂缝、放水建筑物不能正常放水、溢洪道不能安全泄洪等自身存在严重安全隐患的淤地坝。根据调查结果，甘肃省有五类病险坝 72 座，其中，庆阳市 52 座，占 72.2%；定西市 12 座，占 16.7%；天水市 8 座，占 11.1%。

通过分析，形成五类病险坝的因素主要包括以下几个方面：一是工程施工时，淤地坝的两个坝肩未按设计坡比削坡，坝体运行沉降后，造成坝肩处不均匀沉降，使两坝肩结合处形成横向裂缝；二是放水建筑物混凝土浇筑质量差，配筋不符合设计要求，工程建成运行后，卧管侧墙倒塌，卧管不能使用；明渠侧墙倒塌，排水下渗导致明渠基础毁坏，工程不能正常运行；三是明渠陡坡段布设在阴坡，冻胀原因使陡坡段侧墙混凝土毁坏；四是工程建设时，明渠陡坡一侧土体有泉眼出露，未采取有效的导流措施，工程建成后由于冬季土体冻胀因素，导致陡坡侧土体发生位移，将明渠侧墙推倒；四是明渠施工时，对靠近明渠一侧的坡体削坡不到位，工程建成后，坡体滑坡或泻溜后堵塞或毁坏明渠，使工程无法运行；五是特大暴雨导致淤地坝坝体及配套工程出现不同程度损毁。

5. 淤地坝水毁原因的分析

淤地坝水毁调查结果表明，造成淤地坝垮坝的主要原因包括以下几个方面。

1) 超标准暴雨导致垮坝

小流域坝系发生严重垮坝时间都是在特大暴雨的情况下发生的，如 1977 年、1978 年、1994 年等年份。1978 年 7 月 27 日，清涧县宁寨子河流域平均降雨量为 283.3mm，最大降雨量为 350mm，该流域两座淤地坝设计防洪标准为 20 年一遇，实测洪峰流量达到设计值的 3.75 倍，实测洪水总量为设计值的 2.6 倍，最终漫顶垮坝。

2) 缺乏控制性骨干工程，坝系防洪标准低

由于流域坝系防洪能力不足，因而引起垮坝。例如，子长县红石峁流域的流域面积为 77km^2，20 世纪 80 年代前主沟内有 5 座大型淤地坝工程，但大部分被淤满，没有任何防洪能力，1977 年、1978 年发生的大暴雨造成上游坝被冲毁，下游坝接连全部冲毁。绥德县纸坊沟流域在 20 世纪 80 年代以前也存在同样的问题，由于没有骨干工程控制造成“连锁垮坝”。延安市碾庄沟流域 1973 年发生的 144 座淤地坝水毁事件也是由于下游没有控制性骨干工程造成上游淤地坝后出现溃坝引起下游连锁溃坝。然而，吴旗县、靖边县的一些流域由于建有大型拦洪骨干工程，在发生同样暴雨的情况下，基本没有发生垮坝事件。

3) 骨干工程设施不配套，排水不畅引起垮坝

骨干工程的主要作用是滞洪缓洪，是坝系工程抵御洪水的主体，但由于在工程建设过程中没有设置必要的泄、排水设施，造成骨干工程库容淤积严重，防洪能力不足，最后导致垮坝。王家沟流域干沟有 4 座淤地坝，总控制面积为 5.53km^2，总库容为 130 万 m^3，但因工程多为能蓄不能泄的“闷葫芦坝”。1969 年 7 月 26 日发生的 87.6mm 暴雨导致 4 座淤地坝全部冲垮。1974 年干沟只修了 2 座骨干坝，并设置了竖井和溢洪道，总库容为 122 万 m^3，总控制面积为 5.53km^2。1977 年 7 月 5 日降雨量为 79.5mm，骨干工程拦蓄了泥沙，宣泄了清水，8 月 5 日降雨量为 102.4mm，两座淤地坝均安然无恙。

4) 坡面治理差，降低了坝系工程的功能

据调查资料，坡面治理很差的小流域内的淤地坝水毁较为严重，相反，坡面治理好的小流域内的淤地坝水毁损失就较少。例如，清涧县二十里铺的一些小支沟和延安大贬沟等流域植被较好，洪水的含沙量小，同时迟滞了径流汇流时间、削减了洪峰、减少了洪量，因此沟道中的淤地坝在同样的暴雨条件下得以安全运行。

在流域面积、降雨条件、地形地貌相差不大的情况下张县红石峁流域治理程度比较差，治理面积只占流域面积的 6%，在 1977 年、1978 年，支沟淤地坝垮坝 39 座，主沟道淤地坝全部被冲垮，水毁淤地坝占流域总坝数的 38%；这说明坡面治理程度越高，流域坝系的安全系数就越高。

根据黄河水利委员会绥德水土保持科学试验站 1957～1962 年的试验资料，随着坡面治理程度的提高，淤地坝工程的拦沙量随着时间的推移逐渐减小，而林草措施和农业耕作措施的拦沙效益则随着时间的推移逐渐增加。1994 年 8 月 4～5 日，在绥德县 3582 座淤地坝中，水毁淤地坝总数为 901 座，其中，骨干坝水毁 22 座(占骨干坝总数的 25.2%)，中型坝水毁 163 座(占中型坝总数的 37.5%)，小型坝水毁 716 座(占小型坝总数的 23.4%)。然而，在这次暴雨中，距暴雨中心较近的韭园沟小流域 202 座淤地坝均安然无恙，这不仅与流域的坝系工程布局有关，也与流域 64.8% 的坡面治理程度有关。

5) 施工质量差

从调查结果和历史资料来看，有相当一部分淤地坝是由于施工质量存在问题造成垮坝的。山西省保德县小如子坝，因为放水工程砌筑质量达不到标准，1991 年汛期造成垮坝，洪水首先冲毁泄水工程，继而使坝体冲开豁口。1977 年洪水中被冲垮的绥德县赵家硷坝、府谷县刘家洼坝、王家沟坝和韭园沟小流域下桥沟 2#坝、康和沟小流域小型淤地坝水毁等都是由于施工质量不过关造成的。在 20 世纪 60～70 年代的淤地坝垮坝事件中，有相当一部分也是由于上游工程施工质量不高，坝体中的某个部位出现串洞引起淤地坝溃决进而导致下游淤地坝发生连锁垮，例如，韭园沟小流域 1977 年发生的连锁垮坝，红旗水库坝肩土石结合部位出现的串洞是造成该坝溃决的直接原因之一。碾庄沟小流域 1973 年出现的连锁垮坝也与施工质量差有密切关系。

6) 管理制度不健全，管理措施跟不上

1977 年 8 月 5 日韭园沟小流域红旗水库溃决的主要原因是，该水库的土质溢洪道尚未挖通，不能泄洪。前期降雨蓄水和本次降雨造成的上游各坝的泄洪使红旗水库在泄洪不畅的情况下发生坝体溃决，致使其下游的马连沟坝产生连锁垮坝。

管理制度不健全、管理措施跟不上是目前影响小流域坝系安全的一个重要因素。目前，绝大部分中小型淤地坝都在超过设计淤积年限的情况下运行，坝体不加高、放水建筑物不维修、坝坡不管护等都给坝系的安全运行造成了极大隐患。

第 13 章　淤地坝溃坝机理模拟与分析

13.1　竖井式泄水建筑物空蚀空化引起坝体受损机理实验研究

13.1.1　实验概述

本实验的目的是，结合黄土高原王茂沟小流域典型淤地坝工程，对进水孔面积相同、进水孔形状不同情况下的竖井式泄水建筑物模型的相关水力学特性进行试验研究，同时通过研究不同井深条件下的消能井消能效果对消力井体型进行优化设计，在此基础上，对淤地坝竖井式泄水建筑物泄水建筑物的体型进行合理优化。

实验分为清水实验和浑水实验两类。清水实验主要测定不同放水流量(满管和不满管)情况下淤地坝竖井式泄水建筑物的泄流能力，以及竖井、水垫塘、压坡段、放水洞的沿程压力分布和水流流速、流态；分析不同工况下的退水隧洞的沿程空化情况；同时，针对竖井不同进水孔结构、尺寸的设计，寻求最优过水断面结构设计，并进行试验验证。在此基础上，根据试验成果，对竖井、水垫塘、压坡段的体型、水垫塘的深度和台阶的尺寸提出优化方案，并进行试验验证。浑水试验首先根据现场调查和查阅资料，分析洪水过程下的泥沙颗粒级配情况；其次，利用浑水搅拌装置，在不同径流含沙量的水流情况下，测定竖井式泄水建筑物的泄流能力，以及竖井、水垫塘、压坡段、退水隧洞的沿程压力分布和水流流速、流态；分析不同工况下的退水隧洞的沿程空化情况；与相同流量下的清水实验成果进行对比分析；针对竖井不同进水孔结构、尺寸的设计，寻求最优过水断面结构，并进行试验验证。

根据模型试验构想，考虑原型与模型水流运动的主要作用力为重力，且水流流态为紊流，在忽略次要影响因素的情况下，淤地坝竖井式泄水建筑物模型尺寸按重力相似准则(即原型和模型的佛汝德数相等)进行设计，模型尺寸不宜太小，选用的几何比尺为 1:10，相应的其他物理量比尺见表 13.1。

表 13.1　淤地坝竖井式泄水建筑物模型物理量比尺表

物理量名称	几何比尺	流速比尺	流量比尺	压力比尺	时间比尺	糙率比尺
比尺关系	λ_L	$\lambda_V = \lambda_L^{0.5}$	$\lambda_Q = \lambda_L^{2.5}$	$\lambda_{P/\gamma} = \lambda_L$	$\lambda_t = \lambda_L^{0.5}$	$\lambda_n = \lambda_L^{1/6}$
比尺数值	10	3.16	316.23	10	3.16	1.47

淤地坝竖井式泄水建筑物模型采用有机玻璃制作，有机玻璃板(管)糙率 n 值为 0.0085～0.009，同 PVC 管的糙率基本相似，而卧管模型糙率略小一些，但因为卧管的通过流量限制在明流小流量以下，所以不存在糙率对流量的影响问题。因此，试验模型基本上保持与原模型的糙率相似。

按照几何相似原则，本实验布设的淤地坝竖井式泄水建筑物的内径 R 为 10cm，进水孔分别采用边长为 2cm 的正方形孔、长和宽分别是 4cm 和 1cm 的长方形孔以及过水面积为 4cm^2 的圆形孔。试验时，在放水洞出口处设置三角堰用于测量泄水流量。

13.1.2　水流流态

淤地坝竖井式泄水建筑物内的水流流态一直是设计人员比较关注的问题，原因在于水流流态的好坏直接影响泄水建筑物的泄流能力、建筑物本身和淤地坝坝址下游防护对象的安全。通过实验研究淤地坝竖井式泄水建筑物内的水流流态变化，为淤地坝竖井式泄水建筑物的体型优化设计提供依据。通过对淤地坝竖井式泄水建筑物的进水孔、消能井、放水洞等各部分的水流流态进行了观测和分析，确定了泄水建筑物内部各段的水流流态变化时的临界水力条件，并对影响水流流态变化的因素进行了分析。

1. 放水塔进水孔水流流态

当第 1 排、第 2 排、第 3 排、第 4 排与第 5 排进水孔的法线与放水洞的轴线夹角为 0°、90°时，各进水孔处的水流流态基本类似。由于水流是在整个库区水深范围内向进水孔汇集，所以进水孔处的水流收缩情况比平底闸孔的出流更充分、完善。然而，从进水孔进入泄水建筑物内的水舌在重力作用下自由下泄，厚度逐渐变薄，与平底闸孔出流出现明显的收缩断面不同。

当进水孔处的水头较低时，进水孔处的水流自由跌落至放水塔底部的消能井内。随着水头的升高，进入进水孔的水流开始冲击放水塔的塔壁，且水流冲击点的位置随着进水孔坎顶水头的升高而升高。由于进水孔为方形进口，水流和进水孔边壁产生分离现象。在水流冲击放水塔的塔壁后，一部分水流由于放水塔塔壁的约束而发生反射和扩散，卷入大量的空气后再次混掺到原有的水舌中，随射流一起运动。经实验观测现象可知，随着进水孔坎顶水头的升高，进水孔处的水流对放水塔塔壁的冲击力逐渐增大，塔体振动剧烈。

研究结果表明，当进水孔底坎水头 $H/R>2.5$ 时，进水孔处产生环状水跃，反射水流完全淹没进水孔，此时射流流速较大，反射水流在进水孔周围剧烈翻滚，进水孔周围为乳白色水气混合物。

2. 底孔水流流态

对于水平底的闸孔出流，一般认为，当闸孔后水跃位置向上越过收缩断面时，闸孔为淹没出流，定量判别采用下述方法。设收缩断面的水深为 h_c，流速为 v_c，当恰好发生临界水跃时，跃前水深为 h_c，相应的跃后水深为 h_c''，则淹没判别标准为：当 $h_c \leqslant h_c''$ 时，为自由出流；当 $h_c > h_c''$ 时，为淹没出流。

跃后水深 h_c'' 的计算公式为

$$h_c'' = \frac{h_c}{2}\left(\sqrt{1+\frac{8v_c^2}{gh_c}}-1\right) \tag{13.1}$$

对于竖井式泄水建筑物而言，水流通过放水塔进水孔后，由于水流在垂直方向急速扩散，又由于塔壁的束缚作用，进水孔处的水跃变为环状水跃，流态与水平底的闸孔出流有明显的差异，上述淹没出流判别标准不适用。

通过实验观测发现，当底孔轴线与放水塔进水孔轴线夹角分别为 0°、90° 时，进水孔处的水流流态具有明显的差异。当底孔轴线与进水孔轴线夹角为 0°时，泄水建筑物的泄水流量随着进水孔坎顶水头的升高而增加，但放水塔内的水位始终低于进水孔下沿，进水孔一直处于自由出流状态，放水洞进口上部有少量水翅产生。放水塔塔内的水位随着库水位的升高而逐渐升高，将进水孔淹没，从而形成淹没出流。

3. 放水塔内水流流态分析

水流自进水孔进入放水塔后，当水头较低时，水流自由跌落至放水塔塔底的消能井内；随着水头的升高，水流开始冲击放水塔塔壁。冲击点的位置 H'/R 随进水孔底坎水头 H/R 的变化规律见图 13.1。实验中发现，当进水孔底坎水头 $H/R > 2.5$ 时，冲击点的位置开始趋于稳定，此时冲击点的位置与进水孔基本处于同一高度。

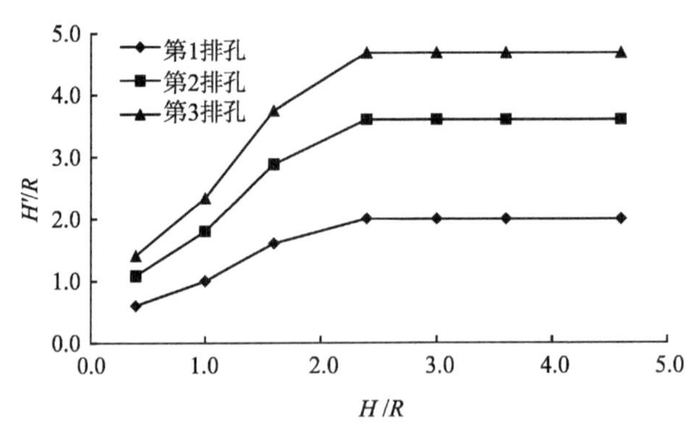

图 13.1 冲击点位置随水头的变化规律

由实验观测可知，当进水孔底坎水头 $H/R > 2.5$ 时，水流冲击塔壁后跌落至放水塔塔底的消能井内，同时带入大量的空气，使消能井内的水流充分掺气，体积膨胀；水气混合物跌进消能井后，从井底反弹并沿井壁向上回升，进而与下落的水流相互碰撞，急剧地消耗能量。大部分水流掺气是在从进水孔进入放水塔的水舌在尚未进入塔底的消能井之前发生的。研究结果表明，消能井中不会发生空蚀现象，分析其原因是放水塔的塔壁被掺气水流环绕，同时从井底反弹而上的水气混合物在上升过程中不断给放水塔塔壁充气，从而使放水塔塔壁不会发生空蚀现象。

本实验重点观测了进水孔法线与放水洞轴线夹角分别为 0°、90°时的放水塔内的水流流态。水气混合物自上部进水孔跌落至消能井以后从井底反射，再沿井壁向上回升，在消能井中形成水垫，与下落的水流相互碰撞，井中水流的掺气和紊动更加充分，急剧消耗能量。由于进入进口孔水流的自掺气特性使得放水塔底部水流的掺气浓度较高，水流呈乳白色泡沫状流态。通过实验观测发现，进水孔形状差异对放水塔内的水流流态影响不大，塔内水位随进水孔底坎水头变化的规律基本相同，见图 13.2 和图 13.3。由图 13.2 和图 13.3 可知，在小流量(小于 34L/min)时，进水孔形状为长方形、正方形和圆形时的放水塔塔内的水位差别不大；与进水孔形状为正方形时的情况相比，随着流量的增大(大于 34L/min)，进水孔形状为长方形、圆形的放水塔塔内水位上升较大。

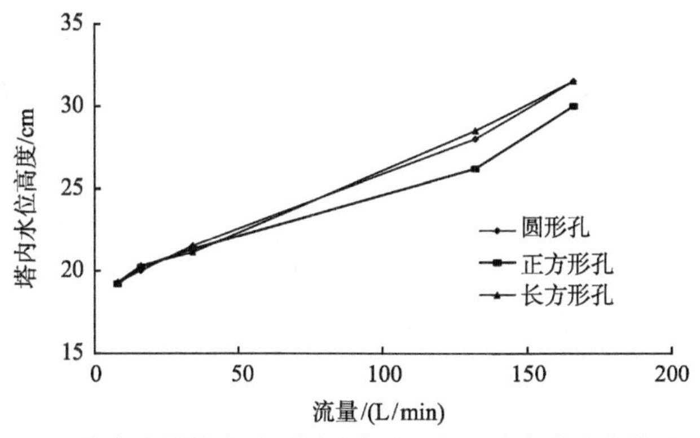

图 13.2　放水流量较小时不同进水孔形状对放水塔内水位的影响

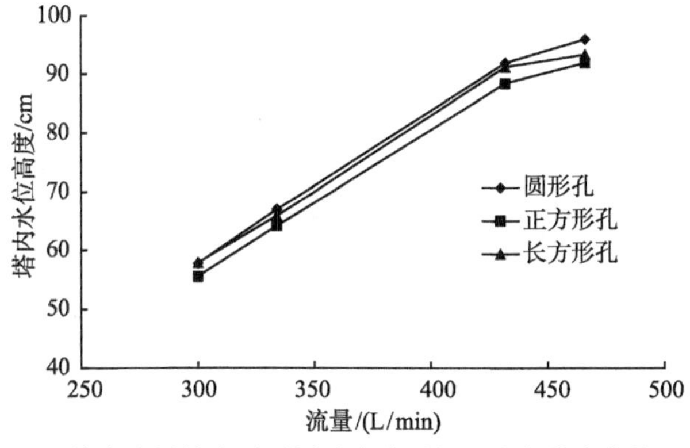

图 13.3　放水流量较大时不同进水孔形状对放水塔内水位的影响

另外，本实验还重点观测了进水孔法线与放水洞轴线夹角分别为 0°、90° 时的消能井内水流流态。实验结果表明，当进水孔法线与放水洞轴线夹角为 0° 时，随着进水孔坎顶水头的增加，井底水流的掺气浓度较低，在放水洞进口上部有水翅产生。当进水孔法线与放水洞轴线夹角为 90° 时，水流进入进水孔后做逆时针旋转，塔内水位随水头的升高而升高，在水面产生一个逆时针漩涡，消能井内几乎没有气泡产生。

本实验以第 3 排进水孔为例研究了消能井井深变化对消能井内水流流态的影响。根据实验现象，消能井井深较大时，消能井下部的水体比较平稳，只是偶尔有气泡下掺；当消能井井深较小时，消能井内的水汽混掺明显，水体翻滚剧烈。水流由第 3 排进水孔流入放水塔后，在井深 H_0/D_0 一定的情况下，当水头 $H/R < 3.2$ 时，消能井内的水面波动值随着水头 H/R 增长而增大；当水头 $H/R > 3.2$ 以后，消能井内的水面波动值随着水头 H/R 的升高而逐渐减小。在相同水头 H/R 时，随着井深 H_0/D_0 的增大，消能井内的水面波动值呈减小趋势，这是因为随着消能井井深的增加，消能容积增大，消能井内水垫深度亦有所增加，下泄水流对放水塔底板的冲击程度有所降低，导致井内水流的紊动程度减小，这就使得消能井内水面的波动程度减缓。但总体来说，由于水头较小，井深的变化对消能井内的水流流态的影响较小。

本实验以第 2 排进水孔为例研究了消能井井径变化对消能井内水流流态的影响。根据实验现象，水流由第 3 排进水孔流入放水塔后，消能井内的水汽混合物剧烈翻滚；在相同进水流量情况下，消力井内水流流态随着消力井深度 H_0 与竖井直径 R 之间比值的变化而变化。由图 13.4 可以看出，随着水头 H/R 的升高，消能井内的水面波动呈增大趋势；在水头 H/R 相同时，消能井井内水垫的表面积增加，因此，消能井内水流的紊动程度相对有所降低，消能井内的水面波动值随之减小。

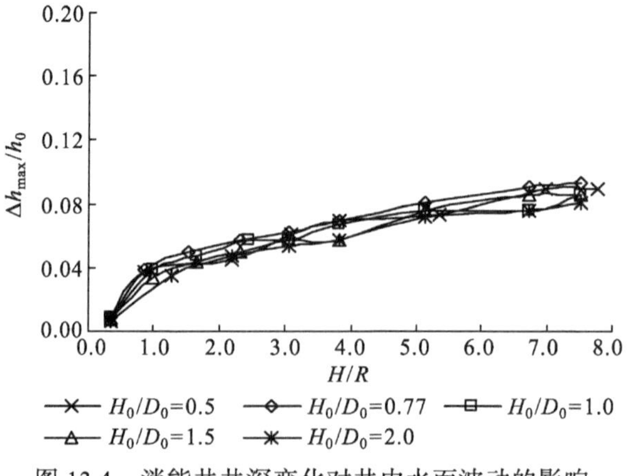

图 13.4　消能井井深变化对井内水面波动的影响

4. 放水洞内的水流流态

水流在消能井中充分消能后，乳白色水汽混合物通过压坡段进入放水洞。随着进水孔坎顶水头的增加，放水洞内的水面波动增大。根据实验现象，水流刚进放水洞时掺气浓度较大，水深较小，流速较大，经过相当距离后，大量气泡溢出，水汽分离，放水洞内水流逐步稳定，水深逐渐增加。

当进水孔法线与放水洞轴线夹角为 0° 时，水流自底层的进水孔流入放水塔后，放水洞内水深随着水头 H/R 的增加而增加，当 $H/R=3.2$ 时，放水洞内的水深最大，之后，洞内水深逐渐减小，流速增大，放水洞内为明流，在实验范围内放水洞内不会出现明满流交替流态；水流自上部进水孔流入放水塔后，放水洞内的水面波动较大，当 $H/R>3.2$ 时放水洞内水流出现击打洞顶的现象，在实验范围内放水洞内水流均为明流。

当进水孔法线与放水洞轴线夹角为 90° 时，水流自底层的进水孔流入放水塔后，水流掺气浓度较低，水流平稳地流入放水洞，当 $4.2\leqslant H/R\leqslant 5.5$ 时放水洞内出现明满流交替现象，而当 $H/R>5.5$ 时，放水洞内几乎成为满流；水流自上部进水孔流入放水塔后，放水洞内水面波动剧烈，$H/R>3.2$ 时出现明满流交替流态，随着水头的升高，明满流交替频率增大。

由此可知，当进水孔法线与放水洞轴线夹角为 0° 时，放水洞内水面波动剧烈，水流击打洞顶的频率较大；当进水孔法线与放水洞轴线夹角为 90° 时，放水洞内极易出现明满流交替流态，流态较差。

13.1.3　泄水建筑物放水塔壁面压强分布规律

野外现场调查结果表明，黄土高原淤地坝竖井式泄水建筑物经常出现空蚀、空化等现象，给工程安全带来严重隐患。放水塔壁面压强分布是研究泄水建筑物体型是否合理的一个重要水力参数，它可以直接反映出泄水建筑物内是否存在空蚀、空化等不良的水力现象，对实际工程的设计和应用具有重要的参考价值。水流从进水孔流入放水塔后，随进水孔坎顶水头的升高，水流开始冲击放水塔塔壁，形成冲击射流，极易产生塔壁的冲刷破坏、建筑物振动等问题，因此，研究水流对塔壁冲击压强的分布规律具有重要的现实意义。

1. 放水塔壁面时均压强分布规律

对于光滑表面上的自由射流，一般可分成 3 个不同性质的子区域，即：①自由射流区，流动特征类似于自由射流；②冲击区，主流受到壁面的折冲，流线弯曲主流转向，流速迅速减小，压强急剧增大；③壁射流区，主流贴壁射出，流动特征完全类似于壁射流。

对于射流冲击压强的特性，折算成流速的最大冲击压强的无量纲数可以用公式 $u_m/u_0=K(b_0/s)$ 表示。其中，$u_m=\sqrt{2gH}$，H 为底板最大冲击压强水头；u_0 为射流出口流速；K 为系数，不同的学者给出了不同的值，其取值范围为 2.28～2.81；多数学者建议指数 m 取 0.5。冲击压强在底板上的分布近似呈正态分布。冲击区的范围为 $-2.4 \leqslant y/b_{1/2} \leqslant 2.4$。其中，$y$ 为距最大时均压强点的距离，$b_{1/2}$ 为半宽值度，即 $b_{1/2} = y/\overline{p} = 0.5\overline{p}_m$。

本实验研究了进水孔轴线与放水洞轴线夹角分别为 0° 和 90° 时的放水塔壁面水流冲击压强的变化规律。图 13.5 为放水塔壁面时均压强示意图。大量研究表明，自由射流的内部压强与周围流体相同，不存在压力梯度，断面流速分布近似符合高斯分布，冲击射流中的自由射流区具有这种性质，而冲击区受壁面的影响，流速降低，流速梯度转变成压力梯度。把实测的最大冲击压强 $\overline{p}_{\max}$ 按 $u_m = \sqrt{2g\overline{p}_{\max}}$ 的关系转化为折算流速，得到的放水塔 $u_m - u_0$ 关系曲线见图 13.6。由图 13.6 可以看出，u_m 随着 u_0 的增加呈直线递增规律。

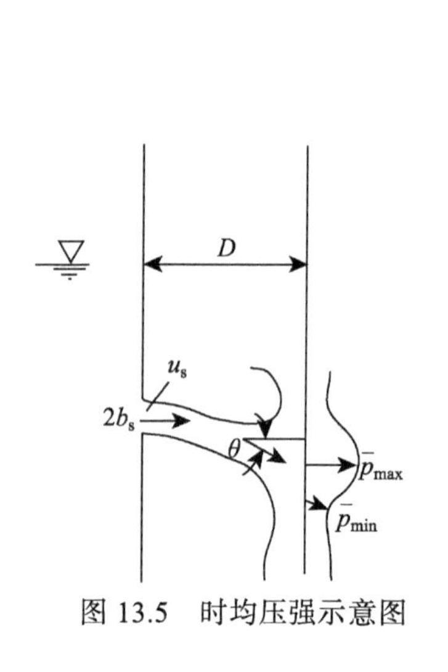

图 13.5　时均压强示意图

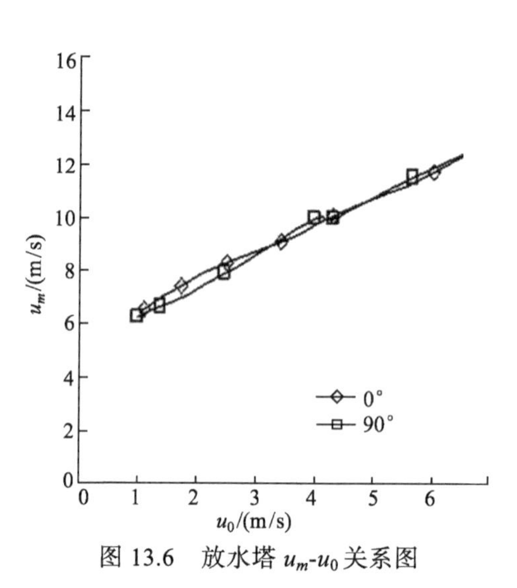

图 13.6　放水塔 u_m-u_0 关系图

以 y/b_0 为横坐标、$p_s/p_{\max}$ 为纵坐标，绘制得到的当进水孔法线与放水洞轴线夹角分别为 0° 和 90° 时放水塔不同测点的时均冲击压强分布曲线见图 13.7。从图 13.7 中可以看出，当 $y/b_0 \geqslant -1.8$ 时，放水塔不同测点的时均冲击压强分布存在很好的相似性，即均近似于正态分布；当 $y/b_0 \leqslant -1.8$ 时，随水头的增加，放水塔各测点的 $p_s/p_{\max}$ 逐渐增大。分析其原因可能在于：当 $y/b_0 < -1.8$ 时，放水塔各测点的时均冲击压强由塔内水垫和附壁射流水体共同造成；由于放水塔内的水位随水头的增加而增加，塔内水位逐渐影响 $y/b_0 \leqslant -1.8$ 时的各测点时均冲击压强。

2. 竖井底部压强分布规律

本实验分别对放水流量为 8L/min、16L/min、34L/min、132L/min、166L/min、

300L/min、344L/min、432L/min、466L/min 下不同进水孔形状泄水建筑物的竖井底部的水流压强规律进行研究。

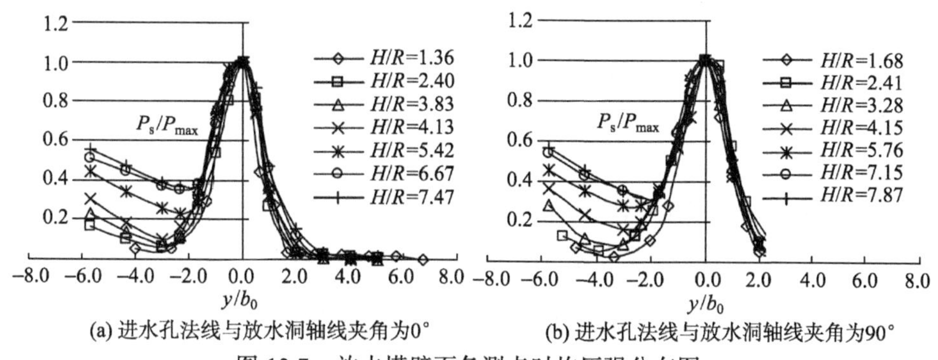

(a) 进水孔法线与放水洞轴线夹角为0°　(b) 进水孔法线与放水洞轴线夹角为90°

图 13.7　放水塔壁面各测点时均压强分布图

研究结果表明，当放水流量较小时，不同进水孔形状泄水建筑物竖井底部的水流压强变化不大；随着放水流量的增大，正方形进水孔对泄水建筑物竖井底部的水流压强均大于圆形、长方形进水孔。由图 13.8 中可以看出，当放水流量相同时，不同进水孔形状泄水建筑物竖井底部的水流压强大小依次为正方形孔 > 圆形孔 > 长方形孔；当试验流量大于 300L/min 时，相同放水流量下不同进水孔形状泄水建筑物竖井底部的水流压强大小依次为圆形孔 > 正方形孔 > 长方形孔。

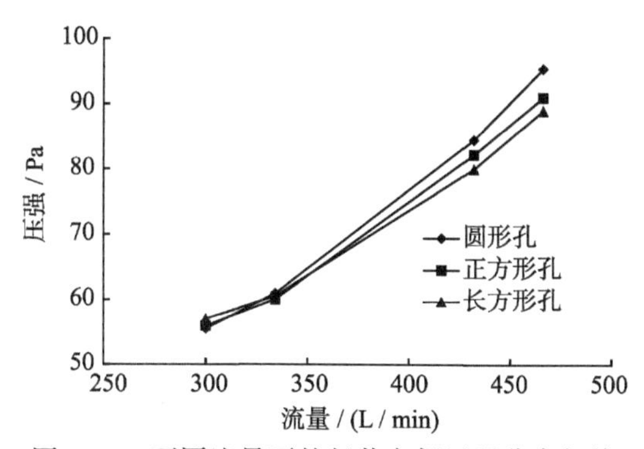

图 13.8　不同流量下的竖井底部压强分布规律

3. 放水洞底板时均压强分布

本实验分别对放水流量为 8L/min、16L/min、34L/min、132L/min、166L/min、300L/min、344L/min、432L/min、466L/min 下不同进水孔形状泄水建筑物放水洞底板的时均压强沿程变化规律进行了研究。

研究结果表明，当放水流量较小时，放水洞底板的时均压强沿程略有增加；当放水流量大于 132L/min 时，放水洞底板的时均压强呈现沿程递减趋势；在相同放水流量情况下，放水洞底板相同观测点处的时均压强大小依次为正方形孔>圆形孔>矩形孔；当进水孔形状相同时，放水洞底板各观测点处的时均压强均随着放水流量的增大而增大。另外，研究结果表明：①当放水流量小于 34L/min 时，放水洞内水流均为无压流，底板时均压强沿程逐渐增加，且放水流量变化对放水洞底板时均压强的影响较小，沿程时均压强大小相差不大；②当放水流量大于 34L/min 且小于 334L/min 时，放水洞内的水流出现明满流交替流态，底板时均压强沿程有所降低，且底板时均压强随放水流量的增大而逐渐升高。

4. 竖井壁面沿程压强分布

根据实验观测结果，消能井深度 H 为 17cm、竖井内径为 10cm 时，放水流量分别为 8L/min、16L/min、34L/min、132L/min、166L/min、300L/min、344L/min、432L/min 时不同进水孔形状泄水建筑物的竖井壁面时均压强沿程分布情况见图 13-9。

从图 13.9 中可以看出，在放水流量为 8L/min 和 16L/min 时，前 4 个测点的竖井壁面压强大小基本相同，而自 5#测点即压坡段开始，竖井壁面压强呈现下降趋势。

从图 13.9 中还可以看出，当放水流量为 34L/min 时，处于压坡段的 6#、7#、8#和 9#测点的竖井壁面出现了负压，分析其原因在于：当水流从进水孔进入竖井以

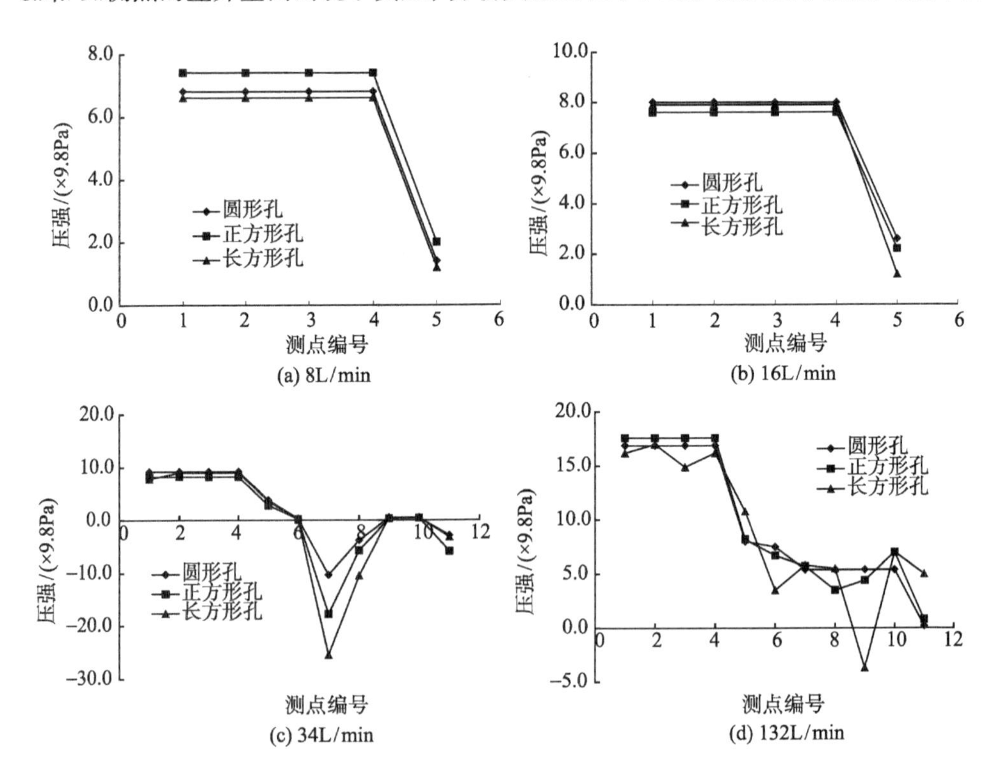

(a) 8L/min　　(b) 16L/min　　(c) 34L/min　　(d) 132L/min

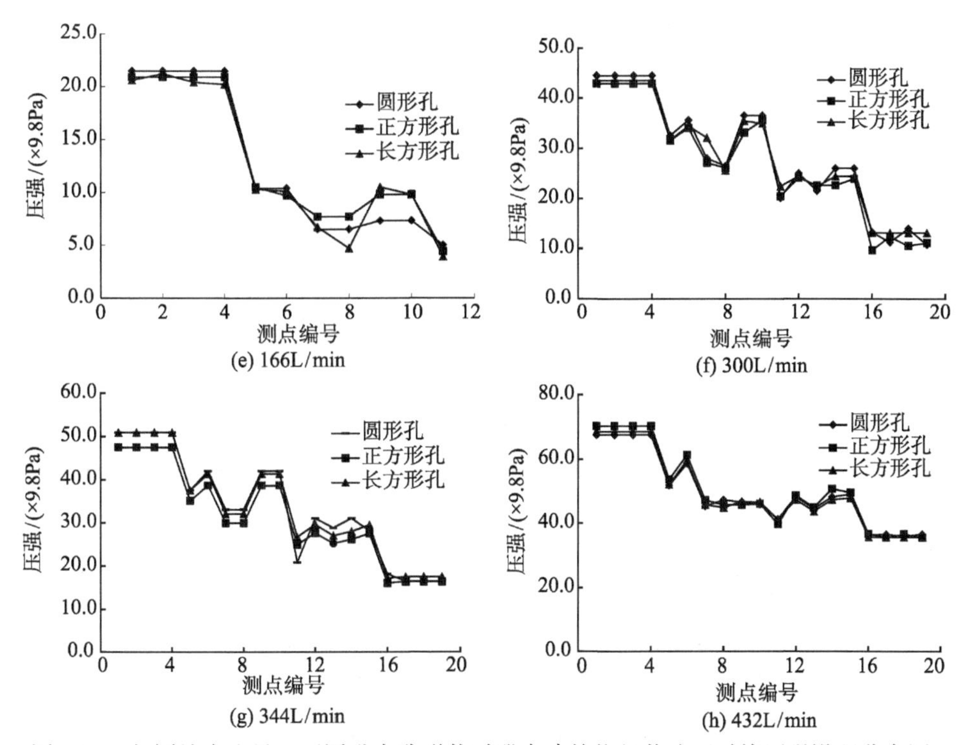

图 13.9　相同放水流量、不同进水孔形状时泄水建筑物竖井壁面时均压强沿程分布图

后，当放水流量较小且消能井内水垫深度较浅的情况下，消能井内将呈现为斜向自由冲击射流流态，此时的射流水舌完全暴露在空气中，直冲消能井井底，并在射流冲击区附近形成自由水跃。相反，在放水流量较大时，射流水舌对竖井壁面冲击力过大，加上消能井内流态变化急剧而且不稳定，容易造成空蚀破坏。随着放水流量的进一步增大，放水洞内水流由明渠流转变成明满交替流，然后变为有压流，而此时压迫段位置由于被水流完全淹没，竖井四壁的压强也随着水流的增大而增大。

13.1.4　泄水建筑物放水洞沿程水深和流速分布规律

本实验量测了放水流量分别为 8L/min、16L/min、34L/min、132L/min、166L/min、300L/min、344L/min、432L/min、466L/min，而进水孔形状分别为圆形、正方形和长方形且过水面积相同的三种进水孔的竖井式泄水建筑物放水洞的沿程水深大小，并根据放水流量、沿程水深等观测结果反算出了放水洞沿程水流流速大小(详见表 13.3)。不同放水流量下圆形进水孔竖井式泄水建筑物放水洞沿程水深、流速分布情况分别见表 13.2 和表 13.3。不同放水流量下正方形进水孔竖井式泄水建筑物放水洞沿程水深、流速分布情况分别见表 13.4 和表 13.5。不同放水流量下长方形进水孔竖井式泄水建筑物放水洞沿程水深、流速分布情况分别见表 13.6 和表 13.7。

表 13.2　不同放水流量下圆形进水孔竖井式泄水建筑物放水洞沿程水深分布

(单位：mm)

断面编号	水深								
	8L/min	16 L/min	34 L/min	132 L/min	166 L/min	300 L/min	334 L/min	432 L/min	466 L/min
1	2.10	2.50	4.10	5.80	6.00	6.20	6.40	6.50	6.50
2	1.90	2.40	3.40	5.70	5.70	6.10	6.40	6.50	6.50
3	1.70	2.10	3.20	5.60	5.60	6.00	6.40	6.50	6.50
4	1.80	2.10	2.80	5.60	5.50	5.90	6.40	6.50	6.50
5	1.70	2.00	2.70	5.30	5.30	5.70	6.30	6.50	6.50
6	1.60	1.80	2.40	4.90	5.00	5.70	6.30	6.50	6.50
7	1.50	1.80	2.40	4.80	4.60	5.60	6.30	6.50	6.50
8	1.50	1.70	2.00	4.60	4.50	5.60	6.30	6.50	6.50
9	1.40	1.60	2.20	4.60	4.40	5.50	6.20	6.50	6.50
10	1.20	1.50	2.00	4.30	4.30	5.50	6.20	6.50	6.50

表 13.3　不同放水流量下圆形进水孔竖井式泄水建筑物放水洞沿程流速分布

(单位：m/s)

断面编号	流速								
	8L/min	16L/min	34L/min	132L/min	166L/min	300L/min	334L/min	432L/min	466L/min
1	0.22	0.32	0.32	0.83	1.02	1.80	1.98	2.55	2.75
2	0.27	0.35	0.42	0.85	1.06	1.82	1.98	2.55	2.75
3	0.33	0.44	0.46	0.86	1.08	1.84	1.98	2.55	2.75
4	0.30	0.44	0.57	0.86	1.10	1.87	1.98	2.55	2.75
5	0.33	0.48	0.60	0.91	1.14	1.92	1.99	2.55	2.75
6	0.38	0.59	0.74	0.99	1.22	1.92	1.99	2.55	2.75
7	0.43	0.59	0.74	1.01	1.34	1.95	1.99	2.55	2.75
8	0.43	0.66	1.03	1.07	1.38	1.95	1.99	2.55	2.75
9	0.50	0.75	0.86	1.07	1.42	1.99	2.01	2.55	2.75
10	0.72	0.86	1.03	1.17	1.47	1.99	2.01	2.55	2.75

表 13.4　不同放水流量下正方形进水孔竖井式泄水建筑物放水洞沿程水深分布

(单位：mm)

断面编号	水深								
	8L/min	16L/min	34L/min	132L/min	166L/min	300L/min	334L/min	432L/min	466L/min
1	2.20	2.90	3.50	5.80	6.40	6.50	6.5	6.5	6.50
2	2.00	2.80	3.20	5.70	6.10	6.40	6.5	6.5	6.50
3	1.80	2.50	3.60	5.60	5.90	6.30	6.5	6.5	6.50
4	1.90	2.50	3.40	5.60	5.80	6.30	6.5	6.5	6.50
5	1.60	1.90	3.00	5.30	5.40	6.30	6.4	6.5	6.50
6	1.50	1.80	2.60	4.90	5.10	6.20	6.4	6.5	6.50
7	1.50	1.70	2.70	4.80	5.00	6.10	6.4	6.5	6.50
8	1.40	1.60	2.60	4.60	4.90	6.10	6.4	6.5	6.50
9	1.40	1.50	2.30	4.60	4.80	6.00	6.4	6.5	6.50
10	1.35	1.35	1.90	4.30	4.80	6.00	6.4	6.5	6.50

表 13.5　不同放水流量下正方形进水孔竖井式泄水建筑物放水洞沿程流速分布

(单位：m/s)

断面编号	流速								
	8L/min	16L/min	34L/min	132L/min	166L/min	300L/min	334L/min	432L/min	466L/min
1	0.20	0.25	0.40	0.83	0.98	1.77	1.97	2.55	2.75
2	0.24	0.27	0.46	0.85	1.01	1.77	1.97	2.55	2.75
3	0.30	0.32	0.38	0.86	1.03	1.79	1.97	2.55	2.75
4	0.27	0.32	0.42	0.86	1.05	1.79	1.97	2.55	2.75
5	0.38	0.53	0.51	0.91	1.12	1.79	1.98	2.55	2.75
6	0.43	0.59	0.64	0.99	1.19	1.80	1.98	2.55	2.75
7	0.43	0.66	0.60	1.01	1.22	1.82	1.98	2.55	2.75
8	0.50	0.75	0.64	1.07	1.25	1.82	1.98	2.55	2.75
9	0.50	0.86	0.79	1.07	1.28	1.84	1.98	2.55	2.75
10	0.54	1.09	1.13	1.17	1.28	1.84	1.98	2.55	2.75

表 13.6　不同放水流量下长方形进水孔竖井式泄水建筑物放水洞沿程水深分布

(单位：mm)

断面编号	水深							
	8L/min	16L/min	34L/min	132L/min	166L/min	300L/min	432L/min	466L/min
1	2.00	2.30	3.20	5.80	6.20	6.20	6.50	6.50
2	1.70	2.10	3.00	5.50	6.00	6.10	6.50	6.50
3	1.50	1.90	2.90	5.40	5.50	6.10	6.50	6.50
4	1.40	2.00	2.90	5.40	5.20	6.00	6.50	6.50
5	1.40	1.70	2.50	4.80	5.00	5.90	6.50	6.50
6	1.20	1.50	2.30	4.40	4.90	5.90	6.50	6.50
7	1.30	1.50	2.20	4.30	4.80	5.90	6.50	6.50
8	1.30	1.40	2.00	4.30	4.70	5.90	6.50	6.50
9	1.30	1.40	2.00	4.30	4.60	5.90	6.50	6.50
10	1.10	1.50	2.00	4.10	4.50	5.90	6.50	6.50

表 13.7　不同放水流量下长方形进水孔竖井式泄水建筑物放水洞流速分布

(单位：m/s)

断面编号	流速							
	8L/min	16L/min	34L/min	132L/min	166L/min	300L/min	432L/min	466L/min
1	0.24	0.37	0.46	0.83	1.00	1.80	2.55	2.75
2	0.33	0.44	0.51	0.87	1.02	1.01	2.55	2.75
3	0.43	0.53	0.54	0.89	1.10	1.01	2.55	2.75
4	0.50	0.48	0.54	0.89	1.16	1.02	2.55	2.75
5	0.50	0.66	0.69	1.01	1.22	1.03	2.55	2.75
6	0.72	0.86	0.79	1.13	1.25	1.03	2.55	2.75
7	0.59	0.86	0.86	1.17	1.28	1.03	2.55	2.75
8	0.59	1.00	1.03	1.17	1.31	1.03	2.55	2.75
9	0.59	1.00	1.03	1.17	1.34	1.03	2.55	2.75
10	0.91	0.86	1.03	1.24	1.38	1.03	2.55	2.75

根据实验观测现象可知，当放水流量较小时，放水洞内的水流为无压流；当流量增加到 334L/min 时，放水洞内的水流变为明满交替流；当流量大于 432L/min 时，放水洞内的水流变为有压流。

从表 13.2～表 13.7 可以看出，不同放水流量和进水孔形状下，放水洞沿程水深呈递减趋势而水流平均流速呈递增趋势；放水洞沿程水深和水流平均流速随着放水流量的增大而增大。由流速计算结果可知，排洪隧洞流量为 Q=466L/min 时，排洪隧洞最大流速为 2.75m/s。由上述实验估算排洪隧洞最大流速是 2.75m/s，该流速不属高速水流范围。

13.1.5　放水隧洞沿程水流空化数分析

在水力学中，常用水流空化数 σ 来衡量泄水建筑物各部位各点水流的空化特性和作为判别附近边壁空蚀可能性的指标，计算公式为

$$\sigma=\frac{h_0+h_{\mathrm{a}}-h_{\mathrm{v}}}{\dfrac{v_0^2}{2g}} \tag{13.2}$$

式中，h_0 为计算断面边壁时均动水压力水头，即测压管水头(m)；$v_0^2/2g$ 为计算断面平均流速的流速水头(m)；h_{v} 为水的汽化压力水头，本试验水温为 15℃，取 h_{v}=0.174m；h_{a} 为大气压力水头，可据计算点的海拔高程 ∇_z 由下式估计

$$h_{\mathrm{a}}=10.33-\frac{\nabla_z}{900}-0.39=9.94-\frac{\nabla_z}{900} \tag{13.3}$$

式中，10.33 为标准大气压水柱(m)；0.39 为考虑气象因素的最大压降(m)；∇_z 为计算点海拔高程(m)，一般每升高约 900m，大气压力水头降低 1m。

本实验利用实验资料计算得到的竖井式泄水建筑物的放水洞内的沿程水流空化数结果见表 13.8。由表 13.8 可以看出，放水流量为 8L/min 时，放水洞沿程最小水流空化数为 3.53；放水流量为 16L/min 时，放水洞沿程最小水流空化数为 2.76；放水流量为 34L/min 时，放水洞沿程最小水流空化数为 2.00；放水流量为 132L/min 时，放水洞沿程最小水流空化数为 2.05；放水流量为 166L/min 时，放水洞沿程最小水流空化数为 1.99；放水流量为 300L/min 时，放水洞沿程最小水流空化数为 1.53；放水流量为 334L/min 时，放水洞沿程最小水流空化数为 1.42。

根据表 13.9 中的估算结果可知，在放水洞非溢流情况下，所有工况的放水洞的沿程水流空化数均较大，实测最小水流空化数为 1.42，远大于规范要求的水流空化数限值(0.8)，因此，放水洞内不会产生空化水流问题，只要控制施工的不平整度即可消除空蚀破坏。

表 13.8　泄水建筑物沿程水流空化数估算表

断面编号	空化数						
	8L/min	16L/min	34L/min	132L/min	166L/min	300L/min	334L/min
1	27.42	24.70	10.46	5.17	3.30	1.83	1.58
2	18.52	15.09	8.48	4.24	3.30	1.70	1.51
3	11.10	10.75	5.99	3.85	3.51	1.76	1.44
4	14.33	14.09	4.81	4.01	3.37	1.67	1.48
5	9.25	7.07	4.03	4.01	3.29	1.53	1.56
6	5.09	4.18	3.75	3.01	3.21	1.55	1.45
7	4.63	3.91	2.24	2.38	3.05	1.54	1.44
8	4.09	3.71	2.36	2.29	2.19	1.56	1.45
9	3.53	2.76	2.00	2.05	1.99	1.53	1.42

13.2　不同土地利用方式下土壤入渗率实验研究

土壤自身的性质，如土壤质地、容重、含水率、地表结皮、水稳性团粒含量等，是影响土壤入渗的主要因素。本节利用小型野外双环入渗实验装置开展了王茂沟小流域不同土地利用方式下土壤入渗率实验研究，以期阐明土地利用方式对土壤入渗率的影响规律。

13.2.1　实验设计

本实验采用的野外双环入渗实验装置由改进的马氏瓶和双环入渗仪构成，实验装置结构见图 13.10。

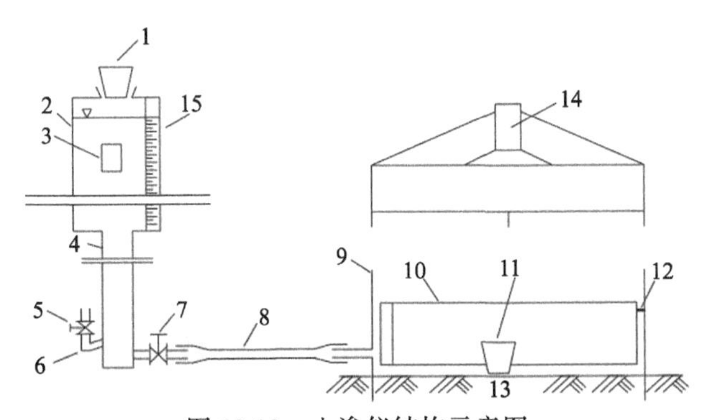

图 13.10　入渗仪结构示意图

1. 水口橡皮塞；2. 马氏瓶体；3. 三脚架支点；4. 过渡段；5. 进气阀门；6. 进气孔；7. 放水阀门；8. 连接软管；9. 内环环体；10. 有机玻璃底环；11. 排水胶塞；12. 定位钉；13. 土体；14. 加压环；15. 标尺

本实验在王茂沟小流域内选择了坝地、梯田、林地、草地、坡耕地五种土地利用方式样地开展相关实验，并在每种土地利用样地内进行 3 次重复实验。

实验开始时，记录马氏瓶内的初始水深。打开放水阀门，待水流进入双环入渗仪的内环后，拔掉有机环的橡胶塞并同时启动秒表计时；当入渗环中的自由水面与有机玻璃环底面相接时，迅速塞上橡胶塞，堵住有机环小孔。根据设定的时间读取马氏瓶内的水深，本实验中依次间隔 0.5min 读数 10 次、间隔 1min 读数 10 次、间隔 2min 读数 5 次，以后每隔 5min 进行 1 次读数，读数同时测定水温。每次入渗试验的总历时为 90min。试验结束后，用量杯计量有机环中存留的水量，确定开始时加进去的水量。

13.2.2 实验结果与分析

1. 土壤入渗率特征

根据实验观测数据，分析得到的不同土地利用方式下土壤初始入渗率、不同入渗时刻(5min、10min、30min、60min)的入渗速率和稳定入渗速率结果见表 13.9。由表 13.9 可以看出，王茂沟小流域的土壤初始入渗率为 4.00～5.25mm/min；不同土地利用方式下的土壤初始入渗率大小依次为：林地=坝地<坡耕地<梯田<草地；不同土地利用方式下的土壤瞬时入渗率均随着入渗时间的延长而降低；相同入渗时刻(5min、10min)，坝地的土壤入渗率最大，而草地的土壤入渗率最小。

表 13.9 不同土地利用方式下的土壤入渗率

入渗时间/min	土壤入渗率/(mm/min)				
	梯田	草地	坡耕地	坝地	林地
0	4.75	5.25	4.5	4.00	4.00
5	2.5	1.75	3.5	3.75	3.50
10	2.25	1.25	1.75	2.65	2.50
30	1.65	1.13	1.31	1.98	2.00
60	1.60	1.05	1.28	1.78	1.90
90	1.60	1.05	1.28	1.75	1.90

2. 不同土地利用方式下的土壤入渗率变化规律

图 13.11 为不同土地利用方式下的土壤入渗率随入渗时间的变化过程线。由图 13.11 可知，不同土地利用方式的土壤入渗率随入渗时间的变化过程有一定的相似性，即初始入渗率在开始阶段较大，然后随着入渗时间的延长而显著降低，最终土壤入渗率趋于稳定值。从图 13.11 中可以看出，坝地土壤入渗率达到稳定阶段所经历的时间最长，为 70min；坡耕地土壤入渗率达到稳定阶段所经历的时间最短，仅为 40min。因此，在 5 种土地利用方式中，坝地的平均入渗速率最大，在相同降

雨条件下渗入土壤中的水量也最大，地表产流量最少；坡耕地的平均入渗速率最小，在相同降雨条件渗入土壤中的水量也最少，地表产流量最多。

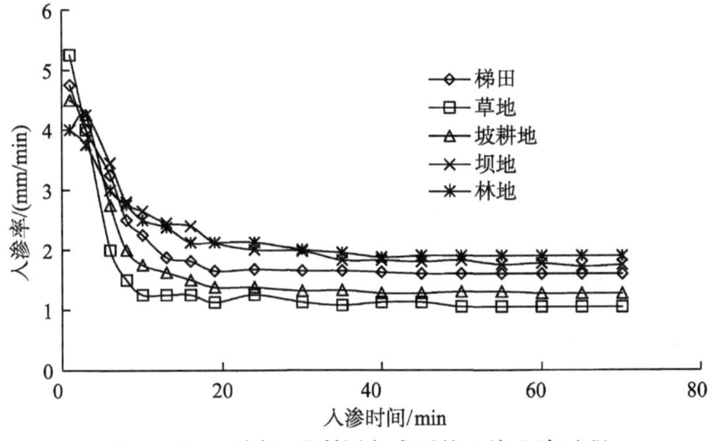

图 13.11　不同土地利用方式下的土壤入渗过程

3. 累积入渗量及饱和导水率

1) 累积入渗量

图 13.12 为不同土地利用方式下土壤累积入渗量随时间的变化过程。从图 13.12 中可以看出，随着入渗时间的延长，不同土地利用下的土壤累积入渗量均表现为增加趋势，但是土地利用方式不同，相应的累积入渗量的增加幅度也不同。不同土地利用下的累积入渗量在前 10min 内呈明显增加趋势；随着入渗时间的继续增加，单位时间内的累积入渗量增加幅度趋于稳定；土地利用方式不同，单位时间内的累积入渗量增加幅度也不同。

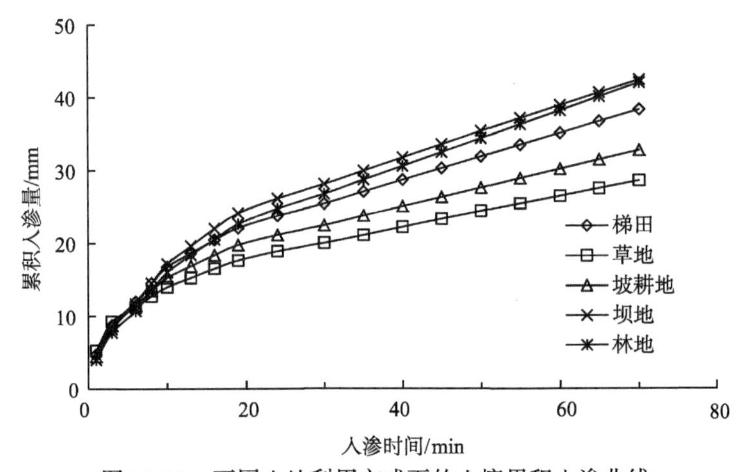

图 13.12　不同土地利用方式下的土壤累积入渗曲线

2) 土壤饱和导水率

土壤饱和导水率与土壤本身特性、水质有关，反映了土壤的入渗能力大小。在土壤结构和质地不变的情况下，土壤饱和导水率基本上是一个定值。土壤饱和导水率的计算方法有很多种，本实验采用的土壤饱和导水率计算公式为

$$K_s = R_s \Bigg/ \left[\frac{H}{C_1 L + C_2 D} + \frac{1}{\alpha (C_1 L + C_2 D)} + 1 \right] \tag{13.4}$$

式中，K_s 为土壤饱和导水率(mm/min)；R_s 为稳定入渗率(mm/min)；H 为水头高度(cm)；L 为内环入土深度(cm)；D 为内环直径(cm)；C_1 和 C_2 为常量，分别为 0.316π 和 0.184π；α 为常量，取值 0.05L/cm。

本实验根据野外双环入渗实验的观测结果，利用式(13.4)计算得到了王茂沟小流域五种土地利用方式下的土壤饱和导水率，详见表 13.10。从表 13.10 中可以看出，王茂沟小流域五种土地利用方式下的土壤饱和导水率大小依次为草地<坡耕地<梯田<坝地<林地。

表 13.10 不同土地利用方式下的土壤稳定入渗率和饱和导水率 (单位：mm/min)

参数类型	梯田	草地	坡耕地	坝地	林地
稳定入渗率	1.60	1.05	1.28	1.75	1.90
饱和导水率	0.83	0.55	0.66	0.91	0.99

13.3 淤地坝坝系暴雨洪水计算

黄土高原是我国生态环境脆弱和水土流失最严重的地区。淤地坝是黄土高原防治水土流失最有效的水土保持工程措施，它既能拦截泥沙、保持水土，又能淤地造田、增产粮食。然而，超标准暴雨洪水往往对淤地坝和淤地坝系造成严重影响，容易引发淤地坝溃坝和连锁溃坝，对当地人民的生命财产造成严重威胁。因此，深入研究黄土高原小流域淤地坝系的暴雨洪水过程和特征，对了解和掌握小流域暴雨洪水对淤地坝和淤地坝系的影响具有重要意义。

13.3.1 暴雨洪水计算方法

1) 暴雨时程分配分析

通过选择能够代表研究流域暴雨特点的雨量站，分析近年来的雨量过程资料，概化出典型暴雨时程分配比例。

2) 设计暴雨计算

首先，利用《榆林地区实用水文手册》，推求研究流域某一重现期下的设计点暴雨量；其次，通过点面关系转换，求得设计面暴雨量；最后，根据概化的典型暴

雨时程分配比例，求得设计面暴雨量的时程分配过程。

3) 设计净雨计算

将各淤地坝坝控流域范围内的下垫面分为坝地和坡地两部分，区分两种下垫面形式下的土壤入渗差异；根据设计面暴雨量的时程分配过程，采用超渗产流计算方法，求得各淤地坝坝控范围内的坝地、坡地的设计净雨过程。

4) 设计洪峰流量推求

根据设计净雨过程，采用推理公式法推求淤地坝坝址断面的设计洪峰流量。

5) 设计洪水过程线推求

利用推求出的设计洪峰流量和设计净雨过程，采用五点概化过程线法计算主雨峰净雨形成的洪水过程，再叠加次雨段净雨形成的洪水过程、潜流过程，最后得到淤地坝坝址处的设计洪水过程线。

6) 设计侵蚀过程计算

结合设计暴雨过程和流域下垫面情况，采用修订通用土壤流失方程(RUSLE)，计算不同重现期下各淤地坝坝控范围内的土壤侵蚀总量，将土壤侵蚀总量依据洪量比例分配到设计洪水过程线的各个洪水时段中，得到设计土壤侵蚀过程。

7) 坝前水位演算

根据水量平衡原理，结合各淤地坝的泄水能力和水位-库容曲线，采用试算法对各淤地坝进行调洪演算，得到不同重现期下各淤地坝的坝前水位过程。其中，淤地坝入库洪水等于设计洪水和设计侵蚀过程叠加，即某一时段的入库洪量包括设计洪量和设计侵蚀量，由于泥沙有沉积作用，在调洪演算过程中假定一定比例的泥沙直接沉到坝地上，而另一部分泥沙与水均匀混合，通过泄水建筑物下泄至坝址下游沟道内。对于淤地坝坝系，每个淤地坝的入库洪水过程等于坝控区间范围内的设计洪水过程和上游淤地坝泄流洪水过程的叠加。

13.3.2　王茂沟小流域“7·15”特大暴雨洪水验证分析

1. “7·15”特大暴雨洪水实际调查

根据《绥德治理监督局韭园沟示范区“7·15”特大暴雨水毁工程情况报告》可知，2012 年 7 月 15 日王茂沟小流域 1h 最大降雨量达到 75.7mm，暴雨发生的重现期为 143 年。表 13.11 为 2012 年 9 月王茂沟小流域淤地坝“7·15”特大暴雨水毁情况实地调查结果。

2. 设计点暴雨量计算

根据《陕西水土保持治沟骨干工程技术手册》和《榆林地区实用水文手册》中推荐的公式，6h 设计暴雨量计算公式为

$$H_{6p} = K_p H_6 \tag{13.5}$$

式中，H_{6p} 为频率为 p 的 6 h 设计暴雨量(mm)；K_p 为频率为 p 的模比系数；H_6 为多

年平均最大 6 h 暴雨量均值(mm)。

表 13.11 王茂沟小流域淤地坝“7·15”特大暴雨水毁情况实地调查结果

序号	淤地坝名称	控制面积/km²	淤地面积/万 m²	平均淤积厚度/m	淤积量/t	备注
1	关地沟 4#坝	0.40	2.13	0.12	3 453.44	溃坝
2	背塔沟坝	0.20	0.32	0.15	649.56	溃坝
3	关地沟 2#坝	0.10	0.10	0.45	594.32	溃坝
4	关地沟 3#坝	0.05	0.28	0.56	2 076.52	溃坝
5	关地沟 1#坝	1.14	2.46	0.42	13 922.50	坝前最高水深 3.53m(溃坝)
6	死地嘴 1#坝	0.62	2.60	0.48	16 847.8	坝前最高水深 1.38m
7	王塔沟 1#坝	0.35	1.01	0.42	5 728.76	坝前最高水深 3.80m(溃坝)
8	王茂沟 2#坝	2.97	2.47	1.40	46 642.00	坝前最高水深 3.08m
9	康和沟 3#坝	0.25	1.26	0.20	3 393.76	溃坝
10	康和沟 2#坝	0.32	1.12	0.32	4 854.32	溃坝
11	康和沟 1#坝	0.06	1.34	0.31	5 604.80	溃坝
12	埝堰沟 3#坝	0.46	0.97	0.03	391.34	溃坝
13	埝堰沟 2#坝	0.18	2.42	0.34	11 104.20	溃坝
14	埝堰沟 1#坝	0.86	1.22	0.46	7 557.29	
15	黄柏沟 2#坝	0.18	2.11	0.18	5 119.12	
16	黄柏沟 1#坝	0.34	0.89	0.36	4 323.45	溃坝
17	王茂沟 1#坝	2.89	4.81	0.14	9 096.15	

注：泥沙密度为 1.35g/cm³。

根据《榆林地区实用水文手册》中的相关附图，求得王茂沟小流域多年平均最大 1h、3h、6h 暴雨量的均值及变差系数 C_v 值，取偏态系数 C_s 与变差系数 C_v 的比值为 3.5。王茂沟小流域多年平均最大 1h、3h、6h 点暴雨量统计参数结果见表 13.12。

表 13.12 王茂沟小流域不同研究历时点暴雨量统计参数结果表

参数类型	1h	3h	6h
均值/mm	24	37	48
变差系数 C_v	0.55	0.61	0.62

3. 设计面暴雨量计算

表 13.12 中的不同历时的设计点暴雨量仅是研究流域形心点处的结果，而工程

设计所需要的设计暴雨量结果是流域面平均设计暴雨量，因此，需要将设计点暴雨量结果进行修正，得到设计面平均降水量。在已知设计点暴雨量的情况下，通常采用点面关系法求得设计面平均暴雨量。点面系数计算公式为

$$\alpha_t = \frac{1}{(1+a_t F)b_t} \tag{13.6}$$

式中，α_t为历时为 t 的暴雨点面系数；F 为淤地坝控制面积(km^2)；a_t、b_t为线性拟合参数。

《榆林地区实用水文手册》中没有有关设计暴雨的点面系数的推求算法，而榆林市和延安市都地处黄土丘陵沟壑区，而且两个地区距离不大，其降雨特征比较接近，因此用《延安地区实用水文手册》中的设计暴雨的点面系数推算方法及参数取值进行王茂沟流域点面暴雨关系转换，公式(13.6)中的参数 F 按表 13.12 中的坝间面积计算；根据《延安地区实用水文手册》，a_t和 b_t的取值结果为：1h 时段的 a_t取值为 0.0184，b_t取值为 0.3131；3h 时段的 a_t取值为 0.014，b_t取值为 0.2470；6h 时段的 a_t取值为 0.009 24，b_t取值为 0.2090。

采用上述方法和选取的参数，计算得到的王茂沟小流域各淤地坝坝控范围的设计暴雨点面系数计算结果见表 13.13。

表 13.13　王茂沟小流域各淤地坝“7·15”暴雨点面系数计算结果统计表

淤地坝名称	不同历时设计暴雨点面系数		
	1h	3h	6h
关地沟 4#坝	0.998	0.987	0.999
背塔沟坝	0.999	0.993	1.000
关地沟 2#坝	1.000	0.999	1.000
关地沟 3#坝	0.999	0.996	1.000
关地沟 1#坝	0.998	0.987	0.999
死地嘴 1#坝	0.997	0.980	0.999
王塔沟 1#坝	1.000	0.998	1.000
王茂沟 2#坝	0.995	0.972	0.998
康和沟 3#坝	0.999	0.993	1.000
康和沟 2#坝	0.999	0.997	1.000
康和沟 1#坝	1.000	0.998	1.000
埝堰沟 3#坝	0.998	0.988	0.999
埝堰沟 2#坝	0.998	0.988	0.999
埝堰沟 1#坝	0.999	0.995	1.000
黄柏沟 2#坝	0.999	0.994	1.000
黄柏沟 1#坝	0.999	0.995	1.000
王茂沟 1#坝	0.993	0.962	0.998

由表 13.13 可以看出，王茂沟小流域内 17 座淤地坝各自坝控范围内相同研究历时设计暴雨点面系数均约等于 1，因此，各淤地坝坝控范围内的设计面平均暴雨量可以近似用设计点暴雨量代替。

4. 设计面暴雨量时程分配

为了得到符合王茂沟小流域实际降雨特点的暴雨过程，根据实际调查资料，王茂沟小流域附近的丁家沟雨量站的降雨资料系列比较长，且离本小流域较近，对王茂沟小流域的降雨特性具有较好的代表性。为此，选取丁家沟雨量站作为王茂沟小流域设计暴雨分析计算的参证雨量站。丁家沟雨量站位于陕西省榆林市绥德县辛店乡二十里铺村，地理坐标为东经 110°15′，北纬 37°33′。

分析丁家沟雨量站各日的降雨过程资料，结果发现很少有暴雨能够持续 24h，大部分暴雨持续时间为 6h，因此本书选择各重现期最大 6h 暴雨进行计算。采用《榆林地区实用水文手册》中的 6h 暴雨的典型时程分配比例见表 13.14。

表 13.14　6h 暴雨时程分配比例

历时/h	H_1/%	H_3-H_1 /%	H_6-H_3 /%
1		34.7	
2	100		
3		65.3	
4			43.8
5			23.7
6			32.5
合计	100	100	100

根据表 13.12 中的王茂沟小流域不同研究历时的设计点暴雨量结果和表 13.14 中的 6h 暴雨时程分配比例，就可以计算得到王茂沟小流域不同研究历时的设计面暴雨量的时程分配结果(表 13.15)，并以此作为设计净雨量计算的基础。

表 13.15　“7·15”暴雨时程分配结果

时段序号(Δt=1h)	1	2	3	4	5	6
时段降雨量/mm	17.86	75.56	33.60	18.39	9.95	13.65

5. 设计净雨过程计算

1) 淤地坝坝地时段平均入渗率和时段净雨量计算

a. 时段平均入渗率 f 计算

淤地坝坝地产流期形成的地表径流会储存在坝地内，因此会有充足的水分供给下渗；同时，坡地产流期形成的地表径流会挟带泥沙到达坝地，故坝地入渗属于充分供水条件的浑水入渗。因为黄土高原地区汛期降雨较多，降雨间隔不确定，所以对应每次降雨的土壤初始含水量也不同。根据聂兴山等(1994)的研究结果，浑水稳定入渗率一般为清水稳定入渗率的 1/10。根据本次入渗实验结果，计算得到坝地浑水平均稳定入渗率 f_b 为 0.175mm/min。

b. 时段净雨量计算

根据表 13.15 中的第一个时段内的时段降水量 P_1，计算该时段内的平均雨强 I_1。比较该时段的平均雨强 I_1 与已知的坝地浑水平均稳定入渗率 f_b 的大小，如果 $f_b < I_1$，则第一时段的净雨量 $h_1=P_1-60f_b$。重复上述计算步骤，求得整个降雨过程中每个时段的时段净雨量结果。

2) 坡地时段平均入渗率 f_p 和时段净雨量计算

a. 时段平均入渗率 f 计算

王茂沟小流域属于黄土丘陵沟壑区，其产流期的入渗条件、下垫面情况同《延安地区实用水文手册》中的经验公式基本相似。本次计算采用《延安地区实用水文手册》中推荐的产流期平均入渗率计算公式计算坡地产流期平均入渗率，即

$$S<100\text{ 时，}\quad f=1.65S^{-0.347}\bar{i}^{-0.565}\ \text{(黄土丘陵沟壑区)} \tag{13.7}$$

式中，S 为土壤含水量(mm)；$\bar{i}$ 为产流期平均雨强(mm/min)。

如前所述，假定该时段的坡地平均入渗率 f 按清水稳定入渗率的 1/10 计算。根据本次入渗实验结果，不同土地利用方式下的坡地浑水稳定入渗率取值见表 13.16。

表 13.16　不同土地利用方式下的坡地浑水稳定入渗率取值

土地利用方式	梯田	草地	坡耕地	林地
浑水稳定入渗率/(mm/min)	0.160	0.105	0.128	0.190

b. 时段净雨量计算

根据《延安地区实用水文手册》，在设计条件下，降雨开始时刻的土壤含水量初始值 S_0 取 33mm。根据表 13.15 中的第一个时段内的时段降水量 P_1 计算该时段内的平均雨强 I_1。比较该时段的平均雨强 I_1，以及确定的降雨开始时刻的土壤含水量初始值 S_0，利用式(13.9)计算出第一个时段的平均入渗率 f_1。比较第一个时段的平均入渗率 f_1 与该时段的平均雨强 I_1 的大小，如果 $f_1 < I_1$，则第一时段的净雨量 $h_1=P_1-60f_1$，且第一个时段末的土壤含水量 $S_1=S_0+60f_1$。如果计算出的第一个时段末的土壤含水量 S_1 大于等于 100mm，则取 S_1=100mm，且下一个时段内的时段平均入渗率按表 13.17 中的结果取值。根据表 13.16 中第二个时段的降水量 P_2 和第一个时段末的土壤含水量 S_1，重复上述计算方法，得到第二个时段末的净雨量 h_2 和第二个时段末的土壤含水量 S_2。以此类推，求得整个降雨过程中每个时段的时段净雨量。

3) “7·15”暴雨净雨量计算结果

经计算，“7·15”暴雨时的王茂沟小流域坝地、坡地地面净雨量计算结果分别见表 13.17 和表 13.18。

表 13.17 “7·15”暴雨王茂沟小流域坝地地面净雨量计算结果 (单位：mm)

淤地坝名称	不同时段净雨量(Δt=1h)					
	1	2	3	4	5	6
关地沟 4#坝	7.28	64.92	22.83	7.86	0.00	3.12
背塔沟坝	7.33	65.00	22.99	7.86	0.00	3.13
关地沟 2#坝	7.37	65.05	23.11	7.86	0.00	3.13
关地沟 3#坝	7.35	65.03	23.06	7.86	0.00	3.13
关地沟 1#坝	7.28	64.92	22.84	7.86	0.00	3.12
死地嘴 1#坝	7.23	64.85	22.69	7.86	0.00	3.12
王塔沟 1#坝	7.36	65.05	23.10	7.86	0.00	3.13
王茂沟 2#坝	7.17	64.75	22.50	7.85	0.00	3.12
康和沟 3#坝	7.32	64.99	22.97	7.86	0.00	3.13
康和沟 2#坝	7.35	65.03	23.07	7.86	0.00	3.13
康和沟 1#坝	7.36	65.05	23.10	7.86	0.00	3.13
埝堰沟 3#坝	7.29	64.94	22.87	7.86	0.00	3.12
埝堰沟 2#坝	7.29	64.93	22.86	7.86	0.00	3.12
埝堰沟 1#坝	7.34	65.01	23.02	7.86	0.00	3.13
黄柏沟 2#坝	7.33	65.00	23.00	7.86	0.00	3.13
黄柏沟 1#坝	7.34	65.01	23.03	7.86	0.00	3.13
王茂沟 1#坝	7.10	64.62	22.26	7.85	0.00	3.12

表 13.18 “7·15”暴雨王茂沟小流域坡地地面净雨量计算结果 (单位：mm)

淤地坝名称	不同时段净雨量(Δt=1h)					
	1	2	3	4	5	6
关地沟 4#坝	3.67	41.38	16.22	7.52	2.95	4.86
背塔沟坝	3.70	41.47	16.35	7.53	2.95	4.91
关地沟 2#坝	3.64	40.62	16.08	7.37	2.89	5.46
关地沟 3#坝	3.80	42.52	16.80	7.72	3.02	5.51
关地沟 1#坝	3.58	40.33	15.81	7.33	2.87	4.70
死地嘴 1#坝	3.60	40.82	15.92	7.43	2.91	5.25
王塔沟 1#坝	3.72	41.55	16.44	7.54	2.95	5.11
王茂沟 2#坝	3.44	39.30	15.22	7.16	2.80	4.49
康和沟 3#坝	3.85	43.16	17.00	7.84	3.07	5.40
康和沟 2#坝	3.66	40.92	16.18	7.43	2.91	5.15

续表

淤地坝名称	不同时段净雨量(Δt=1h)					
	1	2	3	4	5	6
康和沟 1#坝	3.66	40.92	16.20	7.43	2.91	4.90
埝堰沟 3#坝	3.69	41.58	16.32	7.56	2.96	5.22
埝堰沟 2#坝	3.39	38.21	14.99	6.95	2.72	4.55
埝堰沟 1#坝	3.62	40.58	16.01	7.37	2.89	4.39
黄柏沟 2#坝	3.76	42.16	16.63	7.66	3.00	5.04
黄柏沟 1#坝	3.78	42.40	16.74	7.70	3.02	4.57
王茂沟 1#坝	3.59	41.38	15.89	7.55	2.95	4.15

根据《延安地区实用水文手册》，在计算得到时段净雨量后，对于黄土丘陵沟壑区，应从时段净雨量中扣除潜流量(产流总量的 10%)，得到最终的时段净雨量。

6. 设计洪水推求

1) 坝址处坡地净雨形成的洪峰流量推求

已知时段净雨量推求流域出口断面的洪峰流量的计算方法包括汇水面积法、综合参数法、推理公式法、瞬时单位线法等。王茂沟小流域地处黄土丘陵沟壑区，且每座坝的坝控流域面积非常小，根据上述几种汇流计算方法的适用范围，本书采用推理公式法计算洪峰流量。

推理公式法是把流域内的产流和汇流条件均匀概化以后，从水流的运动方程和连续方程直接推算出工程控制断面的洪峰流量计算公式。推理公式法有如下两个基本假定。

(1) 工程控制范围内的汇流时间 τ 内的净雨强度 i_t 不变，用平均净雨强度 i 来表示。

(2) 把汇水面积曲线概化成矩形，并且沿程的汇流速度不变。据此，洪峰流量为整个汇流面积造峰的结果，且可以应用径流成因公式按照上述假定由净雨历时与流域汇流时间之间的关系分析得到洪峰流量计算的基本形式：

$$Q_{\mathrm{m}}=0.278\frac{h_{\mathrm{R}}}{\tau}F \tag{13.8}$$

式中，Q_{m} 为洪峰流量($\mathrm{m^3/s}$)；τ 为流域汇流历时(h)；h_{R} 为流域汇流历时内的净雨总量(mm)； F 为淤地坝坝控流域面积($\mathrm{km^2}$)。

由式(13.8)可知，确定坝址断面洪峰流量的关键是确定汇流历时 τ，假定平均汇流速度综合反映坡地汇流和河道汇流特性，并采用公式

$$\bar{V}=MJ^{\alpha}{Q_{\mathrm{m}}}^{\beta} \tag{13.9}$$

式中，$\bar{V}$ 为水流平均流速(m/s)；M 为汇流参数；J 为流域沟道平均比降(%)；Q_{m} 为

洪峰流量(m^3/s)；α、β 为经验性指数，本书取 $\alpha=\beta=1/3$。

根据式(13.9)，求得流域平均汇流历时 τ 为

$$\tau=0.278\frac{L}{MJ^{\alpha}Q_{\mathrm{m}}{}^{\beta}} \tag{13.10}$$

式中，L 为淤地坝坝址至流域地面分水线最远点的距离(km)；M 为汇流参数；α、β 为经验性指数，本书取 $\alpha=\beta=1/3$。

王茂沟小流域属于无定河水系，且流域面积小于 30km²，根据《榆林地区实用水文手册》，汇流参数 M 的计算公式为

$$M=4.4\left[\frac{L}{(FJ)^{1/3}}\right]^{0.225}h_{\mathrm{R}}{}^{-0.31} \tag{13.11}$$

经统计分析计算，王茂沟小流域各淤地坝坝控流域特征值和“7·15”暴雨的坡地净雨总量计算结果见表 13.19。

表 13.19　王茂沟小流域各淤地坝坝控流域特征值及“7·15”暴雨的坡地净雨总量结果表

淤地坝名称	控制面积/km²	主沟道长度/m	沟道平均坡降	净雨量/mm	参数 M	参数 a_2	参数 a_1
关地沟 4#坝	0.40	892.8	0.07	76.97	1.47	0.07	0.10
背塔沟坝	0.20	511.8	0.11	77.08	1.32	0.01	0.05
关地沟 2#坝	0.10	194.5	0.07	76.10	1.25	0.00	0.01
关地沟 3#坝	0.05	511.0	0.19	79.47	1.31	0.01	0.03
关地沟 1#坝	1.14	1217.4	0.03	74.98	1.69	0.26	0.10
死地嘴 1#坝	0.62	1078.8	0.03	76.47	1.61	0.25	0.15
王塔沟 1#坝	0.35	878.5	0.19	77.37	1.37	0.03	0.09
王茂沟 2#坝	2.97	1083.1	0.05	73.16	1.53	0.15	0.18
康和沟 3#坝	0.25	709.3	0.12	80.53	1.38	0.02	0.06
康和沟 2#坝	0.32	434.5	0.23	76.32	1.28	0.00	0.02
康和沟 1#坝	0.06	390.0	0.15	76.06	1.35	0.00	0.01
埝堰沟 3#坝	0.46	782.4	0.09	77.67	1.41	0.04	0.09
埝堰沟 2#坝	0.18	840.8	0.06	71.13	1.59	0.05	0.05
埝堰沟 1#坝	0.86	537.5	0.07	75.00	1.42	0.02	0.04
黄柏沟 2#坝	0.18	636.1	0.07	78.40	1.44	0.03	0.04
黄柏沟 1#坝	0.34	574.1	0.07	78.34	1.42	0.02	0.04
王茂沟 1#坝	2.89	1916.0	0.03	76.59	1.73	1.13	0.31

根据表 13.18 和表 13.19，采用图解法推求得到“7·15”暴雨时的坡地净雨在王茂沟小流域各淤地坝坝址断面的洪峰流量结果，详见表 13.20。

表 13.20　王茂沟小流域各淤地坝坝址断面“7·15”暴雨坡地净雨形成的洪峰流量计算结果表

淤地坝名称	流域汇流历时 τ/h	洪峰流量 Q /(m^3/s)
关地沟 4#坝	1.17	14.25
背塔沟坝	1.11	9.41
关地沟 2#坝	1.08	2.32
关地沟 3#坝	1.11	5.54
关地沟 1#坝	1.30	9.46
死地嘴 1#坝	1.25	16.43
王塔沟 1#坝	1.13	14.94
王茂沟 2#坝	1.19	22.14
康和沟 3#坝	1.14	9.69
康和沟 2#坝	1.09	4.73
康和沟 1#坝	1.12	2.18
埝堰沟 3#坝	1.14	14.91
埝堰沟 2#坝	1.22	5.34
埝堰沟 1#坝	1.14	6.22
黄柏沟 2#坝	1.16	6.58
黄柏沟 1#坝	1.15	5.98
王茂沟 1#坝	1.34	28.00

2)坝址处坡地净雨形成的洪水过程线推求

坝址处的洪水过程线由地面净雨形成的地面径流过程线和地下净雨形成的地下径流过程线叠加而成。地下径流又包括潜流和基流两部分，由于基流很小，故在计算时不予考虑。采用五点概化过程线法计算主雨峰地面净雨形成的洪水过程，再叠加次雨段地面净雨形成的洪水过程、地下净雨形成的潜流过程，最终得到坝址处的总洪水过程线。下面以推求王茂沟 1#坝坝址断面 10 年一遇的洪水过程线推求为例进行说明。

a. 主雨峰净雨形成的洪水过程

根据表 13.20 可知，“7·15”暴雨在王茂沟 1#坝坝址处形成的洪峰流量 Q=28.00m^3/s、流域汇流历时 τ=1.34h。依据《榆林地区实用水文手册》中的推荐值，将五点概化洪水过程线特征值取值为 K_a=0.100，K_b=0.124，K_w=0.238，K_r=0.160。五点概化洪水过程线的 Q_a、Q_b、t_a、t_b、T 的计算公式为

$$Q_a = K_a Q_m \tag{13.12}$$

$$Q_b = K_b Q_m \tag{13.13}$$

$$t_a = (1 - 2K_w + K_a)\tau \tag{13.14}$$

$$t_b = (2 - K_b)\tau \tag{13.15}$$

$$T = \tau / K_r \tag{13.16}$$

式中，Q_m 为洪水过程线的洪峰流量(m^3/s)；Q_a 和 Q_b 分别为洪水过程线上涨和消退拐点的洪水流量(m^3/s)；t_a、t_b 分别为上涨、消退拐点历时(h)；T 为洪水总历时(h)；K_a、K_b、K_w 分别为洪水过程线形状系数。

按照上述计算公式，根据表 13.20 中的计算结果，求得“7·15”暴雨的主雨峰坡地地面净雨在王茂沟小流域各淤地坝坝址处形成的洪水过程线特征值，见表 13.21。

表 13.21　王茂沟小流域各淤地坝“7·15”暴雨主雨峰坡地地面净雨形成的洪水过程

淤地坝名称	五点概化洪水过程线特征值											
	T_0 /h	Q_0 /(m^3/s)	T_1 /h	Q_1 /(m^3/s)	T_2 /h	Q_2 /(m^3/s)	T_3 /h	Q_3 /(m^3/s)	T_4 /h	Q_4 /(m^3/s)	T_5 /h	Q_5 /(m^3/s)
关地沟 4#坝	1.00	0.00	1.11	1.42	1.17	14.25	1.32	1.77	2.07	0.00	1.00	0.00
背塔沟坝	1.00	0.00	1.07	0.94	1.11	9.41	1.20	1.17	1.67	0.00	1.00	0.00
关地沟 2#坝	1.00	0.00	1.05	0.23	1.08	2.32	1.15	0.29	1.51	0.00	1.00	0.00
关地沟 3#坝	1.00	0.00	1.07	0.55	1.11	5.54	1.20	0.69	1.67	0.00	1.00	0.00
关地沟 1#坝	1.00	0.00	1.19	0.95	1.30	9.46	1.56	1.17	2.88	0.00	1.00	0.00
死地嘴 1#坝	1.00	0.00	1.16	1.64	1.25	16.43	1.47	2.04	2.55	0.00	1.00	0.00
王塔沟 1#坝	1.00	0.00	1.08	1.49	1.13	14.94	1.24	1.85	1.79	0.00	1.00	0.00
王茂沟 2#坝	1.00	0.00	1.12	2.21	1.19	22.14	1.36	2.75	2.19	0.00	1.00	0.00
康和沟 3#坝	1.00	0.00	1.09	0.97	1.14	9.69	1.26	1.20	1.85	0.00	1.00	0.00
康和沟 2#坝	1.00	0.00	1.06	0.47	1.09	4.73	1.17	0.59	1.58	0.00	1.00	0.00
康和沟 1#坝	1.00	0.00	1.07	0.22	1.12	2.18	1.22	0.27	1.72	0.00	1.00	0.00
埝堰沟 3#坝	1.00	0.00	1.09	1.49	1.14	14.91	1.26	1.85	1.88	0.00	1.00	0.00
埝堰沟 2#坝	1.00	0.00	1.13	0.53	1.22	5.34	1.40	0.66	2.34	0.00	1.00	0.00
埝堰沟 1#坝	1.00	0.00	1.09	0.62	1.14	6.22	1.26	0.77	1.87	0.00	1.00	0.00
黄柏沟 2#坝	1.00	0.00	1.10	0.66	1.16	6.58	1.30	0.82	2.01	0.00	1.00	0.00
黄柏沟 1#坝	1.00	0.00	1.09	0.60	1.15	5.98	1.28	0.74	1.94	0.00	1.00	0.00
王茂沟 1#坝	1.00	0.00	1.21	2.80	1.34	28.00	1.64	3.47	3.15	0.00	1.00	0.00

b. 次雨段坡地地面净雨形成的洪水过程

(1) 主雨段之前的次雨段坡地地面净雨形成的洪水过程。根据《榆林地区实用水文手册》，主雨段之前的次雨段坡地净雨形成的洪峰流量 Q_{tc} 的计算公式为

$$Q_{tc} = 0.556 \frac{h_{tc} F}{T} \tag{13.17}$$

式中，Q_{tc} 为次雨段坡地净雨 h_{tc} 形成的洪峰流量(m^3/s)；F 为淤地坝坝控面积(km^2)；T 为次雨段净雨形成的洪水过程总历时(h)。

按公式(13.17)计算得到的主雨段之前的次雨段坡地净雨形成的洪水流量过程线见表 13.22。

表 13.22　王茂沟小流域各淤地坝“7·15”暴雨主雨段之前的次雨段坡地地面净雨形成的洪水过程

淤地坝名称	五点概化洪水过程线特征值					
	T_0/h	Q_0/(m^3/s)	T_1/h	Q_1/(m^3/s)	T_3/h	Q_3/(m^3/s)
关地沟 4#坝	0.00	0.00	1.00	0.71	1.17	0.00
背塔沟坝	0.00	0.00	1.00	0.55	1.11	0.00
关地沟 2#坝	0.00	0.00	1.00	0.15	1.08	0.00
关地沟 3#坝	0.00	0.00	1.00	0.33	1.11	0.00
关地沟 1#坝	0.00	0.00	1.00	0.39	1.30	0.00
死地嘴 1#坝	0.00	0.00	1.00	0.72	1.25	0.00
王塔沟 1#坝	0.00	0.00	1.00	0.83	1.13	0.00
王茂沟 2#坝	0.00	0.00	1.00	1.06	1.19	0.00
康和沟 3#坝	0.00	0.00	1.00	0.52	1.14	0.00
康和沟 2#坝	0.00	0.00	1.00	0.29	1.09	0.00
康和沟 1#坝	0.00	0.00	1.00	0.12	1.12	0.00
埝堰沟 3#坝	0.00	0.00	1.00	0.80	1.14	0.00
埝堰沟 2#坝	0.00	0.00	1.00	0.25	1.22	0.00
埝堰沟 1#坝	0.00	0.00	1.00	0.33	1.14	0.00
黄柏沟 2#坝	0.00	0.00	1.00	0.33	1.16	0.00
黄柏沟 1#坝	0.00	0.00	1.00	0.31	1.15	0.00
王茂沟 1#坝	0.00	0.00	1.00	1.09	1.34	0.00

(2) 主雨段之后的次雨段坡地地面净雨形成的洪水过程。根据表 13.22 中的结果，按照式(13.17)可以计算得到主雨段之后的次雨段坡地地面净雨形成的洪水过程线见表 13.23。

表 13.23　王茂沟小流域各淤地坝“7·15”暴雨主雨段之后的次雨段坡地地面净雨形成的洪水过程

淤地坝名称	五点概化洪水过程线特征值					
	T_3/h	Q_3/(m^3/s)	T_4/h	Q_4/(m^3/s)	T_6/h	Q_6/(m^3/s)
关地沟 4#坝	1.17	0.00	1.32	1.29	6.17	0.00
背塔沟坝	1.11	0.00	1.20	0.63	6.11	0.00
关地沟 2#坝	1.08	0.00	1.15	0.13	6.08	0.00
关地沟 3#坝	1.11	0.00	1.20	0.38	6.11	0.00
关地沟 1#坝	1.30	0.00	1.56	1.24	6.30	0.00
死地嘴 1#坝	1.25	0.00	1.47	1.95	6.25	0.00
王塔沟 1#坝	1.13	0.00	1.24	1.12	6.13	0.00
王茂沟 2#坝	1.19	0.00	1.36	2.14	6.19	0.00
康和沟 3#坝	1.14	0.00	1.26	0.77	6.14	0.00
康和沟 2#坝	1.09	0.00	1.17	0.29	6.09	0.00

续表

淤地坝名称	五点概化洪水过程线特征值					
	T_3 /h	Q_3 /(m³/s)	T_4 /h	Q_4 /(m³/s)	T_6 /h	Q_6 /(m³/s)
康和沟 1#坝	1.12	0.00	1.22	0.15	6.12	0.00
埝堰沟 3#坝	1.14	0.00	1.26	1.21	6.14	0.00
埝堰沟 2#坝	1.22	0.00	1.40	0.57	6.22	0.00
埝堰沟 1#坝	1.14	0.00	1.26	0.49	6.14	0.00
黄柏沟 2#坝	1.16	0.00	1.30	0.58	6.16	0.00
黄柏沟 1#坝	1.15	0.00	1.28	0.49	6.15	0.00
王茂沟 1#坝	1.34	0.00	1.64	3.91	6.34	0.00

c. 潜流形成的洪水过程

潜流洪水过程线按等腰三角形计算，潜流洪峰流量按下式计算：

$$Q_{潜}=0.556\frac{R_{潜}F}{T_{潜}} \tag{13.18}$$

式中，$Q_{潜}$ 为潜流的洪峰流量(m³/s)；$R_{潜}$ 为地下净雨量(mm)；F 为淤地坝控制面积(km²)；$T_{潜}$ 为潜流总历时(h)。

以地面径流过程线起点为潜流起点，将潜流洪峰流量发生时刻置于地面径流过程线终点，取 $T_{潜}=2\tau$，潜流过程见表 13.24。

表 13.24　王茂沟小流域各淤地坝“7·15”暴雨坡地潜流形成的洪水过程

淤地坝名称	潜流洪水过程线特征值					
	T_0 /h	Q_0 /(m³/s)	T_6 /h	Q_6 /(m³/s)	T_7 /h	Q_7 /(m³/s)
关地沟 4#坝	0.00	0.00	6.17	0.14	12.34	0.00
背塔沟坝	0.00	0.00	6.11	0.07	12.21	0.00
关地沟 2#坝	0.00	0.00	6.08	0.01	12.16	0.00
关地沟 3#坝	0.00	0.00	6.11	0.04	12.21	0.00
关地沟 1#坝	0.00	0.00	6.30	0.13	12.60	0.00
死地嘴 1#坝	0.00	0.00	6.25	0.21	12.50	0.00
王塔沟 1#坝	0.00	0.00	6.13	0.12	12.25	0.00
王茂沟 2#坝	0.00	0.00	6.19	0.23	12.38	0.00
康和沟 3#坝	0.00	0.00	6.14	0.08	12.27	0.00
康和沟 2#坝	0.00	0.00	6.09	0.03	12.18	0.00
康和沟 1#坝	0.00	0.00	6.12	0.02	12.23	0.00
埝堰沟 3#坝	0.00	0.00	6.14	0.13	12.28	0.00
埝堰沟 2#坝	0.00	0.00	6.22	0.06	12.43	0.00
埝堰沟 1#坝	0.00	0.00	6.14	0.05	12.28	0.00

续表

淤地坝名称	潜流洪水过程线特征值					
	T_0/h	Q_0/(m^3/s)	T_6/h	Q_6/(m^3/s)	T_7/h	Q_7/(m^3/s)
黄柏沟 2#坝	0.00	0.00	6.16	0.06	12.32	0.00
黄柏沟 1#坝	0.00	0.00	6.15	0.05	12.30	0.00
王茂沟 1#坝	0.00	0.00	6.34	0.42	12.69	0.00

d. 总洪水过程线

将上述计算得到的各洪水过程线结果按时序对应叠加，即可得到王茂沟小流域各淤地坝坝址处“7·15”暴雨坡地净雨形成的总洪水过程结，如表 13.25 所示。

7. 设计洪水总量计算

根据表 13.25 中的王茂沟小流域各淤地坝坝址处“7·15”暴雨坡地净雨形成的洪水过程线，可以求得坡地净雨形成的不同研究历时的洪水总量。

根据表 13.17 得到的坝地净雨总量和各淤地坝的坝地面积，可以计算得到王茂沟小流域各淤地坝坝址处坝地净雨形成的不同研究历时的洪水总量。

在上述计算结果的基础上，将相同研究历时内坡地净雨形成的洪水总量和坝地净雨形成的洪水总量叠加，得到王茂沟小流域各淤地坝坝址处“7·15”暴雨不同研究历时的洪水总量，详见表 13.26。

8. 淤地坝坝控流域土壤侵蚀量估算

1) 修正通用土壤流失方程及其各因子确定

修正通用土壤流失方程(RUSLE)是目前世界上应用最广泛的水力侵蚀预报经验模型，用于预报长时间尺度、一定的种植和管理体系下、坡地径流所产生的多年平均土壤流失量。RUSLE 能反映影响土壤侵蚀的单因子改变对土壤侵蚀量的影响，需要指出的是，RUSLE 预报的土壤流失量 A 是整个坡地的年平均土壤流失量，表达式为

$$A=R\cdot K\cdot S\cdot L\cdot C\cdot P \tag{13.19}$$

式中，A 是年平均土壤流失量[t/(hm^2·a)]；R 是降雨侵蚀力因子[MJ·mm/(hm·h·a)]；K 是土壤可蚀性因子，指标准小区上测得的某种给定土壤单位降雨侵蚀力的土壤流失速率[t·hm^2·h/(hm^2·MJ·mm)]；S 是坡度因子，指某坡度的坡地产生的土壤流失量与其他条件相同情况下 9%坡度的坡地产生的土壤流失量之比；L 是坡长因子，指某一坡长的坡地产生的土壤流失量与其他条件相同条件下 22.1m 坡长的坡地产生的土壤流失量之比；C 是覆盖-管理因子，指一定覆盖和管理水平下，某一区域土壤流失量与该区域犁耕-连续休闲情况下的土壤流失量之比；P 是水土保持措施因子，指有水土保持措施时的土壤流失量与直接沿坡地上下耕种时产生的土壤流失量之比。

表 13.25　王茂沟小流域“7·15”暴雨坡地净雨形成的淤地坝坝址处洪水过程线成果

淤地坝名称	洪水过程线特征历时及对应的流量值															
	T_0/h	Q_0/(m^3/s)	T_1/h	Q_1/(m^3/s)	T_2/h	Q_2/(m^3/s)	T_3/h	Q_3/(m^3/s)	T_4/h	Q_4/(m^3/s)	T_5/h	Q_5/(m^3/s)	T_6/h	Q_6/(m^3/s)	T_7/h	Q_7/(m^3/s)
关地沟 4#坝	0.00	0.00	1.00	0.73	1.11	1.72	1.17	14.27	1.32	3.09	2.07	1.14	6.17	0.14	12.34	0.00
背塔沟坝	0.00	0.00	1.00	0.56	1.07	1.16	1.11	9.42	1.20	1.81	1.67	0.59	6.11	0.07	12.21	0.00
关地沟 2#坝	0.00	0.00	1.00	0.15	1.05	0.29	1.08	2.33	1.15	0.42	1.51	0.13	6.08	0.01	12.16	0.00
关地沟 3#坝	0.00	0.00	1.00	0.33	1.07	0.68	1.11	5.55	1.20	1.07	1.67	0.35	6.11	0.04	12.21	0.00
关地沟 1#坝	0.00	0.00	1.00	0.41	1.19	1.12	1.30	9.49	1.56	2.45	2.88	0.96	6.30	0.13	12.60	0.00
死地嘴 1#坝	0.00	0.00	1.00	0.76	1.16	1.95	1.25	16.48	1.47	4.04	2.55	1.59	6.25	0.21	12.50	0.00
王塔沟 2#坝	0.00	0.00	0.00	0.00	0.00	0.00	0.00	0.00	0.00	0.00	0.00	0.00	0.00	0.00	0.00	0.00
王塔沟 1#坝	0.00	0.00	1.00	0.85	1.08	1.83	1.13	14.96	1.24	3.00	1.79	1.03	6.13	0.12	12.25	0.00
王茂沟 2#坝	0.00	0.00	1.00	1.10	1.12	2.66	1.19	22.19	1.36	4.94	2.19	1.86	6.19	0.23	12.38	0.00
何家卯坝	0.00	0.00	0.00	0.00	0.00	0.00	0.00	0.00	0.00	0.00	0.00	0.00	0.00	0.00	0.00	0.00
康和沟 3#坝	0.00	0.00	1.00	0.54	1.09	1.18	1.14	9.71	1.26	1.99	1.85	0.70	6.14	0.08	12.27	0.00
康和沟 2#坝	0.00	0.00	1.00	0.30	1.06	0.59	1.09	4.74	1.17	0.88	1.58	0.28	6.09	0.03	12.18	0.00
康和沟 1#坝	0.00	0.00	1.00	0.13	1.07	0.27	1.12	2.18	1.22	0.43	1.72	0.14	6.12	0.02	12.23	0.00
埝堰沟 3#坝	0.00	0.00	1.00	0.82	1.09	1.81	1.14	14.93	1.26	3.09	1.88	1.10	6.14	0.13	12.28	0.00
埝堰沟 2#坝	0.00	0.00	1.00	0.26	1.13	0.64	1.22	5.35	1.40	1.24	2.34	0.48	6.22	0.06	12.43	0.00
埝堰沟 1#坝	0.00	0.00	1.00	0.34	1.09	0.75	1.14	6.23	1.26	1.27	1.87	0.44	6.14	0.05	12.28	0.00
黄柏沟 2#坝	0.00	0.00	1.00	0.34	1.10	0.80	1.16	6.59	1.30	1.41	2.01	0.51	6.16	0.06	12.32	0.00
黄柏沟 1#坝	0.00	0.00	1.00	0.32	1.09	0.72	1.15	5.99	1.28	1.24	1.94	0.44	6.15	0.05	12.30	0.00
王茂沟 1#坝	0.00	0.00	1.00	1.16	1.21	3.29	1.34	28.09	1.64	7.49	3.15	2.87	6.34	0.42	12.69	0.00

表 13.26　王茂沟小流域各淤地坝“7·15”暴雨不同历时的时段洪水总量

淤地坝名称	洪水过程线特征历时及对应的时段洪水总量															
	T_0/h	W_0/m^3	T_1/h	W_1/m^3	T_2/h	W_2/m^3	T_3/h	W_3/m^3	T_4/h	W_4/m^3	T_5/h	W_5/m^3	T_6/h	W_6/m^3	T_7/h	W_7/m^3
关地沟 4#坝	0.00	0.00	1.00	1 468	1.11	616	1.17	1 938	1.32	4 886	2.07	6 666	6.17	10 115	12.34	201
背塔沟坝	0.00	0.00	1.00	1 080	1.07	249	1.11	788	1.20	1 945	1.67	2 309	6.11	5 776	12.21	115
关地沟 2#坝	0.00	0.00	1.00	298	1.05	50	1.08	149	1.15	365	1.51	421	6.08	1 367	12.16	0
关地沟 3#坝	0.00	0.00	1.00	622	1.07	135	1.11	457	1.20	1 131	1.67	1 292	6.11	3 327	12.21	249
关地沟 1#坝	0.00	0.00	1.00	962	1.19	890	1.30	2 379	1.56	6 174	2.88	9 562	6.30	7 058	12.60	0
死地嘴 1#坝	0.00	0.00	1.00	1 648	1.16	1 152	1.25	3 339	1.47	8 598	2.55	12 894	6.25	12 701	12.50	0
王塔沟 1#坝	0.00	0.00	1.00	1 650	1.08	466	1.13	1 480	1.24	3 680	1.79	4 605	6.13	9 808	12.25	230
王茂沟 2#坝	0.00	0.00	1.00	2 492	1.12	1 345	1.19	3 520	1.36	8 886	2.19	13 430	6.19	16 993	12.38	0
康和沟 3#坝	0.00	0.00	1.00	987	1.09	280	1.14	1 015	1.26	2 538	1.85	3 010	6.14	6 188	12.27	726
康和沟 2#坝	0.00	0.00	1.00	577	1.06	114	1.09	345	1.17	848	1.58	996	6.09	2 853	12.18	0
康和沟 1#坝	0.00	0.00	1.00	251	1.07	66	1.12	200	1.22	495	1.72	619	6.12	1 418	12.23	0
埝堰沟 3#坝	0.00	0.00	1.00	1 598	1.09	518	1.14	1 660	1.26	4 151	1.88	5 368	6.14	10 152	12.28	310
埝堰沟 2#坝	0.00	0.00	1.00	645	1.13	436	1.22	1 005	1.40	2 546	2.34	4 098	6.22	4 355	12.43	0
埝堰沟 1#坝	0.00	0.00	1.00	689	1.09	236	1.14	700	1.26	1 744	1.87	2 334	6.14	4 254	12.28	0
黄柏沟 2#坝	0.00	0.00	1.00	665	1.10	247	1.16	829	1.30	2 088	2.01	2 722	6.16	4 516	12.32	289
黄柏沟 1#坝	0.00	0.00	1.00	604	1.09	203	1.15	697	1.28	1 745	1.94	2 176	6.15	3 906	12.30	297
王茂沟 1#坝	0.00	0.00	1.00	2 516	1.21	2 544	1.34	7 791	1.64	20 430	3.15	30 853	6.34	19 283	12.69	838

坡面平均侵蚀量 $\overline{A}$ 使用如下公式进行面积加权计算：

$$\overline{A}=\sum_{i=1}^{n}\left(a_iA_i\right) \tag{13.20}$$

式中，A_i 为第 i 类单元的侵蚀量；a_i 为第 i 类单元的面积比例。

a. 降雨侵蚀力因子(R)

RUSLE 用 EI_{30} 作为降雨侵蚀力指标。受降雨过程资料限制，许多学者提出了利用气象站常规降雨统计资料计算降雨侵蚀力的简易方法。

若有实测的次降雨资料，R 宜采用 EI_{30} 方法计算，即

$$R=\sum_{i=1}^{n}E_i\cdot I_{30} \tag{13.21}$$

式中，R 是次降雨侵蚀力[MJ·mm/(hm²·h)]；I_{30} 是最大 30min 雨强(mm/h)；n 为一年中的次降雨总次数；E_i 是一年中第 i 次降雨中的雨滴总动能(MJ/hm²)，按下式计算：

$$E_i=\sum_{r=1}^{m}(e_r\cdot p_r) \tag{13.22}$$

式中，e_r 是一年中第 i 场降雨中第 r 个时段的单位降雨动能；p_r 是对应时段内的降雨量(mm)；m 为第 i 场次降雨中的降雨时段总个数。

单位降雨动能 e_r 采用下式计算：

$$e_r=0.29\left(1-0.72\mathrm{e}^{-0.05i_{\mathrm{m}}}\right) \tag{13.23}$$

式中，i_{m} 为雨强(mm/h)。

b. 土壤可蚀性因子(K)

K 反映了土壤对侵蚀的敏感性。K 值采用土壤侵蚀和生产力影响估算模型(EPIC)中的方法进行估算：

$$K=0.1317\times\{0.2+0.3\exp[-0.0256\mathrm{SAN}(1-\mathrm{SIL}/100)]\}\times[\mathrm{SIL}/(\mathrm{CLA}+\mathrm{SIL})]^{0.3}$$
$$\times\{1.0-0.25C/[C+\exp(3.72-2.95C)]\}\times\{1.0-0.7\mathrm{SN}_1/[\mathrm{SN}_1+\exp(-5.51+22.9\mathrm{SN}_1)]\} \tag{13.24}$$

式中，SAN 为砂粒含量(%)；SIL 为粉粒含量(%)；CLA 为黏粒含量(%)；C 为有机碳含量(%)；SN_1=1−SAN/100；0.1317 为美国制单位向国际制单位转化系数。

根据 EPIC 模型中的 K 值计算公式，通过对王茂沟小流域退耕坡地、坡耕地、退耕梯田、荒草地、坝地、梯田、梯田果园等不同土地利用类型样地进行采样分析，得土壤可蚀性 K 值变为 0.034～0.043 t·hm²·h/(hm²·MJ·mm)，平均值为 0.039 t·hm²·h/(hm²·MJ·mm)，相对偏差不超过 6%。因此，假设沟谷坡、梁峁坡的 K 值一致，取平均值 0.039t·hm²·h/(hm²·MJ·mm)。K 值计算结果见表 13.27。

c. 坡度因子(S)

当坡度小于等于 5° 时，采用 McCool 等(1987)提出的坡度因子计算公式

$$S=10.8\sin\theta+0.03 \tag{13.25}$$

式中，S 为坡度因子；θ 为坡度(°)。

表 13.27　土壤可蚀性 K 值计算结果　[单位：$t\cdot hm^2\cdot h/(hm^2\cdot MJ\cdot mm)$]

样地类型	K 值					平均值
	样地 1	样地 2	样地 3	样地 4	样地 5	
坝地	0.038	0.040	0.038	0.037	0.039	0.038
坡耕地	0.034	0.037	0.036	0.038	0.040	0.037
退耕坡地	0.038	0.041	0.041	0.043	0.042	0.041
荒草地	0.040	0.038	0.038	0.041	0.037	0.039
梯田	0.035	0.039	0.036	0.038	0.041	0.038
退耕梯田	0.041	0.040	0.039	0.042	0.039	0.040

当坡度大于 5° 时，采用刘宝元(1994)提出的计算公式

$$S = 16.8\sin\theta - 0.05 \qquad 5^\circ \leqslant \theta < 10^\circ \tag{13.26}$$

$$S = 21.9\sin\theta - 0.96 \qquad \theta \geqslant 10^\circ \tag{13.27}$$

根据王茂沟小流域 22 座淤地坝的 GPS 差分监测结果，淤地坝坝地平均纵比降变化于 0.21%～0.33%，平均值为 0.28%，因此本次计算坝地平均坡度为 0.16° 。S 因子计算结果见表 13.28。

表 13.28　坡度因子 S 与坡长指数 m

坡度/(°)	坡度因子 S	坡长指数 m
0.16	0.06	0.20
20.00	6.53	0.50
26.00	8.64	0.50
38.00	12.53	0.50
40.00	13.12	0.50

d. 坡长因子(L)

用于获取坡长因子的径流小区实测资料表明，在水平投影坡长为 λ(m)的坡地上的平均侵蚀量的计算公式为

$$L = (\lambda/22.1)^m \tag{13.28}$$

式中，m 是可变的坡长指数，当坡度 $\theta \leqslant 1°$时取 0.2；$1° < \theta \leqslant 3°$时取 0.3；$3° < \theta \leqslant 5°$时取 0.4；$\theta > 5°$时取 0.5。

根据王茂沟 22 座淤地坝淤积年限，由淤积前的高程和淤积后的 GPS 监测结果计算得知，淤地坝的年平均淤积高度为 0.42 m。假设历年来产沙条件一致，受地形影响，淤积高度与时间(淤积年限)关系应该为对数函数关系，但是由于降雨和坡面产沙的不确定性影响，使淤积高度与时间的关系变得极为复杂。为了简化研究，假

设淤积年限 t 和淤积高度 H 为简单的线性关系，即

$$H=0.42t \tag{13.29}$$

由于坝地的平均坡度较小，因此坝地的水平投影坡长 λ_D 计算公式为

$$\lambda_D = H/\tan(40°) \tag{13.30}$$

草地的水平投影坡长 λ_G 计算公式为

$$\lambda_G = 45 - H/\tan(40°) \tag{13.31}$$

对于梯田水平投影坡长 λ_T 和坡耕地水平投影坡长 λ_S 来说，存在如下关系：

$$\lambda_T + \lambda_S = 60 \tag{13.32}$$

e. 作物覆盖-管理因子(C)

研究表明，黄土高原丘陵沟壑区主要农作物的 C 值分别为：玉米 0.28、豆类 0.51、马铃薯 0.47、谷子 0.53。坝地多为玉米，坡耕地多为马铃薯、豆类和谷子，因此坝地和坡耕地的 C 值分别赋值 0.28 和 0.50。梯田 C 值采用贾燕锋的研究结果，确定为 0.23。

林草地的作物覆盖-管理因子 C 值与植被覆盖度有很大关系。江忠善等(1996)建立的草地和林地的植被覆盖度 V 与作物覆盖-管理因子 C 值关系式如下

$$C_{草地} = e^{-0.0419(V-5)} \tag{13.33}$$

$$C_{林地} = e^{-0.0085(V-5)^{1.5}} \tag{13.34}$$

黄土高原地区植被覆盖度最大能恢复到多少，或者恢复到什么程度能达到最好的生态效益，目前还没有系统的研究结果。郭忠升(2009)研究认为，在黄土丘陵沟壑区，如果柠条林的覆盖度超过了 0.8，就会恶化森林生态系统土壤水环境，出现或加剧土壤旱化。根据焦菊英和张光辉等的研究，一般认为当黄土高原地区植被有效覆盖度增长到 60%以上时，土壤侵蚀量明显减少。

基于上述认识，结合 RUSLE 手册以及张岩等(2001)、侯喜禄和邹厚远(1987)、王万忠和焦菊英(1996)的研究结果，确定不同林草覆盖度下的 C 值，见表 13.29。根据对 2009 年和 2011 年的黄土丘陵区植被样方调查统计，王茂沟小流域的植被覆盖度一般介于 40%～60%，因此林地 C 值取 0.06，草地 C 值取 0.15。

表 13.29　黄土高原不同植被覆盖度的 C 值

植被类型	不同植被覆盖度 C 值				
	0～20%	20%～40%	40%～60%	60%～80%	80%～100%
林地	0.25	0.12	0.06	0.02	0.004
草地	0.45	0.24	0.15	0.09	0.043

f. 水土保持措施因子(P)

在 RUSLE 模型中，水土保持措施因子定义为采用特定措施土地上的土壤流失

量与顺坡种植的土壤流失量的比值，主要是通过改变地形和汇流方式减少径流量、降低径流速率等作用减轻土壤侵蚀。相关研究结果表明，水平梯田、水平沟和鱼鳞坑的减沙效益分别为 93%、67%、75%，因此水平梯田、水平沟、鱼鳞坑的水土保持措施因子 P 值分别取 0.07、0.33 和 0.25。水平沟一般可修建在 25° 坡面上，而鱼鳞坑则可修建在 40° 以上的陡坡上。

2) 王茂沟小流域不同淤地坝坝控流域的多年平均侵蚀模数

根据以上确定的 RUSLE 模型各因子的计算结果，计算得到的王茂沟小流域不同淤地坝坝控流域的多年平均侵蚀模数见表 13.30。在表 13.30 中，还列出了 2012 年 9 月对“7·15”暴雨时王茂沟小流域各淤地坝坝控流域的侵蚀模数实地调查结果。

表 13.30　王茂沟小流域不同淤地坝“7·15”暴雨侵蚀模数和多年平均土壤侵蚀模数

淤地坝名称	控制面积/km^2	“7·15”暴雨侵蚀模数/(t/km^2)	多年平均侵蚀模数/(t/km^2)
关地沟 4#坝	0.40	23 012.5	9 036.3
背塔沟坝	0.20	14 717.0	5 778.9
关地沟 2#坝	0.10	23 603.3	9 268.3
关地沟 3#坝	0.05	36 593.5	14 369.1
关地沟 1#坝	1.14	21 215.4	8 330.6
死地嘴 1#坝	0.62	21 116.3	8 291.7
王塔沟 1#坝	0.35	21 116.3	8 291.7
王茂沟 2#坝	2.97	21 301.8	8 364.6
康和沟 3#坝	0.25	23 639.0	9 282.3
康和沟 2#坝	0.32	28 015.8	11 000.9
康和沟 1#坝	0.06	18 797.5	7 381.2
埝堰沟 3#坝	0.46	23 022.9	9 040.4
埝堰沟 2#坝	0.18	12 385.5	4 863.4
埝堰沟 1#坝	0.86	10 978.7	4 311.0
黄柏沟 2#坝	0.18	21 942.7	8 616.2
黄柏沟 1#坝	0.34	10 771.4	4 229.6
王茂沟 1#坝	2.89	14 870.5	5 839.2

将王茂沟小流域各淤地坝坝控流域“7·15”暴雨洪水中的侵蚀产沙量按照表 13.26 中的不同历时的洪水总量比例分配到各个洪水时段中，得到相应的侵蚀产沙过程，见表 13.31。

9. *淤地坝坝前水位及溃坝分析计算*

淤地坝的入库洪水过程等于该淤地坝的区间洪水过程和上游淤地坝泄流过程的叠加，其中，调洪演算中认为 40%的泥沙直接沉积至坝地，60%的泥沙与水均匀混合后通过泄水建筑物下泄至坝址下游的沟道内，调洪演算同时可以得到坝前水深过程。各淤地坝的入库洪水过程见表 13.32。

表 13.31 王茂沟小流域各淤地坝“7·15”暴雨侵蚀产沙过程中不同历时对应的时段产沙量

淤地坝名称	不同历时的时段产沙量/t							
	T_0	T_1	T_2	T_3	T_4	T_5	T_6	T_7
关地沟 4#坝	0.00	699.74	250.29	986.10	2 495.23	3 038.80	5 052.51	835.64
背塔沟坝	0.00	349.89	71.43	264.96	655.11	697.17	1 819.07	263.37
关地沟 2#坝	0.00	159.59	23.41	83.05	203.32	203.86	678.74	92.53
关地沟 3#坝	0.00	490.69	99.61	368.01	910.92	979.74	2 584.25	371.38
关地沟 1#坝	0.00	362.56	253.32	1 060.70	2 782.46	3 972.93	3 323.22	743.52
死地嘴 1#坝	0.00	659.13	366.65	1 502.43	3 896.95	5 346.52	5 809.04	1 136.49
王塔沟 1#坝	0.00	664.32	164.50	622.69	1 552.02	1 738.44	3 929.94	589.30
王茂沟 2#坝	0.00	1 067.26	432.90	1 728.02	4 396.52	5 502.00	8 155.93	1 408.28
康和沟 3#坝	0.00	491.21	133.89	511.87	1 281.21	1 472.10	3 087.03	472.49
康和沟 2#坝	0.00	362.64	62.24	225.73	555.12	571.80	1 697.90	237.87
康和沟 1#坝	0.00	103.73	23.23	87.04	216.00	235.32	573.57	84.42
埝堰沟 3#坝	0.00	782.02	221.98	852.22	2 136.89	2 480.76	5 035.03	778.01
埝堰沟 2#坝	0.00	151.98	71.38	288.55	740.28	965.63	1 246.20	226.88
埝堰沟 1#坝	0.00	163.28	46.23	178.25	445.81	507.58	1 023.99	159.66
黄柏沟 2#坝	0.00	305.46	101.59	397.13	1 001.89	1 201.40	2 129.98	344.35
黄柏沟 1#坝	0.00	137.89	42.30	164.49	412.79	479.12	904.89	144.01
王茂沟 1#坝	0.00	669.95	552.66	2 351.00	6 211.78	9 038.54	6 107.87	1 548.80

在明确王茂沟小流域所有淤地坝的结构、级联关系，确定放水建筑物、溢洪道的出流过程等的基础上，根据表 13.32 中确定的王茂沟小流域各淤地坝“7·15”暴雨中的不同历时入库洪水总量，结合淤地坝坝高-库容曲线和淤地坝实际淤积情况，计算得到每个淤地坝的坝前水深见表 13.33。

在计算过程中，假定关地沟 4#坝在 T_6 时段溃坝，导致关地沟 1#坝也在 T_6 时段部分溃坝；关地沟 4#坝溃坝后的洪量全部下泄，关地沟 1#坝溃坝后洪量 30%下泄(关地沟 1#坝溃决程度为 1/4)。根据实地调查结果，在“7·15”暴雨洪水中，王茂沟小流域共有 11 座淤地坝冲毁，分别是黄柏沟 1#坝、埝堰沟 2#坝、埝堰沟 3#坝、康和沟 1#坝、康和沟 2#坝、康和沟 3#坝、王塔沟 1#坝、关地沟 1#坝、关地沟 3#坝、关地沟 4#坝、背塔沟坝。根据暴雨洪水分析计算结果，关地沟 2#坝、关地沟 3#坝和康和沟 1#坝发生了漫顶溃坝，其余淤地坝溃决可能是由渗流或放水建筑物破坏等原因造成的。

表 13.32　王茂沟小流域各淤地坝“7·15”暴雨入库洪水不同历时的时段洪水总量

淤地坝名称	时段洪水总量/m³							
	T_0	T_1	T_2	T_3	T_4	T_5	T_6	T_7
关地沟 4#坝	0.00	1 778.76	727.21	2 376.29	5 995.23	8 016.55	12 360.28	572.04
背塔沟坝	0.00	1 235.74	280.54	906.08	2 236.54	2 619.09	6 584.66	232.28
关地沟 2#坝	0.00	392.26	64.19	198.57	505.21	884.38	31 972.37	594.44
关地沟 3#坝	0.00	840.36	179.62	620.95	1 535.82	1 727.72	4 475.26	413.58
关地沟 1#坝	0.00	1 460.61	1 046.83	2 937.38	7 844.39	15 404.87	75 744.99	808.83
死地嘴 1#坝	0.00	1 941.14	1 314.70	4 006.94	10 330.27	15 270.22	15 282.65	285.35
王塔沟 1#坝	0.00	1 945.16	538.74	1 756.74	4 369.88	5 377.60	11 554.45	492.31
王茂沟 2#坝	0.00	3 049.02	1 567.10	4 313.42	10 929.75	16 689.61	49 875.69	17 723.70
康和沟 3#坝	0.00	1 205.15	339.51	1 242.33	3 107.73	3 664.02	7 559.91	936.05
康和沟 2#坝	0.00	737.99	141.30	445.67	1 094.27	1 249.99	3 607.17	78.33
康和沟 1#坝	0.00	296.86	76.00	238.58	590.69	724.02	1 672.53	21.25
埝堰沟 3#坝	0.00	1 945.32	617.08	2 038.61	5 100.76	6 470.95	12 389.76	655.72
埝堰沟 2#坝	0.00	712.39	467.89	1 132.99	2 875.37	4 527.07	4 908.79	−860.54
埝堰沟 1#坝	0.00	761.54	256.47	779.02	1 941.74	2 559.95	4 709.30	−69.25
黄柏沟 2#坝	0.00	801.11	292.29	1 005.97	2 533.05	3 255.90	5 462.63	441.70
黄柏沟 1#坝	0.00	665.02	221.64	769.73	1 928.59	2 389.27	4 308.25	361.32
王茂沟 1#坝	0.00	2 912.70	2 871.73	9 188.73	24 155.17	36 779.91	30 246.10	17 910.44

表 13.33　王茂沟小流域各淤地坝“7·15”暴雨不同历时的坝前水深计算结果

淤地坝名称	坝前水深/m								最高水深	泥沙淤积泥面与
	T_0	T_1	T_2	T_3	T_4	T_5	T_6	T_7	H_{max}/m	坝顶之间距离/m
关地沟 4#坝	0.00	0.10	0.13	0.26	0.57	0.96	1.33	0.12	1.33	5.02
背塔沟坝	0.00	0.41	0.49	0.77	1.41	2.08	3.57	3.64	3.64	4.95
关地沟 2#坝	0.00	0.08	0.10	0.21	0.32	0.10	1.53	0.36	1.53	1.45
关地沟 3#坝	0.00	0.33	0.40	0.63	1.88	0.49	0.49	0.49	1.88	1.66
关地沟 1#坝	0.00	0.06	0.11	0.24	0.63	1.22	3.71	3.41	3.71	8.52
死地嘴 1#坝	0.00	0.08	0.13	0.30	0.72	1.30	1.78	1.59	1.78	2.38
王塔沟 1#坝	0.00	0.31	0.40	0.68	1.38	2.18	3.88	4.03	4.03	5.12
王茂沟 2#坝	0.00	0.13	0.20	0.38	0.81	1.38	2.95	3.10	3.10	13.00
康和沟 3#坝	0.00	0.11	0.14	0.25	0.53	0.86	1.51	1.60	1.60	4.80
康和沟 2#坝	0.00	0.08	0.09	0.14	0.25	0.38	0.75	0.76	0.76	3.22
康和沟 1#坝	0.00	0.02	0.03	0.05	0.80	0.31	0.31	0.31	0.80	0.51
埝堰沟 3#坝	0.00	0.23	0.30	0.54	1.13	1.83	3.11	3.19	3.19	4.63
埝堰沟 2#坝	0.00	0.03	0.05	0.10	0.22	0.41	0.61	0.58	0.61	5.04
埝堰沟 1#坝	0.00	0.07	0.09	0.16	0.32	0.54	0.93	0.93	0.93	8.36
黄柏沟 2#坝	0.00	0.04	0.06	0.11	0.24	0.41	0.68	0.71	0.71	1.38
黄柏沟 1#坝	0.00	0.08	0.11	0.20	0.43	0.69	1.03	0.85	1.03	3.36
王茂沟 1#坝	0.00	0.00	0.00	0.01	0.03	0.07	0.09	0.09	0.09	1.14

在 2012 年 9 月对“7·15”暴雨实地调查中，仅在关地沟 1#坝、死地嘴 1#坝、王塔沟 1#坝和王茂沟 2#坝调查到了坝前最高水深，因此，可以根据这 4 个淤地坝的坝前最高水深验证表 13.33 中的坝前水深计算结果的合理性。“7·15”暴雨洪水中的淤地坝最大坝前水位(此处用坝前水深代替)计算值与调查值对比见图 13.13。

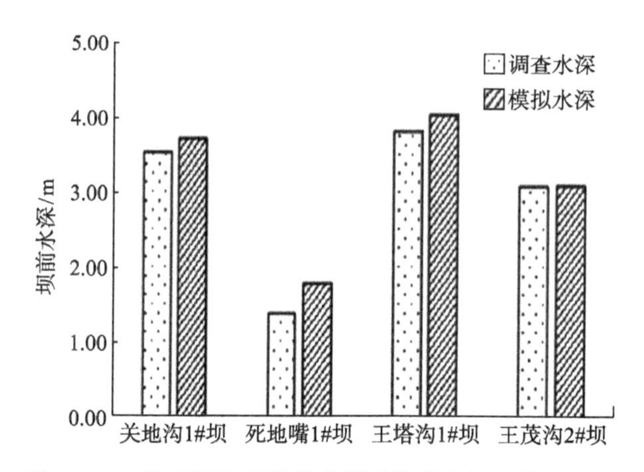

图 13.13　典型淤地坝坝前水深计算值与调查值对比图

由图 13.13 可知，地沟 1#坝、死地嘴 1#坝、王塔沟 1#坝和王茂沟 2#坝的坝前水深计算值均与调查值比较接近，相对误差分别为 5.1%、29.0%、6.1%和 0.6%。此外，根据实地调查结果，关地沟 2#坝和关地沟 3#坝在“7·15”暴雨洪水中均发生了漫顶溃坝，与本次计算结果一致。分析结果表明，死地嘴 1#坝的坝前水位计算值误差较大的原因可能是，在“7·15”暴雨洪水发生前，死地嘴 1#坝上游的死地嘴 2#坝坝地还没有淤平；在“7·15”暴雨洪水发生时，死地嘴 2#坝拦蓄了部分洪水和泥沙。由于“7·15”暴雨洪水后死地嘴 2#坝已经淤平，因此，在实地调查中无法调查到死地嘴 2#坝坝地的实际淤积厚度，也就无法知道死地嘴 2#坝在“7·15”暴雨洪水中的拦蓄洪水和泥沙的实际值。在计算过程中假定死地嘴 2#坝坝址以上的洪水和泥沙均进入到死地嘴 1#坝坝地中，导致死地嘴 1#坝的坝前水深计算值高于调查值。

根据图 13.13 还可以发现，四座典型淤地坝坝前最高水深计算值均高于调查值，其原因可能是在计算不同土地利用方式坡地(梯田、林地、草地和坡地)产流量时，仅考虑了不同土地利用方式坡地的稳定入渗率的不同，而蓄水容量均是根据水文手册按照坡地估计的，实际上不同土地利用类型对应的蓄水容量也是不一样的，并且一般来说，梯田、林地、草地的蓄水容量大于坡地，因此，净雨计算值大于实际值，进而导致坝前最大水深偏高。

此外，根据王茂沟小流域把口站的实测资料，王茂沟 1#坝在“7·15”暴雨洪水中的下泄洪量为 118 316m^3，输沙量为 27 234t。本次计算得到的王茂沟 1#坝在“7·15”暴雨洪水中的下泄洪量为 118 082m^3，输沙量计算值为 22 038t。经计算，下泄洪量和输沙量的计算值与实测值之间的相对误差分别为 0.2%和 19.1%。

根据上述分析结果可以看出，本章提出的王茂沟小流域淤地坝坝系坝控流域产流、汇流、产沙等计算方法具有一定的模拟计算精度，为黄土丘陵沟壑区淤地坝坝控流域的暴雨洪水过程和侵蚀产沙过程模拟提供了一种新的研究方法。

13.3.3　变化条件下流域设计暴雨洪水与侵蚀产沙分析

本节对现状条件、退耕条件和水土保持措施容量条件三种情况下的王茂沟小流域不同重现期暴雨下各淤地坝址处的洪峰流量、洪水总量、侵蚀产沙量和洪水泥沙叠加后的总浑水量进行了计算分析。

1. 现状条件下不同重现期设计暴雨洪水总量分析

根据王茂沟小流域现状条件下的不同重现期暴雨雨型概化、各时段最大降水量平均值、C_v、C_s/C_v、下渗资料来推求净雨过程，进一步计算不同重现期下流域的洪水过程。同时，根据 RSULE 模型计算得到不同重现期下王茂沟各淤地坝坝控流域的侵蚀产沙量。本次计算得到现状条件下不同重现期各淤地坝坝址断面洪峰流量、洪水总量、侵蚀产沙量和洪水泥沙叠加后的浑水总量，见表 13.34～表 13.37。

表 13.34　现状条件下不同重现期设计洪峰流量表　(单位：m^3/s)

淤地坝名称	设计洪峰流量						
	10 年	20 年	30 年	50 年	100 年	200 年	300 年
关地沟 4#坝	9.34	10.48	11.13	12.06	13.61	14.90	15.87
背塔沟坝	6.76	7.31	7.64	8.14	9.05	9.77	10.36
关地沟 2#坝	1.80	1.90	1.97	2.08	2.24	2.41	2.52
关地沟 3#坝	4.04	4.37	4.56	4.86	5.33	5.77	6.08
关地沟 1#坝	5.57	6.53	7.08	7.81	8.96	9.97	10.68
死地嘴 1#坝	10.15	11.71	12.61	13.83	15.60	17.30	18.41
王塔沟 1#坝	10.45	11.45	12.03	12.90	14.32	15.56	16.48
王茂沟 2#坝	14.18	16.04	17.11	18.60	21.13	23.18	24.76
康和沟 3#坝	6.69	7.38	7.78	8.36	9.28	10.11	10.71
康和沟 2#坝	3.53	3.77	3.92	4.16	4.56	4.91	5.17
康和沟 1#坝	1.54	1.68	1.76	1.88	2.09	2.27	2.40
埝堰沟 3#坝	10.23	11.30	11.93	12.84	14.27	15.56	16.48
埝堰沟 2#坝	3.36	3.83	4.11	4.48	5.08	5.60	5.98
埝堰沟 1#坝	4.19	4.63	4.88	5.26	5.96	6.48	6.92
黄柏沟 2#坝	4.38	4.89	5.18	5.60	6.29	6.88	7.32
黄柏沟 1#坝	3.97	4.41	4.67	5.04	5.73	6.23	6.66
王茂沟 1#坝	15.87	18.80	20.48	22.71	26.53	29.55	31.89

表 13.35　现状条件下不同重现期设计洪水总量表　(单位：m^3)

淤地坝名称	设计洪水总量						
	10 年	20 年	30 年	50 年	100 年	200 年	300 年
关地沟 4#坝	7 860.9	12 187.9	14 896.8	18 420.3	23 217.7	28 403.2	31 189.4
背塔沟坝	3 597.8	5 641.7	6 948.2	8 648.2	10 974.5	13 476.7	14 834.2
关地沟 2#坝	690.3	1 137.2	1 426.5	1 802.4	2 334.2	2 885.9	3 208.9
关地沟 3#坝	2 252.3	3 408.9	4 151.4	5 118.6	6 477.3	7 906.7	8 723.1
关地沟 1#坝	7 623.8	12 227.6	15 060.7	18 736.6	23 718.9	29 103.8	31 989.9
死地嘴 1#坝	11 882.3	18 682.0	22 887.8	28 350.7	35 975.7	44 002.0	48 552.3
王塔沟 1#坝	6 534.3	10 174.5	12 483.1	15 487.3	19 639.1	24 064.4	26 515.3
王茂沟 2#坝	11 697.5	19 697.3	24 662.7	31 105.5	39 811.7	49 233.3	54 251.0
康和沟 3#坝	4 896.7	7 215.9	8 689.1	10 609.9	13 278.9	16 123.0	17 706.5
康和沟 2#坝	1 573.3	2 539.7	3 161.2	3 969.0	5 092.8	6 279.9	6 948.9
康和沟 1#坝	858.5	1 373.4	1 700.6	2 126.0	2 709.7	3 334.9	3 676.6
埝堰沟 3#坝	7 190.4	11 118.7	13 598.2	16 824.8	21 307.4	26 063.0	28 723.9
埝堰沟 2#坝	2 832.4	5 093.7	6 488.7	8 296.1	10 765.5	13 399.5	14 841.6
埝堰沟 1#坝	2 773.8	4 468.2	5 534.2	6 919.7	8 769.4	10 802.0	11 851.1
黄柏沟 2#坝	3 598.7	5 450.1	6 614.1	8 129.6	10 204.6	12 440.3	13 651.9
黄柏沟 1#坝	3 099.9	4 665.6	5 653.2	6 939.5	8 650.9	10 548.2	11 514.0
王茂沟 1#坝	26 720.3	40 912.2	49 643.9	60 981.9	75 680.6	92 320.6	100 439.6

表 13.36　现状条件下不同重现期设计侵蚀产沙量表　(单位：t)

淤地坝名称	设计侵蚀产沙量						
	10 年	20 年	30 年	50 年	100 年	200 年	300 年
关地沟 4#坝	2 505.3	3 991.1	5 039.0	4 228.7	8 910.4	11 677.1	13 422.1
背塔沟坝	772.9	1 231.3	1 554.5	1 304.5	2 748.8	3 602.3	4 140.7
关地沟 2#坝	270.9	431.6	544.9	457.3	963.6	1 262.7	1 451.4
关地沟 3#坝	1 088.7	1 734.3	2 189.6	1 837.6	3 871.9	5 074.1	5 832.4
关地沟 1#坝	2 344.1	3 734.3	4 714.7	3 956.6	8 337.0	10 925.7	12 558.4
死地嘴 1#坝	3 510.4	5 592.2	7 060.5	5 925.1	12 484.8	16 361.6	18 806.7
王塔沟 1#坝	1 737.0	2 767.0	3 493.6	2 931.7	6 177.5	8 095.7	9 305.5
王茂沟 2#坝	4 255.7	6 779.5	8 559.5	7 183.0	15 135.4	19 835.1	22 799.3
康和沟 3#坝	1 397.2	2 225.9	2 810.2	2 358.3	4 969.3	6 512.2	7 485.5
康和沟 2#坝	696.4	1 109.5	1 400.7	1 175.5	2 476.9	3 246.0	3 731.0
康和沟 1#坝	248.1	395.3	499.2	418.9	882.7	1 156.7	1 329.6
埝堰沟 3#坝	2 304.4	3 671.0	4 634.9	3 889.6	8 195.7	10 740.6	12 345.6
埝堰沟 2#坝	692.2	1 102.7	1 392.3	1 168.4	2 461.9	3 226.4	3 708.5
埝堰沟 1#坝	473.6	754.4	952.4	799.3	1 684.1	2 207.0	2 536.8
黄柏沟 2#坝	1 028.1	1 637.9	2 067.9	1 735.3	3 656.5	4 791.9	5 508.0
黄柏沟 1#坝	428.7	682.9	862.1	723.5	1 524.5	1 997.9	2 296.4
王茂沟 1#坝	4 966.4	7 911.7	9 989.0	8 382.7	17 663.2	23 147.9	26 607.1

表 13.37　现状条件下不同重现期浑水总量表　　(单位：m³)

淤地坝名称	浑水总量						
	10 年	20 年	30 年	50 年	100	200 年	300 年
关地沟 4#坝	8 806.3	13 694.0	16 798.3	20 016.0	26 580.1	32 809.7	36 254.4
背塔沟坝	3 889.4	6 106.3	7 534.8	9 140.5	12 011.7	14 836.0	16 396.7
关地沟 2#坝	792.5	1 300.0	1 632.1	1 974.9	2 697.8	3 362.4	3 756.6
关地沟 3#坝	2 663.1	4 063.3	4 977.6	5 812.1	7 938.3	9 821.4	10 924.0
关地沟 1#坝	8 508.4	13 636.7	16 839.8	20 229.7	26 864.9	33 226.7	36 728.9
死地嘴 1#坝	13 207.0	20 792.2	25 552.2	30 586.6	40 686.9	50 176.2	55 649.1
王塔沟 1#坝	7 189.8	11 218.7	13 801.4	16 593.6	21 970.2	27 119.4	30 026.8
王茂沟 2#坝	13 303.4	22 255.6	27 892.7	33 816.1	45 523.2	56 718.2	62 854.5
康和沟 3#坝	5 423.9	8 055.8	9 749.6	11 499.8	15 154.1	18 580.5	20 531.2
康和沟 2#坝	1 836.1	2 958.4	3 689.7	4 412.6	6 027.5	7 504.8	8 356.8
康和沟 1#坝	952.1	1 522.6	1 889.0	2 284.1	3 042.7	3 771.4	4 178.4
埝堰沟 3#坝	8 060.0	12 504.0	15 347.2	18 292.6	24 400.1	30 116.0	33 382.6
埝堰沟 2#坝	3 093.6	5 509.8	7 014.1	8 737.0	11 694.6	14 617.0	16 241.0
埝堰沟 1#坝	2 952.5	4 752.9	5 893.6	7 221.3	9 404.9	11 634.9	12 808.4
黄柏沟 2#坝	3 986.7	6 068.2	7 394.4	8 784.4	11 584.4	14 248.6	15 730.4
黄柏沟 1#坝	3 261.7	4 923.3	5 978.5	7 212.5	9 226.1	11 302.1	12 380.5
王茂沟 1#坝	28 594.4	43 897.8	53 413.3	64 145.2	82 345.9	101 055.7	110 480.0

2. 退耕条件下不同重现期暴雨洪水总量分析

根据王茂沟小流域退耕条件下的不同重现期暴雨雨型概化、各时段最大降水量均值、C_v、C_s/C_v、下渗资料来推求净雨过程，进一步计算不同重现期下的流域洪水过程。同时，根据 RSULE 模型计算不同重现期下王茂沟小流域各淤地坝坝控流域的侵蚀产沙量。计算得到的现状条件下不同重现期各淤地坝坝址处的洪峰流量、洪水总量、侵蚀产沙量和浑水总量。详见表 13.38～表 13.41。

3. 水土保持措施容量条件下不同重现期暴雨洪水总量分析

根据王茂沟小流域水土保持措施容量下的不同重现期暴雨雨型概化、各时段最大降水量均值、C_v、C_s/C_v、下渗资料来推求净雨过程，进一步计算不同重现期下流域洪水过程。同时，根据 RSULE 模型计算不同重现期下王茂沟流域各淤地坝坝控流域的侵蚀产沙量。计算得到的现状条件下不同重现期各淤地坝坝址处的坝洪峰流量、洪水总量、侵蚀产沙量及洪水泥沙叠加后的浑水总量详见表 13.42～表 13.45。

表 13.38　退耕条件下不同重现期设计洪峰流量表　　(单位：m^3/s)

淤地坝名称	设计洪峰流量						
	10 年	20 年	30 年	50 年	100 年	200 年	300 年
关地沟 4#坝	9.34	10.48	11.13	12.06	13.47	14.77	15.67
背塔沟坝	6.76	7.31	7.64	8.14	9.01	9.74	10.30
关地沟 2#坝	1.80	1.90	1.97	2.08	2.22	2.39	2.50
关地沟 3#坝	4.04	4.37	4.56	4.86	5.20	5.66	5.91
关地沟 1#坝	5.57	6.53	7.08	7.81	8.91	9.92	10.60
死地嘴 1#坝	10.15	11.71	12.61	13.83	15.51	17.21	18.28
王塔沟 1#坝	10.45	11.45	12.03	12.90	14.25	15.50	16.38
王茂沟 2#坝	14.18	16.04	17.11	18.60	20.94	23.02	24.49
康和沟 3#坝	6.69	7.38	7.78	8.36	9.23	10.06	10.63
康和沟 2#坝	3.53	3.77	3.92	4.16	4.49	4.85	5.08
康和沟 1#坝	1.54	1.68	1.76	1.88	2.08	2.25	2.38
埝堰沟 3#坝	10.23	11.30	11.93	12.84	14.08	15.40	16.23
埝堰沟 2#坝	3.36	3.83	4.11	4.48	5.07	5.59	5.96
埝堰沟 1#坝	4.19	4.63	4.88	5.26	5.93	6.44	6.86
黄柏沟 2#坝	4.38	4.89	5.18	5.60	6.22	6.82	7.22
黄柏沟 1#坝	3.97	4.41	4.67	5.04	5.71	6.22	6.64
王茂沟 1#坝	15.87	18.80	20.48	22.71	26.41	29.45	31.72

表 13.39　退耕条件下不同重现期设计洪水总量表　　(单位：m^3)

淤地坝名称	设计洪水总量						
	10 年	20 年	30 年	50 年	100 年	200 年	300 年
关地沟 4#坝	7 860.9	12 187.9	14 896.8	18 420.3	23 323.8	28 513.1	31 430.7
背塔沟坝	3 597.8	5 641.7	6 948.2	8 648.2	10 991.7	13 494.6	14 874.1
关地沟 2#坝	690.3	1 137.2	1 426.5	1 802.4	2 340.3	2 892.2	3 223.2
关地沟 3#坝	2 252.3	3 408.9	4 151.4	5 118.6	6 534.3	7 965.7	8 854.6
关地沟 1#坝	7 623.8	12 227.6	15 060.7	18 736.6	23 803.4	29 190.9	32 177.8
死地嘴 1#坝	11 882.3	18 682.0	22 887.8	28 350.7	36 087.1	44 116.7	48 801.6
王塔沟 1#坝	6 534.3	10 174.5	12 483.1	15 487.3	19 676.7	24 103.4	26 601.8
王茂沟 2#坝	11 697.5	19 697.3	24 662.7	31 105.5	39 970.5	49 397.7	54 611.4
康和沟 3#坝	4 896.7	7 215.9	8 689.1	10 609.9	13 311.5	16 156.7	17 781.0
康和沟 2#坝	1 573.3	2 539.7	3 161.2	3 969.0	5 118.9	6 306.9	7 009.4
康和沟 1#坝	858.5	1 373.4	1 700.6	2 126.0	2 716.5	3 342.0	3 692.4
埝堰沟 3#坝	7 190.4	11 118.7	13 598.2	16 824.8	21 418.3	26 177.7	28 977.3
埝堰沟 2#坝	2 832.4	5 093.7	6 488.7	8 296.1	10 779.5	13 413.9	14 873.1
埝堰沟 1#坝	2 773.8	4 468.2	5 534.2	6 919.7	8 791.7	10 825.2	11 902.1
黄柏沟 2#坝	3 598.7	5 450.1	6 614.1	8 129.6	10 254.9	12 492.4	13 766.5
黄柏沟 1#坝	3 099.9	4 665.6	5 653.2	6 939.5	8 661.4	10 559.1	11 538.1
王茂沟 1#坝	26 720.3	40 912.2	49 643.9	60 981.9	75 881.9	92 527.9	100 884.7

表 13.40　退耕条件下不同重现期设计侵蚀产沙量表　(单位：t)

淤地坝名称	设计侵蚀产沙量						
	10 年	20 年	30 年	50 年	100 年	200 年	300 年
关地沟 4#坝	1 451.4	2 312.2	2 919.3	3 786.4	5 162.1	6 765.0	7 775.9
背塔沟坝	597.1	951.2	1 201.0	1 557.6	2 123.6	2 783.0	3 198.9
关地沟 2#坝	184.3	293.6	370.7	480.8	655.5	859.0	987.4
关地沟 3#坝	494.7	788.1	995.0	1 290.4	1 759.3	2 305.6	2 650.2
关地沟 1#坝	1 403.4	2 235.6	2 822.7	3 661.0	4 991.2	6 541.0	7 518.5
死地嘴 1#坝	2 487.6	3 962.8	5 003.3	6 489.3	8 847.1	11 594.2	13 326.9
王塔沟 1#坝	1 312.3	2 090.5	2 639.4	3 423.4	4 667.2	6 116.4	7 030.4
王茂沟 2#坝	2 340.6	3 728.7	4 707.6	6 105.9	8 324.4	10 909.2	12 539.5
康和沟 3#坝	979.0	1 559.6	1 969.0	2 553.9	3 481.7	4 562.9	5 244.7
康和沟 2#坝	385.1	613.5	774.6	1 004.7	1 369.6	1 795.0	2 063.2
康和沟 1#坝	168.1	267.8	338.1	438.6	597.9	783.6	900.7
埝堰沟 3#坝	1 315.3	2 095.4	2 645.6	3 431.4	4 678.1	6 130.7	7 047.0
埝堰沟 2#坝	585.6	933.0	1 177.9	1 527.8	2 082.9	2 729.7	3 137.6
埝堰沟 1#坝	308.3	491.1	620.0	804.1	1 096.4	1 436.7	1 651.5
黄柏沟 2#坝	558.4	889.7	1 123.3	1 456.9	1 986.2	2 603.0	2 991.9
黄柏沟 1#坝	321.3	511.9	646.4	838.3	1 142.9	1 497.8	1 721.6
王茂沟 1#坝	2 989.3	4 762.0	6 012.3	7 798.0	10 631.3	13 932.5	16 014.6

表 13.41　退耕条件下不同重现期设计浑水总量表　(单位：m^3)

淤地坝名称	设计浑水总量						
	10 年	20 年	30 年	50 年	100	200 年	300 年
关地沟 4#坝	8 408.6	13 060.5	15 998.4	19 849.1	25 271.8	31 065.9	34 365.0
背塔沟坝	3 823.1	6 000.6	7 401.4	9 236.0	11 793.1	14 544.8	16 081.3
关地沟 2#坝	759.8	1 248.0	1 566.4	1 983.8	2 587.7	3 216.4	3 595.8
关地沟 3#坝	2 438.9	3 706.3	4 526.8	5 605.6	7 198.2	8 835.7	9 854.6
关地沟 1#坝	8 153.4	13 071.2	16 125.8	20 118.1	25 686.9	31 659.2	35 015.0
死地嘴 1#坝	12 821.0	20 177.4	24 775.8	30 799.5	39 425.6	48 491.9	53 830.6
王塔沟 1#坝	7 029.5	10 963.4	13 479.1	16 779.1	21 437.9	26 411.5	29 254.8
王茂沟 2#坝	12 580.7	21 104.4	26 439.1	33 409.7	43 111.8	53 514.4	59 343.3
康和沟 3#坝	5 266.1	7 804.4	9 432.2	11 573.6	14 625.4	17 878.6	19 760.1
康和沟 2#坝	1 718.7	2 771.2	3 453.5	4 348.1	5 635.7	6 984.3	7 788.0
康和沟 1#坝	921.9	1 474.5	1 828.2	2 291.6	2 942.1	3 637.7	4 032.3
埝堰沟 3#坝	7 686.8	11 909.5	14 596.5	18 119.7	23 183.6	28 491.1	31 636.6
埝堰沟 2#坝	3 053.4	5 445.7	6 933.2	8 872.6	11 565.5	14 444.0	16 057.1
埝堰沟 1#坝	2 890.1	4 653.5	5 768.1	7 223.1	9 205.4	11 367.3	12 525.3
黄柏沟 2#坝	3 809.5	5 785.9	7 038.0	8 679.3	11 004.4	13 474.6	14 895.5
黄柏沟 1#坝	3 221.2	4 858.7	5 897.1	7 255.9	9 092.7	11 124.3	12 187.7
王茂沟 1#坝	27 848.3	42 709.2	51 912.7	63 924.5	79 893.8	97 785.5	106 927.9

表 13.42　水土保持措施容量条件下不同重现期设计洪峰流量表　(单位：m^3/s)

淤地坝名称	设计洪峰流量						
	10 年	20 年	30 年	50 年	100 年	200 年	300 年
关地沟 4#坝	8.25	9.27	9.86	10.69	12.49	13.59	14.68
背塔沟坝	5.92	6.41	6.71	7.16	8.26	8.87	9.53
关地沟 2#坝	1.54	1.63	1.69	1.78	2.07	2.19	2.36
关地沟 3#坝	3.47	3.76	3.93	4.19	4.91	5.25	5.68
关地沟 1#坝	5.10	5.99	6.49	7.17	8.42	9.33	10.09
死地嘴 1#坝	9.39	10.85	11.69	12.82	14.94	16.47	17.76
王塔沟 1#坝	9.32	10.22	10.75	11.53	13.37	14.41	15.52
王茂沟 2#坝	14.25	16.11	17.19	18.68	22.07	24.03	26.07
康和沟 3#坝	5.52	6.10	6.44	6.93	8.15	8.79	9.53
康和沟 2#坝	3.02	3.23	3.37	3.57	4.18	4.45	4.81
康和沟 1#坝	1.26	1.37	1.44	1.54	1.83	1.96	2.13
埝堰沟 3#坝	8.93	9.88	10.44	11.24	13.12	14.19	15.32
埝堰沟 2#坝	3.34	3.81	4.08	4.46	5.22	5.72	6.18
埝堰沟 1#坝	4.16	4.60	4.86	5.23	6.13	6.61	7.15
黄柏沟 2#坝	3.71	4.15	4.41	4.77	5.54	6.03	6.50
黄柏沟 1#坝	3.36	3.74	3.96	4.28	5.01	5.42	5.86
王茂沟 1#坝	13.82	16.40	17.88	19.85	23.57	26.19	28.46

表 13.43　水土保持措施容量条件下不同重现期设计洪水总量表　(单位：m^3)

淤地坝名称	设计洪水总量						
	10 年	20 年	30 年	50 年	100 年	200 年	300 年
关地沟 4#坝	6 984.1	10 920.6	13 381.7	16 582.0	20 626.8	25 320.7	27 465.7
背塔沟坝	3 172.5	5 019.5	6 197.8	7 730.5	9 701.7	11 950.6	13 014.7
关地沟 2#坝	588.0	985.8	1 242.5	1 575.8	2 003.2	2 490.1	2 719.3
关地沟 3#坝	1 963.3	2 985.9	3 641.1	4 494.5	5 561.2	6 816.1	7 368.8
关地沟 1#坝	6 972.7	11 291.7	13 947.8	17 393.1	21 780.5	26 815.2	29 185.5
死地嘴 1#坝	11 016.0	17 435.3	21 403.3	26 556.1	33 198.0	40 746.6	44 376.2
王塔沟 1#坝	5 857.8	9 189.8	11 299.7	14 044.5	17 553.4	21 582.3	23 464.2
王茂沟 2#坝	11 754.0	19 778.8	24 760.0	31 223.4	39 284.8	48 709.8	52 916.4
康和沟 3#坝	4 138.0	6 113.8	7 366.7	9 000.0	11 013.3	13 420.2	14 446.9
康和沟 2#坝	1 348.8	2 209.4	2 761.2	3 478.3	4 383.9	5 432.4	5 908.4
康和沟 1#坝	698.9	1 140.6	1 420.3	1 783.8	2 231.0	2 762.1	2 989.0
埝堰沟 3#坝	6 323.2	9 860.2	12 089.0	14 988.6	18 651.0	22 906.5	24 840.7
埝堰沟 2#坝	2 811.5	5 063.7	6 453.0	8 252.9	10 553.0	13 169.8	14 411.6
埝堰沟 1#坝	2 758.6	4 446.2	5 507.8	6 887.5	8 622.6	10 642.0	11 552.8
黄柏沟 2#坝	3 094.2	4 720.0	5 740.5	7 068.7	8 761.1	10 714.2	11 620.3
黄柏沟 1#坝	2 664.2	4 034.2	4 896.9	6 020.3	7 429.5	9 081.9	9 819.6
王茂沟 1#坝	23 461.4	36 227.5	44 075.8	54 263.8	66 818.9	81 739.7	88 273.3

表 13.44　水土保持措施容量条件下不同重现期设计侵蚀产沙量表　(单位：t)

淤地坝名称	设计侵蚀产沙量						
	10 年	20 年	30 年	50 年	100 年	200 年	300 年
关地沟 4#坝	759.3	1 209.6	1 527.1	1 980.7	2 700.3	3 538.8	4 067.6
背塔沟坝	399.7	636.7	803.9	1 042.6	1 421.4	1 862.8	2 141.2
关地沟 2#坝	93.3	148.6	187.6	243.3	331.7	434.7	499.6
关地沟 3#坝	190.1	302.8	382.3	495.9	676.0	885.9	1 018.3
关地沟 1#坝	929.3	1 480.4	1 869.0	2 424.2	3 305.0	4 331.2	4 978.4
死地嘴 1#坝	1 495.3	2 381.9	3 007.3	3 900.6	5 317.8	6 969.0	8 010.5
王塔沟 1#坝	757.6	1 207.0	1 523.9	1 976.5	2 694.6	3 531.3	4 059.0
王茂沟 2#坝	1 087.1	1 731.9	2 186.6	2 836.0	3 866.4	5 067.0	5 824.2
康和沟 3#坝	449.4	715.9	903.9	1 172.4	1 598.4	2 094.7	2 407.7
康和沟 2#坝	182.1	290.1	366.3	475.1	647.8	848.9	975.7
康和沟 1#坝	84.7	135.0	170.4	221.0	301.4	395.0	454.0
埝堰沟 3#坝	545.3	868.7	1 096.7	1 422.4	1 939.3	2 541.4	2 921.3
埝堰沟 2#坝	327.3	521.3	658.1	853.6	1 163.8	1 525.2	1 753.1
埝堰沟 1#坝	175.8	280.1	353.6	458.6	625.2	819.3	941.8
黄柏沟 2#坝	286.7	456.7	576.6	747.9	1 019.6	1 336.2	1 535.9
黄柏沟 1#坝	203.7	324.5	409.7	531.4	724.5	949.5	1 091.3
王茂沟 1#坝	1 928.1	3 071.7	3 878.1	5 030.0	6 857.6	8 987.0	10 330.0

表 13.45　水土保持措施容量条件下不同重现期设计浑水总量表 (单位：m^3)

淤地坝名称	设计浑水总量						
	10 年	20 年	30 年	50 年	100	200 年	300 年
关地沟 4#坝	7 270.6	11 377.1	13 958.0	17 329.4	21 645.8	26 656.1	29 000.7
背塔沟坝	3 323.3	5 259.8	6 501.1	8 123.9	10 238.1	12 653.6	13 822.7
关地沟 2#坝	623.2	1 041.9	1 313.3	1 667.6	2 128.4	2 654.1	2 907.9
关地沟 3#坝	2 035.0	3 100.2	3 785.4	4 681.7	5 816.3	7 150.4	7 753.1
关地沟 1#坝	7 323.4	11 850.3	14 653.1	18 307.9	23 027.7	28 449.6	31 064.2
死地嘴 1#坝	11 580.2	18 334.1	22 538.1	28 028.1	35 204.7	43 376.4	47 399.0
王塔沟 1#坝	6 143.7	9 645.3	11 874.7	14 790.4	18 570.2	22 914.8	24 995.9
王茂沟 2#坝	12 164.2	20 432.4	25 585.1	32 293.6	40 743.9	50 621.8	55 114.2
康和沟 3#坝	4 307.5	6 384.0	7 707.8	9 442.4	11 616.5	14 210.7	15 355.5
康和沟 2#坝	1 417.6	2 318.9	2 899.5	3 657.6	4 628.3	5 752.8	6 276.6
康和沟 1#坝	730.8	1 191.5	1 484.6	1 867.3	2 344.7	2 911.2	3 160.4
埝堰沟 3#坝	6 529.0	10 188.0	12 502.9	15 525.3	19 382.8	23 865.5	25 943.0
埝堰沟 2#坝	2 935.0	5 260.4	6 701.3	8 575.0	10 992.2	13 745.4	15 073.2
埝堰沟 1#坝	2 824.9	4 551.9	5 641.2	7 060.6	8 858.5	10 951.2	11 908.2
黄柏沟 2#坝	3 202.4	4 892.3	5 958.1	7 350.9	9 145.8	11 218.5	12 199.9
黄柏沟 1#坝	2 741.1	4 156.6	5 051.6	6 220.8	7 702.9	9 440.2	10 231.4
王茂沟 1#坝	24 189.0	37 386.6	45 539.3	56 162.0	69 406.7	85 131.0	92 171.5

图 13.14 为变化条件下不同重现期王茂沟小流域侵蚀产沙量对比图。从图 13.14 可以看出，同一重现器，王茂沟小流域在现状条件下、退耕条件下和水土保持措施容量条件下的侵蚀产沙量明显减少。其中，退耕条件下的侵蚀产沙量相比现状条件下减少 38%，水土保持措施容量条件下的侵蚀产沙量比现状条件下减少 66%。因此，下垫面条件变化对坝控流域侵蚀产沙量有明显影响。

图 13.15 为变化条件下不同重现期王茂沟小流域洪水总量对比图。由图 13.15 可以看出，在现状条件下、退耕条件下和水土保持措施容量条件下，王茂沟小流域不同重现期下的设计洪水总量没有发生明显的变化。其中，退耕条件下的设计洪水总量与现状条件下基本相同。这主要是由退耕条件将现状条件下的坡耕地转变为草地，而坡耕地和草地在下渗方面差异不大导致的。水土保持措施容量条件下的设计洪水总量比现状条件下减少了 10%左右。因此，水土保持措施容量条件下的洪水总量还是会在一定程度上进一步减少。

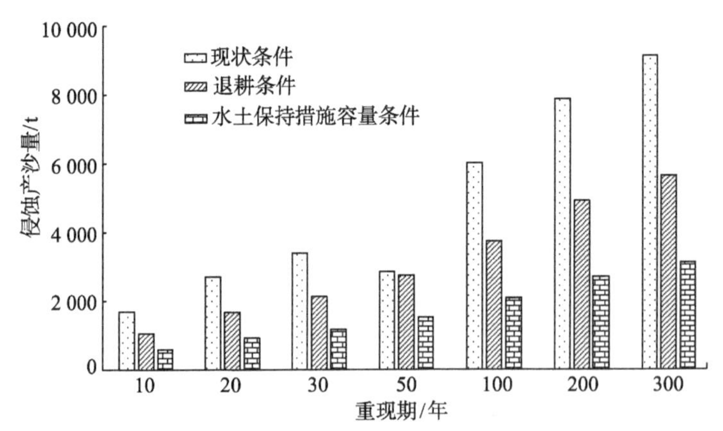

图 13.14　变化条件下不同重现期王茂沟小流域侵蚀产沙量对比图

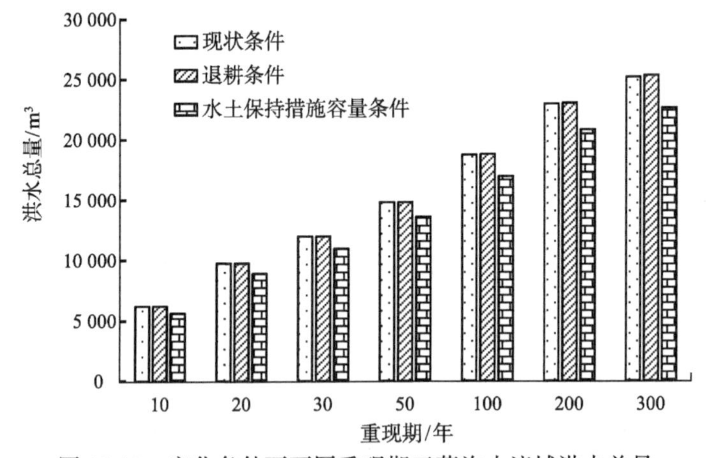

图 13.15　变化条件下不同重现期王茂沟小流域洪水总量

综上所述，王茂沟小流域的下垫面条件变化对不同重现期设计洪水总量的影响不明显，主要是由于王茂沟小流域的流域面积较小，一定程度的退耕条件变化对流域产汇流结果影响不大；王茂沟小流域在三种变化情景下的洪水总量(含泥沙)变化主要是由下垫面条件变化导致流域侵蚀产沙过程发生了显著变化造成的，而下垫面变化对洪水总量的影响不明显。

13.3.4　变化条件下王茂沟小流域淤地坝溃坝模拟研究

1. 现状条件下不同重现期淤地坝漫顶溃坝分析

根据 13.3.3 小节中计算得到的现状条件下在遭遇重现期分别为 10 年、20 年、30 年、50 年、100 年、200 年、300 年的设计暴雨洪水时王茂沟小流域各淤地坝坝址处的设计洪水过程，经过调洪演算得到各淤地坝坝前水位的变化过程，预测了未来 30 年(间隔 10 年)不同重现期情况下的暴雨、侵蚀、洪水、坝前水位，并以此作为淤地坝漫顶溃坝分析的基础资料。

现状条件下 2012 年、2022 年、2032 年、2042 年发生不同重现期设计暴雨洪水时的王茂沟小流域各淤地坝泥沙淤积、坝前水位见表 13.46～表 13.49。

根据表 13.46 中的数据可知，现状条件下 2012 年发生重现期分别为 10 年、20 年、30 年、50 年、100 年、200 年、300 年的设计暴雨洪水时，王茂沟小流域淤地坝可能发生漫顶溃坝的数量为 1 个、2 个、2 个、2 个、2 个、3 个和 3 个。

根据表 13.47 中的数据可知，现状条件下 2022 年发生重现期分别为 10 年、20 年、30 年、50 年、100 年、200 年、300 年的设计暴雨洪水时，王茂沟小流域淤地坝可能发生漫顶溃坝的数量为 5 个、5 个、5 个、6 个、8 个、10 个、10 个。

根据表 13.48 中的数据可知，现状条件下 2032 年发生重现期分别为 10 年、20 年、30 年、50 年、100 年、200 年、300 年的设计暴雨洪水时，王茂沟小流域淤地坝可能发生漫顶溃坝的数量为 10 个、10 个、10 个、10 个、11 个、11 个、13 个。

根据表 13.49 中的数据可知，现状条件下 2042 年发生重现期分别为 10 年、20 年、30 年、50 年、100 年、200 年、300 年的设计暴雨洪水时，王茂沟小流域淤地坝可能发生漫顶溃坝的数量为 12 个、12 个、13 个、13 个、13 个、13 个、13 个。

现状条件下不同重现期王茂沟小流域淤地坝溃坝数量对比结果见图 13.16。

2. 退耕条件下同重现期暴雨洪水分析及未来预测

本节假设将流域的全部坡耕地退耕为草地作为退耕条件。根据 13.3.3 小节中计算得到退耕条件在遭遇重现期分别为 10 年、20 年、30 年、50 年、100 年、200 年、300 年的设计暴雨洪水时王茂沟小流域各淤地坝坝址处的设计洪水过程，经过调洪演算得到各淤地坝坝前水位的变化过程，预测了未来 30 年(间隔 10 年)不同重现期情况下的暴雨、侵蚀、洪水、坝前水位，并以此作为淤地坝漫顶溃坝分析的基础资料。

表 13.46　现状条件下 2012 年不同重现期王茂沟小流域淤地坝坝前水位计算结果表　　(单位：m)

淤地坝名称	坝地泥面高程	坝顶高程	水位						
			10 年	20 年	30 年	50 年	100 年	200 年	300 年
关地沟 4#坝	1036.82	1040.00	1037.29	1037.51	1037.64	1037.82	1038.07	1038.32	1038.48
背塔沟坝	1035.16	1039.96	1036.45	1037.00	1037.35	1037.80	1038.41	1039.05	1039.40
关地沟 2#坝	1021.68	1022.68	1021.87	1021.90	1021.92	1021.94	1021.97	1022.00	1022.04
关地沟 3#坝	1032.07	1033.17	1033.19	1033.17	1033.27	1033.17	1033.33	1033.17	1033.17
关地沟 1#坝	1013.10	1020.00	1013.71	1014.02	1014.23	1014.53	1014.89	1015.33	1015.57
死地嘴 1#坝	1014.71	1016.61	1015.26	1015.54	1015.72	1015.95	1016.28	1016.61	1016.61
王塔沟 1#坝	1038.51	1043.21	1039.36	1039.77	1040.04	1040.40	1040.93	1041.49	1041.81
王茂沟 2#坝	990.39	1001.99	991.13	991.45	991.64	991.91	992.30	993.87	994.17
康和沟 3#坝	1014.48	1019.08	1014.97	1015.21	1015.37	1015.58	1015.88	1016.20	1016.39
康和沟 2#坝	1004.32	1007.22	1004.54	1004.65	1004.72	1004.82	1004.98	1005.15	1005.24
康和沟 1#坝	992.14	992.34	992.23	992.34	992.34	992.34	992.34	992.34	992.34
埝堰沟 3#坝	1006.28	1010.88	1007.28	1007.76	1008.06	1008.49	1009.08	1009.71	1010.07
埝堰沟 2#坝	1000.49	1005.00	1000.68	1000.78	1000.84	1000.92	1001.03	1001.15	1001.20
埝堰沟 1#坝	994.34	1002.24	994.64	994.78	994.88	995.00	995.16	995.38	995.54
黄柏沟 2#坝	993.35	994.55	993.57	993.67	993.74	993.84	993.97	994.11	994.19
黄柏沟 1#坝	979.47	982.47	979.85	979.99	980.09	980.22	980.40	980.58	980.68
王茂沟 1#坝	951.47	952.47	951.49	951.50	951.51	951.53	951.55	951.57	951.58

表 13.47　现状条件下 2022 年不同重现期王茂沟小流域淤地坝坝前水位计算结果表　(单位：m)

淤地坝名称	坝地泥面高程	坝顶高程	水位						
			10 年	20 年	30 年	50 年	100 年	200 年	300 年
关地沟 4#坝	1038.33	1040.00	1038.75	1038.94	1039.06	1039.22	1039.44	1039.67	1039.81
背塔沟坝	1037.77	1039.96	1038.66	1039.07	1039.33	1039.68	1039.96	1039.96	1039.96
关地沟 2#坝	1022.68	1022.68	1022.68	1022.68	1022.68	1022.68	1022.68	1022.68	1022.68
关地沟 3#坝	1033.17	1033.17	1033.17	1033.17	1033.17	1033.17	1033.17	1033.17	1033.17
关地沟 1#坝	1014.32	1020.00	1014.89	1015.17	1015.35	1015.61	1016.30	1016.77	1017.01
死地嘴 1#坝	1016.42	1016.61	1016.61	1016.61	1016.61	1016.61	1016.62	1016.61	1016.61
王塔沟 1#坝	1040.77	1043.21	1041.55	1041.92	1042.17	1042.50	1042.98	1043.21	1043.21
王茂沟 2#坝	992.25	1001.99	993.12	993.52	993.77	994.09	994.54	995.54	995.85
康和沟 3#坝	1015.96	1019.08	1016.42	1016.65	1016.79	1016.99	1017.27	1017.58	1017.75
康和沟 2#坝	1005.16	1007.22	1005.37	1005.48	1005.55	1005.64	1005.79	1005.95	1006.05
康和沟 1#坝	992.34	992.34	992.34	992.34	992.34	992.34	992.34	992.34	992.34
埝堰沟 3#坝	1009.27	1010.88	1010.09	1010.48	1010.73	1010.88	1010.88	1010.88	1010.88
埝堰沟 2#坝	1000.86	1005.00	1001.05	1001.14	1001.20	1002.00	1002.27	1002.55	1002.71
埝堰沟 1#坝	994.86	1002.24	995.15	995.29	995.38	995.77	996.14	996.56	996.79
黄柏沟 2#坝	993.99	994.55	994.18	994.28	994.35	994.43	994.55	994.55	994.55
黄柏沟 1#坝	980.12	982.47	980.48	980.62	980.71	980.84	982.09	982.83	982.47
王茂沟 1#坝	952.47	952.47	952.47	952.47	952.47	952.47	952.47	952.47	952.47

表 13.48　现状条件下 2032 年不同重现期王茂沟小流域淤地坝坝前水位计算结果表　　(单位：m)

淤地坝名称	坝地泥面高程	坝顶高程	水位						
			10 年	20 年	30 年	50 年	100 年	200 年	300 年
关地沟 4#坝	1039.66	1040.00	1040.00	1040.00	1040.00	1040.00	1040.00	1040.00	1040.03
背塔沟坝	1039.68	1039.96	1039.96	1039.96	1039.96	1039.96	1039.96	1039.96	1039.96
关地沟 2#坝	1022.68	1022.68	1022.68	1022.68	1022.68	1022.68	1022.68	1022.68	1022.68
关地沟 3#坝	1033.17	1033.17	1033.17	1033.17	1033.17	1033.17	1033.17	1033.17	1033.17
关地沟 1#坝	1015.43	1020.00	1016.37	1016.80	1017.07	1017.42	1017.91	1018.42	1018.69
死地嘴 1#坝	1016.61	1016.61	1016.61	1016.61	1016.61	1016.61	1016.61	1016.61	1016.61
王塔沟 1#坝	1042.84	1043.21	1043.21	1043.21	1043.21	1043.21	1043.21	1043.21	1043.21
王茂沟 2#坝	993.65	1001.99	994.55	994.97	995.23	995.57	996.04	996.53	996.80
康和沟 3#坝	1017.35	1019.08	1017.78	1018.00	1018.14	1018.32	1018.58	1018.87	1019.08
康和沟 2#坝	1005.97	1007.22	1006.17	1006.27	1006.34	1006.43	1006.58	1006.73	1007.22
康和沟 1#坝	992.34	992.34	992.34	992.34	992.34	992.34	992.34	992.34	992.34
埝堰沟 3#坝	1010.88	1010.88	1010.88	1010.88	1010.88	1010.88	1010.88	1010.88	1010.88
埝堰沟 2#坝	1001.22	1005.00	1001.74	1001.98	1002.13	1002.32	1002.58	1002.86	1003.03
埝堰沟 1#坝	995.36	1002.24	995.63	995.85	996.03	996.24	996.58	996.96	997.14
黄柏沟 2#坝	994.55	994.55	994.55	994.55	994.55	994.55	994.55	994.55	994.55
黄柏沟 1#坝	980.74	982.47	981.45	981.77	981.97	982.23	982.47	982.47	982.60
王茂沟 1#坝	952.47	952.47	952.47	952.47	952.47	952.47	952.47	952.47	952.47

表 13.49 现状条件下 2042 年不同重现期王茂沟小流域淤地坝坝前水位计算结果表 (单位：m)

淤地坝名称	坝地泥面高程	坝顶高程	水位						
			10 年	20 年	30 年	50 年	100 年	200 年	300 年
关地沟 4#坝	1040.00	1040.00	1040.00	1040.00	1040.00	1040.00	1040.00	1040.00	1040.00
背塔沟坝	1039.96	1039.96	1039.96	1039.96	1039.96	1039.96	1039.96	1039.96	1039.96
关地沟 2#坝	1022.68	1022.68	1022.68	1022.68	1022.68	1022.68	1022.68	1022.68	1022.68
关地沟 3#坝	1033.17	1033.17	1033.17	1033.17	1033.17	1033.17	1033.17	1033.17	1033.17
关地沟 1#坝	1016.44	1020.00	1017.32	1017.72	1017.98	1018.31	1018.77	1019.25	1019.52
死地嘴 1#坝	1016.61	1016.61	1016.61	1016.61	1016.61	1016.61	1016.61	1016.61	1016.61
王塔沟 1#坝	1043.21	1043.21	1043.21	1043.21	1043.21	1043.21	1043.21	1043.21	1043.21
王茂沟 2#坝	994.82	1001.99	995.61	995.98	996.21	996.52	996.93	997.39	997.64
康和沟 3#坝	1018.66	1019.08	1019.08	1019.08	1019.08	1019.08	1019.08	1019.08	1019.08
康和沟 2#坝	1006.74	1007.22	1007.22	1007.22	1007.22	1007.22	1007.22	1007.22	1007.22
康和沟 1#坝	992.34	992.34	992.34	992.34	992.34	992.34	992.34	992.34	992.34
埝堰沟 3#坝	1010.88	1010.88	1010.88	1010.88	1010.88	1010.88	1010.88	1010.88	1010.88
埝堰沟 2#坝	1001.56	1005.00	1002.07	1002.29	1002.44	1002.62	1002.87	1003.15	1003.31
埝堰沟 1#坝	995.83	1002.24	996.10	996.27	996.46	996.66	996.98	997.35	997.52
黄柏沟 2#坝	994.55	994.55	994.55	994.55	994.55	994.55	994.55	994.55	994.55
黄柏沟 1#坝	981.32	982.47	982.00	982.32	982.47	982.47	982.47	982.47	982.47
王茂沟 1#坝	952.47	952.47	952.47	952.47	952.47	952.47	952.47	952.47	952.47

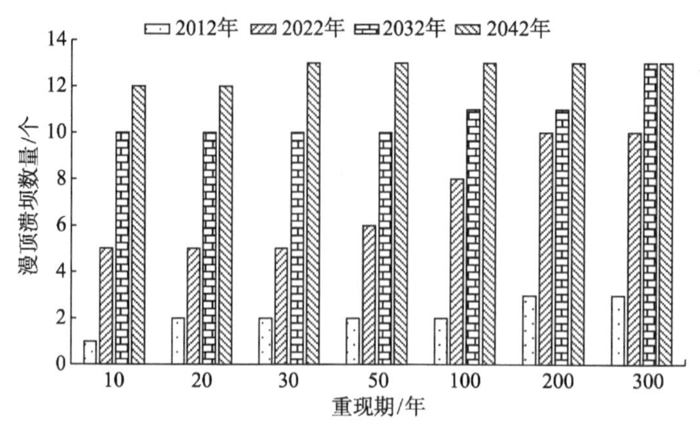

图 13.16　现状条件下不同重现期王茂沟小流域淤地坝溃坝数量对比

2012 年、2022 年、2032 年、2042 年发生不同重现期设计暴雨洪水时的王茂沟小流域各淤地坝泥沙淤积、坝前水位见表 13.50～表 13.53。

根据表 13.50 中的数据可知，退耕条件下 2012 年发生重现期分别为 10 年、20 年、30 年、50 年、100 年、200 年、300 年的设计暴雨洪水时，王茂沟小流域淤地坝可能发生漫顶溃坝的数量为 0 个、2 个、2 个、2 个、2 个、2 个和 3 个。

根据表 13.51 中的数据可知，退耕条件下 2022 年发生重现期分别为 10 年、20 年、30 年、50 年、100 年、200 年、300 年的设计暴雨洪水时，王茂沟小流域淤地坝可能发生漫顶溃坝的数量为 3 个、4 个、4 个、4 个、4 个、5 个和 8 个。

根据表 13.52 中的数据可知，退耕条件下 2032 年发生重现期分别为 10 年、20 年、30 年、50 年、100 年、200 年、300 年的设计暴雨洪水时，王茂沟小流域淤地坝可能发生漫顶溃坝的数量为 5 个、6 个、8 个、8 个、9 个、10 个和 10 个。

根据表 13.53 中的数据可知，退耕条件下 2042 年发生重现期分别为 10 年、20 年、30 年、50 年、100 年、200 年、300 年的设计暴雨洪水时，王茂沟小流域淤地坝可能发生漫顶溃坝的数量为 9 个、9 个、10 个、10 个、11 个、11 个 11 个。

退耕条件下不同重现期王茂沟小流域淤地坝溃坝数量对比结果见图 13.17。

3. 水土保持措施容量条件下不同重现期暴雨洪水分析及未来预测

根据 13.3.3 小节中计算得到水土保持措施容量条件在遭遇重现期分别为 10 年、20 年、30 年、50 年、100 年、200 年、300 年的设计暴雨洪水时王茂沟小流域各淤地坝坝址处的设计洪水过程，经过调洪演算得到各淤地坝坝前水位的变化过程，预测了未来 30 年(间隔 10 年)不同重现期情况下的暴雨、侵蚀、洪水、坝前水位，并以此作为淤地坝漫顶溃坝分析的基础资料。水土保持措施容量条件下 2012 年、2022 年、2032 年、2042 年发生不同重现期设计暴雨洪水时的王茂沟小流域各淤地坝泥沙淤积、坝前水位见表 13.54～表 13.57。

表 13.50　退耕条件下 2012 年不同重现期王茂沟小流域淤地坝坝前水位计算结果表　(单位：m)

淤地坝名称	坝地泥面高程	坝顶高程	水位						
			10 年	20 年	30 年	50 年	100 年	200 年	300 年
关地沟 4#坝	1036.82	1040.00	1037.26	1037.44	1037.57	1037.72	1037.94	1038.15	1038.28
背塔沟坝	1035.16	1039.96	1036.41	1036.94	1037.27	1037.69	1038.28	1038.88	1039.21
关地沟 2#坝	1021.68	1022.68	1021.86	1021.88	1021.89	1021.91	1021.94	1021.97	1021.98
关地沟 3#坝	1032.07	1033.17	1032.91	1033.17	1033.17	1033.17	1033.17	1033.17	1033.17
关地沟 1#坝	1013.10	1020.00	1013.56	1013.94	1014.10	1014.37	1014.72	1015.07	1015.27
死地嘴 1#坝	1014.71	1016.61	1015.22	1015.49	1015.65	1015.87	1016.17	1016.49	1016.61
王塔沟 1#坝	1038.51	1043.21	1039.32	1039.71	1039.96	1040.30	1040.79	1041.31	1041.61
王茂沟 2#坝	990.39	1001.99	991.07	991.36	991.53	991.75	992.10	992.47	993.83
康和沟 3#坝	1014.48	1019.08	1014.94	1015.16	1015.31	1015.50	1015.77	1016.06	1016.23
康和沟 2#坝	1004.32	1007.22	1004.51	1004.61	1004.67	1004.76	1004.88	1005.02	1005.11
康和沟 1#坝	992.14	992.34	992.23	992.34	992.34	992.34	992.34	992.34	992.34
埝堰沟 3#坝	1006.28	1010.88	1007.19	1007.62	1007.88	1008.24	1008.77	1009.31	1009.63
埝堰沟 2#坝	1000.49	1005.00	1000.68	1000.77	1000.83	1000.91	1001.02	1001.13	1001.19
埝堰沟 1#坝	994.34	1002.24	994.63	994.76	994.85	994.97	995.12	995.30	995.46
黄柏沟 2#坝	993.35	994.55	993.55	993.64	993.70	993.78	993.90	994.02	994.09
黄柏沟 1#坝	979.47	982.47	979.84	979.97	980.07	980.19	980.37	980.54	980.63
王茂沟 1#坝	951.47	952.47	951.48	951.49	951.50	951.50	951.52	951.53	951.54

表 13.51　退耕条件下 2022 年不同重现期王茂沟小流域淤地坝坝前水位计算结果表　(单位：m)

淤地坝名称	坝地泥面高程	坝顶高程	水位						
			10 年	20 年	30 年	50 年	100 年	200 年	300 年
关地沟 4#坝	1040.00	1040.00	1038.13	1038.30	1038.41	1038.55	1038.76	1038.97	1039.09
背塔沟坝	1039.96	1039.96	1038.18	1038.60	1038.86	1039.20	1039.69	1039.96	1039.96
关地沟 2#坝	1022.68	1022.68	1022.68	1022.68	1022.68	1022.68	1022.68	1022.68	1022.68
关地沟 3#坝	1033.17	1033.17	1033.17	1033.17	1033.17	1033.17	1033.17	1033.17	1033.17
关地沟 1#坝	1016.44	1020.00	1014.38	1014.64	1014.80	1015.04	1015.38	1016.12	1016.36
死地嘴 1#坝	1016.61	1016.61	1016.41	1016.61	1016.61	1016.61	1016.61	1016.61	1016.61
王塔沟 1#坝	1043.21	1043.21	1041.12	1041.48	1041.71	1042.03	1042.49	1042.98	1043.33
王茂沟 2#坝	994.82	1001.99	992.05	992.80	993.04	993.35	993.79	994.23	994.98
康和沟 3#坝	1018.66	1019.08	1015.97	1016.18	1016.32	1016.50	1016.76	1017.04	1017.20
康和沟 2#坝	1006.74	1007.22	1004.98	1005.07	1005.13	1005.22	1005.34	1005.48	1005.56
康和沟 1#坝	992.34	992.34	992.34	992.34	992.34	992.34	992.34	992.34	992.34
埝堰沟 3#坝	1010.88	1010.88	1008.87	1009.25	1009.49	1009.81	1010.28	1010.75	1010.88
埝堰沟 2#坝	1001.56	1005.00	1000.99	1001.08	1001.14	1001.21	1001.32	1001.43	1002.54
埝堰沟 1#坝	995.83	1002.24	994.96	995.10	995.18	995.29	995.44	995.61	996.45
黄柏沟 2#坝	994.55	994.55	993.89	993.98	994.04	994.11	994.22	994.34	994.41
黄柏沟 1#坝	981.32	982.47	980.32	980.45	980.54	980.66	980.83	980.99	981.09
王茂沟 1#坝	952.47	952.47	952.32	952.33	952.33	952.34	952.35	952.37	952.50

表 13.52　退耕条件下 2032 年不同重现期王茂沟小流域淤地坝坝前水位计算结果表　(单位：m)

淤地坝名称	坝地泥面高程	坝顶高程	水位						
			10 年	20 年	30 年	50 年	100 年	200 年	300 年
关地沟 4#坝	1038.55	1040.00	1038.93	1039.09	1039.20	1039.34	1039.53	1039.73	1039.84
背塔沟坝	1038.86	1039.96	1039.62	1039.96	1039.96	1039.96	1039.96	1039.96	1039.96
关地沟 2#坝	1022.68	1022.68	1022.68	1022.68	1022.68	1022.68	1022.68	1022.68	1022.68
关地沟 3#坝	1033.17	1033.17	1033.17	1033.17	1033.17	1033.17	1033.17	1033.17	1033.17
关地沟 1#坝	1014.55	1020.00	1015.05	1015.50	1015.70	1015.95	1016.30	1016.69	1016.93
死地嘴 1#坝	1016.61	1016.61	1016.61	1016.61	1016.61	1016.61	1016.61	1016.61	1016.61
王塔沟 1#坝	1042.13	1043.21	1042.85	1043.19	1043.57	1043.50	1043.50	1043.50	1043.50
王茂沟 2#坝	992.40	1001.99	993.19	993.56	994.07	994.42	994.90	995.38	995.64
康和沟 3#坝	1016.53	1019.08	1016.95	1017.15	1017.28	1017.46	1017.71	1017.97	1018.13
康和沟 2#坝	1005.25	1007.22	1005.43	1005.52	1005.59	1005.67	1005.79	1005.92	1006.00
康和沟 1#坝	992.34	992.34	992.34	992.34	992.34	992.34	992.34	992.34	992.34
埝堰沟 3#坝	1009.65	1010.88	1010.38	1010.71	1010.88	1010.88	1010.94	1010.88	1010.88
埝堰沟 2#坝	1001.11	1005.00	1001.29	1001.37	1001.96	1002.14	1002.35	1002.62	1002.77
埝堰沟 1#坝	995.01	1002.24	995.29	995.42	995.66	995.85	996.18	996.57	996.75
黄柏沟 2#坝	994.04	994.55	994.22	994.30	994.36	994.43	994.55	994.55	994.55
黄柏沟 1#坝	980.44	982.47	980.78	980.91	980.99	981.11	982.21	982.47	982.47
王茂沟 1#坝	952.47	952.47	952.47	952.47	952.47	952.47	952.47	952.47	952.47

表 13.53 退耕条件下 2042 年不同重现期王茂沟小流域淤地坝坝前水位计算结果表 (单位：m)

淤地坝名称	坝地泥面高程	坝顶高程	水位						
			10 年	20 年	30 年	50 年	100 年	200 年	300 年
关地沟 4#坝	1040.00	1040.00	1039.68	1039.83	1040.00	1040.00	1040.00	1040.00	1040.00
背塔沟坝	1039.96	1039.96	1039.96	1039.96	1039.96	1039.96	1039.96	1039.96	1039.96
关地沟 2#坝	1022.68	1022.68	1022.68	1022.68	1022.68	1022.68	1022.68	1022.68	1022.68
关地沟 3#坝	1033.17	1033.17	1033.17	1033.17	1033.17	1033.17	1033.17	1033.17	1033.17
关地沟 1#坝	1016.44	1020.00	1015.82	1016.12	1016.77	1017.08	1017.52	1017.97	1018.24
死地嘴 1#坝	1016.61	1016.61	1016.61	1016.61	1016.61	1016.61	1016.61	1016.61	1016.61
王塔沟 1#坝	1043.21	1043.21	1043.21	1043.21	1043.21	1043.21	1043.21	1043.21	1043.21
王茂沟 2#坝	994.82	1001.99	994.07	994.47	994.73	995.05	995.49	995.95	996.21
康和沟 3#坝	1018.66	1019.08	1017.89	1018.09	1018.21	1018.38	1018.62	1018.88	1019.08
康和沟 2#坝	1006.74	1007.22	1005.88	1005.97	1006.03	1006.11	1006.22	1006.35	1007.22
康和沟 1#坝	992.34	992.34	992.34	992.34	992.34	992.34	992.34	992.34	992.34
埝堰沟 3#坝	1010.88	1010.88	1010.88	1010.88	1010.88	1010.88	1010.88	1010.88	1010.88
埝堰沟 2#坝	1001.56	1005.00	1001.88	1002.10	1002.23	1002.41	1002.63	1002.88	1003.03
埝堰沟 1#坝	995.83	1002.24	995.60	995.76	995.95	996.15	996.46	996.82	997.00
黄柏沟 2#坝	994.55	994.55	994.55	994.55	994.55	994.55	994.55	994.55	994.55
黄柏沟 1#坝	981.32	982.47	981.54	981.84	982.01	982.26	982.47	982.47	982.55
王茂沟 1#坝	952.47	952.47	952.47	952.47	952.47	952.47	952.47	952.47	952.47

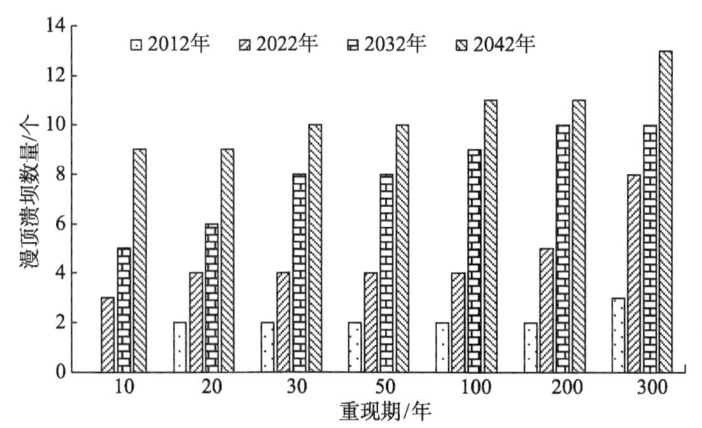

图 13.17　退耕条件下不同重现期王茂沟小流域淤地坝溃坝数量对比

根据表 13.54 中的数据可知，水土保持措施容量条件下 2012 年发生重现期分别为 10 年、20 年、30 年、50 年、100 年、200 年、300 年的设计暴雨洪水时，王茂沟小流域淤地坝可能发生漫顶溃坝的数量为 0 个、2 个、2 个、2 个、2 个、2 个和 2 个。

根据表 13.55 中的数据可知，水土保持措施容量条件下 2022 年发生重现期分别为 10 年、20 年、30 年、50 年、100 年、200 年、300 年的设计暴雨洪水时，王茂沟小流域淤地坝可能发生漫顶溃坝的数量为 3 个、3 个、3 个、3 个、4 个、4 个和 4 个。

根据表 13.56 中的数据可知，水土保持措施容量条件下 2032 年发生重现期分别为 10 年、20 年、30 年、50 年、100 年、200 年、300 年的设计暴雨洪水时，王茂沟小流域淤地坝可能发生漫顶溃坝的数量为 5 个、5 个、5 个、5 个、6 个、6 个和 6 个。

根据表 13.57 中的数据可知，水土保持措施容量条件下 2042 年发生重现期分别为 10 年、20 年、30 年、50 年、100 年、200 年、300 年的设计暴雨洪水时，王茂沟小流域淤地坝可能发生漫顶溃坝的数量为 5 个、5 个、6 个、6 个、7 个、7 个和 10 个。

水土保持容量条件下不同重现期王茂沟小流域淤地坝溃坝数量对比结果见图 13.18。

对比分析图 13.16、图 13.17 和图 13.18 可以看出，总体而言，相同治理条件下，随着暴雨洪水重现期增大，王茂沟小流域淤地坝溃坝数量在现状年和预测年表现为逐渐增多，且主要表现为在 100 年一遇和 300 年一遇暴雨洪水条件下溃坝数量有增大趋势；不同治理条件下，随着暴雨重现期增大，王茂沟小流域淤地坝溃坝数量亦呈现出逐渐增多的趋势，主要表现为在 100 年一遇以后溃坝数量逐渐增加，而 100 年一遇之前，溃坝数量随重现期的增大没有明显增多；在下垫面条

表 13.54　水土保持措施容量条件下 2012 年不同重现期王茂沟小流域淤地坝坝前水位计算结果表　(单位：m)

淤地坝名称	坝地泥面高程	坝顶高程	水位						
			10 年	20 年	30 年	50 年	100 年	200 年	300 年
关地沟 4#坝	1036.82	1040.00	1037.22	1037.39	1037.50	1037.64	1037.82	1038.01	1038.10
背塔沟坝	1035.16	1039.96	1036.32	1036.83	1037.15	1037.54	1038.04	1038.57	1038.83
关地沟 2#坝	1021.68	1022.68	1021.83	1021.85	1021.86	1021.88	1021.91	1021.92	1021.94
关地沟 3#坝	1032.07	1033.17	1032.79	1033.17	1033.17	1033.17	1033.17	1033.17	1033.17
关地沟 1#坝	1013.10	1020.00	1013.52	1013.87	1014.03	1014.24	1014.50	1014.82	1014.98
死地嘴 1#坝	1014.71	1016.61	1015.18	1015.42	1015.57	1015.77	1016.03	1016.31	1016.45
王塔沟 1#坝	1038.51	1043.21	1039.25	1039.61	1039.84	1040.14	1040.53	1040.98	1041.19
王茂沟 2#坝	990.39	1001.99	991.03	991.29	991.46	991.66	991.93	992.26	992.41
康和沟 3#坝	1014.48	1019.08	1014.86	1015.05	1015.17	1015.32	1015.52	1015.76	1015.86
康和沟 2#坝	1004.32	1007.22	1004.49	1004.58	1004.63	1004.71	1004.81	1004.92	1004.97
康和沟 1#坝	992.14	992.34	992.22	992.34	992.34	992.34	992.34	992.34	992.34
埝堰沟 3#坝	1006.28	1010.88	1007.09	1007.47	1007.71	1008.02	1008.42	1008.86	1009.07
埝堰沟 2#坝	1000.49	1005.00	1000.67	1000.76	1000.81	1000.89	1000.98	1001.09	1001.13
埝堰沟 1#坝	994.34	1002.24	994.62	994.75	994.83	994.94	995.08	995.24	995.35
黄柏沟 2#坝	993.35	994.55	993.53	993.61	993.67	993.74	993.83	993.93	993.98
黄柏沟 1#坝	979.47	982.47	979.81	979.94	980.03	980.15	980.30	980.47	980.54
王茂沟 1#坝	951.47	952.47	951.48	951.48	951.49	951.49	951.50	951.51	951.51

表 13.55　水土保持容量措施条件下 2022 年不同重现期王茂沟小流域淤地坝坝前水位计算结果表　(单位：m)

淤地坝名称	坝地泥面高程	坝顶高程	水位						
			10 年	20 年	30 年	50 年	100 年	200 年	300 年
关地沟 4#坝	1037.30	1040.00	1037.68	1037.84	1037.95	1038.09	1038.26	1038.46	1038.54
背塔沟坝	1036.64	1039.96	1037.57	1038.00	1038.27	1038.60	1039.04	1039.51	1039.74
关地沟 2#坝	1022.59	1022.68	1022.68	1022.68	1022.68	1022.68	1022.68	1022.68	1022.68
关地沟 3#坝	1032.87	1033.17	1033.17	1033.17	1033.17	1033.17	1033.17	1033.17	1033.17
关地沟 1#坝	1013.60	1020.00	1014.09	1014.35	1014.50	1014.70	1014.95	1015.25	1015.41
死地嘴 1#坝	1015.47	1016.61	1015.91	1016.14	1016.28	1016.47	1016.61	1016.61	1016.61
王塔沟 1#坝	1039.59	1043.21	1040.30	1040.64	1040.87	1041.16	1041.53	1041.96	1042.17
王茂沟 2#坝	990.94	1001.99	991.51	991.75	991.90	992.09	993.21	993.59	993.79
康和沟 3#坝	1014.97	1019.08	1015.34	1015.52	1015.64	1015.79	1015.99	1016.22	1016.32
康和沟 2#坝	1004.54	1007.22	1004.71	1004.80	1004.85	1004.93	1005.03	1005.14	1005.19
康和沟 1#坝	992.23	992.34	992.34	992.34	992.34	992.34	992.34	992.34	992.34
埝堰沟 3#坝	1007.05	1010.88	1007.81	1008.18	1008.41	1008.70	1009.08	1009.51	1009.71
埝堰沟 2#坝	1000.67	1005.00	1000.84	1000.93	1000.99	1001.06	1001.15	1001.25	1001.30
埝堰沟 1#坝	994.54	1002.24	994.81	994.94	995.02	995.13	995.26	995.42	995.51
黄柏沟 2#坝	993.53	994.55	993.71	993.79	993.84	993.91	994.00	994.10	994.15
黄柏沟 1#坝	979.79	982.47	980.12	980.25	980.33	980.45	980.60	980.76	980.84
王茂沟 1#坝	952.02	952.47	952.02	952.03	952.03	952.04	952.04	952.05	952.06

表 13.56　水土保持措施容量条件下 2032 年不同重现期王茂沟小流域淤地坝坝前水位计算结果表　(单位：m)

淤地坝名称	坝地泥面高程	坝顶高程	水位						
			10 年	20 年	30 年	50 年	100 年	200 年	300 年
关地沟 4#坝	1037.76	1040.00	1038.13	1038.28	1038.39	1038.52	1038.69	1038.88	1038.96
背塔沟坝	1037.84	1039.96	1038.63	1039.01	1039.25	1039.55	1039.96	1039.96	1039.96
关地沟 2#坝	1022.68	1022.68	1022.68	1022.68	1022.68	1022.68	1022.68	1022.68	1022.68
关地沟 3#坝	1033.17	1033.17	1033.17	1033.17	1033.17	1033.17	1033.17	1033.17	1033.17
关地沟 1#坝	1014.08	1020.00	1014.55	1014.80	1014.94	1015.14	1015.74	1016.08	1016.26
死地嘴 1#坝	1016.18	1016.61	1016.61	1016.61	1016.63	1016.61	1016.61	1016.61	1016.61
王塔沟 1#坝	1040.64	1043.21	1041.32	1041.65	1041.87	1042.15	1042.51	1042.92	1043.13
王茂沟 2#坝	991.42	1001.99	992.27	992.65	992.87	993.16	993.54	993.93	994.12
康和沟 3#坝	1015.45	1019.08	1015.81	1015.99	1016.10	1016.25	1016.45	1016.67	1016.77
康和沟 2#坝	1004.76	1007.22	1004.93	1005.02	1005.07	1005.14	1005.24	1005.35	1005.40
康和沟 1#坝	992.31	992.34	992.34	992.34	992.34	992.34	992.34	992.34	992.34
埝堰沟 3#坝	1007.77	1010.88	1008.50	1008.85	1009.07	1009.35	1009.72	1010.12	1010.31
埝堰沟 2#坝	1000.84	1005.00	1001.02	1001.10	1001.15	1001.22	1001.31	1001.41	1001.46
埝堰沟 1#坝	994.73	1002.24	995.00	995.13	995.21	995.31	995.45	995.60	995.67
黄柏沟 2#坝	993.71	994.55	993.88	993.96	994.01	994.08	994.16	994.26	994.31
黄柏沟 1#坝	980.09	982.47	980.42	980.55	980.63	980.74	980.89	981.05	981.12
王茂沟 1#坝	952.47	952.47	952.47	952.47	952.47	952.47	952.47	952.47	952.47

表 13.57　水土保持措施容量条件下 2042 年不同重现期王茂沟小流域淤地坝坝前水位计算结果表　(单位：m)

淤地坝名称	坝地泥面高程	坝顶高程	水位						
			10 年	20 年	30 年	50 年	100 年	200 年	300 年
关地沟 4#坝	1038.20	1040.00	1038.55	1038.20	1038.81	1038.94	1039.10	1039.28	1039.37
背塔沟坝	1038.87	1039.96	1039.58	1038.87	1039.96	1039.96	1039.96	1039.96	1039.96
关地沟 2#坝	1022.68	1022.68	1022.68	1022.68	1022.68	1022.68	1022.68	1022.68	1022.68
关地沟 3#坝	1033.17	1033.17	1033.17	1033.17	1033.17	1033.17	1033.17	1033.17	1033.17
关地沟 1#坝	1014.54	1020.00	1015.00	1014.54	1015.61	1015.84	1016.14	1016.47	1016.64
死地嘴 1#坝	1016.61	1016.61	1016.61	1016.61	1016.61	1016.61	1016.61	1016.61	1016.61
王塔沟 1#坝	1041.66	1043.21	1042.32	1041.66	1042.85	1043.12	1043.45	1043.45	1043.45
王茂沟 2#坝	991.87	1001.99	992.67	991.87	993.24	993.51	994.29	994.74	994.95
康和沟 3#坝	1015.91	1019.08	1016.27	1015.91	1016.56	1016.70	1016.89	1017.11	1017.21
康和沟 2#坝	1004.98	1007.22	1005.15	1004.98	1005.29	1005.36	1005.45	1005.56	1005.62
康和沟 1#坝	992.34	992.34	992.34	992.34	992.34	992.34	992.34	992.34	992.34
埝堰沟 3#坝	1008.46	1010.88	1009.16	1008.46	1009.71	1009.98	1010.32	1010.70	1010.88
埝堰沟 2#坝	1001.02	1005.00	1001.18	1001.02	1001.32	1001.39	1001.47	1001.57	1002.51
埝堰沟 1#坝	994.92	1002.24	995.18	994.92	995.39	995.49	995.63	995.78	996.44
黄柏沟 2#坝	993.89	994.55	994.05	993.89	994.18	994.24	994.33	994.42	994.55
黄柏沟 1#坝	980.39	982.47	980.71	980.39	980.91	981.02	981.17	981.33	982.47
王茂沟 1#坝	952.47	952.47	952.47	952.47	952.47	952.47	952.47	952.47	952.47

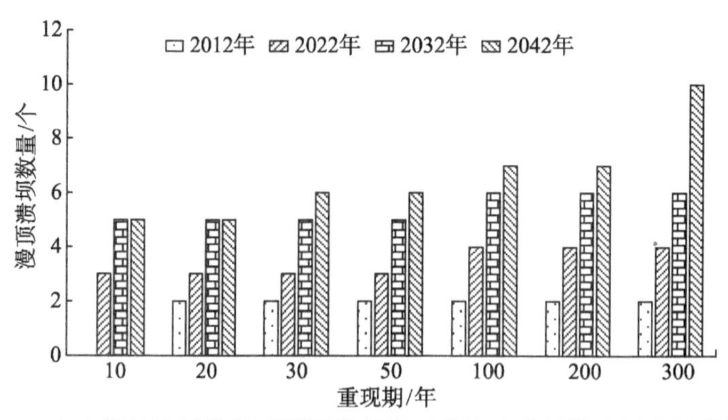

图 13.18　水土保持容量条件下不同重现期王茂沟小流域淤地坝溃坝数量对比

件由现状条件转化为退耕条件下和由退耕条件下转化为水土保持措施容量条件下时，相同重现期情况下，淤地坝溃坝数量有明显的递减趋势，说明流域淤地坝的防洪安全明显提高，也就是说，下垫面条件变化对流域洪水有明显的影响，主要表现为下渗的增大和侵蚀的减少，最终减少流域泥沙的侵蚀和淤积，提高流域淤地坝坝系的安全。

13.4　淤地坝坝体渗流与安全稳定性分析

本节以王茂沟小流域内的 3 个淤地坝为例，在分析了影响坝体稳定性的主要因素的基础上，基于极限平衡理论，采用 Geo-Slope 软件对淤地坝坝体进行了静力稳定分析，得出了在不同重现期暴雨积水工况下的淤地坝坝体稳定安全系数，以及在 2012 年 7 月 15 日暴雨积水工况下的淤地坝坝体稳定安全系数和最危险滑动面。

13.4.1　淤地坝坝体特征描述

经过野外实际调查，王茂沟小流域内的 3 个淤地坝的坝体几何特征参数见表 13.58。

表 13.58　淤地坝坝体几何特征参数表

淤地坝名称	坝顶宽/m	坝顶长/m	坝体上游坡面长/m	坝体下游坡面长/m	坝体上游边坡角度/(°)	坝体下游边坡角度/(°)
埝堰沟 1#坝	5	72	28	28	30	30
埝堰沟 2#坝	4	60	21	20	35	40
关地沟 1#坝	4	58	53	42	27	35

13.4.2　计算原理与方法

目前，广泛使用的边坡稳定性评估和滑坡及崩塌灾害调查的方法有野外调查法、定性分析法、多元分析法、稳定性分级法和极限平衡法等。极限平衡法(如瑞典圆弧法、Bishop 法、Janbu 法)是边坡稳定分析中最常用的方法，通过分析在坡体临近破坏的状况下土体外力与内部强度所提供抗力之间的平衡，计算土体在自身和外荷作用下的土坡稳定性程度。通用极限平衡方程(GLE 法)在建立两个安全系数方程的基础上，允许条间力的剪切力-法向力在一定范围内变化。一个为关于力矩平衡的安全系数(F_m)，另一个为关于水平力平衡的安全系数(F_f)。

GLE 法条间的剪切力可以用如下方程表示：

$$X = E\lambda f(x) \tag{13.35}$$

式中，$f(x)$为函数；λ 为函数所用的百分数(小数形式)；E 为条间法向力(kPa)；X 为条间剪切力(N)。

GLE 法的力矩平衡安全系数方程如下：

$$F_m = \frac{\sum[c'\beta R + (N - \mu\beta)R\tan\phi']}{\sum W_x - \sum Nf \pm \sum Dd} \tag{13.36}$$

GLE 法的水平方向静力平衡安全系数方程如下：

$$F_m = \frac{\sum[c'\beta R + (N - \mu\beta)\tan\phi'\cos\phi]}{\sum N\cos\alpha - \sum D\cos\omega} \tag{13.37}$$

式中，c' 为有效黏聚力(kPa)；ϕ' 为有效摩擦角(°)；μ 为孔隙水压力(N)；N 为土条底部法向力(kPa)；W 为土条重量(kN)；D 为集中点荷载(kN)；β、R、x、f、d、ω(m)、R(m)、X(m)、d(m)、ω(°)为几何参数；α 为土条底面倾角(°)。

13.4.3　参数选取及测定

根据 GLE 法的基本原理，需要确定渗流系数、土壤水分特征曲线、土壤含水量、黏聚力、内摩擦角和重度等几个参数。

本节利用野外采取淤地坝坝体和紧邻坝体的坝地土样，在室内测定了土样的土动力学参数，测试结果见表 13.59。

表 13.59　淤地坝坝体材料土动力学特征参数取值

淤地坝名称	土壤含水量/%	黏聚力/kPa	内摩擦角/(°)	重度/(kN/m³)
埝堰沟 1#坝	10.89	42.33	28.80	13.90
埝堰沟 2#坝	11.35	41.60	30.5	15.4
关地沟 1#坝	10.92	43.33	28.92	15.5

13.4.4　边坡稳定性计算模型的建立

本次计算采用加拿大 Geostudio 公司研制的岩土分析软件 Geo-Slope 中的边坡稳

定计算模块 SLOPE/W。该边坡稳定计算模块采用极限平衡法计算考虑孔隙水压力情况下的边坡稳定性，目前在我国许多大型水利水电工程中均得到了广泛应用，如锦屏梯级电站的库区边坡、三峡库区边坡、大渡河部分水电边坡等，可靠性得到了充分验证且效果良好。

淤地坝坝体结构稳定性分析计算的流程框图见图 13.19。

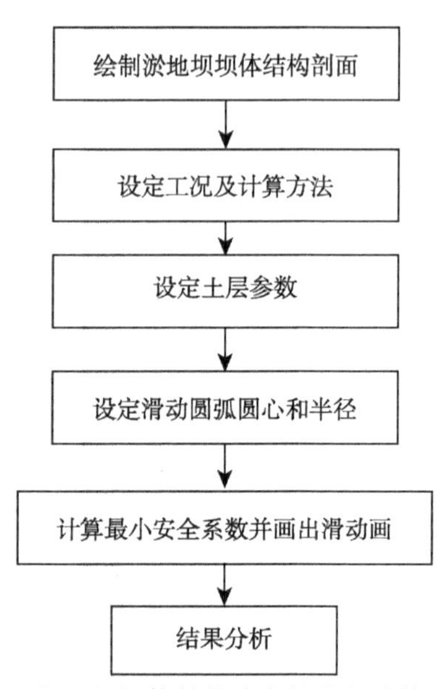

图 13.19　淤地坝坝体结构稳定性分析计算流程框图

在 Geo-Slope 软件中，进行淤地坝坝体结构稳定性计算的步骤如下：

(1) 根据实测资料和边界特征，在 Geo-Slope 软件中绘制淤地坝的几何模型。

(2) 设定渗流模型计算方法和设置不同重现期坝前水位高度，进行渗流计算。

(3) 设定计算方法，采用 GLE 法。

(4) 根据表 13.59 中的参数取值对模型的材料的重度、内摩擦角、黏聚力进行赋值。

(5) 指定滑入面与滑出面范围。

(6) 模型检验。

13.4.5　数值模拟计算

依据上述计算模型在模拟计算积水工况下的淤地坝整体稳定性时要考虑渗流的影响。第一，利用 Geo-Slope 软件中的 SEEP/W 模块计算淤地坝模型在不同工况下的渗流浸润线，然后导入到 SLOPE/W 模块；第二，依据极限平衡理论 GLE 法，计算淤地坝整体稳定性安全系数和最危险滑动面。

1. “7·15” 暴雨积水工况下的淤地坝安全稳定性分析

将表 13.33 中的“7·15”暴雨坝前水深计算结果导入模型进行淤地坝整体安全稳定性计算。其中，“7·15”暴雨情况下关地沟 1#坝、河埝堰沟 2#坝的坝前水深过程和最高水深见表 13.60。

表 13.60　“7·15”暴雨洪水积水工况下淤地坝坝前水深过程和最高水深统计表

项目		洪水历时								最高水深/m
		T_0	T_1	T_2	T_3	T_4	T_5	T_6	T_7	
关地沟1#坝	时间/h	0.00	1.00	1.19	1.30	1.56	2.88	6.30	12.60	3.71
	水深/m	0.00	0.06	0.11	0.24	0.63	1.22	3.71	3.41	
埝堰沟2#坝	时间/h	0.00	1.00	1.13	1.22	1.40	2.34	6.22	12.43	0.61
	水深/m	0.00	0.03	0.05	0.10	0.22	0.41	0.61	0.58	

将关地沟 1#坝和埝堰沟 2#坝的坝前最高水深带入建立的 SEEP/W 渗流模型，进行渗流计算，并将计算结果再引入到 SLOPE/W 稳定性模型中，计算出淤地坝坝体最危险滑动面分别如图 13.20 和图 13.21 所示。

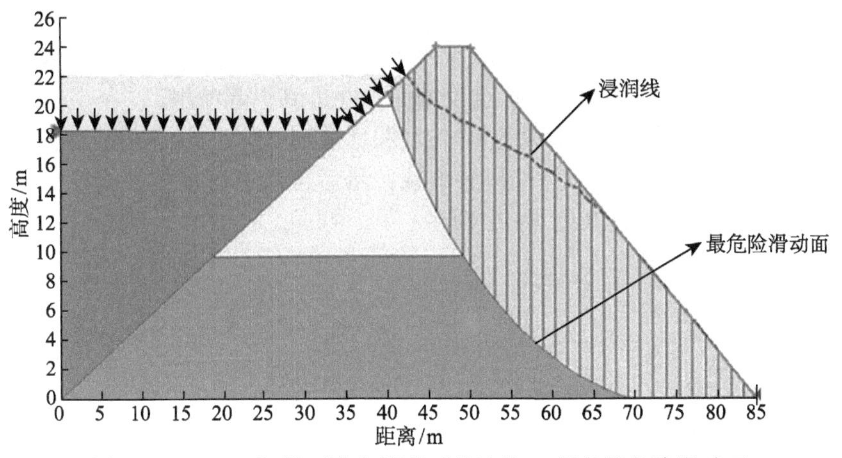

图 13.20　“7·15”暴雨洪水情况下关地沟 1#坝的最危险滑动面

模拟计算结果表明，在“7·15”暴雨积水工况下，当积水深度达到 3.71m 时，关地沟 1#坝坝体稳定性安全系数为 1.25，大于《碾压式土石坝设计规范》(SL 274—2001)中规定的 1.20，淤地坝处于临界稳定状态；在“7·15”暴雨积水工况下，当积水深度到达 0.61m 时，埝堰沟 2#坝坝体稳定性安全系数为 2.396，大于《碾压式土石坝设计规范》(SL 274—2001)中规定的 1.20，淤地坝处于稳定状态。

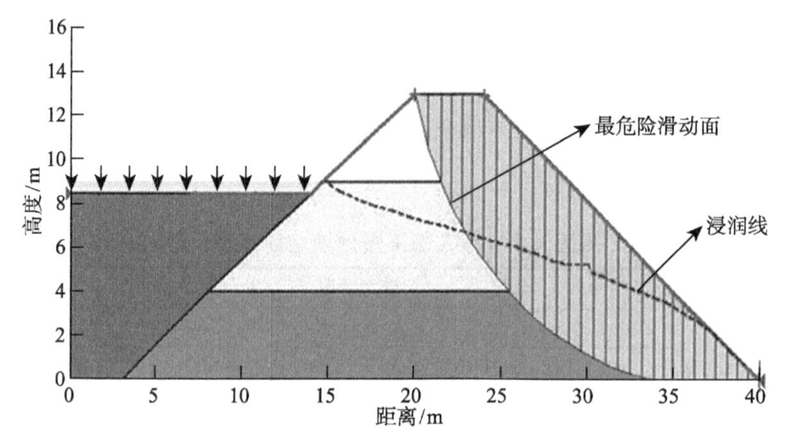

图 13.21　“7·15”暴雨洪水情况下埝堰沟 2#坝的最危险滑动面

然而，在“7·15”暴雨实际情况中，关地沟 1#坝和埝堰沟 2#坝均发生了溃坝。经过现场调查和研究发现，在“7·15”暴雨洪水发生前，关地沟 1#坝和埝堰沟 2#坝的坝体由于之前发生的暴雨洪水已经发生了不同程度的损坏，具体表现为关地沟 1#坝坝前竖井处发生一定程度的坍塌，相当于坝前竖井处的坝体被削减。“7·15”暴雨后关地沟 1#坝坝体在竖井处发生了前后贯通，引起溃坝。埝堰沟 2#坝在“7·15”暴雨洪水之前，卧管和涵洞处已经发生严重坍塌，卧管周围已被冲开并和周围土体分离，在“7·15”暴雨中涵洞处产生了蹿洞，并最终引起溃坝。

为此，对以往暴雨洪水对关地沟 1#坝和埝堰沟 2#坝的坝体削减进行了假设，对淤地坝模型中的坝前坝体进行部分削减，然后再次进行坝体渗流稳定性计算模拟，具体结果如图 13.22 和图 13.23 所示。

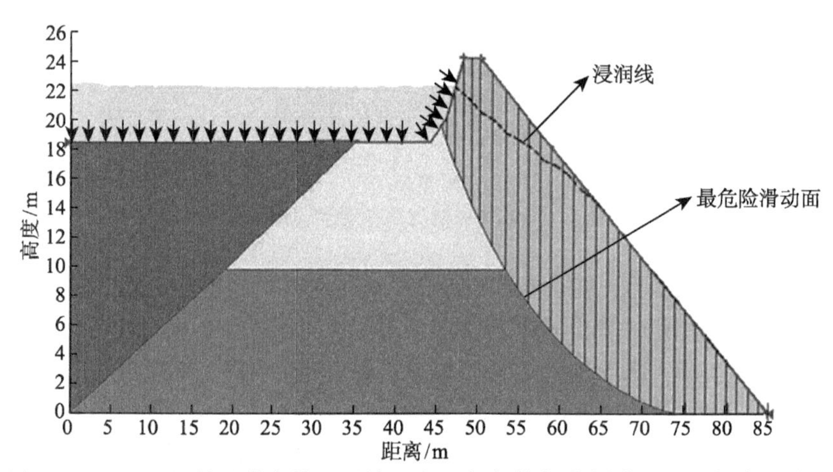

图 13.22　“7·15”暴雨洪水情况下关地沟 1#坝坝体部分削减后的最危险滑动面

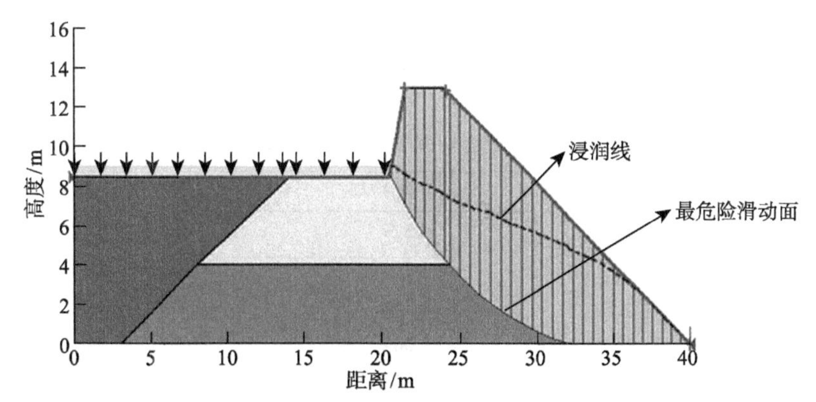

图 13.23　“7·15”暴雨洪水情况下埝堰沟 2#坝坝体部分削减后的最危险滑动面

由图 13.22 可以看出，在“7·15”暴雨积水工况下，当积水深度达到 3.71m 时，关地沟 1#坝坝体削减后的稳定性安全系数为 1.168，小于《碾压式土石坝设计规范》(SL 274—2001)中规定的 1.20，淤地坝处于失稳状态。从图 13.23 中可以看出，在“7·15”暴雨积水工况下，当积水深度到达 0.61m 时，埝堰沟 2#坝坝体削减后，稳定性安全系数为 2.319，大于《碾压式土石坝设计规范》(SL 274—2001)中规定的 1.20，淤地坝处于稳定状态。

在对淤地坝坝体进行假设削减后，关地沟 1#坝处于失稳状态，发生溃坝，与调查结果相符，而埝堰沟 2#坝依然处于稳定状态，与实际调查不符，可能是由于卧管和涵洞处周围土体分离，坝体内部可能已经发生了细小的渗流孔或者贯穿孔，导致在“7·15”暴雨洪水情况下很容易发生溃坝。

2. 不同重现期暴雨积水工况下的淤地坝坝体安全稳定性分析

本节主要研究了三种变化情景条件下王茂沟小流域淤地坝在不同重现期暴雨积水工况下的坝体安全稳定性。

1) 现状条件下不同重现期暴雨积水工况下的坝体安全稳定性

将表 13.46 中的不同重现期暴雨的坝前水深结果导入模型进行坝体安全稳定性计算。不同重现期暴雨积水工况下的关地沟 1#坝和埝堰沟 2#坝坝体稳定性安全系数计算结果见表 13.61。

2) 退耕条件下不同重现期暴雨积水工况下的坝体安全稳定性

将表 13.50 中的不同重现期暴雨的坝前水深结果导入模型进行坝体安全稳定性计算。不同重现期暴雨积水工况下的关地沟 1#坝和埝堰沟 2#坝坝体稳定性安全系数计算结果见表 13.62。

3) 水土保持措施容量条件下不同重现期暴雨积水工况下的坝体安全稳定性

将表 13.54 中的不同重现期暴雨的坝前水深结果导入模型进行坝体稳定性安全

计算。水土保持措施容量条件不同重现期暴雨积水工况下的关地沟 1#坝和埝堰沟 2#坝坝体稳定性安全系数计算结果见表 13.63。

表 13.61 现状条件下不同重现期暴雨积水工况下坝体稳定性安全系数表

重现期/年	关地沟 1#坝	埝堰沟 2#坝
10	1.377	2.482
20	1.363	2.421
30	1.353	2.417
50	1.342	2.412
100	1.331	2.401
200	1.315	2.386
300	1.305	2.381

表 13.62 退耕条件不同重现期暴雨积水工况下坝体稳定性安全系数表

重现期/年	关地沟 1#坝	埝堰沟 2#坝
10	1.383	2.428
20	1.367	2.422
30	1.367	2.418
50	1.348	2.413
100	1.336	2.402
200	1.324	2.387
300	1.317	2.382

从表 13.61～表 13.63 中的三种变化条件下不同重现期暴雨积水工况下的关地沟 1#坝和埝堰沟 2#坝坝体稳定性安全系数来看，关地沟 1#坝和埝堰沟 2#坝坝体稳定性安全系数大于《碾压式土石坝设计规范》(SL 274—2001)中规定的 1.20，淤地坝处于稳定状态。

表 13.63 水土保持措施容量条件下不同重现期暴雨积水工况下坝体稳定性安全系数表

重现期/年	关地沟 1#坝	埝堰沟 2#坝
10	1.383	2.428
20	1.369	2.423
30	1.363	2.419
50	1.352	2.414
100	1.343	2.404
200	1.332	2.397
300	1.328	2.387

从整体来看，王茂沟小流域淤地坝坝体稳定性安全系数均大于《碾压式土石坝设计规范》(SL 274—2001)中的规定值，满足稳定要求。当发生突发暴雨或者其他原因造成积水时，坝体稳定性安全系数急剧降低，此时淤地坝存在安全隐患，要注意采取防范措施，以免垮坝或溃坝。根据实际调查，在“7·15”暴雨洪水中，埝堰沟 2#坝坝体右侧发生溃坝，分析其原因可能是因为淤地坝放水建筑物涵洞和坝体接触部位不紧密，在遭受暴雨洪水冲刷作用下发生了溃坝。

13.5　淤地坝溃坝模拟

采用西安理工大学研发的二维洪水演进数值模型进行淤地坝溃坝模拟。该模型基于 DEM 地形数据，采用有限体积法求解二维平均水深的水动力方程。模型采用逆风守恒格式和 HLL 逼近黎曼格式求解洪水波问题，可以有效避免数值震荡，捕捉洪水波运动，具有很好的可靠性、守恒性和稳定性。模型采用两步显式求解控制方程，计算域干湿点根据水深来判断，计算效率高，同时可以考虑瞬时全部溃坝、瞬时局部溃坝、逐级局部溃坝、逐渐全部溃坝和流域多级溃坝等多种工况，还可考虑洪水过程中的侵蚀产沙和泥沙输移。

1. 模型计算说明

淤地坝防洪风险分析分别针对府村川和龙头河上的淤地坝发生瞬时漫顶溃坝的最不利情况进行分析。考虑龙头河流域 7 座淤地坝的多坝连锁溃坝，即流域最上游的寺儿沟淤地坝首先发生溃坝，产生的溃坝洪水冲击下游的前邢家台淤地坝并造成该淤地坝溃决，依次类推，下游淤地坝在连锁溃坝洪水的冲击下也相应发生溃坝。由于桥儿沟淤地坝在龙头河的支流上，因此考虑为最不利溃坝工况，设定桥儿沟淤地坝在洪水抵达漩水湾淤地坝时也发生溃坝。

溃坝计算采用可考虑多坝溃决的二维洪水演进数值模拟，地形数据采用 NASA 提供的 30m×30m DEM 高程数据。龙头河流域淤地坝计算区域的 DEM 图如图 13.24 所示。

2. 结果分析

图 13.25 给出了龙头河流域发生淤地坝连锁溃坝时各控制点的最大水深变化图。图 13.26(a)～(c)给出了不同溃坝历时的龙头河流域淤地坝溃坝洪水沿程最大水深分布图。图 13.27(a)～(g)给出了不同溃坝历时的龙头河流域淤地坝溃坝洪水沿程流速分布图。

从图 13.26 和图 13.27 中可以看出，龙头河流域发生淤地坝连锁溃坝时，由于洪水的逐渐累积，洪水发展较快，在最上游的寺儿河淤地坝发生溃坝后，约 30min

后，溃坝洪水就会逐一冲垮沿途的淤地坝，导致最下游的漩水湾淤地坝发生溃决。在溃坝过程中上游河道较窄，流速较大，大部分主流流速约 3m/s，部分区域主流流速接近 10m/s，因此溃坝洪水的冲击破坏力很大；下游河道较开阔，流速相对较小，主流流速约 1.5m/s。发生淤地坝连锁溃坝时，在上游溃坝洪水抵达当前淤地坝时，由于坝体的阻挡，容易形成较强的洪水波反射，因此，可能会造成周边山体滑坡等现象的发生。

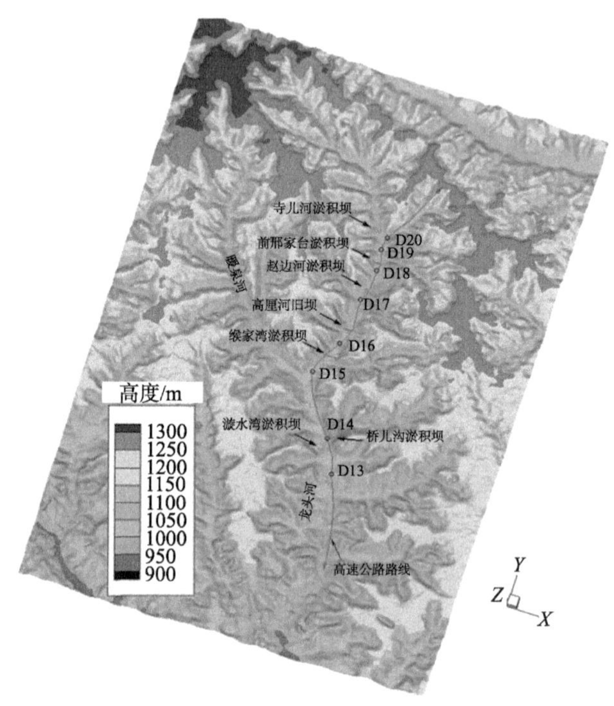

图 13.24　龙头河流域淤地坝计算区域 DEM 图

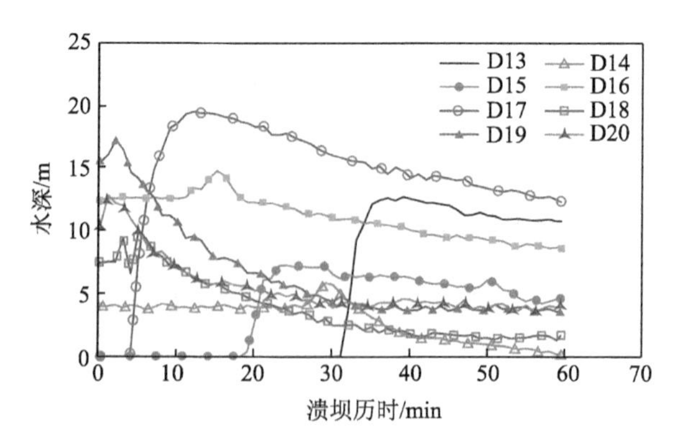

图 13.25　龙头河流域淤地坝溃坝计算各控制点的最大水深变化曲线

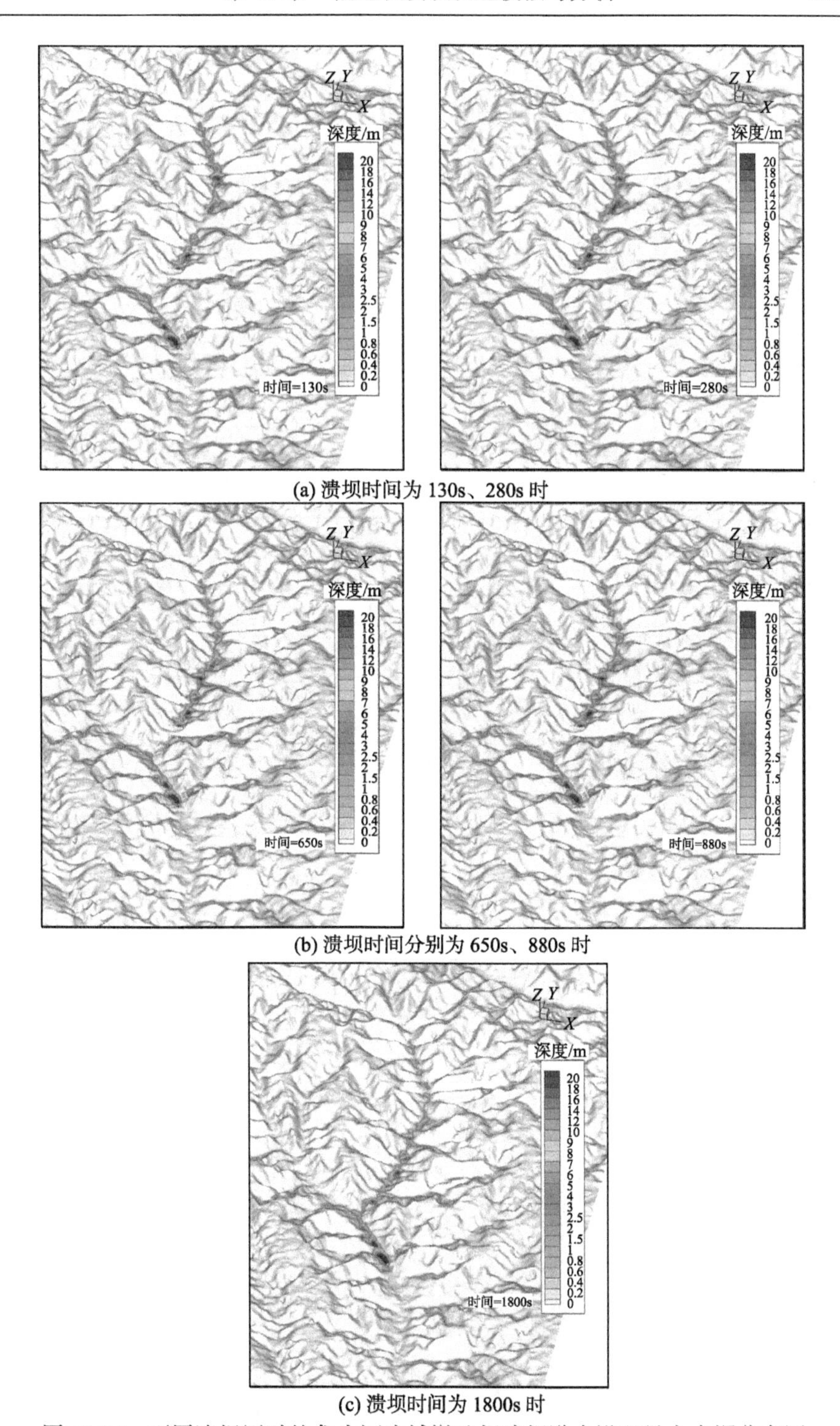

(a) 溃坝时间为 130s、280s 时

(b) 溃坝时间分别为 650s、880s 时

(c) 溃坝时间为 1800s 时

图 13.26 不同溃坝历时的龙头河流域淤地坝溃坝洪水沿程最大水深分布图

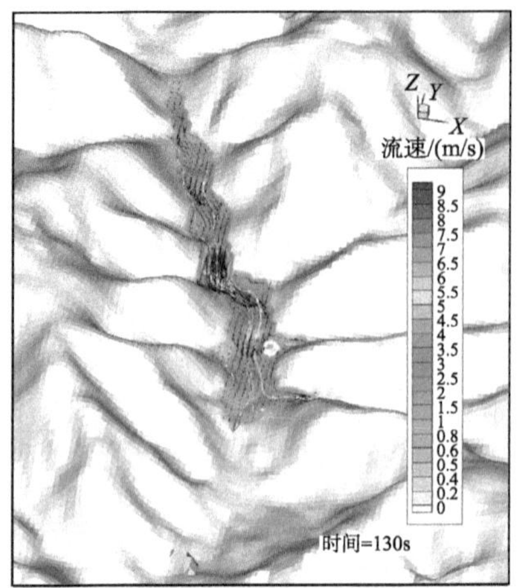

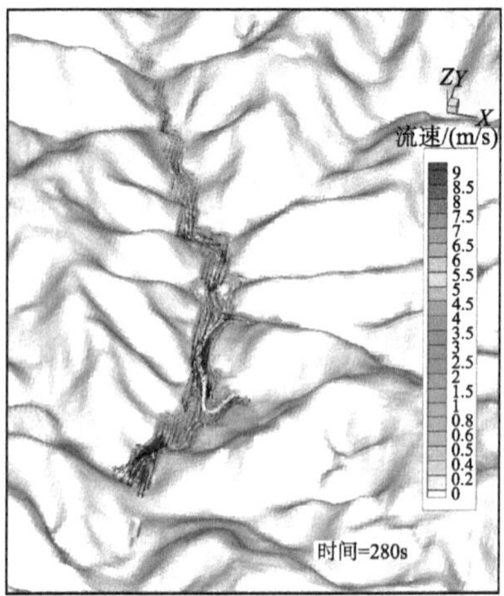

(a) 溃坝时间为 130s、280s 时

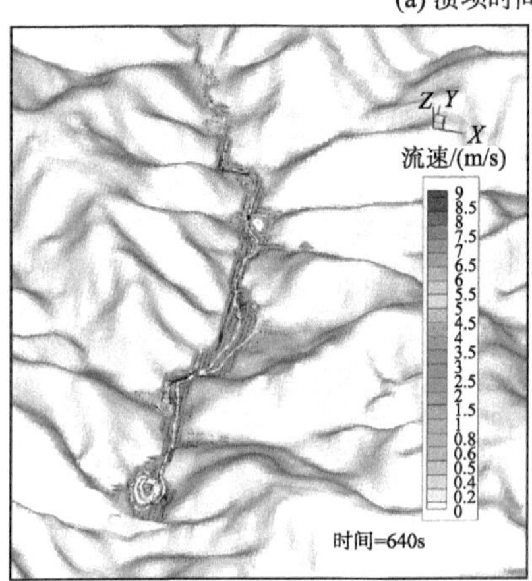

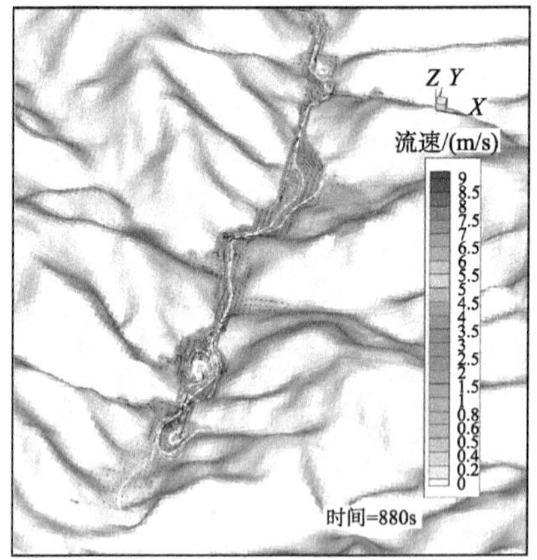

(b) 溃坝时间为 640s、880s 时

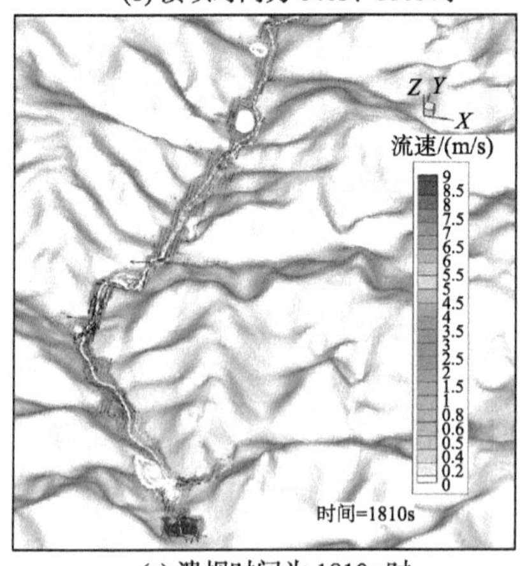

(c) 溃坝时间为 1810s 时

图 13.27　不同溃坝历时的龙头河流域淤地坝溃坝洪水沿程流速分布图

13.6　淤地坝溃决计算

1. 淤地坝溃决计算方法研究

1) 溃口形态确定

溃口是淤地坝溃决时形成的缺口，溃口形态主要与坝型和筑坝材料有关。目前，对于淤地坝的实际溃坝机理仍然不是很清楚，因此溃口的形态主要通过近似假定来确定。一般假定溃口从坝顶的某一点开始，在溃决历时内按线性比例发展，直至形成最终宽度。最终溃口宽度计算公式为

$$B_{\mathrm{m}} = 0.1803kV_{\mathrm{r}}^{0.32}H_{\mathrm{b}}^{0.19} \tag{13.38}$$

式中，H_{b} 为溃决水深(m)；V_{r} 为有效下泄库容(m^3)；B_{m} 为最终溃口平均宽度(m)；k 为修正系数，对于漫顶造成的溃坝，k=1。

2) 溃口发展时间计算

溃口发展时间计算公式为

$$T_{\mathrm{f}} = 0.00245kV_{\mathrm{r}}^{0.53}H^{-0.09} \tag{13.39}$$

式中，T_{f} 为溃口发展时间；其他符号含义同前。

3) 最大溃决流量计算

结合王茂沟小流域淤地坝的实际情况，采用的最大溃决流量公式为

$$Q_{\mathrm{m}} = \frac{8}{27}\sqrt{g}\left(\frac{B}{b_{\mathrm{m}}}\right)^{0.25} b_{\mathrm{m}}H^{1.5} \tag{13.40}$$

式中，Q_{m} 为溃决最大流量(m^3/s)；g 为重力加速度(m/s^2)；B 为坝长(m)；b_{m} 为最终溃口宽度(m)；H 为溃决水深(m)。

4) 溃坝流量过程线

假设基流为 0，根据求得的溃口洪峰流量 $Q_{\max}$、洪水总量 W，t 时刻的溃坝洪水的流量计算公式为

$$Q = Q_{\max}\left(\frac{Q_{\max}}{5W}t - 1\right)^4 \tag{13.41}$$

根据以上公式可以得到 100 年一遇暴雨洪水情况下王茂沟小流域有洪水漫顶情况发生的淤地坝溃坝洪水计算结果，见表 13.64。

2. 淤地坝溃决结果分析

由表 13.64 可以看出，当淤地坝发生溃决时，坝址处溃口流量从 0 达到最大 $Q_{\max}$ 的时间非常短，最短的只有 23.46s，最长的也仅有 116.46s。溃口洪水历时是指淤地

坝坝址处溃口流量从 Q_{max} 再次回到 0 所经历的时间。由表 13.64 可以看出，溃口洪水历时也非常短。

表 13.64　淤地坝溃坝洪水计算结果表

淤地坝名称	坝长/m	溃决水深/m	有效下泄库容/m	溃口最终宽度/m	溃口发展时间/s	最大溃决流量/(m³/s)	溃口洪水历时/s
何家峁坝	48.00	5.20	104.10	1.09	23.46	30.89	15.63
王塔沟 2#坝	42.00	3.40	1040.00	2.10	116.46	25.83	187.74
黄柏沟 2#坝	30.00	15.10	4748.40	4.53	68.07	395.78	62.51
关地沟 3#坝	40.00	20.10	3673.45	4.41	45.93	639.69	27.88
康和沟 1#坝	55.00	10.90	2775.90	3.59	68.67	237.04	56.30

当淤地坝发生溃坝时，溃口会在很短的时间内形成，并且溃决流量非常大，库存洪水也会在很短的时间内泄空。从发生溃坝开始到溃坝终止之间的历时非常短，下游淤地坝入库洪水也会突然增大，增加了下游淤地坝发生溃坝的风险。

第 14 章　淤地坝防洪风险评价指标体系与评价

14.1　淤地坝防洪风险评价指标体系构成及确定

14.1.1　评价指标体系的确定

根据文献资料及黄河水利委员会绥德水土保持科学试验站调查资料，按照建立指标体系的相关原则，选定了 9 个淤地坝防洪风险评价指标。按照防洪风险评价指标体系建立目的和原则，将王茂沟流域淤地坝系防洪风险评价指标体系划分为目标层、准则层及指标层 3 个层次，具体如下。

(1) 目标层：即从整体综合表明黄土高原淤地坝的风险状况，为全面评价和评判小流域淤地坝和坝系投资、建设与管理提供理论依据。

(2) 准则层：即流域淤地坝防洪风险评价包括的几大类指标。依据其他研究学者和专家的文献资料和研究结果，将淤地坝防洪风险评价情况划分为洪灾风险、管理风险和经济风险三类。

(3) 指标层：即能够反映具体防洪风险事件情况的准则层下属的各个指标。本书选定的 9 个具体指标见表 14.1。

表 14.1　淤地坝防洪风险评价指标体系

<table>
<tr><th>目标层(A)</th><th>准则层(B)</th><th>指标层(C)</th></tr>
<tr><td rowspan="9">淤地坝防洪风险评价指标(A)</td><td rowspan="4">洪灾风险(B_1)</td><td>不稳定系数(C_1)</td></tr>
<tr><td>危险系数(C_2)</td></tr>
<tr><td>滞洪风险(C_3)</td></tr>
<tr><td>泄洪风险(C_4)</td></tr>
<tr><td rowspan="3">管理风险(B_2)</td><td>日常管理风险(C_5)</td></tr>
<tr><td>应急风险(C_6)</td></tr>
<tr><td>监测设施(C_7)</td></tr>
<tr><td rowspan="2">经济风险(B_3)</td><td>下游经济风险(C_8)</td></tr>
<tr><td>保收风险(C_9)</td></tr>
</table>

14.1.2　评价指标计算及标准化

根据已确定的淤地坝防洪风险评价指标体系，本次防洪风险评价主要针对淤地坝的洪灾风险、管理风险和经济风险三类进行分析。

1. 洪灾风险

洪灾风险层主要包括不稳定系数、危险系数、滞洪风险系数和泄洪风险系数4个指标。下面对这4个指标的计算和标准化进行具体说明。

1) 不稳定系数

不稳定系数定义为

$$U = 1 - \frac{I}{0.04} \tag{14.1}$$

式中，U为不稳定系数，若U计算值小于0，则取U=0；I为相对稳定指标。

式(14.1)中的相对稳定指标I的计算公式为

$$I = \frac{S}{F} \tag{14.2}$$

式中，S为坝地面积(km^2)；F为坝控流域面积(km^2)；

2) 危险系数

危险系数定义为

$$W_{\mathrm{d}} = 1 - \frac{1}{I_p} \tag{14.3}$$

式中，W_{d}为危险系数，若W_{d}计算值小于0，则取W_{d}=0；I_p为淤地坝安全系数。

式(14.1)中的淤地坝安全系数I_p的计算公式为

$$I_p = \frac{W_p}{A(h + h_{\mathrm{c}})} \tag{14.4}$$

式中，I_p为淤地坝安全系数；W_p为设计频率为p的洪水总量(万 m^3)；A为坝地实有面积(hm^2)；h为坝地允许淹水深度平均值(m)；h_{c}为洪水所含泥沙落淤平均厚度(m)。

3) 滞洪风险系数

滞洪风险系数定义为滞洪库容跟剩余库容与泄流量之和的比值。

4) 泄洪风险系数

泄洪风险系数定义为

$$X_{\mathrm{d}} = 1 - X_{\mathrm{a}} \tag{14.5}$$

式中，X_{d}为泄洪风险系数；X_{a}为淤地坝溢洪道放水建筑物的泄洪能力系数。

式(14.5)中的泄洪能力系数X_{a}的计算公式为

$$X_{\mathrm{a}} = X_{\mathrm{p}} / L_{\mathrm{p}} \tag{14.6}$$

式中，X_{p}为淤地坝溢洪道放水建筑物的淤地坝坝址泄洪量；L_{p}为淤地坝溢洪道放水建筑物的淤地坝坝址来洪量。

2. 管理风险

管理风险层主要包括日常管理风险、应急风险、监测风险3个指标。下面对这

3 个指标的计算和标准化进行具体说明。

在淤地坝进入运行期后，暴雨洪水冲刷、动物打洞造穴等会对淤地坝坝体造成不同程度的损坏，就需要在淤地坝运行期对其进行一些日常管理和监测，以防止淤地坝溃坝。另外，应该建立相应的应急预案，在淤地坝遭遇超标准暴雨洪水时，执行应急预案，防止突发性洪水造成淤地坝溃坝。然而，在淤地坝的实际运行中很少有日常管理、应急预案和监测设施等，这也是造成淤地坝溃坝的重要因素。因此，需要对淤地坝的管理风险进行评估，以期为淤地坝防洪风险评价提供一定的基础。

根据管理因素对淤地坝溃坝潜在风险的影响程度赋分，确定各管理因素风险取值如下：

1) 日常管理风险

日常管理风险按照当地水利部门或当地居民对淤地坝是否有管理和维护进行赋分。如果淤地坝日常管理和维护到位，日常管理风险取值为 0，否则取值为 1。

2) 应急风险

如果制订了淤地坝防洪风险应急措施，应急风险取值为 0，否则取值为 1。

3) 监测风险

如果淤地坝有监测设施且设施齐全，则监测风险取值为 0，否则取值为 1。

3. 经济风险

经济风险主要包括下游经济风险和保收风险两个指标。下面对这两个指标的计算和标准化进行具体说明。

1) 下游经济风险

按照淤地坝下游是否有民房、生产基地、道路等及其相应的规模来确定下游经济风险指标。如果骨干坝下游有重要居民建筑和生产工厂，则下游经济风险指标取值为 1；各支沟出口处的淤地坝的下游经济风险指标取值为 0.8；从沟口沿沟道向沟头方向数，第 2 座淤地坝的下游经济风险指标取值为 0.6；依次类推，对流域内的每座淤地坝的下游经济风险指标进行赋值。

2) 保收风险

根据辛全才等(1995)的研究结果，淤地坝坝地保收率取决于坝地滞洪水深的高低，坝地滞洪水深小于作物生长允许淹没水深时作物保收，否则认为作物遭灾绝收。据此，坝地保收率计算公式为

$$P = 1 - 1/N \tag{14.7}$$

式中，P 为坝地保收率；N 为坝地滞洪水深所对应的洪水重现期(年)。

坝地保收风险公式为

$$B_{\mathrm{d}} = 1 - P \tag{14.8}$$

式中，B_{d} 为保收风险。

14.1.3　淤地坝防洪风险评价指标权重

淤地坝防洪风险评价是一个非常复杂的过程，因此合理确定各防洪风险评价指标的权重是获得科学合理的评价结果的关键。

淤地坝防洪风险评价的评价指标的权重值反映了相应评价指标在流域防洪风险评价中的重要程度。为了合理、准确地确定各个评价指标在评价体系中的权重，组织相关的淤地坝研究专家和技术人员采用背对背方式独立给出每个评价指标的权重。根据收集到的专家打分结果，采用层次分析法计算各评价指标的最终权重。表 14.2～表 14.5 为计算得到的淤地坝防洪风险评价指标体系的判断矩阵及权重结果表。

表 14.2　洪灾风险指标专家赋值及比较判断矩阵

指标	不稳定性系数	危险系数	滞洪风险	泄洪风险	权重值
不稳定系数	1.00	0.67	0.57	0.70	0.21
危险系数	1.50	1.00	0.85	1.05	0.26
滞洪风险	1.77	1.18	1.00	1.24	0.28
泄洪风险	1.42	0.95	0.80	1.00	0.25

表 14.3　管理风险指标专家赋值及比较判断矩阵

指标	日常管理风险	应急风险	监测风险	权重值
日常管理风险	1.00	0.65	0.86	0.31
应急风险	1.55	1.00	1.33	0.37
监测风险	1.16	0.75	1.00	0.32

表 14.4　经济风险指标专家赋值及比较判断矩阵

指标	下游经济风险	保收风险	权重值
下游经济风险	1.00	0.86	0.49
保收风险	1.16	1.00	0.51

表 14.5　淤地坝防洪风险评价指标专家赋值及比较判断矩阵

指标	洪灾风险	管理风险	经济风险	权重值
洪灾风险	1.00	1.30	1.86	0.38
管理风险	0.77	1.00	1.43	0.33
经济风险	0.54	0.70	1.00	0.29

根据表 14.2～表 14.5，计算得到小流域淤地坝防洪风险评价指标体系中的各评价指标的权重见表 14.6。

表 14.6　淤地坝防洪风险评价指标体系各评价指标的权重

目标层(A)	准则层(B)	权重值(q)	指标层(C)	权重值(W)
淤地坝防洪风险评价指标(A)	洪灾风险(B_1)	0.38	不稳定系数(C_1)	0.21
			危险系数(C_2)	0.26
			滞洪风险(C_3)	0.28
			泄洪风险(C_4)	0.25
	管理风险(B_2)	0.33	日常管理风险(C_5)	0.31
			应急风险(C_6)	0.37
			监测风险(C_7)	0.32
	经济风险(B_3)	0.33	下游经济风险(C_8)	0.49
			保收风险(C_9)	0.51

14.2　王茂沟小流域淤地坝坝系防洪风险评价

14.2.1　风险分值计算和风险等级标准划分

1. 风险分值计算

1) 淤地坝准则层各防洪风险指标值计算

小流域淤地坝防洪风险评价指标体系准则层各防洪风险指标值计算公式为

$$B = \sum_{i=1}^{3} C_i W_i \tag{14.9}$$

式中，B 为淤地坝防洪风险指标值；C_i 为指标层中的各个评价指标的取值；W_i 为指标层中的各个评价指标的权重。

2) 淤地坝防洪风险分值计算

为了全面、系统、准确地反映小流域淤地坝防洪风险，采用加权乘方法的小流域淤地坝防洪风险分值计算公式如下

$$A = B_1^{q_1} B_2^{q_2} B_3^{q_3} \tag{14.10}$$

式中，A 为小流域淤地坝防洪风险分值；B_1 为淤地坝发生洪灾风险的分值；B_2 为淤地坝发生管理风险的分值；B_3 为淤地坝发生经济风险的分值；q_1、q_2、q_3 分别为指标层中 3 个指标对应的权重。

2. 风险等级标准划分

小流域淤地坝防洪风险评价体系的最终目的是确定淤地坝发生防洪风险的可能性大小，让决策者了解小流域淤地坝坝系的防洪风险，从而为决策者的投资及淤地坝后期运行管理提供理论指导。参考相关的资料和文献，并结合实际情况，最终

制定的小流域淤地坝防洪风险评价标准具体见表 14.7。

表 14.7　小流域淤地坝防洪风险评价等级划分标准

风险等级	防洪风险取值范围
极危险状态	[0.8，1.0]
危险状态	[0.6，0.8)
一般危险状态	[0.4，0.6)
一般安全状态	[0.2，0.4)
安全状态	[0，0.2)

14.2.2　淤地坝防洪风险评价指标确定

根据小流域淤地坝防洪风险评价指标体系中的各个评价指标的度量标准和赋值方法，结合对王茂沟小流域各淤地坝的实地勘查情况，计算得到的 30 年一遇和 100 年一遇暴雨洪水条件下的王茂沟小流域淤地坝防洪风险评价体系中各评价指标的分值，详见表 14.8 和表 14.9。

表 14.8　30 年一遇暴雨洪水下的王茂沟小流域淤地坝防洪风险评价指标汇总表

淤地坝名称	评价指标								
	不稳定性系数	危险系数	滞洪风险	泄洪风险	日常管理风险	应急风险	监测风险	下游经济风险	保收风险
关地沟 4#坝	0.00	0.00	0.18	0.68	1.00	1.00	1.00	0.20	0.03
背塔沟坝	0.60	0.56	0.38	1.00	1.00	1.00	1.00	0.00	1.00
关地沟 2#坝	0.76	0.40	0.27	0.00	1.00	1.00	1.00	0.60	0.00
关地沟 3#坝	0.00	0.40	1.00	1.00	1.00	1.00	1.00	0.40	1.00
关地沟 1#坝	0.46	0.00	0.07	0.79	1.00	1.00	1.00	0.80	1.00
死地嘴 1#坝	0.00	0.13	0.48	0.51	1.00	1.00	1.00	0.60	1.00
王塔沟 1#坝	0.28	0.33	0.33	1.00	1.00	1.00	1.00	0.60	1.00
王茂沟 2#坝	0.79	0.21	0.05	0.70	0.10	0.00	0.10	1.00	0.05
康和沟 3#坝	0.00	0.00	0.20	1.00	1.00	1.00	1.00	0.40	0.03
康和沟 2#坝	0.12	0.00	0.14	1.00	1.00	1.00	1.00	0.60	0.01
康和沟 1#坝	0.00	0.00	0.82	1.00	1.00	1.00	1.00	0.80	0.00
埝堰沟 3#坝	0.47	0.39	0.39	1.00	1.00	1.00	1.00	0.40	1.00
埝堰沟 2#坝	0.00	0.00	0.05	1.00	1.00	1.00	1.00	0.60	0.00
埝堰沟 1#坝	0.65	0.00	0.05	1.00	1.00	1.00	1.00	0.80	0.01
黄柏沟 2#坝	0.00	0.00	1.00	1.00	1.00	1.00	1.00	0.60	0.00
黄柏沟 1#坝	0.35	0.00	0.17	0.29	1.00	1.00	1.00	0.80	0.01
王茂沟 1#坝	0.58	0.23	0.53	0.00	0.10	0.00	0.10	1.00	0.00

表 14.9　100 年一遇暴雨洪水下的王茂沟小流域淤地坝防洪风险评价指标汇总表

淤地坝名称	评价指标								
	不稳定性系数	危险系数	滞洪风险	泄洪风险	日常管理风险	应急风险	监测风险	下游经济风险	保收风险
关地沟 4#坝	0.00	0.26	0.28	0.66	1.00	1.00	1.00	0.20	1.00
背塔沟坝	0.60	0.66	0.62	1.00	1.00	1.00	1.00	0.20	1.00
关地沟 2#坝	0.76	0.55	0.35	0.26	1.00	1.00	1.00	0.60	0.00
关地沟 3#坝	0.00	0.51	1.00	1.00	1.00	1.00	1.00	0.40	1.00
关地沟 1#坝	0.46	0.19	0.11	0.73	1.00	1.00	1.00	0.80	1.00
死地嘴 1#坝	0.00	0.38	0.68	0.48	1.00	1.00	1.00	0.60	1.00
王塔沟 1#坝	0.28	0.51	0.53	1.00	1.00	1.00	1.00	0.60	1.00
王茂沟 2#坝	0.79	0.44	0.09	0.65	0.10	0.00	0.10	1.00	1.00
康和沟 3#坝	0.00	0.25	0.32	1.00	1.00	1.00	1.00	0.40	1.00
康和沟 2#坝	0.12	0.00	0.23	1.00	1.00	1.00	1.00	0.60	0.01
康和沟 1#坝	0.00	0.00	1.00	1.00	1.00	1.00	1.00	0.80	0.00
埝堰沟 3#坝	0.47	0.53	0.64	1.00	1.00	1.00	1.00	0.40	1.00
埝堰沟 2#坝	0.00	0.00	0.09	1.00	1.00	1.00	1.00	0.60	0.00
埝堰沟 1#坝	0.65	0.00	0.08	0.06	1.00	1.00	1.00	0.80	0.01
黄柏沟 2#坝	0.00	0.00	1.00	1.00	1.00	1.00	1.00	0.60	0.00
黄柏沟 1#坝	0.35	0.19	0.25	0.21	1.00	1.00	1.00	0.80	0.01
王茂沟 1#坝	0.58	0.45	0.63	0.00	0.10	0.00	0.10	1.00	0.00

基于本节所建立的小流域淤地坝安全评价指标体系，结合表 14.8 和表 14.9 中的各评价指标的分值，再结合表 14.6 中的各评价指标的权重值，利用式(14.9)和式(14.10)，计算得到的 30 年一遇和 100 年一遇暴雨洪水条件下的王茂沟小流域淤地坝防洪风险评价结果见表 14.10 和表 14.11。

表 14.10 和表 14.11 中的防洪风险评价结果综合反映了王茂沟小流域内的每座淤地坝的防洪风险情况。从评价结果来看，王茂沟小流域内的大部分淤地坝都处于一般防洪危险或者防洪危险状态，仅王茂沟 1#坝和王茂沟 2#坝处于防洪风险安全状态。

从防洪风险评价指标体系各个准则层来看，王茂沟小流域内的淤地坝洪灾风险分值有的处于危险状态，有的处于一般危险状态，也有的处于极危险状态。对于此类淤地坝，需要考虑采取增加相应淤地坝的坝高来扩大滞洪库容或通过疏通或修复泄水建筑物来增加泄流能力等措施，降低淤地坝的防洪风险。

由于王茂沟小流域内的大部分淤地坝建设时间早、防洪设计标准偏低，防洪能力较小，较小的暴雨洪水就能导致淤地坝的坝地滞洪水深较大，导致坝地农作物淹没或受损。同时，王茂沟小流域内的大部分民房、生产基地、道路都在流域主沟道内或者淤地坝附近，易受到暴雨洪水导致淤地坝溃坝的影响，故经济风险均较高。

表 14.10　30 年一遇暴雨洪水情况下的王茂沟小流域淤地坝防洪风险评价结果

淤地坝名称	洪灾风险	管理风险	经济风险	防洪风险评价结果
关地沟 4#坝	0.57	1.00	0.54	0.30
背塔沟坝	0.84	1.00	0.82	0.69
关地沟 2#坝	0.66	1.00	0.70	0.47
关地沟 3#坝	0.84	1.00	0.90	0.76
关地沟 1#坝	0.65	1.00	0.97	0.63
死地嘴 1#坝	0.64	1.00	0.94	0.60
王塔沟 1#坝	0.76	1.00	0.94	0.72
王茂沟 2#坝	0.71	0.40	0.83	0.23
康和沟 3#坝	0.64	1.00	0.64	0.41
康和沟 2#坝	0.65	1.00	0.70	0.46
康和沟 1#坝	0.76	1.00	0.76	0.58
埝堰沟 3#坝	0.80	1.00	0.90	0.73
埝堰沟 2#坝	0.61	1.00	0.70	0.43
埝堰沟 1#坝	0.71	1.00	0.77	0.54
黄柏沟 2#坝	0.79	1.00	0.70	0.56
黄柏沟 1#坝	0.54	1.00	0.77	0.41
王茂沟 1#坝	0.66	0.40	0.81	0.21

表 14.11　100 年一遇暴雨洪水情况下的王茂沟小流域淤地坝防洪风险评价结果

淤地坝名称	洪灾风险	管理风险	经济风险	防洪风险评价结果
关地沟 4#坝	0.64	1.00	0.87	0.56
背塔沟坝	0.89	1.00	0.87	0.77
关地沟 2#坝	0.75	1.00	0.70	0.53
关地沟 3#坝	0.86	1.00	0.90	0.78
关地沟 1#坝	0.68	1.00	0.97	0.66
死地嘴 1#坝	0.72	1.00	0.94	0.67
王塔沟 1#坝	0.82	1.00	0.94	0.77
王茂沟 2#坝	0.75	0.40	1.00	0.30
康和沟 3#坝	0.71	1.00	0.90	0.64
康和沟 2#坝	0.67	1.00	0.70	0.47
康和沟 1#坝	0.79	1.00	0.76	0.60
埝堰沟 3#坝	0.86	1.00	0.90	0.78
埝堰沟 2#坝	0.62	1.00	0.70	0.43
埝堰沟 1#坝	0.51	1.00	0.77	0.39
黄柏沟 2#坝	0.79	1.00	0.70	0.56
黄柏沟 1#坝	0.59	1.00	0.77	0.45
王茂沟 1#坝	0.72	0.40	0.81	0.23

除 2 座骨干坝存在一些管理措施之外，王茂沟小流域其他淤地坝都处于无人管理状态之下，其管理风险值基本都为 1，处于极危险状态。管理风险分值太高也导致了整个淤地坝的最终防洪风险评价结果分值较高。由此可见，王茂沟小流域淤地坝亟需相关部门制定管理条例，加强日常管理和监测。对于那些有管理但是管理力度不大的淤地坝，要加大日常管理力度；对于位置比较偏远、道路不通而毫无管理措施的淤地坝，也要增加相应的日常管理。科研机构及政府管理部门要及时布设监测设备，组织相关人员定期进行调查与监测，争取做到拿到关于相关淤地坝的真实、详细、精确的第一手资料。针对不同的淤地坝采取不同的措施，以加强淤地坝对暴雨洪水的防御能力，保护人民的生命财产安全。

14.2.3　坝系布局合理性评价与坝系防洪风险评价结果

基于前文所建立的小流域淤地坝防洪风险评价指标体系，本节进行了王茂沟小流域淤地坝坝系单元和淤地坝坝系的坝坝系布局评价和坝系防洪风险评价。考虑到淤地坝坝系布局的合理性对流域淤地坝坝系防洪风险的巨大作用，本节在洪灾风险已有指标的基础上增加了一个新的指标，即坝系布局风险指标。

1. 坝系布局评价

1) 坝系布局评价指标释义

(1) 大型坝占总比：指流域淤地坝坝系(单元)大中型坝库容与淤地坝坝系(单元)总库容的比值。由于整个流域的防洪标准依赖于整个淤地坝系，特别是骨干坝的调蓄作用，因此，大型坝占总比越大，流域坝系对洪水的调节能力就越强，流域抵御洪水的能力也就越强。

(2) 串联率：指流域内单位长度沟道中的淤地坝串联个数最大值。由于在长度有限的流域沟道上，串联的淤地坝个数越多，在发生超标准暴雨洪水时发生连锁溃坝的危险程度就越高，因此，串联率越低，坝系布局越合理。

(3) 库容均衡度：指流域淤地坝坝系(单元)中单坝库容的极差与控制面积的比值，用来衡量流域淤地坝坝系(单元)库容的均匀分配程度。库容均衡度越小，则流域淤地坝坝系(单元)库容分配越均匀。

(4) 设计淤地面积：指流域淤地坝坝系(单元)的可淤地面积。设计淤地面积大小影响淤地坝坝系(单元)的相对稳定，同时也会对流域的经济效益产生影响，而淤地坝坝系(单元)的稳定性和经济性也是淤地坝坝系布局评价的重要内容。

(5) 侵蚀模数：指单位面积单位时间内被剥蚀并发生位移的土壤侵蚀量，用来衡量土壤侵蚀程度。流域内淤地坝坝系的建设，一方面可以拦截上游坡面产生的泥沙，另一方面在一定程度上改变了流域的侵蚀形态。侵蚀模数是淤地坝坝系布局是否合理的评判指标之一。

2) 坝系布局评价指标要素的标准化

(1) 大型坝占总比：根据大型坝对洪水的调节能力进行定量赋值。当大型坝的库容控制率达到或超过 50%时，大型坝占总比赋值为 1；大型坝的库容控制率每减小 10%，则赋值相应减小 0.2。

(2) 串联率：根据其对下游工程的威胁程度进行定量赋值。当串联率为 0 时，赋值为 1；串联率每增加 1，赋值减小 0.2。

(3) 库容均衡度：根据其对库容的分配均匀程度进行定量赋值。当库容均衡度为 0 时，赋值为 1；均衡度每增加 5 万 m^3/km^2，则赋值相应减小 0.1。

(4) 设计淤地面积：根据其对流域相对稳定的贡献率进行定量赋值。当设计淤地面积为 0 时，赋值为 0；设计淤地面积每增加 10 hm^2，赋值相应增加 0.2。

(5) 侵蚀模数：根据其对土壤侵蚀的控制程度进行定量赋值。当侵蚀模数≤5000t/(km^2·a)时，赋值为 1；侵蚀模数每增加 1000 t/(km^2·a)，赋值相应减小 0.2。

3) 坝系布局评价指标权重的确定

为了比较准确、合理地确定每个评价指标在整个坝系布局评价体系中的权重大小，根据相关的资料和文献，结合实地调查资料，先组织相关的淤地坝研究专家和技术人员采用背对背方式给出每个评价指标的相对重要程度，在此基础上给每个评价指标赋分，然后采用层次分析法处理评价结果，得到各坝系布局评价指标的合理权重结果。表 14.12 为坝系布局评价指标体系的判断矩阵及各评价指标权重结果。

表 14.12　坝系布局评价指标体系的判断矩阵及指标权重

指标名称	侵蚀模数	库容均衡度	大型占总比	串联率	设计淤地面积	权重值
侵蚀模数	1.00	0.17	0.14	0.33	0.50	0.0559
库容均衡度	5.99	1.00	0.50	2.00	5.00	0.2750
大型占总比	6.99	2.00	1.00	5.00	6.00	0.4009
串联率	3.03	0.50	0.20	1.00	4.00	0.1739
设计淤地面积	2.00	0.20	0.17	0.25	1.00	0.0943
一致性检验	λ_{max}=5.312，CI=0.078，RI=1.12，CR=0.070< 0.10，满足一致性					

4) 坝系布局合理性评价标准

坝系布局合理性评价标准见表 14.13。

表 14.13　坝系布局合理性评价取值标准

坝系布局合理性	取值范围
合理	[1，0.65]
基本合理	(0.65，0.4]
不合理	(0.4，0)

5) 王茂沟小流域淤地坝坝系布局评价结果

采用上述计算方法，对王茂沟小流域不同淤地坝坝系(单元)的 5 个评价指标进行了计算和赋值，计算结果见表 14.14 和表 14.15。在此基础上，对坝系布局评价指标要素进行了标准化处理，进而依据表 14.11 和表 14.13 中的相关结果，对王茂沟小流域淤地坝坝系(单元)进行了坝系布局合理性评价，评价结果见表 14.16。

表 14.14 王茂沟小流域淤地坝坝系布局合理性评价指标汇总表

坝系或坝系单元名称	大型占总比/%	库容均衡度/(万 m^3/km^2)	串联率/(个/km^2)	设计淤地面积/hm^2	侵蚀模数/[t/(km^2·a)]
关地沟	0.00	20.58	1.94	7.28	9356.64
王塔沟	0.00	24.37	3.30	14.19	7809.74
王茂沟 2#坝	53.07	35.39	1.94	29.50	8845.90
埝堰沟	0.00	5.73	3.24	5.60	6071.58
康和沟	0.00	14.29	18.18	1.01	9221.47
黄柏沟	0.00	17.12	1.84	0.71	6422.89
王茂沟全流域	51.56	17.94	1.33	31.73	7960.67

表 14.15 王茂沟小流域坝坝系布局合理性评价指标赋分表

坝系或坝系单元名称	大型占总比/%	库容均衡度/(万 m^3/km^2)	串联率/(个/km^2)	设计淤地面积/hm^2	侵蚀模数/[t/(km^2·a)]
关地沟	0.00	0.59	0.61	0.15	0.13
王塔沟	0.00	0.51	0.34	0.28	0.44
王茂沟 2#坝	1.00	0.29	0.61	0.59	0.23
埝堰沟	0.00	0.89	0.35	0.11	0.79
康和沟	0.00	0.71	0.00	0.02	0.16
黄柏沟	0.00	0.66	0.63	0.01	0.72
王茂沟全流域	1.00	0.64	0.73	0.63	0.41

表 14.16 王茂沟小流域坝系布局合理性评价结果汇总

坝系或坝系单元名称	坝系布局得分	评价结果
关地沟	0.29	不合理
王塔沟	0.25	不合理
王茂沟 2#坝	0.66	合理
埝堰沟	0.36	不合理
康和沟	0.21	不合理
黄柏沟	0.33	不合理
王茂沟全流域	0.79	合理

2. 坝系防洪风险评价

按照 14.2.2 节中的淤地坝防洪风险评价过程，计算得到了 30 年一遇和 100 年一遇暴雨洪水条件下的王茂沟小流域淤地坝坝系单元和淤地坝坝系的防洪风险评价结果。其中，洪灾风险指标权重的重新计算结果见表 14.17；指标赋值结果见表 14.18 和表 14.19；其他权重不变。

表 14.17　洪灾风险指标权重

指标名称	不稳定性系数	危险系数	滞洪风险	泄洪风险	坝系布局风险	权重值
不稳定性系数	1.00	0.67	0.57	0.70	0.58	0.16
危险系数	1.50	1.00	0.85	1.05	0.87	0.21
滞洪风险	1.77	1.18	1.00	1.24	1.02	0.23
泄洪风险	1.42	0.95	0.80	1.00	0.82	0.20
坝系布局风险	0.95	1.15	0.98	1.22	1.00	0.20

表 14.18　30 年一遇暴雨洪水下的王茂沟小流域淤地坝坝系防洪风险指标赋值

坝系单元名称	不稳定性系数	危险系数	滞洪风险	泄洪风险	坝系布局风险	日常管理	事故应急	监测设施	下游经济风险	保收风险
关地沟	0.30	0.00	0.12	0.39	0.71	1.00	1.00	1.00	0.80	0.50
王塔沟	0.07	0.13	0.41	1.00	0.75	1.00	1.00	1.00	0.80	1.00
王茂沟 2#坝	0.51	0.07	0.12	0.19	0.34	0.10	0.00	0.10	1.00	0.79
康和沟	0.00	0.00	0.20	1.00	0.79	1.00	1.00	1.00	0.80	0.01
埝堰沟	0.23	0.00	0.10	1.00	0.64	1.00	1.00	1.00	0.80	0.32
黄柏沟	0.00	0.00	0.37	0.29	0.67	1.00	1.00	1.00	0.80	0.01
王茂沟全流域	0.40	0.00	0.15	0.00	0.21	0.10	0.00	0.10	1.00	0.54

表 14.19　100 年一遇暴雨洪水下的王茂沟小流域淤地坝坝系防洪风险指标赋值

坝系单元名称	不稳定性系数	危险系数	滞洪风险	泄洪风险	坝系布局风险	日常管理	事故应急	监测设施	下游经济风险	保收风险
关地沟	0.30	0.19	0.19	0.56	0.71	1.00	1.00	1.00	0.80	0.97
王塔沟	0.07	0.41	0.76	0.66	0.75	1.00	1.00	1.00	0.80	1.00
王茂沟 2#坝	0.51	0.38	0.19	0.08	0.34	0.10	0.00	0.10	1.00	0.98
康和沟	0.00	0.00	0.32	1.00	0.79	1.00	1.00	1.00	0.80	0.33
埝堰沟	0.23	0.05	0.17	0.06	0.64	1.00	1.00	1.00	0.80	0.32
黄柏沟	0.00	0.00	0.66	0.21	0.67	1.00	1.00	1.00	0.80	0.01
王茂沟全流域	0.40	0.24	0.25	0.00	0.21	0.10	0.00	0.10	1.00	0.68

30 年一遇和 100 年一遇暴雨洪水条件下的王茂沟小流域淤地坝坝系防洪风险评价结果见表 14.20 和表 14.21。

从表 14.20 和表 14.21 中可以看出，王茂沟小流域淤地坝坝系整体防洪风险评价风险值较高，主要体现在只有中小型淤地坝的坝系单元的防洪风险值较高，而具有骨干坝的王茂沟 2#坝坝系单元和王茂沟流域坝系防洪风险评价值较低。分析其主要原因可能是，中小型淤地坝的建设标准较低、库容小，而且基本没有淤地坝的日常管理、应急方案和监测措施，导致洪灾风险和管理风险较高，从而导致淤地坝坝系的防洪风险评价值较高，坝系单元具有较高的防洪风险；相反，流域内的骨干坝建设标准高，滞洪库容和总库容均较大，且管理到位，坝系布局相对合理，因此，骨干坝坝系单元的防洪风险较低。

表 14.20　30 年一遇暴雨洪水下的王茂沟小流域淤地坝坝系防洪风险评价结果

坝系单元名称	洪灾风险	管理风险	经济风险	防洪风险评价结果
关地沟	0.64	1.00	0.88	0.56
王塔沟	0.76	1.00	0.97	0.74
王茂沟 2#坝	0.58	0.40	0.97	0.22
康和沟	0.71	1.00	0.77	0.55
埝堰沟	0.70	1.00	0.84	0.59
黄柏沟	0.62	1.00	0.77	0.47
王茂沟全流域	0.48	0.40	0.93	0.18

表 14.21　100 年一遇暴雨洪水下的王茂沟小流域淤地坝坝系防洪风险评价结果

坝系或坝系单元名称	洪灾风险	管理风险	经济风险	防洪风险评价结果
关地沟	0.70	1.00	0.97	0.68
王塔沟	0.80	1.00	0.97	0.78
王茂沟 2#坝	0.63	0.40	1.00	0.25
康和沟	0.73	1.00	0.85	0.62
埝堰沟	0.57	1.00	0.84	0.48
黄柏沟	0.66	1.00	0.77	0.50
王茂沟全流域	0.56	0.40	0.95	0.21

从表 14.20 中可以看出，当发生 30 年一遇暴雨洪水时，王茂沟小流域各淤地坝坝系单元的防洪风险值大小依次是：王茂沟全流域坝系<王茂沟 2#坝坝系单元<黄柏沟坝系单元<埝堰沟坝系单元<关地沟坝系单元<康和沟坝系单元<王塔沟坝系单元。

从表 14.21 中可以看出，当发生 100 年一遇暴雨洪水时，王茂沟小流域各淤地坝系单元的防洪风险值大小依次是：王茂沟全流域坝系<王茂沟 2#坝坝系单元<康和沟坝系单元<黄柏沟坝系单元<埝堰沟坝系单元<关地沟坝系单元<王塔沟坝系单元。

第 15 章　变化情势下流域水沙变化与建坝适宜规模

15.1　典型流域土地利用变化分析

15.1.1　大理河流域

大理河流域位于陕北毛乌素沙漠南缘，东经 108°53′～110°16′，北纬 37°12′～37°50′，流域面积为 3906km²；流域出口水文站为绥德站，集水面积为 3893km²，占全流域面积的 99.7%。大理河是无定河流域最大的一级支流，干流全长 170km，河床比降为 3.16‰，发源于陕西省靖边县南部的白于山东侧，自西向东流经榆林市的靖边、横山、子洲三县，至绥德县城东北注入无定河。大理河流域内有小理河、驼耳巷沟、岔巴沟等 11 条主要支流。大理河流域地势总体西高东低，西部海拔一般为 1600～1700m，东部海拔一般为 900～1000m；流域地形破碎，植被稀疏，水土流失严重，是黄河粗泥沙的主要来源区之一。图 15.1 为大理河流域河流水系示意图。

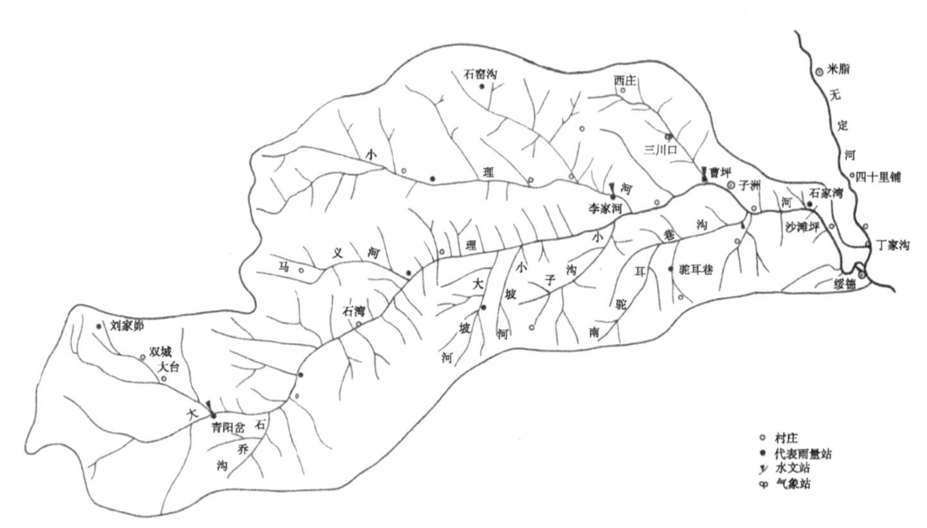

图 15.1　大理河流域河流水系示意图

1. 大理河流域土地利用统计特征

根据 1985 年、1996 年、2000 年、2010 年四期土地利用资料，分析得到大理河流域不同时期的土地利用空间分布图和土地利用面积所占比例柱状图，分别如

图 15.2、图 15.3 所示。

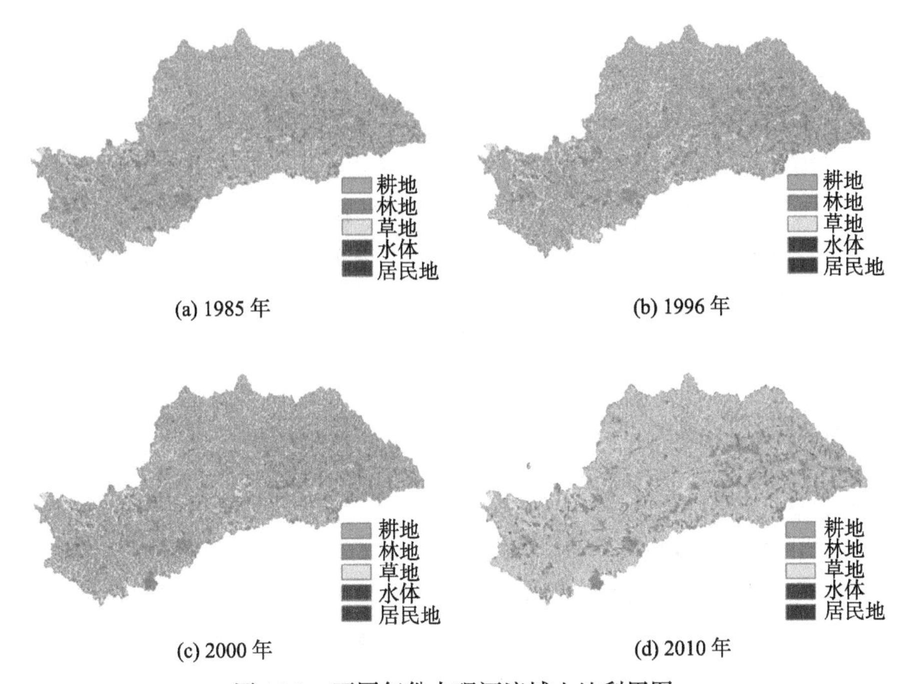

图 15.2　不同年份大理河流域土地利用图

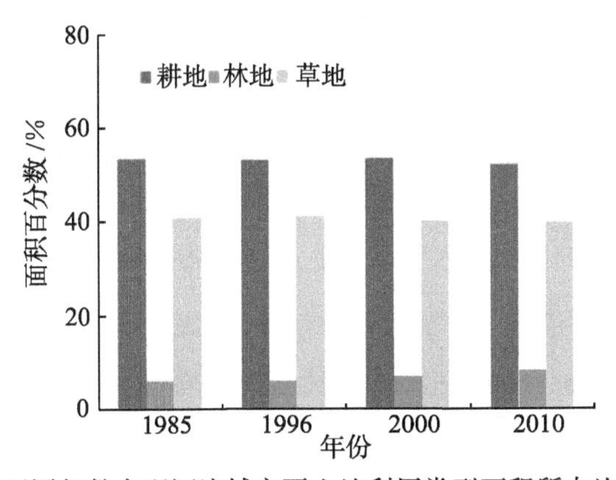

图 15.3　不同年份大理河流域主要土地利用类型面积所占比例柱状图

由图 15.2、图 15.3 可以看出：①大理河流域的主要土地利用类型为耕地、林地和草地；②1985～2010 年，水域和建筑用地所占面积比例较少，仅占 0.5%内；③1985～2010 年，大理河流域的土地利用变化不明显，土地利用变化主要发生在 2000～2010 年；④以 1985 年为基准期，2000 年耕地面积减少幅度小于 1.3%，对应的草地面积变化不大，林地面积增加了 2.3%；⑤水域的面积变化不大，1986 年、2010 年城乡建设用地面积仅占流域面积的 0.1%和 0.2%。

2. 大理河流域土地利用转移矩阵

为了更好地揭示大理河流域土地利用的内部结构变化及其特征，可以用土地利用转移来研究该流域土地利用相互转化状况，量化大理河流域土地利用变化特征。基于大理河流域 1985 年、1996 年、2000 年、2010 年的土地利用数据，利用 GIS 的空间分析功能进行叠加分析，统计不同土地利用类型的面积变化，得到大理河流域的土地利用转移矩阵。如前所述，大理河流域主要的土地利用类型为耕地、林地和草地，因此，本小节主要分析这三种主要土地利用类型的内部变化情况。

由表 15.1 可以看出，1985～1996 年，大理河流域耕地、林地和草地的转出概率分别是 2.1%、11.3%和 2.8%，耕地、林地和草地之间的相互转化比较少，说明这 10 年间土地利用类型变化幅度较小。

由表 15.2 可以看出，1996～2000 年，大理河流域耕地、林地和草地的转出概率分别是 7.9%、11.7%和 12.2%；耕地、林地和草地之间的相互转化明显高于 1985～1996 年；在耕地的转出概率(7.9%)中，有 6.9%转化成草地，剩余的 1.0%转化成林地。

由表 15.3 可以看出，2000～2010 年，耕地的转出概率为 9.3%，其中 2.7%转成林地，6.6%转成草地；林地的转出概率为 7.7%，其中 6.1%转成耕地、1.6%转成草地；草地的转出概率为 10.1%，其中 8.6%转成耕地、1.5%转成林地。

2000～2010 年，大理河流域三种主要土地利用类型转出概率明显高于 1985～1996 年、1996～2000 年，且三种主要土地利用类型转出概率大小依次为草地 > 林地 > 耕地；2000～2010 年，大理河流域土地利用类型内部之间发生显著变化，耕地逐渐转化为林地和草地，三种主要土地利用类型转出概率大小依次为草地 > 耕地 > 林地。

表 15.1　1985～1996 年大理河流域土地利用类型转移矩阵　(单位：%)

类目		1985 年				
		耕地	林地	草地	水域	城乡工矿用地
1996 年	耕地	97.8	2.1	1.5	5.1	4.0
	林地	0.3	88.7	1.2	0.4	4.8
	草地	1.7	8.6	97.2	24.5	4.9
	水域	0.0	0.4	0.0	70.0	0.0
	城乡工矿用地	0.1	0.1	0.1	0.0	86.4

表 15.2　1996～2000 年大理河流域土地利用类型转移概率矩阵　(单位：%)

类目		1996 年				
		耕地	林地	草地	水域	城乡工矿用地
2000 年	耕地	92.1	7.9	9.8	4.0	13.3
	林地	1.0	88.2	2.4	12.8	6.0
	草地	6.9	3.8	87.8	13.0	13.6
	水域	0.0	0.0	0.0	70.3	0.0
	城乡工矿用地	0.0	0.1	0.0	0.0	67.2

表 15.3　2000～2010 年大理河流域土地利用类型转移概率矩阵　(单位：%)

类目		2000 年				
		耕地	林地	草地	水域	城乡工矿用地
2010 年	耕地	90.7	6.0	8.6	3.6	4.7
	林地	2.6	92.3	1.5	1.0	1.3
	草地	6.6	1.6	89.8	7.6	3.0
	水域	0.0	0.0	0.0	87.8	0.0
	城乡工矿用地	0.0	0.1	0.0	0.0	91.0

15.1.2　秃尾河流域

秃尾河是黄河中游右岸的支流之一，地处东经 109°26′～110°5′，北纬 38°18′～39°26′，流域面积为 4503.40km^2。在行政区划上，秃尾河流域包括陕西省神木县、榆林市、佳县及内蒙古伊金霍洛旗的部分乡镇。流域海拔为 743～1517m，西北高东南低。受北温带干旱半干旱大陆性季风气候影响，年均气温为 7.9℃，多年平均降水量 425mm，降雨集中于夏季，高强度暴雨是流域内产流产沙的主要原因。流域地处黄土丘陵沟壑区，第四纪黄土广泛分布，水蚀风蚀都较严重，发育成熟的沟谷被切割较深。

图 15.4 为秃尾河流域地理位置示意图；图 15.5 为秃尾河流域 1985 年、1996 年、2000 年和 2010 年土地利用图。

为了分析秃尾河流域土地利用变化特征，本书分别对秃尾河的两个干流水文站，即高家堡站和高家川站控制断面以上流域的土地利用变化进行了分析。

1. 秃尾河高家堡站控制断面以上流域土地利用变化特征

1)土地利用年际变化特征

高家堡站控制断面以上的流域面积为 3405.43km^2，流域土地利用年际变化见表 15.4。从表 15.4 中可以看出，高家堡站控制断面以上流域内面积最大的土地利用类型为草地(38.13%～53.49%)，其次为未利用土地(23.08%～37.90%)；1985～2010

年，未利用土地面积变化最剧烈，减少了 12.49%。

图 15.4　秃尾河流域地理位置示意图

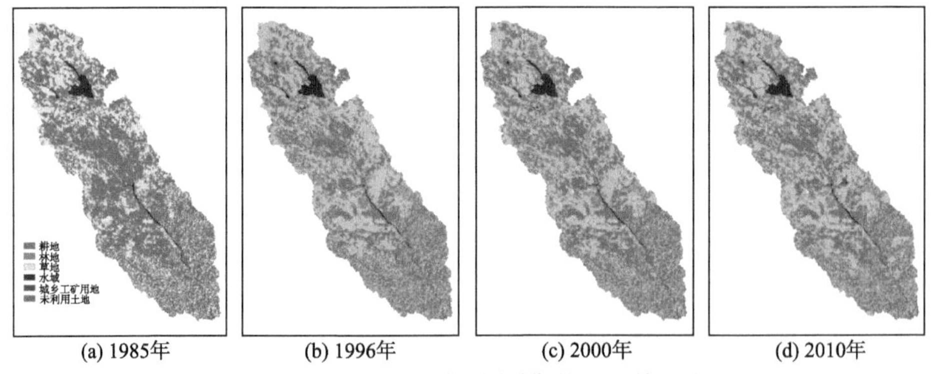

(a) 1985年　(b) 1996年　(c) 2000年　(d) 2010年

图 15.5　秃尾河流域不同时期的土地利用图

(b)、(c)、(d)图的图例与(a)图一致

2) 土地利用转移矩阵

表 15.5～表 15.8 分别为 1985～1996 年、1996～2000 年、2000～2010 年和 1985～

2010 年高家堡站控制断面以上流域土地利用转移矩阵。从表 15.8 中可以看出，1985～2010 年高家堡站控制断面以上流域有 35.21%的未利用土地(454.54km^2)转化为草地，其中，仅 1985～1996 年 11 年就有 39.74%的未利用土地(512.93km^2)转化为草地；1985～2010 年 34.95km^2 的耕地被退耕为林草地，变化最剧烈的依然是 1985～1996 年(35.40km^2)；1985～2010 年林地发生转移的面积比例最小，25 年间仅有 5.53%的林地(10.18km^2)转化为其他土地利用类型。

表 15.4　高家堡站控制断面以上流域土地利用年际变化统计

土地利用类型	1985 年		1996 年		2000 年		2010 年	
	面积/km^2	比例/%	面积/km^2	比例/%	面积/km^2	比例/%	面积/km^2	比例/%
耕地	527.03	15.48	508.84	14.94	514.33	15.10	521.45	15.31
林地	184.02	5.40	184.43	5.42	184.05	5.40	188.37	5.53
草地	1298.65	38.13	1821.61	53.49	1711.31	50.25	1721.65	50.56
水域	98.41	2.89	98.13	2.88	97.71	2.87	95.99	2.82
城乡工矿用地	6.56	0.19	6.33	0.19	6.75	0.20	11.42	0.34
未利用土地	1290.76	37.90	786.09	23.08	891.29	26.17	866.55	25.45

表 15.5　高家堡站控制断面以上流域土地利用转移矩阵(1985～1996 年) (单位：km^2)

土地利用类型	耕地	林地	草地	水域	城乡工矿用地	未利用土地
耕地	490.17	4.65	30.75	0.01	0.37	1.08
林地	0.24	176.20	5.14	0.00	0.00	2.44
草地	3.31	3.10	1272.18	0.06	0.00	20.00
水域	0.94	0.48	0.50	96.35	0.00	0.14
城乡工矿用地	0.52	0.00	0.11	0.00	5.93	0.00
未利用土地	13.66	0.00	512.93	1.71	0.03	762.43

表 15.6　高家堡站控制断面以上流域土地利用转移矩阵(1996～2000 年) (单位：km^2)

土地利用类型	耕地	林地	草地	水域	城乡工矿用地	未利用土地
耕地	493.32	0.34	12.44	0.00	0.56	2.18
林地	4.79	177.43	1.68	0.49	0.04	0.00
草地	15.87	5.78	1692.71	0.06	0.16	107.03
水域	0.01	0.00	0.41	97.16	0.00	0.55
城乡工矿用地	0.31	0.00	0.00	0.00	5.99	0.03
未利用土地	0.03	0.50	4.07	0.00	0.00	781.49

表 15.7　高家堡站控制断面以上流域土地利用转移矩阵(2000～2010 年) (单位：km^2)

土地利用类型	耕地	林地	草地	水域	城乡工矿用地	未利用土地
耕地	488.93	0.72	18.42	1.68	0.58	3.65
林地	0.62	175.90	6.43	0.08	0.08	0.82
草地	22.00	10.55	1638.95	0.85	9.36	28.65
水域	3.44	0.08	1.20	92.48	0.00	0.51
城乡工矿用地	0.42	0.04	0.13	0.01	6.10	0.04
未利用土地	5.73	0.86	54.51	0.93	0.01	828.81

表 15.8　高家堡站控制断面以上流域土地利用转移矩阵(1985～2010 年) (单位：km^2)

土地利用类型	耕地	林地	草地	水域	城乡工矿用地	未利用土地
耕地	485.99	1.52	33.43	1.67	0.70	3.72
林地	0.90	173.84	6.45	0.08	0.08	2.67
草地	19.46	9.37	1225.60	0.79	3.3	40.13
水域	4.47	0.08	1.51	91.72	0.00	0.63
城乡工矿用地	0.42	0.04	0.12	0.01	5.93	0.04
未利用土地	10.21	3.52	454.54	1.72	1.41	819.36

2. 秃尾河高家川站控制断面以上流域土地利用变化

1)土地利用年际变化特征

高家川站控制断面以上流域面积为 4503.40km^2。流域土地利用年际变化结果见表 15.9。从表 15.9 中可以看出，与上游高家堡站控制断面以上流域相似，草地为该流域最主要的土地利用类型(37.33%～50.01%)，以 1996 年为最大，其次为未利用土地和耕地；与上游高家堡站控制断面以上流域相比，高家川站控制断面以上流域内耕地面积比例明显增加，未利用土地面积明显降低。

表 15.9　高家川站控制断面以上流域土地利用面积年际变化统计

土地利用类型	1985 年		1996 年		2000 年		2010 年	
	面积/km^2	比例/%	面积/km^2	比例/%	面积/km^2	比例/%	面积/km^2	比例/%
耕地	1129.26	25.08	1134.52	25.19	1116.35	24.79	1086.42	24.12
林地	203.77	4.52	201.87	4.48	204.74	4.55	212.33	4.71
草地	1681.02	37.33	2251.95	50.01	2124.41	47.17	2173.44	48.26
水域	106.10	2.36	105.44	2.34	104.97	2.33	102.95	2.29
城乡工矿用地	8.70	0.19	8.62	0.19	9.02	0.20	18.65	0.41
未利用土地	1374.55	30.52	801.00	17.79	943.91	20.96	909.61	20.20

2)土地利用转移矩阵

表 15.10～表 15.13 分别为 1985～1996 年、1996～2000 年、2000～2010 年和 1985～2010 年高家川站控制断面以上流域土地利用转移矩阵。

从表 15.10 和表 15.12 中可以看出，1985～1996 年和 2000～2010 年，变化面积最大的均为未利用土地转化为草地。从表 15.11 中可以看出，1996～2000 年，变化面积最大的为草地转化为未利用土地(126.37km^2)。从表 15.13 中可以看出，1985～2010 年，53.06%的未利用土地(482.68km^2)转化成草地，其中仅 1985～1996 年就有 554.62km^2 的未利用土地转化为草地；面积变化最小的土地利用类型为城乡工矿用地，在 25 年内仅有 0.67km^2 的面积转化为其他土地利用类型。

表 15.10　高家川站控制断面以上流域土地利用转移矩阵(1985～1996 年) (单位：km^2)

土地利用类型	耕地	林地	草地	水域	城乡工矿用地	未利用土地
耕地	1089.29	5.32	32.99	0.02	0.55	1.09
林地	1.35	192.96	7.02	0.00	0.00	2.44
草地	7.01	3.10	1656.70	0.06	0.07	14.08
水域	1.32	0.48	0.51	103.65	0.00	0.14
城乡工矿用地	0.62	0.01	0.11	0.00	7.97	0.00
未利用土地	34.93	0.00	554.62	1.71	0.03	783.25

表 15.11　高家川站控制断面以上流域土地利用转移矩阵(1996～2000 年) (单位：km^2)

土地利用类型	耕地	林地	草地	水域	城乡工矿用地	未利用土地
耕地	1092.58	2.00	18.65	0.00	0.71	20.58
林地	5.34	194.31	1.68	0.49	0.05	0.00
草地	17.85	7.93	2099.58	0.06	0.16	126.37
水域	0.05	0.00	0.42	104.42	0.00	0.55
城乡工矿用地	0.49	0.00	0.00	0.00	8.10	0.03
未利用土地	0.04	0.50	4.08	0.00	0.00	796.38

表 15.12　高家川站控制断面以上流域土地利用转移矩阵(2000～2010 年) (单位：km^2)

土地利用类型	耕地	林地	草地	水域	城乡工矿用地	未利用土地
耕地	1033.92	2.53	73.99	1.95	0.84	3.12
林地	1.22	197.56	5.13	0.07	0.05	0.71
草地	41.74	11.02	2035.61	0.71	9.39	25.94
水域	3.66	0.41	1.12	99.42	0.00	0.36
城乡工矿用地	0.52	0.03	0.11	0.01	8.33	0.02
未利用土地	5.36	0.78	57.48	0.79	0.04	879.46

表 15.13　高家川站控制断面以上流域土地利用转移矩阵(1985～2010 年) (单位：km^2)

土地利用类型	耕地	林地	草地	水域	城乡工矿用地	未利用土地
耕地	1030.25	4.18	89.02	1.94	0.90	2.97
林地	1.36	194.17	5.36	0.07	0.19	2.62
草地	39.80	9.07	1594.84	0.66	8.12	28.53
水域	5.10	0.41	1.44	98.64	0.00	0.51
城乡工矿用地	0.51	0.03	0.10	0.01	8.03	0.02
未利用土地	9.40	4.47	482.68	1.63	1.41	874.96

15.1.3　孤山川流域

孤山川是黄河中游右岸的一级支流之一，地处东经 109°26′～110°5′，北纬 38°18′～39°26′，流域面积为 1263.11km^2。在行政区划上，孤山川流域包括陕西省府谷县和内蒙古准格尔旗的部分乡镇。流域海拔为 743～1517m，西北高东南低。受北温带干旱半干旱大陆性季风气候影响，年均气温为 7.9℃，多年平均降水量为 425mm，降雨集中于夏季，高强度暴雨是流域内产流产沙的主要原因。流域地处黄土丘陵沟壑区，第四纪黄土广泛分布，水蚀风蚀都较严重，发育成熟的沟谷被切割较深。图 15.6 为孤山川流域地理位置示意图；图 15.7 为孤山川流域不同年份土地利用空间分布图。

1. 土地利用年际变化特征

从表 15.14 中可以看出，孤山川流域的草地面积所占比例最大(61.00%～62.61%)，其次为耕地(30.37%～32.50%)，未利用土地面积所占比例最小(0.04%～0.08%)；1985～2010 年，耕地和未利用土地面积逐渐降低，耕地面积降低而林地、草地及城乡工矿用地面积增加，水域面积基本保持稳定。

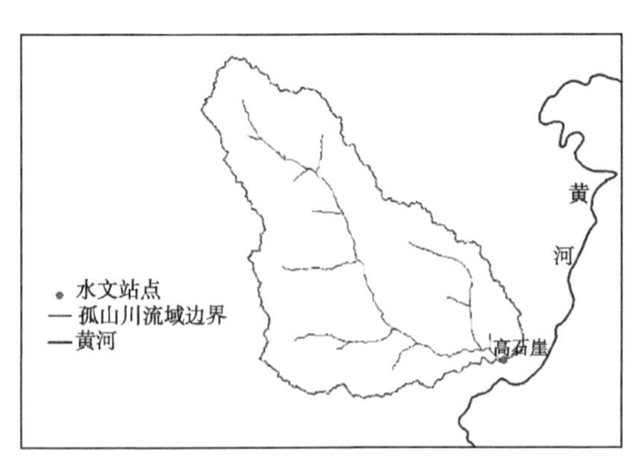

图 15.6　孤山川流域地理位置示意图

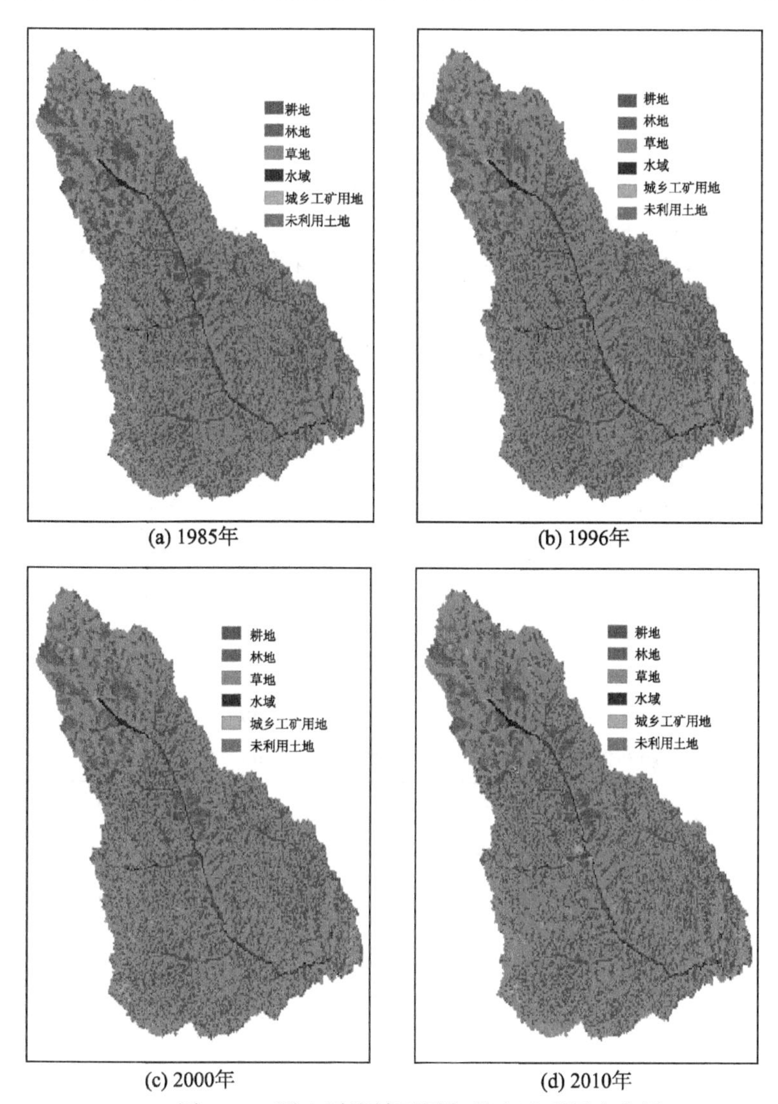

(a) 1985年　(b) 1996年　(c) 2000年　(d) 2010年

图 15.7　孤山川流域不同年份土地利用变化图

表 15.14　孤山川流域不同土地利用面积年际变化统计

土地利用类型	1985 年		1996 年		2000 年		2010 年	
	面积/km^2	比例/%	面积/km^2	比例/%	面积/km^2	比例/%	面积/km^2	比例/%
耕地	410.49	32.50	405.94	32.14	409.21	32.40	383.62	30.37
林地	60.47	4.79	48.41	3.83	64.45	5.10	72.94	5.77
草地	772.61	61.17	790.87	62.61	770.47	61.00	785.15	62.16
水域	12.37	0.98	12.82	1.01	12.10	0.96	12.26	0.97
城乡工矿用地	6.12	0.48	4.51	0.36	6.32	0.50	8.59	0.68
未利用土地	1.05	0.08	0.56	0.04	0.56	0.04	0.55	0.04

2. 土地利用转移矩阵

表 15.15、表 15.16、表 15.17 和表 15.18 分别为 1985～1996 年、1996～2000 年、2000～2010 年和 1985～2010 年孤山川流域土地利用转移矩阵。

从表 15.18 中可以看出，1985～2010 年，面积变化最大的土地利用类型为耕地，25 年期间共计 52.84km^2 的面积转化为其他土地利用类型，仅在 2000～2010 年就有 49.76km^2 的耕地转化为林草地；相对转移率最大的土地利用类型为未利用土地，25 年期间共有 52.4%的未利用土地转化为其他土地利用类型。近年来，不断地毁林开荒和退耕还林还草是 2000～2010 年各土地利用类型间转移面积较大的原因。

表 15.15　孤山川流域土地利用转移矩阵(1985～1996 年)　　(单位：km^2)

土地利用类型	耕地	林地	草地	水域	城乡工矿用地	未利用土地
耕地	403.22	0.06	6.69	0.42	0.10	0.00
林地	1.24	47.42	11.81	0.00	0.00	0.00
草地	0.85	0.68	770.81	0.24	0.03	0.00
水域	0.12	0.00	0.07	12.16	0.00	0.02
城乡工矿用地	0.24	0.00	1.49	0.00	4.38	0.01
未利用土地	0.27	0.25	0.00	0.00	0.00	0.53

表 15.16　孤山川流域土地利用转移矩阵(1996～2000 年)　　(单位：km^2)

土地利用类型	耕地	林地	草地	水域	城乡工矿用地	未利用土地
耕地	402.11	2.70	0.65	0.12	0.36	0.00
林地	0.00	48.41	0.00	0.00	0.00	0.00
草地	6.70	13.24	769.39	0.02	1.52	0.00
水域	0.38	0.05	0.43	11.96	0.00	0.00
城乡工矿用地	0.02	0.05	0.00	0.00	4.44	0.00
未利用土地	0.00	0.00	0.00	0.00	0.00	0.56

表 15.17　孤山川流域土地利用转移矩阵(2000～2010 年)　　(单位：km^2)

土地利用类型	耕地	林地	草地	水域	城乡工矿用地	未利用土地
耕地	358.05	5.50	44.26	0.25	1.15	0.00
林地	0.99	61.89	1.48	0.08	0.01	0.00
草地	24.22	5.44	738.81	0.47	1.49	0.04
水域	0.23	0.09	0.30	11.45	0.03	0.00
城乡工矿用地	0.12	0.01	0.28	0.01	5.90	0.00
未利用土地	0.01	0.01	0.02	0.00	0.01	0.51

表 15.18　孤山川流域土地利用转移矩阵(1985～2010 年)　(单位：km²)

土地利用类型	耕地	林地	草地	水域	城乡工矿用地	未利用土地
耕地	357.65	7.09	44.15	0.31	1.29	0.00
林地	0.87	58.02	1.55	0.02	0.01	0.00
草地	24.50	7.48	738.55	0.51	1.54	0.03
水域	0.23	0.09	0.59	11.41	0.03	0.02
城乡工矿用地	0.11	0.01	0.27	0.01	5.72	0.00
未利用土地	0.26	0.25	0.04	0.00	0.00	0.50

15.2　典型流域土地利用景观格局与分形维数变化分析

15.2.1　大理河流域

1. 土地利用景观指数年际变化-类型水平

1) 岔巴沟流域

岔巴沟流域不同年份土地利用景观指数变化见表 15.19。由表 15.19 可以看出，1985 年、1996 年和 2000 年的岔巴沟流域不同景观斑块密度大小和景观形状指数大小均依次为草地>耕地>林地，景观分离度大小依次为林地>草地>耕地，且这 3 类土地利用的景观分离度在 1985 年、1996 年和 2000 年没有变化；2010 年耕地的斑块密度、景观形状指数和景观分离度发生了较大变化，分别为 3.93、50.76 和 1.00，说明流域内景观斑块的空间分布较不均匀，形状较不规则，不同斑块数个体分布的离散程度差异相对较小，但 2010 年耕地和林地的离散程度大于草地。

表 15.19　岔巴沟流域不同年份土地利用景观指数变化-类型水平

年份	土地利用类型	斑块密度	景观形状指数	景观分离度
1985	耕地	0.37	33.62	0.83
	林地	0.06	9.09	1.00
	草地	0.49	36.45	0.99
1996	耕地	0.36	33.69	0.83
	林地	0.05	7.94	1.00
	草地	0.47	36.57	0.99
2000	耕地	0.37	34.42	0.83
	林地	0.05	9.16	1.00
	草地	0.52	37.51	0.99
2010	耕地	3.93	50.76	1.00
	林地	0.50	15.69	1.00
	草地	0.44	35.68	0.53

2) 青阳岔流域

青阳岔流域不同年份土地利用景观指数变化见表 15.20。由表 15.20 可以看出，1985 年、1996 年和 2000 年的斑块密度大小依次为耕地>草地>林地，景观形状指数大小依次为草地>耕地>林地，三类土地利用的景观分离度差异不大；2010 年耕地的斑块密度和景观形状指数发生了较大变化(分别为 3.06 和 74.82)，草地的景观分离度发生了明显降低(0.40)，说明流域内土地利用景观斑块的空间分布较不均匀，形状较不规则，不同斑块数个体分布的离散程度差异相对较小，但 2010 年耕地和林地的离散程度明显大于草地的离散程度。

表 15.20　青阳岔流域不同年份土地利用景观指数变化-类型水平

年份	土地利用类型	斑块密度	景观形状指数	景观分离度
1985	耕地	0.44	62.20	0.99
	林地	0.15	20.01	1.00
	草地	0.28	62.36	0.94
1996	耕地	0.43	58.96	0.99
	林地	0.13	17.65	1.00
	草地	0.26	59.72	0.94
2000	耕地	0.44	63.64	0.99
	林地	0.16	21.32	1.00
	草地	0.31	63.74	0.94
2010	耕地	3.06	74.82	1.00
	林地	0.37	25.14	1.00
	草地	0.29	41.83	0.40

3) 李家河流域

李家河流域不同年份土地利用景观指数变化见表 15.21。由表 15.21 可以看出，1985 年、1996 年和 2000 年的斑块密度大小依次为耕地>草地>林地，景观形状指数大小依次为草地>耕地>林地，三类土地利用的景观分离度差异不大；2010 年耕地的斑块密度和景观形状指数发生了较大变化(分别为 3.41 和 100.59)，草地的景观分离度发生了明显降低(0.55)，说明流域内土地利用景观斑块的空间分布较不均匀，形状较不规则，不同斑块数个体分布的离散程度差异相对较小，但 2010 年耕地和林地的离散程度明显大于草地的离散程度。

4) 大理河流域

大理河流域不同年份土地利用景观指数变化见表 15.22。由表 15.22 可以看出，

1985 年、1996 年和 2000 年的斑块密度和景观形状指数大小依次均为草地≥耕地>林地，三类土地利用的景观分离度差异不大；2010 年耕地的斑块密度和景观形状指数发生了较大变化(分别为 3.01 和 197.40)，草地的景观分离度发生了明显降低(0.50)，说明流域内土地利用景观斑块的空间分布较不均匀，形状较不规则，不同斑块数个体分布的离散程度差异相对较小，但 2010 年耕地和林地的离散程度明显大于草地的离散程度。

表 15.21　李家河流域不同年份土地利用景观指数变化-类型水平

年份	土地利用类型	斑块密度	景观形状指数	景观分离度
1985	耕地	0.35	69.05	0.97
	林地	0.09	18.18	1.00
	草地	0.20	76.07	0.96
1996	耕地	0.35	68.29	0.98
	林地	0.08	17.76	1.00
	草地	0.18	74.23	0.95
2000	耕地	0.36	70.70	0.98
	林地	0.09	18.53	1.00
	草地	0.22	77.72	0.96
2010	耕地	3.41	100.59	1.00
	林地	0.43	30.00	1.00
	草地	0.41	69.70	0.55

表 15.22　大理河流域不同年份土地利用景观指数变化-类型水平

年份	土地利用类型	斑块密度	景观形状指数	景观分离度
1985	耕地	0.22	148.03	0.99
	林地	0.13	53.00	1.00
	草地	0.24	155.44	0.99
1996	耕地	0.23	144.79	0.99
	林地	0.13	50.26	1.00
	草地	0.23	150.98	0.99
2000	耕地	0.23	151.47	0.99
	林地	0.14	55.83	1.00
	草地	0.25	158.77	0.99
2010	耕地	3.01	197.40	1.00
	林地	0.65	82.44	1.00
	草地	0.33	129.17	0.50

2. 土地利用景观指数年际变化-景观水平

1) 岔巴沟流域

岔巴沟流域不同年份土地利用的景观指数变化见表 15.23。由表 15.23 可以看出，1985 年、1996 年和 2000 年的景观指数变化不显著；2010 年斑块个数(NP)、斑块密度(PD)和景观分离度(DIVISION)有所减少，分别为 170、0.93 和 0.82。与以往相比，2010 年岔巴沟流域斑块逐渐聚集，离散程度和破碎化程度逐渐降低。

表 15.23 岔巴沟流域景观指数年际变化-景观水平

年份	NP	PD	LPI	LSI	PAFRAC	COHESION	DIVISION	SHDI	AI
1985	190	1.04	6.98	26.67	1.51	98.71	0.97	1.18	88.96
1996	183	1.00	7.02	26.63	1.51	98.71	0.97	0.94	88.93
2000	190	1.04	6.98	26.71	1.51	98.69	0.97	1.17	88.93
2010	170	0.93	40.34	26.76	1.50	99.47	0.82	10.5	88.88

注：表中 NP 代表斑块个数，PD 代表斑块密度，LPI 代表最大斑块指数，LSI 代表景观形状指数，PAFRAC 代表周长面积分维数，COHESION 代表景观凝结度指数，DIVISION 代表景观分离度，SHDI 代表香农均度指数，AI 代表斑块聚合度，下同。

2) 青阳岔流域

青阳岔流域不同年份景观指数变化见表 15.24。由表 15.24 可以看出，1985 年、1996 年、2000 年和 2010 年的景观指数变化较大；2010 年 NP、PD 有所增加，分别为 664 和 1.01； DIVISION 没有变化。因此，青阳岔流域的景观变化不显著。

表 15.24 青阳岔流域流域景观指数年际变化-景观水平

年份	NP	PD	LPI	LSI	PAFRAC	COHESION	DIVISION	SHDI	AI
1985	635	0.96	10.64	47.07	1.50	99.39	0.96	1.28	89.49
1996	618	0.94	10.90	45.60	1.50	99.39	0.96	1.33	89.83
2000	643	0.97	10.64	47.22	1.50	99.38	0.96	1.28	89.45
2010	664	1.01	10.62	48.30	1.48	99.40	0.96	1.29	89.20

3) 李家河流域

李家河流域不同年份景观指数变化见表 15.25。由表 15.25 可以看出，1985 年、1996 年、2000 年和 2010 年的景观指数变化较大；2010 年的 DIVISION、PAFRAC 有所降低，分别为 0.93 和 1.49。因此，李家河流域景观指数变化不大。

4) 大理河流域

大理河流域不同年份景观指数变化见表 15.26。由表 15.26 可以看出，1985 年、1996 年和 2000 年的景观指数差异不大；由前述大理河流域土地利用变化面积百分比和土地利用转移矩阵结果也可以看出，大理河流域土地利用变化相对比较平缓。进一步分析发现，由于受到人为活动干扰，大理河流域 PAFRAC 呈缓慢减小的趋势。

表 15.25　李家河流域景观指数年际变化-景观水平

年份	NP	PD	LPI	LSI	PAFRAC	COHESION	DIVISION	SHDI	AI
1985	576	0.71	14.93	53.44	1.53	99.54	0.95	1.09	89.17
1996	563	0.69	18.01	52.62	1.52	99.53	0.95	1.02	89.34
2000	567	0.70	14.93	53.41	1.53	99.54	0.95	1.09	89.17
2010	573	0.71	14.94	54.47	1.49	99.62	0.93	1.07	88.95

表 15.26　大理河流域景观指数年际变化-类型水平

年份	NP	PD	LPI	LSI	PAFRAC	COHESION	DIVISION	SHDI	AI
1985	2531	0.66	5.37	112.47	1.57	99.48	0.99	1.30	89.31
1996	2526	0.66	3.85	109.98	1.56	99.44	0.99	1.25	89.55
2000	2547	0.67	4.21	112.56	1.57	99.45	0.99	1.31	89.30
2010	2595	0.68	5.40	115.40	1.55	99.51	0.99	1.30	89.02

3. 土地利用分形维数与稳定性指数变化分析

1) 岔巴沟流域

岔巴沟流域不同年份土地利用分形维数及稳定性指数变化特征见表 15.27。由表 15.27 可以看出，不同年份岔巴沟流域耕地和草地的分形维数变化相对较小，而林地的分形维数变化较大。林地的稳定性指数呈逐年降低的趋势，但是岔巴沟流域不同年份的土地利用稳定性指数大小依次为林地>耕地>草地。岔巴沟流域土地利用分形维数值随年份的变化不大，均值为 1.48；稳定性指数较小，说明岔巴沟流域的土地利用空间形态很不稳定。

表 15.27　岔巴沟流域不同年份土地利用分形维数及稳定性指数

土地利用类型	1985 年		1996 年		2000 年		2010 年	
	分形维数	稳定性指数	分形维数	稳定性指数	分形维数	稳定性指数	分形维数	稳定性指数
耕地	1.63	0.13	1.56	0.06	1.63	0.13	1.61	0.11
林地	1.90	0.40	1.17	0.33	1.77	0.27	1.34	0.16
草地	1.41	0.09	1.48	0.02	1.41	0.09	1.47	0.03
流域	1.49	0.01	1.47	0.03	1.48	0.02	1.48	0.02

2) 青阳岔流域

青阳岔流域不同年份的土地利用分形维数及稳定性指数变化特征见表 15.28。由表 15.28 可以看出，不同年份青阳岔流域耕地和草地的分形维数变化相对不大，而林地的分形维数变化相对较大。耕地和草地的分形维数值在 1.50 左右变化，说明耕地和草地的空间形态最不稳定。林地的稳定性指数在 1996 年最大，为 0.15，远大于其他土地利用的稳定性指数。同时，与岔巴沟流域相似，青阳岔流域的林地稳定性大于耕地和草地的稳定性。青阳岔流域不同年份的土地利用稳定性指数总体上表现为林地≥耕地>草地。青阳岔流域土地利用分形维数值约为1.50，稳定性指数也较小，说明青阳岔流域的土地利用空间形态也较不稳定。

表 15.28　青阳岔流域不同年份土地利用分形维数及稳定性指数

土地利用类型	1985 年		1996 年		2000 年		2010 年	
	分形维数	稳定性指数	分形维数	稳定性指数	分形维数	稳定性指数	分形维数	稳定性指数
耕地	1.58	0.08	1.56	0.06	1.58	0.08	1.50	0.00
林地	1.42	0.08	1.35	0.15	1.42	0.08	1.55	0.05
草地	1.51	0.01	1.46	0.04	1.51	0.01	1.46	0.04
流域	1.54	0.04	1.51	0.01	1.54	0.04	1.46	0.04

3) 李家河流域

李家河流域不同年份的土地利用分形维数及稳定性指数变化特征见表 15.29。由表 15.29 可以看出，李家河流域草地的分形维数变化不大，稳定性指数较小；林地的分形维数在 1996 年最大，为 1.60，稳定性指数在 1996 年和 2010 年最大，为 0.10，说明林地空间形态在 1996 年和 2010 年相对较稳定；耕地的分形维数在 2010 年变化最大，为 1.47。耕地的稳定性指数在 1985 年、1996 年和 2000 年相对较大，在 2010 年最小，为 0.03，说明耕地的空间形态在 2010 年很不稳定。1985 年、1996 年和 2000 年的土地利用稳定性表现为耕地≥林地>草地，在 2010 年表现为林地>耕地>草地。李家河流域土地利用分形维数值也约为1.50，稳定性指数较小，说明李家河流域的土地利用空间形态也较不稳定。

表 15.29　李家河流域不同年份土地利用分形维数及稳定性指数

土地利用类型	1985 年		1996 年		2000 年		2010 年	
	分形维数	稳定性指数	分形维数	稳定性指数	分形维数	稳定性指数	分形维数	稳定性指数
耕地	1.62	0.12	1.60	0.10	1.62	0.12	1.47	0.03
林地	1.44	0.06	1.60	0.10	1.44	0.06	1.40	0.10
草地	1.47	0.03	1.47	0.03	1.47	0.03	1.52	0.02
流域	1.54	0.04	1.55	0.05	1.55	0.05	1.51	0.01

4) 大理河流域

大理河流域不同年份的土地利用分形维数及稳定性指数变化特征见表15.30。由表 15.30 可以看出，大理河流域林地在 2010 年的分形维数最大，为1.64，稳定性指数为 0.14，其空间分布形态在 2010 年相对较稳定。但林地在其他年份的分形维数与耕地和草地的分形维数均约为1.50，稳定性指数也较小，说明大理河流域林地、草地和耕地的空间分布形态在不同年份均较不稳定。大理河流域土地利用分形维数值也约为 1.50，稳定性指数较小，说明大理河流域的土地利用空间形态也较不稳定。

表 15.30　大理河流域不同年份土地利用分形维数及稳定性指数

土地利用类型	1985 年		1996 年		2000 年		2010 年	
	分形维数	稳定性指数	分形维数	稳定性指数	分形维数	稳定性指数	分形维数	稳定性指数
耕地	1.56	0.06	1.55	0.05	1.56	0.06	1.49	0.01
林地	1.57	0.07	1.52	0.02	1.53	0.03	1.64	0.14
草地	1.50	0.00	1.48	0.02	1.50	0.00	1.51	0.01
流域	1.54	0.04	1.52	0.02	1.54	0.04	1.51	0.01

15.2.2　秃尾河流域

1. 土地利用景观指数年际变化-类型水平

秃尾河高家堡站、高家川站控制断面以上流域类型水平下的土地利用景观指数见表 15.31 和表 15.32。从表 15.31 和表 15.32 中可以看出，秃尾河高家堡站、高家川站控制断面以上流域内的林地、水域及城乡工矿用地的 NP 在 1985～2010 年均变化较小。除草地外，其他景观的 PD 均保持一定程度的稳定，说明草地空间异质性相对较高，从侧面反映人为活动对草地景观干扰加强；耕地、林地和未利用土地景观的边缘密度(ED)微弱降低，说明其景观斑块被边界割裂的程度减小，而草地景观 ED 变大，亦即 25 年间草地斑块边界逐渐被割裂，这与其 PD 变化相对较大一致；LPI 和 COHESION 都呈现不同程度的增加趋势(除未利用土地)，表明各类型景观随时间的延续，规则度、连通度和优势斑块均向好发展。

2. 景观指数年际变化-景观水平

1985～1996 年、1996～2000 年、2000～2010 年和 1985～2010 年秃尾河流域高家堡站和高家川站控制断面以上流域内的景观指数见表 15.33 和表 15.34。由表 15.33 和表 15.34 可以看出，随着年份的增加，秃尾河流域高家堡站和高家川站控制断面以上流域内的 NP 均逐渐减小，相应的 COHESION 和 AI 增加，这意味着相同景观类型的斑块经过物种迁移或其他生态过程逐渐融合，形成了较好的连接性。LPI 的增加也证明了这一现象。另外， LSI 的减小表明越来越多的斑块受到人为活动干扰，形成了规则简单的斑块形状，而这也导致了 PAFRAC 呈现缓慢减小的趋势。由土地利用年际转移矩阵可知，1996 年各景观类型转移面积最大，即形成了相当一部分面积的草地景观，因而其香农多样性指数(SHDI)最小。总之，由于人为活动对流域的影响越来越大，景观类型趋于规则、高连通和高度聚集的方向发展。

表 15.31　高家堡站控制断面以上流域景观指数年际变化-类型水平

土地利用类型	年份	NP	PD	LPI	ED	LSI	PAFRAC	COHESION	DIVISION	AI
耕地	1985	275	0.08	2.28	7.72	29.53	1.58	91.54	1.00	59.47
	1996	280	0.08	2.26	7.76	30.31	1.59	91.63	1.00	57.56
	2000	282	0.08	2.28	7.70	29.87	1.58	91.40	1.00	58.50
	2010	261	0.08	2.30	7.61	29.34	1.59	91.77	1.00	59.68
林地	1985	185	0.05	0.70	2.82	18.01	1.48	80.16	1.00	58.63
	1996	182	0.05	1.13	2.78	17.78	1.48	82.13	1.00	59.26
	2000	184	0.05	1.13	2.81	17.88	1.49	81.98	1.00	58.96
	2010	184	0.05	1.14	2.80	17.97	1.49	82.89	1.00	59.58
草地	1985	352	0.10	17.33	15.12	37.08	1.60	97.53	0.97	67.51
	1996	181	0.05	42.79	15.87	33.13	1.61	99.46	0.81	75.70
	2000	201	0.06	36.72	16.34	35.06	1.60	99.30	0.86	73.36
	2010	199	0.06	37.49	16.24	34.88	1.59	99.33	0.86	73.60
水域	1985	40	0.01	1.99	0.86	7.27	1.50	92.38	1.00	78.98
	1996	45	0.01	2.00	0.88	7.44	1.50	92.05	1.00	78.39
	2000	42	0.01	1.99	0.87	7.32	1.49	92.21	1.00	78.75
	2010	42	0.01	1.91	0.89	7.65	1.51	92.25	1.00	77.39
城乡工矿用地	1985	47	0.01	0.02	0.22	7.25	1.61	19.29	1.00	9.09
	1996	48	0.01	0.02	0.22	6.94	1.56	19.49	1.00	10.62
	2000	48	0.01	0.02	0.22	7.00	1.60	19.58	1.00	9.73
	2010	47	0.01	0.27	0.29	6.32	1.42	73.22	1.00	52.33
未利用土地	1985	229	0.07	24.73	11.98	29.29	1.56	98.58	0.94	74.52
	1996	305	0.09	5.19	9.59	29.83	1.54	93.84	1.00	66.56
	2000	298	0.09	7.01	10.56	30.94	1.55	95.22	0.99	67.49
	2010	294	0.09	4.83	10.31	30.61	1.54	94.33	1.00	67.49

表 15.32　高家川站控制断面以上流域景观指数年际变化-类型水平

土地利用类型	年份	NP	PD	LPI	ED	LSI	PAFRAC	COHESION	DIVISION	AI
耕地	1985	288	0.06	15.20	11.62	40.02	1.59	98.40	0.98	60.07
	1996	287	0.06	16.56	11.82	40.51	1.59	98.60	0.97	59.63
	2000	293	0.07	15.22	11.59	40.11	1.60	98.40	0.98	59.75
	2010	313	0.07	14.07	11.41	39.99	1.60	98.26	0.98	59.17
林地	1985	225	0.05	0.55	2.41	19.52	1.50	78.61	1.00	54.29
	1996	215	0.05	0.59	2.34	19.16	1.50	78.88	1.00	55.14
	2000	227	0.05	0.59	2.41	19.46	1.49	78.69	1.00	54.68
	2010	237	0.05	0.59	2.48	19.65	1.49	78.64	1.00	54.92
草地	1985	522	0.12	13.41	16.75	47.33	1.66	96.98	0.98	61.37
	1996	373	0.08	41.04	17.39	42.59	1.66	99.34	0.83	69.99
	2000	385	0.09	37.39	17.67	44.46	1.65	99.27	0.86	67.73
	2010	345	0.08	34.03	17.54	43.64	1.64	99.15	0.88	68.73
水域	1985	66	0.01	1.53	0.78	8.44	1.54	89.86	1.00	74.36
	1996	72	0.02	1.54	0.78	8.52	1.52	89.05	1.00	73.82
	2000	70	0.02	1.53	0.77	8.34	1.52	89.19	1.00	74.30
	2010	73	0.02	1.47	0.78	8.67	1.52	88.46	1.00	73.00
城乡工矿用地	1985	60	0.01	0.02	0.19	7.71	1.22	12.05	1.00	10.24
	1996	60	0.01	0.02	0.20	7.33	1.21	12.69	1.00	10.94
	2000	61	0.01	0.02	0.20	7.44	1.21	12.53	1.00	10.77
	2010	68	0.02	0.18	0.30	7.81	1.39	62.60	1.00	42.16
未利用土地	1985	232	0.05	20.30	9.39	29.24	1.57	98.50	0.96	73.72
	1996	325	0.07	3.96	7.23	29.44	1.53	92.72	1.00	65.24
	2000	307	0.07	4.63	8.15	30.46	1.55	94.75	1.00	66.73
	2010	304	0.07	4.40	7.97	30.45	1.55	94.65	1.00	66.14

表 15.33　高家堡站控制断面以上流域内的景观指数年际变化-景观水平

年份	NP	PD	LPI	LSI	PAFRAC	COHESION	DIVISION	SHDI	AI
1985	1128	0.33	24.73	30.26	1.57	97.37	0.90	1.30	68.66
1996	1041	0.31	42.79	29.08	1.56	98.39	0.81	1.23	69.95
2000	1055	0.31	36.72	30.10	1.56	98.18	0.85	1.26	68.83
2010	1027	0.30	37.49	29.88	1.55	98.19	0.85	1.27	69.14

表 15.34　高家川站控制断面以上流域内的景观指数年际变化-景观水平

年份	NP	PD	LPI	LSI	PAFRAC	COHESION	DIVISION	SHDI	AI
1985	1393	0.31	20.30	36.48	1.60	97.79	0.91	1.32	64.68
1996	1332	0.30	41.04	35.32	1.58	98.72	0.80	1.24	65.86
2000	1343	0.30	37.39	36.16	1.58	98.60	0.83	1.27	65.00
2010	1340	0.30	34.03	35.94	1.57	98.44	0.86	1.27	65.26

3. 景观指数年际变化-景观稳定性

表 15.35 为秃尾河流域高家堡站和高家川站控制断面以上流域内的斑块稳定性指数。从表 15.35 中可以看出，耕地、林地和水域的稳定性最高，城乡工矿用地的平均景观稳定性指数最低，其中，又以 2000～2010 年的稳定性指数最低，

表 15.35　秃尾河流域景观稳定性指数

土地利用类型	年份	高家堡站		高家川站	
		斑块特征稳定性指数	斑块密度稳定性指数	斑块特征稳定性指数	斑块密度稳定性指数
耕地	1985～1996	0.97	0.98	1.00	1.00
	1996～2000	0.99	0.99	0.98	0.98
	2000～2010	0.96	0.92	0.95	0.93
	1985～2010	0.97	0.95	0.94	0.91
林地	1985～1996	0.99	0.99	0.97	0.95
	1996～2000	0.99	0.99	0.96	0.94
	2000～2010	0.99	1.00	0.96	0.96
	1985～2010	0.99	0.99	0.95	0.95
草地	1985～1996	0.56	0.51	0.69	0.71
	1996～2000	0.91	0.89	0.96	0.97
	2000～2010	0.99	0.99	0.94	0.90
	1985～2010	0.62	0.56	0.68	0.66
水域	1985～1996	0.94	0.87	0.95	0.91
	1996～2000	0.96	0.93	0.98	0.97
	2000～2010	0.99	1.00	0.97	0.95
	1985～2010	0.96	0.95	0.93	0.90
城乡工矿用地	1985～1996	0.97	0.98	1.00	1.00
	1996～2000	0.97	1.00	0.97	0.98
	2000～2010	0.29	0.98	0.41	0.88
	1985～2010	0.27	1.00	0.36	0.86
未利用土地	1985～1996	0.64	0.67	0.59	0.60
	1996～2000	0.92	0.98	0.88	0.94
	2000～2010	0.98	0.99	0.98	0.99
	1985～2010	0.69	0.72	0.68	0.69

这期间高家堡城乡工矿用地的斑块特征稳定性指数仅为 0.29，密度稳定性指数仅为 0.41；其次为 1985～1996 年高家堡草地斑块密度稳定性指数(0.51)；城乡工矿用地的稳定性指数总体呈现逐渐降低的趋势，进一步说明其受人类活动影响越来越大；而草地和未利用土地稳定性指数增加，说明人类在 2000 年以前对该两种景观的干扰及其自身的发展均比较强，导致其 2000 年前的稳定性较低。秃尾河流域高家堡站和高家川站控制断面以上流域内的各景观类型稳定性指数最低值出现的时间各不相同，说明由于控制面积内土地利用变化不同，斑块迁移及转化的过程不尽相同。

15.2.3　孤山川流域

1. 景观指数年际变化-类型水平

表 15.36 为孤山川流域不同年份不同土地利用景观指数年际变化。由表 15.36 可以看出，孤山川流域草地景观面积最大，但其 NP 和 PD 均明显小于耕

表 15.36　孤山川流域景观指数年际变化-类型水平

土地利用类型	年份	NP	PD	LPI	ED	LSI	PAFRAC	COHESION	DIVISION	AI
耕地	1985	747	0.59	5.33	36.61	57.99	1.71	93.41	1.00	42.91
	1996	767	0.61	5.16	36.22	57.67	1.71	92.99	1.00	42.83
	2000	757	0.60	5.32	36.60	58.29	1.71	93.16	1.00	42.69
	2010	667	0.53	3.46	34.18	56.07	1.71	91.72	1.00	43.19
林地	1985	59	0.05	0.70	3.55	14.48	1.53	87.88	1.00	64.18
	1996	26	0.02	0.70	2.46	11.37	1.60	89.69	1.00	69.42
	2000	74	0.06	0.70	3.87	15.36	1.52	87.95	1.00	63.46
	2010	108	0.09	0.69	4.54	16.95	1.52	86.50	1.00	61.48
草地	1985	29	0.02	61.00	37.74	44.04	1.75	99.84	0.63	68.70
	1996	23	0.02	62.50	37.56	43.39	1.75	99.85	0.61	69.57
	2000	31	0.02	60.81	37.76	44.21	1.75	99.83	0.63	68.60
	2010	36	0.03	61.79	35.76	41.74	1.72	99.84	0.62	70.69
水域	1985	49	0.04	0.30	1.21	10.61	1.65	74.54	1.00	41.55
	1996	47	0.04	0.30	1.24	10.65	1.65	74.77	1.00	42.33
	2000	46	0.04	0.30	1.18	10.39	1.66	74.90	1.00	41.72
	2010	49	0.04	0.30	1.17	10.33	1.66	75.08	1.00	42.47
城乡工矿用地	1985	44	0.03	0.08	0.63	8.46	1.60	57.63	1.00	32.20
	1996	41	0.03	0.03	0.49	7.57	1.53	45.24	1.00	29.23
	2000	46	0.04	0.08	0.66	8.48	1.60	57.15	1.00	32.00
	2010	62	0.05	0.09	0.87	9.30	1.51	58.38	1.00	38.37
未利用土地	1985	10	0.01	0.02	0.10	3.50	1.58	44.21	1.00	26.47
	1996	5	0.00	0.02	0.05	2.57	—	48.03	1.00	26.67
	2000	5	0.00	0.02	0.05	2.57	—	48.03	1.00	26.67
	2010	6	0.00	0.03	0.06	2.63	—	48.46	1.00	35.00

地，甚至与其他小比例景观的指数相差不多，说明草地景观的斑块较为集中，这与 LPI、PAFRAC、COHESION 和 AI 最大及 DIVISION 最小相一致。另外，由表 15.36 可以看出，孤山川流域耕地和草地较高的 ED 说明这两种景观的边界长度值均较大，草地是由于其斑块本身较大，而耕地是由于其破碎度和异质性较高，因此，ED 值也较大。而随着时间的延续，景观 LPI、AI 值均在波动中缓慢增加，即随着物质能量的运移，景观斑块有趋于聚集的趋势；除林地外，其他景观 ED 值相对减小，而林地 ED 值缓慢增加，说明除林地外景观斑块连通性随时间延续逐渐变高，而林地景观斑块边界逐渐被边界分割破碎；LSI 值也基本为增加趋势，说明景观斑块有趋向规则的趋势，即人类活动的影响越来越大，而城乡工矿用地的 PAFRAC、COHESION 和 AI 变化最剧烈，即斑块形状和连接度变化最大，说明人类对该景观干扰最大。

2. 景观指数年际变化-景观水平

表 15.37 为孤山川流域景观指数年际变化-景观水平。由表 15.37 可知，孤山川流域的景观指数 LPI、DIVISION 和 AI 值均在中等偏上水平，较高的 LSI 值也说明斑块形状较为复杂；COHESION 值均接近 100，即斑块与相邻斑块类型的空间连接度非常高；SHDI 值均大于 0.85，说明研究区内土地利用丰富，且各斑块类型分布状况相对均衡。由表 15.37 还可知，孤山川流域 1985～2010 年各景观指数相对稳定，但 SHDI 和 AI 均有不同程度增加，说明孤山川控制流域内的景观多样性和聚集度逐渐增加，整体向好。

表 15.37 孤山川流域景观指数年际变化-景观水平

年份	NP	PD	LPI	LSI	PAFRAC	COHESION	DIVISION	SHDI	AI
1985	938	0.74	61.00	37.14	1.68	99.18	0.62	0.89	59.66
1996	909	0.72	62.50	36.34	1.69	99.21	0.61	0.85	60.56
2000	959	0.76	60.81	37.27	1.69	99.17	0.63	0.89	59.51
2010	928	0.74	61.79	35.73	1.68	99.14	0.62	0.91	61.28

3. 流域景观指数年际变化-景观稳定性

表 15.38 为孤山川流域不同土地利用类型的景观稳定性指数统计结果。由表 15.38 可知，孤山川流域林地的景观稳定性最差，其次为未利用土地和城乡工矿用地，其中，又以 1985～1996 年的景观稳定性最差。分析其原因可能与 20 世纪 90 年代大面积进行人工造林有关。

表 15.38　孤山川流域景观稳定性指数

土地利用类型	年份	斑块特征稳定性指数	斑块密度稳定性指数
耕地	1985～1996	0.98	0.97
	1996～2000	0.99	0.99
	2000～2010	0.91	0.88
	1985～2010	0.91	0.89
林地	1985～1996	0.62	0.44
	1996～2000	−0.09	−0.84
	2000～2010	0.70	0.54
	1985～2010	0.48	0.17
草地	1985～1996	0.88	0.79
	1996～2000	0.81	0.65
	2000～2010	0.91	0.84
	1985～2010	0.87	0.76
水域	1985～1996	0.96	0.96
	1996～2000	0.96	0.98
	2000～2010	0.96	0.93
	1985～2010	0.99	1.00
城乡工矿用地	1985～1996	0.83	0.93
	1996～2000	0.74	0.88
	2000～2010	0.65	0.65
	1985～2010	0.60	0.59
未利用土地	1985～1996	0.52	0.51
	1996～2000	1.00	1.00
	2000～2010	0.89	0.80
	1985～2010	0.56	0.61

15.3　流域水沙变化趋势分析

15.3.1　大理河流域

1. 水沙变化趋势

对大理河流域青阳岔站、曹坪站、李家河站和绥德站 1959～2010 年的年径流量系列和 1979～2010 年的年输沙量系列进行 Mann-kendell 趋势性检验分析，结果表明，青阳岔站、曹坪站、李家河站和绥德站的年径流量和年输沙量均有下降趋势，但只有青阳岔站和李家河站呈显著降低趋势，详见表 15.39。

表 15.39 大理河流域径流泥沙趋势分析表

项目	青阳岔站		绥德站		曹坪站		李家河站	
	资料年限	统计变量Z值	资料年限	统计变量Z值	资料年限	统计变量Z值	资料年限	统计变量Z值
径流	1959～2010	−2.0*	1960～2005	−1.53	1996～2005	−1.07	1959～2005	−2.73**
泥沙	1979～2010	−0.63	1979～2005	−0.08	1996～2005	−1.43	1959～2006	—

* 达到 0.05 显著水平；** 达到 0.01 显著水平。

根据大理河青阳岔站、小理河李家河站 1959～2010 年的年径流量系列资料，采用 Mann-Kendall 检验法确定了大理河流域年径流量的突变点，结果表明青阳岔站、李家河站的年径流量突变年均为 1972 年，详见图 15.8。

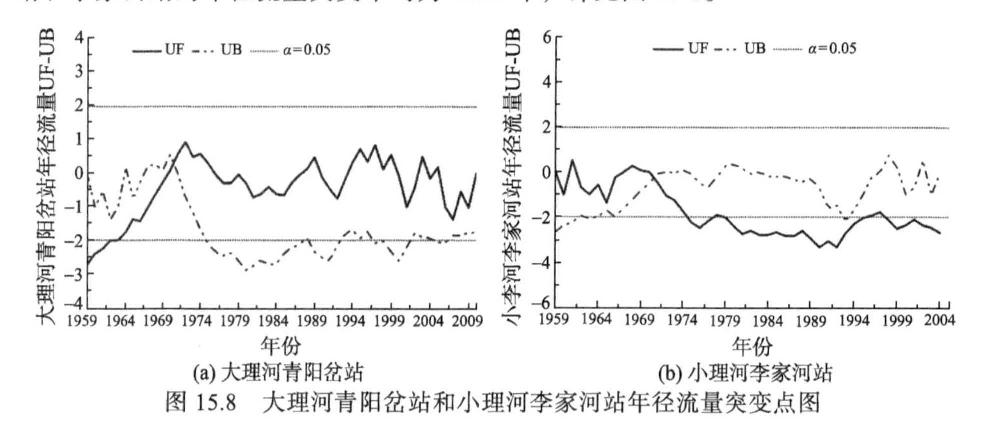

(a) 大理河青阳岔站　　(b) 小理河李家河站

图 15.8 大理河青阳岔站和小理河李家河站年径流量突变点图

2. 淤地坝减沙率

图 15.9(a)～图 15.9(c)分别为 1985～2005 年大理河绥德站、1979～2005 年曹坪站、1994～2005 年李家河站控制断面以上流域内的淤地坝减沙率年际变化图。从图 15.9 中可以看出，曹坪站、李家河站控制断面以上流域内的淤地坝年平均减沙率约为 52%，而绥德站控制断面以上流域内的淤地坝年平均减沙率仅约为 6%。

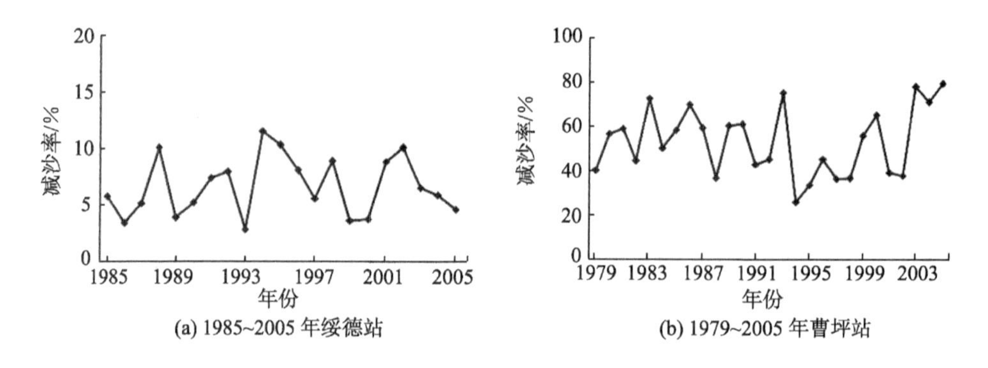

(a) 1985~2005 年绥德站　　(b) 1979~2005 年曹坪站

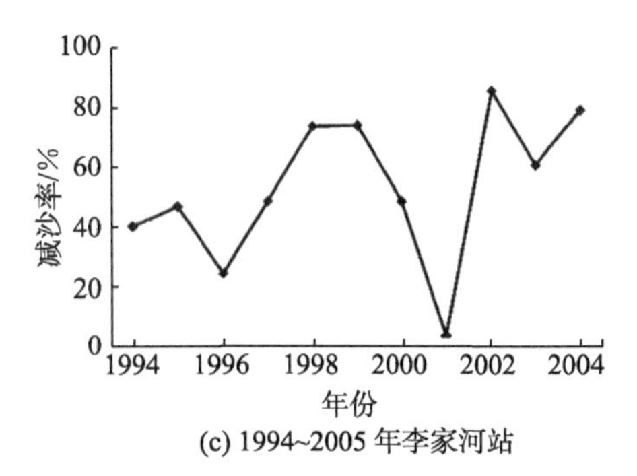

(c) 1994~2005 年李家河站

图 15.9　大理河流域典型水文站控制断面以上流域内的淤地坝减沙率年际变化曲线

15.3.2　秃尾河流域和孤山川流域

1. 秃尾河流域水沙关系

根据统计分析结果可知，秃尾河高家堡站 1996～2005 年的年径流量为 1.75 亿～2.82 亿 m^3，变异系数为 14.28%；年输沙量为 33.10 万～1170.12 万 t，变异系数为 136.66%。高家川站 1956～2000 年的年径流量为 1.39 亿～9.40 亿 m^3，变异系数为 44.59%；年输沙量为 0.002 亿～1.40 亿 t，变异系数为 150.88%。因此，秃尾河流域年径流量变化属中等变异，而年输沙量变化属高等变异。由图 15.10 可知，高家堡站水沙关系较好，相关系数 R^2=0.89；高家川站水沙关系相对较差，相关系数 R^2=0.58。

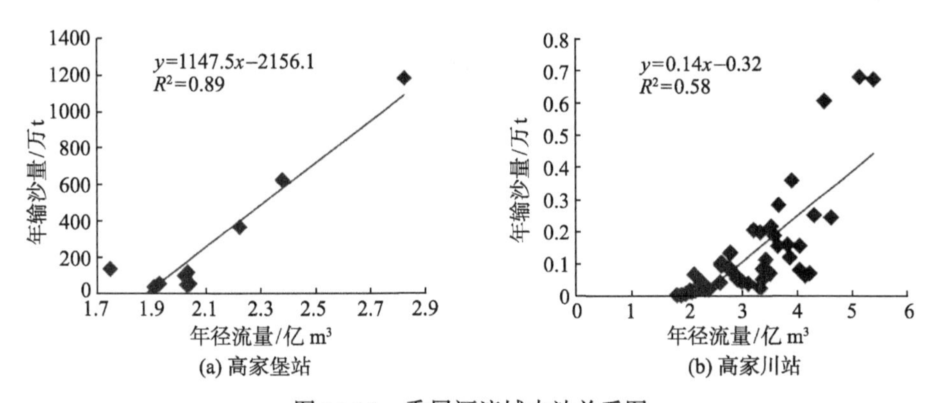

(a) 高家堡站　　(b) 高家川站

图 15.10　秃尾河流域水沙关系图

2. 孤山川流域水沙关系

根据统计分析结果可知，孤山川流域 1956～2010 年的历年年径流量为 0.08 亿～2.37 亿 m^3，变异系数为 83.89%；年输沙量为 4.37 万～8384.28 万 t，变异系数为 137.80%。与秃尾河流域相比，孤山川流域年径流量的年际变化较大。由图 15.11 可以看出，孤山川流域 1956～2010 年年径流量 x 和年输沙量 y 之间存在良好的线性关系($P<0.01$)。

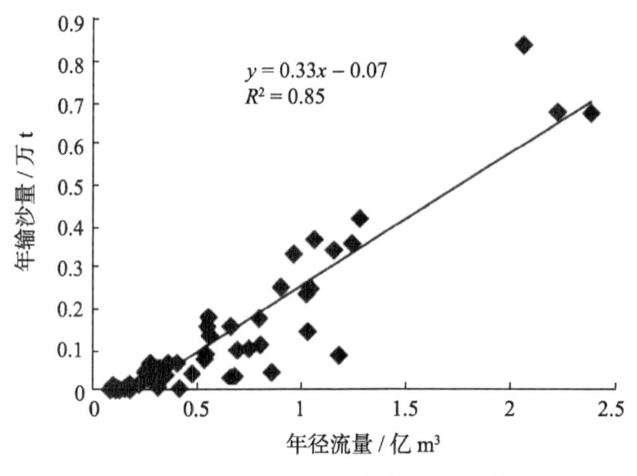

图 15.11　孤山川流域水沙关系图

3. 淤地坝拦沙贡献率年际变化分析

图 15.12 和图 15.13 分别是秃尾河流域、孤山川流域的淤地坝拦沙贡献率年际变化图。可以看出，秃尾河上游高家堡站控制断面以上流域内的淤地坝拦沙贡献率明显低于下游高家川站控制断面以上流域；高家川站控制断面以上流域内的淤地坝拦沙贡献率年际最高增幅可达 17.53%，远高于高家堡站(5.67%)。从图 15.13 中可以看出，孤山川流域内的淤地坝拦沙贡献率最高可达 96.72%，年际最高增幅也达到了 20.11%。与秃尾河流域相比，孤山川流域内的淤地坝拦沙贡献率更高。

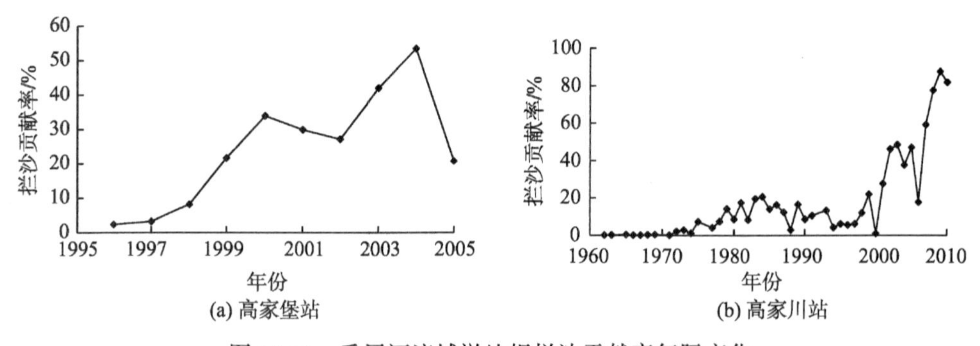

图 15.12　秃尾河流域淤地坝拦沙贡献率年际变化

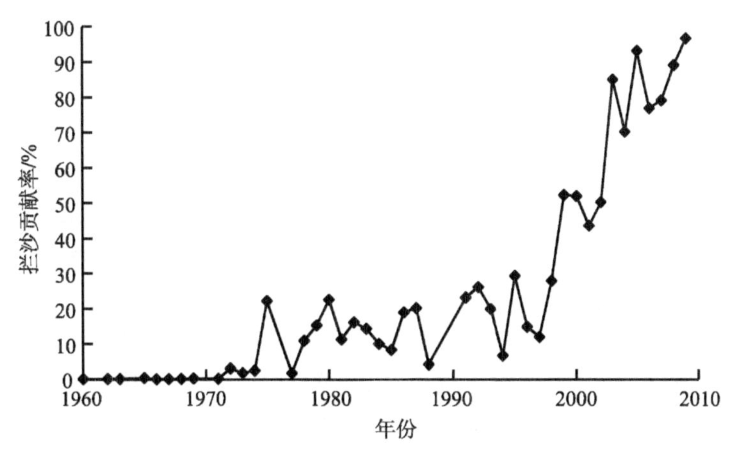

图 15.13　孤山川流域淤地坝拦沙贡献率年际变化

15.4　淤地坝建设对流域水沙变化的调控作用

15.4.1　岔巴沟流域淤地坝对流域水沙调控作用分析

为验证岔巴沟流域坝系蓄水拦沙效益，选取了岔巴沟流域淤地坝坝系形成前、后次降雨量基本相同的六场典型次暴雨洪水进行对比分析，分别为 630603 次洪水与 720731 次洪水、600702 次洪水与 970729 次洪水、720702 次洪水与 990720 次洪水。根据实测资料，岔巴沟流域上述六场典型次暴雨洪水的降雨量、径流量、输沙量等统计结果见表 15.40～表 15.42。

表 15.40　岔巴沟流域坝系形成前、后次洪水特征值对比表一

洪水编号	降雨量/mm	降雨历时/h	降雨强度/(mm/h)	径流量/万 m^3	径流模数/(m^3/km^2)	输沙量/万 t	输沙模数/(t/km^2)
630603	8.6	2.7	3.2	43.2	2107.3	20.9	1019.5
720731	9.0	3.0	3.0	34.6	1687.8	16.9	824.4
减少率/%	—	—	—	—	19.9	—	19.1

表 15.41　岔巴沟流域坝系形成前、后次洪水特征值对比表二

洪水编号	降雨量/mm	降雨历时/h	降雨强度/(mm/h)	径流量/万 m^3	径流模数/(m^3/km^2)	输沙量/万 t	输沙模数/(t/km^2)
600702	25.3	3.5	7.2	38.7	1887.8	25.9	1263.4
970729	27.6	4.0	6.9	29.8	1453.7	17.4	848.8
减少率/%	—	—	—	—	23.0	—	32.8

表 15.42 岔巴沟流域坝系形成前、后次洪水特征值对比表三

洪水编号	降雨量/mm	降雨历时/h	降雨强度/(mm/h)	径流量/万 m^3	径流模数/(m^3/km^2)	输沙量/万 t	输沙模数/(t/km^2)
720702	24.7	3.7	6.7	67.8	3307.3	50.5	2463.4
990720	24.8	3.3	7.5	44.4	2165.9	34.6	1687.8
减少率/%	—	—	—	—	34.5	—	31.5

从表 15.40～表 15.42 中可以看出，在次暴雨洪水的降雨特征相似的情况下，20 世纪 70 年代的岔巴沟流域的径流模数和输沙模数分别比 20 世纪 60 年代减少了 19.9%和 19.1%；岔巴沟流域 20 世纪 90 年代的径流模数和输沙模数分别比 20 世纪 60 年代减少了 23.0%和 32.8%；岔巴沟流域 20 世纪 90 年代末的径流模数和输沙模数分别比 20 世纪 70 年代初减少了约 34.5%和 31.5%。因此，岔巴沟流域水土保持措施的减水效益和减沙效益基本持平，并且减水减沙效益随着淤地坝坝系建设的不断完善而逐渐明显，可见淤地坝坝系在小流域水土保持综合治理中的作用也逐渐显现。

15.4.2 淤地坝对流域水沙调控作用对比分析

为验证王茂沟流域淤地坝坝系的蓄水拦沙效益，选择与王茂沟流域相邻、地貌组成类似的李家寨沟流域作为非治理流域进行对比分析。

李家寨沟也属于韭园沟的一条支沟，李家寨沟与王茂沟在流域面积、地形、土壤及沟道条件等方面都比较相近，只是李家寨沟的水土保持治理程度较低。截止到对比观测年份，李家寨沟流域内各种水土保持治理措施面积为 0.11km^2，占流域面积的 2%；淤地坝仅有 2 座，淤地面积为 4 亩。因此，可以把李家寨沟作为非治理沟与王茂沟进行对比。

根据实测资料，李家寨沟与王茂沟相同场次的次暴雨洪水水沙结果见表 15.43。从表 15.43 中可以看出，在降雨条件相似的情况下，王茂沟流域的径流量和输沙量

表 15.43 王茂沟与李家寨沟相同场次的次洪水水沙结果对比统计表

洪水编号	沟道名称	次降雨量/mm	降雨强度/(mm/h)	径流量/m^3	径流模数/(m^3/km^2)	输沙量/t	输沙模数/(t/km^2)	径流模数减少		输沙模数减少	
								/(m^3/km^2)	/%	/(t/km^2)	/%
620714	王茂沟	30.5	3.4	9 121	1 528	4 099	687	358	19.0	635	48.0
	李家寨	29.6	4.0	92 279	1 886	6 506	1 322				
630615	王茂沟	22.0	3.3	1 492	250	133	22	1 342	84.3	1 061	97.8
	李家寨	24.5	1.5	7 833	1 592	5 326	1 083				
630705	王茂沟	60.7	5.2	4 418	740	229	38	2 799	79.1	1 700	97.8
	李家寨	65.4	5.7	17 410	3 539	8 551	1 738				
630818	王茂沟	7.4	19.3	1 112	186	59	1	17	8.4	27	73.0
	李家寨	8.8	32.9	998	203	183	37				
平均	王茂沟	30.2	7.8	4 035.8	676	1 130	187	1129	47.7	858	79.2
	李家寨	32.1	11.0	4 415.5	1 805	5 142	1 045				

较李家寨沟流域均有所减少，其中输沙量减少较明显；王茂沟流域的径流模数和输沙模数比李家寨沟流域分别减少 47.7%和 79.2%。

王茂沟流域淤地坝坝系形成之后，1953～1981 年王茂沟流域基本上达到了洪水、泥沙不出沟。在 1964 年“7·5”暴雨和 1977 年“8·5”暴雨过程中，王茂沟流域的产水量、产沙量及坝系拦水拦沙量见表 15.44。1964 年 7 月 5 日，王茂沟流域次降雨雨量达 131.8mm，降雨强度为 6.2mm/h，流域内各淤地坝均安然无恙，洪水泥沙大部分被拦在坝系之内；坝系拦水量为 36.6 万 m^3，占流域产流量的 78%；坝系拦沙量为 13.5 万 t，占流域产沙量的 72%。1977 年 8 月 5 日，王茂沟流域次降雨雨量为 162.7mm，主沟各淤地坝均安全度汛，支沟坝系中虽有少数淤地坝被拉开缺口，但坝地泥沙冲失轻微，坝地作物产量损失较小；坝系拦水量为 40.5 万 m^3，占流域产流量的 69%；坝系拦沙量为 13.6 万 t，占流域产沙量的 58%。上述分析表明，布局合理的淤地坝坝系对暴雨洪水具有较强的抵御能力，对流域水沙具有较好的调控作用。

表 15.44　1964 年和 1977 年两次暴雨王茂沟流域淤地坝坝系拦水拦沙作用

时间	降雨量/mm	径流量/万 m^3	产沙量/万 t	坝系拦水量		坝系拦沙量	
				/万 m^3	/%	/万 t	/%
1964.07.05	131.8	46.9	18.8	36.6	78	13.5	72
1977.08.05	162.7	58.3	23.6	40.5	69	13.6	58

15.4.3　不同水土保持治理阶段王茂沟小流域淤地坝水沙调控作用分析

通过分析王茂沟流域治理前(1960 年以前)、治理初期(1960～1965 年)、治理中期(1980～1994 年)、治理后期(1995～2003 年)和近期(2012 年)的水沙实测资料，统计得出该流域输沙模数的年代际变化情况，详见表 15.45。

表 15.45　王茂沟小流域水沙年代际变化

时段	年均产流降雨量/mm	年均汛期径流量/m^3	年均汛期输沙量/t	年均输沙模数/ (t/km^2)	减沙率/%
治理前	—	—	—	18 000	—
治理初期(1960～1965 年)	193.6	105 810	48 041	8 047	55.3
治理中期(1980～1994 年)	171.7	36 160	4 488	752	95.8
治理后期(1995～2003 年)	122.3	38 064	6 645	1 113	93.8
2012 年	—	164 914	32 807	5 495	69.5

对比分析王茂沟沟口实测水沙资料，由于流域治理过程中的土地利用结构变化和淤地坝坝系显著的拦沙减蚀作用，流域输沙模数持续减少。从表 15.46 中可以看出，王茂沟流域治理前的年均输沙模数为 18 000 万 t/km^2；王茂沟流域治理初期(1960～1965 年)的年均输沙模数为 8047t/km^2，减沙率为 55.3%；进入 20 世纪 80 年代，王茂沟流域治理中期(1980～1994 年)的年均输沙模数减小为 752t/km^2，减沙率显著提高到 95.8%；1995～2003 年，王茂沟流域进入治理后期，淤地坝数量基本趋于稳定，减沙率与治理中期基本持平，为 93.8%。

根据 2012 年 7 月 15 日暴雨洪水泥沙资料分析结果，王茂沟流域的洪水泥沙大部分被淤地坝坝系所拦蓄，减沙率约 70%，与 1980～2003 年水土保持综合治理期的减沙率相比有所下降，但依然保持着较高的拦沙率。

15.5 变化情势下黄土高原淤地坝坝系适宜建设规模分析

15.5.1 新时期淤地坝建设指导思想

黄土高原是世界上水土流失最严重的地区，严重的水土流失威胁着黄河下游的防洪安全，造成生态环境恶化，制约经济社会的可持续发展。同时，黄河流域地处干旱半干旱地区，随着工农业生产的发展，黄河水资源供需矛盾日益突出。如何从开源、节流等各个环节挖掘节水潜力，建立节水型社会已成为一项十分紧迫的任务。因此，新时期大规模建设淤地坝，必须坚持“生态效益、经济效益和社会效益相统一”的原则，以流域为系统，充分体现全局观点，兼顾当地和下游地区的利益，科学有效地发挥拦沙、保水和淤地等综合功能，以促进当地农业增产、农民增收、农村经济发展，巩固退耕还林成果，改善生态环境，有效减少入黄泥沙，为确保黄河安澜和全面建设小康社会作出贡献。

为科学合理地规划、设计和建设淤地坝，保证其安全运行和工程效益发挥，提出满足生态、节水、安全和可持续发展等要求的黄土高原淤地坝规划建设指导思想如下。

1. 生态——生态良好

淤地坝建设既应着眼于减少水土流失和拦沙造地形成稳产高产田，又要与黄土高原生态建设密切结合，促进坡耕地退耕还林还草。根据当地的气候、地形、土壤和水资源等条件，因地制宜地进行林草建设。充分发挥生态自我修复能力，使生态形态达到同类气候地形土壤条件下的良好水平。在坝地利用方面，合理使用化肥和农药，尽可能多地使用天然肥料和生物治虫，化肥、农药的土壤残留和随水排除的部分应达到国家相关标准。对生态系统恢复过程中出现的一些不利变化，如一些地方出现野兔大量繁殖造成树苗大量损坏等问题，应在科学论证的基础上采取适当的人工干预措施。在淤地坝建设过程中，要严格遵守《中华人民共和国水土保持法》等相关规范标准。

2. 节水——节约和高效利用水资源

针对黄土高原的实际情况和全流域水土资源合理高效利用的需求，淤地坝建设必须考虑完备的排水设施，做到拦沙排水，除了有解决人畜饮水任务的淤地坝外，每年汛后必须排尽积水，减少无效蒸发。新淤成的坝地必须形成有效的排水系统，防止土壤次生盐碱化和沼泽化的发生。在坝地上进行农牧业生产，应尽可能采用旱作方式；若需要进行灌溉，应大力推广节水灌溉措施。以淤地坝坝系控制的流域为计算单元，当地水资源开发利用率应控制在合适的范围内。

3. 安全——确保防洪

确保淤地坝坝系防洪安全是坝控流域水沙资源可持续利用的前提。统一规划，按规范设计，根据坝控流域的具体情况，在保证防洪安全的前提下，经科学论证，确定坝系布局及淤地坝的结构形式。对现存的防洪能力严重不足的淤地坝坝系，应通过实施，坝系除险加固工程提高淤地坝坝系的防洪标准，确保防洪和生产安全。

4. 可持续发展——管理良好、滚动发展、农民增收

编制经过科学论证、布局完善合理的淤地坝建设规划，促进退耕还林还草规划和当地经济社会发展规划的有效实施。淤地坝应设计科学合理、成本有效控制、施工质量好、施工速度快。淤地坝的坝地使用效益较高，为一般坡地的 6～10 倍。建立合理的资金筹集和投入机制，国家、地方、农户的投入比例适当。用户参与管理机制明确，淤地坝(包括配套设施)和坝地产权、使用权明晰，管理体制健全。淤地坝的收益应有一部分用于淤地坝坝系的管护。完全由国家投入的骨干坝形成的坝的收益应有适当比例用于已建淤地坝的维修和滚动建设新的淤地坝。通过采取相关措施，确保淤地坝的完好率大于和坝地利用率均大于 95%。农户通过高效使用坝地，调整与优化种植结构和养殖结构，发展农副产品加工，收入逐年增长。另外，应通过合理途径解决建设区内的人畜饮水问题。

15.5.2　黄土高原淤地坝建设规模

1. 规划目标

淤地坝规划目标中有两个重要指标，一是淤地坝建设后可淤地面积，二是年可减少入黄泥沙量。在确定了这两个指标后，其他指标均可由此确定。

1) 淤地面积

长期实践证明，如果黄河流域多沙粗沙区农村人均坝地约 0.067hm^2，就可以保证农村人口和饲料用粮。另外，在坡度小于 15° 的退耕缓坡地上种植经济林和经济

作物，既可以保证农民增收，又可以促进退耕还林还草，为全面建设小康社会提供保障。因此，规划确定到 2020 年黄河多沙粗沙区等重点地区的人均坝地应达到 0.067hm^2 左右，其他地区由于基本农田数量较多，人均坝地达到 0.033hm^2 左右即可。到 2020 年，黄土高原新增坝地总面积应达到 50 万 hm^2。

2) 减少入黄泥沙

国务院于 2002 年批准的《黄河近期重点治理开发规划》中提出，到 21 世纪中叶，通过水土保持治理，平均每年减少入黄泥沙要达到 8 亿 t，具体要求到 2010 年，平均每年减少入黄泥沙达到 5 亿 t。根据这一目标，把黄河流域的水土流失治理与全面建设小康社会的奋斗目标相衔接，符合治理的自然规律。因此，到 2020 年仅淤地坝减少入黄泥沙的目标为 7 亿 t。

3) 规划目标

到 2010 年，在黄土高原地区建设淤地坝 6 万座，并初步建成以多沙粗沙区 25 条支流(片)为重点的较为完善的沟道坝系。工程实施区水土流失综合治理程度达到 60%。农村土地利用和产业结构趋于合理，农民稳定增收。黄土高原水土流失严重的状况基本得到遏制，生态环境明显改善。结合其他水土保持措施的实施，年减少入黄泥沙达到 5 亿 t。工程发挥效益后，可拦截泥沙能力达到 140 亿 t，建设高产稳产坝地面积为 18 万 hm^2，促进退耕 80 万 hm^2，封育保护 133.3 万 hm^2。

到 2020 年，建设淤地坝 16.3 万座，黄土高原地区主要入黄支流基本建成较为完善的沟道淤地坝坝系；工程实施区水土流失综合治理程度达到 80%；以坝地为主的基本农田大幅度增加，农村可持续发展能力显著提高；年减少入黄泥沙达到 7 亿 t。基本实现“林草上山，米粮下川”，为实现黄河长治久安、区域经济社会可持续发展、全面建设小康社会作出贡献。工程发挥效益后，可拦截泥沙能力达到 400 亿 t。建设高产稳产坝地面积 50 万 hm^2，促进退耕 220 万 hm^2，封育保护 400 万 hm^2。

2. 建设规模

1) 分析论证方法

采用典型调查与综合分析论证相结合的方法，首先，对不同类型区、不同侵蚀强度区现状淤地坝坝系建设较好的小流域进行详细调查，对未治理的小流域进行淤地坝坝系规划，归纳总结出各区的小流域坝系治理模式；其次，通过对淤地坝建设潜力和建设需求的分析论证，确定出淤地坝建设规模和建设布局；最后，根据全国和黄河流域水土保持生态建设战略，拟定出黄河流域黄土高原地区淤地坝建设实施安排。规划充分利用计算机模拟仿真技术、“3S”技术成果、最新遥感普查成果、坝系优化设计方案等先进技术手段。

2) 建设潜力分析思路

a. 确定多年平均侵蚀量

根据各侵蚀分区的面积和多年平均侵蚀模数，计算出各侵蚀分区的多年平均侵蚀量，得出多年平均总侵蚀量为 25 亿 t。

b. 计算淤地坝设计年限内的总侵蚀量

按照技术规范，淤地坝设计淤积年限取 20 年。据此，计算出 20 年内各侵蚀分区的侵蚀量，得出 20 年总侵蚀量为 501 亿 t。

c. 确定骨干坝控制面积和中小淤地坝单坝淤积库容

根据不同侵蚀区 111 座中小型淤地坝的现状调查结果，淤地坝平均单坝淤积库容为 13 万～17 万 t，经分析取 15 万 t。

利用 35 条小流域淤地坝坝系查勘规划成果资料，分析出不同侵蚀强度分区中骨干坝布坝密度、骨干坝与中小型淤地坝的配置比例。剧烈、极强度、强度、中轻度侵蚀地区骨干坝单坝控制面积分别为 3～3.5km^2、3.5～5km^2、4～7km^2、6～9km^2，相应侵蚀类型区的骨干坝与中小型淤地坝的配置比例分别为 1∶6.4～1∶8.3、1∶3.7～1∶5.5、1∶3～1∶5、1∶2.8～1∶4.1。

d. 确定淤地坝建设总量

根据建设坝系的要求，骨干坝的主要作用是上拦下保，这就要求在淤地坝设计淤积年限中，骨干坝必须保持较大的剩余库容，以满足上拦下保的要求。在上游不垮坝的情况下，骨干坝在 20 年的设计淤积年限内，只考虑拦蓄骨干坝与控制区域内的中小型淤地坝之间的区间来沙量，骨干坝在 20 年中的正常拦泥量按中小淤地坝的拦泥库容计算。据此，根据各侵蚀分区的 20 年侵蚀量和中小型淤地坝平均单坝淤积库容，计算出各侵蚀分区应布设的淤地坝(含骨干坝)数量，得出淤地坝建设潜力为 33.4 万座。其中，剧烈侵蚀地区为 9.8 万座，极强度侵蚀地区为 7.7 万座，强度侵蚀地区为 5.7 万座，中轻度侵蚀地区为 10.2 万座。

e. 确定骨干坝和中小型淤地坝的数量

根据各侵蚀分区的淤地坝数量及骨干坝与中小型淤地坝平均配置比例，计算出各侵蚀分区的中小型淤地坝数量和骨干坝数量，得出骨干坝数量为 6.2 万座、中小型淤地坝数量为 27.2 万座，即黄土高原地区淤地坝建设潜力为 33.4 万座。

3) 以减沙目标分析需要的建设规模

(1) 33.7 万 km^2 水土流失面积的总侵蚀量为 25 亿 t，入黄泥沙量约为 16 亿 t。按减沙目标需达到 7 亿 t 计算，必须拦蓄 11 亿 t 侵蚀量。

(2) 根据各侵蚀分区建坝条件和减沙需要，设定各侵蚀分区所需拦蓄侵蚀量占所需拦蓄侵蚀总量 11 亿 t 的比例，推求出各侵蚀分区需要拦蓄的侵蚀量。剧烈侵蚀地区和极强度侵蚀地区的侵蚀模数高，主要是多沙粗沙区，而且建坝潜力较大，确定分别需拦蓄侵蚀总量的 40%和 30%，即剧烈侵蚀区和极强度侵蚀区分别需拦蓄侵蚀量 4.4 亿 t 和 3.3 亿 t；强度侵蚀区和中轻度侵蚀区的侵蚀模数较低，建坝潜力较小，分别需拦蓄侵蚀总量的 20%和 10%，即强度侵蚀区和中轻度侵蚀地区分别需拦蓄侵蚀量 2.2 亿 t 和 1.1 亿 t。根据上述结果，黄土高原水土流失区需拦蓄的年侵蚀量为 11 亿 t。

(3) 按照与淤地坝建设潜力分析相同的方法，根据各侵蚀分区 20 年需拦蓄的侵蚀量和中小型淤地坝平均单坝淤积库容，计算出各分区应建设的淤地坝(含骨干坝)数量，得出共需建设淤地坝 14.7 万座。其中，剧烈侵蚀地区为 5.9 万座，极强度侵蚀地区为 4.4 万座，强度侵蚀地区为 2.9 万座，中轻度侵蚀地区为 1.5 万座。

(4) 根据各侵蚀分区多年平均侵蚀模数和骨干坝平均单坝控制面积，计算出骨干坝平均单坝控制面积中的 20 年侵蚀量，据此计算出各分区的骨干坝建设规模；根据各分区的淤地坝总数，计算出中小型淤地坝的规模。得出骨干坝和中小型坝数量分别为 2.48 万座和 12.22 万座。

根据上述分析计算结果，按照减少入黄泥沙的目标，黄土高原地区共需建设淤地坝 14.7 万座，其中，骨干坝 2.48 万座、中小型坝 12.22 万座。

4) 以淤地目标分析需要建设的淤地坝规模

主要通过黄土高原多沙粗沙区分析，确定满足淤地目标的建设规模。

a. 多沙粗沙区建坝规模分析

第一，通过调查分析多沙粗沙区现状及淤地坝有关指标。截至 2000 年，多沙粗沙区总人口为 610 万人，其中农业人口 520 万人；梯田 37.92 万 hm^2，坝地 5.017 万 hm^2，水地 6.59 万 hm^2；人均坝地为 $0.01hm^2$，人均水地 $0.013hm^2$。根据多沙粗沙区典型小流域坝系调查结果，人均坝地为 0.053～$0.067hm^2$，人均收入约 2000 元。根据多沙粗沙区基本建成坝系的小流域调查结果，骨干坝数量占淤地坝总数的 14%，中小型坝数量占淤地坝总数的 86%，平均单坝可淤地 $3hm^2$。骨干坝、中小型坝的配坝比为 1:6.1。

第二，预测多沙粗沙区 2020 年的农业人口数；根据典型调查的人均坝地面积，推算各区坝地面积总数。到 2020 年，实现多沙粗沙区人均坝地面积为 $0.067hm^2$，共需要坝地 42.73 万 hm^2，在现有基础上共需要新增坝地 37.67 万 hm^2。

第三，根据单坝可淤成坝地面积、骨干坝与中小型淤地坝占总坝数的比例，推算骨干坝、中小型淤地坝数量。根据典型调查结果，淤地坝平均单坝可淤地 $3hm^2$ 左右。到 2020 年要实现新增坝地 37.67 万 hm^2，多沙粗沙区共需布设淤地坝 12.6 万座。按前述骨干坝、中小型坝数量占淤地坝总数的比例推算，骨干坝为 1.8 万座，中小型坝为 10.8 万座。

b. 黄土高原地区建坝规模分析

在多沙粗沙区以外的地区，现有基本农田数量较大。根据规划目标，2020 年新增淤地能力 50 万 hm^2，扣除多沙粗沙区新增坝地 37.67 万 hm^2 后，在多沙粗沙区以外的地区需建设 12.33 万 hm^2 坝地，配合其他措施，可以满足区域粮食安全要求。根据本区淤地坝现状调查结果，大中型淤地坝建设比例较大，平均单坝淤地面积约为 $3.33hm^2$。按此估算，需要安排 3.7 万座淤地坝。

在黄土高原地区建淤地坝的范围，多年平均土壤侵蚀量为 20 亿 t，在 20 年的设计淤积年限内总产沙量为 400 亿 t。据测算，淤成 1 万 hm^2 坝地需要泥沙 75 000t 左右，则淤成 50 万 hm^2 坝地共需要拦沙 375 亿 t。因此，该区域的来沙可以满足坝地淤积的要求。

5) 总体建设规模

通过建设潜力论证和减沙、淤地目标的需求分析，得到的黄土高原淤地坝总体建设规模见表 15.46。

表 15.46　淤地坝建设潜力与减沙、淤地目标分析论证结果表

指标	骨干坝/万座	中小型淤地坝/万座	总数/万座
建设潜力	6.2	27.2	33.4
减沙目标	2.5	12.2	14.7
淤地目标	2.4	13.9	16.3

按照坝系建设的要求，需要将现有的部分中小型淤地坝改建为骨干坝。由于改建工程量较大，技术要求高，故列入本次骨干坝规划的建设中。根据典型小流域坝系调查，现有中小型淤地坝中有 3%左右需要改建为骨干坝，据此确定改建骨干坝 3000 座。

综合以上各个方面的分析论证结果，淤地坝建设潜力能够满足减沙和淤地的需求。考虑不同侵蚀强度分区中地形地貌、人口及耕地分布特点、建坝条件、现状淤地坝等因素，结合当地农村产业结构调整、退耕还林还草和农业可持续发展的要求及旧坝改建，确定黄土高原淤地坝建设总体规模为 16.3 万座，其中，骨干坝 3 万座、中小型淤地坝 13.3 万座。

15.5.3　典型区域淤地坝建设规模——以延安市为例

通过收集和整理延安市不同流域淤地坝建设概况，从侵蚀控制和减沙控制两个层面初步分析了延安市淤地坝建坝规模和建坝潜力。

1. 研究区概况

延安市地处东经 107°40′～110°31′，北纬 35°31′～37°30′，东西宽约 198km，南北长约 212km，总面积为 36 712km^2，其中，水土流失面积为 28 773km^2，多年平均入黄泥沙量达 2.58 亿 t，是黄河中游水土流失最严重的地区之一。延安市属于华北陆台的鄂尔多斯地台的一部分，属中生代沉积岩系，岩层自东向西由老而新，多为西北走向。地貌北部以黄土丘陵沟壑区为主，沟壑密度大于 46km/km^2 以上；南部以高原沟壑区为主，沟壑密度为 24km/km^2。

延安市多年平均土壤侵蚀模数为 9800t/km²；多年平均年降水量为 390～700mm，降水量年内分布不均且在空间分布上由南向北递减，每年 6～9 月降水量约占全年降水总量的 75%；年平均气温为 7.8～10.6℃，无霜期为 150～209d，多年平均水面蒸发量为 1400～1700mm。

延安市植被较差且空间分布极不均匀。延安市南部的黄龙山、崂山及桥山、子午岭等分布的落叶阔叶林，森林覆盖率达 50%左右，是本市现存且保存较好的地带性植被。延安市北部没有集中连片的落叶阔叶林，只有少量的杨林、白桦林、杜梨林和山杏林，大面积荒山为草本灌丛。

2. *建坝规模潜力分析方法*

侵蚀控制建坝潜力分析是在对延安市不同侵蚀分区、不同侵蚀强度区典型小流域坝系配坝比和布坝密度调查分析的基础上，提出相应各区的配坝比和布坝密度，并依此进行延安市侵蚀控制建坝潜力分析。

通过综合调查延安市建有淤地坝的小流域，掌握各个小流域的坝系布设状况、淤积状况、运行状况、骨干坝与中小型坝的配坝比等基本情况。在延安市 13 个县(区)中选择了 20 条不同类型、不同侵蚀强度区的典型坝系，分析确定了不同侵蚀强度区的建坝密度、骨干坝与中小型坝的比例。延安市各典型小流域淤地坝调查及分析结果见表 15.47。

从表 15.47 中可以看出，剧烈侵蚀区的骨干坝布坝密度为 3.94～4.20km²/座，骨干及中小型淤地坝配坝比约为 1:3:8；极强度侵蚀区的骨干坝布坝密度为 4.86～5.31km²/座，骨干及中小型淤地坝配坝比约为 1:2:6；强度侵蚀丘陵区的骨干坝布坝密度为 6.43～7.32km²/座，骨干及中小型淤地坝配坝比约为 1:2:3；强度侵蚀高塬区的骨干坝布坝密度为 10.03～13.30km²/座，骨干及中小型淤地坝配坝比约为 1:2:4；中轻度侵蚀丘陵区的骨干坝布坝密度为 12.97～15.30km²/座，骨干及中小型淤地坝配坝比约为 1:2:3；中轻度侵蚀高塬区的骨干坝布坝密度为 15.80～22.15km²/座，骨干及中小型淤地坝配坝比约为 1:2:2。

根据不同侵蚀类型区可建骨干坝控制面积、各单坝技术指标及骨干坝与中小型坝的配置比例，由式(15.1)计算骨干坝与中小型坝的建设潜力：

$$N=\sum_{i=1\sim5}\left[\sum_{j=1\sim2}\left(\sum_{k=1\sim3}d_i a_j r_k\right)\right] \tag{15.1}$$

式中，N 为可建淤地坝潜力数量(座)；d_i 为第 i 个侵蚀强度分区的布坝密度(km²/座)，不同的侵蚀强度级取值各异；i 为侵蚀强度分区代码，其中 1 代表轻度侵蚀区，2 代表中度侵蚀区，3 代表强度侵蚀区，4 代表极强度侵蚀区，5 代表剧烈侵蚀区；

a_j为第 j 个侵蚀类型区的面积；j 为侵蚀类型区代码，其中 1 代表丘陵区，2 代表高塬区；r_k为第 k 种坝型的配置比例；k 为坝型序号，其中 1 代表骨干坝，2 代表中型坝，3 代表小型坝。

表 15.47　延安市典型小流域淤地坝布坝密度及坝系配置比调查

侵蚀类型区	地貌类型区	流域名称	县(区)	流域面积/km²	侵蚀模数/[t/(km²·a)]	骨干坝/座	骨干坝密度/(座/km²)	中型坝/座	小型坝/座	采用值	
										骨:中:小	布坝密度/(座/km²)
剧烈侵蚀区	丘陵区	沟　岔	子长	63.1	16 000	16	3.94	52	117	1：3：8	4.02
		官　庄	延川	83.0	15 000	21	3.95	67	166		
		疤家河	安塞	25.2	15 000	6	4.20	17	51		
		卧狼沟	吴旗	44.0	16 000	11	4.00	28	95		
极强侵蚀区	丘陵区	张家河	子长	53.7	14 600	11	4.88	23	63	1：2：6	5.02
		周　湾	吴旗	48.6	12 000	10	4.86	21	60		
		蒿岔峪	延川	37.2	10 000	7	5.31	15	40		
强度侵蚀区	丘陵区	郑　东	延长	36.6	7000	5	7.32	9	17	1：2：3	6.73
		杨砭沟	志丹	45.0	8000	7	6.43	15	22		
		武装沟	宝塔	51.6	8000	8	6.45	15	23		
	高塬区	范窑科	宜川	30.1	7000	3	10.03	6	13	1：2：4	11.69
		吉子现	富县	58.7	7000	5	11.74	11	19		
		雨　岔	甘泉	53.2	6000	4	13.30	7	16		
中轻度侵蚀区	丘陵区	寨子沟	甘泉	38.9	4500	3	12.97	7	9	1：2：3	14.86
		英　旺	宜川	32.6	4500	2	16.30	4	5		
		丁　庄	宝塔	61.2	5000	4	15.30	7	14		
	高塬区	枣子沟	洛川	47.4	3000	3	15.80	5	6	1：2：2	17.84
		大东沟	黄陵	44.3	3000	2	22.15	4	5		
		圪　台	黄龙	63.9	2500	4	15.98	8	9		
		任　台	富县	52.3	2500	3	17.43	5	6		

3. 可建淤地坝数量确定

延安市总土地面积为 36 712km²，其中水土流失面积为 28 773km²，多年平均土壤侵蚀模数为 9 800t/km²，沟壑密度为 4.87km/km²。理论上，水土流失区均可作为建坝区域。面积为 20 724km² 的丘陵区是延安市淤地坝建设重点区；面积为 8 049km² 的高塬沟壑区，侵蚀强度较轻，淤地坝数量不宜过多。根据不同侵蚀类型区、不同侵蚀强度区的骨干坝布坝密度和可建坝面积，采用式(15.7)计算可建淤地坝的数量。

根据计算得到的可建淤地坝的数量，依据不同侵蚀类型区的骨干坝与中小型坝的配置比例，可以计算出骨干坝、中、小型淤地坝的数量。

根据上述原则，计算得到延安市可建淤地坝总数为 40 377 座，其中，骨干坝 4 460 座、中型坝 10 449 座、小型坝 25 468 座。按地貌类型区划分，黄土丘陵沟壑区可建坝 37 661 座，其中，骨干坝 3 975 座、中型坝 9 512 座、小型坝 24 173 座；黄土高塬沟壑区可建坝数量较少，总数为 2 716 座，其中，骨干坝 485 座、中型坝 937 座、小型坝 1 295 座。延安市不同侵蚀类型区、不同侵蚀强度区的可建骨干坝、中型坝和小型坝的数量详见表 15.48。

由建坝潜力分析结果可知，延安市水土流失区可修建淤地坝总数为 40 377 座。根据陕西省延安市水利水保局的统计资料，截至 2010 年底，延安市已建淤地坝 11 998 座，因此延安市实际还可修建淤地坝数量为 28 379 座。

表 15.48　延安市不同地貌类型区可建淤地坝数量

地貌类型区	侵蚀强度	骨干坝/座	中型坝/座	小型坝/座	小计/座
黄土丘陵沟壑区	中轻度	86	172	259	517
	强　度	821	1 560	2 545	4 926
	极强度	1 583	3 325	9 340	14 248
	剧　烈	1 485	4 455	12 029	17 970
黄土高塬沟壑区	中轻度	65	130	259	454
	强　度	405	769	931	2 105
	极强度	8	17	49	74
	剧　烈	7	21	56	83
合计		4 460	10 449	25 468	40 377

4. 减沙需求建坝规模分析

根据延安市水土保持生态环境建设总体规划目标要求提出的减沙目标：到 2020 年，减少入黄泥沙量约占延安市年侵蚀总量的 65%。依据土壤侵蚀量与输沙量的关系，估算实现减沙目标所需要的淤地坝建设规模。

1) 分区减蚀量的确定

根据多年平均侵蚀模数和侵蚀面积计算出多年平均土壤侵蚀量。延安市水土流失面积为 28 773km^2，多年平均侵蚀模数为 9 800t/km^2，则多年平均年侵蚀总量为 2.82 亿 t。其中，黄土丘陵沟壑区面积为 20 724km^2，多年平均土壤侵蚀模数为 12 300t/km^2，则多年平均年土壤侵蚀总量为 2.55 亿 t；黄土高塬沟壑区面积为 8 049km^2，多年平均土壤侵蚀模数为 3 363t/km^2，则多年平均土壤侵蚀总量为 0.27 亿 t。

根据延安市多年平均入黄泥沙量占多年平均年侵蚀总量的比例，推算得出延安市泥沙输移比为 0.91，因此，要实现减少入黄泥沙 1.67 亿 t，则需减少侵蚀量 1.83 亿 t。为实现这个要求，按照延安市不同水土流失区的土壤侵蚀特点和建坝条件，确定不同侵蚀强度区域的减蚀率如下：中轻度侵蚀区减蚀率为 15%；强度侵蚀区减蚀率为 35%；极强度侵蚀区减蚀率为 75%；剧烈侵蚀区减蚀率为 80%。

根据上述确定的指标，计算得到延安市不同侵蚀强度区的规划减沙量结果，见表 15.49。

表 15.49　延安市不同侵蚀强度区规划年减蚀量分配表

项目	地貌类型区	轻度侵蚀	中度侵蚀	强度侵蚀	极强度侵蚀	剧烈侵蚀
年侵蚀量/万 t	黄土丘陵沟壑区	112.88	313.18	4 147.70	10 555.30	10 342.46
	黄土高塬沟壑区	757.73	1 504.16	568.89	55.01	47.94
	合计	870.61	1 817.34	4 716.59	10 610.31	10 390.40
年减蚀量/万 t	黄土丘陵沟壑区	16.93	46.98	1 451.70	7 916.48	8 273.97
	黄土高塬沟壑区	113.66	225.62	199.11	41.26	38.35
	合计	130.59	272.60	1 650.81	7 957.74	8 312.32

根据不同侵蚀强度及其相应的侵蚀面积，计算得到延安市不同侵蚀区所需减少的侵蚀量，由此得出黄土丘陵沟壑区年均需减少入黄泥沙 1.61 亿 t，需减少侵蚀泥沙 1.77 亿 t；黄土高塬沟壑区年均需减少入黄泥沙 0.06 亿 t，需减少侵蚀泥沙 0.07 亿 t。

2) 拦泥库容的确定

根据典型小流域淤地坝建设现状调查和长期实践经验，延安市黄土丘陵沟壑区骨干坝单坝拦泥库容约为 5863 万 m^3，中型坝单坝拦泥库容约为 2527 万 m^3，小型坝单坝拦泥库容约为 4 万 m^3；黄土高塬沟壑区骨干坝单坝拦泥库容约为 4853 万 m^3，中型坝单坝拦泥库容约为 2022 万 m^3，小型坝单坝拦泥库容约为 3 万 m^3。延安市骨干坝、中小型坝库容、拦沙库容的调查值和实际采用值见表 15.50。

3) 减沙需求建坝数量确定

根据表 15.47 中计算得出的坝系配置比和布坝密度及表 15.50 中计算得出的骨干坝、中型坝和小型坝的拦沙库容，再根据淤地坝设计拦沙年限(30 年)内可拦沙总量，可以计算得到延安市不同类型、不同侵蚀强度区所需配置的骨干坝、中型坝和小型坝的数量，计算结果见表 15.51。

表 15.50　延安市已建典型淤地坝主要技术指标

地貌类型区	坝型	县(区)名称	水系	总库容/万 m³		拦泥库容/万 m³	
				实际值	采用值	实际值	采用值
黄土丘陵沟壑区	骨干坝	延川	清涧河	104.0	100.0	63.0	60.0
		吴旗	北洛河	98.0		58.8	
		宝塔	延　河	98.0		62.4	
	中型坝	子长	清涧河	44.0	40.0	26.5	27.0
		子长	无定河	39.0		27.0	
		宝塔	延　河	36.0		25.0	
	小型坝	吴旗	北洛河	7.0	8.0	4.0	4.0
		延长	延　河	8.0		4.0	
黄土高塬沟壑区	骨干坝	洛川	北洛河	87.0	95.0	52.7	50.0
		富县	北洛河	97.0		48.4	
	中型坝	宜川	仕望河	38.0	35.0	22.0	20.0
		富县	北洛河	34.9		20.4	
		甘泉	北洛河	9.0		3.5	
	小型坝	富县	北洛河	8.0	9.0	3.2	3.0

从表 15.51 中可以看出，如果要达到减沙目标，延安市共需新建骨干坝 2 847 座，其中，黄土丘陵沟壑区、黄土高塬沟壑区分别需要新建骨干坝 2 705 座和 142 座；延安市共需新建淤地坝 27 705 座，其中，骨干坝 2 847 座、中型坝 6 804 座、小型坝 18 054 座。

表 15. 51　延安市不同地貌类型区淤地坝建设规模统计　　(单位：座)

地貌类型分区	坝型	轻度侵蚀区	中度侵蚀区	强度侵蚀区	极强度侵蚀区	剧烈侵蚀区	合计
黄土丘陵沟壑区	骨干坝	3	9	266	13 245	1 103	2 705
	中型坝	6	17	532	2 648	3 311	6 514
	小型坝	10	26	7 975	7 942	8 830	17 605
	小计	19	52	8 773	23 835	13 244	26 824
黄土高塬沟壑区	骨干坝	27	54	45	9	7	142
	中型坝	55	108	89	18	20	290
	小型坝	55	109	181	52	52	449
	小计	137	271	315	79	79	881
合计		156	323	9 088	23 914	13 323	27 705

5. 延安市拟建淤地坝规模确定

综上所述，从控制侵蚀角度来看，延安市还可修建淤地坝 28 379 座；从减沙需求来看，延安市还需建淤地坝 27 705 座。在考虑不同侵蚀强度分区的地形地貌、人口分布特点、建坝条件、建坝现状、坝系布局及病险淤地坝改建和加固等因素的基础上，结合当地农村产业结构调整、退耕还林还草和农业可持续发展的要求及延安市的减沙需求，分析计算得到延安市拟建淤地坝总规模为 27 705 座，其中骨干坝 2 847 座、中型坝 6 804 座、小型坝 18 054 座。

第16章　结　论

1. 完善了基于淤积信息的泥沙来源识别技术

建立了淤地坝淤积旋回与淤积信息的对应序列关系，基于放射性元素示踪技术，发展了多元素复合指纹信息反演侵蚀历史技术，分析了流域泥沙来源变化，表明随着淤地坝淤积的发展，沟道侵蚀产沙逐渐降低；阐明了淤地坝减轻沟道侵蚀的作用机理，表明淤地坝通过减轻沟道侵蚀降低流域侵蚀；揭示了不同淤积阶段淤地坝治理流域侵蚀产沙强度的变化趋势，表明通过坡面–流域综合治理，流域侵蚀得到有效治理和控制。

2. 解析了流域坝系的级联物理模式及其相互作用

以串联、并联、混联等为基本级联方式，对黄土高原典型小流域的级联物理模式和单元级联控制关系进行了解析，结合流域坝系在不同级别沟道的分级分布情况，分析了淤地坝库容的分级分布特征，阐明了淤地坝坝系单元的分级、分层拦沙关系。

以典型小流域为例，调查了流域淤地坝坝系的淤积现状，分析了淤地坝不同级别沟道的淤积特征，阐明了坝系布局整体的级联调控作用；并结合典型暴雨事件，对流域坝系的级联作用进行了分析验证和评价。

3. 阐明了坝系对流域泥沙输移–沉积特征的调控作用

坝地土壤质地以粉砂壤土为主。坝地土壤粉粒含量占主导地位，砂粒含量次之，黏粒含量最少，平均值分别为63.22%、29.94%、6.84%，都具有中等变异性。王茂沟坝地土壤质地粗化度为0.27～0.58，平均值为0.44，坝前(0.40)<坝后(0.45)<坝中(0.46)，即颗粒组成从上游到下游有一个逐渐由粗变细的趋势。

4. 阐明了基于安全稳定的流域淤地坝坝系配置模式

坝系的防洪标准高低主要由控制性坝的蓄洪标准决定；并联模式可以有效提高淤地坝系的防洪能力；对于串联坝系来说，上游坝的配置数量、库容和布局提高了坝系的整体防洪标准，即在依靠串联坝系分段分层拦蓄洪水的级联效应达到提高坝系防洪能力的目的。

坝系防洪安全控制的方法，就是通过合理确定坝系建设不同时期坝库的布设数量、位置、建坝顺序与间隔时间，使坝系实际动态拦洪能力始终能够达到或接近坝系设计频率暴雨洪水，实现对暴雨洪水的均衡分配，从而保证各个形成时期坝系的整体防洪安全，降低坝系形成过程中的水毁风险。

5. 提出了分区坝系建设的条件与布局

从淤地坝排水排沙、拦水拦沙及流域的来水来沙等角度分析了淤地坝安全的影响因素；揭示了不同地貌单元的水动力特征，在此基础上，分区阐明了黄土区、砒砂岩地区和盖沙区自然、社会条件与拦水拦沙需求、淤地坝建设需求之间的耦合关系，从坝系布局、配置方式和实施时序等方面提出了不同地貌单元水土资源优化调控的模式。

6. 提出了基于防洪安全稳定的坝系布局与配置模式

小流域坝系的布局是以水沙淤积相对平衡为目标，最终实现流域内天然降水资源的充分、合理利用，具有整体性、层次性和关联性。

(1) 确定黄土丘陵沟壑区布坝密度一般为 0.4～3 座/km^2。其中，陕北地区一般为 1～3 座/km^2，晋西地区一般为 0.6～2.7 座/km^2，内蒙古中西部地区一般为 0.5 座/km^2，豫西地区一般为 0.5 座/km^2，陇东地区一般为 0.4 座/km^2。

(2) 确定了先支毛沟后干沟、先干沟后支毛沟和沟分段，支毛沟划片，段片分治小流域坝系建设的三种顺序模式。

(3) 提出了优化坝系配置方案。

按照不同疏密沟道的坝系配置。当流域内各级沟道均稀少时，坝系配置简单，大中型淤地坝所占比例相对较高；各级沟道均稠密时，坝系结构复杂，中小型坝所占比例相对较大。

按照不同沟道面积的坝系配置。Ⅰ级沟道和Ⅱ级沟道以中小型坝为主，Ⅲ级沟道可建骨干坝形成坝系单元，Ⅳ级沟道可梯级布设骨干坝。

按照不同沟道形状的坝系配置。“V”形沟道狭窄，一般适合配置中、小型坝，工程数量较多，布坝密度为 3～5 座/km^2；“U”形沟道宽阔，一般配置大、中型坝，布坝密度为 2～4 座/km^2。

按照坝系的功能目标配置。在陕北和晋西等地，骨干坝与中、小型淤地坝的配置比例为 1∶(2～3)∶(4～6)，典型小流域坝系调查分析表明，骨干工程与中小型淤地坝的比例一般为 1∶(1～9)，其中，陕北地区一般为 1∶9 左右，晋西地区一般为 1∶7，内蒙古南部地区一般为 1∶2 左右，陇东地区一般为 1∶1 左右，豫西地区一般为 1∶4 左右。在坝系布设中，不宜教条地追求中小型淤地坝的配置比例，而应从有效控制小流域洪水泥沙、实现小流域水土资源的可持续开发利用出发，结合当地群众发展生产、方便生活的需要适当配置中小型淤地坝。

(4) 提高坡面治理度。在沟道工程建设同时，在坡面也应布设水土保持林草及坡面工程措施，加强流域水土保持综合治理，由坡到沟形成完整的水土保持综合防护体系，实现沟坡兼治。

7. 调查了黄土高原淤地坝水损特征，确定了影响淤地坝坝系安全的主要因素

通过文献资料收集，结合现场勘察调研，以典型流域坝系为单元，对淤地坝坝系受损、水毁等情况进行了系统梳理总结。

分析了区域淤地坝坝系安全现状、病险类型，明确了连锁垮坝、清基不彻底、放水建筑物施工质量差、溢洪道与坝体结合不紧密、“漫顶”垮坝、溢洪道下切和坝坝体冲沟等是造成淤地坝坝系发生水毁的主要形式。

总结了不同历史时期淤地坝坝系发生溃坝的原因。在环境变化情势下，极端暴雨频发，需要进一步深化淤地坝坝系规划设计理论，提高淤地坝坝系的防洪标准；同时需要从完善淤地坝坝系配套设施、提高流域综合治理程度、强化管理等途径提高淤地坝坝系的抗风险能力。

8. 揭示了淤地坝坝系水损与水毁机理

从洪水漫顶、滑坡失稳、渗透变形等角度实现了淤地坝坝系溃坝模拟，揭示了淤地坝坝系受损与水毁机理。

通过模拟实验确定了淤地坝放水建筑物空蚀空化是导致放水建筑物破坏，进而引起坝体溃决的重要因素之一。

实现了坝体稳定性的数值模拟，表明坝体受损导致发生渗流条件发生变化是导致坝体失稳的又一重要因素。

结合 2012 年“7 · 15”典型暴雨洪水验证，实现了考虑土壤侵蚀与泥沙输移的坝系流域洪水过程模拟，表明泥沙输移沉积导致滞洪库容降低是发生漫顶溃坝的主要原因。

通过连锁溃坝模拟发现，在缺少有效放水设施和溢洪道的条件下，多级串联淤地坝易发生连锁溃决，溃决洪水多级遭遇放大了洪水风险。

9. 构建了淤地坝洪灾风险评价指标体系

在淤地坝坝系布局评价的基础上，考虑侵蚀环境变化对来水来沙情势的影响，系统分析了流域淤地坝单坝、坝系单元及坝系整体稳定系数的空间分布特征，建立了涉及洪灾风险、管理风险和经济风险三方面 9 个因子作为评价的指标体系，并以此对流域坝系的防洪风险进行了评价。结果表明，王茂沟流域中小型淤地坝的坝系单元的防洪风险值较高；流域骨干坝建设标准高，滞洪库容和总库容均较大，且管理到位，坝系布局相对合理，稳定性较高，所以防洪风险较低。

10. 提出了未来黄土高原淤地坝建设的适宜规模

考虑不同侵蚀强度分区中地形地貌、人口及耕地分布特点、建坝条件、现状淤地坝等因素，结合当地农村产业结构调整、退耕还林还草和农业可持续发展的要求

及旧坝改建，确定建设淤地坝 16.3 万座，其中，骨干坝 3.0 万座、中小型淤地坝 13.3 万座。

以延安市为典型区域，确定延安市拟建淤地坝总规模为 27 705 座，其中骨干坝 2 847 座、中型坝 6 804 座、小型坝 18 054 座。

参考文献

蔡强国，吴淑安，马绍嘉，1993. 羊道沟流域侵蚀产沙垂直分带性的定量研究[A].中国地理学会地貌与第四纪专业委员会.地貌过程与环境[M]. 北京：地震出版社：72-79.

曹文洪，胡海华，吉祖稳，2007. 黄土高原地区淤地坝坝系相对稳定研究[J]. 水利学报，38(5)：606-610，617.

长江流域规划办公室，1976. 第十一届国际大坝会议译文选集[C]. 北京：水利电力出版社：38-49.

常文哲，许小梅，刘海燕，2006. 对城西川流域坝系建设规模及工程布局的探讨[J]. 水土保持研究，13(1)：204-205.

陈广宏，2005. 宁夏淤地坝建设的成效与经验[J]. 中国水土保持，(4): 36-37.

陈建军，2010. 由暴雨资料计算小流域设计洪水[J]. 黑龙江科技信息，(19) : 285.

陈晓梅，杨惠淑，2007. 淤地坝的历史沿革[J]. 河南水利与南水北调，(1)：65-66.

陈永宗，景可，蔡强国，1988. 黄土高原现代侵蚀与治理[M]. 北京：科学出版社.

陈宗学，1984. 黄河中游黄土丘陵区的沟谷类型[J]. 地理科学，4(4)：321-327.

戴荣，王正发，2012. 资料匮乏地区中小流域设计洪水计算方法的研究[J]. 西北水电，(2) : 1-5.

段菊卿，王逸冰，2003. 黄土高原地区淤地坝防洪安全分析[J]. 中国水利，(17): 46-47.

段喜明，王治国，1998. 小流域淤地坝坝系分布设计方案的优化研究[J]. 山西农业大学学报，19(4)：326-329，369.

范瑞瑜，2004. 黄土高原坝系生态工程[M]. 郑州：黄河水利出版社.

方学敏，1995. 坝系相对稳定的条件和标准[J]. 中国水土保持，(11): 29-32，60.

方学敏，万兆惠，匡尚富，1998. 黄河中游淤地坝拦沙机理及作用[J]. 水利学报，(10): 46-49.

方学敏，曾茂林，左仲国，1993. 黄河中游沟道流域淤地坝坝系拦沙作用分析——以王茂沟流域为例[J]. 水土保持通报，13(3): 24-28.

方正山，1957. 黄河中游黄土高原的暴雨与渗透的初步分析[J]. 黄河建设，(10)：38-52.

高海东，李占斌，李鹏，等，2016. 黄土高原多尺度土壤侵蚀与水土保持研究[M]. 北京：科学出版社：71-76.

高季章，曹文洪，汪小刚，2003. 新时期淤地坝规划设计中的若干技术问题探讨[J]. 中国水利水电科学研究院学报，1(1): 9-16.

高照良，杨世伟，1999. 黄土高原地区淤地坝存在问题分析[J]. 水土保持通报，19(6): 16-19.

郭忠升，2009. 黄土高原半干旱区水土保持植被恢复限度——以人工柠条林为例[J]. 中国水土保持学报，7(4)：49-54.

贺玉邦，1993. 陕北淤地坝的现状及其发展前景[J]. 中国水土保持，(1): 25-28，66.

侯建才，2007. 黄土丘陵沟壑区小流域侵蚀产沙特征示踪研究[D]. 西安：西安理工大学.

侯喜禄，邹厚远，1987. 安塞县水土保持实验区植被及减沙效益调查研究[J]. 泥沙研究，(4)：108-112.

胡建军，秦向阳，王逸冰，等，2002. 韭园沟流域相对稳定坝系防洪标准研究[J]. 人民黄河，24(9): 22-23.

黄河上中游管理局，2004. 淤地坝规划[M]. 北京：中国计划出版社.

黄河水利委员会水土保持局，2003. 黄河流域小流域坝系建设实践与探索[M]. 郑州：黄河水利出版社.

黄河水利委员会水土保持局，黄河上中游管理局，1996. 人民治黄五十年水土保持效益分析[R]. 西安：黄河上中游管理局.

黄自强，2003. 黄土高原沟道坝系布局论证若干问题的解决方法[J]. 中国水土保持，(9): 5-7.

加生荣，1992. 黄丘一区径流泥沙来源研究[J]. 中国水土保持，(1)：24-27.

江忠善，李秀英，1988. 黄土高原土壤流失预报方程中降雨侵蚀力和地形因子的研究[J]. 中国科学院西北水土保持研究所集刊，(7): 40-45.

江忠善，王志强，刘志，1996. 黄土丘陵区小流域土壤侵蚀空间变化定量研究[J]. 土壤侵蚀与水土保持学报，2(1): 1-9.

姜彪，2010. 基于洪水数值模拟的堤防安全评价与对策研究[D]. 大连：大连理工大学.

蒋德麒，1978. 黄河中游丘陵沟壑区沟道小流域的水土流失及治理[J]. 中国科学, 11(6): 671-678.

蒋德麒，赵诚信，陈章霖，1966. 黄河中游小流域径流泥沙来源初步分析[J]. 地理学报，32(1)：20-36.

蒋耿民，李援农，魏小抗，等，2010. 淤地坝坝系布设方案的模糊综合评判[J]. 干旱地区农业研究，28(2): 150-154.

焦菊英，王万忠，李靖，2000. 黄土高原林草水土保持有效盖度分析[J]. 植物生态学报，24(5)：608-612.

焦菊英，王万忠，李靖，2001. 黄土高原丘陵沟壑区淤地坝的减水减沙效益分析[J]. 干旱区资源与环境，15(1): 78-83.

景可，王万忠，郑粉莉，2005. 中国土壤侵蚀环境效应[M]. 北京: 科学出版社.

李昌志，刘兴年，曹叔尤，等，2001. 前期降雨与不同沙源条件小流域产沙关系的对比研究[J]. 水土保持学报，15(6): 36-39.

李健，高崇云，李国平，等，1996. 黄土丘陵区坡面水土流失规律研究[J]. 干旱区资源与环境，10(1): 71-76.

李靖，张金柱，王晓，2003. 20 世纪 70 年代淤地坝水毁灾害原因分析[J]. 中国水利，(17): 55-56.

李靖，郑新民，1995. 淤地坝拦泥减蚀机理和减沙效益分析[J]. 水土保持通报，15(2): 33-37.

李敏，2005. 淤地坝安全与稳定的理论与实践[J]. 人民黄河，27(11): 72-73.

李少龙，1995. 小流域泥沙来源的 ^{226}Ra 分析法[J]. 山地研究，13(3)：199-202.

李世武，常战怀，寇俊峰，等，1994. 淤地坝在陕北经济建设中的地位和作用[J]. 中国水土保持，(11): 26-28.

李仪祉，1988. 李仪祉水利论著选集[M]. 北京：水利电力出版社.

李占斌，1996. 黄土地区小流域次暴雨侵蚀产沙研究[J]. 西安理工大学学报，12(3): 177-183.

李占斌，符素华，靳顶，1997. 流域降雨侵蚀产沙过程水沙传递关系研究[J]. 土壤侵蚀与水土保持学报，3(4): 44-49.

李占斌，符素华，鲁克新，2001. 秃尾河流域暴雨洪水产沙特性的研究[J]. 水土保持学报，15(2): 88-91.

李智录，万临生，严秉良，等，1991. 小流域治沟骨干工程坝系优化规划的研究[J]. 水土保持学报，5(4): 45-52.

蔺明华，程益民，2005. 黄土高原淤地坝建设中存在的问题与对策[J]. 中国水利，(18): 39-40.

蔺明华，王志意，段文中，2003. 淤地坝研究的回顾与展望[J]. 中国水利，(17): 62-64.

蔺明华，朱明绪，白风林，等，1995. 小流域坝系优化规划模型及其应用[J]. 人民黄河，(11):29-33,

62.
刘保红，王志益，2003. 窟野河流域沟道坝系建设布局及前景分析[J]. 中国水利，(8): 30-32.
刘尔铭，1982. 黄河中游降水特性初步分析[J]. 水土保持通报，(1)：31-34，5.
刘卉芳，曹文洪，王向东，等，2011. 基于混沌神经网络的流域坝系稳定性分析[J]. 水土保持通报，31(3)：131-135.
刘冀，王本德，2009. 基于组合权重的模糊可变模型及在防洪风险评价中应用[J]. 大连理工大学学报，49(2): 272-275.
刘利年，梁小卫，2002. 关于淤地坝规划中效益评价的探讨[J]. 水利发展研究，2(4): 15-16.
刘勇，贾西安，杜守君，1992. 南小河沟流域治沟骨干工程的固沟保土作用[J]. 中国水土保持，(12)：42-44.
刘正杰，2003. 黄土高原淤地坝建设现状及其发展对策[J]. 中国水土保持，(4): 1-3.
柳长顺，齐实，史明昌，2001. 土地利用变化与土壤侵蚀关系的研究进展[J]. 水土保持学报，15(5): 10-13.
罗来兴，祁延年，1955. 陕北无定河、清涧河黄土区域的侵蚀地形与侵蚀量[J]. 地理学报，21(1)：35-44.
马宁，2011. 陕北大、中型淤地坝现状调查与分析[D]. 杨凌：西北农林科技大学.
孟庆枚，1996. 黄土高原水土保持[M]. 郑州：黄河水利出版社.
穆兴民，徐学选，陈霖巍，等，2001. 黄土高原生态水文研究[M]. 北京：中国林业出版社.
聂兴山，郭文元，卫元太，1994. 晋西坝地土壤入渗特性浅析[J]. 中国水土保持，(4)：20-24.
秦鸿儒，贾树年，付明胜，2004. 黄土高原小流域坝系建设研究[J]. 人民黄河，26(1): 33-36.
秦向阳，郑新民，1994. 小流域治沟骨干坝系优化规划模型研究[J]. 中国水土保持，(1): 18-22，62.
邱杨，傅伯杰，王军，等，2002. 黄土丘陵小流域土壤物理性质的空间变异[J]. 地理学报，57(5): 587-594.
冉大川，李占斌，申震洲，等，2010. 泾河流域淤地坝拦沙对降雨的响应分析[J]. 西安理工大学学报，26(3): 249-254.
冉大川，罗全华，刘斌，等，2003. 黄河中游地区淤地坝减洪减沙作用研究[J]. 中国水利，(17): 67-69.
陕西省水保局，1995.　1994 年陕北地区淤地坝水毁情况调查[J]. 人民黄河，(1): 15-18，61.
陕西水土保持勘测规划研究所，1989. 陕西水土保持治沟骨干工程技术手册[Z].
尚康乾，1990. 关于水土保持治沟骨干工程几个问题的探讨[J]. 中国水土保持，(3): 12-14.
石观海，贾绪平，2004. 甘肃省淤地坝建设实践及发展前景[J]. 中国水土保持，(1): 11-15.
石辉，田均良，刘普灵，等，1997. 小流域泥沙来源的 REE 示踪研究[J]. 中国科学(E)，40(1): 12-20.
史学建，2009. 小流域坝系相对稳定研究[M]. 北京：黄河水利出版社.
史学建，彭红，2005. 从地貌演化谈黄土高原淤地坝建设[J]. 中国水土保持，(8): 28-29.
史学建，张彦军，陈江南，等，2006. 黄土高原小流域坝系建设存在的问题及建议[J]. 中国水土保持，(11): 44-45.
唐克丽，2004. 黄河流域的侵蚀与径流泥沙变化[M]. 郑州：黄河水利出版社.
唐克丽，陈永宗，1990. 黄土高原地区土壤侵蚀区域特征及其治理途径[M]. 北京：中国科学技术出版社.
唐克丽，熊贵枢，梁季阳，等，1993. 黄河流域的侵蚀与径流泥沙变化[M]. 北京：中国科学技术出版社.
田永宏，2005. 韭园沟示范区小流域坝系布局分析[J]. 中国水土保持，(9): 21-22.
宛士春，刘连新，1995. 非线性规划在坝系优化规划中的应用[J]. 武汉水利电力大学学报，28(3):

260-266.

万国江，1995. ^{137}Cs 及 ^{210}P$_{bex}$ 方法湖泊沉积研究新进展[J]. 地球科学进展，10(2): 188-192.

汪阳春，张信宝，李少龙，等，1991. 黄土峁坡侵蚀的 ^{137}Cs 法研究[J]. 水土保持通报，11(3)：34-37.

王国梁，周生路，赵其国，2005. 土壤颗粒的体积分形维数及其在土地利用中的应用[J]. 土壤学报，42(4)：545-550.

王宏伟，余建星，谢忠伟，2009. 基于模糊随机理论的桥梁防洪风险概率分析[J]. 自然灾害学报，18(3): 60-64.

王礼先，朱金兆，2005. 水土保持学[M]. 北京：中国林业出版社.

王万忠，1983. 黄土地区降雨特性与土壤流失关系的研究[J]. 水土保持通报，(4): 7-13, 65.

王万忠，1984. 黄土地区降雨特性与土壤流失关系的研究Ⅲ——关于侵蚀性降雨的标准问题[J]. 水土保持通报，(2)：58-63.

王万忠，焦菊英，1996. 中国土壤侵蚀因子定量评价研究[J]. 水土保持通报，16(5)：1-20.

王万忠，焦菊英，2002. 黄土高原水土保持减沙效益预测[M]. 郑州：黄河水利出版社.

王兴奎，徐世涛，李丹勋，等，2001. 黄土丘陵沟壑区降雨产流产沙特性及治理模式[J]. 清华大学学报(自然科学版)，41(8): 107-109.

王英顺，马红，2003. 坝系相对稳定系数的研究与应用[J]. 中国水利，(9): 57-58.

王英顺，田安民，2005. 黄土高原地区淤地坝试点建设成就与经验[J]. 中国水土保持，(12): 44-46.

王允升，王英顺，1995. 黄河中游地区 1994 年暴雨洪水淤地坝水毁情况和拦淤作用调查[J]. 中国水土保持，(8): 23-26，62.

魏天兴，2002. 黄土区小流域侵蚀泥沙来源与植被防止侵蚀作用研究[J]. 北京林业大学学报，24(5): 19-24.

魏霞，2008. 黄土高原坡沟系统侵蚀产沙动力过程与调控研究[D]. 西安：西安理工大学.

魏霞，李占斌，武金慧，等，2007. 淤地坝水毁灾害研究中的几个观念问题讨论[J]. 水土保持研究，14(6)：154-156，159.

温建伟，张建军，牛全生，1996. 从防洪保收角度设计骨干淤地坝的探讨[J]. 中国水土保持，(2): 16-20.

文安邦，张信宝，1998. 黄土丘陵区小流域泥沙来源及其动态变化的 ^{137}Cs 法研究[J]. 土壤学报，53(增刊)：124-133.

文安邦，张信宝，王玉宽，等，2000. 长江上游云贵高原区泥沙来源的 ^{137}Cs 法研究[J]. 水土保持学报，14(2): 25-27.

武永昌，1992. 淤地坝拦泥库容的动态经济分析及最佳值计算[J]. 水土保持学报，6(4): 49-53.

武永昌，1994. 变区间线性化方法及淤地坝系库容、建坝时序的同步优化[J]. 水土保持学报，8(4): 60-65，90.

武永昌，范钦武，1992. 淤地坝系的最佳建筑顺序及间隔时间计算[J]. 水土保持学报，6(1): 84-95.

席承藩，程云生，黄直立，1953. 陕北绥德韭园沟土壤侵蚀情况及水土保持方法[J]. 土壤学报，2(3)：148-166.

肖培青，姚文艺，史学建，2003. 淤地坝建设回顾及其物理比尺模型研究展望[J]. 水土保持研究，10(4): 316-319.

谢任之，1982. 溃坝坝址流量计算[J]. 水利水运科学研究，(1)：43-58.

谢银昌，2012. Excel 函数在小流域洪水计算中的应用[J]. 电力勘测设计，(3)：30-33.

谢云，刘宝元，章文波，2000. 侵蚀性降雨标准研究[J]. 水土保持学报，14(4): 6-11.
辛全才，沙际德，朱林，1995. 淤地坝坝地经济效益预测[J]. 水土保持学报，9(2): 45-50.
薛顺康，王答相，2004. 淤地坝系试点示范建设浅见[J]. 水土保持通报，24(6): 99-102.
杨明义，田军良，刘普灵，1999. 应用 ^{137}Cs 研究小流域泥沙来源[J]. 土壤侵蚀与水土保持学报，5(3): 49-53.
杨培岭，罗远培，石元春，1993. 用粒径的重量分布表征的土壤分形特征[J]. 科学通报，38(20): 1896-1899.
杨玉盛，1998. 杉木林可持续经营研究[M]. 北京: 中国林业出版社.
姚文艺，徐建华，冉大川，等，2012. 黄河流域水沙变化情势分析与评价[M]. 郑州：黄河水利出版社.
于兴修，杨桂山，王瑶，2004. 土地利用/覆被变化的环境效应研究进展与动向[J]. 地理科学，24(5): 627-631.
曾茂林，方学敏，康玲玲，等，1995. 沟道坝系发展相对稳定是完全可能的[J]. 人民黄河，(4):18-21, 61,62.
曾茂林，康玲玲，朱小勇，1997. 黄河中游淤地坝坝系相对稳定研究[J]. 人民黄河，(2): 29-33.
曾茂林，朱小勇，1999. 水土流失区淤地坝的拦泥减蚀作用及发展前景[J]. 水土保持研究，6(2): 126-133.
张光辉，梁一民，1996. 论有效植被盖度[J]. 中国水土保持，(5)：28,46,62.
张汉雄，王万忠，1982. 黄土高原的暴雨特性及分布规律[J]. 水土保持通报，2(1): 35-44.
张健，2004. 临汾市淤地坝建设实践与经验[J]. 中国水土保持，(04): 25-29.
张金慧，徐立青，2003. 韭园沟流域坝系效益分析[J]. 人民黄河，25(11): 37-43.
张明，2005. 山西省淤地坝建设探讨[J]. 山西水利，(4):12-13.
张平仓，唐克丽，郑粉丽，等，1990. 皇甫川流域泥沙来源及其数量分析[J]. 水土保持学报，4(4): 29-36.
张效武，1999. 特小流域暴雨洪水计算方法研究[D]. 合肥：合肥工业大学.
张信宝，贺秀斌，文安邦，等，2004. 川中丘陵区小流域泥沙来源地 ^{137}Cs 和 ^{210}Pb 双同位素法研究[J]. 科学通报，49(15):1537-1541.
张信宝，李少龙，王成华，等，1988. ^{137}Cs 法测算梁峁坡农耕地土壤侵蚀量的初探[J]. 水土保持通报，8(5): 18-22.
张岩，刘宝元，史培军，等，2001. 黄土高原土壤侵蚀作物覆盖因子计算[J]. 生态学报，21(7)：1050-1056.
张勇，2007. 淤地坝在陕北黄土高原综合治理中地位和作用研究[D]. 杨凌：西北农林科技大学.
郑宝明，2003. 多沙粗沙区淤地坝建设研究[J]. 人民黄河，25(7): 33-34.
郑宝明，2003. 黄土丘陵沟壑区淤地坝建设效益与存在问题[J]. 水土保持通报，23(6): 32-35.
郑宝明，田永宏，王煜，等，2004. 黄土丘陵沟壑区第一副区小流域坝系建设理论与实践[M].郑州：黄河水利出版社.
郑宝明，王晓，田永宏，等，2003. 淤地坝试验研究与实践[M]. 郑州: 黄河水利出版社.
郑新民，1988. 黄河中游地区中小河流坝库群的整体效益[J]. 人民黄河，(6): 43-46.
郑新民，2003. 黄土高原沟壑坝系建设有关问题探讨[J]. 中国水利，(9): 19-22.
郑新民，赵光耀，田杏芳，等，2008. 黄河中游组泥沙集中来源区治理方向研究[M]. 郑州：黄河水利出版社.
中华人民共和国水利部，2003. 水土保持治沟骨干工程技术规范[M]. 北京:中国水利水电出版社.
周佩华，王占礼，1987. 黄土高原土壤侵蚀暴雨标准[J]. 水土保持通报，7(1): 38-44.

朱小勇，雷元静，刘立斌，1997. 对坝系相对稳定几个重要问题的认识[J]. 中国水土保持，(7): 53-56.

庄作权，1995. 利用放射化学及地球化学方法追踪德基水库集水区之泥沙来源[J]. 水土保持研究，2(3): 2-7.

邹亚荣，张增祥，周全斌，等，2002. 基于 GIS 的土壤侵蚀与土地利用关系分析[J]. 水土保持研究，9(1): 67-69.

BOIX-FAYOS C, BARBERÁ G G, LÓPEZ-BERMÚDEZ F, et al, 2007. Effects of check dams, reforestation and land-use change on river channel morphology: case study of the Rogativa catchment(Murcia, Spain)[J]. Geomorphology,91(1-2):103-123.

CAROLINA B F, BARBERÁ G G, LÓPEZ BERMÚDEZ F, et al, 2007. Effects of check dams, reforestation and land-use changes on river channel morphology: Case study of the Rogativa catchment (Murcia, Spain) [J]. Geomorphology, 91(1): 103-123.

DUPONT E, DEWALS B, ARCHAMBEAU P, et al, 2007. Experimental and numerical study of the breaching of an embankment Dam[C]. Proceeding of the 32nd Congress of IAHR Venice, IAHR, Madrid, 178(1): 1-10.

ELWELL H A, STOCKING M A, 1975. Parameters for estimating annual runoff and soil loss from agricultural lands in Rhodesia[J]. Water Resources Research, 11(4): 601-605.

FRERE M H, ROBERTS H, 1963. The loss of strontium-90 from small cultivated watersheds [J]. Soil Sci.Soc. Am.Proc., 27: 82-83.

FU B J, CHEN L D, MA K M, et al, 2000. The relationships between land use and soil conditions in the hilly area of the Loess Plateau in northern Shannxi, China[J]. Catena, 39(1):69-78.

GRIFFITHS D V, LANE P A, 1999. Slope stability analysis by finite element[J]. Geotechnique, 49(3): 387-403.

HANSON G J, COOK K R, TEMPLE D M, 2002. Research Results of Large-Scale Embankment Overtopping Breach Tests[C]. Tampa: Proceedings of the Association of State Dam Safety Officials annual conference.

JEON J, LEE J, SHIN D, et al, 2009. Development of dam safety management system[J]. Advances in Engineering Software, 40 (8): 554-563.

LENZI M, COMITI F, 2002. Stream bed stabilization using boulder check dams that mimic step-pool morphology features in Northern Italy[J]. Geomorphology, 45 (3-4): 243-260.

LIANG G, 2010. A Collaborative Distributed GIS Framework for Check-dam Planning and Management[C]. Beijing: Proceeding of The 18th International Conference on Geoinformatics: GIScience in Change, Geoinformatics 2010, Peking University.

LIU B Y, NEARING M A, RISSE L M, 1994. Slope gradient effects on soil loss for steep slopes[J]. Transaction of the ASCE, 37(6):1835-1840.

LIU S Y, SHAO L T, LI H J, 2015. Slope stability analysis using the limit equilibrium method and two finite element methods[J]. Computers and Geotechnics, (63): 291-298.

LIU Y B, NEARING M A, RISSE L M, 1994. Slope gradient effects on soil loss for steep slopes[J]. Transactions of the ASAE, 37(6): 1835-1840.

LOUGHRAN R J, CAMPBELL B L,WALLING D E, 1987. Soil erosion and sedimentation indicated by

Caesium-137：Jackmoor Brook Catchment，Devon，England[J]. Catena，14：201-212.

MCCOOL D K, BROWN L C, FOSTER G R, et al, 1987. Revised slope steepness factor for the Universal Soil Loss Equation[J]. Transactions of the ASAE, 30 (5): 1387-1396.

McCool D K, Brown L C, Foster G R, et al, 1987. Revised slope steepness factor for the Universal Soil Loss Equation[J]. Transaction of the ASCE, 30(5):1387-1396.

MONTGOMERY D R, DIETRICH W E, 1994. A physically based model for the topographic control on shallow landsliding[J]. Water resources Research,30(4): 1153-1171.

MORRIS M W, HASSAN M, VASKINN K A, 2005. Conclusions and recommendations from the IMPACT project WP2: Breach formation[R]. Technical Report of HR Wallingford, http://www.samui.co.uk/impact-project/cd4/Presentations/THUR/17-1_WP2_10Summary_v2_0. pdf. UK, 2005.

MURRAY A S, OLIVE L J, OLLEY J M, et al, 1993. Tracing the source of suspended sediment in the Murrumbidgee river，Australia[C]. Tracers in hydrology (Proceedings of the Yokohama Symposium, July 1993). Gorlovka city, Ukraine. IAHS Publ.: 293-302.

NIELSON D R, BOUMA J, 1985. Soil Spatial Variability[M]. Purdoc: Wageningen, The Netherlands.

OWENS P N, WALLING D E, HE Q, et al. 1997. The use of Caseium-137 measurement to establish a sediment budget for the Start catchments [J]. Devon, UK. Hydrological Science, 42: 405-423.

PARK R T, 1995. Statistically-based terrain stability mapping methodology for the Kamloops Forest Region, British Columbia[C]// Proceeding of the 48th Canadian Geotechnical Conference, Canadian Geotechnical Society, Vancouver, B.C.

PISANIELLO J D, BURRITT R L, TINGEY-HOLYOAK J, 2011. Dam safety management for sustainable farming businesses and catchmentsAgricultural[J]. Water Management, (98) : 507-516.

QIU Y, FU B J, WANG J, et al, 2001. Soil moisture variation in relation to topography and land use in a hillslope catchment of the Loess Plateau, China[J]. Journal of Hyrdology, 240(3-4):243-263.

RENARD K G, FREIMUND J R, 1994. Using monthly precipitation data to estimate the R-factor in the revised USLE[J]. Journal of hydrology，157(1-4): 287-306.

RICHARDSON C W, FOSTER G R, 1983. Estimation of erosion index from daily rainfall amount[J]. Transactions of the ASAE, (26): 153-156.

RITCHIE J C, MCHENRY J R, GILL A C, 1974a. Fallout ^{137}Cs in the soils and sediments of three small watersheds[J]. Ecology，55：887-890.

RITCHIE J C, ROGER MCHENRY J. 1978. Fallout ^{137}Cs in cultivated and noncultivated North Central United States watersheds[J]. J.Environ.Qual., 7(1)：40-44.

RITCHIE J C, SPRABERRY J A, MCHENRY J R, 1974b. Estimating soil erosion from the redistribution of fallout ^{137}Cs[J]. Soil Sci. Soc. Am. J., 38：137-139.

ROUSE, 1950. Engineering Hydraulics [M]. New York: John Wiley&Sons，Inc.

SAATY T L, 2005. Analytic Hierarchy Process[M]. New York：John Wiley&Sons, Ltd.

SHARPLEY A N, WILLIAMS J R, 1990. EPIC-Erosion/Productivity Impact Calculator: 1. Model Documentation[M]. US Department of Agriculture Technical Bulletin. Washington DC US Department of Agriculture.

STEPHEN E C, DARRYL P A, GRANTM W, 2002. Over topping breaching of noncohesive homogeneous embankments [J]. Journal of Hydraulic Engineering, 128(9): 829-838.

TYLER S W, WHEATCRAFT S W, 1992. Fractal scaling of soil particle-size distribution: analysis and Limitations[J]. Soil. Sci. Soc. Am. J., 56:362-369.

WALLBRINK P J, MURRAY A S, 1993. Use of fallout radionuclides as indicators of erosion processes [J]. Hydrological Processes, (7): 297-304.

WALLBRINK P J, MURRAY A S, OLLEY J M, 1998. Determining sources and transit times of supended sediments in the Murrumbidgee River, New South Wales, Australlia, using fallout ^{137}Cs and ^{210}Pb[J]. Water resources research, 34(4): 879-887.

WALLING D E, HE Q, 1999. Improved models for estimating soil erosion rates from Cesium-137 measurements[J]. Journal of Environmental Quality, 28(2): 611-621.

WALLING D E, QUINE T A, 1990. Calibration of Cesium-137 measures to provide quantitative erosion rate date[J]. Land Degradation & Development, 2(3): 161-175.

WEESIES G A, MCCOOL D K, YODER D C, 1997. Predicting Soil Erosion by Water: A Guide to Conservation Planning with the Revised Universal Soil Loss Equation (RUSLE)[M]. Washington, DC: United States Department of Agriculture.

WISCHMEIER W H, SMITH D D, 1965. Predicting Rainfall Erosion Losses from Cropland East of the Rocky Mountains: Guide for Selection of Practices for Soil and Water Conservation [M]. Washington, DC: U. S. Dep. Agric. Handb. No. 282.

WU W, SLIDE R C, 1995. A distributed slope stability model for steep forested watershed[J]. Water resources Research,31(8): 2097-2110.

XIE Y, LIU B, NEARING M A, 2002. Practical Thresholds for Separating Erosive and Non- Erosive Storms [J]. Transactions of the ASAE, 45(6): 1843-1847.

XU X Z, 2004. Development of check-dam systems in gullies on the Loess Plateau, China[J]. Environmental Science & Policy, (7): 79-86.

ZOU J Z, WILLIAMS D J, XIONG W L, 1995. Search for critical slip surfaces based on finite element method [J]. Canadian Geotechnical Journal, 32(2): 233-246.